풍력에너지 기술과 산업

Wind Energy Technology and Industry

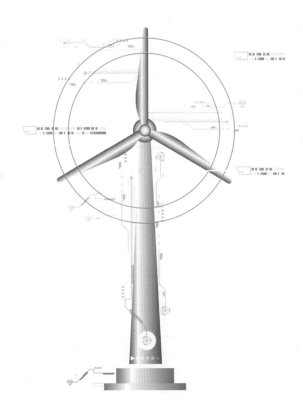

이상일 · 황병선 · 강기원 · 박 식

박영사

머리말

우리는 지구온난화에 따른 다양한 기후변화 현상을 경험하고 있으며, 이러한 현상은 지역에 따라 서로 다른 형태로 나타나고 있다. 세계 각국은 지구온난화 해결을 위해 탄소중립 목표를 설정하고, 에너지전환 정책과 신재생에너지 활성화 정책을 수립하고 있으며, 글로벌 기업들은 RE-100에 적극적으로 가입하는 실정이다.

다른 신재생에너지원에 비해 풍력에너지는 대규모 단지 건설이 가능하며, 상대적으로 기술성이 우수하고, 단위 면적당 에너지 효율이 높으며, 이미 우수한 산업생태계를 구축한 중공업, 조선, IT, 항공 분야와 연계할 경우, 국내 풍력산업의 발전 가능성이 무궁무진할 것으로 기대된다.

풍력에 대한 우리의 인식도 많이 바뀌었다. 우리는 이미 풍력이 미래의 탄소중립 시대를 이끄는 필수 청정에너지원 중의 하나로 여기고 있으며, 가까운 미래에는 풍력 발전이 에너지전환의 중심이 될 것이라고 생각하고 있다.

풍력발전은 빠른 속도로 성장하고 있으며, 최근 해상풍력발전 기술과 시장이 급속히 성장하고 있는데, 이는 세계가 탄소중립 목표 달성을 위해 지속적인 기술 개발과 풍력 산업 생태계 구축을 위해 노력하고 있기 때문이다.

풍력 산업생태계는 풍력발전시스템 설계와 제조 기술 분야, 각종 소재와 부품 제조 분야, 단지건설 분야, 유지보수 분야, 인허가 분야, 전기사업, 엔지니어링 및 서비스 분야, 그리고 금융 및 보험 분야 등 다양한 분야로 구성되어 있으므로, 체계적인 풍력 산업생태계가 구축된다면, 많은 투자와 고용을 창출하는 국가의 중요한 산업으로 성장하는 등 경제적 파급 효과가 매우 클 것으로 기대되며, 향후 풍력에너지 시장 선점과 에너지 안보 그리고 신재생에너지 무기화 대응에 필요할 것으로 전망된다.

본 교재는 풍력을 공부하는 대학생과 대학원생의 교재로 활용할 수 있도록 풍력에너지 기술과 산업에 대한 전반적인 내용으로 구성하였다. 아울러 본 교재는 풍력에너지 분야를 공부하는 학생뿐 아니라 다양한 풍력 산업생태계에 종사하는 관계자들이 풍력에너지 산업과 기술에 대한 폭넓은 이해에 활용할 수 있을 것으로 기대된다.

　마지막으로 공저자로 본 교재의 집필에 참여해주신 황병선 박사님, 강기원 교수님, 박식 교수님께도 감사의 말씀을 드리며, 도표와 그림 교정 작업을 도와주신 박승범 박사님께도 감사의 말씀을 드린다. 아울러 긴 시간 편집 작업과 인쇄와 출판에 노고를 해 주신 박영사 출판사 관계자분들께도 감사드린다.

2024. 11
대표저자 이 상 일

알리는 글

본 교재를 기획할 때부터 풍력에너지 기술과 산업의 전 분야를 다루어야 하는 매우 방대한 작업이었다. 특히 풍력은 거의 모든 학문 분야를 다루는 측면이 있어, 저자들의 제한된 지식과 교재의 분량 제한 때문에 많은 사항을 깊이 있게 다룰 수 없음이 매우 안타까웠다.

인터넷의 발전으로 이전과는 달리 전문 분야에서도 많은 전문가의 논문과 포털사이트의 지식 전달을 통하여 기술적인 지식을 접할 수 있어 독자들이 알고 싶은 분야에 대하여 더욱 깊은 내용을 쉽게 알아볼 수 있게 되었다.

하지만 풍력에너지 기술과 산업에 대해 광범위하고, 일관성이 있으며, 기술 간의 상호 연관성에 관한 내용을 비교적 쉽게 접근할 수 있는 교재를 찾기가 어렵다고 항상 생각해 왔다.

따라서 10여 년 전에 풍력터빈에 대한 교재로 「최신 풍력터빈의 이해」가 출판되어 국내의 관련 학생이나 독자에게 조금은 도움을 주어 온 것으로 알고 있다. 금번에 급격하게 발전하는 해상풍력발전 기술과 산업, 그리고 시장에 대한 지식을 좀 더 업그레이드할 필요성을 느꼈다.

특히 국내에서 풍력발전 사업을 위한 정책과 제도는 다소 복잡하여 일반 독자들이 이해하기가 쉽지 않다. 본 교재에서는 국내 풍력단지 개발과 발전사업을 위해서 거쳐야 하는 법규나 기준 등에 대한 사항도 간략히 다루었다. 이와 관련하여 풍력단지의 건설의 실제적인 업무에서 발생하는 사항의 일부를 수록하게 한 「디엔아이코오프레이션」에도 감사를 드린다.

본 교재에서는 이전에 저자들이 참여하여 발간한 「최신 풍력터빈의 이해(2010)」, 「풍력터빈 블레이드 기술(2016)」, 「풍력발전기 부품과 소재(2020)」, 「해상풍력 유지보수 기술(2020)」, 그리고 「신재생에너지와 미래생활(2021)」 등의 교재의 일부 내용이 활용되었음을 알린다.

교재에 사용된 도표와 사진 등을 일관성이 있고 정리해 주신 박승범 박사에게 깊은 감사를 드리며, 통합해석 분야의 충실한 검토를 해 주신 국립군산대학교의 장윤정 박사님께도 깊은 감사를 드린다.

　마지막으로 본 교재의 완성을 위하여 참여 저자들이 많은 시간을 들일 수 있도록 지원과 인내를 보내준 가족들에게도 감사드린다.

2024년 10월

저자 일동

목차

풍력에너지와 재생에너지
(Wind Energy and Renewable Energy)

풍력에너지와 재생에너지*
(Wind Energy and Renewable Energy)

인류는 저렴하게 확보할 수 있는 에너지원인 화석연료를 중심으로 사회·경제·정치적으로 연결된 화석연료 사회에서 살아가고 있다. 위와 같은 문제를 해결하기 위하여 개발한 에너지 중 하나가 원자력에너지이다. 이미 아는 바와 같이 우라늄자원도 유한하며, 특히 사용과 관련하여 인간에게 유해한 물질을 취급해야 하므로 어려운 숙제를 항상 안고 살아가고 있다.

기존 에너지 자원의 고갈과 유해한 물질의 증가에 따른 대책으로 오래전부터 대체할 에너지원을 찾기 위하여 인류는 노력해 오고 있다.

재생에너지(renewable energy)란 무한하게 공급되고 청정한 에너지원이며 대부분이 지구에 끊임없이 보내오는 태양에너지에 기반을 둔 에너지원이다.

새로운 에너지원으로서의 풍력에너지를 다루기 전에 에너지(energy)에 대하여 알아보고 풍력에너지가 어디에 속하는지도 정리해 볼 필요가 있다.

1.1 에너지의 분류(classification of energy)

재생에너지의 한 종류인 풍력에너지를 다루기 전에 우리가 사용하고 있는 에너지의 종류를 알아볼 필요가 있다. 에너지의 종류를 분류하는데 중복 분류를 피하고 에너지 간의 균형을 비교 분석하고 에너지의 확보 계획의 수립을 위하여 체계적으로 분류한다.

---

* 본 단원은 이상일 외 「신재생에너지와 미래 생활」 교재의 내용을 정리하여 수록하였다. 추가로 관심이 있는 독자는 이 교재를 참고하기 바란다.

분류의 원칙은 물리법칙(law of physics)에 따르고 통계적으로 명확하고 일관성이 있어야 한다. 지구상에 존재하는 에너지원을 변형하는 인간의 노력 투입의 여부에 따라 1차와 2차 에너지로 분류한다.

1.1.1 1차 에너지(primary energy)

1차 에너지란 가공되지 않고 천연자원 상태에서 공급되는 에너지원에서 얻어지는 에너지를 말하며, 대표적인 화석연료인 석탄, 석유, 천연가스와 원자력으로 얻어지는 에너지와 이와 함께 재생에너지원인 수력, 바이오, 풍력, 태양열, 태양광, 그리고 지열 등으로부터 얻어지는 에너지가 1차 에너지에 속한다.

1.1.2 2차 에너지(secondary energy)

2차 에너지는 1차 에너지원을 가공 또는 형태를 변경하여 이용하기 쉬운 형태로 만든 에너지이다. 전기, 도시가스, 그리고 코크스 등에서 얻어지는 에너지가 이에 속한다. 사실상, 전기(electricity)는 국제기구에서는 1차와 2차 에너지 양쪽으로 분류되기도 하여 수력, 풍력, 태양, 조수, 그리고 조력과 같은 천연자원에서 얻어지는 전기에너지는 1차 에너지라고 한다.

이에 반하여 핵분열, 지열, 그리고 태양열 등에서 얻어지는 열원이나 석탄, 천연가스, 석유, 그리고 재생자원의 연소에서 오는 열원을 활용하여 얻는 전기는 2차 에너지라고 한다.

국제적으로 권위가 있는 국제에너지기구(IEA, International Energy Agency)는 석탄, 천연가스, 석유, 그리고 원자력 등 천연자원에서 자원의 변환으로 얻어지는 전기는 2차 에너지로 분류하고 국제적으로 통용되고 있다.

또한, Fig. 1.1은 IRES의 국제 표준에너지 분류(SIEC)[1]가 정의하는 1차 에너지와 2차 에너지를 정의하는 도표이다. 1차 에너지(primary energy)로는 원유, 석탄, 천연가스, 원자력, 폐기물로부터 얻어지는 에너지, 그리고 재생에너지 등으로 분류하였고, 추출 혹은 포집 공정으로 변환하여 전기, 열, 그리고 연료로 활용하여 확보하는 에너지를 2차 에너지(secondary energy)로 정의하고 있다.

---

1 IRES: International Recommendation Energy Statistics
  SIEC: Standard International Energy Classification

Fig. 1.1 1차 에너지와 2차 에너지[1]

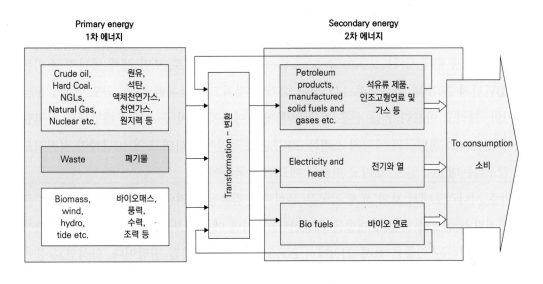

따라서 풍력에너지(wind energy)는 자연적인 풍력을 활용하여 얻는 에너지이며 특히 전기를 얻고자 하는 것이 주목적이므로 2차 에너지(secondary energy)로 분류된다.

1.2 세계의 에너지 현황과 전망

국제에너지기구(IEA, International Energy Agency)의 에너지 통계(2018)에 따르면 2016년을 기준으로 세계 1차 에너지 소비 중에서 석유의 비중(32%)이 가장 크고 다음이 석탄(27%), 천연가스(22%), 재생에너지(14%), 그리고 원자력(5%) 순이다. 1971년에 비해 석유의 비중은 감소했지만, 천연가스, 석탄, 원자력, 그리고 재생에너지의 비중은 증가하였다. 1970년대의 석유 파동 이후에 발전용과 난방용 석유 수요는 급감하였지만, 수송기기용 수요는 안정적으로 증가하였다. 석탄은 석유발전을 대체하는 발전용 수요의 증가로 비중이 점진적으로 증가했지만 최근 대기오염의 개선과 온실가스 감축 정책이 강화되면서 새로운 상황에 직면해 있다. 천연가스는 대기오염 개선과 온실가스 감축 정책과 관련하여 도시가스용과 발전용 수요가 동시에 증가하였다. 원자력은 에너지 안보의 강화와 온실가스 감축의 측면에서 장려되고 있지만 1990년대 이후에 증가세는 둔화하였다. 재생에너지는 에너지 안보 강화와 온실가스 감축이 고려되면서 2000년대 이후에 가장 빠른 증가 추세이다.

IEA의 신규정책 시나리오(New Policies Scenario)를 중심으로 보면 세계 에너지 소비는 2040년까지 2018년 기준으로 1/3 정도 증가할 것이고 지금처럼 중국, 인도, 중동, 동남아시아, 그리고 아프리카 등 신흥 경제국이 세계 에너지 소비 증가분의 대부분을 차지할 것이다. OECD 회원국의 에너지 소비는 2007년에 정점에 달하였고 2040년까지 점진적으로 감소하는데 EU, 일본, 그리고 미국이 대표적인 국가이다.

기준 시나리오에서 보면 세계 각국은 온실가스 감축을 고려하여 지금까지 발표된 수준으로 저탄소 연료와 기술의 개발을 촉진한다. 그러면 에너지 믹스(energy mix)에서 비화석 연료가 차지하는 비중은 현재 21%에서 2040년 25%로 증가할 전망이다. 화석연료 중에서는 탄소 집약도가 가장 낮은 천연가스만 비중이 늘어날 것이다.[2]2

1.3 기후변화와 재생에너지

1992년에 브라질 리우의 유엔기후변화협약(UNFCCC, United Nations Framework Convention on Climate Change)이 체결되어 1994년 3월에 발효되어 우리나라를 비롯한 176개국이 가입하였다. 이 협약에 의하면 온실가스 배출량을 1990년 수준으로 낮추기 위한 노력으로 모든 당사국은 온실가스를 줄이기 위한 국가 전략을 수립하여 시행하고 이를 공개해야 하며 통계자료와 정책 이행에 대한 보고서를 협약 당사국총회(COP, Conference of the Parties)에 제출해야 하는 것이었다.

이후 온실가스 배출량을 2000년까지 1990년 수준으로 감축하도록 노력하되 감축 목표에 관한 의정서를 3차 당사국총회(COP3)때까지 마련하기로 결정하였고 이에 따라 1997년 12월에 일본의 교토에서 열린 2차 회의에서 교토의정서(Kyoto Protocol)가 채택되었다.

---

2 IEA 에너지 전망 시나리오는 "현 정책 시나리오", "신규 정책 시나리오(New Policies Scenario)", "지속 가능 개발 시나리오(Sustainable Development Scenario)"로 구분한다. "신규 정책 시나리오"는 기존 정책과 수단들의 지속적 추진, 그리고 각국 정부들이 공표한 정책의 신중한 추진을 전제로 한다.

2020년 이전까지는 모든 국가가 참여하지 않았으나 2021년부터는 모든 국가 참여하는 신기후변화협정이 2015년 12월 프랑스 파리에서 채택되었다. 파리협정(Paris Agreement)은 지구의 평균기온 상승을 산업화 이전에 대비하여 2차보다 상당히 낮은 수준으로 유지하고 상승온도를 1.5℃로 제한하기 위해 노력한다는 전 지구적인 목표를 설정하였다.

이러한 국제적 활동에 따라 미래에 신재생에너지의 개발과 사용은 필수 사항으로 되고 있다. 화석연료의 고갈에 대비하는 측면도 있지만, 계속된 사용량의 증가는 지구온난화 문제로 연결되는 것을 알고 있음에도 불구하고 경제적인 측면에서 화석연료에의 의존도를 쉽게 낮출 수 없다.

전 인류에게 영향을 주는 지구온난화의 주범은 화석연료의 사용에서 오는 CO_2를 포함하는 GHG[3]로 밝혀지고 이들 농도의 증가는 지구에 위협이 됨에 따라 각국은 이에 대응할 필요가 있었다.

우리나라의 경우에 교토의정서의 인준 당시에는 개발도상국의 자격으로 감축 의무에서 면제가 되었으나, 이후에 경제 성장과 세계의 10대 에너지 소비국으로서 온실가스 배출량 감축에 적극적으로 참여할 수밖에 없었다.

우리나라는 2015년 6월에 '2030년 온실가스 배출 전망(BAU, Business As Usual) 대비 37% 감축'이라는 의욕적인 목표를 포함한 국가별 자발적 기여 계획(INDC, Intended Nationally Determined Contribution)을 제출함으로써 우리의 기후변화 대응 의지를 국제사회에 나타내고 신기후체제 출범을 위한 국제사회 노력에 동참해 왔다. 특히 2030 감축 목표 달성을 위해 국무조정실 주도로 관계 부처와 함께 2016년 12월 '제1차 기후변화대응 기본계획'과 '2030 국가 온실가스 감축 기본 로드맵'을 수립하였고, 2018년 7월에는 국가 온실가스 감축 목표의 이행 가능성을 높이는 데 초점을 두어 '2030 국가 온실가스 감축 기본 로드맵 수정안'을 마련하였다. 2019년 10월에는 신기후체제(파리협정) 출범에 따른 기후변화 전반에 대한 대응체계 강화와 '2030 국가 온실가스 감축 로드맵'의 이행 점검과 평가체계 구축을 조기에 수립하기 위해 '제2차 기후변화대응 기본계획'을 수립하였다.[3]

---

3 GHG(green house gas): 온실가스로 알려져 있고 이산화탄소(CO_2), 메탄(CH_4), 아산화질소(N_2O), 수소불화
   탄소(HFCs), 과불화탄소(PFCs), 육불화황(SF_6)의 6종류의 가스가 대표적이다.

1.4 재생에너지의 정의

IEA가 국제적으로 관련 국가(108개국)와 함께 일반적으로 공유하는 재생에너지의 정의 (definition of renewable energy)는 지속 가능한 형태의 재생자원(renewable resource)으로 생산되는 모든 형태의 에너지를 말하며, 재생자원은 바이오에너지, 지열에너지, 수력, 해양에너지, 태양에너지, 그리고 풍력에너지 등이다.

재생에너지에 대하여 IEA가 내리는 추가적인 정의는 태양, 바람, 해양, 수력, 바이오매스, 지열 자원, 바이오 연료, 그리고 수소 등으로부터 얻어지는 전기와 열에너지를 말한다.

따라서 국제적으로 통용되는 재생에너지의 정의는 지속 가능성과 자원의 형태에 따라 다양해서 국가별로 공통으로 적용하는 엄격한 정의는 없고 조금씩 차이가 있다.

다른 측면에서 볼 때, 1차와 2차 에너지와 재생에너지의 구분은 분류 체계가 상이하여 분류 대상이 아님을 알 수 있다.

결론적으로, 재생에너지는 기존의 화석연료 에너지와 원자력에너지 등과 구분하고 다음 몇 가지 기준에 따라서 정의된 에너지원이다.

이러한 관점에서

- 온실가스 감축 여부
- 해외 에너지 의존도 경감 여부
- 지속 가능성(sustainability)이 있는지 여부
- 산업에의 기여도

등이 가장 큰 분류의 기준이다.

외국의 신재생에너지를 정의하고 분류하는 방법은 각국 자체의 에너지 분류방법에 따라서 신에너지와 재생에너지를 혼용하여 사용하고 있지만, 재생에너지 위주로 분류하고 있으며 각국의 에너지 자원과 기술적 능력 등에 따라 자체적으로 분류하여 사용하고 있다. Table 1.1은 주요 국가의 신재생에너지의 분류방법을 나타내고 있으며 우리나라가 적용하고 있는 신에너지분야는 포함되지 않는 재생에너지 분야만 분류에 넣고 있음을 알 수 있다.

따라서 세계적으로 풍력에너지는 재생에너지 영역에 있음을 알 수 있다.

Table 1.1 각국이 분류하는 재생에너지의 종류

국가/기관	재생에너지
국제에너지기구, IEA(International Energy Agency)	태양, 풍력, 수력, 지열, 해양, 고형 바이오매스, 목탄, 바이오가스, 액체 바이오 연료, 도시 폐기물
유럽	태양, 풍력, 수력, 지열, 바이오매스, 폐기물, 매립지 가스, 바이오가스, 해양
미국	태양, 풍력, 수력, 지열, 바이오매스, 폐기물, 해양
일본	태양, 풍력, 폐기물, 바이오매스, 연료전지, 청정에너지-자동차, 천연가스 열병합발전, 미이용 에너지

1.4.1 신재생에너지(New and Renewable Energy)

여기에서 우리나라가 정의하는 신재생에너지에 대해서 알아볼 필요가 있다. 우리나라에서만 독특하게 통용되는 신재생에너지(New and Renewable Energy)란 단어는 신에너지(new energy)와 재생에너지(renewable energy)의 합성어이다.

우리나라 신재생에너지의 분류는 국내의 에너지원 자립도 향상을 고려하여 재생에너지에 신에너지를 포함하여 독특하게 신·재생에너지 분야를 법제화하여 사용하고 있다.

우리 정부는 신에너지와 재생에너지의 기술개발, 이용, 보급 촉진과 신에너지와 재생에너지 산업의 활성화를 통하여 에너지원을 다양화하고, 에너지의 안정적인 공급, 에너지 구조의 환경친화적인 전환과 온실가스 배출의 감소를 추진함으로써 환경보전, 국가 경제의 건전하고 지속적인 발전, 그리고 국민복지의 증진에 이바지할 목적으로 1987년부터 관련 법규를 제정하여 신재생에너지 분야를 선도하며 지원하고 있다.

우리나라의 신·재생에너지 관련 경과와 근거는 아래와 같다.

- 2019년: 신에너지 및 재생에너지 개발·이용·보급 촉진법, 시행: 2019. 10. 11, 법률 제6236호, 개정 2019. 1. 15 일부 개정
- 2004년: 신에너지 및 재생에너지 개발·이용·보급 촉진법
- 1997년: 대체에너지개발 및 이용·보급 촉진법
- 1987년: 대체에너지 개발 촉진법

위의 법적인 근거에 의한 신재생에너지의 정의와 분류는 다음의 보충설명 과 같다. 우리나라는 2016년 12월에 해양에너지에 속하여 있던 수열에너지(해수 표층열 이용)를 분리하여 아래와 같이 12종류의 신재생에너지로 분류하고 있다.

우리나라 신재생에너지의 종류

보충설명

신에너지(new energy)

기존의 화석연료를 변환시켜 이용하거나 수소·산소 등의 화학 반응을 통하여 전기 또는 열을 이용하는 에너지로서 ① 수소에너지, ② 연료전지, ③ 석탄을 액화·가스화한 에너지 및 중질잔사유[4] (重質殘渣油)를 가스화한 에너지로서 대통령령으로 정하는 기준 및 범위에 해당하는 에너지, 그 밖에 석유·석탄·원자력 또는 천연가스가 아닌 에너지로서 대통령령으로 정하는 에너지를 말한다.

보충설명

재생에너지(renewable energy)

햇빛·물·지열(地熱)·강수(降水)·생물유기체 등을 포함하는 재생가능한 에너지를 변환시켜 이용하는 에너지로서 ① 태양에너지(① 태양열 및 ② 태양광), ③ 풍력, ④ 수력, ⑤ 해양에너지, ⑥ 지열에너지, 생물자원을 변환시켜 이용하는 ⑦ 바이오에너지로서 대통령령으로 정하는 기준 및 범위에 해당하는 에너지, ⑧ 폐기물에너지로서 대통령령으로 정하는 기준 및 범위에 해당하는 에너지, 그 밖에 석유·석탄·원자력 또는 천연가스가 아닌 에너지로서 대통령령으로 정하는 에너지이며, 2016년에 개정되어 ⑨ 수열에너지가 포함되었고 2019년 10월에 추가 개정되어 하천수를 포함하여 범위를 확장함.

---

4 중질잔사유(heavy oil residue)는 원유를 정제하고 남은 최종 잔재물로 감압 증류 열분해 공정에서 나오는 코크, 타르, 그리고 피치 등을 말한다.

1.5 국내외 재생에너지(Renewable Energy)의 발전

세계적으로 원자력을 제외하고 천연자원에 대한 의존율은 1차 에너지원 중에서, 석유, 석탄, 그리고 천연가스 등에 의존하는 비율은 Fig. 1.2에 나타난 바와 같이 82%(2021년 기준)이다. 화석연료 에너지 자원은 채취와 개발하여 사용한 이후에는 재생이 불가능하고, 매장량이 한계가 있다는 특징이 있다.

풍력, 태양광, 바이오에너지를 포함한 재생에너지는 약 6.7%를 차지하고 역시 재생에너지원이지만 단독으로 수력에너지는 6.8%를 차지하였다.

Fig. 1.2 2021년 세계의 에너지원별 공급비율[4]

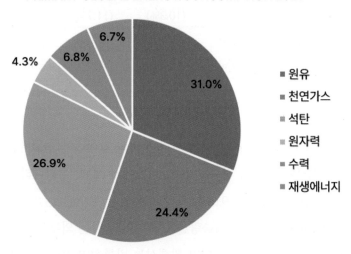

PRIMARY GLOBAL ENERGY CONSUMPTION 2021

- 31.0% / 원유
- 24.4%
- 26.9%
- 4.3%
- 6.8%
- 6.7%

- ■ 원유
- ■ 천연가스
- ■ 석탄
- ■ 원자력
- ■ 수력
- ■ 재생에너지

2008년 예측에 의하면 석유는 41.6년, 천연가스는 60.3년, 그리고 석탄은 133년의 가채 연수가 있다는 보고(BP Statistical Review of World Energy, 2008)가 있고, 화석연료나 원자력에의 의존성이 너무 높고, 자원 고갈의 우려, 환경문제 유발, 그리고 생산단가의 지속적 상승 등의 이유로 대체에너지로서 재생에너지원을 개발할 필요가 있음을 강조하고 있다.

Table 1.2 **우리나라 1차 에너지 공급 현황(최근 5년간)[5]**

구분	2017	2018	2019	2020	2021	증감율 (전년대비)
합계	302,490	307,557	303,092	292,076	305,191	4.5%
석유	119,824 (39.6%)	118,521 (38.5%)	117,314 (38.7%)	110,240 (37.7%)	117,764 (38.6%)	6.8%
석탄	86,177 (28.5%)	86,707 (28.2%)	82,147 (27.1%)	72,241 (24.7%)	72,520 (23.8%)	0.4%
천연가스	47,536 (15.7%)	55,225 (18.0%)	53,534 (17.7%)	54,970 (18.8%)	59,757 (19.6%)	8.7%
수력	1,490 (0.5%)	1,549 (0.5%)	1,331 (0.4%)	1,523 (0.5%)	1,435 (0.5%)	△5.8%
원자력	31,615 (10.5%)	28,437 (9.2%)	31,079 (10.3%)	34,119 (11.7%)	33,657 (11.0%)	△1.4%
신재생 및 기타	15,848 (5.2%)	17,119 (5.6%)	17,688 (5.8%)	18,983 (6.5%)	20,059 (6.6%)	5.7%

출처: 에너지통계월보(에너지경제연구원, 2022. 3.)

　　세계의 에너지 공급 비율을 Fig. 1.2에서 나타낸 바와 같이 화석연료에의 의존도가 매우 높음을 알 수 있었다, 우리나라의 경우도 Table 1.2에서 보면, 우리나라의 에너지 활용에서 화석연료는 석유(38.6%), LNG(19.6%), 그리고 유연탄/무연탄(23.8%)을 합쳐서 82%에 이른다. 이러한 상황 때문에 CO_2의 배출량을 감축해야만 하는 의무를 우리나라도 피할 수 없는 상황에 있다. 이들의 사용량을 줄이기 위해서는 비화석연료에 의한 발전 비율을 높여야 하는데 그 대안은 신재생에너지원이며 우리나라가 신재생에너지를 육성해야 하는 당위성 중의 한 가지이다.

　　종합적인 고려 측면에서 우리나라의 신재생에너지의 현황을 알아보기 위하여 Table 1.3에서 국내의 연도별로 신재생에너지원별에 의한 에너지 생산량의 비율을 알아보았다. 그간 우리나라에서도 많은 신재생에너지 분야에 정부의 지원을 통하여 이루어짐을 알 수 있다.

전통적인 재생에너지원인 폐기물에서 약 50%와 바이오매스에서 약 25%를 신재생에너
지원으로 충당하고 있음을 알 수 있다. 나머지 25%가 현대적인 기술을 도입하여 재생에너
지를 확보하는 비율이다.

Table 1.3 국내 신재생에너지 발전량 현황[5]

구분	태양광	풍력	수력	해양	바이오	재생 폐기물	연료 전지	IGCC	합계	총발전량 대비 비중(%)	
2016	5,516	1,683	2,859	496	6,238	369	1,143	361	18,664	신+재생	3.32
구성비(%)	29.6	9.0	15.3	2.7	33.4	2.0	6.1	1.9	100.0	재생	3.05
2017	7,738	2,169	2,820	489	7,467	330	1,469	1,286	23,768	신+재생	4.11
구성비(%)	32.6	9.1	11.9	2.1	31.4	1.4	6.2	5.4	100.0	재생	3.64
2018	10,155	2,465	3,374	485	9,363	347	1,765	1,702	29,657	신+재생	4.99
구성비(%)	34.2	8.3	11.4	1.6	31.6	1.2	6.0	5.7	100.0	재생	4.40
2019	14,163	2,679	2,791	474	10,416	356	2,285	1,031	34,196	신+재생	5.80
구성비(%)	41.4	7.8	8.2	1.4	30.5	1.0	6.7	3.0	100.0	재생	5.24
2020	19,298	3,150	3,879	457	9,938	439	3,522	2,377	43,062	신+재생	7.43
구성비(%)	44.8	7.3	9.0	1.1	23.1	1.0	8.2	5.5	100.0	재생	6.41

출처: 2020년 신재생에너지 보급통계(한국에너지공단 신재생에너지센터, 2021. 11.)

1.6 재생에너지 현황

재생에너지는 기존의 에너지와 비교하여 생산단가가 높다. 따라서 각국에서는 재생에
너지 기술 개발과 활용을 장려하기 위하여 정책적으로 지원하고 있다. 지원 정책은 각 국
가의 사정에 따라 달라서 본 교재에서 자세하게 다루기에는 한계가 있다. 따라서 본 단원
에서는 국제적으로 활용하고 있는 대표적인 지원 정책에 대하여 알아보고 국내의 정책은
좀 더 자세히 설명하고자 한다.

1.6.1 세계의 재생에너지

앞의 Fig. 1.2에서 화석연료 에너지가 차지하는 비중이 2021년의 통계에서 82.3%임을 알았고, Fig. 1.3에서 보면 2019년을 기준으로 화석연료 에너지가 79.9%로 약간의 변동이 있지만, 세계의 최종 에너지 소비 중에서 비화석에너지 비중은 20.1%에 달한다. 이 중에서 원자력을 제외하고 현대적인 재생에너지는 세계의 최종 에너지 소비의 11.0%를 차지하였고 재래식 바이오매스의 비중은 6.9%에 머물렀다.

현대적 재생에너지 중에서 주로 열에너지(바이오매스, 지열, 태양열 등)의 비중이 최종 에너지의 4.3%로 가장 크고 그다음 수력이 3.6%, 태양광과 풍력 등에 의한 발전이 2.1%, 그리고 바이오 연료가 1.0% 순이다. 난방과 조리용으로 직접 태우는 나무, 목탄, 나뭇잎, 농업 찌꺼기, 폐기물, 그리고 가축 분뇨와 같은 재래식 바이오매스는 주로 사하라사막 이남의 아프리카, 동남아시아, 인도의 농촌 지역, 그리고 남미 농촌에서 높은 비중을 차지하고 있다.[2]

Fig. 1.3 세계 생산 에너지 중 재생에너지(열 + 전기에너지)의 비중, (2019)[6]

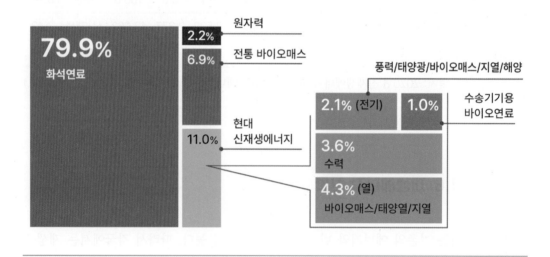

Fig. 1.4 세계의 전력 생산에서 재생에너지의 비중(2021)**[7]**

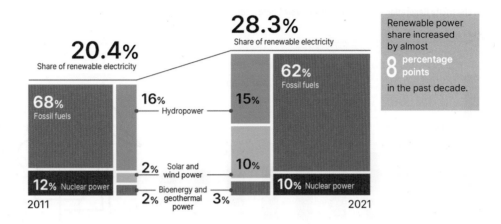

2019년의 통계에 따르면 세계 재생에너지 보급과 투자의 상위 5개국을 보면 중국, 미국, 일본, 인도, 그리고 독일의 순이다. 수력, 태양광, 풍력, 그리고 태양열 온수 등 여러 분야에서 중국이 보급과 투자를 주도하고 있다. 미국은 바이오 디젤과 바이오 에탄올 등 바이오 연료 생산을 브라질과 함께 주도하면서 동시에 수력, 풍력, 그리고 태양광의 확대도 활발하다. 일본은 태양광에, 독일은 풍력 분야에 투자를 계속하여 유지하고 있다. 새로운 재생에너지 시장으로 인도가 부상하고 있으며 영국도 해상풍력의 보급이 활발한 편이다.

재생에너지는 열에너지와 전기에너지로 이루어지고 있다. 현대적 재생에너지는 대부분을 전기에너지로 전환하여 사용하기 때문에 Fig. 1.4는 특히 발전(electricity)부문만을 정리한 것으로 의미가 있다. 2021년 기준으로 재생에너지로 발전한 전기가 세계 전력 수요의 28.3%를 차지하였다. 10년 전의 통계로 2011년의 재생에너지는 세계 발전 용량의 약 20.4%를 차지하였다.

몇 나라에서는 이렇게 간헐성이 있는 재생에너지(풍력, 태양광 등)의 비중이 크게 높아졌다. 2019년의 자료(Fig. 1.5)에서 덴마크는 전력 수요의 53%, 우루과이는 전력 수요의 28%, 그리고 독일은 26%를 차지하였다. 아일랜드, 포르투갈, 그리고 스페인에서도 변동하는 재생에너지 비중이 20% 이상이다.[8]

Fig. 1.5 풍력과 태양광 전력 분담이 많은 10개국[8]

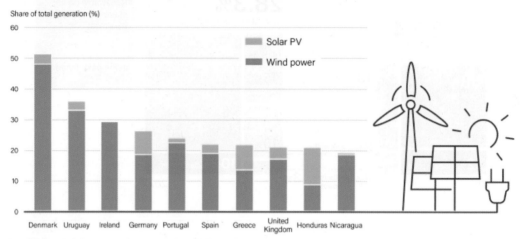

Share of Electricity Generation from Variable Renewable Energy, Top 10 Countries, 2018

Note: This figure includes the top 10 countries according to the best available data known to REN21 at the time of publication.

REN21 RENEWABLES 2019 GLOBAL STATUS REPORT

2017년을 기준으로 수력을 제외한 세계 재생에너지 발전 용량은 1,081GW에 달한다. 1990년대 중반부터 지속하여 늘어난 풍력이 가장 큰 비중을 차지하고 있으며, 2000년대 중반부터 보급 속도가 빨라진 태양광이 다음 순서이다. 2010년까지 세계 재생에너지 보급은 유럽과 북미가 주도하였고, 미국과 독일이 시장을 주도했지만 2010년 전후로 중국이 본격적으로 재생에너지 확대에 나서면서 순위가 달라졌다. 재생에너지 발전 용량이 가장 많은 국가는 중국이며 미국, 독일, 인도, 그리고 일본 등이 뒤를 따르고 있다.

Fig. 1.6을 통하여 살펴보면 풍력발전 용량 세계 5대 국가를 보면 중국을 비롯하여, 미국, 독일, 브라질, 그리고 영국 순이다. 중국의 풍력에 의한 발전량은 2021년에 650.6TWh, 미국은 379.8TWh, 독일은 약 120TWh, 브라질과 영국은 100TWh 내외이다. 풍력에서 얻어지는 전력량도 지난 10년간 지속하여 증가하여 2011년에 전체 발전 전력량의 2.04%를 차지하던 것이 Fig. 1.7과 같이 2021년에는 6.72%까지 도달하였다.[9]

Fig. 1.6 **세계 5대 국가의 최근의 풍력에너지 용량[9]**

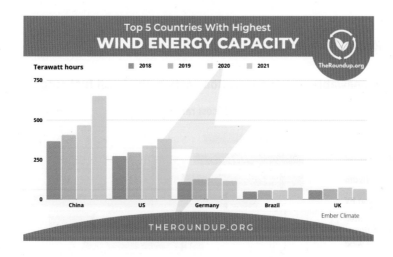

Fig. 1.7 **풍력에서 얻는 세계 전력량의 분담율[9]**

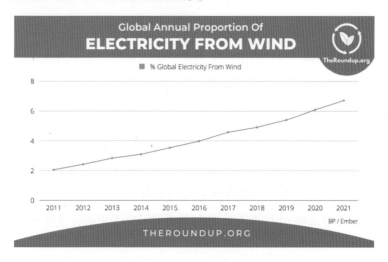

　　2015년 이후 세계의 재생에너지 분야에의 투자도 계속되어 세계의 재생에너지 발전 설비에 대한 투자는 석탄과 천연가스 발전 설비에 대한 신규 투자의 3배가 넘었다고 한다. 2015년에는 중국을 포함한 개도국의 재생에너지 발전과 연료에 대한 투자 총액이 선진국의 규모를 초과하는 경향을 보였다. 이 중에서 재생에너지 발전설비 투자는 태양광과 풍력

으로 쏠림 현상이 심화하는 경향이 있다고 분석하고 있다.[2]

재생에너지원과 화석연료의 발전 단가 비교[10] ─────────────

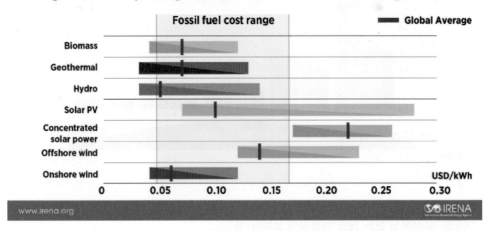

Average renewable power generation costs in the fossil fuel range in 2017

Fig. 1.8에서 보는 바와 같이 2017년을 기준으로 석탄이나 천연가스와 같은 기존의 화석연료의 발전단가의 범위에 포함되는 재생에너지원은 바이오매스, 지열, 수력, 태양광, 육·해상풍력 등이 있음을 알 수 있다.

태양광의 경우에는 세계적으로 발전단가의 폭이 넓은 것은 다른 재생에너지원에 비교하여 많은 지역이나 국가에서 설치하고 있어 단지의 규모에 따라 발전단가의 차이가 큰 것으로 분석된다. 반면에 육상풍력의 경우에는 태양광에 비교하여 초기 투자가 크기 때문에 상업용 단지는 설치 규모와 설치 지역이 다소 한정적이므로 발전단가의 폭이 크지 않은 것으로 판단된다.

아울러 Fig. 1.8에서 바이오매스, 지열, 그리고 수력의 발전단가가 낮은 수준으로 나타나 있어 유리한 점이 있지만, 기존의 투자가 이루어져 있고 지역적으로 편재된 자원 등으로 확장성에는 한계가 있다.

위에서 태양광과 풍력에의 쏠림 현상의 원인으로는 다른 재생에너지원의 개발에는 민간이 주도하기에는 어려운 점이 많기 때문이다.

Fig. 1.9는 지난 수년간 풍력과 태양광의 발전단가의 변동 추이를 나타낸 그림이다.

2010년경에는 태양광은 균등화발전비용(LCOE, Levelized Cost of Electricity)가 $300/MWh, 육상풍력은 $100/MWh 정도이었으나 2017년에는 태양광은 $100/MWh, 육상풍력은 $65/MWh 정도로 발전단가가 하락하였다.

향후 태양광은 $80/MWh, 육상풍력은 $60/MWh 이하로 하락할 것으로 전망된다.

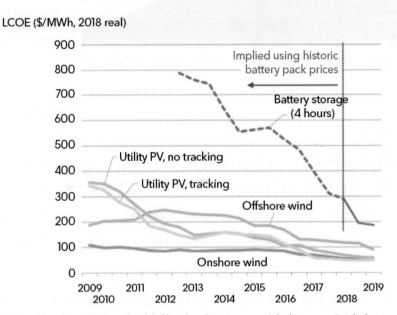

Fig. 1.9 **태양광과 풍력발전의 가격 변동 추이(2009 ~ 2019)[11][5]**

Source: BloombergNEF. Note: The global benchmark is a country weighed-average using the latest annual capacity additions. The storage LCOE is reflective of a utility-scale Li-ion battery storage system running at a daily cycle and includes charging costs assumed to be 60% of whole sale base power price in each country.

---

5 LCOE(Levelized Cost of Electricity, 균등화발전비용): 발전원별 건설비용, 연료비용, 유지보수비용, 금융비용, 이용율 등 전 주기적 내용을 분석한 방법으로 평가한 비용

Fig. 1.10 2050 세계 전력 생산 믹스[12]

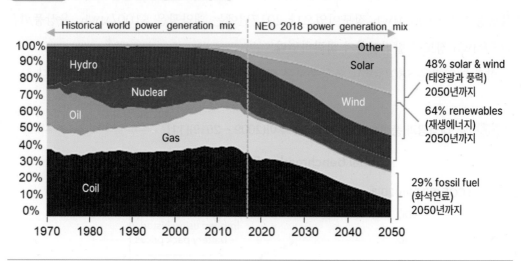

자료: BNEF2017, New Energy Outlook 2017

2019년 12월에 발간된 BloombergNEF의 "NEO 2019 Forecast"(Fig. 1.10)에 따르면 모든 시나리오에서 재생에너지의 비중이 증가하는 것으로 나타났다. 기준 전망에 해당하는 신규 정책 시나리오에서는 1차 에너지 소비 중에서 재생에너지의 비중이 2016년 9%에서 2040년 17%로 증가할 전망이다. 한편, 지속 가능한 개발 시나리오에서는 2040년까지 재생에너지 비중이 29%로 증가할 것으로 전망하고 있다. 전 부문에서 재생에너지의 역할이 더 두드러질 것으로 예상된다. 기준 전망에서 총발전량 중에서 재생에너지 비중은 2016년 24%에서 2040년 40%로 증가할 것이다. 지속 가능한 개발 시나리오에서는 2040년 발전량 중 재생에너지 비중이 63%까지 증가할 것이다.[12]

재생에너지와 배터리 가격 하락으로 인해 전력 시스템이 재생에너지 중심으로 될 것이며 2017년에 화석연료 비중이 전체의 2/3이지만, 2050년에는 재생에너지의 비중이 2/3가 될 것으로 예측하고 있다. 이에 따라 전력 생산에서 화석연료 비중이 2017년 63%에서 2050년 29%로 크게 축소되고, 석탄 발전은 전체 대비 전력 생산 비중이 2017년 38%에서 2050년에는 11%로 가장 큰 폭으로 하락할 것으로 전망하고 있다. 재생에너지 보급 확대와 기술개발에 따라 발전단가 하락이 지속할 전망이며 2050년까지 태양광 발전단가는 71%, 육상풍력은 58%까지 하락하고, 전기차 보급확대로 인하여 리튬이온 배터리 가격 또한 현재 수준에서 2030년까지 67% 추가 하락할 것으로 전망하고 있다. 이에 따라 재생에너지 변화 추세에 따라 발전 부문의 온실가스 배출량은 2027년 13.6GT(giga ton)으로 최대치를 달성한 후에 2050년까지 연 2%씩 감소할 전망이다.

1.6.2 국내의 에너지원과 신재생에너지

한국전력공사 2021년 통계[13]에 의하면 Table 1.4와 Fig. 1.11과 같이 석탄(33.3%), 원자력(27.4%), LNG+복합(31.1%), 신재생에너지(6.8%), 그리고 수력(1.2%)의 순으로 원별 발전량이 나타나고 있다. 석탄에 의한 발전은 33%를 상회하고 LNG+복합도 31.1%나 되어 유류를 포함한 화석연료를 이용한 발전량이 약 64.1%를 차지하고 있다. 원자력도 27.4%로 상당한 양을 차지하고 있다. 2021년의 경우에 신재생에너지의 발전량이 전년에 비교하여 증가하였음에도 불구하고 6.8%에 불과하다.

통계에 나타난 신재생에너지는 수력발전(1.2%)은 제외하고 풍력, 태양광, 매립가스(LFG, Landfill Gas), 그리고 부생가스(by-product gas)를 이용한 발전을 포함하였고, 최근 정부의 적극적인 신재생에너지 보급정책으로 인한 설비용량 증가에 힘을 입어 발전 비중이 높아진 상황을 반영한 것이다.

Table 1.4 국내 에너지원별 발전량 비교표(2021년)[13]

에너지원	발전량(GWh)	비율(%)
원자력	158,015	27.4
기력(석탄)	191,575	33.3
복합(석탄 가스화)	130,358	22.7
집단(LNG)	48,326	8.4
수력	6,737	1.2
신재생	39,102	6.8
기타	1,181	0.2
계	575,294	100

주) 수력: 일반수력, 소수력. 신재생: 폐기물, 태양광, 풍력, 등

Fig. 1.11 국내의 에너지원별 발전량 비교[13]

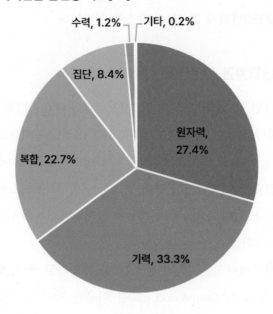

수력, 1.2%　기타, 0.2%

집단, 8.4%

복합, 22.7%

원자력, 27.4%

기력, 33.3%

1.7 수소에너지(hydrogen energy)와 풍력발전(wind energy)

수소에너지에 대한 관심이 최근에 국내외적으로 고조되고 있다. 수소는 화석연료의 연소에서 나오는 CO_2가 전혀 없어 청정연료이다. 아울러 화석연료와 같이 연료로서의 수소는 우리 일상생활 가까이에서 저장과 수송을 거쳐 열의 발생, 수송기기용 연료, 그리고 발전, 등에 활용할 수 있기 때문에 화석연료를 이어받게 될 차세대 에너지원이라는 인식이 넓어지고 있다.

Fig. 1.12는 수소가 다양한 에너지를 활용하여 제조되어 공급될 수 있는 과정과 수소가 직접적인 연소나 연료전지를 통하여 전기, 열, 그리고 동력으로 변화할 수 있는 방식을 잘 설명해 주고 있다.

Fig. 1.12 수소의 공급과 수요의 흐름[14]

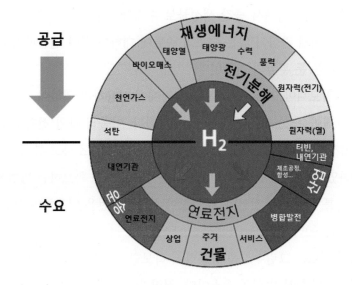

공급

수요

위와 같은 분위기하에서 수소경제와 수소사회라는 용어가 사용되고 있지만 화석연료와 같이 활용하기에는 아직은 넘어야 할 장애물이 많다.

미래의 에너지가 가져야 할 중요한 특성을 다시 요약해 보면 청정하고, 안전하고, 신뢰성이 있고, 그리고 적절한 가격으로 안정된 공급이 가능해야 함이다.

수소에너지가 위의 조건들을 대부분 만족하고 있지만 제일 큰 문제는 수소를 저렴한 가격으로 확보하는 방법이다. 수소에너지원인 수소가스는 석유나 석탄같이 자연 상태에서 얻어지는 자원이 아니라 단지 에너지 운반체(energy carrier)이므로 다른 에너지원을 투입하여 생산되어야 한다. 아울러 수소가스의 생산과정에서 CO_2가 발생하기 때문에 미래 에너지의 핵심인 청정성을 해결할 수가 없다. 위의 Fig. 1.12에서 보는 바와 같이 CO_2를 발생시키지 않는 방법은 재생에너지인 태양광, 수력, 풍력과 원자력에너지 뿐이다. 하지만 현재의 기술로는 에너지의 청정성과 가격 경쟁력을 동시에 해결할 수 없는 문제에 봉착하게 된다.

수소가스를 생산하는 핵심기술은 그간 오랜 기간을 거쳐 이미 성숙한 상태이지만 연료의 목적으로 수소 자체만을 생산하기 위해서는 경제성이 뒤따르지 않기 때문에 대량으로 사용되는 연료로서는 실용화되지 못하고 있다. 하지만 공업적으로 필요한 요소로 필요한 양이 있기 때문에 그동안의 기술개발을 통하여 생산되어 사용 중이다.

수소가스의 제조방법에는 수증기 개질(SMR, Steam Methane Reforming)법, 이산화탄소 개질법, 부분 산화법, 소금물 전기분해법, 그리고 물의 전기분해법 등이었다. 소량이지만 바이오에너지와 폐기물에너지에서 중간 생성물로 수소가스가 생성될 수도 있다. 따라서 여기에서 최근에 우리에게 관심이 있는 수소의 종류에 대하여 잠깐 언급하기로 하며 수소를 만드는 과정에 기반을 둔 분류의 기준이다.

위의 공정에서 암모니아, 비료, 그리고 석유정제에 사용하기 위하여 천연가스로부터 생산하는 수소는 그레이수소(gray hydrogen)에 해당한다. 아울러 물의 전기분해를 위하여 화석연료 발전소에서 만든 전기를 활용한다면 이 또한 그레이수소라고 볼 수 있다.

앞에서 설명하였듯이 진정하게 CO_2 배출을 줄이고 수소를 확보하는 방법은 재생에너지를 이용하여 수소를 생산하는 것인데, 태양광이나 풍력발전을 이용하여 생산한 수소를 그린수소(green hydrogen)라 한다.

다른 종류의 수소로는 그린수소를 충분하게 확보할 수 있는 기술의 상용화가 이루어지기 전까지 중간단계의 확보 방식의 수소이다. 천연가스 등을 활용하여 수소를 생산하되 생산과정에서 발생하는 CO_2의 90% 이상을 탄소 포집과 저장(CCS, Carbon Capture and Storage)을 통하여 탄소 배출을 최소화하여 얻는 수소를 저탄소수소(low-CO_2 hydrogen) 혹은 블루수소(blue hydrogen)라 한다.

수소의 종류를 정량적인 구분 방법을 도입하여 사용하는데 일정한 양의 탄소 발자국(carbon footprint, 탄소성적표지)[6]을 기준으로 저탄소 수소(low carbon hydrogen)와 그린수소(green hydrogen)로 구분하고 있다. 탄소성적표지값이 36.4g CO_2/MJ을 기준으로 이하일 경우에는 저탄소 수소(low carbon hydrogen)이며, 특히 재생에너지로 생산한 수소를 그린수소(녹색수소, green hydrogen)이라고 한다.

탄소 발자국(탄소성적표지)값이 36.4g CO_2/MJ 이상일 경우에는 그레이수소(회색수소, gray hydrogen)이라고 분류하고 있다. 일반적으로 암모니아, 비료, 석유정제에 사용하기 위하여 천연가스로부터 생산하는 수소는 그레이수소에 해당한다.

청정수소(clean hydrogen)는 그레이수소(gray hydrogen)에 대비되는 분류로 저탄소 수소(블루수소, blue hydrogen)와 그린수소가 이에 해당한다.

수소 제조 공정에 필요한 에너지를 풍력발전으로 공급한다면 제조 과정의 청정성을 확

---

6 탄소 발자국(carbon footprint)은 Fuel Cell and Hydrogen(FCH)이란 조직에서 제안한 방법으로 개인 또는 단체가 직접적이거나 간접적으로 발생시키는 온실가스의 총량을 의미하며 어떤 제품의 생산에서 폐기 단계까지 발생하는 CO_2의 양을 뜻함.

보할 수 있고 해상풍력단지에서 물의 전기분해(electrolysis of water)를 통하여 수소가스를 대량으로 생산한다면 경제성을 높일 수 있다는 것이 풍력발전을 통한 미래 에너지에 대한 구상이다. 다행스럽게도 해상풍력발전기술이 발달하고 발전단가가 점차 낮아지면서 이러한 구상이 점점 설득력을 얻고 있다.

아울러 수소가스를 저장하는 기술, 풍력발전의 전기를 저장하는 기술(ESS, Energy Storage System), 수소가스를 연소하여 동력을 얻을 수 있는 연료전지기술, 그리고 수소가스 터빈 기술 등 수소에너지와 관련된 전후방 기술도 급속하게 개발되고 있다는 점도 풍력발전기술에 유리한 환경으로 작용하고 있다.

해외 수입에 의존하지 않고 순수하게 자국에서 생산될 수 있는 에너지는 수력, 풍력, 그리고 태양광에너지 정도이다. 이렇듯이 에너지 독립은 국가의 에너지 안보 측면에서 너무나 중요한 사항임을 알 수 있다. 풍력발전을 비롯한 재생에너지는 이러한 문제에 대한 한 가지의 해답이 될 수도 있다.

1.8 풍력에너지 기술과 산업(wind energy technology and industry)

현대의 풍력에너지는 전기에너지 형태로 우리가 사용한다. 최종적으로 경제성이 있는 전기에너지를 만들기 위한 기술과 연관 산업이 동원된다. 풍력산업은 재생에너지원 중의 어떤 에너지원보다 전후방 관련 산업이 매우 크고 더구나 중공업의 기반이 없이는 가능한 산업 분야가 아니다.

풍력터빈 자체만 보더라도 최근에는 블레이드의 길이가 100m를 초과하고, 타워의 높이도 역시 100m를 훨씬 상회한다. 정밀한 증속기와 대형 용량의 발전기, 그리고 매우 열악한 환경에서 견뎌야 하는 풍력발전시스템의 설계와 제조기술 등은 상당한 노하우와 기술력을 요구한다.

풍력에너지의 발전단가를 낮추기 위해서 육상풍력에서 해상풍력으로의 발달로 전환되어 가면서 선박 제조와 해양 구조물 기술도 추가로 요구되고 있다.

풍력터빈의 설계기술은 거대 회전 기계의 설계 능력이 요구된다. 최적화된 기계 구조물의 설계를 위해서는 수십 년간 축적된 노하우가 매우 중요한 부분이다. 풍력터빈을 구성하는 모든 부품들은 설계에서 비롯되기 때문에 풍력터빈이 작동하는 원리에 대한 깊은 이해와 적용할 수 있는 공학적인 이론을 활용할 수 있는 인적 자원이 필요하다. 이러한 전체 시스템의 설계기술과 부품별 기본적인 설계 능력과 기술에 기반을 두고 부품별로 연관 산업과 기술에 대하여 알아보자.

블레이드(blades)는 대형화되면서 복합재료의 활용이 매우 중요한 계기가 되었다. 경량이면서 구조적으로 매우 강건한 소재로 복합재료의 발전으로 대형 블레이드와 대형 풍력터빈의 제조가 가능하게 되었다. 따라서 복합재료(composite materials) 산업은 기본 소재인 석유화학 제품인 수지와 보강재인 유리섬유나 탄소섬유가 대량으로 생산이 필요한 분야이다. 복합재료 제품은 제조 공정 또한 상당한 기술력이 요구된다. 완성도가 있는 복합재료 블레이드를 개발하기 위해서는 화학공학, 재료공학, 항공공학, 구조·토목공학 그리고 기계공학 등의 기술력이 필요하다.

타워(tower)는 풍력터빈에서 가장 중량의 구조물이며 가격 면에서도 가장 높은 비율을 차지한다. 외형적으로 볼 때는 비교적 간단한 형상이지만 철강산업(steel industry)에서 공급되는 두꺼운 강판이 요구되고 용접 기술도 필요하다. 분할된 강관을 연결하기 위한 플랜지(flanges)의 제조에는 대형 프레스가 필요한 단조 기술도 필수적이다. 블레이드와 마찬가지로 대형의 타워 강관의 수송을 위한 특수 운반 장치도 요구된다. 이처럼 조선산업에서 필요한 거대 구조물의 제조 기술이 적용될 수 있다.

Fig. 1.13 **풍력터빈과 나셀 내부의 대표적 부품의 일부[15]**

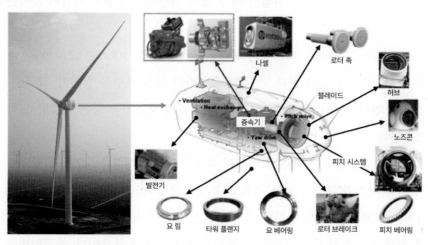

Fig. 1.13에서 보는 바와 같이 나셀(nacelle) 내부의 드라이브 트레인(drivetrain)에 포함된 허브(hub), 주축(main shaft, rotor shaft), 고속축, 베어링, 브레이크, 요 시스템, 피치 시스템, 그리고 증속기(gearbox) 등은 대표적인 중공업 제품이다. 이 부품들을 제조하기 위해서는 주축과 고속축은 철강산업과 단조산업(forging industry)이 뒷받침되어야 한다. 다른 부품에는 베어링과 기어의 제조를 위해서는 특수강과 정밀가공 기술이 필수적이다. 또한, 증속기의 하우징과 베드 프레임(bed frame)의 제조에는 대형 제품의 주조기술(casting technology)도 요구된다.

발전기(generators)는 전산업 분야에서 활용되는 핵심 부품이다. 대형 발전기 제조에는 구리로 된 전선, 자석, 그리고 주조기술 등이 필요하다. 발전기와 함께 필요한 제어장치(control systems)는 소프트웨어 측면에서는 풍력터빈의 설계기술과 밀접한 관련이 있지만, 하드웨어적으로는 전력전자 부품과 관련 기술이 매우 중요하다. 아울러 발전된 전압을 변환하기 위한 변압기(transformers) 제조기술도 함께 해야 한다.

Fig. 1.14 하부구조물(모노파일)[16]과 해상풍력터빈의 설치 공정[17]

풍력발전단지(wind farm)의 조성에서 육상과 해상단지의 기초를 만들기 위한 토목기술이 필요하다. 특히 Fig. 1.14와 같은 해상단지에는 육중한 하부구조물(sub-structures)을 제조하는 철강, 제조, 운반, 그리고 설치에 필요한 일련의 연관 산업의 뒷받침이 필요하다. 특히 설치를 위해서는 조선과 해양산업에서 필요한 특수 선박의 건조와 운용 기술도 필수적이다. 향후에 부유식 풍력발전(floating wind generation)으로 전환되면 조선과 해양 구조물 산업은 더욱 중요한 부분이 될 것이다.

생산된 전력을 풍력발전단지에서 계통망(grid)으로 연결하기 위해서는 송전을 위한 전선이 필요하다. 해상풍력단지(offshore wind farm)에서 육지의 계통망으로 연결하기 위하여 Fig. 1.15와 같은 특수한 해저 케이블(submarine cables), 포설 장비, 그리고 관련 기술이 요구된다. 이 분야는 풍력터빈과 해상의 구조물에 이어서 비용 측면에서도 매우 핵심적인 기술 분야이다.

Fig. 1.15 해저 케이블 설치선과 설치장면[18]

풍력터빈과 풍력단지는 개인 소비 제품이 아니기 때문에 제품의 설계에서 설치에 이르기까지 신뢰성이 있는 제3의 기관으로부터 인증(certification)을 받기 위한 절차와 시험설비를 구비한 시험기관과 인증기관이 참여해야 한다.

풍력단지에 설치되어 운영되는 풍력터빈은 정상적인 작동으로 발전이 되어야 하므로 지속적인 유지와 보수(operation and maintenance)가 필요하며, 최종적으로 풍력터빈의 수명에 도달하면 해체를 위한 작업과 해체된 부품의 재활용 기술도 개발되어야 한다.

풍력산업은 풍력터빈의 개발에서 풍력단지의 구축 등을 통하여 전력 생산 및 공급으로 수익을 창출하기 때문에 기술개발과 관련 산업이 연계성이 매우 중요하다. 100MW급 이상의 해상풍력단지 개발을 위해서는 최소 수천억 원의 예산이 투입되므로 금융업, 보험업, 법률 및 서비스 분야의 참여도 필수적이다. 이상에서 살펴본 바와 같이 풍력산업은 중공업과 같은 기간 산업이 발달한 국가에 유리한 산업이며, 이러한 산업을 이끌어 갈 기술 인력, 경제 규모, 그리고 국가의 정책이 포함되어야 한다.

세계 글로벌 경제체제 하에서 한 개 단위의 국가에서 모든 사항을 해결하기 어려울 것이다. 하지만 위에서 언급한 풍력과 관련된 기술과 산업이 자국에서 적어도 50% 정도 이상은 보유해야 풍력산업이 국가의 주요 산업으로 자리매김할 수 있다고 판단된다.

참고문헌

1. Sara Overgaard, Issue Paper: "Definition of primary and secondary energy," Chap. 3: Standard International Energy Classification in IRES, Sep. 2008

2. 2018 신재생에너지백서, 산업통상자원부 및 한국에너지공단, 2018. 12

3. 대한민국 외교부 홈페이지 기후변화협상, http://www.mofa.go.kr/www/wpge/m_20150/contents.do

4. Robert Rapler, "Highlights from the 2022 BP Statistical Review 2022," July 13, 2022

5. 제2장 국내 에너지 현황 및 정책동향, 2022 KEA 에너지편람, 한국에너지공단, 2022. 5

6. REN21, Renewables 2020 Global Status Report

7. REN21's Renewables 2022 Global Status Report, June 17, 2022

8. Share of Electricity Generation from Variable Renewable Energy, Top 10 Countries, REN21, Renewables 2019 Global Status Report

9. Stephanie Cole, "13 Compelling Wind Energy Statistics & Facts," TheRoundup.org

10. IRENA Press Release, Onshore Wind Power Now as Affordable as Any Other Source, Solar to Halve by 2020, 13 Jan. 2018

11. Battery Power's Latest Plunge in Costs Threatens Coal, Gas, BloombergNEF, March 26 2019

12. BNEF, 2017, New Energy Outlook 2017

13. 한국전력통계, 한국전력공사, 제91호(2021), 2022. 5

14. Hydrogen Energy and Fuel Cells - A Vision of Our Future, Final Report of the High Level Group, EU Commission, 2003

15. 황병선, 외, "중대형 풍력터빈의 주요재료," 기계와 재료 제21권 제2호, 2009. 7

16. Denmark: Bladt Leading Supplier of Offshore Substructures, EWEA's Report Says, Offshorewind.biz, February 1, 2013

17. Fresh breeze for offshore wind farms, DNV, 15 March, 2018

18. Fiber transceivers solutions, https://www.fiber-optic-transceiver-module.com, Oct. 16, 2014

바람과 풍력에너지

바람과 풍력에너지

 ## 2.1 지구의 바람

　재생에너지 중에서 조력과 지열에너지를 제외한 모든 재생에너지는 태양으로부터 유래한다. 태양은 시간당 174,423,000,000,000kW의 에너지를 지구에 방출하는데 태양으로부터 방출되는 에너지의 약 1~2%의 에너지가 바람에너지로 전환된다. 태양이 지구의 일정한 표면을 가열할 때 지구의 표면을 덮는 육지, 강, 바다, 그리고 산 등의 밀도가 달라서 태양에너지를 흡수하는 정도가 달라지므로 온도 차가 발생하여 주변의 공기 밀도도 달라진다. 밀도가 낮은 공기는 상승하게 되고 이를 채우기 위하여 주위의 공기 덩어리가 이동하는 것이 바람(wind)이다.

　온도 차에 의한 공기의 이동에 더하여 지구의 자전이 대기의 이동과 방향에 영향을 미친다. 프랑스 과학자 코리올리(Coriolis)는 지구의 자전으로 발생하는 가상의 힘인 코리올리의 힘(Coriolis force)이 작용한다고 주장하였다. 코리올리의 힘이 작용하는 방향은 북반구에서는 회전운동 방향의 오른쪽으로, 남반구에서는 운동 방향의 왼쪽으로 작용하고, 코리올리의 힘은 양쪽 반구로 이동하는 대기가 극 쪽으로 더 멀리 이동하는 것을 방해한다고 밝혔다. 이에 따라 적도에서 상승한 공기가 북쪽과 남쪽으로 이동하다가 코리올리의 힘으로 양쪽 반구의 30°위도 주변에서 가라앉기 시작한다. 풍력터빈은 가능한 많은 전기에너지를 만들기 위하여 바람 자원이 우수한 지역에 설치되어야 하는 것이 최우선의 목표이다. 따라서 대기 이동 및 지역에 따른 바람의 종류를 알아보자.

2.2 바람의 종류

해륙풍은 해안 지역에서 바다와 육지와의 온도 차에 의해 발생하는 기압 차로 인하여 부는 바람으로 Fig. 2.1과 같이 낮에는 일사에 의해 데워진 육지 쪽이 바다보다 온도가 높고 저압이 되어 바다에서 육지를 향해 해풍이 분다. 반대로 밤에는 육지 쪽이 더 차가워 고압이 되어 육지에서 바다를 향해 육풍이 분다. 풍향이 역전하는 아침과 저녁에는 풍속이 약한 바람이 된다.

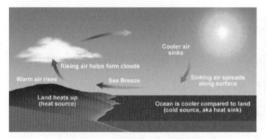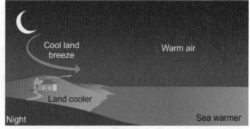

Fig. 2.1 해풍과 육풍의 방향[1]

산곡풍도 해륙풍과 같이 온도 차로 생기는 바람으로, 낮과 밤의 풍향이 반대로 된다. Fig. 2.2와 같이 낮에는 산의 경사면이나 정상의 공기가 골짜기보다 더 가열되어 저압이 되기 때문에 골짜기에서 산으로 곡풍이 분다. 밤에는 산 쪽이 차가워 고기압이 되어 산에서 골짜기로 산바람이 분다.

Fig. 2.2 산곡풍의 생성과 방향[2]

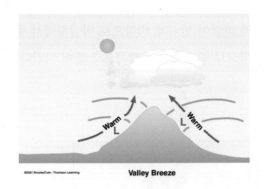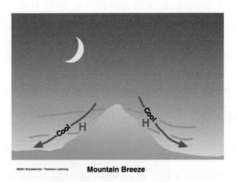

계절풍은 사계절 동안 해양과 대륙의 규모에 적용되는 바람으로 계절에 따라 대륙과 해양의 일사에 의한 데워지는 차이에서 발생하며, 여름과 겨울에 상대적인 온도 차가 반대로 되어 풍향이 변화한다. Fig. 2.3에서는 우리나라의 경우를 예를 들어 설명한다. 여름은 대륙이 따뜻해지기 쉬워 저압이 되어 해양에서 대륙으로 바람이 불고, 겨울에는 반대로 해양이 저압이 되어 대륙에서 해양으로 바람이 분다.

우리나라에서의 계절풍은 여름에는 태평양에서 남동풍이 불고 겨울에는 대륙에서 북서풍이 분다.

Fig. 2.3 우리나라 계절풍의 모습과 방향[3]

🖱 출처: 두피디아(doopedia)

국지적으로 저기압과 고기압에 의한 바람은 저기압이나 고기압의 크기와 위치 관계로 의해 풍속과 풍향이 변화한다. 일반적으로 기압 차이가 큰 곳일수록 바람이 강하게 분다. 지구의 북반구에서는 Fig. 2.4와 같이 저기압의 바람이 반시계 방향으로 바깥쪽에서 중심으로 불어 들어오고, 고기압의 바람은 시계 방향으로 중심에서 바깥쪽으로 불어 나간다.

Fig. 2.4 저기압과 고기압에 의한 바람[4]

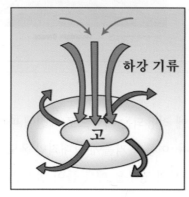
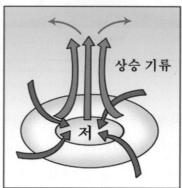

2.3 풍력에너지의 정의

이미 위에서 설명하였으나 태양이 지구의 일정한 표면을 가열할 때 지구의 표면을 덮고 있는 육지, 강, 바다, 산악 등의 밀도가 달라서 태양에너지를 흡수하는 정도의 차이로 온도 차가 발생한다. 이에 따라 주변 공기의 밀도도 달라져서 밀도가 낮은 공기는 가벼워져서 상승하고 이를 메우기 위한 공기 덩어리의 이동이 곧 바람(wind)이다. 태양에너지가 바람에너지(wind energy)인 운동에너지로 전환된다. 이 바람에너지를 기계적 에너지와 전기에너지로 전환하여 사용하는데 이때 얻어지는 기계에너지와 전기에너지를 통틀어 풍력에너지(wind Energy)라 한다. 운동에너지인 바람에너지로 장치를 움직이는데 사용하는 것을 기계에너지라 하고 기계적 회전을 통하여 발전 장치로 전기에너지를 만든다. 어떤 측면에서는 풍력에너지도 태양에너지의 일종으로 간주되기도 한다.

2.3.1 풍황과 풍력에너지

일반적으로 풍속이 높으면 그 바람에서 뽑아낼 수 있는 에너지가 클 것이라는 사실은 상식이다. 풍황이란 「풍력자원(wind resource) 현황」을 줄여서 일컫는 말로 어떤 지역의 풍황을 나타낼 때에는 연평균풍속, 공기밀도, 풍력에너지 밀도, 주풍향, 풍속 분포 등으로 표시한다. 이를 좀 더 체계화된 이론으로 나타낼 필요가 있고 풍력에너지를 이해하기 위해서는 풍황과 관련된 기본적인 사항인 풍향, 풍속, 공기 밀도, 풍력에너지 밀도, 그리고 윈드쉬어(wind shear) 등의 개념을 이해하는 것이 필요하다.

2.3.2 풍력발전기의 정의

풍력발전기는 바람이 가진 운동에너지를 기계적 운동을 거쳐서 전기에너지로 변환하는 장치이다. 풍력에너지 변환 장치(WECS, Wind Energy Conversion System), 풍력발전기(wind generator), 풍력발전시스템(wind generation system), 그리고 풍력터빈(wind turbine) 등으로 표현된다.

인류가 고대부터 현재까지 양수, 제분, 그리고 제재 등의 용도로 제작된 기계적 에너지 변환 장치를 풍차(windmill)라고 정의하였기에 풍력발전기를 최근까지도 풍차라고 부르기도 한다. 하지만 현대적 개념으로 바람을 받아 전기를 생산하는 에너지 변환장치를 풍력발전기, 풍력발전시스템, 풍력터빈 등으로 부르는 것이 일반적이다. 따라서 본 교재에서는 상황에 따라서 네 가지의 명칭을 혼용하여 사용하였다.

 ## 2.4 바람의 운동에너지와 출력

풍력발전기는 바람의 힘을 로터 블레이드에 작용하여 회전시키는 힘인, 토크(torque)로 전환함으로써 동력을 얻는다. 바람이 가지는 에너지로부터 얻을 수 있는 기계적 에너지의 크기는 운동량이론(momentum theory)으로부터 구할 수 있다.

Fig. 2.5와 같이 바람이란 공기 덩어리의 흐름으로서 질량 m을 가진 공기 입자의 모임이 속도 v로 움직일 때 운동에너지(E)는 식(2.1)과 같이 표현한다.

$$E = \frac{1}{2}mv^2 \qquad (2.1)$$

Fig. 2.5와 같이 바람 속에 풍향과 수직이며 면적 A인 액츄에이터 디스크(actuator disk)를 가정하면 이 디스크를 단위 시간당 통과하는 바람의 체적은 풍속과 면적의 곱이 된다.

질량은 체적과 밀도의 곱이므로 단위 시간당 디스크를 통과하는 바람의 질량, 즉 질량 유량(mass flow rate)은 다음의 식(2.2)와 같이 공기 밀도, 디스크 면적, 그리고 풍속의 곱으로 표시된다.

$$\dot{m} = \frac{dm}{dt} = \rho A v \qquad (2.2)$$

출력은 시간에 대한 에너지의 비이므로 바람으로부터 디스크에서 얻을 수 있는 가용 출력 P는 다음 식(2.3)과 같다.

$$P = \frac{dE}{dt} = \frac{d}{dt}\left(\frac{1}{2}mv^2\right) = \frac{1}{2}\frac{dm}{dt}v^2 \qquad (2.3)$$

Fig. 2.5 풍력터빈에 바람에너지의 적용 예시 ────────────────

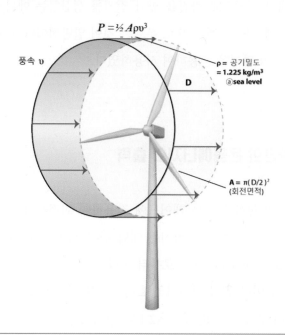

따라서 식(2.3)에 식(2.2)를 대입하면 바람의 최대 가용 출력은 식(2.4)와 같다.

$$P = \frac{1}{2}\rho A v^3 \qquad\qquad (2.4)$$

여기서, P는 출력, ρ는 공기 밀도, A는 로터 회전 면적, 그리고 v는 풍속이다. 이 식은 자유 유동의 공기 흐름에서 에너지 변환장치에 의하여 얼마나 기계적 에너지를 얻을 수 있는지를 나타낸다. 바람이 로터에 전달하는 에너지 양은 공기밀도, 로터 회전면적, 그리고 풍속에 따라 좌우된다. 따라서 출력은 회전체의 면적에 비례하고 풍속의 세제곱에 비례함을 알 수 있다. 만약 풍속이 2배이면 2의 세제곱, 즉 8배의 에너지를 가진다. 따라서 풍력발전기의 출력은 풍속에 가장 민감하게 증가함을 알 수 있다. 이처럼 풍력에너지 즉 출력은 풍속의 세제곱에 비례하기 때문에 풍황(wind resource)이 우수한 곳에 풍력발전기를 설치하는 것이 발전의 성패를 좌우한다. 아울러 우공기의 밀도는 풍력발전기가 설치될 고도에 따라 달라지므로 식(2.4)에서 보듯이 출력은 공기밀도에 비례하기 때문에 공기가 무거울수록 터빈에 의하여 더 많은 에너지가 흡수된다.

2.5 풍력에너지의 기본 변수

2.5.1 평균풍속(average wind speed)

풍속(wind speed)은 바람의 속도로 기본적인 단위는 m/s를 사용하고 바람의 세기를 나타내는 지표이기도 하다. 풍속은 풍속계(anemometer)로 측정한다. 풍속을 측정하는 지리적 위치와 측정 높이 등을 기술해야 정확한 자료를 산출할 수 있다.

풍속은 순간 측정값인 순간 풍속과 일정 기간 측정된 풍속을 평균한 평균풍속이 있다. 풍속은 대개 건물이나 나무 등과 같은 장애물의 영향을 받지 않는 높이에서 혹은 국제적으로 통용되는 표준 기상관측 높이인 10m 이상 지점에서 측정하며, 보통 10분 평균값을 많이 사용한다. 평균풍속의 계산에서 단순하게 측정 횟수로 나누는 산술 평균에 의한 평균풍속 계산법은 실제 풍속보다 낮게 나타날 수 있기 때문에 적절한 방법이 아니다.

순간 풍속을 $v(t)$라하고 통계적으로 계산될 평균풍속을 v_a, 일정한 시간 T에서 이 평균 풍속에서의 변동값을 $v'(t)$이라고 하면 식(2.5)로 나타낸다.

$$v(t) = v_a + v'(t) \qquad\qquad (2.5)$$

로 나타나고 평균풍속 v_a에 대하여 표현하면 아래 식(2.6)과 같다.

$$v_a = \frac{1}{T}\int_0^T v(t)dt \qquad\qquad (2.6)$$

좀 더 간단하게 앞 절의 풍속과 출력의 3승 관계를 고려한 식(2.7)의 가중 평균식을 이용 하면 비교적 정확한 평균풍속을 얻을 수 있다.

$$v_a = (\frac{1}{n}\sum_{i=1}^{n} v_i^3)^{\frac{1}{3}} \qquad\qquad (2.7)$$

일반적으로 평균풍속이 7m/s 이상이면 풍력발전에 적합한 조건으로 평가된다.

2.5.2 풍속의 분포(distribution of wind speed)

바람의 실제 풍속과 풍향은 시간에 따라서 계속하여 변한다. 바람의 에너지 양을 산출 하기 위해서는 단순히 평균풍속만을 아는 것만으로는 부족하다. 일정 시간 동안의 풍속의 변화가 필요하며, 이것을 풍속의 도수 분포라 하며, 대부분 Fig. 2.6과 같이 히스토그램 형 태로 나타난다. 이 그림에서 가장 빈도수가 높은 풍속대는 8~12m/s이고 최고풍속 10m/s 가 나타나는 빈도는 약 18%이고 평균풍속은 8.5m/s이다.

Fig. 2.6 **벨(bell)형의 대표적인 풍속 vs 빈도수, 밀도 함수[5]**

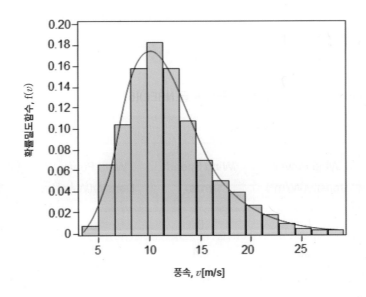

이러한 실험적 결과를 이론적으로 가장 유사하게 표현하는 것이 Fig. 2.6의 그래프에서 실선으로 표시되어 있는 와이블 분포(Weibull distribution)함수, $f(v)$이고 이는 식(2.8)로 나타낼 수 있다.

$$f(x) = \frac{k}{c}\left(\frac{v}{c}\right)^{k-1} \exp\left[-\left(\frac{v}{c}\right)^{k}\right], (v > 0,\ k > 0,\ c > 1) \tag{2.8}$$

여기에서 임의의 풍속 v에서 k는 형상계수(shape parameter)이고 c는 척도계수(scale parameter)이다. 형상계수인 k값이 클수록 바람이 균질하다고 볼 수 있다. 유사하게 레일리 분포(Rayleigh distribution)함수도 풍황과 관련된 연구에서 많이 활용하고 있다.

2.5.3 바람의 강도(intensity of wind)

풍력 분야에서 적용하는 바람의 분류법 중에서 많이 사용하는 방법은 미국 재생에너지 연구소(NREL, National Renewable Energy Laboratory)에서 제시하는 풍황 측정 등급으로 1에서 7등급으로 나눈다. Table 2.1에 나타낸 이 분류법은 측정 고도를 10m와 50m 두 가지 높이로 제안하고 있으며, 풍력에너지 밀도를 기준으로 분류하고 있다. 10m 높이에서 1등급은 $0 \sim 100 W/m^2$, 2등급은 $150 W/m^2$, 그리고 3등급은 $200 W/m^2$ 등으로 일정한 간격으로 7등급으로 분류하고 있다.

Table 2.1 10m와 50m에서의 풍력 밀도의 등급(NREL)[6]

Wind Power Class	10m height		50m height*	
	Wind Power Density(W/m²)	Wind Speed (m/s)	Wind Power Density(W/m²)	Wind Speed (m/s)
1	0	0	0	0
	100	4.4	200	5.6
2	150	5.1	300	6.4
3	200	5.6	400	7.0
4	250	6.0	500	7.5
5	300	6.4	600	8.0
6	400	7.0	800	8.8
7	1,000	9.4	2,000	11.9

*대개 hub height, m

위의 바람의 등급과는 참고로 달리 풍력터빈의 제조와 관련하여 풍력터빈의 형식등급(wind turbine class)은 IEC 규정에서 분류하는 방법은 아래 Table 2.2와 같다.

Table 2.2 IEC 규정에 따른 풍력터빈의 분류 방법[7]

Class(등급)	I		II		III		IV		S
기준풍속 V_{ref}(m/s)	50		42.5		37.5		30		
년평균풍속 V_{avg}(m/s)	10		8.5		7.5		6		
50년 주기 돌풍 풍속(m/s)	70		59.5		52.5		42		
1년 주기 돌풍 풍속(m/s)	52.5		44.6		39.4		31.5		제조사 특별사항
난류강도 클래스	a	b	a	b	a	b	a	b	
I_{15} 풍속 15m/s에서의 난류강도 특성치(%)	18	16	18	16	18	16	18	16	
Iu 난류강도	0.21	0.18	0.226	0.191	0.24	0.2	0.27	0.22	

*난류강도 I: Turbulence Intensity

예를 들면, 어떤 제조사의 풍력터빈의 등급이 Class Ia로 분류될 경우는 고풍속 지역(기준 풍속이 최대 50m/s 이상, 난류 강도가 a에 해당)에서 가동될 수 있는 풍력터빈임을 나타낸다. Class III와 IV는 저풍속형이고, Class S는 특정한 지역(예를 들면, 태풍이 강한 지역)에 적합한 풍력터빈이다.

2.5.4 공기 밀도(air density)

바람의 생성에서 토양과 물의 밀도 차에 의하여 주변의 공기의 온도 차가 발생하고 온도 차는 공기의 밀도 차로 연결된다. 풍력터빈이 설치되는 장소에 따라 대기의 밀도 차이가 있음을 알 수 있다. 앞에서 유도된 풍력터빈의 전기에너지 출력은 풍속, 터빈의 회전 면적, 그리고 공기밀도의 함수이다. 따라서 미세하지만 발전단지의 출력은 공기밀도에 비례하므로 이에 대한 정보도 필수적이다. 일반적으로 건조한 공기의 공기밀도는 1.2041kg/m³로 알려져 있다.

2.5.5 풍력에너지 밀도(WPD, Wind Power Density)

최대 가용 출력을 블레이드 회전에 의하여 생기는 디스크의 가상 면적으로 나눈 값으로, 풍속과 공기밀도의 항으로 표시[W/m^2] 하며, $200W/m^2$이면 풍력단지로의 가능성이 있다고 판단한다.

2.5.6 조도(roughness)

풍력산업에서 사람들이 보통 지형의 바람 상태를 평가할 때 조도 등급(roughness classes)과 조도장(조도 길이, roughness lengths)을 참고로 한다. 조도장이라는 용어는 사실상 바람의 속도가 이론적으로 0이 되는 지상 위의 높이이다. 3 ~ 4의 높은 조도 등급은 많은 나무와 빌딩을 가진 지형이며, 바다의 표면은 0의 조도 등급에 해당된다.

2.5.7 윈드 쉬어(Wind shear)

풍속이 지표면에서 마찰 저항 때문에 높이에 따라 변하는 현상을 말한다. 동일한 지점에서 공기의 흐름도 지표면에서의 높이에 따라 균일하지 않고 바람의 속도가 서로 다르다. 지표면에 가까운 곳에 있는 공기는 지표면의 마찰 저항을 많이 받아 느려진다. 이러한 현상을 윈드 쉬어(wind shear)라 한다. 지표면에서의 높이에 따른 속도 분포를 가장 적절하게 표현하는 수식은 지수함수와 로그함수이며, 다음과 같은 식(2.9)로 표현한다.

$$v(z) = v(z_r)\frac{\ln\left(\frac{z}{z_o}\right)}{\ln\left(\frac{z_r}{z_o}\right)} \text{ 또는 } v(z) = v(z_r)\left(\frac{z}{z_r}\right)^\alpha \tag{2.9}$$

여기서, $v(z)$와 $v(z_r)$는 각각 지상으로부터의 높이 z와 z_r에서의 풍속, α는 지수를 나타낸다. z, z_r, z_o는 각각 임의의 높이, 기준높이, 그리고 조도장이다. Fig. 2.7은 지수함수로 나타낸 윈드 쉬어 곡선이다.

더 정확한 풍력에너지를 산출하기 위해서는 풍력터빈의 허브 높이에서의 풍속을 알아야 한다. 식(2.8)과 (2.9)는 일정 높이에서 얻어진 풍속을 실제 풍력터빈의 허브 높이에서의 풍속으로 보정하는데 활용할 수 있다. 보정 계산에서 조도 지수와 조도장이 필요한데, 다양한 지표면과 장애물을 고려하여 실험적으로 얻어진 값이 사용된다.

Fig. 2.7 **대표적인 윈드 쉬어 그래프**

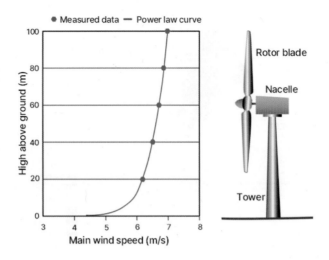

2.5.8 풍향(wind direction)

풍속과 함께 바람의 상태를 표현하는 중요한 인자로서 바람이 부는 방향을 풍향이라 한
다. 일반적으로 강한 바람은 특정한 방향에서 많이 불어온다. 대개 풍속과 풍향의 변화를
주어진 기간에 출현하는 빈도를 방사형 그래프로 표현하는데 이를 바람장미(wind rose)라
고 한다. 이때 가장 빈도수가 높은 풍향을 주풍향(prevailing wind direction)이라고 하며 평
균풍속과 함께 주풍향의 빈도수가 50% 이상 되는 것이 풍력발전단지 선정에서 유리하다
고 볼 수 있다. Fig. 2.8의 바람장미에서 보면 주풍향은 북북서풍이고, 연중 $3.6{\sim}8.8m/s$
정도의 풍속이 높은 빈도수를 보인다.

Fig. 2.8 대표적인 바람장미와 빈도수

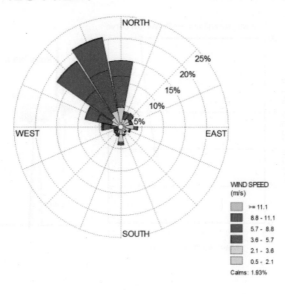

2.5.9 풍황 측정 장비

예상되는 풍력단지의 풍속과 풍향, 공기밀도, 습도, 온도 등 풍황 자원을 측정하기 위한 장비는 다양하게 존재한다. 풍속계는 컵형과 프로펠러형이 있고 두 형식 모두 현장에서 사용되는 종류이다. 풍향계는 베인(vane)형이 많이 사용되고 있다. Fig. 2.9와 같은 측정 장비를 일반적으로 10m 지상에 설치하는 경우가 많고, 풍력산업에서는 예상되는 풍력단지에 필요한 높이의 기상탑(meteorological mast)을 세우고 위의 각종 측정 장비를 설치한다.

Fig. 2.9 각종 풍황측정 장비의 예시

풍속계(Cup Anemometer) 풍향계(wind vane)　　　　　　　　온도계(thermometer)

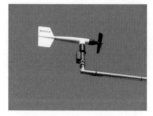

Propeller Anemometer　　　　Hygrometer(relative humidity)　　barometer(atmosphere pressure)

Fig. 2.10 국내에서 설치된 육해상 기상탑의 예시

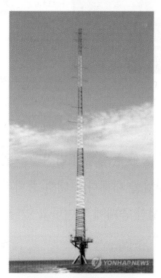

보성표준기상관측소에 설치된 높이 307m의 종합기상탑 (출처:한겨레신문 홈페이지)　　　전남 신안과 진도 해역 120m짜리 해상기상탑 (출처:목포대/연합뉴스)　　　석션버켓 기초 해상기상탑 (출처:suctionpile 네이버블로그)

Fig. 2.10은 국내에 설치된 육상과 해상용 기상탑을 보이고 있다. 특히 전남 신안과 진도 해역의 해상 기상탑은 하부구조물이 재킷형이고 오른쪽은 하부구조물이 석션 버킷형 해상 기상탑의 설치 모습을 보이고 있다. 특히 Fig. 2.11은 해상용 기상탑으로 높이별로 풍속계가 설치되어 있고 특히 하부구조물 위의 플랫폼에 라이다(LiDAR, Light Detection And Ranging)형 풍속계도 설치되어 있다.

Fig. 2.11 **해상용 기상탑(해모수-1)의 예시[8]**

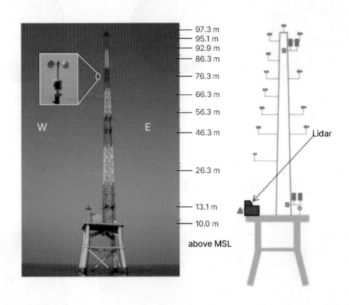

특히 최근에는 고공 거치형 풍향 풍속계의 단점을 보완한 LiDAR를 활용하는 경우가 증가하고 있다. Fig. 2.12는 기상탑을 대체하고 대형 풍력터빈의 나셀에 설치하여 더 정확한 풍속을 측정하여 풍력에너지 생산 증대에 기여하고 있다.

Fig. 2.12 Met mast와 라이다(LiDAR)의 설치를 통한 풍황 측정의 예시

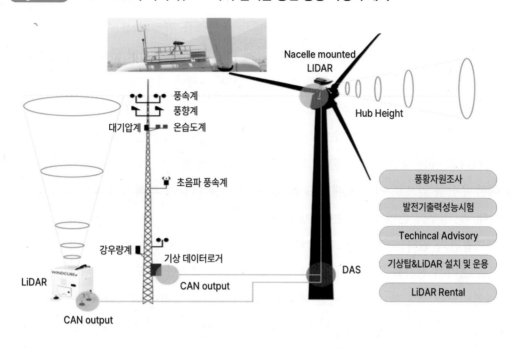

2.6 풍력발전의 원리

2.6.1 양력(揚力) - lift force[1]

양력은 유체 속의 물체가 수직 방향으로 받는 힘을 말하며, 이 힘은 높은 압력에서 낮은 압력 쪽으로 생기며, 물체에 닿은 유체를 밀어 내리려는 힘에 대한 반작용이다. 비행기의 날개는 이 힘을 이용하여 비행기를 하늘에 띄운다. 예를 들면 종이 4모서리 중에서 2모서리 끝을 양손으로 잡고 종이 위로 바람을 불면, 종이가 밑으로 처져있는 상태에서 약간 위로 들리는데, 이렇게 종이를 들어 올리는 힘이 양력이다.

---

1 네이버 지식백과/두산백과

2.6.2 항력(抗力) - drag force

항력이란 물체가 유체 내에서 운동할 때 받는 저항력을 말하며 유체 저항이라고도 한다. 물체가 유체 내에서 운동하거나 흐르는 유체 내에 물체가 정지해 있을 때 유체에 의해 운동에 방해되는 힘을 받는데 이를 항력이라고 한다. 유체에 대한 물체의 상대속도(유체의 흐름을 따라 움직이는 관찰자가 본 물체의 속도)의 반대 방향으로 항력이 작용한다. 시냇물 속에 나무판을 흐름에 수직인 방향으로 세워서 잡고 있으면 물의 흐름에 의해서 나무판이 뒤로 밀리려고 하는 힘을 느끼게 된다. 또한 바람이 심하게 불면서 비가 오는 날에 비를 막기 위해서 우산을 앞으로 기울일 때에도 걸어가는 동안에 바람에 의해서 밀리는 힘을 느끼게 되는데, 두 경우에 손에 느껴지는 힘이 항력이다.

풍력발전의 원리는 블레이드가 양력을 받아서 회전함으로써 토크가 발생하고 이를 발전기를 돌려서 전기를 발생시키는 것이다. 블레이드가 강력한 회전력을 가지는 것은 바람이 블레이드를 스칠 때 유선형 단면 형상에 의하여 양력과 항력이 발생하기 때문이다.

오래전부터 우리는 Fig. 2.13과 같이 항공기가 날 수 있는 원리에 대하여 항공기 날개의 유선형 때문임을 알고 있다. 이론적으로 베르누이 정리(Bernoulli Theorem)에 의하면 유선형 날개의 상하면의 곡면의 차이에 의하여 공기의 흐름 속도가 달라져서 압력 차가 발생하여 날개를 밀어 올리는 힘이 양력이다.

Fig. 2.13 항공기 엔진에 의하여 추력이 발생할 때 항공기에 가해지는 각종 힘[3]

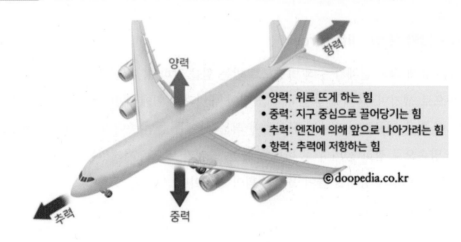

출처: 두피디아(doopedia)

베르누이 정리(Bernoulli Theorem[2])

다양한 단면을 가진 물체의 주위를 유체가 흘러갈 때, 유체의 속도가 증가하면 표면에서의 압력이 감소한다. 달리 말하면 빠르게 흐르는 유체의 압력은 천천히 흐르는 유체의 압력보다 낮다.

Fig. 2.14 유선형 단면을 흐르는 유체에 의한 압력 차이

Fig. 2.14에 의하여 유선형 단면(날개)은 위로 밀리게 된다. 항공기의 경우에는 날개가 항공기 몸체에 고정되어 있기 때문에 항공기 전체가 위로 부상하게 된다. 이에 엔진이 추력을 가하게 되면 항공기가 공중에 부양되어 앞으로 전진한다.

Fig. 2.15에 나타낸 것과 같이, 풍력터빈의 경우에는 날개가 유체(바람)에 의하여 양력을 받아 움직이게 되는데, 날개의 한쪽이 몸체와 고정된 항공기와는 달리 회전축에 연결되어 있어 회전력이 발생하여 축을 회전시킨다.

Fig. 2.15 양력에 의한 풍력터빈의 회전 원리

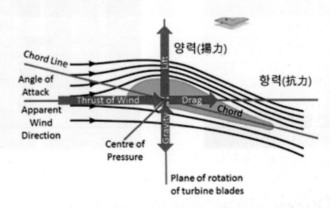

---

2   Daniel Bernoulli(1700-1782), 스위스의 수학 및 물리학자

2.7 풍력발전시스템의 분류

풍력발전기를 분류할 때 외관상으로 가장 특징적으로 분류할 수 있는 것이 회전축의 방향과 바람의 방향을 고려한 것이다. 수평축 풍력발전기(HAWT, Horizontal Axis Wind Turbine)는 회전축이 바람이 불어오는 방향인 지면과 평행하게 설치되는 풍력발전기를 말하며 구조가 간단하고 설치가 용이하다. 블레이드 전면을 바람 방향에 맞추기 위해 나셀을 360°회전시키는 요잉(yawing)장치가 필요하다.

반면에 수직축 풍력발전기(VAWT, Vertical Axis Wind Turbine)는 회전축이 바람이 불어오는 방향이 지면과 수직으로 설치되는 풍력발전기이다. 바람의 방향에 영향을 받지 않아 요잉(yawing)장치가 필요없는 것이 최대의 장점이다. Fig. 2.16은 대표적인 수평축 풍력발전기와 수직축 풍력발전기를 나타내고 있다.

Fig. 2.16 **대표적인 외형상의 분류에 의한 수평축과 수직축 풍력발전기**

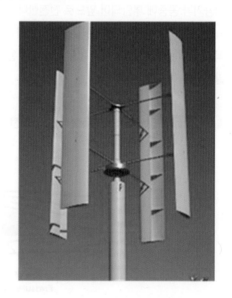

아울러 앞 단원에서 설명하였던 양력과 항력을 이용한 풍력발전기가 개발되어 왔는데 이에 기반하여 분류한 풍력발전기의 종류는 Fig. 2.17과 같이 분류한다. 양력을 주도적으로 활용하는 풍력터빈은 수평축(horizontal axis)과 수직축(vertical axis)을 가지는 경우가 모두 있는데, 블레이드의 단면이 양력을 받을 수 있는 유선형의 형상을 가진다는 것이 특징이다. 반면에 항력을 이용할 경우에는 항력을 최대한 활용할 수 있도록 컵 형상의 단면이나 판재형 블레이드가 사용된다.

Fig. 2.17 양력과 항력을 이용한 풍력발전기의 분류

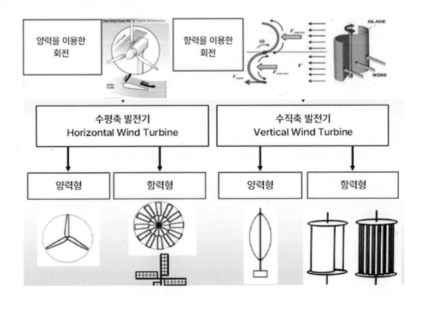

참고문헌

1. Difference Between Land Breeze And Sea Breeze, Vivadifferences,
   http://vivadifferece.com
2. Flight environment, prevailing winds, https://www.weather.gov/source/zhu/ZHU_Training_
   Page/winds/Wx_Terms/Flight_Environment.htm
3. doopedia.co.kr
4. 물정보 포털, my water, www.water.co.kr
5. 임채욱, "풍속의 도수분포, 풍력에너지," 한밭대학교, 2017 강의자료
6. http://rredc.nrel.gov
7. Wind turbines-Part 1: Design Requirements, International Standard IEC 61400-1, Edition
   4.0, 2019-2
8. 김지영, 김민석, "해상기상탑과 윈드 라이다의 높이별 풍황관측자료 비교," 한국해안해양공학회
   2017. Vol 29. No.1

풍력발전의 역사

풍력발전의 역사

3.1 고대와 중세

인류가 바람을 이용하여 생활을 편리하게 한 역사는 매우 오래된 사실이다. 기원전 4,000~5,000년 전 고대 이집트의 돛단배가 있었고, 문헌상의 최초의 풍차는 이슬람 시대인 7~9세기의 페르시아와 아프가니스탄 국경 지역의 갈대와 천으로 만든 날개가 달린 제분용 수직축 풍차이다. 중국에서도 관개용 수직축 풍차가 1292년의 문헌에 남아 있다.

중세시대 후반기인 AD 1270년경에는 그리스의 크레타 수평축 풍차가 선을 보였다. Fig. 3.1은 대표적인 고대의 풍차를 보여주고 있다.

Fig. 3.1 제분용 수직축 풍차(이란-아프카니스탄)와 양수용 수직축 풍차(중국)

3.2 중세 이후와 근세의 풍력발전

중세 이후에 유럽의 영국과 네덜란드가 오늘날 우리에게 익숙한 풍차의 본고장이 되었고 풍차의 종류 중에서 유럽 풍차의 초기형이 post windmill[1]이었고 12세기에서 19세기까지 많이 사용되었다. 비슷한 시기에 tower windmill(Fig. 3.2), 그리고 smock windmill(Fig. 3.3)[2] 등이 post windmill(Fig. 3.4)을 점차로 대체하였고 1930년대까지 유럽에서 매우 활발하게 활용되었다. 이것들 역시 곡식의 제분, 제재, 그리고 관개용 양수 용도의 풍차이다.

Tower mill은 일종의 수직형 풍차로 벽돌이나 암석으로 쌓은 타워로 그 위에 돛(sails)이 조립된 목재 지붕이 회전하여 바람 방향으로 향한다. 기초가 단단하였기 때문에 풍차를 높이 만들 수 있었고 바람도 더 잘 활용할 수 있었다.

Smock windmill의 개념은 tower windmill과 유사하지만, 타워 몸체가 원통형이 아니고 6면이나 8면 형상으로 벽돌 등으로 만들어졌다.

| Fig. 3.2 **Tower windmill(Haigh, UK)[1]** | Fig. 3.3 **Smock windmill, (Sønderho, Fanø, Denmark)[2]** |

---

1 Post windmill의 특징은 기계부를 감싸는 하우징(현대의 nacelle) 전체가 하나의 수직 기둥에 설치되어 바람 방향으로 돛(sails)을 돌림.

2 Smock windmill: 8각형 농부들이 입었던 옷의 형상과 유사함에서 유래된 이름. 6각이나 8각형 타워 본체가 있고 모자같이 생긴 지붕에 sail(blade를 말함)을 설치한 형태의 풍차로 영국과 아일랜드에 특히 많음.

Fig. 3.4 Post windmill, Oldland Mill(UK)

1800년대에 미국으로 건너간 유럽의 이민자들은 풍차 기술을 목장에서 양수용으로 Fig. 3.5와 같은 다익형 풍차에 활용하였고, 1930년대에는 많은 수의 풍차를 설치하여 전국적으로 약 60만 대에 이르렀고 아직도 일부가 남아서 사용이 되고 있다. 이 기간에 개발되어 활용된 양수용 미국식 다익형 풍차는 Halladay windmill 혹은 multi-bladed wind pump라고도 했다.

Fig. 3.5 **양수용 다익형 풍차**

바람 에너지를 이용하여 전기를 생산하는 최초의 풍력발전기는 1888년 미국 클리블랜드에서 브러쉬(Charles F. Brusch, 1949-1929), 미국 오하이오 출생의 엔지니어, 발명가)에 의하여 개발되었다. 이 풍력발전기(Fig. 3.6)는 항력을 이용하는 나무로 만든 144개의 다익형 로터로 되어있었는데 그 직경이 17m이었고, 출력이 12kW인 직류발전기가 설치되었다. 이 풍력발전기는 증속비가 50:1의 증속 장치와 12개의 배터리도 함께 조립되었다.

Fig. 3.6 **발전용 최초의 Charles Brush's windmill, 1888[3]**

동시대에 유럽에서는 덴마크의 라쿨(Poul la Cour, 1846-1908, 덴마크 과학자, 발명가)이 1891년에 로터의 반경이 5.8m이며 코드 길이가 2m인 철판 블레이드를 가진 2~25kW급 직류 풍력발전기(Fig. 3.7)를 개발하였다. 이 발전기의 특징은 양력을 이용한 항공공학적 익형을 활용한 고속풍력 발전기이며 일종의 전력변환장치인 조속기도 있었다.

Fig. 3.7 **라쿨의 풍력발전기[3]**

　덴마크 엔지니어인 Johannes Jensen과 Poul Vending이 설계한 1918년의 아그리코(Agricco) 풍력발전기는 40kW급으로 유선형 익형 블레이드를 지니고 있었고 이 블레이드는 피치 기능이 있었고 나셀의 요(yaw) 기능도 있었다.

　1922년에는 미국의 제이콥스(Marcellus Jacobs, 1903~1985, 엔지니어, 사업가)는 로터의 직경이 4m이며 3매의 블레이드를 가진 프로펠러형인 발전 용량이 1.8~3kW형의 풍력발전기(Fig. 3.8)를 개발하여 전등이나 라디오 전원용으로 활용하였다.

Fig. 3.8 제이콥스 수평축 프로펠러형 풍력발전기[4]

1942년~1943년에 미국의 스미스(F. L. Smith)는 Aeromotor라는 명칭으로 60kW급 터빈을 개발하였고 본격적인 근대의 풍력터빈의 기초가 되었다. 같은 시기인 1941년에는 Smith-Putnam MW급 터빈(Fig. 3.9)이 최초로 최대 1.25MW의 용량으로 개발되어 1941년부터 1945년까지 운영되었다. 가변 피치의 2개의 스텐리스로된 블레이드를 가진 후방향형 풍력터빈이었다. 로터 직경은 53m, 개당 무게는 약 6.9톤으로 정격회전속도는 28rpm이었다. 블레이드가 금속 피로 현상으로 허브 근처에서 파손이 발생하여 이후에 해체되었다. 당시로서는 MW급 터빈의 개발은 획기적인 것으로 이후 대형 풍력터빈 개발에서 기술적인 자료가 되었다.

Fig. 3.9 Smith-Putnam 후방향형(downwind type) 1.25MW 풍력발전기[6]

3.3 근대의 풍력발전

1970년 오일 파동 전후 미국에서 진행된 풍력터빈 개발의 역사를 보면, Boeing, Lockheed, GE 같은 미국의 유수한 항공회사들이 계통 연계형 대형 풍력터빈을 4~6년간 집중적으로 개발하였다. 이때 개발된 풍력터빈들은 Fig. 3.10과 같이 모델명이 MOD-0(100kW), MOD-0A(200kW), MOD-1(2.0MW), 그리고 MOD-2(2.5MW) 등 이었다.

Fig. 3.10 **미국 정부 주도(NASA 및 대형 항공기 제조사)의 대형 풍력터빈 개발 역사[7]**

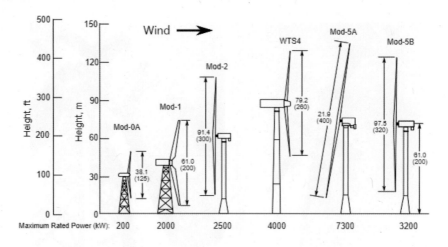

Fig. 3.11은 MOD-2 모델이 설치된 그림이다. 흥미롭게도 모두 2개의 블레이드로 제조되었고, MOD-2만 유리섬유로 교체되었다. 앞의 3개 모델은 후방향형이었고 MOD-2는 전방향형이었다. 당시로서는 용량이 매우 큰 풍력터빈이었지만, 블레이드와 허브의 중량이 매우 무거웠고, 진동 문제 등이 있었다. MOD-2가 2세대 터빈이었다면 3세대 터빈은 MOD-5A와 5B로 명명되어 각각 6.2MW와 7.2MW의 용량을 가졌다. 시제품을 개발하면서 가변속 발전기 기술도 연구되었지만, 정부의 지원 중단으로 1980년 중반에 개발은 중단되었다. 하지만 15년 정도의 기술개발 기간 동안 축적된 관련 기술은 50~100kW 풍력터빈 기술개발에 적용되었다.

Fig. 3.11 Two bladed MOD-2, 2.5 MW upwind wind turbines, 미국 워싱턴 주[8]

1950년대에 덴마크의 율(Johannes Juul, 1887~1969, 덴마크 엔지니어)은 최초로 교류용 풍력발전기를 개발하였다. 이후에 덴마크 전력회사의 요청에 따라 엔지니어인 율(Juul)은 덴마크의 Gedser 지역에 1957년에 직경 24m, 정격출력이 200kW인 본격적인 풍력발전기를 개발하여 설치하였다.[9]

이 풍력발전기의 개발을 통하여 현대 풍력터빈의 기초가 된 덴마크식 풍력발전기의 개념이 정립되었다. 3개의 프로펠러형의 블레이드, 원통형 타워(tubular tower), 유도발전기(induction generator), 풍향추적장치(yaw system), 전방향 형식(upwind type), 실속제어(stall control)방식, 끝단 브레이크(tip brake) 기술 등이 확립되었다. Fig. 3.13과 같이 시제품이었음에도 1957년에 개발되어 1966년까지 운영하였고 1975년에는 개조되어 미국의 NASA 풍력 프로그램에 기술 자료를 제공하였다.

Fig. 3.13 Johannes Juul's 200kW Gedser 전방향형 풍력터빈[9]

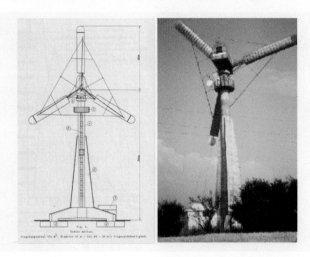

1957년경 독일의 Ulrich Hutter가 개발한 풍력터빈(Fig. 3.14)은 윈드 쉬어나 돌풍 때문에 발생하는 변환 장치를 저감시키기 위하여 허브에 베어링을 사용하고 유연한 시소형 허브를 사용하였다. 아울러 유리섬유로 된 가변 피치 블레이드를 채용하였다. 이러한 사항들은 현대의 풍력터빈의 중요한 기술적 진보에 기여하였다.

Fig. 3.14 Ulrich Hutter two and three-bladed wind machines, Germany, 1957.

Gedser wind turbine(Gedser 풍력발전기)

Gedser 풍력발전기(Fig. 3.12)는 덴마크의 남부지방의 Falster 섬에 있는 Gedser 지역에 설치된 발전기이다. 1957년에 Johannes Juul이 SEAS 전력회사를 위하여 제작하였다.

블레이드 길이가 9m이고 정격 회전속도가 30rpm인 풍력터빈은 200kW 용량을 지니고 있었고 교류를 생산하여 계통에 연결하였다.

설계의 특징은 전기기계적 요잉(yawing) 방식, 비동기 발전기, stall 제어와 비상용 공력 끝단 브레이크(aerodynamic tip brake) 등을 채용하였다.

이러한 개념은 당시로는 매우 혁신적이었으며 현대 풍력발전기에서도 적용되는 설계이었다.

이후에 풍력터빈 산업이 발전하면서 이 개념이 세계적으로 Danish Design으로 알려지게 되었다.

Fig. 3.12 덴마크의 에너지박물관인 Energy Museum Bjerringbro에 설치된 Gedser 풍력터빈

1970년 후반부터 덴마크는 Gedser 풍력발전기를 기반으로 하여 덴마크식 풍력발전기[3]를 개발하여 전 세계에 보급하였다. 이때 개발되어 상용화된 것이 덴마크 Vestas사의 100kW에서 300kW급의 풍력터빈이다.

1970년대의 석유 파동은 풍력에너지 시장을 활성화시켰다. 이후 15년간 많은 기술자가 풍력발전기와 관련된 발명과 이론의 개발에 상당히 기여하였다. 현재에 풍력발전기 분야에서 선두를 이끄는 기업들이 이 당시에 풍력발전기 사업을 시작하였던 기업들이다.

1980년 초부터 시작된 미국 캘리포니아의 풍력개발 지원 프로그램으로 소위 「윈드 러시(Wind Rush)[4]」를 이루며 덴마크 제품을 위주로 세계의 유수한 풍력발전기가 대거 미국에 진출하였다. 1987년 초까지 미국 캘리포니아에 설치된 풍력발전기는 약 15,000기로 전체 용량이 1,400MW에 도달하였다.

---

3 Danish concept 혹은 design: 현대 풍력터빈의 출발개념으로써 주)의 Gedser 풍력터빈의 설계개념을 포함하여 3조의 블레이드, 증속기, 발전기가 주요 모듈이 되며, upwind형 풍력터빈의 대표적인 형태

4 The Great California Wind Rush: 미국의 캘리포니아 주에서 풍력발전단지 지원 프로그램에 의하여 풍황이 우수한 캘리포니아 지역에 대단위 발전단지가 개발된 현상으로 1985년 지원 프로그램이 사라지면서 시장이 급격히 위축되었음.

Fig. 3.15와 같이 대표적인 캘리포니아의 풍력단지인 Altamont Pass Wind Farm에는 유럽과 미국 내에서 개발된 40kW~330kW급의 풍력터빈이 설치되었다.

1990년대 이후에 재생에너지에 대한 관심과 기술의 발전으로 빠른 속도로 풍력터빈이 대형화되고 발전단가가 기존의 에너지원과의 경쟁이 가능하게 되었다. 1980년대의 수십 kW급의 풍력터빈이, 1990년 후반에는 로터 직경이 50m의 500~750kW급이, 2000년 초반에는 1.5MW급의 풍력터빈이 개발되어 본격적으로 MW급 풍력터빈의 시대를 열었다.

Fig. 3.15 **100kW 풍력터빈, 미국 캘리포니아 Altamont Pass 풍력단지[10]**

1990년 중반까지는 Fig. 3.16과 같은 많은 수량의 V-25/29[5] 200/225kW에서부터 V-44 600kW급까지 그들의 파생형 터빈이 보급되고 많은 보급 실적으로 신뢰성과 성능이 우수하고 운영비용도 낮은 터빈이었다.

---

5 V-29: Vestas 200kW급으로 로터 직경이 29m이다. Vestas 모델이 당시의 풍력터빈을 대표하기 때문에 특정 제품을 소개한다.

Fig. 3.16 대표적인 중형 풍력터빈, V25, 200kW Vestas 풍력터빈[11]

이때까지만 해도 대부분의 풍력터빈은 정속운전(fixed operation) 방식이었다. 정격풍속(rated wind speed) 이상이 되면 실속(stall) 방식으로 출력을 제한하였는데 이때에는 블레이드가 실속에 의하여 출력계수(power coefficient)가 감소하고 총출력은 일정하게 유지된다. 아울러 다단 증속기가 농형유도발전기(SIG, Squirrel Induction Generator)에 연결되고 발전기는 전력망에 직접 연결되었다.

 ## 3.4 현대와 미래의 풍력발전

1990년 후반기와 2000년 초반부터는 풍력터빈 제조사들은 1.5MW 이상의 용량을 가지는 가변속(variable speed) 풍력터빈을 개발하기 시작하였다. 가변속 풍력터빈은 블레이드 피치제어 기능을 가지게 되었는데, 이 방식은 회전속도를 규제하여 출력을 제어하고 출력 품질과 에너지 수율 등을 고려하게 되었다. 이 시기에 최근까지 널리 활용되었던 이중여자유도발전기(DFIG, Doubly Fed Induction Generator)가 소개되었다. 이러한 기술을 배경으로 2005년에서 2010년경에는 Fig. 3.17과 같은 3~5MW급이 상용화되었다.

Fig. 3.17 ENERCON E101, GE's 2.8-127, Vestas V90 3MW ———————

    1990년 초기부터는 에너콘과 같은 일부 터빈 제조사에서는 증속기가 없는 풍력터빈 (gearless 혹은 direct drive wind turbine)이 개발하였는데, 이는 증속기의 높은 고장률 때문이 었는데, 이는 터빈 제조사의 가치 철학에 기인한 것으로 생각된다. 1991년~2001년에 증속기형 450kW 용량의 해상풍력터빈이 개발되어 Fig. 3.18과 같이 최초의 해상풍력발전 단지인 덴마크의 Vindeby offshore wind farm(450kW x 11기)이 조성되었다.

Fig. 3.18 Vindeby offshore wind farm의 Bonus(현 Siemens)사의 AN Bonus 450/37 모델 —

육상풍력용으로 개발된 2~3MW 용량의 터빈도 해상풍력용으로 설치되기도 하였으나, Fig. 3.19와 같이 5MW~8MW급 해상풍력 전용 터빈들이 등장하기 시작하였다.

Fig. 3.19 해상풍력 전용 풍력터빈의 예시

(a) Bard 5.0MW　　　　(b) REPower 5.0　　　　(c) SGRE 8.4MW

Fig. 3.20 발전 용량과 로터 직경으로 나타낸 시기별 풍력터빈의 대형화[12]

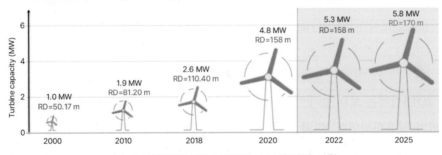

(a) 육상풍력단지용 풍력터빈 규모의 발달 상황

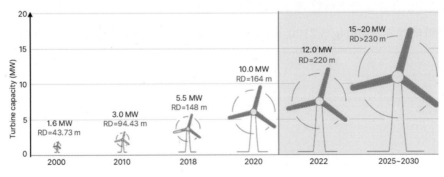

(b) 해상풍력단지용 풍력터빈 규모의 발달 상황

2010년 이후는 풍력터빈 개발의 전성시대를 이루고 있고 특히 대형화되면서 해상풍력 발전이 급속히 이루어지게 되었다. Fig. 3.20은 육상과 해상풍력터빈 규모의 발달 상황을 보여주고 있다.

Fig. 3.21 **초대형 해상풍력터빈 시제품[13]**

(a) GERE사의 12MW Halaide-X   (b) SGRE사의 SG 14-222DD

최근 2018년에는 로터 블레이드의 직경이 164m이며, 정격용량이 9.5MW인 해상용 풍력발전기가 상용화되었다. 이와 함께 2018년에는 13MW급 초대형 풍력발전기의 시제품 (Fig. 3.21(a), GE의 Haliade-X, 로터 직경 220m, 블레이드 길이 107m)이 소개되어 상용화를 앞두고 있으며, 유럽의 풍력터빈 제조사는 11MW급(SG 11.0-200 DD)을 넘어서 14MW급 초대형 풍력터빈 시제품((Fig. 3.21(b), SGRE사, 모델 SG 14-222 DD)을 2021년에 제시하였다.

3.5 국내의 풍력에너지의 역사

국내 풍력에너지 역사를 살펴보면 1975년 3월 22일 한국과학원에서 경기도 화성군 송산면 어도(엇섬)에 세운 2kW급 풍력발전기가 공식적인 국내 최초 풍력발전기로 기록되어 있다. 이 풍력발전기는 어도 마을 내 37개 가구에 전기를 공급했다. 본격적인 풍력발전 분야 연구가 시작된 건 잇따른 석유 파동으로 인해 에너지 자급의 필요성이 절실해진 1988년부터 2000년 초반이라 볼 수 있다. 당시 동력자원부는 '대체에너지기술 개발사업'을 통해 풍력을 비롯한 신재생에너지 발전기술을 개발하고자 하였다. 이에 따라 정부는 1988년 전국 64개 기상관측소와 일부 섬, 내륙지역에서 관측한 풍황 자료를 토대로 국내 풍력 자원 특성을 분석했다.

이후 1993년에는 한국에너지기술연구소에서 제주 월령에 신재생에너지 시범단지를 조성해 처음으로 전력 계통에 연계해 풍력발전기 100kW 1기와 30kW 2기를 운영했다.

같은 시기에 외국산의 풍력발전기를 도입하여 국내 최초 상업용 풍력발전단지인 제주 행원풍력발전단지에 1997년 600kW급 풍력발전기 2기를 설치해 1998년 8월 상업 운전을 시작했다. 풍력터빈의 국산화의 필요성에 의하여 1992년부터 1996년 사업 기간 한국화이바가 300kW급 수직축 풍력발전기를 개발하면서 본격적인 중·대형급 풍력발전기 개발이 시작됐다.

유니슨과 효성이 750kW급 풍력발전기 개발과 상용화를 본격적으로 추진했고, 2001년 ㈜한국화이바에서 정부 지원으로 750kW급 풍력발전기용 풍력 블레이드의 개발 시도가 있었다.[14] 이후에 세계적인 그린에너지에 대한 관심과 녹색산업에 대한 요구가 커짐에 따라서 정부와 산업계에서는 본격적으로 풍력터빈의 개발에 힘을 쏟기 시작하였다.

Fig. 3.22 **국내 대형 풍력터빈 상용화 현황**

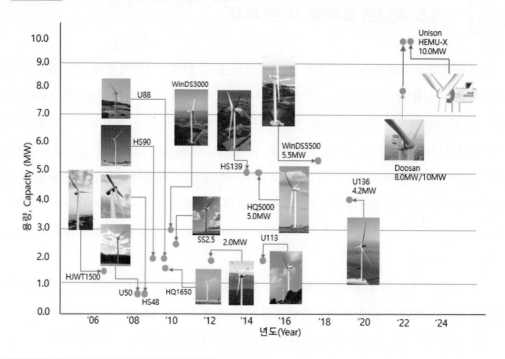

주) HJWT1500-한진산업 1.5MW, U50-유니슨 750kW, HS48-효성 750, HQ1650-현대 1.65MW, U88-유니슨 2MW, HS90-효성 2MW, SS2.5-삼성 2.5MW, U113-유니슨 2.3MW, WinDS3000-두산 3MW, HS139-효성 5.5MW, HQ5500-현대 5.0MW, WinDS5500-두산 5.5MW, 7MW, U136-유니슨 4.2MW, WinDS8000-두산 8MW, 두산 10MW(개발 중), 유니슨 HEMU-X 10MW(개발 중)

2005년 이후 많은 국내의 대형 기업들이 풍력터빈 개발에 진출하여 Fig. 3.22에서 보는 바와 같이 대형 풍력발전기의 시작이라 할 수 있는 750kW급 중형 풍력터빈의 개발을 2005년경부터 시작하여 한진산업의 1.5MW가 국제인증을 받고 국내 주요 제조사들이 2MW급, 3MW, 그리고 5MW급 터빈을 개발하였음을 보여주고 있다.

현재 국내의 대형 풍력발전기 제조사는 2019년을 기준으로 두산중공업(3MW, 5.5MW), 효성(750kW, 2MW, 5MW), 한진산업(1.5MW, 2MW), 그리고 유니슨(750kW, 2MW, 2.3MW, 4.2MW) 등의 4개 사가 있으며 이 중에서 해상용 풍력발전기는 두산중공업, 효성, 유니슨이 제작하지만, 상용화 설치 실적은 두산중공업의 3MW가 유일하다.

5MW급 이상의 해상풍력터빈의 개발 시도는 2011년도부터 삼성중공업에서 해외기술

협력을 통하여 7MW급 풍력터빈 개발을 추진한 바 있다. 하지만 사정에 의하여 2013년에 시제품 개발 후에 사업을 중단하였다. 대형 풍력터빈을 개발에 현대중공업을 비롯한 국내의 유수 기업들이 진출하였으나 좁은 국내시장과 기술력 부족으로 큰 성과를 보이지 못하고 침체기를 거쳤다.

2015년 이후에는 풍력터빈 용량의 대형화를 위한 개발이 계속되어 유니슨의 4.2MW(2020)와 두산중공업의 5.5MW(2018)터빈의 상용화가 이루어졌고, 2018년~2022년의 기간에 두산중공업(현 두산에너빌리티)에서 8MW급 초대형 해상풍력터빈을 개발하였다. 아울러 두산에너빌리티와 유니슨은 2025년 상용화를 위하여 10MW급 초대형 풍력터빈을 개발 중에 있다.

참고문헌

1. Tower mill(By Francis Franklin - Own work, CC BY-SA 4.0, https://commons.wikimedia.org/w/index.php?curid=38518578)

2. Smoke mill(By Cnyborg - Own work, CC BY-SA 3.0, https://commons.wikimedia.org/w/index.php?curid=209855

3. Zachary Shahan, "History of Wind Turbines," Renewable Energy World, 2014

4. Paul Gipe, Erik Mollerstrom, "An overview of the history of wind turbine development: Part I-The early wind turbines until the 1960s," Wind Engineering, 2022, Vol 46(6), 1973-2004

5. J. Manwell, et al., "Introduction: Modern Wind Energy and its Origins," Wind Energy Explained: Theory, Design and Application, John Wiley & Sons, Ltd, 2009

6. M. Ragheb, "Historical Wind Generators Machines," 2019. 2. 21

7. Ignacio Mártil, "Wind Power (II): from World War II until the Present Day," The Spanish Royal Society of Physics, Mar. 30, 2021

8. Two bladed MOD-2, 2.5 MW upwind wind turbines, State of Washington, USA.

9. The Wind Energy Pioneers: Gedser wind turbine, Danish Wind Industry Association, www.windpower.org

10. D. R. Smith, "The wind farms of the Altamont Pass area," Ann. Rev. Energy, 1987. 12: 145-83

11. Vestas V25, en.wind-turbine-models.com/turbines/276-vestas-v25

12. M. Bosnjakovic, et al., "Wind Turbine Technology Trends," Appl. Sci. 2022, 12(17)

13. History of Wind Power, Wikipedia https://en.wikipedia.org/wiki/History_of_wind_power

14. 권준범, "(창간기획)국내외 풍력발전의 발자취를 돌아본다," 에너지신문, 2019. 9. 21

chapter

04

풍력터빈의 구성과 개념

CHAPTER

풍력터빈의 구성과 개념

4.1 풍력터빈의 구성

풍력발전시스템의 주요 구성요소는 Fig. 4.1과 같이 공통적으로 바람에너지를 회전에너지로 전환하는 블레이드(Blade), 나셀(nacelle), 그리고 타워(tower)이다. 나셀(nacelle)은 블레이드로부터 전달된 토크를 증속기나 발전기 등의 주요 구성품이 배치된 공간을 말한다. 타워(tower)는 블레이드와 나셀을 지지하는 구조물이다.

Fig. 4.1은 수평축 풍력발전시스템과 수직축 풍력발전시스템의 대표적인 모습이며 핵심 부품의 형상과 위치가 다소 다름을 알 수 있다. 수평축에서는 블레이드와 나셀이 타워 상부에 있고, 수직축에서는 회전축이 수직으로 되고 상하로 블레이드가 거치되어 있다. 따라서 수직축에서는 증속기와 발전기 등이 포함된 나셀은 하부에 위치한다.

Fig. 4.1 풍력터빈의 구성, (a) 수평축과 (b) 수직축 풍력터빈(Darrieus type)의 예시[1]

오랫동안 풍력터빈의 개발 과정의 결과에 따라서 현대에서는 대부분이 수평축 풍력터빈을 사용하고 있다. 따라서 이후 본 교재에서는 수평축 풍력터빈 위주로 설명한다.

4.2 풍력터빈의 내부 구조

풍력터빈은 기계, 전기, 제어시스템 등 8,000여 개 이상의 부품으로 구성된 종합 기계 시스템이다. 풍력터빈을 이루는 외형상의 구조물은 블레이드, 나셀, 그리고 타워가 있고 나셀 내부에는 많은 기계적, 전기적 부품이 포함되어 있다. 나셀 내부를 보면 Fig. 4.2와 같이 부품들이 있고 각 부위의 명칭이 나타나 있다. 이후에 부품별로 자세하게 알아볼 것이지만 이 부품들의 역할과 기능은 Table 4.1에서 일단 간단히 정리하였고, Fig. 4.2에서는 나타나지 않는 나셀 내부에 있는 주요 부품들도 설명하였다. Fig. 4.3은 나셀을 지지하고 있는 타워와 내부의 구성을 보이고 있다.

Fig. 4.2 풍력터빈 나셀 내부의 구성 부품(D사 3MW 모델)

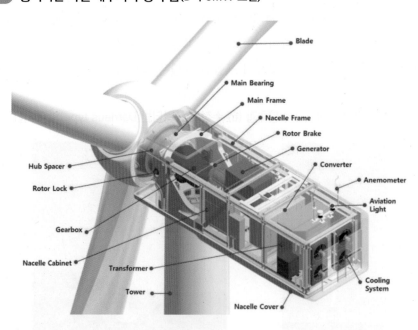

타워 내부도 예상보다 비교적 많은 부품으로 구성되어 있다. MW급 풍력터빈은 20m 정도 길이의 원통형 섹션 3~5개 정도를 연결하여 사용한다. Fig. 4.3에서는 바닥에서부터 mid-deck, saddle deck, 그리고 yaw deck으로 명칭을 부여하고 있다. 데크(deck 혹은 플랫폼)의 용도는 기술자들이 내부의 작업, 안전과 중간 쉼터, 그리고 원통형 타워의 강성 등을 유지하기 위한 것이다. 타워 내부로는 나셀에서 내려오는 다양한 케이블(power cable, control cable, 그리고 통신 cable)들이 지나고 있다. 한편으로는 기술자와 공구의 운송을 위한 리프트(lift, 운송용 엘리베이터)와 비상용 사다리가 설치되어 있다.

Fig. 4.3 수평축 풍력터빈의 주요 구성 부품과 나셀 내부의 각종 부품[2]

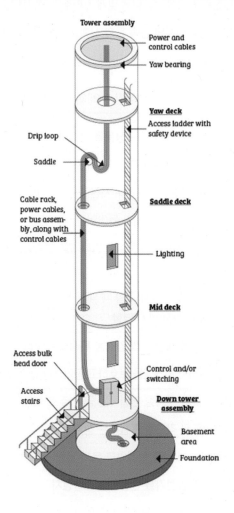

Table 4.1 **각 부품의 명칭과 역할의 요약**

부품명(components)		역할과 기능(function)
blade	블레이드	바람을 기계적 회전운동으로 변환하는 부품
main bearing	주축베어링	주축의 회전 및 지지역할
main shaft	주축	블레이드의 토크를 증속기와 발전기로 전달하는 역할
nacelle frame	나셀 프레임	나셀 내부의 구성품과 커버를 고정하는 프레임
rotor/disk brake	디스크 브레이크	최종 정지를 위한 기계 브레이크
generator	발전기	출력을 발생시키는 발전장치
converter	전력변환장치	발전된 전력을 계통망에 맞게 주파수와 전압을 변환하는 장치
anemometer	풍속계	허브 높이에서의 풍속 등의 상황을 측정하는 장치
aviation light	항공표시등	고공의 항공기 등으로부터 식별용 표시등
cooling unit/ system	냉각장치	증속기/발전기/제어장치 등의 과열을 방지하는 냉각장치
nacelle cover	나셀 케이스	내부의 기계와 전기 구성품을 보호하는 케이스
tower	타워	블레이드와 나셀을 지지하는 구조물
transformer	변압장치	계통으로의 송전을 위하여 저전압을 고전압으로 승압하는 장치
nacelle cabinet	제어 캐비닛	풍력터빈의 제어장치가 들어있는 캐비닛
gearbox	증속기	저속의 블레이드 회전수를 발전기용 고속회전으로 변환하는 역할
rotor lock	로터 잠금장치	나셀의 수송과 설치를 할 때 내부 부품의 보호와 유지 보수에서 주축의 회전 방지 역할
hub spacer	허브 스페이서	로터와 주프레임 간의 간격을 유지하는 부품
nose cone/spinner	노즈콘, 스피너	허브와 피치 시스템을 보호하고 공기 저항을 감소시키는 부품
hub	허브	블레이드와 주축을 연결하는 금속 주조 부품
pitch system	피치시스템	블레이드의 각도를 조절하는 장치
hydraulic unit	유압 장치	나셀 내부의 각종 브레이크 등의 유압 공급장치
coupling	커플링	증속기와 발전기를 연결하는 전달장치
yaw drive	요드라이브	요 베어링을 회전시키는 드라이브 모터

yaw bearing	요 베어링	나셀을 회전시키는 요 시스템의 베어링
dehumidifier	제습 및 냉각장치	발전기용 냉각 및 제습장치
lubrication unit	윤활장치	주축 베어링용 윤활장치
damping unit	충격완화장치	증속기의 회전 충격을 흡수하는 장치
oil filter unit	오일 필터장치	증속기어의 오일 필터장치
control unit	제어장치	풍력터빈의 제반 작동을 제어

 ## 4.3 풍력터빈의 개념 설계

풍력터빈시스템을 개발할 때, 설계를 위하여 사전에 개념적으로 결정해야 할 많은 사항 중에서 대표적으로 10여 가지의 사항들이 Table 4.2와 같이 제시되고 있다. 풍력터빈 제조사의 철학에 따라서 세부적으로 세분화된 결정 사항들이 많겠지만 일반적으로 우리가 풍력터빈을 분류할 때도 고려하는 사항들의 모음이다.

Table 4.2	풍력터빈 설계개념 정립을 위한 분류방법과 종류

분류기준	형식(type)	
풍력터빈 등급 (IEC wind turbine class) Table 2.2 참고	Class I. 기준풍속 50m/s, 연평균풍속 10m/s 이상, 50년 최대풍속 70m/s	난류 특성 @ 57m/s A+(0.18), A(0.16), B(0.14), C(0.12)
	Class II. 기준풍속, 42.5m/s연평균풍속 8.5m/s 이상, 50년 최대 풍속 59.5m/s	
	Class III. 기준풍속, 37.5m/s, 연평균풍속 7.5m/s 이상, 50년 최대 풍속 52.5m/s	
	Class S. 설계자 결정	
회전축방향	수평축 풍력발전시스템(프로펠러형, HAWT, horizontal axis wind turbines)	
	수직축 풍력발전시스템(다리우스형 및 기타, VAWT, vertical axis wind turbines)	
공력 이용방식	양력 방식(lift types)	
	항력 방식(drag types)	
운전방식	정속 운전(fixed rotor speed turbines)	
	가변속 운전(variable rotor speed turbines)	
출력 제어방식	실속제어 방식(stall regulated types)	수동형(passive stall control type)
		능동형(active stall control type)
	피치제어 방식(pitch regulated types)	집단 피치제어(collective pitch control type)
		개별 피치제어(individual pitch control type)
전력 사용방식	계통연계(grid connected type)	
	독립운전(stand-alone type)	
	복합운전(hybrid type)	
계통 연계방식	전용량 컨버터(full scale frequency converter)	
	부분용량 컨버터(partial scale frequency converter)	
증속기 사용여부	간접구동식(geared types)	
	직접구동식(gearless types)	
발전기 종류	동기발전기(synchronous generators)	
	유도발전기(induction generators)	
수풍 방향	전방향형(upwind types)	
	후방향형(downwind types)	
설치 위치	육상풍력터빈(onshore types)	
	고정식 해상풍력(fixed offshore types)	
	부유식 해상풍력(floating offshore types)	
크기	소형 풍력(small wind turbine), 500kW 용량 이하	
	대형 풍력(large wind turbine), 500kW 용량 이상	

Fig. 4.4　풍력터빈의 종류

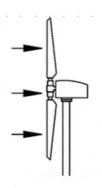

(a) 수평축형, 양력형, 전방향형

(b) 수직축형, 양력형

(c) 수평축형, 후방향형

(d) 수평축형, 항력형, 전방향형

(e) 수직축형, 항력형

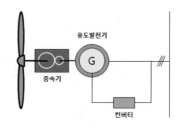

(f) 수평축형, geared type,
유도발전기

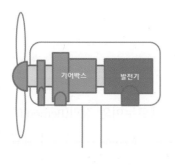

(g) geared type, 간접구동형

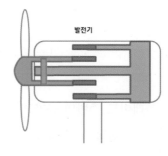

(h) gearless type, 직접구동형

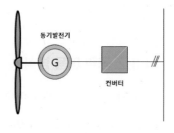

(i) 수평축형, direct drive type,
동기발전기

Fig. 4.4는 Table 4.2에서 설명한 사항에 대한 이해를 돕기 위하여 분류 인자를 일부 혼합하여 표현한 것이다.

본 단원에서는 중요한 핵심 단어(key words) 위주로 간단히 설명하며 핵심 부품에 대한 사항은 다른 단원에서 자세히 설명될 예정이므로 몇 가지 사항만 좀 더 자세히 언급하고자 한다.

4.3.1 풍력터빈 등급(wind turbine class)

제조사 입장에서는 가장 먼저 고려해야 할 것은 진입하려는 시장일 것이다. 육상풍력터빈이냐 혹은 해상풍력터빈이냐 아니면 육·해상 공용 플랫폼을 개발할 것이 우선 결정되며 동시에 풍력터빈의 용량(capacity)을 정해야 된다. 자연적으로 위의 Table 4.2에서 분류하는 풍력터빈의 등급이 정해질 것으로 보인다. 아울러 제2장의 Table 2.2를 함께 참고하길 바란다.

IEC에서 규정하는 풍력터빈 등급(wind turbine class)은 사용하는 평균풍속에 따라서 고풍속(10m/s 이상), 중풍속(8.5m/s 이상), 그리고 저풍속(7.5m 이상)에 따라서 I, II, 그리고 III 등급으로 구분한다. S 등급은 설계자가 특수한 풍황이 있는 지역에서 사용할 풍력터빈의 등급이다. I, II, III은 태풍과 같은 강풍이 없는 유럽지역 위주로 결정된 등급이므로, S등급은 아시아 지역 특히 중국이나 한국에서 태풍을 고려하여 사용하는데, 제조사가 풍력터빈의 등급을 Class IB으로 표시하면, 이는 I등급 저풍속에서 난류 특성 b(0.16)을 고려한 해상풍력터빈이라는 의미이다.

4.3.2 공력 이용 방식

항공기의 날개 단면과 비슷한 블레이드 주변의 공기 흐름을 베르누이의 정리(Bernoulli's theorem)를 통하여 살펴보면, 유선형 단면을 가진 블레이드의 앞전(leading edge)에서 출발한 바람이 위쪽의 곡면부(흡입부, suction side)와 아래쪽의 편평한 압력부(pressure side)로 분리되어 흐른 후에 블레이드 뒷전(trailing edge)에서 같은 시간에 만난다. 이동 경로가 긴 곡면부를 통과한 바람은 편평한 부위를 통과하는 바람보다 상대적으로 속도가 빠르다. 이처럼 생성되는 블레이드 양면의 유속의 차에 의하여 편평한 부위에 상대적으로 높은 압력이 작용하여 양력(lift force)이 발생하게 되고, 이 힘으로 블레이드는 양력 방향으로 움직이게 된다. Fig. 4.4(a)나 Fig. 4.4(b)와 같이 현대의 풍력발전기 블레이드는 양력과 항력(drag force)을 이상적으로 활용하고 있다.

항력형 풍력터빈은 바람의 저항을 받아서 날개가 회전하는 형태이다. 대표적인 것으로는 Fig. 4.4(e)의 사보니우스(Savonius)[1]형이다. 아울러 흔히 주변에서 볼 수 있는 컵형 풍속계도 같은 방식이다. 항력을 이용할 경우에 날개의 회전속도는 풍속을 초과할 수는 없기 때문에 일반적으로 효율이 낮다. 현대의 풍력터빈에서 공력의 이용 방식은 당연히 공력 효율이 높은 양력 방식이 선정되고 있다.

베르누이의 정리(Bernoulli's theorem)의 양력과 항력

1738년의 스위스 수학자 다니엘 베르누이(Daniel Bernoulli)가 정리한 원리에 의하면 이상적인 유체가 규칙적으로 흐르는 경우에 유동(flow) 내의 모든 점에서의 전압력은 일정하다는 것이다.

실제 생활에서의 보기로 설명해 보면, Fig. 4.5(a)에서 유선형 날개 형태(하부는 직선이고 상부는 곡선형)의 구조물이 공기 속을 움직이면, 윗면은 곡선으로 거리가 멀기 때문에 빠른 공기의 흐름이 발생하며 압력은 낮아지고, 아랫면은 상대적으로 거리가 짧아서 공기의 흐름은 느려지며 날개의 면에 발생하는 압력은 상대적으로 높아진다.

이에 따라, 상하면의 압력 차에 의하여 양력(lift force)이 발생하며 날개는 위쪽으로 움직인다. Fig. 4.5(b)에서 보듯이 유선형 익형(airfoil)에는 양력과 항력(drag force)도 동시에 발생하는데 날개의 각도가 변함에 따라서 항력의 크기도 증가한다. 특정한 각도 이상으로 변하면 날개의 윗면에 난류가 발생하면서 저항이 생겨 양력을 상쇄하게 되며 항력이 더욱 커지고 그림과 같이 난류가 발생한다.

---

1 Sigurd Johannes Savonius: 핀란드의 엔지니어로 1922년에 제2장의 Fig. 2.17의 향력형 수직축 풍력터빈을 발명함.

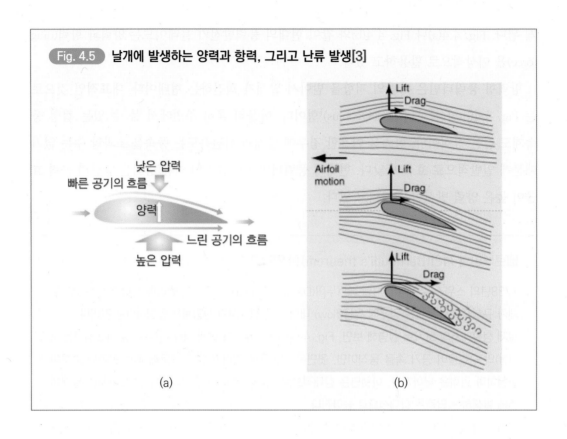

Fig. 4.5 날개에 발생하는 양력과 항력, 그리고 난류 발생[3]

풍력터빈의 블레이드에서 양력과 항력이 적용되어 회전하는 원리에 대하여 알아본다. Fig. 4.6(a)의 풍력터빈 날개의 단면에서 코드선(chord line)과 압력 중심(center of pressure)을 기준으로 일정한 각도(받음각, angle of attack)로 바람이 유입되면 앞의 베르누이의 정리에 따라 양력과 항력이 발생한다. Fig. 4.6(b)처럼 날개는 한쪽이 축에 의하여 고정되어 항력보다 큰 힘을 가진 양력에 의하여 회전력으로 변환되는 것이다.

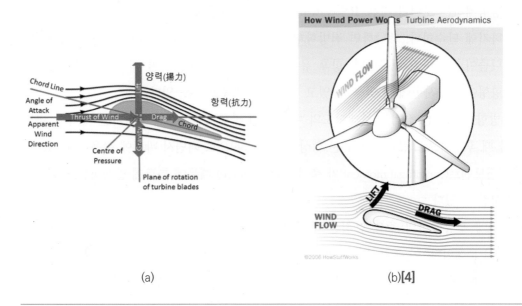

Fig. 4.6 풍속에 의하여 풍력터빈 날개에 생성되는 양력과 항력에 의한 회전 원리[3], [4]

(a)   (b)[4]

4.3.3 블레이드 로터 형식

풍력터빈에서 로터 블레이드는 바람을 받아서 동력을 발생시키는 다른 회전 기계와 차이점을 보이는 가장 핵심적인 부품이다. 아울러 블레이드를 선정에는 가동(operation), 성능(performance), 구조 설계(structural design), 제어(control), 그리고 경제성(cost) 등의 다른 요소들과의 연관성이 매우 높다. 따라서 Table 4.2에 나타낸 다른 요소들과 연관해서 중점적으로 알아보자.

수풍 방향은 풍력터빈의 로터 블레이드의 회전면이 바람을 맞이하는 방향을 말하는데, 오늘날 대부분의 수평축 풍력터빈은 전방향형을 활용하고 있지만 후방향형도 장점이 있어 일부분 개발되기도 하였다. 따라서 여기에서는 전방향형 위주로 언급하면서 후방향형을 비교하여 보았다.

Fig. 4.4(a)와 같이 전방향형(upwind type)의 경우에는 블레이드 회전면이 바람이 부는 방향으로 향하고 나셀과 타워가 블레이드 후방에 있는 구조이다. Fig. 4.4(c)로 나타난 후방향형(downwind type)은 전방향형과는 반대로 블레이드는 나셀과 타워를 거쳐서 바람을 받게 된다.

후방향형은 터빈의 방향 제어를 위한 요시스템(yaw system)의 설계에 상당히 유리하다. 후방향형에서는 로터가 자유 요잉(yawing)이 되어 전방향형 풍력터빈의 능동형 요잉보다 도입하기에 단순하다. 왜냐하면 전방향형에서는 나셀을 풍향 쪽으로 정렬하는 기계적인 메커니즘이 필요하기 때문이다. 향후 유지보수의 측면을 고려하면 해상풍력 조건에서는 후방향형이 요구사항에 더 맞을 수 있고 견고함을 제공할 수도 있다.

후방향형의 다른 장점은 블레이드의 루트 플랩 굽힘모멘트가 감소한다는 것이다. 바람이 불 때 후방향으로 블레이드가 콘 형상(cone shape)으로 되면서 바람에 순응하게 됨으로서 원심모멘트(centrifugal moment)가 축하중(thrust force) 때문에 루트에 발생하는 모멘트를 감소시킬 수 있다.

반면에 후방향형의 주요 단점은 주기적 하중을 발생시키는 타워 그림자 효과(tower shadow) 문제이다. 이 주기적으로 발생하는 하중은 블레이드에 피로하중을 낳고 생산되는 전력에 규칙적인 피크가 생기게 한다. 티터링 허브(teetering hub)[2]를 설치하거나 개별 피치 메커니즘으로 이 효과를 감소시킬 수는 있지만, 이 때문에 기구가 복잡해지고 관련된 유지보수도 어려워진다. 전방향형과 후방향형 모두 1~3개의 블레이드를 설치할 수 있고 블레이드 수의 선택은 발전 효율과 경제성 측면에서 절충이 가능하다.

블레이드의 개수에 대한 사항도 관심거리이다. 개념적으로 1~3개의 블레이드를 생각할 수 있지만 나중에 설명될 터빈의 공력 효율 측면에서 블레이드의 수가 많을수록 좋다.

풍력터빈의 성능과 블레이드의 수와의 관계를 보면 일반적으로 터빈의 성능과 관계가 있는 최적의 팁 속도(tip speed)는 블레이드 수와 단면과 깊은 관계가 있다. 블레이드 수가 적을수록 로터는 최대의 출력을 내기 위하여 더 빨리 회전해야 한다.[3] 3매 블레이드 로터는 높은 출력계수(C_p)를 갖는다. 2매 블레이드는 비록 C_p가 낮지만 피크 범위의 폭이 넓어서 더 많은 에너지를 낼 수 있기 때문에 적절한 대안이 될 수도 있다. 따라서 최근에 해상 풍력터빈의 개념에서 2매 블레이드가 고려되기도 한다. 아울러 이 목적을 달성하기 위하여 가변속 로터를 사용해야 한다.

블레이드가 회전하는 가동 측면에서 보면 3매 블레이드는 다른 것에 비교하여 더 높은 관성모멘트가 있지만 장점은 요잉 현상에 대하여 극관성모멘트(the polar moment of inertia)

---

2 teetering hub: 블레이드에 작용하는 하중이 상부와 하부가 달라서 시소 운동을 하도록 고안된 장치
3 출력계수 단원 참조

가 일정하다. 반면에 2매 블레이드는 방위각 위치에 따라 변하는데 블레이드가 수평일 때 가장 높은 극관성모멘트(polar moment of inertia)를 가지고 수직으로 놓일 때 가장 낮은 극관성모멘트를 갖는다.

이 현상은 3매 블레이드에서는 부드러운 요잉 운동에 기여하고 2매 블레이드에는 불균형을 초래한다. 2매 블레이드의 경우에 이를 해결하기 위하여 티터링 허브(teetering hub)가 사용될 수 있고 나셀이 요잉 운동을 할 때 이 현상을 줄여준다.

구조설계(structural design) 측면에서는 블레이드의 주속비(tip speed ratio)와 블레이드의 수와 솔리디티(solidity) 간에는 관련성이 있다. 높은 공력 효율을 달성하기 위한 최적화를 위해서는 높은 주속비를 갖는 로터는 느린 터빈의 로터보다는 블레이드 수가 적어야 한다. 블레이드 숫자가 정해지면 코드와 두께는 주속비가 증가함에 따라 감소하고 블레이드의 응력은 증가한다. 해상풍력에서는 소음에서 다소 자유롭기 때문에 높은 주속비로 블레이드 수를 줄이는 것이 경제적일 수 있다. 블레이드 수를 줄이면 로터 무게도 감소하고 따라서 지지 구조물의 무게도 따라서 감소한다. 더구나 균등화 발전단가(LCOE, Levelized Cost Of Energy)를 직접 감소시킬 수 있는 운송과 설치에 필요한 시간도 감소한다.

높은 주속비를 사용하면 회전속도가 증가하여 동력전달계에 토크를 감소시키고 가벼운 동력전달계를 설치할 수 있고 해상풍력에서는 더 높은 소음 수준이 발생하는 단점을 상쇄할 수도 있다. 하지만 높은 속도는 해당 부품과 연결된 부품의 마모와 동력학적인 부담을 줄 수도 있어 성능과 비용 간의 절충이 필요하다.

풍력터빈 제어의 목적 중에서 가장 중요한 것 중에서 한 가지는 전력 생산(출력)을 최적화하는 것이다. 정격풍속 이하에서는 제어의 목적은 에너지 생산을 최대화하고 정격풍속 이상에서는 전력 생산을 제한하는 것이다. 이 목적은 가변속/정속 로터 속도와 피치/스톨 제한과 같은 다른 수단을 결합하여 달성된다.

정속으로 가동하는 실속제어(stall control) 터빈은 출력 전력을 제어하기 위한 능동적인 방안을 가지고 있지는 않기 때문에 때로는 수동형 실속(passive stall)이라고 한다. 정속 피치제어 터빈은 보통 정격속도 위에서 전력 생산을 제한하기를 위한 피치 메커니즘을 사용한다. 가변속 피치제어 터빈은 정격속도 이하에서는 전력 생산을 최대화하고 정격속도 이상에서는 전력 생산을 제한한다.

4.3.4 정속운전과 가변속운전

운전 방식에서 정속운전은 현대식 풍력터빈의 개발 초기의 MW급 이하 용량의 풍력터빈에서 활용되어 왔으나 전력전자 기술의 발전과 함께 발전 효율이 높은 가변속운전 방식이 활용되고 있다.

정속운전형 발전기는 단순하고 견고하며, 고장이 별로 없어 신뢰성이 높고 발전기의 가격도 낮다. 정속운전은 특정 풍속에서는 최대의 효율을 낼 수 있어 실속제어와 함께 1990년대 초기 대부분 풍력발전은 정속으로 운전하였다.

가변속운전(variable rotor speed operation) 방식은 넓은 범위의 풍속에서 최대의 공력 효율을 얻을 수 있도록 설계된 풍력발전 개념이다. 가변속운전을 통하여 변동하는 풍속에 대비하여 회전속도를 연속적으로 받아들일 수 있다.

풍력발전기의 출력을 제어하는 방식으로 실속제어 방식(stall regulated(control) type)[4]은 항공공학에서 다루는 실속 현상을 이용하여 블레이드가 일정 풍속 이상에서는 양력이 증가하지 않거나 줄어들도록 하여 터빈의 회전속도를 제어하는 방식이다. 이처럼 이론적으로 유선형 날개의 각도가 달라짐에 따라서 양력을 받는 정도가 달라진다. 따라서 블레이드의 각도를 조정함에 따라 다양한 범위의 회전속도를 얻을 수 있다. 전기기계적 장치를 이용하여 블레이드의 각도를 조절하여 회전속도와 토크를 제어하는 방식이 피치제어 방식(pitch regulated(control) type)이다. 현대의 풍력발전기에서는 거의 필수적으로 채용하고 있는 방식이다.

출력제어 방식의 선정에서 실속을 이용한 블레이드 회전의 제어는 90년대의 MW급 이하의 풍력터빈에서 활용되었고 지금은 피치제어 방식이 활용되고 가능한 개별 피치제어 방식을 선호하고 있다.

현대의 대용량 풍력터빈은 당연하게 계통 연계를 염두에 둔 상업용 풍력단지를 개발하기 때문에 독립운전은 그 용도가 제한적으로 소형 풍력터빈에서 활용된다.

발전기의 종류에는 유도발전기와 동기발전기가 있고 이 중에서 결정하게 되는데 증속기와 컨버터 등과 밀접하게 고려된다.

4　실속제어 방식(stall regulated(control) type): 항공공학에서 실속(stall)은 항공기의 날개가 양력을 잃는 단계를 말하며, 풍력터빈에서 일정한 풍속에 이르면 실속상태가 되어 블레이드의 양력이 증가하지 않도록 하여 터빈의 회전속도를 제어하는 방식임.

발전기의 형식과 밀접하게 연계되어 계통에 연계되는 컨버터는 전용량형과 부분용량형이 있는데 어떤 발전기를 선택하느냐에 따라 컨버터의 종류가 결정된다. 이후 발전기와 컨버터를 다루는 단원에서 좀 더 자세히 설명된다.

블레이드의 회전면의 중심에 있는 로터 허브와 축은 바람의 흐름 내에서 모멘텀(운동량)을 6개 항목의 하중 벡터로 나타내는 하중으로 동력전달계로 전달한다. 사실 토크 성분만이 전력을 생산하기 위하여 발전기에서 필요하다. 다른 하중 성분들은 베어링을 통하여 타워에 전달된다. 토크 성분은 증속기를 통하거나 직접구동 방식으로 발전기에 전달된다.

4.3.5 동력전달체계 형식(drive train type)

동력전달체계(drive train, 혹은 동력전달계)는 엔진에서 바퀴의 구동을 위하여 동력을 전달하는 일련의 장치나 체계를 말한다. 위에서 보았던 블레이드는 바람을 받아서 동력을 생산하는 엔진에 해당하여 로터 블레이드의 회전 동력을 발전기까지 전달하는 회전축 장치가 이에 해당한다.

전통적으로 소형 풍력터빈이 대형화되기 시작할 시점에 덴마크의 산업현장의 여건에 맞는 방식이 현재의 블레이드 로터-주축-증속기-발전기라는 동력전달 형식이었다. 이것을 우리는 덴마크 개념(Danish type 혹은 concept) 동력전달 형식이라고 한다. 여기에서 출발하여 성능과 경제성을 향상시키기 위하여 다양한 형식의 동력전달 형식이 개발되어 왔다.

풍력터빈의 동력전달체계에서 로터 블레이드의 회전축과 발전기 사이에 증속기의 존재 여하에 따라서 풍력터빈은 간접구동식(geared drive train type 혹은 geared type)과 직접구동식(direct drive train type, 혹은 gearless type)으로 구분된다. 이 부분도 제조자의 기술력과 관련 부품의 기술과 공급 사슬, 그리고 향후 O&M 등과도 고려하여 결정하게 된다.

간접구동식은 증속기(gearbox)를 사용하여 로터 속도를 발전기에 적절한 수준으로 증속한다. 증속기는 로터에 연결되는 저속축과 토크를 발전을 위한 발전기에 전달하는 고속축으로 구성된다. 증속기는 동력전달체계 개념에서 문제를 일으키는 부품으로 알려져 있다.

풍력터빈 고장의 20%가 증속기의 고장 때문이고, 평균적인 증속기 고장은 수리에 약 256시간이 걸리는 것으로 알려져 있다. 특히 초대형 해상풍력에서는 증속기에서 발생하는 높은 고장률 때문에 직접구동식을 선호하는 경향이다.

직접구동식에서는 위에서 언급한 것과 같이 증속기가 없어지고 발전기가 로터 허브와

축에 의하여 직접 구동된다. 직접구동식 발전기에는 권선 로터 동기발전기와 영구자석 동기발전기가 있다. 하지만 권선 로터 개념을 가진 큰 용량의 해상풍력터빈은 더 비싸고 발전기의 직경이 10m 이상이 되어 수송과 설치를 어렵게 한다.

가장 기본적인 동력전달체계는 Fig. 4.7에 설명된 것과 같다. Fig. 4.7의 중심에 있는 전통형(conventional type) 동력전달체계가 블레이드 로터-주축-증속기-발전기 각각의 모듈로 구성된 형태인데 현재까지 모든 대형 풍력터빈의 모체가 되고 있으며, 유럽의 Vestas, Gamesa(현 SGRE[5]), Siemens(현 SGRE), GE, 그리고 아시아의 후발 풍력터빈 제조사 등에서 널리 활용되고 있다.

상업용 풍력터빈의 설계개념에서 가장 중요한 사항은 경제성 개념이다. 당연히 효율 향상도 경제성과 직결되지만, 거대한 구조물의 중량의 절감도 매우 중요한 쟁점이 될 수밖에 없다. Fig. 4.7(b)와 같이 Vestas사는 전통형에서 발전된 블레이드 로터와 주축을 통합한 통합형 동력전달체계(integrated type)도 활용하였다. 이후 국내의 D사에서도 3MW형 해상풍력터빈 개발에서 블레이드 로터와 주축과 증속기를 통합한 형식을 개발하기도 하였다. 현재에도 많은 제조사에서는 4.7(a)와 (b)의 장점을 취하여 독자적인 동력전달체계를 사용하고 있다.

---

5 2017년 4월 SGRE, Siemens Gamesa Renewable Energy사로 통합

Fig. 4.7 동력전달체계의 파생 모형의 예시

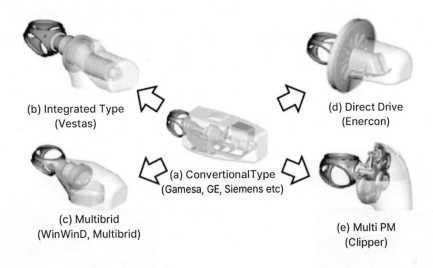

(b) Integrated Type
(Vestas)

(d) Direct Drive
(Enercon)

(a) ConvertionalType
(Gamesa, GE, Siemens etc)

(c) Multibrid
(WinWinD, Multibrid)

(e) Multi PM
(Clipper)

Fig. 4.7(c)의 Multibrid®라는 개념은 전통형 동력전달체계에서 증속기가 저속-중속-고속의 대개 3단으로 이루어짐에 따라 기어 구성의 복잡성, 높은 고장률의 우려, 중량 등의 문제점을 인식하고 중속기를 1~2단으로 낮추고 발전기의 극수를 늘임으로써 직접구동형(direct drive)과 간접구동형(indirect drive)의 하이브리드 형태를 취하였다. 이 하이브리드 개념은 증속기의 일부 단점과 직접구동형을 결합한 것이다. 이 시스템은 1단의 증속기(증속비 1:10)가 있고 영구자석 동기발전기, 그리고 전용량 컨버터를 가지고 있지만 직접구동식에 비교하여 발전기 비용이 감소하고 발전 효율은 증가하는 장점이 있다.

위에서 설명한 증속기를 활용하는 전통형 동력전달체계인 간접구동 방식(geared type)과 가장 큰 구분이 되는 형식은 증속기를 제거하며 주축의 길이를 줄이고 발전기를 블레이드 로터에 직결하는 형식으로 직접구동 방식(gearless type)이라고 한다. 직접구동형의 경우에는 증속기가 없기 때문에 해당하는 중량의 감소와 고장률의 감소를 가져 올 수 있었다. 하지만 블레이드의 회전수를 발전기에 직결하여 사용하기 때문에 많은 극수를 가진 발전기가 필요하다. 이 대형화된 발전기는 나름대로의 나셀의 증량 증가와 나셀 중량의 편재에 의한 구조적 어려움, 발전기용 자석 수의 증가로 경제성 문제 등도 지적되어 왔다. 하지만 현대의 10MW가 넘는 초대형 풍력터빈을 개발에서 대형화되는 직접구동형 발전기의 규모는 수용이 가능한 상태가 되었고, 무엇보다도 해상풍력터빈에서 유지보수 측면에서의 문제점을 고려하여 직접구동형의 동력전달 형식이 유력한 체계로 받아들이고 있다. 이 분야에는 독보적인 기술력을 가진 독일의 Enercon사가 주축이 되어 시장을 이끌어 왔다.

Fig. 4.7(e)의 개념은 전통형의 파생형으로 중형 발전기를 나셀 내에 다수로 설치하여 총합이 MW급이 되도록 한 개념이다. 4개 중의 1개의 발전기 어떤 이유로 고장이 발생하였을 때, 유지보수가 이루어질 때까지 나머지 발전기가 발전할 수 있게 한 개념이다. 개발 초기에 잠깐 각광을 받은 개념이었으나 이후 시장에서 호응을 받지는 못하였다.

Fig. 4.8 **풍력터빈의 동력전달체계(drive train)의 실례**

(b) Integrated Drivetrain

(d) 독일-기어리스형

(c) Avera M5000

(a) 덴마크-기어형

(e) Clipper 2.5MW

Fig. 4.8은 Fig. 4.7의 동력전달 형식의 개념을 실제로 적용하고 있는 예시이다. Fig. 4.8(a)은 전통적인 주축과 증속기가 있는 덴마크 개념의 터빈이며, (b)는 주축이 증속기와 통합된 형태(WinDS3000)이고, (c)는 1단 증속기와 다극 발전기로 된 하이브리드 터빈(Multibrid® M5000[6])이며, (d)는 로터-발전기로 연결된 직접구동 풍력터빈(Enercon사)의 예시이며, (e)는 Clipper사의 750kW 발전기 4기로 이루어진 2.5MW 용량의 풍력터빈이다.

6　현 AREVA M5000의 하이브리드형 풍력터빈으로 증속기의 기어비는 1:10이고 발전기는 영구자석 동기발전기이다.

4.4 풍력터빈의 상세 설계 고려사항

풍력터빈의 개념 설계를 위한 여러 가지 사항에 대하여 앞에서 설명하였다. 분류 기준에 따라서 다양한 종류의 풍력터빈으로 나눌 수 있음을 알 수 있었다. 제일 중요한 풍력터빈의 용량의 결정과 함께 풍력터빈 제조사가 목표로 정하는 시장, 경제성, 부품 공급망(supply chain), 그리고 제조사의 강점 기술 분야를 고려하여 세부 사항들을 결정하는 것이 개념 설계 과정이라 볼 수 있다.

풍력터빈의 개념 설계가 준비되면 기계 구조물로서의 풍력터빈은 아래와 같은 조건을 고려하여 상세 설계와 개발이 구체적으로 진행된다.

- 사용 조건과 운송/설치 장소: 설치 지역 및 사용 풍황 조건
- 과거 경험의 검토
- 주요 사양의 결정: 주요 규모 및 외관의 크기, 제어와 안전 개념, 주요 부품, 나셀 내부 배열, 블레이드의 크기 등
- 예비 하중 계산
- 예비 설계 실시: 기계적 하중 스펙트럼, 주요 부품의 사양, 주요 성능, 블레이드의 공력 및 구조적 예비 설계 등을 반복적으로 실시함
- 성능 예측
- 설계 평가
- 제조 단가 및 에너지 생산 단가의 계산
- 상세 설계와 설계의 최적화 과정의 반복: 인증을 받기 위한 하중 스펙트럼을 고려하고, 핵심 부품의 사양, 핵심 부품의 구조적인 통합성 검토 등을 수행함. 특히 블레이드와 드라이브 트레인의 최종 설계 확정
- 시험용 모델 제조: 제작 과정 인증 등을 받음(제조 인증-나셀, 블레이드, 발전기, 증속기, 타워)
- 실증 시험: 블레이드 성능 평가, 기타 기계류 부품의 성능 평가, 시스템의 출력성능, 소음, 하중, 전력 품질 등에 대한 성능 시험 수행
- 상용화 모델 설계: 풍력발전단지에 적합한 모델로 재설계

참고문헌

1. Richard Smith, "Vertical-Axis Wind Turbines," Symscape, CFD Software for all, 2007, June 4

2. Will Lowry, "A wind-win solution," Application Technology, Fastener & Fixing Magazine, 2019, Dec 6

3. Wind Turbine Blades, Aerodynamics Lift and Drag and the Theory of Flight, Electropaedia, https://www.mpoweruk.com/flight_theory.htm

4. Ahmed Faizan Sheikh, "Wind Turbine Blade Aerodynamics," Electrical Academia.com

chapter 05

풍력에너지 변환의 원리
(the principle of wind energy conversion)

풍력에너지 변환의 원리
(the principle of wind energy conversion)

5.1 바람의 운동에너지의 변환

풍력발전기는 바람의 힘을 로터 블레이드에 작용하여 회전하는 힘인, 토크(torque)로 전환함으로써 동력을 얻는다. 바람이 가지는 에너지로부터 얻을 수 있는 기계적 에너지의 크기는 운동량이론(momentum theory)으로부터 구할 수 있다. 바람은 공기의 흐름으로 질량 m을 가진 공기 입자의 모임이 속도 v_1로 움직일 때 운동에너지(E)는 식(5.1)과 같이 표현한다.

$$E = \frac{1}{2}mv_1^2 \hspace{3cm} (5.1)$$

Fig. 5.1과 같이 바람 속에 바람 방향과 수직인 면적 A인 액츄에이터 디스크(actuator disk)를 가정하면 이 디스크를 단위 시간당 통과하는 바람의 체적은 풍속과 면적의 곱이 된다.

Fig. 5.1 로터 디스크를 통과하는 공기의 유동[1]

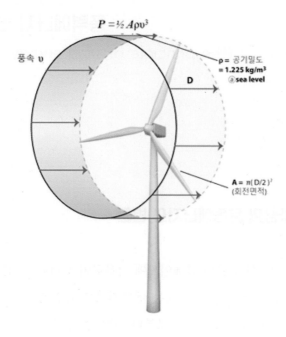

질량은 체적과 밀도의 곱이므로 단위 시간당 디스크를 통과하는 바람의 질량, 즉 질량 유량(mass flow rate)은 다음의 식(5.2)과 같이 공기밀도, 디스크 면적, 그리고 풍속의 함수로 표시된다.

$$\dot{m} = \frac{dm}{dt} = \rho A v_1 \qquad (5.2)$$

동력은 시간에 대한 에너지의 비이므로 바람으로부터 디스크에서 얻을 수 있는 가용 출력 P는 다음 식(5.3)과 같다.

$$P = \frac{dE}{dt} = \frac{d}{dt}\left(\frac{1}{2}mv_1^2\right) = \frac{1}{2}\frac{dm}{dt}v_1^2 \qquad (5.3)$$

1 독자의 편의를 위하여 제2장의 Fig. 2.5를 재수록함.

따라서 식(5.3)에 식(5.2)를 대입하면 바람의 최대 가용 출력은 식(5.4)와 같다.

$$P = \frac{1}{2}\rho A v_1^3 \qquad\qquad (5.4)$$

여기서,

P: 출력 $[W]$

ρ: 공기밀도 $[kg/m^3]$

A: 로터 회전 면적 $[m^2]$

v_1: 풍속 $[m/s]$

이 식은 자유 유동의 공기 흐름에서 에너지 변환장치로 얼마나 기계적 에너지를 얻을 수 있는지를 나타낸다. 바람이 로터에 전달하는 에너지양은 공기밀도, 로터 회전 면적, 그리고 풍속에 따라 좌우된다. 따라서 출력은 회전체의 면적에 비례하고 풍속의 세제곱에 비례함을 알 수 있다. 만약 풍속이 2배이면 2의 세제곱, 즉 8배의 에너지를 가진다. 따라서 풍력발전기의 출력은 풍속에 가장 민감하게 증가함을 알 수 있다.

아울러 우리의 인체는 잘 체감하지 못해도 공기의 밀도는 풍력발전기가 설치될 고도에 따라 달라지므로 식(5.4)에서 보듯이 출력은 공기밀도에 비례하기 때문에 공기가 무거울수록 터빈에 의하여 더 많은 에너지가 흡수된다.

 ## 5.2 양력(lift)과 항력(drag)

풍력터빈의 작동과 관련하여 여러 가지 공력 인자들을 설명하기 전에 풍력터빈의 블레이드에 회전 동력을 주는 양력(L)과 항력(D)에 대하여 알아보는 것이 좋겠다.

풍력터빈의 실제 출력은 기계적 출력을 얻기 위하여 어떤 공력(aerodynamic force)이 사용되느냐에 달려있다. 공기 흐름(airflow)에 노출되는 물체는 아래 두 종류의 성분인 공력을 받는다.

- aerodynamic lift: 공기 흐름 방향에 직각 방향인 양력(L)
- aerodynamic drag: 공기 흐름 방향인 항력(D)

풍력터빈의 종류에서도 블레이드를 회전시키는 주요 힘의 성분에 따라서 양력형과 항력형 풍력터빈이 있음을 언급하였다. 풍속이 U인 공기의 흐름 속에 놓인 블레이드가 받는 힘인 합력(F)은 Fig. 5.2와 같이 수직 방향의 성분의 힘인 양력(L)과 수평 방향의 성분의 힘인 항력(D)으로 나누어진다.

Fig. 5.2 **항력형 블레이드와 양력형 블레이드에 발생하는 양력과 항력의 차이**

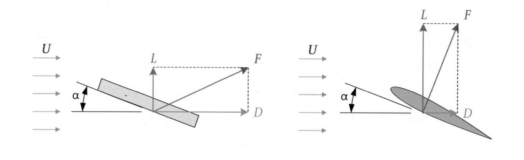

과거에 양수용으로 사용되었던 다익형 풍차가 대표적인 항력형 블레이드를 활용하는데, Fig. 5.2에서처럼 평판(flat plate)이 일정한 각도(α, 받음각)로 풍속 v을 받을 때 항력이 양력보다 주도적으로 작용하는 힘이라는 것을 알 수 있다.

반면에 블레이드 단면이 부드러운 익형(airfoil)을 가졌을 때, 베르누이 정리(Bernoulli theorem)에 의하여 양력이 항력보다 크게 작용함을 알 수 있다.

구체적인 예시를 Fig. 5.3에서 보면 평판의 받음각($\alpha=4°$)과 익형(NACA 4412)의 유사한 받음각($\alpha=5°$)에서 풍속 v를 받았을 때, 각각의 양력계수가 동일하게 0.8이고 양항비(L/D)는 10과 120이다.

항공기나 풍력터빈 블레이드로 개발된 현대의 익형은 극단적으로 높은 양항비($E = \dfrac{L}{D}$)를 가지고 있어 최대 200에 이르기도 한다.

이처럼 유사한 풍속에서 블레이드의 단면 형상(익형)에 따라서 풍력터빈의 회전 동력을 효율적으로 얻기 위해서는 블레이드의 선택이 필수적임을 알 수 있다.

5.2.1 익형(airfoil)과 양력(lift force)

풍력터빈의 성능은 블레이드와 바람과의 작용에 크게 달려있는데 이 상호작용은 익형의 형상과 바람과의 각도에 의해서 결정되고 익형과 관련된 주요 힘은 양력(L)과 항력(D)임을 알았다. Fig. 5.2에서 보는 바와 같이 항력은 상대 유속(relative airflow)과 평행하게 작용하고, 양력은 수직으로 작용한다.

이 힘의 실제 크기는 익형의 상하면의 압력 차에 달려있다. 여기에서 상부면을 흡입면(suction side) 하부면을 압력면(pressure side)라고 정의한다. 양력과 항력은 블레이드의 면적에 대하여 압력과 속도 벡터를 적분함으로써 구할 수 있다. 자세한 설명은 항공공학 교재를 참고하면 된다. 실제로 이 식들은 단순하게 정리하면 아래 식(5.5)과 식(5.6)과 같이 양력과 항력은 공기밀도, ρ, 풍속 v, 그리고 비례상수인 C_L과 C_D로 나타난다.

$$L = \frac{1}{2} C_L \rho v^2 A \qquad (5.5)$$

$$D = \frac{1}{2} C_D \rho v^2 A \qquad (5.6)$$

여기서, L과 D는 양력과 항력, C_L과 C_D는 양력계수(coefficient of lift)와 항력계수(coefficient of drag)이고, A는 고려 대상 블레이드의 회전 면적이다.

특히, 양력계수(C_L)와 항력계수(C_D)는 익형의 형상, 받음각(angle of attack), 그리고 레이놀즈수와 마하수와 관계가 있는 실험값으로써 직접 측정하거나 자료집에서 구해야 한다.

양력계수와 항력계수에 가장 영향을 미치는 것은 익형의 단면 형상과 받음각이다. 따라서 과거의 양수용 풍차에 사용되던 평판형보다는 유선형 익형을 가진 블레이드를 활용해야 하는 것은 전기를 생산해야 하는 현대의 풍력터빈에서는 당연한 선택이 되었으며 조금이라도 더 높은 효율을 얻기 위하여 다양한 익형을 연구하고 있다. 자연적으로 지금부터 우리 교재에서 다루는 블레이드는 모두 유선형에 기반을 둔 것이라 할 수 있다.

Fig. 5.3 **NACA 4412 익형의 양력계수 vs 받음각의 관계[1]** ──────

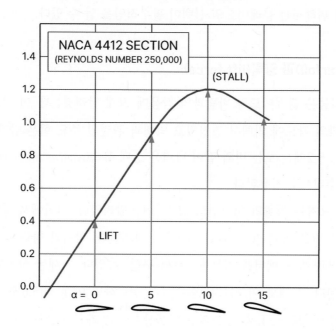

유선형 익형을 가진 블레이드의 받음각과 양력계수 사이의 관계를 Fig. 5.3에 나타내었고, 형상과 레이놀즈수가 이미 정해져 있을 경우이다. 마하수는 저풍속에서는 거의 무시해도 되는 수치이다. Fig. 5.3에서 양력의 기울기는 거의 직선적으로 변하고 직선으로 나타나는 경향은 공기의 흐름이 익형을 따라 흐르는 층류(laminar flow)가 발생하는 동안 계속된다.

흐름이 유선형 단면 형상을 따라 계속하여 붙어 흐르지 못하고 분리되는 순간이 있다. 이 순간부터는 양력이 발생하지 못하고 오히려 양력과 연관된 유효 단면이 감소하여 급격하게 양력을 잃게 된다. 이런 현상을 실속(stall)이라 하고 실속이 일어나기 시작하는 각도를 실속각이라고 한다. Fig. 5.3에서는 약 10° 근처에서 발생함을 알 수 있다.

흐름이 분리되는 지점과 뒷전(trailing edge) 사이는 난류(turbulence)가 심하게 발생하고 압력이 낮아져서 상당한 저항이 발생한다.

Fig. 5.3에서 사용된 익형은 NACA시리즈 중의 한 개이며 뒤따르는 수는 형상을 나타낸다. 4자리 수 시리즈에서 첫 번째 숫자는 캠버(camber, %), 둘째는 최대 캠버의 위치, 마지

막 두 숫자는 두께를 나타낸다. NACA 4412는 코드의 40% 위치에서 4% 캠버를 가지고, 최대 두께는 코드 폭의 12%이다.

여기에서 우리는 익형에 대하여 좀 더 알아보고자 정의해야 할 사항이 있는데, Fig. 5.4를 참고하면 시위선(chord line)은 코드의 앞전(leading edge)와 뒷전(trailing edge)를 잇는 직선으로 정의한다. 평균 캠버선(average chamber)은 익형에서 각 지점에서의 이등분 점을 연결한 선을 말한다. 여기에서 캠버(camber)라 함은 시위선(chord line)에서 평균 캠버선까지의 길이를 나타내며 시위선과의 비율을 나타낸다.

양력계수와 항력계수가 알려지면 이를 이용하여 최적 양항비(L/D, lift/drag ratio)를 구한다. 이로써 가장 효율적인 받음각(angle of attack)이 결정된다.

Fig. 5.4 익형의 형상과 명칭

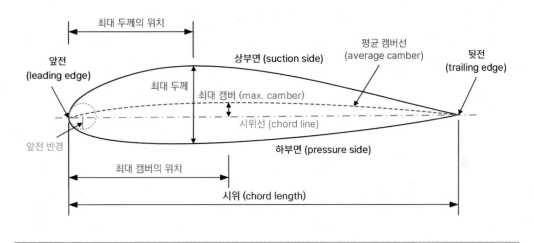

항공공학에서 사용되었던 익형과 풍력터빈 블레이드 익형은 몇 가지 차이점이 있다. 풍력터빈 블레이드용 익형은 높은 곳에 설치되어 오염이 되었을 때 청소작업이 용이하지 않기 때문에 공력성능이 표면 거칠기에 덜 민감한 형상이 필요하다. 또한 구조적으로 루트(root) 부분에 다양한 하중이 부과되므로 날개 끝으로부터 점점 두꺼워져서 루트 부분에 이르러서는 두꺼운 익형 형상을 가져야 된다. 항공기와는 달리 넓은 범위의 받음각의 공력 자료가 필요하여 초기에는 항공용 익형의 공력 자료를 확장하여 활용하기도 하였다. 그러나 미국 NASA, SERI(Solar Energy Research Institute, 미국 National Renewable Energy Laboratory

의 전신), DTU(The Technology University of Denmark) 등에서 개발한 블레이드 전용 익형을 사용하기 시작하여 오늘날 다양한 기관에서 사용하고 추가로 개발하고 있다.

5.3 풍력터빈의 공기역학적 이론

5.3.1 이론적 출력(theoretical power)

바람은 공기의 흐름이므로 바람이 갖는 에너지는 운동에너지이며 위의 식(5.4)와 같이 출력(P)로 표현하였다. 위에서 표현한 엑츄에이터 디스크인 풍력터빈의 로터 회전면을 통과하는 바람이 가진 에너지를 모두 추출한다는 것은 풍력터빈 후방의 흐름이 완전히 정지하는 것을 의미하는데 이는 실제로 일어날 수 있는 상황은 아니다.

풍력터빈을 움직일 수 있는 기계적 에너지는 바람이 가지고 있는 운동에너지를 사용해야만 얻을 수 있다. 공기 질량(air mass)은 일정하게 유지되므로 에너지 보존의 법칙(law of conservation of energy)에 의하여 터빈(디스크) 뒤쪽의 유속은 감소해야 하며, 유속이 느려지지만 동일한 질량이 터빈을 지나야 하므로 단면이 커져야 한다. 이를 도식적으로 나타내면 Fig. 5.5와 같다.

Fig. 5.5 **수평축 풍력터빈 디스크의 에너지 추출 도식[2]**

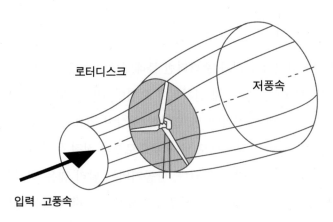

로터디스크

저풍속

입력 고풍속

2.4절의 식(2.4)과 위의 식(5.4)에서 터빈 디스크에 이르기 직전까지 터빈으로 전달될 수 있는 운동에너지, 즉 출력(P)을 나타내었다. 하지만 물리적으로 전체 운동에너지가 흡수될 수 없기 때문에 기계적 에너지로 얼마나 추출될 수 있을까 하는 것이 의문일 것이다.

이 기계적 에너지는 공기 덩어리가 흐를 때 풍력터빈 액츄에이터 디스크(회전면)의 전과 후의 출력의 차이로 나타난다. 이에 연속방정식(continuity equation)과 운동량 보존의 법칙(law of conservation of momentum)을 도입하여 풍력터빈의 기계적 출력을 계산해 보자.

5.3.2 엑츄에이터 디스크 이론(actuator disk theory) 또는 운동량 이론(momentum theory)

바람이 갖는 에너지는 풍속과 유량에 의한 운동에너지로서 식(5.4)로 이미 나타내었고 다시 쓰면 다음과 같다.[1]

$$P_{wind} = \frac{1}{2}\dot{m}v^2 = \frac{1}{2}\rho A v^3 \tag{5.7}$$

이 식에서 ρ는 공기의 밀도이며, v는 풍속, A는 풍속에 수직인 유동관(stream tube)의 단면적이다. 이러한 바람의 에너지로부터 풍력터빈이 에너지를 추출할 때 이론적으로 가질 수 있는 최대 효율을 아래에서 엑츄에이터 디스크(actuator disk) 모델을 통하여 유도할 수 있다.

풍력터빈 블레이드 전후의 유동장은 Fig. 5.6과 같은 2D 엑츄에이터 디스크 모델로 간략화할 수 있다. 풍력터빈은 로터 디스크 전후에서 정압력 강하를 통하여 바람의 에너지를 뽑아낸다. ① 멀리서 유입되는 바람이 ③ 로터 디스크에 접근하면(-③) 풍속은 감소하고 이에 따라 정압력이 상승하다가, ③ 로터 디스크를 통과하면서(+③) 대기압(p_0)보다 낮은 압력으로 갑작스러운 압력 강하가 발생한다. 이후 바람이 로터 디스크에서 더 멀어지면서 ② 압력은 다시 대기압(p_0)으로 회복되고, 결과적으로 속도는 더욱 감소하게 되며, 유량 보존의 원리에 의해 유동관 단면적은 확대된다. 따라서 로터 디스크 전후에서 바람은 운동에너지 감소를 겪게 되고, 이 중에서 일부가 풍력터빈에 의하여 전기 에너지로 전환되는 것이다.

이상의 과정은 A. Betz의 운동량이론으로 잘 정리되는데, 간단하지만 로터 블레이드의 작동 원리와 효율에 대한 유용한 개념을 제공한다. 이를 수식으로 정리해 보자.

풍력터빈의 출력에 사용하는 두 개의 기본 원리인 질량 보존의 법칙과 운동량 보존의 법칙을 상기하면 질량 유동을 표현하는 연속방정식(continuity equation)은 식(5.8)과 같다.

Fig. 5.6 **로터(엑츄에이터) 디스크 전후의 유관 및 속도와 압력의 변화** ───────────

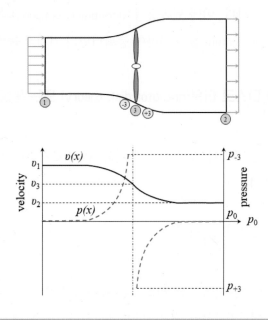

$$\rho v_1 A_1 = \rho v_2 A_2 \tag{5.8}$$

로터 디스크 전후에 바람이 겪는 운동에너지의 감소는 추출되는 출력 $P_{extracted}$ 는 식(5.8)을 고려하여 식(5.9)을 거쳐 식(5.10)으로 표현된다.

$$P_{extracted} = \frac{1}{2}\rho A_1 v_1^3 - \frac{1}{2}\rho A_2 v_2^3 = \frac{1}{2}\rho A_1 v_1^2 v_1 - \frac{1}{2}A_1 v_2^2 v_1 = \frac{1}{2}\rho A_1 v_1 (v^{2_1} - v^{2_2}) \tag{5.9}$$

여기에서 $\dot{m} = \rho v_1 A_1 = \rho v_2 A_2$

$$P_{extracted} = \frac{1}{2}\dot{m}(v_1^2 - v_2^2) = \frac{1}{2}\dot{m}(v_1 - v_2)(v_1 + v_2) = \dot{m}(v_1 - v_2)v_3 \tag{5.10}$$

여기에서 $v_3 = \frac{1}{2}(v_1 + v_2)$

여기에서 v_1은 상류 지점에서의 풍속, v_2는 디스크를 지난 후 회복된 풍속, v_3는 디스크에서의 풍속을 나타낸다.

또한, 로터 디스크에 가해지는 하중(추력) P는 바람의 운동량 변화에 의하여 발생하므로 풍력터빈이 얻는 출력은 다음 식(5.11)로도 표현될 수 있다.

$$P_{extreacted} = Fv_2 = \dot{m}(v_1 - v_2)v_3 \qquad (5.11)$$

식(5.9)와 식(5.10)으로부터 로터 디스크에서의 유속 v_3는 다음과 같이 정리된다.

$$\frac{1}{2}\dot{m}(v_1^2 - v_2^2) = \dot{m}(v_1 - v_3)v_3$$

$$v_3 = \frac{1}{2}(v_1 + v_2) \qquad (5.12)$$

따라서, 로터 디스크에서의 유속 v_3는 상류의 유속 v_1과 하류의 유속 v_2의 산술 평균이다.

로터 디스크를 통과하는 유량은 $\dot{m} = \rho A v_3 = \frac{1}{2}\rho A(v_1 + v_2)$ 이므로, 식(5.10)은 다음과 같이 표현할 수 있다.

$$P_{extreacted} = \frac{1}{4}\rho A(v_1^2 - v_2^2)(v_1 + v_2) \qquad (5.13)$$

다시 여기에서 v_1은 공기 질량이 터빈을 지나기 전의 속도, v_2는 지난 후의 속도이다.

식(5.4)는 바람이 낼 수 있는 최대출력이다. 이것을 식(5.13)과 구별하기 위하여 P대신 P_0로 나타내면, 식(5.14)와 같으며, 이는 식(5.4)와 같다.

$$P_o = \frac{1}{2}\rho A v_1^3 \qquad (5.14)$$

로터 디스크에 의하여 추출된 기계적 출력과 초기의 입력되는 기계적 에너지의 비를 출력계수(power coefficient)라 하고 입력값이 크기 때문에 당연히 1보다 작은 값이 되며, 식(5.15)와 같이 C_P라고 표시한다.

$$C_P = \frac{P_{extracted}}{P_{wind}} = \frac{P}{P_o} = \frac{\frac{1}{4}\rho A (v_1^2 - v_2^2)(v_1 + v_2)}{\frac{1}{2}\rho A v_1^3} \tag{5.15}$$

여기에서 C_P는 오직 풍속 v_1과 v_2만의 함수로 나타난다. 식(5.15)를 좀 더 간추려서 $\frac{v_2}{v_1}$의 함수로 나타내면

$$C_P = \frac{1}{2}\left[1 - \left(\frac{v_2}{v_1}\right)^2\right]\left[1 + \left(\frac{v_2}{v_1}\right)\right] \tag{5.16}$$

위의 식(5.16)은 하류와 상류의 풍속의 비, $\frac{v_2}{v_1}$의 함수이다. 따라서 C_P는 풍속의 비가 변함에 따라서 값이 달라짐을 알 수 있다. 이 식에서 출력계수의 풍속의 비에 대한 변화율, 즉 미분값이 0이 되는 풍속의 비에서 출력계수는 최대가 됨을 알 수 있다.

$$\frac{dC_P}{d\left(\frac{v_2}{v_1}\right)}C_P = 0 \tag{5.17}$$

식(5.17)에서 $\frac{v_2}{v_1}$=1/3일 때, 위의 조건식을 만족하고 식(5.16)에 대입하면 최댓값을 얻어서 Fig. 5.7에서 보는 바와 같이 이때 최대치는 $\frac{v_2}{v_1}$=1/3에서 발생하며 그때, $C_{P_{max}} = \frac{16}{27} = 0.593$이다. 이 값은 각종 손실을 무시하고 이론적으로 로터 디스크가 바람에서 추출할 수 있는 최댓값으로 이를 이론적 최대 출력계수라 하고 독일의 A. Betz가 증명하여 베츠계수(Betz factor 혹은 Betz limit)라 한다(Fig. 5.7).

Fig. 5.7 이론적 출력계수, C_p vs. 풍속비 v_2, v_1 곡선[4]

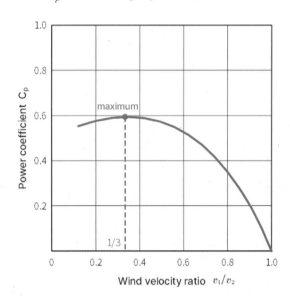

위와 같은 관련 식의 유도를 통하여 아래와 같이 정리된다.

- 풍력터빈에 의하여 자유 유동(free stream airflow)에서 추출할 수 있는 기계적 에너지는 풍속의 3승에 비례한다.
- 출력은 풍력터빈의 단면적에 비례하여 증가하는데, 직경의 제곱에 비례한다.
- 추출할 기계적 에너지에 대한 바람이 가진 출력의 비는 0.593값까지 제한된다. 달리 표현하면, 특정한 단면적에서 풍력에너지는 약 60%만 기계적 출력으로 변환될 수 있다.
- 위의 사항과 함께 추가로 $\dfrac{v_2}{v_1}$ =1/3과 식(5.12)의 관계에서 추론할 수 있는 것은 이상적 출력계수가 최대치인 0.593에 도달할 때 풍력터빈의 회전면에서의 풍속은 초기의 속도의 2/3이고 풍력터빈을 통과 후의 속도는 1/3로 감소함을 알 수 있다.

추가하여 추력 T(thrust force) 등을 표현하기 쉽도록 축흐름 유도계수(axial flow induction factor), a를 도입하여 다시 정리하면 아래와 같다.

축흐름 유도계수는 입력 풍속에 대하여 입력 풍속과 로터 디스크에서의 풍속의 차이의 비로 정의한다.

$$a = \frac{v_1 - v_3}{v_1} \qquad (5.18)$$

정리하면

$$v_3 = (1-a)v_1 \qquad (5.19)$$

식(5.12)와 식(5.19)을 결합하면 식(5.20)이 된다.

$$v_2 = (1-2a)v_1 \qquad (5.20)$$

$P_{extract} = P = Tv_3$ 의 관계가 있으므로 식(5.21)과 같이 된다.

$$P = \frac{1}{2}\rho A(v_1^2 - v_2^2)v_3 \qquad (5.21)$$

식(5.19)와 식(5.20)을 이용하여 식(5.21)을 다시 표현하면

$$P = 2\rho v_1^3 a(1-a)^2 A \qquad (5.22)$$

으로 되며 추력 T는 식(5.23)과 같이 나타난다.

$$T = 2\rho v_1^2 a(1-a)A \qquad (5.23)$$

출력계수 C_p와 추력계수 C_T를 축흐름 유도계수 a 항으로 나타낼 수 있다.

$$C_P = \frac{P}{\frac{1}{2}\rho A v_1^3} = 4a(1-a)^2 \qquad (5.24)$$

$$C_T = \frac{T}{\frac{1}{2}\rho A v_1^2} = 4a(1-a) \qquad (5.25)$$

식(5.24)는 C_p가 a의 함수인 곡선이므로 C_p를 a에 대하여 미분한 값이 0일 때 최댓값이 된다.

$$\frac{dC_P}{da} = 4(1-a)(1-3a) = 0 \qquad (5.26)$$

따라서 $a = \frac{1}{3}$일 때, $C_{P_{\max}} = \frac{16}{27} = 0.593$ 이 되어 식(5.17)에서 얻은 값과 동일하다. 같은 방법으로 C_T에 대하여 풀면 $a = \frac{1}{2}$에서 최대 $C_{T_{\max}}$ 가 된다.

위의 경우에는 양력을 주도적으로 활용하는 수평축 풍력터빈의 경우에 대한 이상적 출력계수를 a항을 이용하여 유도하여 보았다.

항력을 사용하는 Fig. 5.8과 같이 돛(sail)을 장착한 장치에서는 공기가 속도 v_1로 표면에 부딪히고 표면은 속도 v_3로 움직인다. 항력 D가 $P = D(v_1 - v_3) = Dv_r$과 같은 출력을 발생시킨다.

Fig. 5.8 항력을 사용하는 돛의 작동 개념[3], [4]

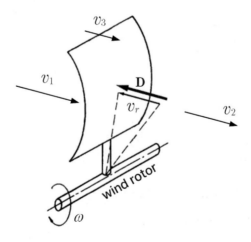

항력계수 C_D는 항력 장치의 면적 A의 효율을 나타낸다. 운동량 보존의 법칙을 고려하면 아래와 같이 풍력터빈의 출력 P에 대한 식(5.27)이 나타난다.

$$P = Fv_3 = \dot{m}(v_1 - v_2)v_3 \tag{5.27}$$

위 식은 다음 식(5.28)과 같이 표현될 수 있다.

$$P = \dot{m}(v_1 - v_2)\frac{1}{2}(v_1 + v_2) \tag{5.28}$$

여기에서 식(5.12), $v_3 = \dfrac{v_1 + v_2}{2}$ 는 이미 도출된 유속이다. 따라서, 속도를 정의하고 공통 항력계수 C_D를 사용할 때, 출력 P는 아래와 같이 주어진다.

$$P = (\rho v_2 C_D A)(v_1 - v_2)\frac{1}{2}(v_1 + v_2) \tag{5.29}$$

그리고 항력 D는 아래 식(5.30)과 같이 정리된다.

$$P = \left[\frac{1}{2}\rho C_D A(v_1 - v_2)^2\right]v_2 = Dv_2 \tag{5.30}$$

만일 출력이 자유 유동 상태에서 출력의 항목으로 표현하면 출력계수 C_D가 아래 식(5.31)과 같이 나타난다.

$$C_P = \frac{P}{P_0} = \frac{\dfrac{\rho}{2}C_D A(v_1 - v_2)^2 v_2}{\dfrac{\rho}{2}v_1^3 A} = C_D \frac{v_2}{v_1^3}(v_1 - v_2)^2 = C_D[(\frac{v_2}{v_1}) - 2(\frac{v_2}{v_1})^2 + (\frac{v_2}{v_1})^3] \tag{5.31}$$

$$\frac{dC_P}{d\left(\dfrac{v_2}{v_1}\right)}C_P = C_D(\frac{v_2}{v_1})[1 - 2(\frac{v_2}{v_1}) + (\frac{v_2}{v_1})^2] = 0 \tag{5.32}$$

식(5.31)을 $\dfrac{v_2}{v_1}$를 함수로 하여 C_P에 대하여 식(5.32)과 같이 미분하여 풀면, C_P는 속도비 $\dfrac{v_2}{v_1} = \dfrac{1}{3}$에서 최댓값에 도달하고 그때의 최댓값은 $C_{P_{\max}} = \dfrac{4}{27}C_D$이다. 평판의 항력계수

(C_D)가 약 1.3 이상은 도달할 수 없음을 고려하면, Fig. 5.9에서 양력형과 비교한 항력형 풍력 터빈의 최대 출력계수는 $C_{P_{max}} \approx 0.2$이며 이론적 최댓값인 약 0.6보다 훨씬 낮게 나타난다.

Fig. 5.9 **양력형과 항력형 평판 블레이드의 출력계수 vs 속도비 곡선**

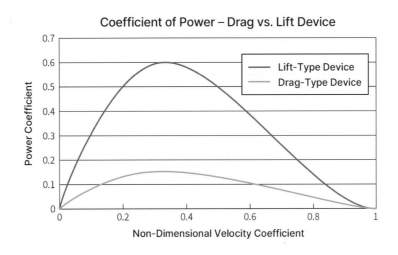

즉, 들어오는 자유 풍속 v_1는 블레이드의 익형(airfoil)의 주변 속도 v_2와 합쳐진다. 익형의 코드와 함께 최종 자유 유동속도 v_1은 받음각(angle of attack)을 형성한다.

유동의 직각 방향의 양력이 항력보다는 높기 때문에 현대의 모든 풍력터빈의 형상은 이 사실을 이용하여 설계되며 이 목적에 가장 적절한 형상은 수평 회전축을 가진 프로펠러형이다.

따라서 이후 단원에서는 양력을 활용하는 수평축 풍력터빈의 블레이드에 대하여 설명한다.

5.3.3 후류 회전(wake rotation)과 각운동량(angular momentum)

Betz의 단순한 운동량 이론(momentum theory)은 액추에이터 디스크(actuator disk)를 통과하는 2차원 유동을 모델링한 것이다. 하지만 실제로 회전하는 풍력터빈은 액추에이터 디스크에 해당하는 로터의 회전 운동에 로터의 웨이크(wake)[2]를 더 부가하게 된다.

블레이드의 회전과 관련하여 언급되는 공기의 흐름을 나타내는 단어로써 난류(turbulence)와 후류(wake)가 있다. 블레이드의 유선형 모양을 따라 공기가 방해받지 않고 표면과 평행하게 흐르는 것을 층류(laminar flow)라 하고 층류에 비교되는 개념이 난류인데, 층류가 인접 조건에 의하여 억제된 흐름인데 반하여 난류는 조건이 변하면서 유체의 입자가 매우 산만한 운동을 하는 유동이다. 이를 정량적으로 표현하고자 하는 것이 레이놀즈수(dimensionless Reynolds number)이다.

개별 풍력터빈 관점에서 볼 때, 후류(wake 혹은 wake turbulence, 후류 요란)는 익형이 양력을 발생하는 동안에 어느 때라도 발생할 수 있는데, 즉 공기는 항상 압력이 낮은 쪽으로 흐르고자 한다. 특히, 바람이 블레이드 끝의 하부 쪽으로 흘러서 블레이드의 상부로 감아 올라가서 회전하게 되고 이때부터 시작되는 것이 후류(blade-tip vortices, 혹은 wake vortices)이다.

블레이드의 끝단에서 발생하는 후류의 관점에서 볼 때, 엑츄에이터 디스크 모델과 달리 실제 로터 디스크는 회전 운동으로부터 에너지를 얻기 때문에 토크와 각속도에 대한 고려가 필요하다.

입사되는 바람에 의하여 로터에 토크가 작용하면 바람에도 동일한 크기로 반대 방향의 토크가 걸려서 후류 영역(wake field)에 있는 공기는 로터의 회전 방향의 반대로 회전한다.

작용-반작용의 원리에 의하여 로터와 바람에 걸리는 토크는 그 크기가 같고 방향이 반대이다. 바람에 작용하는 토크는 바람의 각운동량 변화를 발생시키므로, Fig. 5.10과 같이 원주 방향의 속도 성분을 유발하여 회전하는 후류 회전(wake rotation)을 발생시킨다.

달리 말하면, 로터 후면의 공기는 각운동량(angular momentum)을 가지며 후류 영역에 있는 공기의 각운동량과 축운동량(axial momentum)은 Fig. 5.10과 같은 운동 궤적을 보인다. 이것을 후류 회전(wake rotation)이라 한다.

---

2 wake: 풍력터빈의 회전에 의하여 발생하는 후류

Fig. 5.10 로터 디스크의 후류 영역에서 공기 입자의 궤적[2]

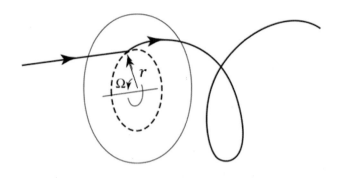

각운동량(angular momentum)을 유지하기 위하여 Fig. 5.11과 같이 후류 내에서 스핀이 로터의 토크에 반대로 존재해야 한다. 이 스핀에 포함된 에너지는 유동의 전체 에너지양에서 일정 부분의 유용한 에너지를 저감시켜서 추출이 가능한 기계적 에너지를 감소시킨다. 따라서 수평축 풍력터빈의 효율은 블레이드가 회전할 때 영향을 받는다.

로터 디스크의 출력계수(C_p)는 선운동량 변화와 각운동량 변화의 비에 의존하게 되며, 결국 바람의 속도에 대한 블레이드의 회전속도 비율은 출력계수를 결정하는 중요한 인자가 된다. 자유 바람의 속도에 대한 블레이드 끝단의 주속비(TSR, tip speed ratio)는 식(5.33)과 같이 정의된다.

$$Tip\,Speed\,Ratio\ \lambda = \frac{tangential\ velocity\ of\ the\ rotor\ blade\ tip}{speed\ of\ wind} \tag{5.33}$$

로터의 출력은 TSR의 함수가 되기 때문에 로터 블레이드를 설계하는데 있어서 이를 결정하는 것은 매우 중요한 과정이 된다.[2]

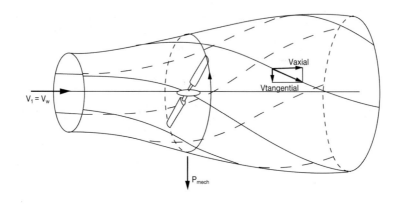

Fig. 5.11 회전하는 로터에서 발생되는 후류 회전[2]

축운동량(axial momentum)과 관계있는 축흐름 유도계수(axial flow induction factor), a는 식(5.18)에서 이미 정의되었다. 각운동량(angular momentum)과 관계있는 접선속도(tan − gential velocity)의 변화는 접선흐름 유도계수(tangential flow induction factor), a'항으로 나타 낸다. 접선속도는 로터의 상류에서는 0으로 가정하고 로터 회전에 반대인 로터의 후류는 $2\Omega ra'$로 가정한다. 접선흐름 유도계수 a'는 식(5.34)와 같다.

$$a' = \frac{a(1-a)}{\lambda_r^2} \tag{5.34}$$

여기에서 λ_r은 국부 TSR(Tip Speed Ratio)[3]이다.

회전 로터면 전후의 축운동량 변화와 각운동량 변화는 각각 축방향의 추력과 원주방향 의 토크가 되며, 이는 익요소 이론의 양력과 항력으로도 유도할 수 있다. 운동량 이론과 익 요소 이론에서 구해진 추력과 토크를 각각 같게 놓고 정리하는 것이 익요소 운동량 이론이 며 이로부터 블레이드의 설계 변수들이 유도된다. 후류 회전(wake rotation)에 의한 운동량 이론은 익요소 이론과 연결되어 블레이드의 설계 변수를 유도하는 중요한 부분이다.

앞에서 개별 풍력터빈의 블레이드의 설계 관점에서의 후류를 알아보았지만, 후류는 풍 력발전단지에서 인접 터빈 간에 영향을 주어 평균풍속을 감소시킬 수 있으므로 단지 설계 에서 이격거리를 고려해야 하는 사항이기도 하다.

---

3 TSR(Tip Speed Ratio): 주속비 혹은 날개 끝 속도비 라고하며 식(5.59)를 참고 바람.

5.3.4 익요소 이론(blade element theory)

위의 엑츄에이터 디스크 이론(운동량 이론)에서는 디스크를 통과할 때 축방향에서 변화되는 풍속과 압력만을 고려하였다. 엑츄에이터 디스크 모델과 달리 실제 로터 디스크는 회전 운동에서 에너지를 얻기 때문에 토크(T)와 각속도(Ω)에 대한 고려를 해야 한다. 따라서 익요소 이론에서는 블레이드의 회전에 의하여 발생하는 두 가지 성분을 고려한다. 후류 회전(wake rotation)을 고려한 운동량 이론은 익요소 이론과 연결하여 블레이드 설계 변수를 유도하는 중요한 과정이다.

Fig. 5.12 Blade element swept area and airflow over rotor blade [2], [5]

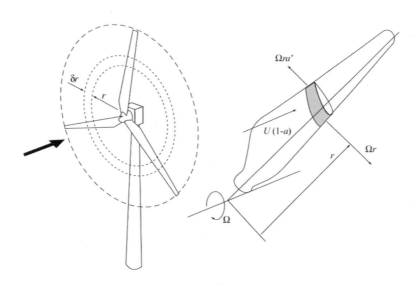

익요소 이론의 가정을 보면 로터 블레이드의 길이 방향 요소인 반경 r과 δr에 대한 양력과 항력은 Fig. 5.12에서 보는 것과 같이 블레이드 요소에 의하여 형성되는 고리 형상(annulus[4])을 통과하는 공기의 축모멘트와 각모멘트의 변화율에 영향을 미친다.

이 이론의 추가적인 가정은 블레이드 요소에 걸리는 힘은 요소의 단면이 이루는 면에 입사 풍속에서 결정되는 받음각(angle of attack)을 이용한 C_L과 C_D와 같은 2차원의 익형 특성으로 계산될 수 있다. 길이 방향의 속도 성분과 다른 3차원적 효과는 이 이론에서는 무

---

4 annulus: 수학적, 기하학적으로 두 동심원 사이의 영역으로 고리 모양을 말함

시된다.

블레이드 요소에 사용된 받음각은 풍속, 유도계수들 a와 a', 그리고 로터의 회전속도에서 결정된다. 양력과 항력은 2차원 양력과 항력계수, 겉보기 받음각, 그리고 유도계수들을 사용하여 계산할 수 있다.

각속도 Ωr, 휴류의 접선 속도(tangential velocity), 그리고 입사 속도 U_∞로부터 블레이드 요소에서의 상대 속도가 결정된다. 각속도와 접선 속도가 결합되어 블레이드에서 접선 유속이 $(1+a')\Omega r$로 된다. 블레이드에서 상대 속도 W는 아래와 같다.

$$W = \sqrt{U_\infty^2(1-a)^2 + \Omega^2 r^2(1+a')^2} \qquad (5.35)$$

여기에서 각 인자는 Fig. 5.12에 정의되어 있다.

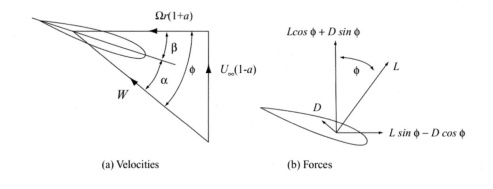

Fig. 5.13 블레이드 요소 속도와 힘 [2]

(a) Velocities   (b) Forces

Fig. 5.13과 같이 상대속도는 로터면에 대한 각도로 작용한다. 상대 속도 각도는 아래식에서 얻을 수 있다.

$$\sin\phi = \frac{U_\infty(1-a)}{W} \quad 와 \quad \cos\phi = \frac{\Omega r(1+a')}{W} \qquad (5.36)$$

상대속도 W의 방향에 대하여 블레이드 요소길이 δr에 작용하는 양력과 항력은 아래 식 (5.37)과 식(5.38)과 같다.

$$\delta L = \frac{1}{2}\rho W^2 c C_L \delta r \qquad\qquad (5.37)$$

$$\delta D = \frac{1}{2}\rho W^2 c C_D \delta r \qquad\qquad (5.38)$$

로터면에 대하여 평행하거나 수직인 합력(resulting force)은 Fig. 5.13처럼 유도될 수 있다.

상대 속도각 ϕ의 크기는 추력(C_D)과 토크(C_P)에 대한 양력(C_D)과 항력(C_D)에 큰 영향을 미칠 수 있다. 큰 상대 속도각 ϕ에 대하여 익형의 항력은 전체 추력, T에 미치는 주요 요인이고 양력은 토크에 큰 영향을 준다.

상대 속도각 ϕ이 작을 때는 그 반대적인 사항도 발생한다. 즉, 양력이 추력에 주로 기여하지만 반면에 항력은 전체 토크에 주로 기여한다. ϕ이 작을 때는 항력이 생성된 전체 토크량에 마이너스 작용을 한다.

5.3.5 익요소 운동량 이론(BEMT, Blade Element Momentum Theory)

실제 회전하는 블레이드의 공력 거동을 설명하기 위하여 앞에서 다루었던 이론들은 Betz와 Glauert가 익요소 운동량 이론(BEMT, Blade Element Momentum Theory)으로 결합하여 정립하였다.

블레이드 요소의 힘은 블레이드 요소의 회전 면적을 통과하는 공기의 운동량의 변화에만 관계가 있다고 가정한다. 또한 반경 방향으로의 블레이드 요소의 유동 사이에는 상호작용이 없다고 가정한다.

축방향 유도계수는 반경 방향으로 일정할 때만 이 이론이 유효하지만, 이 가정은 좋은 결과를 도출한다. 특히 풍력터빈용 블레이드와 같이 세장비(aspect ratio)가 큰 블레이드의 경우에도 좋은 결과를 보인다.

N개의 블레이드 요소에 의하여 생성된 축방향에서의 공력 성분은 식(5.39)와 같다.

$$\delta L\cos\phi + \delta D\sin\phi = \frac{1}{2}\rho W^2 Nc(C_L\cos\phi + C_D\sin\phi)\delta r \qquad (5.39)$$

단독 블레이드 요소의 회전 면적을 통과하는 공기의 축모멘트의 변화율은 식(5.40)으로 주어진다.

$$\rho U_\infty (1-a) 2\pi r \delta r 2 a U_\infty = 4\pi \rho U_\infty^2 a(1-a) r \delta r \qquad (5.40)$$

로터에 의하여 유도되는 회전 속도로 발생하는 후류 영역에서의 압력 저하는 고리 형상에 추가적인 축방향 힘 F_{wake}를 발생시키고 식(5.41)과 같다.

$$F_{wake} = P_{wake} \cdot Area = \frac{1}{2}\rho(2a'\Omega r)^2 2\pi r \delta r \qquad (5.41)$$

식(5.40)과 식(2.41), (5.41)에 의한 축방향 힘의 기여도를 결합하면 N개의 블레이드 요소에 의하여 생성된 전체 축방향 힘이 식(5.42)와 식(5.43)으로 나타난다.

$$\frac{1}{2}\rho W^2 Nc(C_L\cos\phi + C_D\sin\phi)\delta r = 4\pi\rho[U_\infty^2 a(1-a) + (a'\Omega r)^2]\delta r \qquad (5.42)$$

$$\frac{W^2}{U_\infty^2}N\frac{c}{R}(C_L\cos\phi + C_D\sin\phi) = 8\pi[a(1-a) + (a'\gamma\zeta)^2]\zeta \qquad (5.43)$$

여기에서 R은 풍력터빈의 반경, r은 TSR, 그리고 ζ은 무차원으로 나타낸 반경 위치인 $\zeta = \frac{r}{R}$이다.

로터 블레이드 요소에 작용하는 공력에 기인하는 축방향 로터 토크는 아래 식(5.44)로 나타난다.

$$(\delta L sin\phi - \delta D cos\phi)r = \frac{1}{2}\rho W^2 Nc(C_l\sin\phi - C_d\cos\phi)r\delta r \qquad (5.44)$$

블레이드 요소의 회전 고리 형상을 통과하는 공기의 각모멘트의 변화율은 식(5.45)로 나타난다.

$$\rho U_\infty(1-a)\Omega r 2a'r 2\pi r \delta r = 4\pi\rho U_\infty(\Omega r)a'(1-a)r^2\delta r \qquad (5.45)$$

식(5.44)와 식(5.45)를 결합하면 아래 식(5.46)이 된다.

$$\frac{1}{2}\rho W^2 Nc(C_L\sin\phi - C_D\cos\phi)r\delta r = 4\pi\rho U_\infty(\Omega r)a'(1-a)r^2\delta r \qquad (5.46)$$

$$\frac{W^2}{U_\infty^2} N \frac{c}{R} (C_L \sin\phi - C_D \cos\phi) = 8\pi\gamma\zeta^2 a'(1-a) \qquad (5.47)$$

각도 방향 힘(식(5.43))과 축방향 힘(식(5.46)과 (5.47))에 대한 식들은 유도계수인 a와 a'을 찾는데 활용할 수 있다. 이는 아래의 식(5.48)과 식(5.49)을 활용하여 반복법을 통해서 이루어진다.

$$\frac{a}{1-a} = \frac{\sigma_r}{4\sin^2\phi}\left(C_x - \frac{\sigma_r}{4\sin^2\phi}C_y^2\right) \qquad (5.48)$$

$$\frac{a}{1-a'} = \frac{\sigma_r C_y}{4\sin\phi\cos\phi} \qquad (5.49)$$

여기에서 σ는 로터 디스크 면적으로 나눈 전체 블레이드 면적이고 로터의 성능을 결정하는데 사용되는 인자이다. 코드 솔리디티인 σ_r은 반경에서 원호 길이로 나눈 코드 길이로 정의되고 식(5.50)로 나타난다.

$$\sigma_r = \frac{N}{2\pi} \frac{c}{r} = \frac{N}{2\pi\zeta} \frac{c}{R} \qquad (5.50)$$

변수 C_x와 C_y는 아래 식(5.51)과 식(5.52)로 표현된다.

$$C_x = C_L \cos\phi + C_D \sin\phi \qquad (5.51)$$
$$C_y = C_L \sin\phi + C_D \cos\phi \qquad (5.52)$$

여기에서도 유도계수들을 찾아내기 위해서 반복법을 사용한다. 초기값 a와 a'을 일단 주고 최종값을 결정한다. 이 a와 a'값은 토크와 추력의 함수이기 때문에 블레이드의 성능을 구하기 위하여 활용하는 중요한 인자이다.

이상과 같이 알아본 BEMT 위주의 공력 이론은 2차원의 익형 특성이 필요하지만 이 특성들은 필요한 익형 형상이나 레이놀즈수에 대한 데이터가 없을 수 있다. 하지만 풍력터빈의 성능 예측과 초기 설계의 도구로 사용하는 기초적이며 매우 유용한 이론이다.

풍력터빈과 블레이드의 설계를 위해서는 위의 이론을 바탕으로 한 풍력터빈 설계에 필요한 중요한 인자(parameters)에 대하여 개념적으로 알아본다.

5.4 풍력터빈의 성능 파라미터

풍력터빈의 성능을 나타내고자 할 때 무차원 특성 계수로 성능을 표시하는 것이 편리할 때가 있는데 주속비, 출력계수, 토크계수는 이미 위에서 언급하였고 추가적으로 출력곡선, 추력계수, 그리고 솔리디티(solidity) 등이 이에 해당하는 계수들이다. 본 절에서는 이들과 관련된 간단한 원리와 각 계수의 정의를 알아본다.

5.4.1 출력계수(C_P, power coefficient)

이론적으로 이용이 가능한 출력은 이미 식(2.4)에 나타내었다. 하지만 터빈으로 이 모든 출력을 추출할 수는 없고 공기의 흐름이 터빈을 지날 때 운동에너지의 일부분만 로터에 전달된다. 로터에 의하여 생산되는 실제 출력은 바람에서 로터로의 에너지 전달 효율로 결정된다. 따라서 풍력터빈을 이용해서 바람으로부터 추출할 수 있는 출력의 비율을 출력계수 C_P(power coefficient)라고 하고, 이미 위에서 정의하였다.

최대로 얻을 수 있는 출력계수의 값은 베츠 계수(Betz limit)라고 하며 이미 유도하여 보았다. 이론적 최대 출력계수 값은 0.593이고, Fig. 5.14에서 보여주는 바와 같이 고성능 프로펠러형 풍력터빈의 실질적인 출력계수의 범위는 0.45~0.48이고, 항력형 사보니우스 풍력터빈은 출력계수가 0.15~0.20 정도이다. 과거 풍차에 사용되었던 평판형 블레이드는 항력형 블레이드이므로 낮은 출력계수를 보임을 알 수 있다.

Fig. 5.14 **다양한 풍력터빈의 TSR 대비 로터의 출력계수[3]**

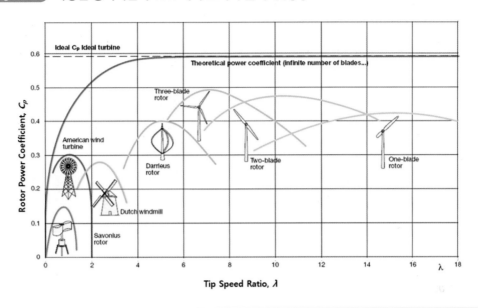

5.4.2 추력계수(thrust coefficient)

로터에 작용하는 바람이 풍력터빈을 후방으로 미는 힘을 추력(thrust force), T라 하며, 로터 디스크에 걸리는 압력과 면적의 곱으로 나타낼 수 있고 식(5.53)과 같이 나타낸다.

$$T = A(p_1 - p_2) \tag{5.53}$$

식(5.13)에서 고려되었던 유관에서 상류와 하류의 압력을 고려하면

$$T = \frac{1}{2}\rho A(v_1^2 - v_2^2) \tag{5.54}$$

따라서 출력계수와 유사한 논리에 의하여 무차원의 추력계수 C_T(thrust coefficient)는 식 (5.55)와 같이 정리하고 있다.[7]

$$C_T = \frac{Thrust\,force}{Dynamic\,force} = \frac{T}{\frac{1}{2}\rho A v_1^2} \tag{5.55}$$

T: 풍력터빈에 작용하는 유효추력

Fig. 5.2에서 보는 공력은 항력 성분 (D)와 양력 성분 (L)로 나누어진다.

양력 (L)은 다시 로터의 회전면인 양력(L_{torque})과 회전면에 수직인 추력(T)으로 나뉜다.

양력은 로터의 회전 토크가 되고 추력(T)는 로터의 축방향 힘이 되어 지지구조물인 타워와 기초로 버텨야 한다.

다소 이른 감이 있지만 앞으로 설명될 블레이드 요소 이론에서는 Fig. 5.12와 같이 블레이드의 길이를 따라 공력이 분포한다. 보통 2개의 성분으로 나누어지는데 로터 회전면에 접선 방향 성분(tangential 방향 힘의 분포)과 그에 대한 직각 방향인 축방향 힘의 분포이다.

접선 방향의 힘의 분포를 로터의 반경 방향으로 적분하면 로터의 회전 토크가 계산된다. 로터의 회전속도가 고려되면 로터의 출력이 결정된다. 축방향 분포를 적분하면 타워에 부가되는 로터의 축력을 계산할 수 있다.

5.4.3 토크계수(torque coefficient)

로터의 출력(P)과는 달리 로터의 성능을 고려하는데 중요한 인자가 더 있다. 이 중에서 가장 중요한 것이 토크(torque) 거동이다. 출력에서와 유사하게 로터의 토크(Q)는 토크계수로 계산될 수 있고 로터 반경 R이 참고 인자로 활용된다.

풍력터빈에서 토크(Q)란 양력형 풍력터빈의 경우, 블레이드의 회전면에서 발생하는 양력 성분이 회전축과 이루는 모멘트이고, 항력형 풍력터빈의 경우에는 항력 성분과 항력의 합성 모멘트이다.

터빈의 출력(P)은 블레이드의 각속도(w)와 토크(Q)의 곱으로 나타나므로 풍력터빈에서 중요한 힘의 요소이다. 토크를 알면 축에 걸리는 전단응력을 계산해 낼 수 있기 때문에 축의 직경을 결정할 수 있다.

$$Q = C_Q \frac{\rho}{2} v_1^2 AR \tag{5.56}$$

따라서 무차원 계수로써 토크계수(torque coefficient), C_Q는 다음 식 (5.57)로 정리한다.

$$C_Q = \frac{Q}{\frac{1}{2} \rho v_1^2 AR} \tag{5.57}$$

Q: 토크(Nm)

A: 로터 디스크 면적(m^2)

R: 로터 반경[m]

v_1: 입력 풍속[m/s]

p: 공기밀도[kg/m^3]

$$C_P = w C_Q \tag{5.58}$$

토크는 출력을 회전 속도(w)로 나누어서 계산된다. 따라서 출력계수와 토크계수 간의 관계식은 식(5.58)로부터 얻어진다.

로터 출력곡선과 토크곡선은 각각의 로터 형상에 따라 다른 특성을 나타낸다. 따라서 발전되는 전기적 출력을 최대화하기 위하여 이들 곡선을 알아야 한다. 저속에서 풍력터빈을 시동을 위한 외부 전력을 최소화하기 위해서는 시동 토크는 매우 중요하다.

C_P를 주도하는 주요 인자는 블레이드의 수와 공력학적 형상과 관계가 있다. 하지만 C_P는 공기밀도, 습도, 온도, 풍속, 그리고 끝단 속도 등의 여러 가지 요인들과 관련되기 때문에 이 곡선을 통한 정확한 예측은 쉽지 않다.

5.4.4 주속비 혹은 선단 속도비(TSR, Tip Speed Ratio)

풍력터빈의 블레이드 선단 속도(깃끝 속도, tip speed)란 블레이드가 회전할 때 블레이드 선단(tip)이 움직이는 속도이다. 이 속도는 풍력터빈을 설명하는데 많이 고려되는 요소이다. 선단 속도는 블레이드의 길이가 증가함에 따라 선속도가 증가하며, 일정 속도를 초과하면 소음 발생과 관련되기 때문에 중요하게 취급된다.

풍력터빈 블레이드의 블레이드 끝단의 접선 속도(tangential speed)라고 하는데 자유 유동의 공기 속도(v_1)에 대한 블레이드 끝단의 접선 속도와의 속도비를 주속비, TSR(Tip Speed Ratio), λ라고 한다. 이 주속비는 무차원의 값으로 풍속을 대신하여 주로 로터의 출력계수를 나타내는데 사용한다.

간단히 요약하면, 「풍력터빈 블레이드 선단 속도와 풍속의 비」로 정의되는 값을 주속비(TSR), 선단 속도비, 그리고 깃 끝 속도비 등이라고 부르고, 식으로 표시하면 식(5.59)와 같다.

$$TSR(\lambda) = \frac{blade\ tip\ speed}{wind\ speed} = \frac{\omega R}{v_1} = \frac{2\pi n R}{v_1} \tag{5.59}$$

여기에서, v_1는 입력 풍속, w는 블레이드의 각속도, R은 로터의 반경, n은 로터 회전수이다.

천천히 회전하는 블레이드는 바람이 블레이드 사이의 간극을 통하여 방해를 받지 않고 통과할 수 있다. 하지만 빠르게 회전하면 블레이드에 의하여 만들어지는 회전면이 벽과 같이 된다. 반면에 바람을 통하여 블레이드가 지나가면 그 경로에 난류형 후류가 남는다. 회전하는 로터 내의 다음 블레이드가 여전히 난류 상태에 있는 후류에 도달하면 바람으로부터 효율적으로 동력을 추출할 수 없고 진동이 발생한다.

임의의 풍속에서 로터에 의하여 발생하는 출력은 블레이드 끝단(tip)과 바람의 상대 속도에 크게 좌우된다. 따라서 풍력터빈은 바람으로부터 최대한 많은 출력을 얻기 위하여 최적의 *TSR*에서 가동할 수 있도록 설계되어야 한다.

일반적으로 발전기의 효율적인 가동에 필요한 축회전 속도(w)를 얻기 위하여 높은 *TSR*이 바람직하다. 하지만 블레이드의 선단 속도가 80m/s보다 커지면 공기 중의 입자와의 충돌로 인한 앞전(leading edge)의 마모가 심각해지며 소음 발생이 크게 높아지고 항력 때문에 로터의 효율이 저하될 수도 있다. 예를 들면 최근의 8-10MW급 풍력터빈의 경우에는 끝단 속도가 거의 100m/s에 근접한다.

5.4.5 주속비(TSR, Tip Speed Ratio)와 출력계수

로터 블레이드의 출력은 앞서 설명된 기본 이론에 더하여 각종 손실이 고려되어 최종적으로 구해진다. 이러한 손실들은 익형의 항력에 의한 익형 손실, 후류 회전(wake rotation)에 의한 손실, 블레이드 끝단의 와류에 의해 발생하는 팁 손실 등으로 구성된다. 이들 손실 역시 모두 *TSR*과 밀접한 관련이 있다. 따라서 최종적인 블레이드의 출력계수는 *TSR*의 함수로 나타낼 수 있으며, Fig. 5.14에서 각각의 블레이드의 경우에 따라 비교한 바가 있다.

Fig. 5.15는 대표적으로 유선형 3매 블레이드의 경우를 나타낸 것이다. 출력계수 C_p 는 *TSR*이 증가함에 따라 증가하다 다시 감소하는 경향을 보인다.

Fig. 5.15 **Tip Speed Ratio 에 따른 각종 성능 계수의 변화**

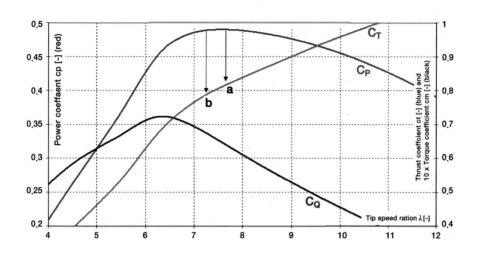

출력계수가 최댓값을 가질 때의 *TSR* 값(b)은 최대 출력을 낼 수 있는 최적 *TSR*이라는 뜻에서 *TSR_opt*라 부른다. 실제 설계 *TSR*은 추력의 과도한 상승을 막기 위해 *TSR_opt* 보다 약간 낮은 값(a)으로 설정하기도 한다.

Fig. 5.16 **다양한 풍력터빈의 TSR 대비 로터의 출력계수[3]**

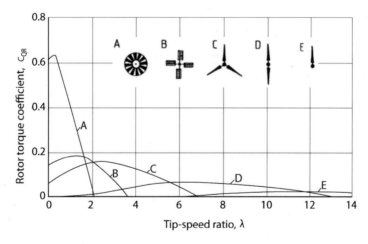

A: 수평축 다익형, B: 수평축 중세풍차, C: 수평축 3-블레이드 풍력터빈, D: 2-블레이드, E: 단일 블레이드

수평형 풍력터빈 중에서 양력형의 경우에는 블레이드 선단이 풍속보다 5~10배나 빠르다. 따라서, 같은 주속비의 풍력터빈에서도 대형 풍력터빈의 로터는 회전수가 낮고, 소형 풍력터빈의 로터는 회전수가 높다.

여러 가지 풍력터빈의 토크계수와 주속비의 관계를 Fig. 5.16에 나타내었다. Fig. 5.15와 Fig. 5.16으로부터 알 수 있는 바와 같이 양력형 수평축형 풍력터빈이나 다리우스형(수직축, 양력 이용) 풍력터빈은 토크계수 작지만 출력계수가 크므로 발전용으로 적합한 고회전, 저토크 타입이다. 한편, 사보니우스형(수직축 항력 이용) 풍력터빈이나 다익형 풍력터빈(수평축 항력 이용)은 출력계수는 작지만 토크계수가 커서 펌프 구동 등에 적합한 저회전, 고토크 타입이라고 할 수 있다.

5.4.6 출력곡선(power curves)

성능곡선(performance curves)이라고도 하는데 풍력터빈의 출력 대비 풍속을 나타내는 곡선이다. 풍력터빈이 개발되고 제조자가 제시하는 가장 중요한 풍력터빈의 풍속에 따른 출력을 나타내는 그래프이다. 출력곡선은 풍속계(anemometer)를 터빈에서 가까운 기상탑에 설치하고 풍속과 그때 발생하는 출력을 측정하여 결정된다. 따라서 실제에 있어서는 풍속이 변동하고 있어 그림에서 보는 바와 같이 매끈한 그래프가 얻어지는 것이 아니고 Fig. 5.17과 같이 곡선 근처에 수많은 점으로 이루어진다. 이 데이터들을 평균하여 그래프로 그린 것이 Fig. 5.18과 같은 출력곡선이다. 이렇게 풍속의 변동을 고려하여 인증을 받은 풍력터빈이라도 출력곡선에 약 10% 내외의 오차를 고려하는 것이 일반적이다.

Fig. 5.17 출력성능(power performance)의 측정과 출력곡선의 예시[6]

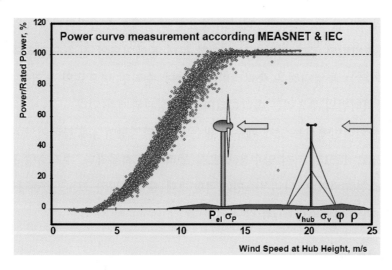

Fig. 5.18 3.0~8.0MW 용량의 풍력터빈의 풍속 대비 출력곡선

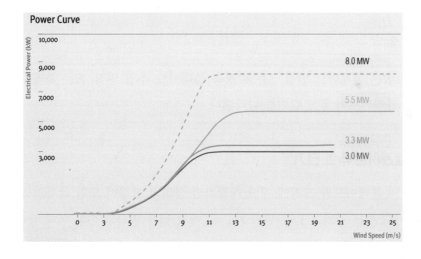

Fig. 5.18은 3.0MW~8MW 용량을 가진 풍력터빈의 출력곡선을 보여주고 있다. 약 3m/s 내외의 시동풍속(cut-in wind speed)를 가지며 약 11~13m/s에서 정격출력을 나타내기 시작한다. 위의 3.3MW 풍력터빈 등급이 IEC Class IIa의 경우인데 정격풍속(rated wind speed)을 12m/s이며, 종단풍속(cut-out wind speed)은 25m/s이다.

5.4.7 솔리디티(solidity)

풍력터빈의 성능을 특징짓는 또 하나의 중요한 특성계수로 솔리디티(solidity)가 있다. 솔리디티는 「풍력터빈의 로터 회전면적에 대한 로터 블레이드의 전 투영면적의 비」로 정의된다. 단, 여기서는 투영면적은 풍력터빈 회전축에 수직인 면으로의 투영을 의미하고 있다. 그리고 풍력터빈의 주속비는 솔리디티와 강한 상관관계가 있다.

수평축형 풍력터빈에서는 날개 매수가 많은 미국 다익형이 3매 블레이드 수평축형보다 솔리디티가 크고, 토크가 커서 양수용 펌프를 돌리기에 적절하다. 수직축형 풍력터빈에서는 사보니우스형(항력형)이 다리우스형(양력형)보다 솔리디티가 크다. 솔리디티, σ를 식으로 나타내면 식(5.60)과 식(5.61)과 같다.

수평축의 경우

$$\sigma = \frac{B\,s}{\pi R^2} \qquad\qquad (5.60)$$

수직축의 경우에는

$$\sigma = \frac{B\,c}{2\pi R} \qquad\qquad (5.61)$$

여기에서, R은 블레이드 반경, S는 수평축 블레이드 투영 면적, B는 블레이드 수, σ는 수직축에서 블레이드의 코드 길이를 나타낸다.

5.4.8 블레이드 수와 크기

풍력터빈의 블레이드와 크기에 대한 개괄적인 물리적 고찰이 또한 독자의 관심일 수도 있다. 블레이드 수는 앞의 4.3.3단원과 Fig. 4.2에서 일부 언급되었다. 현대 블레이드를 결정짓는 요소는 시스템의 안정성, 효율, 경제성 등이다. 안정성 면에서 회전하는 기계 요소 부품에서 디스크는 가장 안정되며 예측이 가능한 형상의 부품이다. 풍력터빈의 회전 요소로써 디스크의 요건을 가지는 안정적인 최소날개 수는 3매이다. 경제성 면에서 세 개의 블레이드로써 안정적인 디스크 특성을 유지할 수 있다면 4개의 블레이드를 설계할 필요가 없을 것이다.

하지만 최근까지도 가끔 2매 블레이드를 지닌 중형과 대형 풍력터빈이 시장에서 보급되고 있다. 2매 블레이드 풍력터빈이 전반적인 추세는 아니지만, 풍력단지의 풍황에 최적화된다면 가장 장점으로 후방향(downwind)형으로서 요잉 운동(yawing motion)과 타워와의 충돌문제 해결, 그리고 블레이드 수에서 오는 경제성 등에서 유리한 점도 부각되고 있다.

앞의 Fig. 5.14를 분석해 보면 블레이드 수가 적은 HAWT는 3매 블레이드에 비교하여 낮은 성능을 보이고 있음을 알 수 있는데 경제성 측면에서는 유리하지만 효율이 낮다는 것은 단점이다. 또한, 블레이드 수가 적으면 TSR이 증가하여 시스템 전체의 마모와 동력학적인 문제를 초래한다.

2매 블레이드의 특성상 블레이드 팁이 회전하면서 타워를 지날 때 타워 효과(tower shade) 때문에 터빈 자체에 가해지는 강한 충격을 피하기 위하여 기울임을 조정하는 힌지를 가지는 티터링 허브(teetering hub)를 주축과 연결한다. 이때 로터 블레이드가 타워와 충돌하는 것을 막기 위해서 추가로 충격 완충장치(shock absorber)가 필요하다. 구조적으로 복잡하기는 하나 블레이드와 시스템에 하중을 감소시키는 장점이 있다. 하지만 Fig. 5.14에서 보는 바와 같이 이론적인 효율이 3매의 경우보다 약간 낮고, 최대 효율을 얻기 위한 주속비가 3매보다 높아야 하므로 소음이 더 발생한다는 면에서 불리하다.

블레이드나 풍력터빈의 효율 면에서는 블레이드의 회전력을 부여하는 것은 양력(lift force)이며 이와 함께 동시에 표면에 항력(drag force)도 발생함은 이미 설명하였다. 효율적이며 안정적인 풍력터빈 블레이드는 이 두 가지 힘을 적절히 활용하는 부품이다. 공기역학적 이론에 의하여 유선형 단면이 설계되어 현대의 블레이드가 탄생하였는데 공기역학적인 효율도 중요하지만, 대형구조물이기 때문에 풍하중을 견디는 구조적인 면을 고려하면 블레이드의 코드가 큰 넓고 큰 블레이드를 설계할 수는 없고, 돌발적으로 발생하는 매우 큰 풍속에 구조적 안정성을 고려한 설계가 이루어져야 한다. 양력을 많이 얻기 위하여 블레이드 면적을 증가시킨다면 항력도 같이 증가할 것이며, 블레이드의 무게가 증가하여 시스템 전체에 영향을 주게 된다.

5.5 로터 회전의 원리

본 단원을 통하여 풍력터빈이 작동하는 공력학적인 이론에 대하여 간단하게 알아보았다. 하지만 독자의 관점에서 풍력터빈의 로터가 회전하는 물리적인 원리에 대한 명확한 개념의 정리가 필요할 것으로 판단하였다,

양력형 풍력터빈에서 로터가 회전하기 위해서는 로터 회전축에 모멘트를 주는 힘 성분이 있어야 한다. 블레이드에 발생한 양력과 항력 벡터를 합성하면 그 합성된 힘 벡터는 다시 로터 회전축에 모멘트를 주는 힘 성분과 바람 방향의 주력 성분으로 분해될 수 있다. 여기서 모멘트를 주는 힘에 의하여 로터가 회전한다.

Fig. 5.19 수평축형 로터에 작용하는 유동속도와 공력[3]

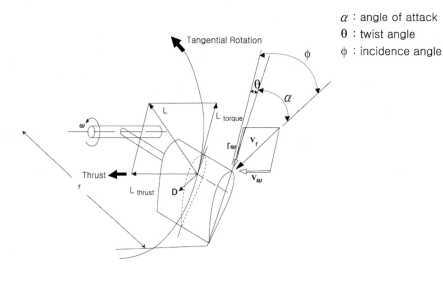

Fig. 5.19를 참고하여 블레이드의 축에서 r만큼 떨어진 곳의 단면을 볼 때, 입사 바람 속도 v_l과 블레이드 단면에서의 접선(tangent) 속도 v를 합하면 합성 속도 v_r로 나타난다. v를 다시 설명하면 로터가 돌 때 회전축으로부터 어떤 거리, r에서의 블레이드 단면의 접선 속도이다.

다시 익형 코드선(시위선)과 합성 속도 v_r은 받음각(angle of attack), α을 형성한다. 받음각의 각도에 따라 익형의 특성인 상부면과 하부면에 압력차가 발생한다. 이때 형성된 공력은 상대 속도(v_r)방향으로의 성분(D, 항력)과 수직인 성분(L, 양력)으로 다시 나누어진다. 다시 양력은 로터 회전면을 따라서 L성분과 회전면에 수직인 추력 성분(L_{thrust})으로 나눠지는데, 접선(tangent) 성분인 L은 로터의 회전력이 된다. 여기서 정량적으로 출력계수를 산정하기는 어렵고 보다 복잡한 이론이 필요하다.

아울러 각도, a는 공력과 관련된 각도이며, θ는 블레이드의 비틀림각(twist angle)으로 형상과 관련된 각도이다. 회전축으로부터 특정한 위치에서의 단면을 고려하여 그때의 a와 θ의 합을 유입각(incidence angle), ϕ라고 정의한다.

양력과 항력계수를 이용하여 익요소 이론(blade element theory 혹은 strip theory)을 도입하면 블레이드의 길이를 따라 공력 분포를 구할 수 있다. 공력 분포는 앞에서 말한 바와 같이 회전 방향(tangential force distribution, 접선력 분포)의 분포와 직각 방향(추력 분포, thrust distribution)이다. 로터의 길이 방향으로 접선력 분포를 적분하면 로터의 회전력이 되고 로터 회전 속도로써 적분하면 로터 출력(rotor power)이 된다. 추력 분포를 적분하면 타워에 걸리는 로터의 추력(thrust)이 된다.

운동량 이론(momentum theory)과 익요소 이론에 기반을 둔 공력 로터 이론은 실제 출력곡선과 비교적 잘 일치한다. 하지만, 디스크 형상을 가진 풍력터빈에만 적용이 가능하여 엑츄에이터 디스크 이론(actuator disk theory 혹은 momentum theory)라고도 한다.

이 원리를 이용하여 블레이드의 형상을 결정하고, 결정된 형상을 바탕으로 풍력발전시스템의 하중을 계산하는 방법 등은 다음 장에 자세한 설명을 기술하였으니, 제6장을 참고하면 될 것이다.

참고문헌

1. Hugh Piggot, Blade Design Note, 1998

2. T. Burton, N. Jenkins, D. Sharpe, and E. Bossanyi, *Wind Energy Handbook*. John Wiley & Sons, 2011.

3. Hau, E., *Wind Turbines*: fundamentals, technologies, application, economics, Springer, Berlin, 2006.

4. Milan Veljkovic, et al., "High-Strength Steel Tower for Wind Turbines," HISTWIN_Plus, Luleå University of Technology, Sweden 2015

5. M. K. P. Make, "Predicting scale effects on floating offshore wind turbines." MS thesis, TU Delft

6. H. Seifert, "Wind turbine tutorial," WWEC 2009, June 23-25 Jeju, Korea

chapter

06

풍력발전시스템의 설계와
통합하중해석

CHAPTER 06

풍력발전시스템의 설계와
통합하중해석

6.1 풍력발전시스템의 설계 목표

풍력터빈의 개념적인 사항이 준비되면 구체적인 시스템의 설계 목표를 선정하게 된다. Fig. 6.1과 같은 전방향형 수평축 1.5MW급 풍력터빈의 예시를 들면 Table 6.1에서 보는 바와 같이 구체적인 설계 인자를 결정한다.

Fig. 6.1 대표적 전방향형 수평축 풍력터빈의 예시[1]

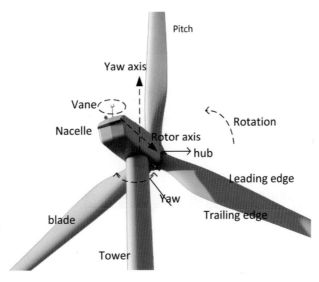

항목	기준값	항목	기준값
Rated power	5MW	Blade set angle	0°
Class	IIA	Rotor shaft tilt angle	5°
Number of blade	3	Maximum chord length	4.1m
Blade length	61.5m	Rotor overhang	5m
Hub height	90.55m	Rotor position	Upwind
Tower height	88.15m	Transmission	Gearbox
Cut-in wind speed	3m/s	Power control	Pitch
Rated wind speed	11.4m/s	Fixed/Variable	Variable
Cut-out wind speed	25m/s	Gear Ratio	97
Rated rotational speed	12.1rpm		

Table 6.1 **NREL 5.0MW급 풍력터빈시스템의 목표 설계 인자의 예시**

Table 6.1을 예시로 개발 목표를 살펴보면, 풍력터빈의 정격출력(rated power)은 최대 5.0MW이며, 정격 풍속(rated wind speed)은 11.4m/s이고, 이때의 로터 블레이드의 길이는 61.5m이다. 이 풍력터빈은 전통형 드라이브 트레인을 지닌 개념으로 증속기를 가지고 있고, 발전기의 정격 회전 속도인 1,800rpm을 얻기 위하여 증속기의 증속비(gear ratio)는 1:97이다. 발전기는 2극을 가진 유도 발전기이며, 정격전압(rated voltage)은 575V이며 주파수(frequency)는 60Hz이다.

 6.2 풍력발전시스템의 상세 설계 과정

풍력터빈의 드라이브 트레인의 개념 설계가 준비되면 기계 구조물로서의 풍력터빈은 아래와 같은 개념으로 개념 설계를 통하여 상세 설계가 구체적으로 진행된다.

• 사용 조건과 운송/설치장소: 설치 지역 및 사용 풍황 조건

- 과거 경험의 검토
- 주요 사양의 결정: 주요 규모와 외관의 크기, 제어와 안전 개념, 주요 부품, 나셀 내부 배열, 블레이드의 크기 등
- 예비 하중 계산
- 예비 설계 실시: 기계적 하중 스펙트럼, 주요 부품의 사양, 주요 성능, 블레이드의 공력 및 구조적 예비 설계 등을 반복적으로 실시함
- 성능 예측
- 설계 평가
- 제조 단가 및 에너지 생산단가의 계산
- 상세 설계와 설계의 최적화 과정의 반복: 인증을 받기 위한 하중 스펙트럼을 고려하고, 핵심 부품의 사양, 핵심 부품의 구조적인 통합성 검토 등을 수행함. 특히 블레이드와 드라이브 트레인의 최종 설계 확정
- 시험용 모델 제조: 제작 과정 인증 확보(제조 인증-나셀, 블레이드, 발전기, 증속기, 타워)
- 실증시험: 블레이드 성능 평가, 기타 기계류 부품의 성능 평가, 시스템의 출력성능, 소음, 하중, 전력품질 등에 대한 성능시험 수행
- 상용화 모델 설계: 풍력발전단지에 적합한 모델로 재설계

 ## 6.3 풍력발전시스템의 통합하중해석

풍력발전시스템은 대형 구조물이며 특히 바람 자원이 우수한 지역에 설치되기 때문에 태풍이나 허리케인 등 폭풍에 필연적으로 노출될 수밖에 없다. 예시를 들면 폭풍에 의하여 크레인 같은 대형 철제 구조물과 타워 크레인 같은 구조물 들이 파손되는 것을 우리는 항상 보고 있다.

현대의 상업용 풍력터빈(utility scale wind turbine)을 설계하는 3대 핵심 설계 기술은 풍력발전시스템의 통합하중해석 기술, 블레이드 설계 기술, 그리고 풍력 제어시스템 설계 기술을 꼽을 수 있다. 최근에는 해상풍력발전으로 진행되면서 하부 지지구조물과 기초의 설

계 기술도 포함되고 있다. 더구나 부유식 해상풍력발전까지 고려한다면 그 복잡성은 매우 커진다고 할 수 있다. 따라서 여기에서 우리의 관심은 타워나 하부구조물 정도까지만 머무는 것이 좋다고 판단한다.

거대 구조물이라는 측면에서의 풍력터빈을 개발하는 절차를 정리해 보면, 풍하중을 받아들이는 블레이드, 타워, 그리고 하부구조물 등에서부터 설계를 시작한다. 이 중에서 블레이드는 바람을 받아 회전하는 동적인 거동을 가지는 독특한 구조물이다.

풍력발전시스템의 통합하중해석 기술은 풍력터빈을 설계할 때 주요 부품의 설계 하중을 결정하고 해석을 통하여 검증하는 기술로 풍력터빈 모델 개발에서 핵심 기술로 통합하중해석은 구조, 기계, 전기시스템, 그리고 제어시스템의 기술적 안정성을 확인하는 방법이다.

따라서 통합하중해석이란 풍력발전시스템이 설계수명 동안에 노출될 수 있는 다양한 환경적 조건하에서 외부 환경과 풍력발전시스템의 상호작용을 고려하여 인명, 시설의 안전, 그리고 풍력발전시스템의 효율성과 신뢰성을 확보에 필요한 설계 하중을 계산하는 과정이라고 볼 수 있다.

통합하중해석은 풍력발전시스템 국제 규격인 IEC 61400 시리즈에 의거한 설계하중조건(DLCs, Design load cases)에 따라 수행한다.

풍력발전시스템의 경우에 계획되는 풍력발전단지의 특성과 외부 조건을 근거로 설계해야 하므로, 설계된 구조물의 건전성이 확보되었음을 증명하기 위하여 설계하중조건에 따른 외부 조건을 고려하여 하중을 계산한다.

Fig. 6.2 통합하중계산과 해석 절차의 예시[2]

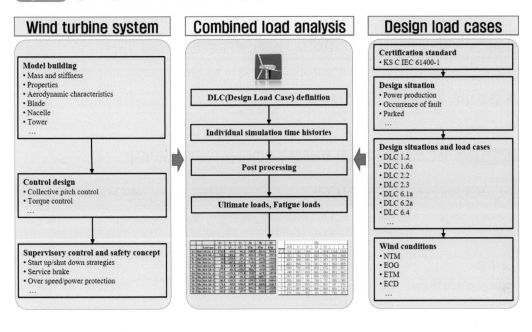

풍력터빈시스템의 통합하중해석 절차에 대한 과정의 예시를 Fig. 6.2에 나타내었다. 개념 설계를 통하여 터빈의 개념과 규격 등이 결정되고 특히 예시에서는 해상풍력터빈이므로 하부구조물인 재킷(Jacket) 형식까지도 포함되는 것을 알 수 있다. 블레이드의 공력 특성과 주요 구성품인 블레이드 구조 특성, 나셀, 그리고 타워도 포함된다. 제어 조건(control conditions)과 안전 개념 등도 자세하게 고려됨을 알 수 있다.

설계하중조건은 IEC 61400-3에 의하여 규정되고 설계를 위한 다양한 상황을 고려한다. 출력 생산, 단락의 발생, 정지 상태 등 많은 상황과 외부 환경인 풍황(wind condition)과 해황(wave condition) 등을 세분화하여 적용한다. 이에 따라 설계 상태와 하중조건(design condition and load cases)이 생성된다.

풍력터빈이 설치될 외부 환경과 모델이 결정되면 Table 6.2와 같이 IEC 61400-1에서 규정하는 설계하중조건(DLC, Design Load Case)을 가정하여 하중 계산을 수행하고 후처리 과정(post process)을 거쳐서 성능, 효율, 극한하중, 그리고 피로하중 등을 결정한다.

하중해석 분야에서는 풍력터빈의 사양과 하중조건이 정의되면 시간 이력(time history)을 적용하여 전산 모사를 수행하고 하중 계산이 이루어지고 최적 결과를 얻기 위한 반복 수행을 한다.

풍력터빈이 가지게 되는 외부 조건인 풍황(wind condition)이나 해황 조건(sea condition)이 시간에 따른 값(풍속이나 파고 등)으로 다양한 분야의 연구자들이 연구를 거쳐서 데이터화되고 있다. 풍력터빈을 설계하고자 하는 기술자는 이 데이터를 가공하여 통합해석 코드를 활용하여 통합하중해석을 수행한다.

Table 6.2   IEC 61400-1에 의한 설계하중조건(Design Load Case) 예시*

설계 상태	DLC	바람 조건	기타 조건	해석 타입	부분 안전 계수
1. 발전 power production	1.1	NTM	극치사고에 외삽법 적용	U	N
	1.2	NTM		F	*
	1.3	ETM		U	N
	1.4	ECD		U	N
	1.5	EWS		U	N
2. 발전 중 고장 발생 Power production plus occurance of fault	2.1	NTM	제어 시스템 고장 또는 전기 계통 손실	U	N
	2.2	NTM	보호 시스템 또는 내부 전기 고장 징후	U	A
	2.3	EOG	전기 계통 손실을 포함한, 외부 또는 내부 전기 고장	U	A
	2.4	NTM	전기 계통 손실을 포함한 제어, 보호 또는 전기, 시스템 고장	F	*
3. 시동 start up	3.1	NWP		F	*
	3.2	EOG		U	N
	3.3	EDC		U	N
4. 정상 정지 Normal stop	4.1	NWP		F	*
	4.2	EOG		U	N
5. 긴급 정지 Emergency stop	5.1	NTM		U	N

6. 대기 (정지 또는 아이들링) idling	6.1	EWM 50년 재 현 주기		U	N
	6.2	EWM 50년 재 현 주기	극치 계통 연결 손실	U	A
	6.3	EWM 1년 재현 주기	극치 요 정렬 불량	U	N
	6.4	NTM		F	*
7. 대기 중 고장 발생 idling.fault	7.1	EWM		U	A
8. 수송, 조립, 유지보수, 수리 transportation, assembly, O&M, repair	8.1	NTM 제조자 에 의해 제시된 Vmaint		U	T
	8.2	EWM 1년 재현 주기		U	A

*바람 조건: NTM(Normal Turbulence Model; 정상난류모델), ETM(Extreme Turbulence Model; 극한난류 모델), ECD(Extreme Coherent Gust with Direction Change; 극치 코히런 스 돌풍 및 풍향 변화), EWS(Extreme Wind Shear; 극치 윈드시어), EOG(Extreme Operation Gust; 운전 중 극치 돌풍), NWP(Normal Wind Profile Model; 정상풍속 프로필 모델), EWM(Extreme Wind Speed Model; 극한풍속 모델), EDC(Extreme Direction Change; 극치풍향 변화)

해석 타입: U(Ultimated analysis; 극한해석), F(Fatigue analysis; 피로해석)

부분 안전 계수: N(Normal; 정상), A(Abnormal; 이상), T(Transport and erection; 수송 및 건설)

6.4 하중해석용 소프트웨어

개발하고자 하는 풍력터빈의 개념설계를 거쳐서 위의 Table 6.1과 같은 정량적 목표가 설정되면 풍력터빈의 통합하중해석을 수행한다. 기술의 발전으로 인하여 풍력터빈이 처하게 되는 환경 조건을 더욱 과학적으로 분석하고 데이터가 생성되어 왔다. 이러한 데이터를 기준으로 최적화된 설계가 가능하게 되었고, 복잡한 계산을 컴퓨터 모사를 통하여 수행할 수 있게 되었다. 이러한 배경에는 꾸준히 발전해온 컴퓨터 하드웨어와 전산 소프트웨어의 힘이 크다.

여전히 개발이 필요한 분야는 난류에 대한 이해, 로터 공력학, 구조 동력학, 파워 트레인 (power train), 그리고 제어 동력학(control dynamics) 등이 있지만 지난 수십 년간에 컴퓨터 성능의 발전, 대형화되는 터빈, 그리고 설계 기준의 요구사항 등이 맞물려서 모사 도구와 기술에서 커다란 발전이 있었다.

풍력터빈의 전산 모사(computer simulation)는 터빈을 구성하는 부품 설계 과정의 가장 핵심적인 부분이다. 1970년 이후에 터빈의 거동에 대한 해석 방법은 그 복잡성이 엄청나게 증가해 왔다. 복잡하지만 해석 방법의 발전은 터빈 설계 엔지니어에게 결과에 대한 자신감을 가지게 한 것도 사실이다. 이에 따라 설계 여유(margin)를 낮추어서 타 에너지원에 대비하여 풍력에너지의 경쟁력을 증가시켰다.

풍력터빈의 거동은 구성 시스템 간의 복잡한 상호작용으로 이루어지고 이 거동을 해석하기 위해서는 다학제적인 팀이 가진 기술력이 필요하다. 이 학문 분야는 기상학, 로터 공력학, 제어와 전기공학, 그리고 구조와 토목공학 등이다. 복잡한 시스템을 해석하기 위해서는 광범위한 가동 조건에서 풍력터빈의 거동의 완전한 모사를 수행할 수 있는 전산 코드가 필요하다.

현재에는 풍력터빈 모사를 위한 상업용과 공개된 여러 종류의 소프트웨어가 있다. 이러한 소프트웨어들은 지난 수십 년간 수행된 연구결과에서 발전되어 왔다. 이 소프트웨어들을 Table 6.3에 요약하였다.

풍력터빈의 개발에서 해석 모델 생성과 해석을 위하여 BEMT에 기반하여 풍력터빈의 동특성을 반영할 수 있는 소프트웨어를 사용하여 하중해석 수행하게 된다. 현재 세계적으로 가장 많이 사용되는 것은 GH-BLADED™[1]이지만, 미국 NREL에서 개발한 FAST, SAMCEF사의 S4WT, DTU에서 개발한 HAWC2, FLEX4/5, 그리고 ADAMS/WT 등이 있다. Table 6.3에는 일부 전산모사 코드를 요약하였다. 아울러 각 코드에 대한 추가적인 설명을 덧붙였고 Table 6.3에는 나타나지 않았지만, 풍력 커뮤니티에서 사용되는 다른 코드들도 언급하였다.

6.4.1 BLADED™

이 소프트웨어는 영국의 Garada Hassan & Partners에 의하여 개발되었고 이후에 GL을 거쳐 DNV가 통합하였다. 이 코드는 풍력터빈의 하중과 공탄성 해석을 위한 통합 모사 패키지이며 육상과 해상풍력 분야에서 널리 사용되는 사용자 인터페이스를 가지는 상업용 코드이다. 최근에는 구조 모델이 완전하게 새로 정리되어 다(중)물체 모사(multi-body simulation)를 가능하게 한다. BLADED™는 풍력터빈 성능과 하중 계산에 대한 방식으로 개발되었고 다른 크기와 형식을 가진 많은 풍력터빈에서 확보된 데이터를 측정하여 검증되어 왔다. 이 프로그램은 해상풍력터빈을 위한 파랑 하중(wave load)에 대한 모듈도 포함하고 있고, 하부 지지구조 모듈, 그리고 지진 모듈(seismic module) 등도 보유하고 있다.

Table 6.3 Wind Turbine Simulation Tools의 요약

Code명	Bladed	HawC	HawC2	BHawC	FLEX5	FAST	ADAMS
유료/무료	상업용	공개소스	상업용	In-house	상업용	공개소스	상업용
Aerodynamic 공력이론	BEM, GDW	BEM, GDW	BEM, GDW	BEM	BEM, GDW	BEM, GDW	BEM, GDW
Structural 구조해석	MBS, FEM	FEM	MBS, FEM	MBS, FEM	Modal, FEM	MBS, FEM	MBS
Offshore loads	ME	ME	ME	ME	ME	ME, PFT	ME, PFT

1　BLADED™: 1990년 후반과 2000년 초기에 영국의 Garrada Hassan & Partners(GH&P)가 개발한 통합하중해석 프로그램으로 이후 많은 모듈이 추가로 개발되었고 GH&P는 GL과 DNV에 의하여 순차적으로 흡수되어 지금은 DNV의 소유이다. 하지만 아직도 대부분의 문헌에서 GH BLADED™라고 표현하기도 한다.

HawC2: Horizontal Axis Wind turbine simulation Code generation 2

BHawC: Bonus* Energy Horizontal Axis Wind turbine simulation Code,

      *Bonus Energy A/S: 1980~90년대 덴마크 풍력터빈 제조사로 2004년 Siemens에 병합

BEM: Blade Element Momentum theory

GDW: Generalized Dynamic Wake[2]

FEM: Finite Element Method

MBS: Multi-body simulation

ME: Morison Equations[3]

PFT: Potential Flow Theory

6.4.2 HawC(Horizontal axis wind turbine Code)

HawC는 덴마크의 RISO의 J. Petersen이 주도하여 개발하였고 이 모델은 하부구조 접근 방식을 사용하는 유한요소법에 기반을 두었다. 이 코드는 시간 도메인에서 2매 혹은 3매 블레이드 HWAT의 응답을 예측한다.

HwaC는 구성식이 논문에 수록되어 필요에 따라 각 사용자의 인하우스(in-house) 코드 의 기초가 되었다. 모델은 로터를 선형 거동으로 가정하였기 때문에 원심형 강성화(cen-trifugal stiffening)*는 무시하고 있다. 여기에서 원심형 강성화를 고려하면 바람을 받아 블레이드가 회전할 때 발생하는 축방향 하중에 대응하여 블레이드의 굽힘모멘트를 저감시키게 된다.

> * 원심형 강성화(centrifugal stiffening): 블레이드가 바람을 받아서 회전하면 굽힘 변형이 생겨서 무게 중심이 뒤쪽으로 밀리면서 변형된 거리에서 원심력(centrifugal force)이 작용한다. 바람에 의하여 발생하는 모멘트에 대응하여 블레이드 루트에 대한 모멘트를 발생시킨다. 풍속이 변형과 RPM을 증가시키면 원심력은 블레이드의 centrifugal stiffening을 증가시킨다.

1990년 이전의 연구에서는 터빈의 공탄성(aero-elasticity)에 대하여 집중했고 특히 1매 블레이드나 로터에 대해서만 다루었다. 터빈 전체의 유한요소해석에 대한 연구는 HawC,

---

2 Wake effect(후류 효과) 바람이 앞과 뒤의 두 터빈을 통과하며 불 때, 공기의 흐름과 블레이드 간의 점성 작용(viscous action) 때문에 앞쪽 터빈 후방의 풍속은 감소하고 풍향도 변하는 현상을 후류 효과라고 한다.

3 Morison Equations: 유체역학에서 들어오는 진동성 흐름(유동파 혹은 파도, oscillatory wave)의 방향을 따라 물체에 작용하는 힘을 나타내기 위하여 사용된 반경험식(semi-empirical equation)이다. Offshore 플랫폼에 작용하는 파랑 하중을 구하는 데 주로 사용됨.

HawC2, 그리고 BHawC 코드의 기초가 되었다. HawC2는 구조 모델을 완전히 개편하였고 임의의 터빈 구조(architectures)를 모델링할 수 있도록 종합 다물체 구성식(general multi-body formulation)을 사용한다. 구성식(formulation)을 보면 블레이드를 몇 개의 연결된 물체(body)로 나타내어 비선형 거동을 모델링할 수 있게 하였다. 하지만 복잡하며 향상된 모델링 기능은 모사에 필요한 비용을 증가시킨다.

6.4.3 FAST(Fatigue, Aerodynamics, Structures, and Turbulence)

FAST코드도 BEMT를 사용한 설계 도구이며 NREL과 OSU(Oregon State University)가 개발하였다. 공력 모델링과 함께 강체(rigid body)와 유연체(flexible body)를 결합하여 풍력터빈 구조를 모델링할 수 있다. NREL은 AeroDyn 서브루틴 패키지(subroutine package)를 사용하기 위하여 FAST를 수정하였다. AeroDyn은 Utah대학교에서 블레이드를 따라 발생하는 공력하중을 계산하기 위하여 개발된 FAST-AD라는 서브루틴 패키지이다. 해상풍력에 응용할 경우에 파랑 하중을 모델링하기 위한 사용자 정의 코드를 연결할 가능성이 있다. 또한 FAST는 ADAMS의 유연 요소(flexible element)를 사용하는 비슷한 다물체 모사 도구이다. FAST에서는 다물체 모사법은 모달 형식으로 나타낸 블레이드를 사용한다. 플랩 방향 1, 2차 모드와 에지 방향의 1차 모드만 사용되어 모델이 매우 빠르게 계산되어 비용도 절약된다.

6.4.4 AeroDyn

AeroDyn은 블레이드에 공력 하중을 예측하기 위한 HAWT 설계자들이 사용하는 공력학 코드이다. 이 코드는 MSC, ADAMS, FAST, YawDyn, 그리고 SymDyn와 같은 구조 동력학 코드와 상호 교류가 가능하도록 작성되었다.

NREL에서 AeroDyn을 개발했는데 이것은 공력 하중 계산 도구(tool)이고 구조 동력학 코드이며 다물체 모사 S/W인 ADAMS와 FAST와 연결(interface)할 수 있다.

AeroDyn은 구조 동력학 코드인 FAST에 공력 입력값을 제공하고 터빈의 해석을 위하여 공탄성 모델을 만든다. AeroDyn은 미국에서 설계에 많이 사용되는 공력 코드이고 유럽에서 검증이 되었다. AeroDyn에 있는 두 가지 공력 모델은 BEM과 GDW(Generalized Dynamic Wake)이다. BEM model은 블레이드 하중과 느려진 유동 간의 정적인 균형(static balance)을 고려하여, 블레이드의 반경 부분과 블레이드 요소에 의하여 영향을 받는 유동을 모델링 한다.

GDW 모델은 요 작용과 동적 유동, 즉 동적 후류 효과(dynamic wake effects)를 고려하여 개발된 모델이다. 여러 가지 단순화된 가정들이 포함되지만 계산이 매우 간단한 장점이 있다.[3]

6.4.5 FLEX4/5

FLEX4는 TUD의 유체역학과에서 개발하였다. 이 프로그램은 1매~3매 블레이드, 정속 혹은 가변속 발전기, 피치 혹은 실속제어를 모사할 수 있다. 터빈은 응답과 하중의 완전한 비선형 계산과 결합된 수 개의 자유도로 모델링될 수 있다.

6.4.6 ADAMS/WT(Dynamic analysis of Horizontal Axis Turbines)

ADAMS/WT는 다목적용 기계 시스템 모사 패키지인 ADAMS5에서 나온 풍력터빈 전용 쉘(shell)이다. 이 코드는 풍력터빈 분야에 있는 엔지니어에게 ADAMS의 해석 기능에 접근이 가능하도록 NREL의 지도하에 개발되었다. ADAMS/WT V1.4는 Utah대학교의 Aero-Dyn의 최신 버전을 묶은 패키지이다.

6.4.7 S4WT(SAMCEF for Wind Turbines)

SAMTECH은 FEA와 다학제적 최적화를 위한 유럽의 CAE 소프트웨어 개발 회사이다. 풍력터빈용 SAMCEF는 증속기, 블레이드, 그리고 발전기와 같은 터빈 부품의 선형 해석과 비선형 해석이 가능하다.

6.4.8 FOCUS(Fatigue Optimization Code Using Simulations)

FOCUS는 WMC[4]에 의하여 개발된 통합 풍력터빈 설계 도구이다. 이 프로그램은 ECN[5]이 개발한 모듈도 포함하고 있다. FOCUS는 4개의 주모듈과, SWING(Stochastic

---

4 WMC: 네덜란드의 ECN의 Wind turbine construction and Materials Center
5 ECN: 네덜란드의 신재생에너지센터(Energy research Center for Netheland)

Wind Generation), FLEXLAST(calculation load time cycles), FAROB(structural blade modeling) 그리고 Graph(output handling)로 구성되어 있다.

이상과 같이 풍력터빈 설계와 해석을 위한 코드에 대하여 간단하게 알아보았다. 아래에서는 현재 실무적으로 가장 많이 활용되는 대표적인 코드인 BLADED™를 활용한 하중 계산과 해석에 대한 예시를 알아본다.

6.5 통합하중해석 활용

6.5.1 설계하중케이스(DLCs, Design Load Cases)의 설정 과정

풍력터빈의 개발 중에서 설계 부문에서 가장 먼저 시작되는 부분이 하중해석을 위한 설계하중조건 혹은 설계하중케이스(DLCs, Design Load Cases)를 설정하는 과정이다. 가장 널리 사용되는 도구는 BLADED™라는 소프트웨어이므로 이 코드를 이용하여 간단히 소개한다. 자세한 내용과 과정은 본 교재의 범위를 넘어가기 때문에 개념을 소개하는 정도에 그치고 추가로 관심이 있는 독자들은 관련 프로그램의 교육과 훈련이 필요하다.

Fig. 6.3은 BLADED™ 초기 화면으로 해석이 가능한 부품이 주메뉴에 보이고 있다. 블레이드, 에어포일, 로터, 타워, 동력전달체계, 나셀, 제어, 모달 해석, 풍황 분석, 그리고 해황 분석 등이 가능함을 보이고 있다.

Fig. 6.3 GH BLADED™의 초기 메뉴의 보기

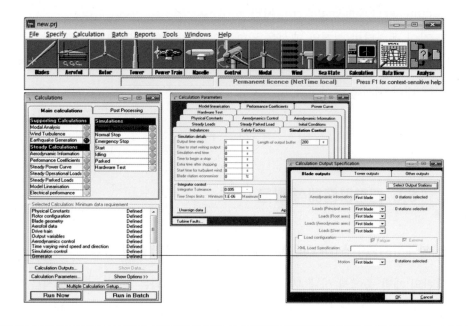

6.5.2 하중 계산 과정

Fig. 6.4에서는 위의 BLADED™를 이용하여 중요 핵심 부품에 대한 하중 계산 절차를 간단히 정리해 보이고 있다.

Fig. 6.4 주요 핵심 부품의 설계 파라미터와 계산 과정의 예시

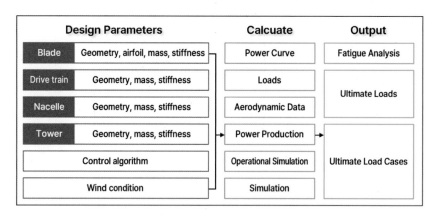

블레이드의 하중 계산을 위해서는 형상, 날개의 단면, 중량, 그리고 강성에 대한 데이터가 필요하고, 동력전달체계, 나셀 전체(RNA, Rotor Nacelle Assembly), 타워의 하중 계산을 위해서는 형상, 중량, 그리고 강성에 대한 데이터가 역시 필요하다. 이들에게 제어시스템 알고리즘의 결정과 풍황 조건이 결합되면 출력곡선(power curve), 부품별 하중, 공력 데이터, 에너지 생산량, 그리고 작동 모사 등을 계산한다. 최종 결과물에는 피로해석(fatigue analysis), 극한하중(ultimate loads), 그리고 극한하중조건(ultimate load cases) 등이 나타난다.

6.5.3 통합하중해석 수행 예시[5]

BLADED™ 코드를 사용하여 각 구성품의 특성 정보를 입력하고 해석 모델을 생성하는 절차를 알아본다.

첫째, 설계하중조건(DLCs)을 설정하기 위하여 IEC 규정(육상/해상)과 풍황 조건 모델을 고려하여, 풍력발전시스템이 경험할 수 있는 다양한 경우들을 가정한 후, 이들에 대한 각각 조건에 대해 해석 수행한다. 해상의 경우에는 파도(wave), 해류(current), 그리고 조차(tide) 조건 등이 추가되며, 이와 관련한 가정을 반영하여 DLCs를 구성한다.

둘째, 성능 해석을 수행한다. 정격출력 이하에서는 효율 최적화를 위해 최적 모드 게인(optimal mode gain)을 이용한 토크 제어가 이루어지고, 정격출력 이상에서는 출력의 정규화를 위한 피치 제어가 이루어진다. 또한 출력계수(C_p)와 시스템 운전 특성을 해석한다.

셋째, 동적 안정성 해석을 수행하게 된다. 선형 해석과 비선형 해석을 통하여 동적 안정성을 검토 수행한다. 풍력터빈의 운전 조건에서의 고유진동수 안전성 검토를 위한 캠벨 선도(Campbell diagram)분석과 정지 조건에서의 플러터 해석(flutter analysis)과 같은 동적 안정성(dynamic stability)에 관한 검토도 수행한다.

넷째, 하중해석이 수행된다. 인증기관에서 제시한 인증 규정에서 정의하는 좌표축에 따라 하중 결과를 산출한다. 하중해석의 수행을 통하여 성능 관련 데이터와 각 좌표축에 대한 6-자유도 하중 성분-시간 이력 결과를 얻을 수 있다.

다섯째, 기계적 하중의 비교(MLC, Mechanical Load Comparison)를 수행한다. 설계를 거쳐 제조되어 실제 설치한 풍력발전기에서 측정한 출력과 하중 등을 시뮬레이션 결과와 비교하여 검증하는 절차가 진행된다. 시뮬레이션과 측정 데이터를 비교하여 성능과 하중을 검증한다.

해상풍력터빈의 개발하고자 할 때, BLADED™를 활용한 하중해석 모델은 각 구성품의 특성 정보를 입력하여 해석 모델을 생성한다.

예시로 Fig. 6.5와 같이 NREL 5MW급 해상풍력터빈을 해석 대상으로 하여 보았다. 입력 변수로는 mass/unit length, stiffness, diameter, thickness 등 블레이드와 타워의 입력 자료(input data)를 산출하여 입력한다.

Fig. 6.5 BLADED™를 활용한 NREL 5MW 해상풍력터빈의 하중해석 모델과 입력 데이터 화면의 예시[6]

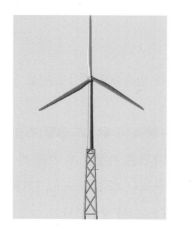
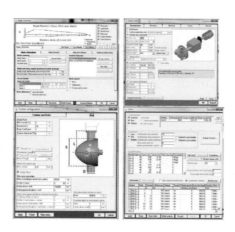

Fig. 6.6과 Fig. 6.7에서 보는 바와 같이 블레이드와 타워의 입력 데이터(mass/unit length, stiffness, diameter, thickness 등)를 산출하여 입력한다.

Fig. 6.6 블레이드 입력 데이터 예시

| Graph: Automatic | | | | | Print Graph | Copy Metafile | Copy Bitmap | << | < | > | >> |

Blade Information	Blade Geometry		Mass and Stiffness			Additional Mass/Inertia	

Define:			1	2	3	4	5	6	7	8	^	Copy
☑ Mass	Distance along blade root Z-axis		0	0.2	1.2	2.2	3.2	4.2	5.2	6.		Paste
☑ Use default mass axis orientation	Centre of mass (x')	%	0	0	0	0	0	0	0			
☑ Use default radii of gyration ratio	Centre of mass (y')	%	25.0048	25.0048	24.29911	24.60712	24.51071	23.72275	22.518	21.6105		
	Mass axis orientation	deg	13.30799	13.30799	13.30799	13.30799	13.30799	13.30799	13.30799	13.3079		
☑ Stiffness	Mass/unit length	kg/m	745.2181	745.2181	848.8648	812.8484	812.2908	650.3402	494.2345	465.453		
☑ Use default principal axis orientation	Mass moment of inertia/unit length	kgm	0	0	0	0	0	0	0			
☑ Axial Degree of Freedom	Radii of gyration ratio		1	1	1	1	1	1	1			
☑ Torsional degree of freedom	Principal axis orientation	deg	13.30799	13.30799	13.30799	13.30799	13.30799	13.30799	13.30799	13.3079		
☐ Shear stiffness	Shear centre (x')	%	0	0	0	0	0	0	0			
	Shear centre (y')	%	0	0	0	0	0	0	0			
	Bending stiffness about xp	Nm²	2.1E+10	2.1E+10	268945E+10	257369E+10	292097E+10	724861E+10	180777E+10	058069E+1		
	Bending stiffness about yp	Nm²	2.1E+10	2.1E+10	245793E+10	025844E+10	771166E+10	250235E+10	369629E+09	304614E+0	✓	

---

6   NREL tripod model(SW: BLADED™)

Fig. 6.7 타워 입력 데이터 예시

Member	Node	Diameter	Wall thickness	Material	Flooded?	Marine growth thickness, mm	Mass/unit length	Bending Stiffness	Shear Stiffness	Torsional stiffness	Mass	Axial-Stiffness	Sealed?
		m	mm				kg/m	Nm²	N	Nm²	kg.m	N	
1 (End 1)	1	1.26	52.5	jacket	Yes	0	1563.38	7.637E+09	8.046E+09	5.877E+09	570.953	4.182E+10	Yes
1 (End 2)	2	1.26	52.5	jacket	Yes	0	1563.38	7.637E+09	8.046E+09	5.877E+09	570.953	4.182E+10	Yes
2 (End 1)	2	1.26	52.5	jacket	Yes	0	1563.38	7.637E+09	8.046E+09	5.877E+09	570.953	4.182E+10	Yes
2 (End 2)	3	1.26	52.5	jacket	Yes	0	1563.38	7.637E+09	8.046E+09	5.877E+09	570.953	4.182E+10	Yes
3 (End 1)	3	1.26	52.5	jacket	Yes	0	1563.38	7.637E+09	8.046E+09	5.877E+09	570.953	4.182E+10	Yes
3 (End 2)	4	1.26	52.5	jacket	Yes	0	1563.38	7.637E+09	8.046E+09	5.877E+09	570.953	4.182E+10	Yes
4 (End 1)	4	1.26	52.5	jacket	Yes	100	1563.38	7.637E+09	8.046E+09	5.877E+09	570.953	4.182E+10	Yes
4 (End 2)	5	1.26	52.5	jacket	Yes	100	1563.38	7.637E+09	8.046E+09	5.877E+09	570.953	4.182E+10	Yes
5 (End 1)	6	1.26	52.5	jacket	Yes	0	1563.38	7.637E+09	8.046E+09	5.877E+09	570.953	4.182E+10	Yes
5 (End 2)	7	1.26	52.5	jacket	Yes	0	1563.38	7.637E+09	8.046E+09	5.877E+09	570.953	4.182E+10	Yes
6 (End 1)	7	1.26	52.5	jacket	Yes	0	1563.38	7.637E+09	8.046E+09	5.877E+09	570.953	4.182E+10	Yes
6 (End 2)	8	1.26	52.5	jacket	Yes	0	1563.38	7.637E+09	8.046E+09	5.877E+09	570.953	4.182E+10	Yes
7 (End 1)	8	1.26	52.5	jacket	Yes	0	1563.38	7.637E+09	8.046E+09	5.877E+09	570.953	4.182E+10	Yes
7 (End 2)	9	1.26	52.5	jacket	Yes	0	1563.38	7.637E+09	8.046E+09	5.877E+09	570.953	4.182E+10	Yes

설계하중조건과 외부환경 조건 선정하기 위하여 IEC 61400 규격에 제안된 조건 중에서 피로 관련 조건만을 대상으로 풍속에 따른 세부 조건을 선정한다. 예를 들면 설계하중조건 DLC 1.2(Power production, 출력 생산)의 경우에 풍력발전시스템이 발전기 수명 동안 정상 운전될 때 발생하는 정상난류상태(NTM)와 확률론적 정상해상상태(NSS) 중에 발생하는 하중 조건을 포함한다.

DLC 6.4(idling)는 발전 중이 아닌 대기 상태인데 각 풍속에서 구성품의 중대한 피로 손상을 발생시킬 수 있는 변동 하중이 예상되는 시간을 고려한 조건이다.

다음 단계로 정의된 환경 조건에 따른 난류 종류, 평균풍속, 난류 강도, 그리고 풍향 등을 Fig. 6.8(a)와 같이 입력하여 Fig. 6.8(b)와 같은 바람장이 생성된다.

Fig. 6.8 (a) 바람 조건의 입력 예시와 (b) 생성된 바람장의 모습

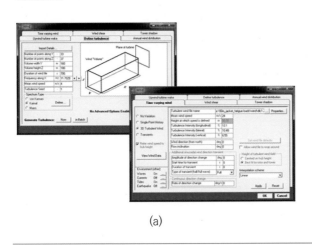

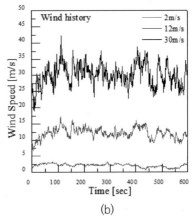

(a)   (b)

앞에서 정의한 DLC별로 통합하중해석을 수행하여 600초 동안의 각 부품의 위치별 시간 이력에 따른 하중을 산출한 예시는 Fig. 6.9와 같다.

Fig. 6.9 통합하중해석 결과인 하중 이력인 (a) 블레이드 기준 Moment와 (b) 타워 기준 Moment

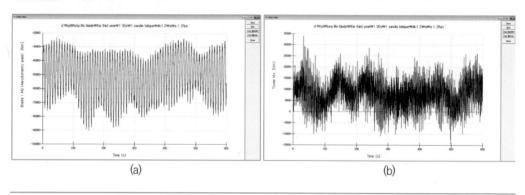

(a)   (b)

다음은 등가손상하중(Damage equivalent load)단계로 터빈에 작용하는 피로하중은 크기와 지속 시간이 불규칙하므로 이를 고려하여 크기와 작용 주기가 일정하며 불규칙한 피로하중과 같은 거동을 구현할 수 있는 등가하중 모델의 획득이 중요하다. 따라서 상기의 설계하중조건 중에서 피로하중조건에 따른 통합하중해석을 수행하여 부품의 등가손상하중을 산출한다.

이때 피로하중의 경우 작용 시간에 영향을 받으므로 설계수명동안 발생된 조건으로 계산하기 위하여 DLC 1.2와 DLC 6.4가 1년 동안 발생한 시간을 기준으로 정의하며 DLC별 계산 결과를 Table 6.4와 Fig. 6.10에 보여주고 있다.

Table 6.4	DLC별 발생 시간	

DLC	Hours/year
1.2a1-6	874.70
1.2b1-6	1009.60
1.2c1-6	1181.80
1.2d1-6	1076.30
1.2e1-6	1137.20
1.2f1-6	881.35
1.2g1-6	764.90
1.2h1-6	501.30
1.2i1-6	336.00
1.2j1-6	289.40
1.2k1-6	130.40
6.4a1-6	434.30
6.4b1-6	149.00

Fig. 6.9-10 ▶ DLC별 발생 시간의 산출 화면

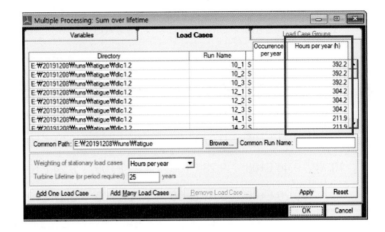

등가손상하중 계산에서 시간의 진행에 따르는 재료의 특성 변화를 고려할 수 있도록 S-N 곡선의 기울기(slope)를 Fig. 6.11과 같이 3~12로 정의하여 값을 나타낸다.

Fig. 6.11 ▶ Rainflow cycle count

Table 6.5 블레이드의 등가손상하중(허브와의 연결 위치)

Inverse SN slope	Mx [Nm]	My [Nm]	Mz [Nm]	Fx [N]	Fy [N]	F [N]
3	1.70.E+07	1.12.E+07	2.83.E+05	4.29.E+05	8.16.E+05	8.04.E+05
4	1.37.E+07	9.64.E+06	2.39.E+05	3.64.E+05	6.60.E+05	6.53.E+05
5	1.21.E+07	9.07.E+06	2.19.E+05	3.38.E+05	5.81.E+05	5.79.E+05
6	1.11.E+07	8.87.E+06	2.08.E+05	3.26.E+05	5.34.E+05	5.36.E+05
7	1.05.E+07	8.86.E+06	2.03.E+05	3.22.E+05	5.03.E+05	5.10.E+05
8	1.00.E+07	8.94.E+06	2.00.E+05	3.20.E+05	4.81.E+05	4.95.E+05
9	9.71.E+06	9.07.E+06	1.99.E+05	3.21.E+05	4.65.E+05	4.86.E+05
10	9.46.E+06	9.23.E+06	1.99.E+05	3.24.E+05	4.52.E+05	4.83.E+05
11	9.26.E+06	9.41.E+06	1.99.E+05	3.27.E+05	4.42.E+05	4.84.E+05

Table 6.6 타워의 등가손상하중(허브와의 연결 위치)

Inverse SN slope	Mx [Nm]	My [Nm]	Mz [Nm]	Fx [N]	Fy [N]	F [N]
3	1.08.E+07	2.89.E+06	1.03.E+07	3.65.E+05	4.85.E+05	2.07.E+05
4	8.98.E+06	2.39.E+06	8.54.E+06	2.78.E+05	4.08.E+05	1.92.E+05
5	8.53.E+06	2.26.E+06	8.07.E+06	2.47.E+05	3.87.E+05	1.96.E+05
6	8.57.E+06	2.25.E+06	8.06.E+06	2.36.E+05	3.84.E+05	2.06.E+05
7	8.82.E+06	2.29.E+06	8.23.E+06	2.33.E+05	3.88.E+05	2.19.E+05
8	9.16.E+06	2.35.E+06	8.48.E+06	2.35.E+05	3.94.E+05	2.33.E+05
9	9.53.E+06	2.41.E+06	8.76.E+06	2.38.E+05	4.01.E+05	2.46.E+05
10	9.90.E+06	2.48.E+06	9.03.E+06	2.43.E+05	4.09.E+05	2.59.E+05
11	1.03.E+07	2.54.E+06	9.30.E+06	2.48.E+05	4.16.E+05	2.71.E+05

이에 따라 블레이드와 타워에 대하여 설계 수명 25년의 경우에 대하여 블레이드의 허브와의 연결 지점과 타워와 허브와의 연결 지점에서의 하중 상태를 Table 6.5와 Table 6.6과 같이 구한다.

통합하중해석에 대한 과정을 간단하게 알아보았다. 위의 예시에서 계산과 해석 과정을 이해하기 위해서는 BLADED™에 대한 더 구체적이고 전문적인 훈련과정이 필요하다. 본 교재의 범위에서는 전반적인 흐름과 경향을 보여주기 위한 것이므로 예시에서 나타난 입력 수치와 최종 계산 결과는 의미가 없음을 알린다.

참고문헌

1. Fanxing Kong, Yan Zhung, Robort D. Palmer, "Characterization of Micro-Doppler Radar Signature of Commercial Wind Turbines," Proceedings of SPIE-The International Society for Optical Engineering, May 2014
2. Bladed™ Educational Guide - Tutorial
3. Hugh Currin and James Long, "Horizontal Axis Wind Turbine Free Wake Model for AeroDyn," Published 2009, Engineering, Semantic Scholar.org
4. 강기원, 외, "40년 이상 수명을 갖는 풍력터빈 타당성 연구-풍력발전시스템 수명연장 관련 통합설계 분석," 최종보고서 2022. 11. 29

복합재료 블레이드의 설계

복합재료 블레이드의 설계

7.1 블레이드의 공력설계와 구조설계

하중해석은 설계, 인증, 사이트 평가 전반에 걸쳐 활용되며, 설계 수명 기간 동안 인명과 시설의 안전, 풍력발전시스템의 효율성과 신뢰성 확보를 위해 매우 중요하다. 풍력터빈의 설계와 인증단계에서는 공력 성능의 검토, 공탄성 구조 안정성 검토, 인증 기준 등급을 적용한 설계하중 산출, 그리고 성능과 하중의 검증이 필요하다.

풍력터빈이 제조되고 특정 발전단지에 적용할 단계에서는 단지 조건을 적용한 성능 검토, 단지 조건을 적용한 설치 적합성 평가, 그리고 발전단지 조건을 적용한 설계 하중을 재산출하는 과정을 거친다. 본 7장에서는 풍력발전시스템 중에서 매우 특징적인 구성품인 블레이드에 대한 관심이 많기 때문에 통합하중해석에서 블레이드 부분에 대하여 좀 더 알아보고자 한다.

풍력터빈은 불어오는 바람에서 양력과 항력을 고려한 블레이드 단면의 형상설계를 통하여 높은 효율과 저하중을 발생시키는 블레이드의 개발이 중요한 목표가 된다.

앞의 단원에서 설명한 바와 같이 적절한 블레이드 단면 형상(익형, airfoil), 비틀림, 그리고 길이 방향의 형상이 설계되면, 블레이드와 전체 터빈이 풍하중에 의하여 겪는 다양한 형태의 하중을 고려하는 통합하중해석이 진행된다.

앞의 6장에서 살펴본 통합하중해석의 결과인 Table 6.5와 Table 6.6에 나타난 블레이드에의 하중을 바탕으로 풍력터빈의 주요 구성품의 구조설계와 해석이 이루어진다.

주요 구성품은 블레이드를 비롯한 앞의 단원에서 언급한 축, 증속기, 그리고 발전기 등이고 타워, 하부구조물, 그리고 기초도 통합하중해석 결과를 바탕으로 설계한다.

구성품의 설계에 따라 소재, 공정, 그리고 시험과 검사가 이루어지고, 모든 부품을 조립하여 풍황이 우수한 현장에서 실증을 거친다. 특히 주요 부품에 대해서는 인증시험을 거치고 실증을 통하여 터빈의 형식인증을 획득한 최종 제품이 상용화된다.

Fig. 7.1은 풍력발전시스템 통합하중해석을 거쳐 개발되는 블레이드의 개략적인 개발절차를 요약한 것이다. 통합하중해석을 수행하기 위해서는 반드시 블레이드의 공력 형상설계가 선행되어야 하며, 하중해석 과정 중에 풍력터빈의 하중해석 결과가 만족되지 않았을 경우, 만족한 값이 나올 때까지 블레이드 공력 형상설계 및 하중해석 수행을 반복적으로 수행해야 한다.

Fig. 7.1 풍력터빈 및 블레이드의 개략적 개발 절차

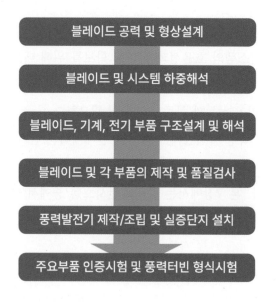

7.2 수평축 복합재료 블레이드 설계

7.2.1 블레이드 설계 개요

앞의 단원에서는 풍력터빈시스템의 통합하중해석에 대하여 알아보았고 본 단원에서는 풍력터빈 블레이드의 공력설계와 구조설계에 대하여 알아본다. 풍력발전시스템과 연계된 개념설계를 수행하고, 블레이드 설계에 대한 목표 값을 설정한다. 블레이드 공력 계산을 통한 형상설계를 수행하는데, 블레이드 섹션(section)별로 성능이 우수한 익형을 선정하여 각각의 스테이션(station 혹은 section)에 배치하고, 현(코드, chord)과 피치축 설계 등, 블레이드의 형상설계를 수행한다.

형상이 설계된 블레이드를 이용하여 통합하중해석을 수행하고, 블레이드 각 섹션(section)별 하중을 산출한다.

계산된 하중을 기반으로 블레이드 기본 구조설계를 하며 블레이드의 주요 구성 부품(스파, 전단웹 등)의 배치와 복합재료 적층 설계를 수행하고, 중량/강성 분포와 고유진동수를 산출한다.

이후에 시스템 통합 작업(system integration)을 수행하고 풍력발전시스템의 하중해석과 성능해석을 수행하여 블레이드와 시스템의 이상 여부를 확인하고, 이상이 발생하면 반복계산(iteration process)을 통한 작업을 수행한다. 이상이 없을 때 블레이드의 상세 설계를 수행하게 되는데, 여기서 상세 응력해석 루트부/접합부 설계와 해석을 수행하고, 제작/조립 공정 등을 검토한다.

이후 제조를 위한 블레이드 구조의 상세 설계를 수행하는데 블레이드를 상세 설계를 위해서 블레이드 모델링이 필요하며, 생성된 블레이드 모델을 통해 상세 설계와 해석을 수행한다. Fig. 7.2는 풍력터빈 블레이드의 설계 과정을 도식화하여 나타낸 것이다.

Fig. 7.2 풍력터빈 블레이드의 설계 절차

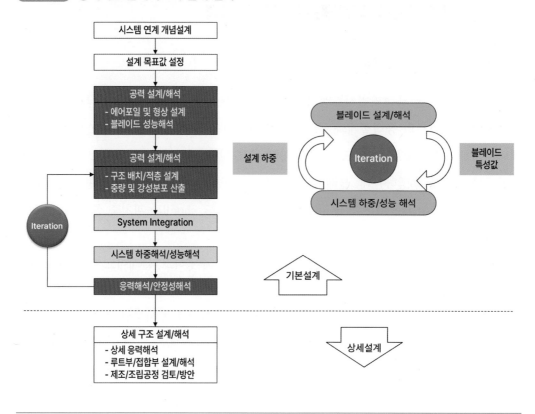

7.3 블레이드 공력설계

블레이드의 공력설계는 성능 확보를 위한 블레이드의 형상을 결정하는 과정이다. 블레이드의 길이, 익형의 배치, 피치축의 위치 결정, 두께비(thickness ratio), 현의 길이(cord length), 그리고 비틀림 각도(twist angle) 등을 최종적으로 결정한다.

위의 풍력터빈 개념 설계 단계에서 정성적인 항목과 정량적인 설계 변수(정격용량, 정격풍속, 로터 직경, 블레이드 tip speed 등)를 기존의 풍력터빈을 참고로 하여 초기 블레이드(baseline blade) 설계 변수를 결정한다.

풍력터빈용으로 공개되었거나 상용으로 활용이 가능한 익형(airfoil, 에어포일) 후보군을 선정한다.

이미 많은 익형이 소개되어 있고 이에 대한 성능 데이터도 활용이 가능한 수준에 있기 때문에 신뢰성 있는 받음각에 따른 익형의 성능 데이터를 확보한다. 새로운 익형을 개발하여 사용한다면 시험과 수치해석 등을 통하여 검증 과정을 거쳐야 한다.

기본 공력설계(baseline design)과 성능해석(performance analysis)을 수행하며 기본 공력 설계는 일반적으로 BEM(Blade Element Momentum theory)법에 의해 이루어진다. 공력설계에서는 공력성능을 극대화하고 블레이드에 작용하는 하중을 최소화하기 위한 방향으로 진행된다.

출력(power), 하중(loads), 그리고 효율(power efficiency) 등의 평가결과에 따라 반복 수행을 통하여 설계 최적화 과정을 거친다.

최적화 과정을 통하여 설계 조건이 만족되는 경우 최종적인 블레이드 형상설계 정보를 결정한다.

7.3.1 로터 직경 및 팁 속도 선정

로터는 블레이드의 길이와 허브의 반경으로 구성되는 반경을 가진 회전체를 말한다. 과거의 경험이나 시장의 풍력터빈의 규격을 참조하는 것이 매우 유용하다. 제2장에서 소개된 풍력에너지 밀도(wind power density)를 고려하여 상용화된 풍력터빈의 단위 면적당 출력을 분석하여 초기 블레이드의 로터 직경을 선정한다. 블레이드의 끝단 속도(tip speed)는 공력 소음과의 관계로 육상풍력의 경우 75~80m/s 범위에 있도록 한다. 따라서 로터 직경과 끝단 속도가 정해지면 기본적인 회전 속도가 결정될 수 있다.

7.3.2 익형의 선정과 배치

블레이드가 대형화되면서 길이 방향에서 각 지점의 회전 각 속도는 동일하지만 각 위치에서의 선속도는 끝 방향으로 갈수록 높아진다. 따라서 전체 길이를 각 구간(section)으로 나누었을 때 구간별로 효율이 높은 익형과 구조 강도를 고려하여 배치할 필요가 있다. 블레이드는 길이 방향을 따라서 각각 다른 두께를 갖는 익형들의 집합체이다.

7.3.3 익형의 특성치(properties of airfoils)

블레이드 익형은 강한 원주 방향으로의 회전력을 부여할 수 있는 특성을 가져야 한다. Fig. 2.17에서 이미 실험적으로 얻어진 양력계수 관계를 설명한 바 있다. 몇 가지 특성치를 Fig. 7.3에서 읽을 수 있는데 Fig. 7.3(a)는 Fig. 2.17과 유사한 그림이지만 다른 형태의 익형과 레이놀즈수에 대한 양력계수와 받음각 사이의 관계를 나타낸다. -4°의 받음각에서 양력이 발생하기 시작하고 15°에서 최대의 양력을 가지고 이후에는 급격히 감소하며 실속(stall)상태에 놓이게 된다. 15° 이상의 받음각에서는 공기의 흐름이 더 이상 익형의 표면을 따라 흐르지 못하고 공기의 흐름이 분리되며 난류가 발생하며 실속이 시작된다. Fig. 7.3(b)는 동일한 익형의 양항비를 나타내는 그림이다. 양항비가 최대가 되는 점은 C_L 축의 0으로부터 접선점(tangential point)이다. 따라서 익형이 7°가 되는 받음각을 가질 때 최대의 효율임을 Fig. 7.3에서 알 수 있다. 또한 실속이 되는 각인 15°에서 안전한 거리에 있기 때문에 최적의 효율을 갖는 익형을 설계할 수 있다.

Fig. 7.3 ▶ 양력계수와 받음각 간의 관계[1]

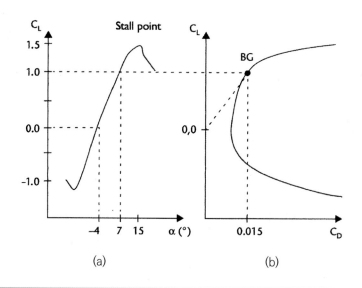

(a)　　　　　　　　(b)

앞서 5장에서 살펴본 Fig. 5.14에서처럼 최대 효율을 위해서는 주속비를 일정하게 최대값을 유지해야 하는데 실제 풍속이 변함에 따라서 회전 속도를 변화시키면 이상적이다. 식 (5.33)에서 보면 풍속이 낮아지면 회전수도 낮아져야 주속비가 일정하게 유지된다. 풍력터빈 블레이드의 성능에 큰 영향을 미치는 부분은 블레이드 루트로부터 70~90%에 해당하는 부분이므로 70% 이상의 영역은 우수한 공력 성능특성을 갖는 익형을 사용한다. 예를 들면, 미드보드(mid-board)에서 아웃보드(out-board) 영역은 NACA[1] 계열의 익형을 배치하고 인보드(in-board) 영역은 구조 안정성을 고려하여 DU계열을 사용한다.

풍력터빈용 익형의 단면과 각 부분의 명칭을 독자의 이해를 돕기 위하여 Fig. 7.4에 나타내었다.

Fig. 7.4 블레이드의 단면과 부분의 명칭[2]

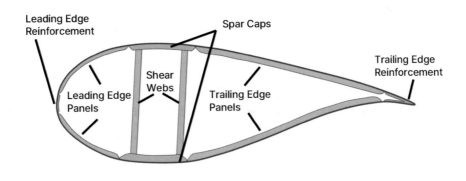

Fig. 7.5를 예를 들면, 아웃보드 영역에서는 NACA계열 블레이드에서 18% 두께비(thickness-to-chord)를 갖는 NACA 6자리 계열 익형을 사용하였다. 유사한 NACA 6자리 계열의 NACA-64618, NACA-64418, NACA-63418 등도 고려될 수 있다. Fig. 7.5에서 미드보드 영역에서는 DU계열의 익형(DU 93-W-210[2], DU 91-W-250, DU 97-W-300, DU 99-W-350, DU 99-W-405)이 배치되었음을 알 수 있다.

Fig. 7.6에는 다양한 익형의 형상을 예시로 수록하였다. 특히 Fig. 7.6(a)와 (b)는 루트 영역에서 구조적 성능을 위하여 허브와의 연결이 가능하도록 타원 형상을 보여주고 있다.

풍력터빈용 블레이드 익형은 풍력에너지 분야에서 활발한 연구를 수행하는 미국의 NREL, 덴마크의 RISO 등의 기관에서도 독자적인 모델들을 가지고 있다. 좀 더 구체적인 풍력터빈용 익형은 참고문헌**[3]**, **[4]**을 참고하기 바란다.

---

1 NACA-64618, 6 시리즈이며 두께비가 18%인 익형
2 DU 93-W-210, Delft University(DU)에서 개발한 두께비가 21.0%인 익형

Fig. 7.5 61.5m 블레이드의 익형 단면(19개 단면)에 사용된 익형 코드[5]

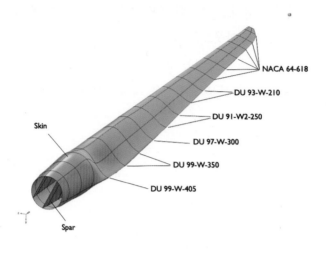

Fig. 7.6 블레이드 형상을 정의하기 위한 익형 단면: (a)와 (b): 스테이션 3과 4(루트부)의 ellip-soidal sections, (c) 길이 방향 station 5~8의 in-board에 사용된 두꺼운 익형, (d) mid-board와 out-bard에 사용된 익형[6]

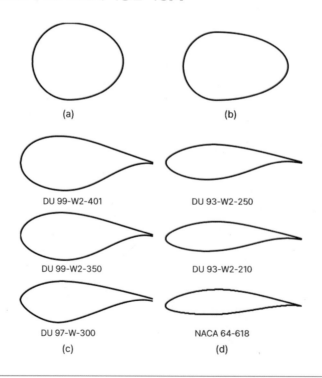

풍력터빈용 블레이드의 익형이 선정되면 익형의 공력성능 데이터를 확보해야 한다. 위에서 언급한 기존의 풍력전문기관에서 보유 중인 익형 데이터에 있는 받음각에 따른 블레이드의 양력계수와 항력계수 등을 활용하여 BEM 이론을 적용하여 성능해석을 수행한다. BEM이론은 2D에 기반을 두고 있어 더 정확한 해석을 위해서는 3D 회전 효과를 고려한 공력성능 데이터를 확보하여 사용한다.

7.3.4 형상설계와 성능해석

익형의 선정이 이루어진 후에 풍력터빈 블레이드의 공력설계 과정은 형상설계(design of shape) 단계, 성능해석(performance analysis) 단계 그리고 제어 적용(application of control scheme) 단계로 구분할 수 있다.

형상설계 단계에서는 블레이드 길이 방향으로 익형의 배치, 두께비(thickness ratio), 현의 길이, 피치축의 위치, 그리고 비틀림각 등을 구하며, 성능해석은 블레이드에서 발생되는 토크, 추력, 그리고 출력을 계산하게 된다. 마지막으로 제어 적용 단계에서는 정격풍속에 이르기 전에는 출력의 극대화를 이루도록 제어하고 정격속도에 도달하면 높아지는 풍속 영역에서도 안정적인 출력을 나타낼 수 있도록 제어를 수행한다.

블레이드의 두께 분포는 길이 방향의 위치에 따라 공력성능과 구조성능 사이의 적절한 타협(trade-off)을 통해 적절히 결정된다. 전형적인 익형을 선정하면 두께비 등 데이터가 제공되기 때문에 몇 가지의 두께를 선정하여 배열하고 사이는 선형 또는 비선형 보간법 등을 이용한다. 블레이드의 두께비 분포는 블레이드의 코드 길이와 두께의 비율을 적용할 때 부드러운 코드 길이 분포가 될 수 있도록 배열하여 그 사이의 값을 지정한다.

계속하여 형상설계 단계에서는 앞에서 설명하였던 블레이드 요소 운동량이론(BEMT)을 통해 정격풍속에서의 목표 출력과 효율을 만족할 수 있는 블레이드 길이, 국부적 단면에서의 익형 시리즈의 배치, 코드 길이와 비틀림 각도가 결정한다.

가장 먼저 고려될 사항은 팁 손실(tip loss)인데, 블레이드는 팁 영역에서 흡입면(suction side)과 압력면(pressure side)의 압력 차이 때문에 난류(turbulence)가 발생하기 때문에 양력의 감소가 발생하여 설계된 블레이드의 성능에 부정적인 영향을 끼친다. 따라서 블레이드에서 발생되는 출력을 신뢰성이 있도록 모사하기 위해서는 이 팁 손실(tip loss)을 고려한다. 팁 손실은 프란틀 근사법(Prandtl approximation)을 고려하여 블레이드의 특정 길이에서

팁손실계수(tip loss factor, $f = \dfrac{a}{a'}$)를 도입한다.

블레이드 길이에 따른 현의 길이와 비틀림각의 계산은 축흐름 유도계수(a), 블레이드 팁손실을 고려한 (회전)접선흐름 유도계수(a'), 유동각(ϕ), 그리고 솔리디티 (σ) 등을 고려한 식을 유도하여 이루어진다. 이 과정은 복잡한 계산이 필요하여 대개 인하우스 코드(in-house code)를 이용하여 진행된다. 참고문헌[7]은 대표적인 수행 과정을 아래와 같이 요약하여 최종 계산식으로 Table 7.1과 같이 제시하고 있어 참고할 만하다.

Table 7.1 블레이드 공력설계의 코드 길이와 비틀림 각도 계산식[7]

블레이드 공력설계 인자	유도된 계산식
날개 끝 손실계수 $f_{tip,\mu}$	$f_{tip,\mu} = \dfrac{2}{\pi} cos^{-1}\left(e^{-\left(\left(\frac{N}{2}(1-\mu)/\mu\right)\sqrt{1+\frac{(\lambda_{design}\mu)^2}{(1-a)^2}}\right)} \right)$ μ = 익형의 위치
축흐름 유도계수 a_μ	$a_\mu = \dfrac{1}{3} + \dfrac{1}{3}f_\mu - \dfrac{1}{3}\sqrt{1 - f_\mu + f_\mu^2}$
회전(접선)흐름 유도계수 a'_μ	$a'_\mu = \dfrac{a_\mu\left(1 - \dfrac{a_\mu}{f_{tip,\mu}}\right)}{\lambda_{design}^2\mu^2}$
코드 길이 c_μ	$c_\mu = A \times \dfrac{4\lambda_{design}^2\mu^2 a'_\mu R}{\sqrt{(1-a_\mu)^2 + (\lambda_{design}\mu(1+a'_\mu))^2}}$ $A = \dfrac{2\pi}{N\lambda_{design}C_{l,tip}}$
비틀림 각도 θ_μ	$\theta_\mu = \phi_\mu - \alpha_{tipfoil}$

Table 7.2 **가상의 풍력터빈 설계 규격**

항목	기준값
rated power	2,000 kW
rated wind speed	11.5 m/s
rotor diameter	82 m
hub diameter	1.8 m
number of blade	3
type class	IEC IIa
material	GFRP/epoxy
TSR	7.8
swept area	5278.3m^2
rotor speed(rated)	17.47 rpm
rotor speed(max.)	20.65 rpm
rotor speed(min.)	11.13 rpm
inverter range	±30 %
max. tip speed	75 m/s
gear ratio	113.3
rated speed(gen.)	1980 rpm

Table 7.2에 주어진 가상의 터빈 규격을 이용하여 블레이드의 길이 방향의 코드 길이와 비틀림각의 계산 결과를 Fig. 7.7과 Fig. 7.8에 나타내었다.

Fig. 7.7 **블레이드 길이에 따른 코드 길이 분포[7]**

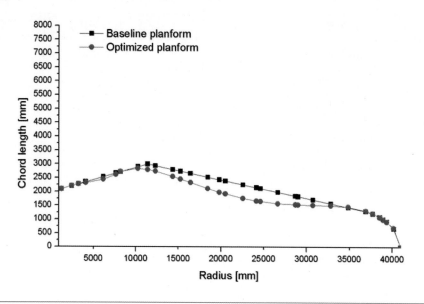

Fig. 7.8 **블레이드 길이에 따른 비틀림각 분포의 비교[7]**

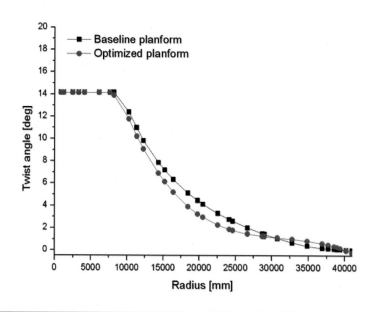

검은 곡선(Baseline)은 최초 설계의 결과로 각 단면의 위치에서 개별적으로 계산하여 종합한 것이므로 익형 간의 부드러운 연결이 되지 않는다. 따라서 최대 코드 길이, 최대 비틀

림각, 출력과 효율의 극대화를 고려하는 형상의 최적화 과정이 이루어지는데 그 결과가 빨간색 곡선(optimized)이다. 이 과정은 인하우스 코드를 이용한 설계자의 경험들이 고려되어 수행되므로 이 교재에서 다루기에는 한계가 있다.

MW급 풍력발전용 블레이드는 대부분 네덜란드의 DUT(Delft University of Technology)에서 개발된 DU 시리즈 익형과 NACA 시리즈 익형을 혼용하여 사용한다. 참고로, Fig. 7.7과 Fig. 7.8에서는 DU-00-W2-401(root), DU-97 -W-350, DU-91-W2- 300, DU-00-W-212, NACA 64-618(tip) 익형을 사용하였다.

이처럼 현장에서 활용하는 코드 길이와 비틀림각 분포를 계산하는 식에는 Schmitz 코드 길이 계산식[7-8][3]이 식(7.1)로 나타내었기에 참고할 필요가 있다.

$$Chord \, 길이 \, _{Schmitz} = c = \frac{16\pi r}{C_L N} sin^2 [\frac{1}{3} tan^{-1} (\frac{R}{\lambda_{design} r})] \quad (7.1)$$

여기서 N은 블레이드의 개수이며, λ_{design}는 $C_{P_{max}}$ 일때의 TSR이며, R은 블레이드 전체 회전면의 반지름이며, 그리고 r은 해당 익형을 가진 로터 회전면의 반지름이다.

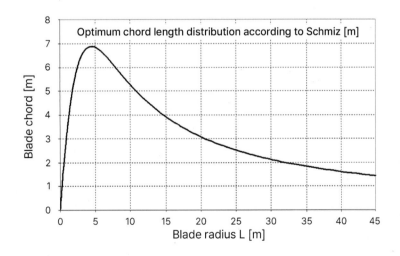

---

3 Sven Schmitz: 미국 펜실바니아 주립대의 항공공학과 교수로 블레이드의 형상 설계에서 비틀림 vs 코드 분포 계산을 위한 Schmitz formular를 제안함.

Fig. 7.9는 Schmitz 수식인 식(7.1)에 의하여 구한 44m 블레이드의 코드 길이를 예시로 보이고 있다. Schmitz 수식을 그대로 이용할 경우에 루트 부분으로 가면 코드 길이가 무한 대로 커지게 되지만 블레이드의 최초 설계에서 코드 길이 제한값 등을 고려하여 적절한 선에서 코드 길이를 제한하도록 한다. Fig. 7.9에서는 가장 넓은 코드의 길이는 약 5m 위치에서 6.9m의 코드 길이를 나타내고 팁 부위는 1.5m이다. 역시 동일한 블레이드 모델의 경우에 비틀림각의 분포를 계산하는 식은 블레이드의 섹션별 익형이 로터 회전면의 반지름에 따라서 최적의 양력계수를 가질 수 있도록 정의하며 다음의 식(7.2)를 적용하기도 한다.

$$\alpha_{twist} = \phi - \alpha_{airfoil} \tag{7.2}$$

여기에서

$$\phi = \frac{2}{3} tan^{-1}(\frac{R}{r \cdot \lambda_{design}})$$

여기서 $\alpha_{airfoil}$은 해당 익형이 가지는 양력계수에서의 받음각이며 양력계수의 재계산을 통하여 얻는 결괏값이다. 이러한 비틀림각은 로터 회전면의 반지름(블레이드의 길이)에 따라서 비선형적인 값으로 변하게 되며 비틀림각이 매우 커서 음의 값을 가질 경우에 소음 문제가 발생할 수 있기 때문에 Fig. 7.10과 같이 끝단에서 다시 0의 값으로 재비틀림(re-twist)을 하는 경우도 있다.

Fig. 7.10 44m 블레이드의 비틀림 분포 예시

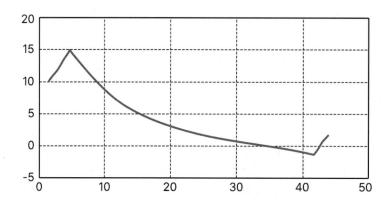

코드 길이와 비틀림각과 같은 주요 블레이드의 형상 정보가 결정되면 블레이드의 성능 해석을 수행한다. 블레이드 공력 최적 설계의 유효성 검증을 위해 정격출력, 효율, 그리고 축하중 등의 검토가 필요하며, 토크, 출력, 효율, 그리고 축추력에 대한 해석이 진행된다. 이때는 풍속 구간에 따른 피치각의 제어를 통하여 정격풍속 이하에서는 최대 출력을 정격 풍속 이상에서는 정격출력이 유지되도록 제어 알고리즘을 적용하는 과정이 진행된다. 이 과정들에 대한 이론적인 접근 방법은 참고문헌에 비교적 상세하게 나타나 있으므로 독자 들은 참고하기 바란다.

하지만 현장에서는 설계자가 현재에 상업용으로 활용할 수 있는 BLADED™, ADAMS/ WT, 그리고 FAST 등의 풍력발전시스템용 성능해석 코드를 이용하여 설계된 블레이드의 출력계수, λ_{design}, 그리고 성능곡선 등의 결과물을 검토한다. 결괏값이 설계 목표값에 부합 하는지 판단한 후에 형상의 재설계 또는 구조설계 단계로 나아간다. 이와 같은 단계를 거쳐 익형의 선정, 두께 분포, 코드 길이 분포, 비틀림각 분포, 피치축 정렬, 루트 부위, 그리고 끝 단 부위의 설계가 완료되면 최종적인 블레이드 형상을 완성할 수 있다. 최종적인 블레이드 형상은 일반적인 3D-CAD 프로그램 등을 이용하여 각 스테이션별 섹션 형상으로부터 적 절한 부드러운 연결 곡선(spline curve)을 통하여 Fig. 7.11과 같은 형상으로 설계된다.[9]

Fig. 7.11은 측면과 루트 측에서 바라본 블레이드 형상으로 특히 루트 측에서 보았을 때 비틀림 형상을 볼 수 있다.

Fig. 7.11 44m 블레이드의 형상설계 결과의 예시

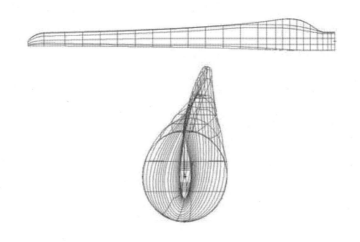

7.4 블레이드 구조설계

앞의 단원에서 공력설계와 통합하중해석을 통하여 IEC 61400 시리즈 적용 기준을 참고하여 설계하중조건(DLC, Design Load Cases)을 정의하였다.

이는 공탄성해석(aero-elastic analysis)을 통해 블레이드에 작용하는 극한하중과 피로하중 해석 결과를 도출하게 된다.

블레이드의 구조설계와 해석에서는 극한강도를 지니면서 경량화를 목표로 하며 최대한 재료와 제조 공정을 고려한 설계가 이루어져야 한다.

설계하중을 적용한 유한요소해석으로 스파 캡(spar cap), 전단 웹(shear web), 루트 체결부(root connection)와 적층(lay-up) 설계를 수행한다. 팁-타워 간섭평가(critical deflection evaluation), 극한 한계 상태(ultimate limit state), 피로 한계 상태(fatigue limit state), 그리고 구조 안정성(stability) 평가를 수행한다.

설계평가 결과가 판정 기준을 모두 만족하는 경우 블레이드 설계가 종료되며 만족하지 않을 때는 재설계를 수행한다.

블레이드 설계는 블레이드 공력설계와 구조설계는 구조 건전성 평가절차와 연동되어 반복적으로 수행하고 시스템 설계와 블레이드 설계를 동시에 진행하는 것이 특정 풍력터빈시스템에 적합한 블레이드 개발을 위해 가장 효율적인 방법이다.

설계 유효성 검증은 국제표준(IEC 61400 시리즈) 또는 산업체 가이드라인에 따른 구조 건전성 평가를 통해 설계 유효성을 검증하고 설계 수명기간 동안의 블레이드 루트와 특정 단면에 작용하는 극한하중과 피로하중에 대한 이력을 검증한다. 블레이드 국부 단면에서의 질량 분포와 강성 분포는 유한요소해석 등을 적용하고 확보하여 시스템 통합하중해석(system load calculation)을 통하여 블레이드에 작용하는 하중 계산을 수행한다.

7.4.1 구조설계 과정[4]

7.4.1.1 설계 요구조건

풍력터빈 블레이드를 제작하는데 있어서 가장 먼저 고려되어야 할 사항은 풍력터빈에 사용될 설계 변수를 결정하는 일이다. 설계 변수값에 따라 전체 시스템의 출력, 성능, 그리고 규모 등이 결정되기 때문이다. 일반적으로 사용되는 대형 블레이드(3MW급 예시)의 기본 설계 변수는 Table 7.3과 같다.

Table 7.3 블레이드 설계 변수

설계 변수	설계값
정격출력, Rated Power	3 MW
풍력터빈 등급, Wind Class	IEC Ia
참고 블레이드, Initial Design Blade	EU90-2300.2
정격회전속도, Rated Rotational Speed	15.7 rpm
정격풍속, Rated Wind Speed	13 m/s
시동풍속, Cut-in Wind Speed	4 m/s
정지풍속, Cut-out Wind Speed	25 m/s
블레이드 길이, Blade Length	44 m

정격출력(rated power)은 풍력발전시스템이 낼 수 있는 최대 출력을 의미한다. 시동풍속은 풍력발전시스템이 시동하는 풍속을 의미하며 정격풍속은 풍력발전시스템이 정격출력을 내기 시작하는 풍속을, 정지풍속은 풍력발전시스템이 정지하는 풍속을 의미한다. 바람의 등급은 풍력발전시스템이 설치될 지역의 극한풍속, 평균풍속, 난류의 강도를 고려하여 결정되는 변수이며, 특히 우리나라는 매년 태풍과 같은 극심한 바람이 불기 때문에 IEC Ia Class에 해당한다. 특히 블레이드 설계는 바람의 등급에 따라 크게 달라지며 결과적으로 전체 시스템에 미치는 영향이 매우 크기 때문에 이를 올바르게 결정하는 것이 매우 중요하다.[10]

---

4 블레이드 구조설계 단원은 참고문헌["최신 풍력터빈의 이해(2010)", 황병선 공저]의 관련 부분을 발췌하여 수록하였다.

7.4.1.2 블레이드 작용 하중

풍력터빈 블레이드는 바람의 힘에 의하여 회전하는 회전체로서 공력, 관성력, 그리고 중력이 작용한다. 이러한 하중으로 블레이드의 익형 단면에 작용하는 힘을 방향 요소별로 분석하면 Fig. 7.12와 같이 나타낼 수 있다. X축은 플랩 방향 Y축은 코드 방향 Z축은 스팬 방향을 의미한다. 각각의 축에 작용하는 힘과 모멘트 요소는 플랩 방향 전단력(F_{XS}), 코드 방향 전단력(F_{YS}), 길이(span)방향 인장력(F_{ZS}), 플랩 방향 모멘트(M_{YS}), 코드 방향 모멘트(M_{XS}), 스팬 방향 모멘트(M_{ZS})의 6가지로 구성된다.[11]

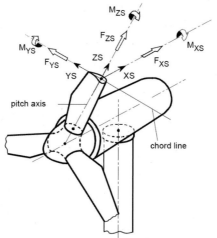

Fig. 7.12 Blade coordinate system and force element[11]

YS in direction of the chord, orientated to
      blade trailing edge
ZS in direction of the blade pitch axis
XS perpendicular to the chord, so that
      XS, YS, ZS rotate clockwise

설계하중조건(DLCs, Design Load Cases)은 풍력발전시스템의 운용 중에 발생하는 풍하중, 지진, 온도 등의 외부 조건과 풍력터빈 자체의 작동 조건 등의 조합으로 도표화한 것이다. 모든 경우의 수를 고려하면 25,000개 정도의 하중 조건이 되는 것으로 알려져 있지만, 현실적으로 모두 다루기는 어렵다. 경험과 유사한 하중 등을 조정하여 취급이 가능한 설계하중조건(DLCs)에 따른 하중해석을 수행하면 1,000가지가 넘는 하중해석 결과가 나오게 된다. 이러한 수많은 하중해석 결과들을 모두 정리하여 블레이드 스팬 길이에 따른 구간별, 하중 요소별로 극한하중 조건을 결정하여 구조해석을 수행한다. 극한하중 조건은 모두 13가지로서 앞서 기술된 6가지 힘과 모멘트 하중 요소의 최대 최소 조건 12가지에 전체 굽힘 모멘트(Mres)의 최대 조건 하나가 더해져 구성된다.[12] Fig. 7.13은 블레이드의 하중해석 결과 플랩 방향 모멘트의 최대 조건과 코드 방향 모멘트의 최대 조건에 대한 블레이드의 구간별 굽힘 모멘트 값의 실례이다.

Fig. 7.13 44m Blade의 bending moment diagram

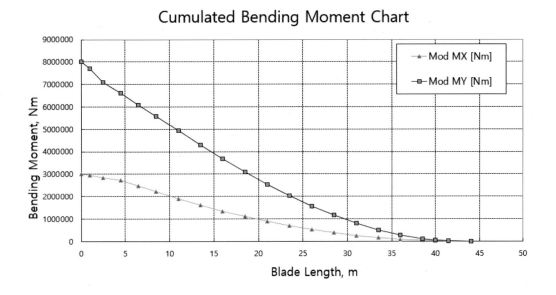

하중 계산에 의하여 블레이드에 적용되는 하중이 결정되면 블레이드의 구조설계와 해석 과정이 진행된다. 이 과정을 요약하여 나타내면 Fig. 7.14와 같고 단계별로 간단하게 설명한다. 블레이드는 복합재료 적층판(composite laminates)으로 만들어져 있기 때문에 적층 설계가 이루어지고 응력 해석과 변형량 해석을 수행한다. 사용된 복합재료의 기계적 물성을 적용하여 섬유와 모재의 파손을 판정한다. 아울러 구조적인 좌굴 해석을 통하여 좌굴 안정성을 판단한다. 전체적인 구조해석이 완료되면 설계된 블레이드의 고유진동수를 계산하고 적절한 결과를 얻기까지 반복 과정을 수행한다.

Fig. 7.14 **복합재료 블레이드 구조설계와 해석 상세 과정**

블레이드 구조설계 및 해석 상세 과정

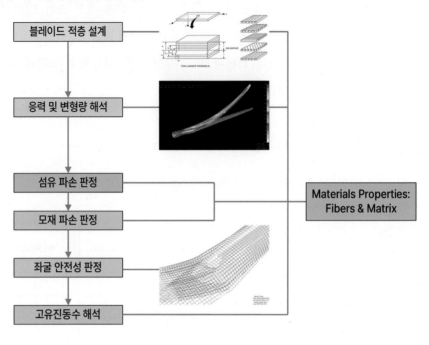

7.4.2 복합재료의 적층 설계

대형 풍력터빈의 주요 소재인 섬유강화 복합재료는 이방성 적층 구조를 갖기 때문에 블레이드의 구조설계는 복합재료 적층 설계로부터 시작된다. 복합재료 적층판(composite laminates)은 Fig. 7.15와 같이 방향에 따라 다른 물성을 갖는 여러 개의 단층(laminar)이 서로 다른 방향으로 적층되어 구성된다. 각 단층의 적층 방법에 따라 적층판은 완전히 다른 성질을 갖게 되기 때문에 Fig. 7.16에서처럼 각각의 단층(laminar)의 적층 각도에 따른 응력과 변형량을 고려하고 그 비율을 조절해야만 복합재료의 특징을 살린 가볍고 강한 블레이드를 만들 수 있다. 따라서 이러한 복합재료 구조설계 개념은 등방성 재료의 그것과는 많은 차이가 있다.

적층 설계에 사용되는 가장 기본적인 이론은 고전적층판이론(classical laminate plate theory)이다. 여기서는 각각의 단층을 특정 방향으로 배열된 직교 이방성 물성을 가진 층으로 정의하고 각 단층의 강성을 적층 방향으로 적분하여 적층판 전체의 강성 행렬을 구하고 이로부터 적층판에 작용하는 하중에 대한 변형을 계산한 후에 다시 각 단층의 변형량과 응력값을 산출하게 된다.

Fig. 7.15 복합재료 laminar(단층)와 laminates(적층판) 명칭 정의

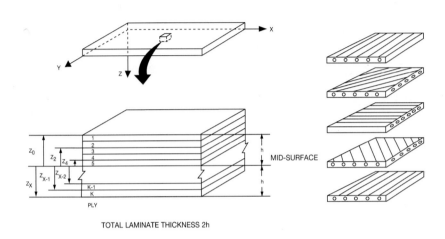

Fig. 7.16 블레이드 적층 설계의 개념[13]

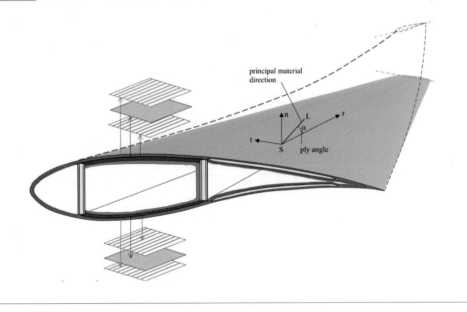

7.4.3 응력 및 변형량 해석

이러한 고전적층판이론을 통하여 적층판의 강성을 구하게 되면 이를 이용하여 빔 이론 (beam theory) 또는 유한요소해석(finite element method)을 이용한 응력과 변형량 해석을 수행하게 된다. 빔 이론은 풍력터빈 블레이드를 익형 단면 형상을 가진 테이퍼형 빔(tapered beam)으로 단순화하여, 각 섹션(section)에 대하여 플랩 방향(flapwise) 굽힘 강성, 에지 방향 (edgewise) 굽힘 강성, 그리고 단면의 비틀림 강성을 계산하고, 이를 빔 이론에 대입하여 응력과 변형량을 계산하는 방법으로서, 유한요소해석에 비하여 단순하고 빠르기 때문에 아직까지도 많이 이용되고 있다. 또한 빔 이론을 이용할 경우 블레이드의 각종 단면 특성치의 길이 방향 분포가 자연스럽게 구해지기 때문에 빔 모델을 기반으로 하는 시스템 하중/성능해석 코드와 연계하여 사용될 경우 매우 효율적인 방법이 될 수 있다. 그러나 빔 이론만으로는 국부적 부분에 대한 상세한 응력 해석이 어렵고, 스킨의 좌굴 해석 등은 할 수 없기 때문에 블레이드에 대한 모든 구조해석을 빔 모델만으로 수행하기에는 무리가 있다.

유한요소 해석은 구조해석 방법으로 산업계 전반에 거쳐 가장 널리 사용되고 있는 방법으로서 NASTRAN/PATRAN, ANSYS, CATIA, 그리고 ABAQUS 등의 다양한 범용 코드들이 사용된다. 유한요소법을 사용하면 블레이드 각 부재의 상세한 응력을 비교적 정확히 예측할 수 있다.

블레이드 상세 설계는 복잡하고, 설계자의 오차(human error)도 많이 발생하며, 긴 시간이 소요되는 작업이다. 따라서 복합재료 블레이드에 대한 정확한 해석을 위해서는 유한요소 모델링과 결과 분석에 많은 시간과 노력이 필요하며, 해석자의 경험과 지식이 많이 요구된다.

블레이드를 설계/해석하는 전문기관에서는 빠르고 정확한 모델링을 위하여 자체적인 인하우스(in-house) 코드를 개발하여 사용하고 있다. 예를 들면, 국내의 KIMS-WTRC에서는 블레이드의 단면 물성을 산출하는 전용 도구(tool)인 CASA(Computational Asymptotic Section Analysis)와 laminate plan의 적층 정보를 정의하여 신속한 설계 변경이 가능한 블레이드 전용 설계 도구인 BIMS(Blade Intelligent Modelling System)[5]가 있다. 블레이드를 상

---

5 BIMS: Blade Intelligent Modelling System으로 최종설계가 끝날 때까지 여러번 설계 변경에서 형상 모델링의 수를 줄이고 유한 요소 매싱(finite element meshing)을 적층판 플랜(laminate plan)에 독립적으로 수행할 수 있어 기존의 모델링법 보다 시간을 크게 줄일 수 있음. KIMS-WTRC에서 자체 개발한 인하우스 코드임.

세 설계를 위해서 Fig. 7.17과 같이 블레이드 모델링이 필요하며, 생성된 블레이드 모델을 통해 상세 설계와 해석을 수행한다.

Fig. 7.17 **블레이드 상세 설계 모델**

블레이드는 약 300여 개의 서로 다른 단면 물성이 존재한다. 블레이드 상세 설계는 가장 복잡하고, 인적 오류(human error)도 많이 발생하며, 긴 시간이 소요되는 작업이다. 블레이드 형상 모델링이 단면 물성을 반영할 수 있도록 설계되어 있어야 한다. DNV-GL guideline과 IEC 규정에 명시된 내용을 통해 블레이드 구조의 상세 설계를 하고, 상세 설계가 완료된 모델을 FF(Fiber Failure)/IFF(Inter-Fiber Failure), buckling, fatigue와 root connection 등의 해석 수행을 통해 구조 건전성을 검증하며, 이상이 발생한 경우에 반복적인 상세 설계와 해석을 통해 최적의 풍력터빈 블레이드 설계/해석 결과를 도출한다.

Fig. 7.18 블레이드의 선형 유한요소 해석 결과와 후처리(post-processing)

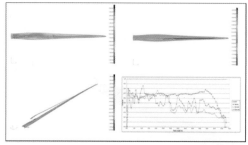

FF/IFF analysis

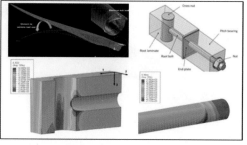

Buckling analysis

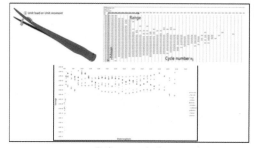

Fatigue analysis

Root connection analysis

Fig. 7.18은 풍력터빈 블레이드의 선형 유한요소 해석 결과를 후처리(post-processing)한 결과이다. 피로하중을 고려한 해석 결과, 좌굴해석 결과, 루트 연결부 해석 결과 등을 보여 주고 있으며 섬유와 섬유 간 모재의 파손해석도 보인다. 이처럼 유한요소해석을 이용하여 블레이드에 작용하는 응력과 변형량 수준을 점검하고 해석 결과를 구조 적층 설계에 반영 하여 부족한 부분은 강화하고 과도한 부분은 감소시켜서 최적의 적층 구조를 설계한다.

 ## 7.5 블레이드 복합재료의 파손

7.5.1 섬유 파손 판정

블레이드의 섬유 파손 판정은 앞에서 결정된 13가지 극한하중 조건을 종류별로 적용한 응력값이 재료의 설계 허용값을 초과하지 않도록 하는 것이다. 재료의 설계 허용값은 재료의 강도에 안전계수를 적용한 방법을 이용한다. 섬유 파손 판정에 사용되는 안전계수 γ_{Ma} 는 식(7.3)과 같다. 첫 번째 1.35는 기본 안전계수, 두 번째 1.35는 부식에 대한 안전계수, 세 번째 1.1은 온도에 의한 안전계수, 네 번째 1.1은 성형 공정에 대한 안전계수, 마지막 1.0은 후경화에 대한 안전계수이다.

$$\gamma_{Ma} = 1.35 \times 1.35 \times 1.1 \times 1.1 \times 1.0 = 2.205 \qquad (7.3)$$

재료의 설계 허용값은 재료의 강도에 안전계수를 나누어 줌으로써 결정할 수 있고 설계 허용값이 항상 응력보다 높아야 한다. 재료의 강도와 안전계수 그리고 응력의 관계를 정리한 파손 판정식은 식(7.4)와 같다.

$$\frac{Stress}{Strength/\gamma_{Ma}} \leq 1 \qquad (7.4)$$

7.5.2 모재 파손 판정

복합재료로 제조된 블레이드의 섬유 간 파손(IFF, Inter-Fiber Failure)은 복합재료에서 섬유를 감싸는 수지의 균열이나 파손을 뜻하고 최종 파손 판정을 위해서는 모재 파손 판정식을 적용한다. 섬유 파손 판정을 수행할 경우는 하중해석 결과에 안전계수 1.35(부분적으로 1.1)를 곱한 극한하중을 사용하지만 모재 파손 판정의 경우 안전계수를 곱하지 않은 일반 하중을 사용하며 모재 파손 판정은 A. Puck이 제안한 파손 판정식을 사용한다. 이는 단방향 섬유로 적층된 재료에 적용되는 수식으로서 섬유에 수직한 방향의 응력(σ_2)과 강도 (Y_t, Y_c), 면내 전단응력(τ_{21})과 강도(S_{21}, S_{12})의 관계에 의하여 결정된다. Fig. 7.19는 모재 파손 판정에서 사용되는 판정 경계면을 나타낸 그림으로 x축은 σ_2값이고 y축은 τ_{12}값이다. Mode A는 인장 σ_2가 지배적인 모드이며, Mode B는 τ_{12}가 지배적인 모드이고, Mode C는 압축 σ_2가 지배적인 모드이다. 이러한 각각의 모드별 판정식과 수식에 대한 설명은 Table 7.4에 나타내었다.[14-15]

Fig. 7.19 모재 파손 모드에 대한 도표(Inter-Fiber Failure Boundary)[14-15]

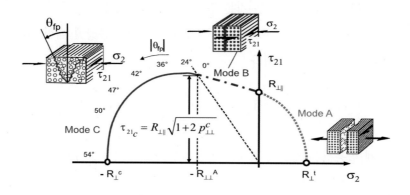

Table 7.4 Inter-Fiber Failure Criteria

Mode	파손 기준식 Failure Criteria	적용 조건 Application Condition
A	$\sqrt{\left(\dfrac{\tau_{12}}{S_{12}}\right)^2 + \left(1 - p^t_{\perp\parallel}\dfrac{Y_t}{S_{12}}\right)^2\left(\dfrac{\sigma_2}{Y_t}\right)^2} + p^t_{\perp\parallel}\dfrac{\sigma_2}{S_{12}} \leq 1$	$\sigma_2 \geq 0$ 모재의 횡방향 인장 파손
B	$\dfrac{1}{S_{12}}\left(\sqrt{\tau_{12}^2 + \left(p^c_{\perp\parallel}\sigma_2\right)^2} + p^c_{\perp\parallel}\sigma_2\right) \leq 1$	$\sigma_2 < 0$ and $0 \leq \left|\dfrac{\sigma_2}{\tau_{12}}\right| \leq \dfrac{R^A_{\perp\perp}}{|\tau_{12c}|}$ 모재의 횡방향 압축 파손(중)
C	$\left[\left(\dfrac{\tau_{12}}{2(1 + p^c_{\perp\perp})S_{12}}\right)^2 + \left(\dfrac{\sigma_2}{Y_c}\right)^2\right]\dfrac{Y_c}{(-\sigma_2)} \leq 1$	$\sigma_2 < 0$ and $0 \leq \left|\dfrac{\tau_{12}}{\sigma_2}\right| \leq \dfrac{|\tau_{21c}|}{R^A_{\perp\perp}}$ 모재의 횡방향 압축 파손(대)

$$p^t_{\perp\parallel} = -\left(\frac{d\tau_{21}}{d\sigma_2}\right)_{\sigma_2=0} \qquad p^c_{\perp\parallel} = -\left(\frac{d\tau_{21}}{d\sigma_2}\right)_{\sigma_2=0} \qquad p^c_{\perp\perp} = p^c_{\perp\parallel}\frac{R^A_{\perp\perp}}{S_{12}}$$

$$R^A_{\perp\perp} = \frac{S_{12}}{2p^c_{\perp\parallel}}\left(\sqrt{1 + 2p^c_{\perp\parallel}\frac{Y_c}{S_{12}}} - 1\right) \qquad \tau_{21c} = S_{12}\sqrt{1 + 2p^c_{\perp\perp}}$$

Fig. 7.19과 Table 7.4에서

σ_2	: 섬유와 수직 방향의 수직 응력 성분
θ_{fp}	: 파단 각도
S_{21}, S_{12}	: 섬유 방향과 수직하거나 평행한 UD 라이나의 전단 파단강도
$p_{\perp\parallel}^t$, $p_{\perp\parallel}^c$, $p_{\perp\perp}^c$	: 파단면 각도 의존 파라미터
Y_t, Y_c	: 섬유 방향과 수직한 단방향 섬유(UD laminar)의 인장강도와 압축 파단강도
σ_{1D}	: 선형 저하 (linear degradation)에 의한 응력값
$R_{\perp\perp}^A$, $R_{\perp}^c$, $R_{\perp}^t$, $R_{\perp\parallel}$	: 수직-수직 및 수직 전단 응력으로 인한 파단에 반하는 활성면의 파단 저항 파라미터
τ_{21c}, τ_{12}	: (σ_2, τ_{21}) 파단 곡선의 전환점에서의 전단 응력

모재 파손 판정에 사용되는 안전계수는 섬유 파손판정에 사용되는 안전계수에 파손 모드와 하중의 전달 비율에 따라 감쇄계수를 곱한 값을 사용한다. 감쇄계수 값은 적층판의 구조와 모드에 따라 다른 값을 사용하며 적용 값은 Table 7.5에 나타나 있다.

최종적으로 정리해 보면 모재 파손판정을 수행할 경우에 우선 요소의 하중 전달 비율을 조사하여 이에 적합한 감쇄계수를 확인한 후 모재 파손 판정에 적용할 안전계수를 결정한다. 그리고 안전계수를 적용한 재료의 강도 값을 이용하여 판정식으로 모재의 파손 여부를 결정한다.

Table 7.5 IFF 적용을 위한 감쇄계수(reduction factors)

파손 모드 Failure mode	Force transfer ratio in analysis layer	
	0% < ΔF < 5%	5% ≤ ΔF
Mode A	0.6	0.8
Mode B	0.6	0.8
Mode C	0.8	1.0

7.5.3 좌굴 안정성 판정

풍력터빈 블레이드와 같이 대변형이 일어날 수 있는 초대형 구조물은 구조물의 파손 강도에 이르기 전에 재료의 좌굴 현상에 의하여 전체적인 구조물이 파손될 수 있다. 그러므로 구조물의 좌굴 안정성을 점검하는 것은 필수적이다. 블레이드의 좌굴 안정성은 선형 또는 비선형 해석을 이용하여 판단할 수 있는데 기하학적인 비선형을 고려한 수정된 알고리즘을 이용한 좌굴 해석을 수행한다. Fig. 7.20은 블레이드에 대한 post-buckling 해석을 수행한 결과이다. 압축 하중을 받게 되는 면에서 좌굴이 발생하게 되며, 좌굴이 발생된 지점 스킨의 상, 하면 변형률 값이 좌굴이 발생함에 따라 인장과 압축으로 분기되는 현상을 확인할 수 있다.

좌굴 해석에 사용되는 안전계수 γ_{Mc}는 식(7.5)와 같다. 첫 번째 1.35는 기본 안전계수, 두 번째 1.1은 강성의 편차에 대한 안전계수, 세 번째 1.1은 온도에 대한 안전계수이다.

$$\gamma_{Mc} = 1.35 \times 1.1 \times 1.1 = 1.634 \qquad (7.5)$$

좌굴 해석에서 사용되는 안전계수는 재료의 강성(탄성계수)에 적용하여 재료의 강성 값을 안전계수로 나누어서 실제보다 낮은 강성 값으로 해석을 수행하도록 만든다. 이는 제작 공정과 온도 등의 영향을 고려하여 강성이 떨어질 것을 고려하기 때문이다. 좌굴의 발생 여부는 섬유 파손 해석과 마찬가지로 13가지의 극한하중 조건을 각각 적용하여 좌굴이 발생할 때 하중의 크기가 하중 해석 결과로 나온 하중의 크기보다 더 커야 한다. 좌굴 판정식을 정리하면 식(7.6)과 같다.

$$\frac{Applied\ Load(Load\ Calculation\ Result)}{Buckling\ Load(Structural\ Analysis\ Result)} \leq 1 \qquad (7.6)$$

Fig. 7.20 **Post Buckling 해석 44m 블레이드의 예시**

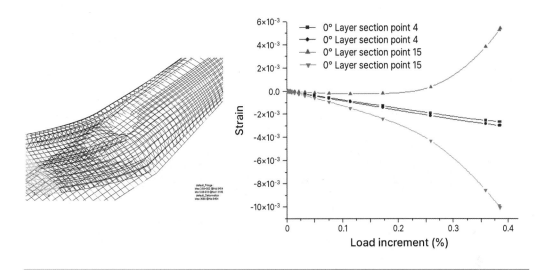

7.6 고유진동수 해석

풍력터빈 블레이드와 같은 회전체의 경우에 물체가 가지고 있는 고유진동수에 따른 공진 해석은 회전체의 안정성 점검을 위해 필수적인 요소이다. 이러한 대형 구조물을 운용할 때 진동수가 블레이드가 갖는 고유진동수와 일치하게 될 경우에는 구조물에 치명적인 영향을 미칠 수 있다. 질량과 강성을 가진 회전체는 모두 각각의 모드별 고유진동수를 갖고 있으며 이러한 고유진동수는 항상 고정된 값이 아니고 회전 속도(rpm, revolution per minute)에 따라서 변화하게 된다. 그러므로 회전 속도별 고유진동수를 점검하고 실제 풍력 블레이드를 운용할 때의 회전 속도와 비교하여 이러한 구간이 가능한 중첩되지 않도록 설계하는 것이 필요하다. Fig. 7.21은 일반적인 회전체의 캠벨 선도(Campbell diagram)를 나타낸 것으로 모드별 진동수가 회전 속도에 따라서 변하는 것을 확인할 수 있으며 원점에서 출발하는 실선(빨간색)은 회전체의 회전 속도이다. 이러한 실선과 고유진동수 곡선이 겹치는 구간이 공진을 일으키는 구간이 된다.

Fig. 7.21 Campbell diagram

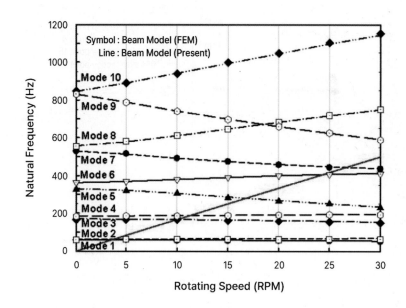

참고문헌

1. Tore Wizelius, Developing Wind Power Projects Theory and Practice, 2007.

2. Ernesto Camarena, et al., "Land-based wind turbines with flexible rail-transportable blades - Part 2: 3D finite element design optimization of the rotor blades," Wind Energ. Sci., 7, 19-35, 2022

3. Umid Mamadaminov, "Review of airfoil structure for wind turbine blades," Department of Electrical Engineering and Renewable Energy, Energy Engineering I, Sep. 2013

4. Bertagnolio, F., Sørensen, Niels N., Johansen, Jeppe, Fuglsang, P., "wind turbine airfoil catalogue," Riso-R-1289, 2001

5. Thomas Forrister, "Analyzing Wind Turbine Blades with the Composite Materials Module," COMSOL, Inc. November 14, 2018

6. L. I. Lago, F. L. Ponta, A. D. Otero, "Analysis of alternative adaptive geometrical configurations for the NREL-5 MW wind turbine blade," Renewable Energy Vol. 59, Nov. 2013, pp 12-22

7. Bum Suk Kim, "Multi-MW Class Wind Turbine Blade Design Part I : Aero-Structure Design and Integrated Load Analysis," Trans. Korean Soc. Mech. Eng. B, Vol. 38, No. 4, pp. 289~309, 2014

8. Sven Schmitz, Aerodynamics of Wind Turbines: Analysis and Design, Wiley, July 2019

9. M. L. Buhr, and Jr. A. Manjock, "A Comparison of Wind Turbine Aeroelastic Codes Used for Certification," 44th AIAA Aerospace Science Meeting and Exhibit, Reno, Nevada, U.S., Jan 9-12, 2006.

10. 김태욱, 박지상, 정성훈, 박성배, "풍력발전용 복합재 윈드터빈 블레이드 구조해석 및 설계개발 시험," 제2회 풍력발전 정책 및 기술 Workshop, 2004. 6.

11. Bae-sung Kim, Ji-won Jin, Olga Bitkina, Ki-won Kang, "Ultimate load characteristics of NREL 5-MW offshore wind turbines with different substructures," Int'l Journal of Energy Research, 16 Oct. 2015

12. IEC 61400-22:2011/AC:2020-4-Wind turbines-Part 22: Conformity tesing and certifca-

tion, 26-Jan-2023

13. Danny Sale and Alberto Aliseda, "Structural Design of Composite Blades for Wind and Hydrokinetic Turbines," Northwest National Marine Renewable Energy Center, Dept. of Mechanical Engineering, University of Washington, Feb. 13, 2012

14. Puck, A. & Schürmann, H., "Failure Analysis of FRP Laminates by Means of Physically based Phenomenological Models," Composites Science and Technology, 58(7), 1998, pp.1045-1067

15. 이치승, 이제명, "Hashin·Puck 파손기준 기반 적층 복합재료의 섬유 및 기지파손 평가에 관한 연구," 대한조선학회 논문집, V. 52, No. 2 pp. 143-152, 2015

블레이드 소재, 제조, 시험

블레이드 소재, 제조, 시험

8.1 블레이드 소재 기술

현대의 대형에서 초대형 풍력터빈의 개발이 가능하게 한 여러 가지 요인 중에서 블레이드의 설계 기술과 함께 소재와 제조 기술의 발전에 힘입은 바 크다. 더 높은 출력을 얻기 위해서는 회전 면적이 커져야 함은 앞 단원의 공력이론에서 출력은 면적에 비례하기 때문에 블레이드의 길이가 길수록 좋다는 것이 잘 증명되었다. 이론적으로는 가능하지만 구조적으로 매우 가볍고 강건한 블레이드를 제조하기 위하여 소재의 개발과 경제성이 있는 제조 방법의 개발은 중요한 이슈가 되어왔다.

다행스럽게도 경량화를 추구하는 항공우주와 군사적 응용 기술에서 개발된 복합재료와 제조공정이 스핀 오프(spin off, 파생 효과)되어 풍력산업 분야에 비약적인 발전을 가져왔다. 본 단원에서는 블레이드의 공력설계와 구조설계를 거쳐서 최종적으로 최적화된 설계에 따라서 실물 블레이드를 제조하기 위하여 블레이드의 구체적인 형상, 소재, 그리고 제조 공정에 대하여 알아본다.

8.1.1 복합재료(composite materials)

복합재료는 강화 섬유와 모재인 플라스틱 재료로 구성된 재료이다. 모재(혹은 기지재)에 의하여 보호된 섬유의 우수한 기계적 특성을 활용하여 비강성과 비강도가 매우 높은 구조물의 제조가 가능하다.

활용되는 섬유는 이론적 강도와 강성은 매우 높고 많은 가닥으로 이루어져 있다. 원소재는 유리로 된 유리섬유나 탄화된 섬유인 탄소섬유가 주로 사용된다. 섬유를 보호하는 모재는 액상의 에폭시 수지, 폴리에스터 수지, 혹은 비닐에스터 수지가 주종을 이룬다.

따라서 블레이드 제조에 유리섬유-에폭시 수지, 탄소섬유-에폭시 수지, 혹은 유리섬유-폴리에스터 수지 등과 같이 다양한 조합의 복합재료가 활용된다.

블레이드는 대형 구조물이기 때문에 많은 양의 재료가 소요되기 때문에 제조 비용에서 소재가 차지하는 비율이 매우 높은 부품이다. 또한, 풍력발전시스템의 가격 측면에서 블레이드가 차지하는 비율(15%~20%)도 상당히 높은 편이기 때문에 제조 비용의 절감은 개발되는 풍력터빈의 가격 경쟁력과 직접적인 관계가 있다.

과거에 중소형 블레이드의 경우에는 기계적 특성이 조금 낮은 유리섬유-폴리에스터로 된 복합재료를 활용하기도 하였다. 경제적인 측면을 고려하여 현재까지도 유리섬유-에폭시 수지의 조합이 대부분을 차지하고 있으며 일부 블레이드에서는 성능 향상을 위하여 우수한 특성인 탄소섬유-에폭시 수지를 사용하기도 한다.

8.1.2 섬유의 종류와 형상

구조용으로 사용되는 복합재료에서는 섬유의 강도와 강성을 최대한 이용하기 위하여 섬유 방향으로 하중을 감당할 수 있도록 설계할 수 있는 것이 장점이다. 따라서 단층(UD lamina)을 방향별로 여러 겹으로 적층하여 설계 강도와 강성을 갖도록 할 수 있다.

따라서 오랫동안의 복합재료에 대한 경험을 바탕으로 블레이드를 위하여 기술자들은 다축 직물인 NCF(multi-axis non-crimped fabric)이라는 섬유 보강재를 개발했다. Fig. 8.1(a)에서 보는 것 같이 이것은 섬유의 방향성을 유지하도록 두께 방향으로 섬유 다발을 가볍게 잡아주는 구조의 유리섬유 혹은 탄소섬유 직물을 보여주고 있다. Fig. 8.1(b)는 [0°/±45°/90°/mat]의 적층 구조를 가지는 4축 직물(quard-axial fabric)이다. 여기에서 chopped strand mat는 유리섬유를 단섬유(short fiber) 형태로 잘라서 방향성이 없게 쌓은 것으로 취급 과정에서 위의 방향성 섬유가 흩어지지 않도록 유지하고 제조 공정에서 수지의 흐름이 균일하도록 하기 위한 목적으로 사용된다. NCF를 사용하면 섬유의 진직도가 우수해지고 섬유 함유율(fiber volume fraction)이 30%까지 증가하여 기계적 특성이 50% 이상 향상된다.

Fig. 8.1 (a) 전통적 직물에서 변형된 비굴절 직물과 (b) NCF의 적층 모양[1]

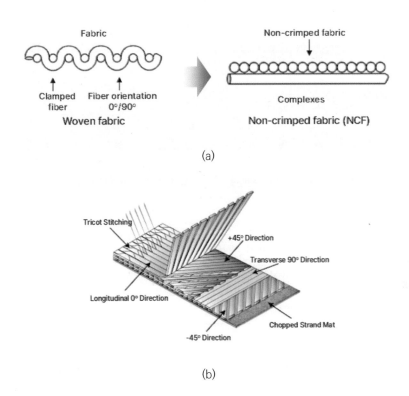

(a)

(b)

　블레이드 제조에서 위의 NCF가 대부분을 차지하지만, 비구조적인 적용 분야에서는 Fig. 8.1(a)의 왼쪽에 있는 직조 직물(woven fabric)도 일부 사용된다. 특히 블레이드의 하중을 대부분 견디는 부품이 스파 캡(spar cap)이므로 Fig. 8.1(b)에서 [0°/mat]와 같은 단축형 NCF를 활용하거나 일방향 프리프레그(UD, unidirectioal prepreg)[1]라는 중간재를 사용하기도 한다. 실제 블레이드 제조에 사용된 NCF의 예시를 Fig. 8.2에 보이고 있다.

1 프리프레그(prepeg): 섬유와 수지를 공장에서 미리 함침시켜 반건조 상태로 된 중간재

Fig. 8.2 블레이드 단면 구조(출처: KIMS-WTRC)

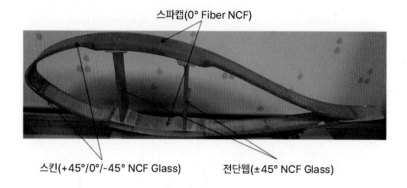

스파캡(0° Fiber NCF)

스킨(+45°/0°/-45° NCF Glass) 전단웹(±45° NCF Glass)

복합재료의 특성은 이방성 소재이기 때문에 적층 설계에 따라 다르고 금속 소재인 등방성 소재와는 다르게 기계적 물성이 제품의 제조 공정 도중에 결정되기 때문에 현장에 적용되기 전에 데이터베이스(database)화가 어렵다.

8.2 블레이드 구조

블레이드의 전체적인 형상은 Fig. 8.3과 같고 세부 구성품의 기능과 소재는 Table 8.1에 간략히 설명하였다.

Fig. 8.3 블레이드의 형상과 세부 명칭[2], [3]

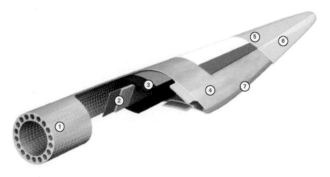

분해된 블레이드의 형상과 구성은 Fig. 8.4와 같고 스파 캡(spar cap), 전단 웹(shear web), 스킨 쉘(skin shell), 그리고 루트 플러그(root plug)가 주요 구성품이다.

Table 8.1 블레이드 세부 구성품의 기능과 원재료

번호	구성품	기능과 소재
①	루트 root	블레이드를 허브에 고정 역할 glass fabric(2-axis/3-axis NCF), core materials(PET foam/Balsa wood)
②	전단 웹 shear web	스킨의 전단 방지 glass fabric(2-axis NCF), core materials(PVC foam/PET foam/Balsa wood)
③	스파 캡 spar-cap	블레이드의 길이 방향으로 구조적 지지 glass UD NCF, carbon prepreg(UD), carbon pultrusion
④	스킨 skin shell	유선형 형상 구조물 glass fabric(2-axis NCF), core materials(PVC foam/PET foam/Balsa wood)
⑤	코팅 coating	자외선 등으로부터 보호 paint(urethane), erosion paint(leading edge)
⑥	추가 적층 over-lamination	적층 보완 glass UD, glass fabric(2-axis NCF)
⑦	접착 bonding	접착제 epoxy adhesive

Fig. 8.4 블레이드 단면과 구성품

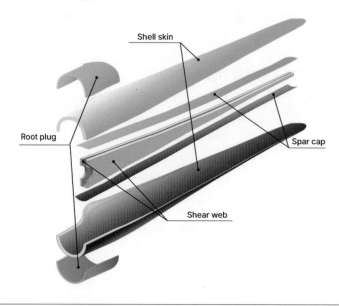

스킨 혹은 스킨 쉘(skin shell)은 유선형 외부 형상을 이루는 부품이며 굽힘 강성이나 비틀림 강성이 필요하므로 2축이나 3축 NCF를 사용한다. 최근에 고성능 블레이드에서는 TBC(Torsion Bending Coupling) 효과를 통하여 블레이드가 공력하중과 연계하여 하중을 저감시킬 수 있도록 탄소섬유 스킨을 적용하기도 한다.

스파 캡이나 앞전과 뒷전을 제조할 때는 플랩 방향(flapwise direction)과 에지 방향(edgewise direction)의 강성이 요구되므로 UD NCF나 프리프레그를 사용한다. 이전에는 유리섬유가 사용되었으나 최근에 대형화되면서 무게를 줄이고 높은 강성을 유지하기 위하여 탄소섬유를 사용하는 경향이 커지고 있다.

전단 웹(shear webs)은 스킨의 형상 유지를 위하여 전단강성이 요구되는 특성을 가지고 있어 2축(±45°) NCF를 사용한다.

8.3 블레이드 제조 공정

블레이드는 Fig. 8.4에서 보이는 구성품을 각각 별도로 제작해서 접착 치구를 활용하여 접착하여 제조된다.

이때 활용하는 제조 공정은 수지 주입법인 RIM(Resin Infusion Method)을 사용한다. Fig. 8.5와 같이 RIM은 이형 처리된 개방형 몰드에 섬유를 적층하고 진공백(vacuum bag)을 덮고 실란트로 밀봉한 다음에 수지 탱크로부터 수지를 주입하고 반대편에서는 진공을 적용한다. 이 기술은 미국에서는 SCRIMP(Seeman Composite Resin Infusion Molding Process)이라고도 하며 진공 보조 RIM(VARIM, Vacuum Assisted Resin Injection Molding)법이다.

Fig. 8.5 **수지 진공 주입법(VARIM)[2]**

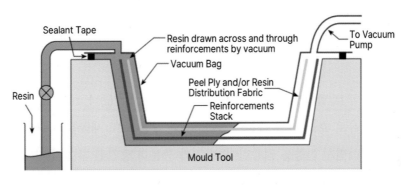

중간 소재인 프리프레그(prepreg)를 사용할 때는 대형 풍력터빈 블레이드의 경우에 개방 몰드에 탄소섬유 프리프레그(carbon prepreg)를 적층하여 가열하는 진공백 성형법을 활용한다. 이는 가압과 가열을 동시에 하는 오토클레이브(autoclave) 성형법과 비교해서 압착(compaction)이 다소 좋지 않아서 품질 문제가 발생할 수도 있다.

먼저 스킨 쉘을 제외한 단품들을 Fig. 8.6과 같이 RIM법을 활용하여 제조한다.

Fig. 8.6 RIM 법을 이용한 단품의 제조

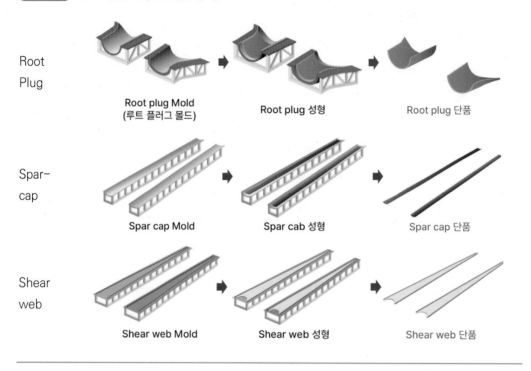

경화된 단품인 루트 플러그(root plug)와 스파 캡을 Fig. 8.7(a)나 (b)와 같이 스킨 쉘 몰드 내부에 거치하고 유로 호스나 필 플라이(peel ply)와 같은 보조 재료를 진공백과 함께 설치하고 수지를 주입하면서 진공을 적용한다. 수지가 충분히 충진된 후에 수지의 경화 온도에서 일정 시간[2] 동안 가열하여 경화시킨다.

보조 재료 중에는 더욱 경량화와 굽힘 모멘트 향상을 위하여 복합재료 적층판 사이에 삽입하는 샌드위치 코어(sandwich core) 재료가 있다. 초기에는 열대지방에서 생산되는 가벼운 발사 우드(balsa wood)를 사용하였으나, 공급 부족으로 인한 가격 상승 때문에 활용에 제한이 발생하여 대체 재료인 석유화학 원료로 된 PVC 폼(polyvinyl chloride foam), PET 폼(polyethylene terephthalate foam), 그리고 허니컴(honeycomb) 등이 활용되고 있다.

---

2 경화 조건(curing condition)은 사용되는 수지(resin)의 특성에 따른다. 대형이기 때문에 오븐에서 가열할 수 없어 최적화된 조건인 80~90℃ 내외에서 10시간 이하 정도의 경화 조건을 가진다. 아울러 상온에서 진행되는 RIM공정에서 상당한 시간 동안 수지 주입이 진행되어야 하므로 가사 시간(pot life)도 500hr 이상, 점도(viscosity)는 700cps 이하의 요구 조건이 있다.

Fig. 8.7 (a) 블레이드 스킨 쉘에 단품의 접착과 조립 과정, (b) 진공백 공정 ────────

1. Root plug 조립

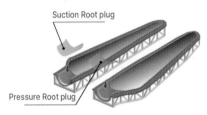

Suction Root plug

Pressure Root plug

2. Glass(유리섬유) Layup(적층)

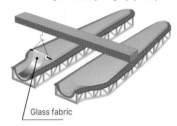

Glass fabric

3. Spar cap 조립

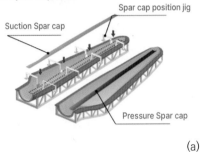

Spar cap position jig

Suction Spar cap

Pressure Spar cap

4. Core(코어) 적층

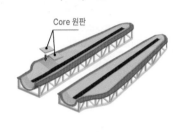

Core 원판

(a)

5. Glass(유리섬유) 적층[Spar cap 상부]

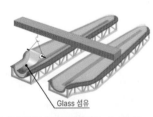

Glass 섬유

6. 부자재 세팅

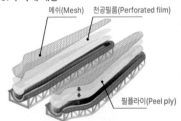

메쉬(Mesh)   천공필름(Perforated film)

필플라이(Peel ply)

7. 유로라인 및 진공 작업(In-let & Vacuum)

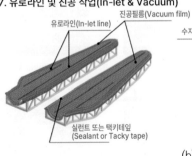

유로라인(In-let line)   진공필름(Vacuum film)

실런트 또는 택키테잎
(Sealant or Tacky tape)

8. Infusion(인퓨전) & 성형

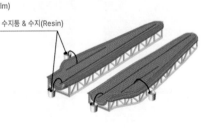

수지통 & 수지(Resin)

(b)

경화가 끝난 스킨 쉘, 스파 캡, 그리고 루트 플러그의 접합체는 Fig. 8.8과 같이 접착 치구에서 접착제로 접착 공정을 거친다. 실제 블레이드 제조 공정에 대한 사진은 Fig. 8.9에 나타내었다.

Fig. 8.8 **블레이드 최종 조립을 위한 접착 공정**

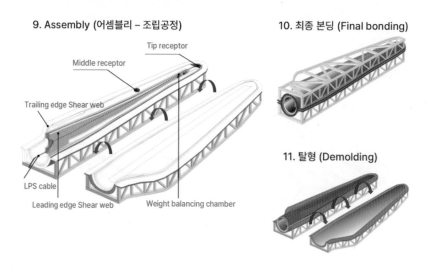

9. Assembly (어셈블리 – 조립공정)

Tip receptor
Middle receptor
Trailing edge Shear web
LPS cable
Leading edge Shear web
Weight balancing chamber

10. 최종 본딩 (Final bonding)

11. 탈형 (Demolding)

Fig. 8.9 **루트, 스킨, 전단 웹 제조와 구성품 조립(출처: ㈜ KM)**

(1) Root Plug 제작

(2) Spar Cap 제작

(3) Shear Web 제작

(4) Shell 제작

(5) Shell Infusin 제작

구성품 조립

접합이 이루어진 후에 루트(root) 부분은 허브와의 기계적 조립을 위한 볼트(bolts)가 설치되어야 한다. 블레이드의 규모에 따라서 두께가 수십cm에 이르기 때문에 드릴 공정(drilling)과 같은 기계 가공 공정으로 구멍을 만든다.

루트부에 조립되는 나사봉(thread load)에는 Fig. 8.10과 같이 (a) T-bolt형과 (b) 볼트 삽입형(bolt insert type)이 있는데 볼트 삽입형으로 무게가 가볍고, 더 비교적 적은 크기의 볼트를 설치할 수 있기 때문에 대형 블레이드에서는 이 방식을 더 선호하게 되었다.

Fig. 8.10 루트부에 사용되는 연결 볼트 형식, (a) T-bolt 형과 (b) bolt insert 형[4] ──────

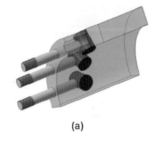
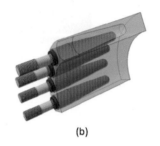

(a)   (b)

최종 조립을 마친 블레이드는 자연환경으로부터 외부를 보호하기 위한 조치를 취한다. 경화가 끝난 복합재료 표면에 프라이머(primer)를 도포하고 에폭시 겔코드(gel-coat)를 입히고 최종적으로 자외선(UV, ultraviolet)로부터 보호하는 내후성이 우수한 폴리우레탄 계열의 페인트를 칠하는 톱 코팅(top coating) 공정이 이루어진다. 특히 계속하여 블레이드가 회전할 때, 비, 눈, 우박, 얼음 조각, 그리고 먼지와 모래 등과 같은 공기 중에 있는 입자(particles)들이 앞전(leading edge)을 Fig. 8.11과 같이 마모시켜서 공력 성능을 저하시키거나 장기적으로 파손의 원인을 제공할 수 있다. 이를 방지하기 위하여 마모 저항성 코팅, 테이프, 그리고 앞전의 형상에 맞는 LEP 쉘[3] 등을 적용한다. 이 블레이드 앞전의 마모(erosion)는 풍력터빈 블레이드의 유지보수 측면에서 매우 중요한 부분으로 정기적으로 점검하며 페인팅을 다시 하거나 테이프나 LEP 쉘을 교체해야 한다.

───────────

3 LEP(leading edge protection)이라하고 유연성이 있는 precast PU shell, 혹은 tape형의 고무 소재(elastomer) 등이 활용된다. 최근에는 블레이드 RIM 공정 중에 미리 삽입시키기도 한다.

Fig. 8.11 사용 중인 블레이드 앞전(leading edge)의 시간에 따른 마모 정도[5]

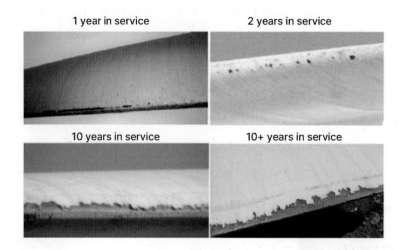

 ## 8.4 분할 블레이드(segmented blade 또는 modular blade)

초대형 블레이드는 제조, 운송, 그리고 설치 등의 모든 면에서 이를 취급하기 위한 설비의 증대로 인한 비용의 증가는 불가피하다. 이 사항은 결국에는 풍력발전 단가의 증가로 이어질 수밖에 없기 때문에 최근에는 풍력산업계에서도 초기의 일부 연구자들이 주장해왔던 분할 블레이드의 필요성을 받아들여야 하는 현실이 되고 있다.

분할이나 모듈화 개념은 길이 방향으로의 분할이 보다 효과가 크다고 볼 수 있다. 또한 분할 부품을 결합하는 개념은 접착제 접합과 볼트 체결 방식이 있다. 접착제 접착 방식은 결합 후에는 점검의 필요성이 적고 비용이 낮다는 장점이 있으나 일단 접합이 되면 해체가 불가능하고 자체 정렬(self-alignment) 기능이 약하고 접합 공정에서 기후환경이나 표면 상태, 그리고 접착제의 물성과 두께 제어 등에서 오는 접착 품질이 매우 예민하다.

볼트 체결식 결합은 추가적인 무게와 비용, 그리고 금속 부품의 피로하중에의 취약 등의 문제점이 있지만, 해체, 점검, 그리고 수리에서 장점이 있다. 아울러 루트 플러그에서 이미 볼트형 체결 방식이 검증되고 있기 때문에 신뢰성이 더 높다.

연구 목적으로 2005년에 42.5m 블레이드를 볼트형으로 연구한 적이 있고 62.5m 분할형 블레이드의 연구[6]를 거쳐 분리형 블레이드 제조에 적용한 사례가 있다. 스페인의 풍력 터빈 업체 Gamesa사(현, SGRE)는 2005년에 분리형 블레이드 설계에 대한 특허를 출원하였고, 2006년부터 2011년까지 유럽 최대의 풍력 에너지 R&D 프로젝트인 UpWind에 참여하여 분리형 블레이드의 조인트에 대한 다양한 중량에 대한 해결법을 연구하여 Fig. 8.12와 같이 4.5MW급 G128-4.5MW 풍력터빈용 블레이드를 개발하였다.

Gamesa사 볼트 고정식 분리형 블레이드 ─────────

독일의 Enercon사는 초기에 길이 방향으로 보다는 코드의 길이를 줄이는 세로 분리형 방법으로 Fig. 8.13(a)와 같이 분할 면적을 감소시켜 3MW급 풍력 터빈 E-101을 시작으로 분리형 블레이드 개발에 착수하여 다양한 형태로 발전시켰다. 또한 2007년에는 Fig. 8.13(b)와 같이 블레이드를 루트 세그먼트(steel), 꼬리 세그먼트(tail segment), 그리고 팁 세그먼트(GFRP)의 3개로 분할하는 볼트 체결 방식을 개발하였다.

Fig. 8.13 (a) Enercon사의 세로 분리형 블레이드 E-101(위), E-115(아래),

(b) E-126 7.58MW (우측)

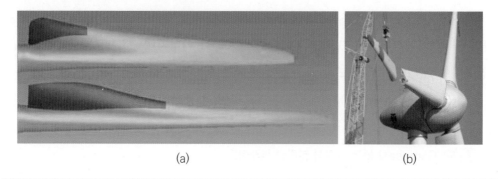

(a)

(b)

Fig. 8.14와 같이 블레이드 전문 제조사인 LM Wind Power사에서 개발을 시도한 LM23.3 T-bolt 체결법을 이용한 분할 블레이드의 개발 시도도 있었다.

Fig. 8.14 Prototype of LM23.3 segmented blade using T-bolt joints[19], [20]

하지만 이러한 노력에도 불구하고 여전히 남아있는 문제점은 현재의 설계와 제조 공정에 분할 개념을 무리없이 통합하는 것과 분할 부품 간의 효율적인 하중 전달과 불가피한 추가 중량이 터빈의 성능과 비용에 주는 영향을 줄여야 하는 점이다.

분할 블레이드의 설계 관점에서는 분할 위치와 접합 방법에 대한 집중적인 연구가 이루어지며, 추후 이 사항은 블레이드의 피로시험으로 어떻게 적용할 것인가에 대한 연구도 진행되고 있다.

국내에서도 위와 같은 연구개발을 분석하여 접착 방식의 분할 블레이드 기술 개발을 진행 중에 있다.[7]

 ## 8.5 블레이드의 낙뢰보호장치(LPS, Lightning Protection System)

풍력터빈 블레이드 끝단은 지상에서 100m 이상의 높이에 이르기 때문에 낙뢰(light-ning)의 대상이 되기 쉽다. 블레이드에 위협이 되는 낙뢰는 구름에서 지상으로 내려오는 낙뢰(C-to-G, Cloud to Ground)로 음전하를 대량으로 띄고 있어 전압은 100MV~1,000MV 이고 전류는 200kA 이상을 지니고 있다.[8]

풍력단지에서 작동 중인 블레이드에 낙뢰 피격이 발생하면 Fig. 8.15와 같은 손상이 발생하고 추가적인 블레이드 전체의 파손으로 이어지게 된다.

Fig. 8.15 블레이드의 낙뢰 피격 후의 파손 모습[9]

이러한 손실을 방지하기 위하여 IEC 61300-24에서는 블레이드에 Fig. 8.16과 같은 개념의 낙뢰방지장치(LPS, Lightning Protection System)를 부착하도록 규정하고 있다. 아울러 이 규정에서는 고전압 시험(high voltage test)과 대전류(high current test) 시험에 대한 절차를 명시하고 있어 블레이드의 최종 인증을 위하여 이 시험을 통과해야 한다.

Fig. 8.16 IEC 61400-24 규정에서 제시하는 피뢰시스템 개념[10]

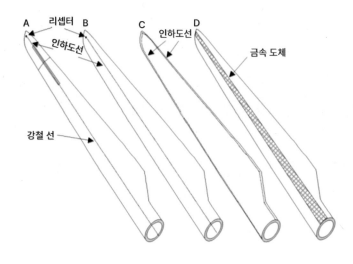

Fig. 8.17은 고전압 시험 사항 중에서 초기 리더 피격시험(initial leader attachment test)의 장면을 보이고 있다. 이 시험에서는 블레이드 내에 설치된 수뇌부(receptor)와 LPS를 통하여 고전압과 대전류가 블레이드에 손상을 주지 않고 접지선으로 배출되는지를 시험한다.

Fig. 8.17 고전압 시험 중의 초기 리더 피격시험(initial leader attachment)의 모습(NREL Test Setup)[11]

8.6 블레이드 구조시험

풍력터빈의 블레이드의 설계와 제조 과정을 거친 후에 성능을 검증하기 위하여 실규모 시험을 실험실에서 수행하고 최종적으로 풍력실증단지에서 운영시험을 통하여 공력학적이며 구조적인 시험을 마친다.

IEC 규정에서 필수적으로 블레이드의 실규모 시험(full scale test)을 강제화시켜서 인증을 받게 하는 이유는 풍력터빈용 블레이드가 풍력터빈에서만 사용되는 특수한 부품이며 특정한 하중을 겪는 부품이기 때문이다. 아울러 블레이드의 성능 저하는 터빈 전체 효율의 저하로 연결되며, 특히 제품의 결함은 터빈 전체의 파손으로 직결되기 때문이다.

대형 풍력터빈이 상용화되면서 필수 시험 항목이던 기존의 블레이드 정하중 시험에 추가로 IEC61400-22에서 블레이드 피로시험을 2010년에 강제화시켰고, 더 나아가 IEC61400-23에서 잔류 강도 검증을 위한 피로 후 정하중시험을 2014년에 강제화시켰다.

현재 실험실에서 수행하게 하는 IEC 61400-23 시험 규정에서 요구하는 대표적인 실규모 시험은 아래와 같은 사항들이 포함된다.

- 무게 중심(center of gravity)과 고유진동수(natural frequency)
- Static Loading Test(정하중시험)
- Fatigue Loading Test(피로하중시험)
- Post Static Loading Test(피로 후 정하중시험)

정하중시험과 피로하중시험을 수행하기 위한 블레이드의 기본 특성을 측정하는 것이 무게 중심(center of gravity)와 고유진동수의 측정이다.

IEC 규정에서 요구하는 블레이드 인증시험은 위의 기본 특성의 측정을 수행한 후에 크게 정하중시험과 피로하중시험의 두 종류가 있다.

정하중 시험은 블레이드의 극한강도를 검증하기 위한 시험이며, 피로하중시험은 블레이드의 수명을 검증하기 위한 시험이다. 블레이드 시험 관련 국제표준인 IEC61400-23에서는 블레이드 정하중시험을 수행하여 극한강도를 검증한 후, 동일 블레이드에 대해서 피로하중시험을 수행하여 수명을 검증하고, 마지막으로 다시 피로 후 정하중시험을 수행하여 잔류강도를 검증하도록 명시되어 있다.

8.6.1 블레이드의 정하중시험(static loading test)

정하중시험의 목적은 설계 하중 하에서 블레이드의 생존성(survivability)을 입증하기 위한 것으로 블레이드에 극한하중을 부가하여 각 블레이드 설계 모델의 유효성(validity)를 입증하며 최소 안전 계수를 지닌 부분의 안전성(safety)을 입증하기 위함이다.

- 정하중 시험의 종류는 규정에 의하면 하중의 인가 방향에 따라 아래의 4 종류가 있다.
- 플랩하중시험1(suction side에서 pressure side 방향으로 하중인가, max. direction)
- 플랩하중시험2(pressure side에서 suction side 방향으로 하중인가, min. direction)
- 에지하중시험1(trailing edge에서 leading edge 방향으로 하중인가, max. direction)
- 에지하중시험2(leading edge에서 trailing edge 방향으로 하중인가, min. direction)

블레이드에 전체적으로 분포 하중(distributed load)을 부가하기 위하여 블레이드의 길이에 따라서 4~8개의 고정 장치(loading fixture, 혹은 saddle)를 장착하고(Fig. 8.18), 강철 로프(steel wire)을 감아주는 윈치시스템(winch system), 시험을 관장하는 제어시스템, 블레이드의 변형을 측정하는 DAQ 시스템 등을 활용한다.

하중을 부가하는 방향은 Fig. 8.18과 같이 수평 방향 하중부가 방식과 수직 방향 하중부가 방식이 있고, 블레이드의 길이가 길어짐에 따라 수직 방식이 선호되고 있다. 수직 방식은 하중을 부가하는 방향이 중력 방향이므로 시험의 모사를 위한 계산에서 유리하고, 시험 센터의 공간 확보 면에서 비용을 크게 줄일 수 있는 장점이 있다.

Fig. 8.18 정하중 인가 방향: 수평 방향(horizontal direction)과 수직 방향(vertical direction)[12]

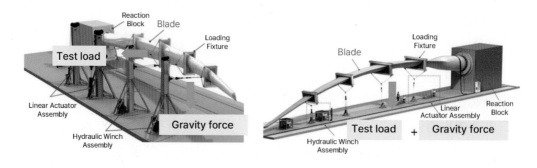

2021년 하반기에 국내의 시험기관에서 성공적으로 수행된 초대형 블레이드(100m 길이)의 수직 방향 정하중시험을 진행하는 모습을 Fig. 8.19에 나타내었다.

Fig. 8.19 Static test of large blade by vertical loading in KIMS-WTRC[13]

8.6.2 피로하중시험(fatigue loading test)

피로하중 시험의 목적은 근본적으로 블레이드의 구조적 안전이나 기능에 대하여 심각한 손상을 보이지 않는 범위 내에서 시험을 견디는 것으로 블레이드의 수명을 검증하기 위한 것이다. 피로하중시험은 설계나 제조 공정에서 보유하는 구조적인 결함을 찾기 위하여 사용되며 블레이드가 사이클 형태로 변화하는 하중 상태에 있을 때 블레이드의 내구성을 입증하기 위하여 수행된다.

블레이드는 사용 중에 교차 하중에 노출되는데 이러한 하중을 모사하기는 실제적인 피로하중시험에서는 많은 기술적인 한계가 따르기 때문에 매우 어렵다.

재현성이 있고 정량적으로 시험 설계와 해석이 가능한 피로하중시험을 수행하기 위하여 교차 사이클 하중을 Palmgren-Miner linear damage rule, Goodman diagram, 그리고 소재의 S-N 곡선 등을 활용하여 등가 손상(equivalent damage)이 발생하도록 일정 진폭 사이클 하중(constant-amplitude cycle load)으로 변환하여 피로하중을 부가하는 것이 시험센터에서 수행하는 피로하중시험의 원리이다. 피로하중을 부가하는 방법이 7~8종류로 알려져 있으나 크게 두 종류가 대세를 이루고 있다.

풍력산업 초기의 중형급(약 50m 길이)까지는 forced-displacement test법이 먼저 개발되었고 이후에 개발된 공진 가진시험법(resonant excitation test법, Fig. 8.20)과 함께 활용되었으나 블레이드의 길이가 급격히 늘어남에 따라 단축 피로하중시험에서는 forced-dis-placement test(quasi-static excitation test)법 보다 대형 블레이드 피로하중시험에는 장점이 많은 resonant excitation test(dynamic excitation test)법이 주류를 이루게 되었다. 하지만 최근의 초대형급 블레이드에서는 on-board형 공진 가진기로는 충분한 변위를 얻기 어렵기 때문에 외부 가진기(external exciter)를 병합하여 사용한다.

피로하중의 부가 방향은 플랩 방향과 에지 방향이 있다. 현재까지는 가장 성숙된 피로하중시험 방식은 Fig. 8.20과 같이 플랩 방향이나 에지 방향의 시험을 순차적 단방향 부가 방식으로 수행하고 있다.

Fig. 8.20 Single axis resonant flapwise fatigue test와 edgewise fatigue test, LM Wind Power[14]

순차적-단축 피로하중시험은 비록 잘 정립된 시험 방식이지만 블레이드가 회전하는 풍력단지 현장에서의 실제 하중 상황을 잘 반영하지 못하고 있다고 지속적으로 지적되어 왔다. 실제로 회전하는 블레이드는 서로 다른 방향으로 비틀림과 굽힘 하중에 동시에 노출되고 있다. 따라서 산업계는 블레이드가 실제적인 사용 조건에 노출되는 하중을 더 잘 모사할 수 있는 피로하중시험법을 요구하게 되었다. 현재의 시험 환경에서 대형 블레이드의 순차적 실규모 피로하중시험은 시간이 많이 소요되어 매우 비용도 많이 소요된다.

이러한 문제에 대한 해결방안으로 다축 피로하중시험(multi-axis fatigue loading test)이 연구되어 오고 있다. 세계적으로 2~3곳 정도에서 연구 수준의 상당한 시험기술의 개발이 진행되었지만 시험 기술의 난이도가 높고 시험 결과의 완벽한 해석 기술 측면에서 많은 논의가 필요하여 국제표준시험 규정으로는 아직은 채택되지는 못하고 있다. 2축 피로하중시험을 수행하게 되면 기술적인 난점은 있지만 시험 시간을 획기적으로 줄일 수 있고 보다 실제 하중에 가까운 시험 결과를 얻을 수 있다.

초대형 해상풍력터빈 블레이드의 경우에는 오직 제한된 시험기관에서만 수행할 수 있다. 블레이드 피로하중시험의 다른 중요한 문제는 길이가 점차적으로 초대형화됨에 따른 시험 시간의 장기화 문제이다. 블레이드의 길이가 100m의 경우에 플랩 방향의 고유진동수가 0.41Hz이며 에지 방향은 0.75Hz로 피로하중시험을 수행하면 205일이 소요되는 것으로 추산하고 있다. 향후에 더 길어지는 블레이드를 고려하면 동일한 방법으로 피로하중시험을 수행한다면 길이에 비례하여 시험 시간이 길어짐을 알 수 있다.

산업계는 이 문제를 해결하기 위한 다양한 시도를 하고 있다. 시험 시간을 단축할 필요가 있는데 다축 시험법은 플랩 방향과 에지 방향 하중을 동시에 시험할 수 있기 때문에 시험 시간의 단축이 가능하다. 따라서 풍력산업 선진국에서는 초대형 블레이드의 피로하중시험에 대한 대안이 필요성을 인식하고 시험 시간의 단축과 기존 설비의 활용을 위한 연구가 수행되어 왔다.

이러한 목적을 구현하기 위하여 다음 세 가지의 주제가 미래의 초대형화 되는 블레이드 피로하중시험의 단기적으로나 중기적인 연구 목표가 되었다.

• 이축 피로하중시험(Dual axis fatigue test)
• 분할 블레이드 피로하중시험(Segmented blade fatigue test)
• 가상 피로하중시험(Virtual fatigue test)

먼저 이축 피로하중시험에 대한 연구에서 가장 많은 진전이 있어 D. Melcher[15]는 단축 시험과 이축 시험에 소요되는 시간을 비교하였는데 이축 시험이 약 31%의 시험 시간의 단축이 됨을 보고하였다. 유사하게 Peter Greaves[16]도 공진 시험법을 활용하여 전산 모사를 통하여 단축 시험과 이축 시험의 결과를 비교하여 41% 정도의 시험 시간을 단축한다고 보고하였다.

단축 피로하중시험을 기반으로 하여 이축 피로하중시험은 Fig. 8.21과 같이 두 종류가 가장 집중적으로 연구 개발이 이루어지고 있는 사이클 하중 부가 방법이다. Fig. 8.21(a)는 forced-displacement fatigue test법을 나타내고 있다. 유압 실린더를 이용하여 플랩 방향과 에지 방향으로 가진하는 방안이다. 그 결과로 Fig. 8.21(b)와 같이 블레이드의 끝단(tip)이 타원을 그리는 것이 특징이다. 반면에 Fig. 8.22와 같이 공진을 이용한 가진 방식은 동일한 진동수에서 플랩 방향과 에지 방향으로 사이클 하중을 부가한다.[10], [12]

이축 피로하중시험법에 대한 연구가 가장 활발한 곳은 유럽으로 EUDP(Energy Tech－nology Development and Demonstration Programme)에서 지원한 BLATIGUE Project가 대표적이다. 독립적으로 영국의 ORE Catapult, 독일의 IWES, 그리고 한국의 KIMS-WTRC 등에서 이축 피로하중시험에 대한 연구를 수행해 왔다.

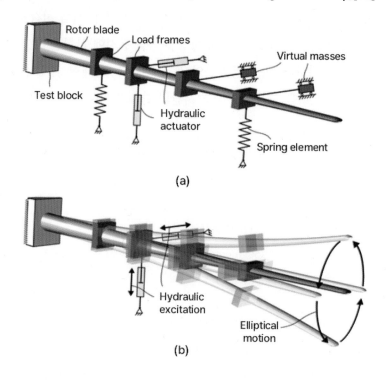

Fig. 8.21 이축 피로하중시험 방식(forced displacement fatigue test setup)[15]

(a)

(b)

Fig. 8.22 Bi-axial resonant fatigue testing device[17]

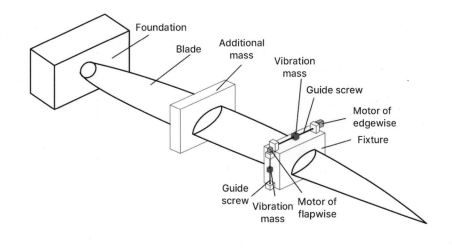

8.6.3 분할 블레이드 시험(Segmented Blade Test)

앞의 8.3의 블레이드 제조 공정에서 분할 블레이드에 대하여 이미 설명하였다. 분할 블레이드의 설계와 제조 관점에서는 분할 위치와 접합 방법에 대한 집중적인 연구가 이루어지며, 추후 이 사항은 블레이드의 피로하중시험으로 어떻게 적용할 것인가에 대한 연구도 필요하다.

100m보다 길어지는 미래의 초대형 블레이드의 피로하중시험에서 이축 피로하중시험의 도입과 함께 시험 시간을 감축하고 기존의 피로하중시험 설비를 최대한 활용하고자 개발되는 시험 개념이 분할 블레이드 시험(segmented blade test)에도 적극적으로 반영되어야 하는 이유이다.

Fig. 8.23과 같이 초대형 블레이드를 root segment와 tip segment의 두 개의 분할 블레이드로 제조하여 시험 품질(test quality)을 향상시키고 시험 시간을 단축하고자 하는 노력이 있다[18]. 두 개의 분할 블레이드를 동일한 시험 공간에 있는 복수의 시험 설비를 이용하여 동시에 병행하여 시험을 수행하되, 원래의 목표 굽힘 모멘트의 오차 범위에서 5(flap direction)~10%(edge direction)를 벗어나지 않도록 유지하는 것이 중요하다.

분할 블레이드 시험의 유효성을 검증하기 위하여 실규모 블레이드의 전산 모사(numerical simulation)를 통한 결과와 시험 시간과 시험의 품질을 비교해야 한다.

Fig. 8.23 Cantilever structure for root segment test and tip segment test[18] ────────

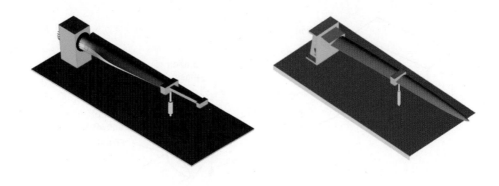

독일의 Fraunhofer IWES[18]에서는 두 종류의 대표적인 블레이드 모델(60m와 90m blade)이 수치 모사를 사용하여 분할 블레이드의 피로하중시험 시간과 시험 품질을 비교한 결과에서 60m와 90m 실규모 블레이드의 실험 결과와 분할 블레이드의 전산 모사 결과는 플랩 방향과 에지 방향의 전체 시험 시간에서 60m에서는 43%의 감소와 90m 블레이드에서는 52%의 감축을 보여주었다.

8.6.4 가상 피로하중시험(virtual fatigue loading test)

계획된 블레이드 시험에 대한 전산 모사를 활용한 피로하중시험 설계(fatigue loading test design)가 중요한 단계이다. 시험 스탠드(test bench)와 블레이드에 관련된 요소를 모방하여 사전에 피로하중시험의 전산 모사가 이루어진다. 이미 단축 피로하중시험에서도 현실적으로 활용되고 있고 가능한 정확하게 목표 굽힘 모멘트에 달성하도록 좀 더 발전시키기 위한 연구가 계속되고 있으며 이축 피로하중시험의 경우도 전산 모사를 통한 연구가 수행되고 있다.

가상 시험(VT, Virtual Testing)은 실규모 시험 장치의 모델을 전산 모사에 통합시켜서 실규모 블레이드 모델을 가진시키는 방법이다. 가상시험은 실물시험의 모사이며 FEM 해석 도구(tool), 다물체 동력학적 해석 도구, 그리고 RPC(Rational Polynomial Coefficient) 반복법 등을 사용하여 정확한 하중과 블레이드 모델의 작동과 손상에 대한 정보를 개발 과정의 초기에 도출한다.

해석적 방법과 실물 시험 훈련을 거쳐서 VT는 CAE tool과 실물 시험 모두에 대한 높은 지식을 요구하며 전산 모사 소프트웨어와 해석 모델을 연결하기 위한 과정의 개발, 더구나 상당한 수준의 VT에 대한 경험이 필요하다.

하지만 블레이드의 설계와 인증 과정을 가속화하고 개발 비용을 절감하기 위해서는 가상 시험(virtual testing)이 매우 가치가 있다. 검증된 전산 모사가 대규모 시험을 절감하고 실규모 시험을 하지 않도록 사용할 수 있다.

Fig. 8.24 분할 시험을 정의하기 위한 building-block 검증법[19]

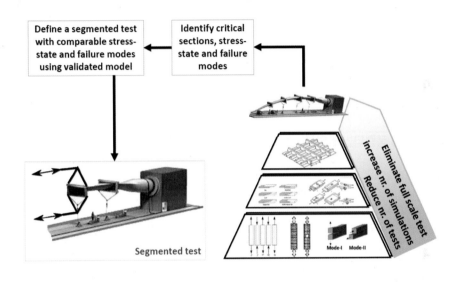

유력한 방법인 Fig. 8.24에서 주어지는 building block 검증 방법이 검증 과정에 사용되는 한 가지 방법이다.

첫째, 첫 번째 층에서 재료시험이 수행되어 모델링을 위한 입력 자료로 사용된다.

둘째, 접합과 조립 항목이 시험되고 시험의 수치 해석의 대상물을 교정하고 검증하는데 사용된다.

셋째, 핵심 구조 부품(sections-응력 집중이 높거나 핵심 분할품)이 시험되고 검증을 위하여 사용된다.

8.7 스텔스 블레이드(stealth blades)

영국의 풍력단지 계획의 약 25%가 레이더 작동에 방해를 이유로 반려되었다는 보고가 있다. 이러한 사항은 통계는 없지만 우리나라의 경우에도 동일하게 적용된다고 할 수 있다. 풍력터빈의 회전에 의한 레이더 방해 메커니즘에는 아래 세 가지 정도가 있다.

- block(차단 현상): 풍력터빈의 뒤쪽의 그림자 구역(shadow area) 발생
- clutter(잡음 현상): 다중 분산으로 인한 잡음 현상
- ghost(유령 이미지): 목표물의 허상 발생

Fig. 8.25는 블레이드 회전에 의하여 발생하는 대표적인 방해 현상으로 목표물 형상의 차단 현상을 그림으로 나타낸 것이다.

Fig. 8.25 **대형 풍력터빈에 의한 레이더 시야의 블로킹(차단) 현상[20]**

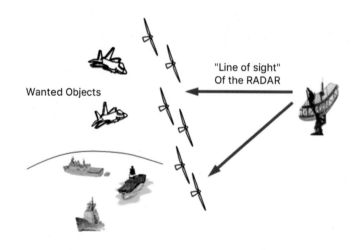

특히 대형 풍력터빈에서 블레이드, 나셀, 그리고 타워가 나타내는 RCS(Radar Cross Section)[4] 값에서 차지하는 비율은 각각 20%, 4%, 그리고 75% 정도이다. 비교를 위하여 소형

---

4 RCS(Radar Cross Section): 레이더 방해에 대한 정도를 면적으로 나타낸 것

항공기는 RCS 값이 1~10이고, 대형 항공기는 20, 이에 반하여 풍력터빈은 40~50 정도의 값이다. 이러한 관점에서 볼 때, 다수의 풍력터빈이 설치되었을 때, 전자파 방해는 문제가 있을 수 있음을 예상할 수 있다.

가장 중요한 사항은 각각의 레이더가 사용하는 주파수 영역을 알아야 한다. 국방 분야, 기상 분야, 지역 공항, 방송 분야, 그리고 해양통신 분야 등 매우 다양하다. 특히 국방과 항공 분야의 전자파 방해는 아주 심각한 문제를 초래할 수도 있다. 국방 분야에는 대표적으로 1,215~1,400MHz와 2.7~3.1GHz의 주파수 대역이 있고, 공항은 2.7~3.1GHz 주파수 대역을 사용하는 것으로 알려져 있다.

타워와 나셀은 고정된 물체이지만 블레이드는 회전체이므로 레이더 방해에는 가장 핵심적인 역할을 한다. 타워는 레이더 기술자가 형상 파악이 다소 쉬울 수도 있지만 회전 블레이드는 그렇지 못하다. 레이더의 원리는 전자파를 목표물에 반사하여 되돌아오는 반사파를 받아서 형상을 파악하는 도플러 효과(Doppler effects)를 활용하는 것이다. 따라서 목표물이 전파를 흡수한다면 형상이 매우 작아질 수 있다.

풍력터빈이 전자파를 흡수할 수 있는 방안은 외부에 페인팅이나 코팅을 하는 방법이 있고 블레이드 소재 자체를 흡수 가능 소재를 사용하는 것이다. 이러한 전자파 흡수 소재를 RAM(Radar Absorbing Materials)이라 한다.

블레이드에 전자파 흡수 페인팅을 사용한다면 상당한 무게 증가로 인하여 블레이드 성능에 영향을 미칠 수 있고, 주기적인 O&M에 상당한 비용이 필요할 것이다. 따라서 이러한 문제점을 해결하기 위하여 전자파 흡수 소재로 블레이드를 제조하는 방안이 개발되었다.

전자파 흡수 재료는 자기 손실과 유전체 손실을 야기하여 전자파의 강도를 효과적으로 약화시키는 재료이다. 극초단파(microwave)의 흡수를 위하여 자성 재료나 유전체 감쇠 소재와 같은 여러 가지 재료가 사용되어 왔다.

Fig. 8.26은 전자파 흡수 복합재료의 적용 방안의 대표적인 개념을 보여주고 있다. 전도체 위에 이중층 흡수 재료로 된 복합재료는 자성체-유전체의 조합으로 이루어진다. 특히 이중층 흡수 재료를 Dällenbach layer라고 한다. 다른 방법은 Salisbury screen인데 이 방식도 역시 목표물의 표면에서 전파의 반사를 감소시키는 방법이다. 상대편에서 수송 수단의 전파 추적을 방지하기 위하여 사용된 스텔스 기술에서 레이더 흡수체로 연구된 최초의 개념 중의 하나이다.

Fig. 8.26 전자파 흡수체의 원리의 예시 (a) Dallenbach layer[5], (b) Salisbury screen[21]

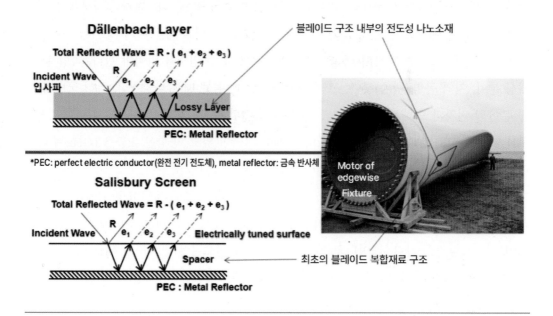

이 소재의 설계 개념은 3종의 층으로 구성되는데 숨기고자 하는 금속 표면(ground plane), 레이더 파의 파장과 관련한 정확한 두께를 가진 손실없는 유전체, 그리고 얇은 glossy screen 층이다.

이 방식에 의한 전자파 흡수의 원리는 다음과 같다. 입사파가 유전체에 부딪히면 두 개의 파로 분리되고, 한 개는 glossy screen에서 반사되고 한 개는 유전체층으로 통과하여 금속층에서 반사되고 유전체를 통과하여 공기 중으로 나간다. 두 번째 파가 지나는 거리로 인하여 첫 번째 파와의 위상이 180도로 된다. 두 번째 파가 표면에 도달할 때 두 개의 파가 결합하여 방해 현상으로 인하여 소멸된다. 이 개념은 선박의 RCS 감소를 위하여 처음으로 사용되었다. 이 개념은 1940년대에 미국 연구자 Winfield Salisbury가 고안하였다. 상기와 같은 대표적인 개념들을 최근의 복합재료 블레이드에 활용하기 위하여 연구자들이 연구하고 있다.[22-24]

---

5 PEC: Perfect Electric Conductor(완전 전기 전도체), metal reflector: 금속 반사체

8.8 스피너와 나셀

로터 허브(hub)는 블레이드와 발전기 주축을 연결하는 역할을 하는데 로터 허브에는 피치 베어링, 피치 드라이브, 제어장치, 그리고 보조 배터리팩 등이 조립되어 있다. 이런 로터 허브 모듈을 외부에서 보호하는 복합재료 부품이 스피너(spinner) 혹은 노즈콘(nose cone)과 허브 커버(hub cover)이다. 스피너와 허브 커버의 형상과 위치는 Fig. 8.27에 나타내었다. 여기에서 허브 커버는 조립형이고 Fig. 8.28의 허브 커버는 일체형임을 보여주고 있다.

스피너와 허브 커버 소재와 공정은 위에서 언급한 블레이드의 소재와 공정이 그대로 적용된다. 단지 구조적 설계 측면에서 간단하고 기능이 단순한 보호 역할을 하는 것이기 때문에 비교적 저렴한 재료와 공정을 도입하여 제조한다.

구성 재료는 폴리에스터 수지 혹은 비닐에스터 수지와 mat 형태의 유리섬유를 사용하여 수적층(hand layup) 공정으로 제조하는 것이 일반적으로 아래 나셀 제조 단원에서 다시 자세하게 설명하고 있다.

Fig. 8.27 스피너와 허브 커버(조립형)의 설치와 제작 부품의 보기 —————————

Fig. 8.28 일체형 스피너 허브 커버(출처: Sintex-Wausaukee Composites Co.)

나셀커버는 스피너 다음에 위치하며, 나셀 내부에 있는 풍력발전시스템의 부품들을 수용하고 보호하는 역할을 한다. 나셀커버의 규모는 터빈의 용량에 따라 다르지만 4.2MW는 12m x 4m x 4m 정도이고, 8MW급의 경우에는 20m x 7.5m x 7.5m에 이른다. 나셀의 내부에 있는 부품들은 증속기, 발전기, 인버터, 유압 설비, 베어링, 축과 커플링, 브레이크, 냉각 설비, 그리고 제어부 등이다.

나셀은 수십m 상공에 위치하며 다양한 자연환경에 노출되는 단면적이 비교적 넓은 구조물로써 바람, 자중, 눈, 그리고 얼음 등으로 인한 하중을 받게 된다. 특히 동적인 풍하중에 대비한 설계가 필요하므로 Fig. 8.29와 같은 예시의 하중 조건하에서 DNV-GL의 가이드라인에 의한 공력하중 계산을 하게 된다. 인지하는 바와 같이 나셀은 기능보다는 형상이 중요하게 여겨지는 부품이므로 구조설계가 큰 비중을 차지하지 않고 있다.

Fig. 8.29 DNV GL의 바람에 의한 공력 하중 계산의 예[25]

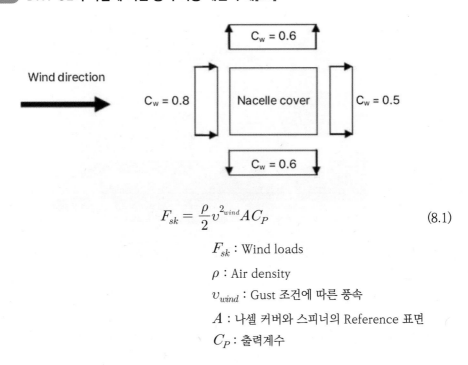

$$F_{sk} = \frac{\rho}{2} v^{2_{wind}} A C_P \tag{8.1}$$

F_{sk} : Wind loads

ρ : Air density

v_{wind} : Gust 조건에 따른 풍속

A : 나셀 커버와 스피너의 Reference 표면

C_P : 출력계수

나셀(Fig. 8.30)과 스피너(Fig. 8.27)에 사용되는 재료로는 fabric mat, chopped strand mat를 혼용하여 사용하고 core(PVC 재료)를 삽입하여 샌드위치 구조로 단면 강성을 증가시킨다. 또한 풍력터빈의 가동 중에 발생하는 증속기 등의 기계 소음을 저감시키기 위하여 스폰지와 같은 방음 소재가 내부에 사용된다. 유리섬유와 함께 나셀 제조에 주로 불포화 폴리에스터(Unsaturated polyester, UP) 수지 또는 비닐에스터 수지(vinylester, VE)가 사용된다. 나셀과 스피너는 유기재료로 제조되기 때문에 화재에 취약하므로, 나셀 내부의 화재에 대비하여 화재의 급속한 확대를 늦추기 위하여 UP수지에 화염 억제제(flame retardant)인 DMMP(Dimenthyl Methyl Phosphate)를 첨가하기도 한다. 그러나, 제조 공정에서 수지 주입을 위하여 적절하게 저점도를 유지하기 어려운 단점이 있다.

Fig. 8.30 나셀 조립품(출처: Sintex-Wausaukee Composites Co.)

제조 공정은 주로 개방 몰드 성형법(open mold method)인 수적층(hand lay-up)법 혹은 분무(spray-up)법이 주류를 이루고 있었으나 인퓨전(infusion) 혹은 VARTM(진공 수지 주입) 공정으로 변화하는 과정에 있다. 비교적 빠른 제조 사이클과 저가의 제조 공정이 제조법 선정을 위한 주요 요인으로 작용한다. 일정한 품질과 치수 안정성, 낮은 VOC(Volatile Organic Chemicals) 방출로 제조자의 건강과 환경 문제를 고려하여 폐쇄 몰드 성형법(closed mold method)이 점차 사용되고 있다. 특히 인퓨전 공법은 섬유 함량을 높일 수 있고 장기적인 측면에서 보다 우수한 내구성 때문에 덴마크, 독일, 그리고 스페인 등 풍력 선진국에서 주도적으로 활용하고 있으며 점차 후발 제조사에도 확대되고 있다. 수지는 상온 경화하거나 금형 내부나 표면의 가열 시스템을 활용한다. 제조 공정은 블레이드의 제조와 마찬가지로 목형, 복합재료 금형 제작, 부분품 제작, 그리고 부분품 결합과 후처리 순으로 이루어지고 낙뢰 방지를 위해 비금속 하우징은 피뢰침과 이에 따른 외부 도체를 설치하여 타워와 연결한다.

8.9 화재 방지 장치

터빈의 동력전달체계와 발전기를 보호하고 있는 나셀(nacelle)은 건물과는 달리 운송용 컨테이너와 같이 매우 간단한 내부 형상이다. 나셀은 경량이 요구되기 때문에 복합재료로 제조되는 것을 앞의 단원에서 설명하였다. 복합재료는 모재인 수지가 유기물로 되어 화재에 매우 취약하다. 어떤 이유에 의하여 발화가 되면 수지 자체가 연소 소재로 작용하기 때문에 빠르게 연소되며 외부에서 소화할 방법이 없다. 이에 따라 화재 발생을 최대한 빨리 감지하여 내부에 소화 기능을 갖추는 것이 피해를 최소화하는 방법이다.

나셀 내부의 환경 조건을 살펴보면 나셀은 유리섬유와 수지로 제조되어 태양광 투과도가 상당히 높은 편이다. 이에 따라 내부의 온도도 하절기(6월, 47.7℃)에는 상당한 수준이며 아울러 동력전달계와 발전기의 구동에 의하여 발생하는 열 때문에 구동부 주위의 온도가 20℃ 내외를 유지하고 있다.[26]

나셀 내부에는 제어 캐비닛 등의 전기 장치가 있어 미상의 원인에 의한 전기적 과전류나 합선으로 인한 스파크가 발생하여 발화의 가능성도 있다. 혹은 미상의 원인으로 구동부가 가열되어 발화의 시초가 될 수도 있다.

나셀 내부에는 미세 먼지와 오일의 흐름이 있을 수 있어 발화의 원인이 발생하면 발화로 이어질 가능성은 매우 높은 환경이다.

8.9.1 화재 감지시스템

화재가 발생하면 가능한 빠른 시간 내에 감지하고 소화 시스템을 가동할 수 있어야 한다. 발생된 화재는 불꽃의 발생, 나셀 내부의 온도의 상승, 연기의 생성 등으로 나타난다. 따라서 풍력터빈 나셀 내부의 화재는 이러한 인자를 빠르고 정확하게 감지하는 기술이 적용된다.

화재 감지기술에는 연기 감지기(smoke detectors), 온도(열, heat) 감지기, 가스(gas) 감지기, 불꽃(flame) 감지기, 적외선 열화상 감지기(infrared thermography detector) 등이 있다.

연기 감지기에는 빛을 사용하여 빛의 굴절 정도를 감지하는 광전 감지기가 있는데, 천천히 연소하는 화재에 빠르게 대응할 수 있는 방법으로 연기 밀도(연기 입자, 0.3~10.0㎛)가 높을 때 유용한 방법이다.

Fig. 8.31에 보이는 예시는 급속한 연소가 발생할 때 유리한 장치인데 이온화 감지기 (ionization detectors)로 두 전극을 통과하는 연소 공기(연소 입자가 0.01~0.3㎛)를 이온화하여 주위의 온도, 습도, 압력 등을 정상 상태와 비교하는 방식이다.

Fig. 8.31 **터빈에 적용된 연기 감지기(ionization smoke sensor, Minimax Co.)**

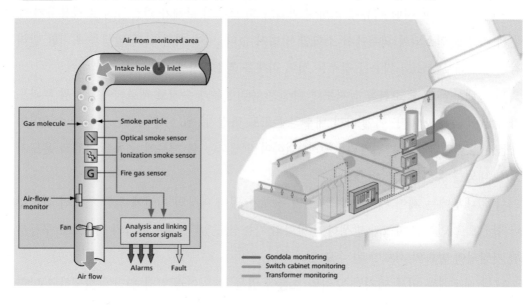

온도(열, heat)감지기는 연기 감지기 주위의 온도가 어떤 수준에 도달하면 감지하고 신호를 다음 단계로 전달하는 장치이다. 이 감지기가 작동하기 위해서는 주변 온도가 최소 29℃로 장기간 유지되고, 짧은 시간 동안은 최대 온도 4℃ 이상 차이가 있어야 한다.

온도(열) 감지기는 신뢰성이 높고 나쁜 환경에 대한 적응성이 높다. 유지보수도 쉽고 저렴한 장점이 있지만, 주변 온도가 29℃ 이상 도달해야 작동하므로 화재 발생이 상당히 진행되어야 감지되는 단점이 있어 화재 발생 위치의 파악을 위한 감지 장치로는 추천되지는 않는다.

Fig. 8.32 **(a) 나셀 내부의 열화상 자료 예시와 (b) 열화상 장치 설치 예시**

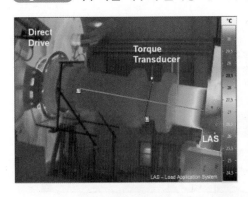
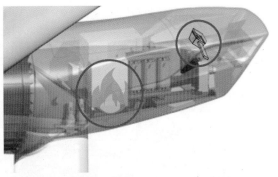

불꽃(flame) 감지기는 광학 감지기의 일종으로 연소물에서 나오는 UV(자외선), visible light(가시 광선), IR(적외선) 스펙트럼 밴드의 전자기 복사에 민감한 전기-광학 센서(electro-optical sensor)를 활용하는 감지기이다.

적외선 열화상 감지기(infrared thermography detector)는 불꽃(flame) 감지기의 일종으로 물체의 온도에 의하여 표면에서 복사되는 열에너지를 적외선 검출기(열화상 카메라)를 통하여 복사 강도 분포의 그림으로 표현하는 방법이다. 데이터 변환을 거쳐 온도의 분포로 전환이 가능하다. Fig. 8.32(a)는 나셀 내부의 열화상 촬영 예시로 발전기 부분에 매우 높은 온도가 측정됨을 보이고 있고 Fig. 8.32(b)는 열화상 카메라의 설치의 예시를 보여주고 있다.

8.9.2 화재 소화 시스템

화재가 발생하여 감지기를 통하여 신호를 받으면 소화 시스템의 가동이 즉각적으로 이루어져야 한다. 나셀은 고공에 있고 육해상의 원격지에 있기 때문에 외부에서 소화를 진행하는 것은 불가능하다. 가장 기본적인 소화 시스템은 고분자형 압력 센서 튜브로 화재가 발생하였을 때 주변 온도가 일정 온도(예시, 약 110℃)에 이르면 자동적으로 고분자 소재 튜브가 반응하여 내부에 들어있는 소화액(고체 에어로졸 등)이 분무되어 소화 작용을 한다.

Fig. 8.33 **풍력터빈의 나셀 내부의 화재 감지와 자동소화 시스템의 예시**

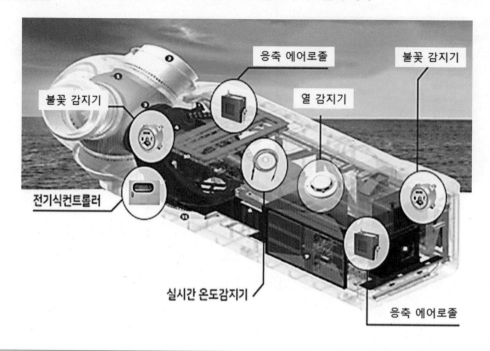

위의 그림 Fig. 8.33은 일반적으로 적용되는 화재 감지와 자동 소화 시스템의 예시이다. 나셀 내부의 온도와 불꽃 감지기로 화재를 감지하고 풍력터빈의 원격감시 제어시스템(SCADA, Supervisory Control And Data Acquisition)을 통하여 신호를 받은 소화 시스템이 작동하여 고체 에어로졸을 분사하여 화재를 진압할 수 있게 한다.

참고문헌

1. Numan B. Bektas and Inan Agir, "Impact response of composite plates manufactured with stitch-boned non-crimp glass fiber fabrics," Science and Engineering of Composite Materials, Vol. 21 Issue 1, June 21, 2013

2. 황병선 외, "풍력터빈 블레이드 기술," 도서출판 아진, 2016. 8.

3. Rozina Steigmann, Nicoleta Iftimie, Adriana Savin, and Roman Sturm, "Wind Turbine Blade Composites Assessment Using Non-Contact Ultrasound Method," Journal of Clean Energy Technologies, Vol. 4, No. 6, November 2016

4. Alexander JE Ashworth Briggs, et al., "Study on T-bolt and pin-loaded bearing strengths and damage accumulation in E-glass/epoxy blade applications," Journal of Composite Materials, 2015, Vol. 49(9), 1047-1056

5. E. Cortes, et al., "On the Material Characterisation of Wind Turbine Blade Coatings: The Effect of Interphase Coating-Laminate Adhesion on Rain Erosion Performance," Materials 2017, Vol. 10, p. 1146

6. K. J. Jackson, et al., "Innovative design approaches for large wind turbine blades," Wind Energy 8(2): 141-171

7. 장홍규 외, "육상 풍력 운송 한계 돌파를 위한 70m 이상 접착식 분리형 블레이드 개발," 산업 통상자원부 신재생에너지 핵심기술개발사업(2021. 11.~2025. 10), 2021. 12., 한국에너지기술평가원

8. 이영제, et al., "복합재 항공기 연료시스템의 낙뢰보호 설계 및 인증연구," 한국항공운영학회, Vol. 25, No. 4, Dec. 2017

9. Yoh Yasuda, et al., "Classification of Lightning Damage to Wind Turbine Blades," 2012 Institute of Electrical Engineers of Japan

10. IEC 61400-23, Wind turbines - Part 23: Full-scale structural testing of rotor blades, Edition 1.0 2014-04

11. Robynne E. Murray, et al., "Validation of a lightning protection systems for a fusion-welded thermoplastic composite wind turbine blade tip," Wind Engineering 1-14, 2021

12. Bin Yang and Dongbai Sun, "Testing, inspecting and monitoring technologies for wind

turbine blades: A survey, Renewable and Sustainable Energy Reviews," Vol. 22, June 2013, pp 515-526

13. 한국재료연구원 풍력핵심기술연구센터, https://wtrc.kims.re.kr/bbs/content.php?co_id=02_01

14. LM Wind Power, Innovation is the root of the future, https://www.lmwindpower.com/en/products/we-know-blades/innovation-is-the-root-of-the-future

15. David Melcher, et al., "A novel rotor blade fatigue test setup with elliptical biaxial resonant excitation," Wind Energ. Sci., 5, 675-684, 2020

16. Peter R. Greaves, et al., "Evaluation of dual-axis fatigue testing of large wind turbine blades," Proc IMechE Part C: J Mechanical Engineering Science, 226(7) 1693-1704

17. Liang Lu, et al., "A Review and Case Analysis on Biaxial Synchronous Loading Technology and Fast Moment-Matching Methods for Fatigue Tests of Wind Turbine Blades," Energies 2022, 15, 4881

18. Kwnagtae Ha, et al., "Development and feasibility study of segment blade test methodology," Wind Energ. Sci., 5, 591-599, 2020

19. M. Hagenbeek, et al., "The blade of the future: wind turbine blades in 2040," TNO Report, TNO 2021 R12246

20. M. Bryanton et al.: Stealth technology for wind turbines, BERR Report, UK(2007)

21. Jinbong Kim, "Offshore Radar Interference Issue," The 9th New and Renewable Energy International Forum, Buan, Korea, Oct. 24, 2012

22. Jinbong Kim and Dowan Lim, "Reduction of radar interference-stealth wind blade structure with carbon nanocomposite sheets," Wind Energy Vol. 17, Issue 3, Mar. 2014, p. 343

23. H. K. Jang, et al., "Manufacture and characterization of stealth wind turbine blade with periodic pattern surface for reducing radar interference," Composites Par B: Vol. 56, Jan. 2014, pp. 178-183

24. Pierrick Hamel, et al., "Design of a stealth wind blade," 2012 Loughborough Antennas & Propagation Conference 12-13 November 2012, Loughborough, UK

25. GL Guideline for the Certification of Wind Turbines, Edition 2010

26. 김다희, 임종환, "풍력발전기 나셀 내부 화재 조기감지 및 화재 위치 판별 방법," Trans. Korean Soc. Mech. Eng. B, Vol. 39, No. 12, pp. 935-943, 2015

동력전달체계

동력전달체계

 9.1 풍력터빈의 주요구성 요소

풍력터빈시스템은 외관상으로 블레이드, 나셀, 타워로 크게 나누어질 수 있다. 블레이드는 이미 앞의 제7장과 제8장에서 다루었고 이번 단원에서는 나셀의 내부에 있는 주요 구성 부품들에 대하여 알아본다.

Fig. 9.1 대표적 풍력발전시스템 나셀 내부 구조[1]

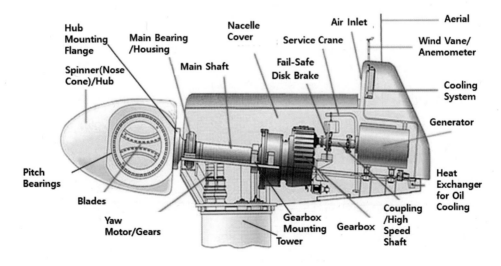

Fig. 9.1은 풍력발전시스템을 구성하고 있는 주요 부품을 나타내고 있다. 특히 이 구조는 전통적인 모듈형인 덴마크형(Danish type) 풍력터빈의 내부 구성으로 되어 있다. 위의 구성에서 Fail-Safe[1] 디스크 브레이크는 고속축에 설치하는 기계 브레이크로 증속기와 커플링 사이에 있다.

 ## 9.2 드라이브 트레인

드라이브 트레인(drive train)이란 기계적 동력을 전달하고 사용하는 산업계에서 사용하는 파워 트레인(power train)과 유사한 용어이다. 드라이브 트레인은 풍력산업계에서는 블레이드에서 생산되는 토크(torque)라고 불리는 기계적 동력을 전기적 동력으로 변환시키기 위한 기계적·전기적 요소들로 이루어진 동력을 전달하는 계통을 포괄적으로 일컫는 말한다. 따라서 동력전달체계라고 우리말로 해석할 수 있겠다.

드라이브 트레인의 구성 설계는 풍력발전기의 설치비용과 에너지 효율에 영향을 미치므로 풍력터빈의 판매와 설치지역, 드라이브 트레인 구성 요소 부품의 공급 사슬(supply chain), 공급 부품의 성능의 우수성 등, 여러 조건에 따라 신중하게 선택하여야 하며 풍력발전시스템의 설계적인 관점에서도 매우 중요하며, 아울러 터빈 제조사의 기술적 성숙도와 철학이 담겨 있다고 할 수 있다.

드라이브 트레인의 핵심 구성품은 증속기(gearbox)와 발전기(generator)로 풍력터빈의 동력원(power house)이라고도 할 수 있다. 하지만 단순하게 토크 구동이 중요한 항공우주와 자동차 산업의 파워 트레인 설계와는 달리 수평축 풍력터빈의 드라이브 트레인은 극심한 가변 하중과 다중 방향의 하중 환경하에 놓이게 된다.

드라이브 트레인에서는 로터 허브로부터 전달되는 로터의 자중, 토크, 추력, 굽힘 하중 등과 같은 모든 하중이 주축을 통과하게 되며, 이 하중들은 주축 베어링 등을 통하여 나셀의 주프레임(main frame), 더 나아가서는 타워로까지 전달된다.

풍력터빈의 나셀 내부는 드라이브 트레인(drive train)를 이루는 로터 허브(rotor hub), 주

---

1 fail-safe: 시스템에서 고장이 발생했을 때 안전장치로 작동하여 시스템 전체적인 사고를 방지하는 메커니즘

축(main shaft), 증속기(gearbox), 발전기(generator) 등으로 크게 3~4개의 모듈로 구성되어 있음을 알 수 있다. 좀 더 구체적으로 표현하면 주축(main shaft 혹은 low-speed shaft), 주축 베어링, 커플링 등으로 이루어진 터빈 축 조립체(turbine shaft assembly)와 증속기, 발전기 구동축(high-speed shaft), 로터 브레이크, 발전기, 윤활 시스템, 냉각 시스템, 그리고 제어를 위한 부수적인 요소들이다.

풍력터빈의 드라이브 트레인에서 증속기의 유무에 따라서 다양한 조합의 설계가 나올 수 있다. 따라서 간접 구동 풍력터빈과 직접 구동 풍력터빈의 드라이브 트레인의 구성에 대하여 알아본다. 일련의 모듈 중에서 증속기의 유무에 따라서 간접 구동 풍력터빈과 직접 구동 풍력터빈으로 구분된다.

9.2.1 간접 구동형 드라이브 트레인

간접 구동 풍력터빈은 증속기가 있는 구성인데, 증속기는 주축에 연결되며, 저속축 또는 고속축에 설치할 수 있는 기계 브레이크의 위치를 제외하면 모든 구성 요소들은 로터-주축(저속축)-증속기-고속축(커플링-브레이크)-발전기와 같은 순서로 위치가 정해진다. 기계 브레이크를 고려할 때 고속축의 제동에는 저속축보다 더 작은 토크가 필요하므로 기계 브레이크를 고속축에 설치할 때 더 작고 저렴한 브레이크를 사용할 수 있으나, 이 경우 증속기에 대한 아무런 보호 구조물이 없게 되는 취약점이 생길 수 있다.

로터-주축-증속기-발전기형의 드라이브 트레인을 모듈형이라고 하는데 초기의 소형 풍력터빈과 대형의 실험적 풍력터빈에 널리 사용되고 현대 대형 풍력터빈의 모체가 되었다. 그 특성상 대형이고 고중량의 구조를 가지지만 모듈형으로 되어 있어 문제가 되는 부품의 유지보수에는 장점이 있다.

간접 구동형(증속기형) 풍력터빈의 드라이브 트레인의 구성은 Fig. 9.2와 같이 세분화될 수 있다.

대표적인 모듈형 드라이브 트레인은 앞은 제4장(풍력터빈의 구성과 개념)의 Fig. 4.7(a)와 4.8(a)에서도 이미 언급하였고 Fig. 9.2(a)와 (b)가 이에 해당한다. 독립된 구성 요소들이 서로 결합되어 주 프레임(bed plate) 위에 설치된다.

Fig. 9.2 **간접 구동형 풍력터빈의 드라이브 트레인 구성의 종류[2]**

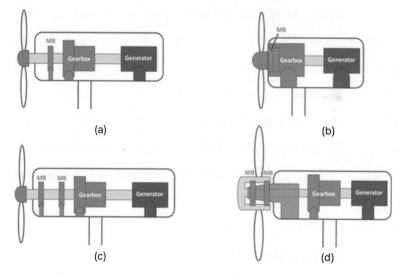

(a) 3점 지지형, (b) 4점 지지형, (c) 통합 증속기형, (d) 플로팅형

9.2.1.1 3점 지지 드라이브 트레인(3-point suspension drive train)

이 구성은 저용량의 풍력터빈에서부터 전통적으로 활용된 경우로 Fig. 9.2(a)에 나타난 것과 같이 3점 지지형은 주축과 증속기 사이에 1개의 주축 베어링이 있고 증속기 하우징의 양쪽의 토크 암(torque arm)이 두 곳의 지지점이 된다. 로터와 증속기 사이의 한 개의 주축 베어링과 증속기의 양쪽 토크 암(torque arms)에 의하여 주 프레임(bed plate) 위에 드라이브 트레인이 지지된다. 비교적 단순한 구조이나 증속기가 로터의 중량, 그리고 요와 외팔보의 모멘트를 흡수해야 한다. 블레이드를 포함한 로터의 중량이 크지 않았던 저용량의 풍력터빈에서 사용되어 최근까지 활발하게 활용되고 있다.

9.2.1.2 4점 지지 드라이브 트레인(4-point suspension drive train)

Fig. 9.2(b)의 4점 지지형은 주축의 전방과 후방의 두 곳에 베어링이 배치되며 증속기의 2개의 토크 암 지지점으로 구성된다. 이때 축 모멘트에 의한 베어링 하중을 경감시키기 위하여 두 베어링 사이의 거리는 전방 베어링과 로터 허브 사이의 거리보다 크게 설계하고 있다.

주축을 두 개의 별도 베어링과 증속기의 한 쌍의 토크 암으로 지지하므로 이때는 로터의 중량, 요와 외팔보형 모멘트가 주프레임으로 전달되어 증속기가 로터에서 오는 하중에서 분리될 수 있다. 로터가 연장된 주조 프레임(bed plate)에 설치되는 두 개의 베어링으로 지지된다. 주축이 프레임(bed plate)을 통하여 연장되고 반대쪽에서 증속기에 연결된다.

드라이브 트레인 배치는 로터의 외팔보 중량을 없애주고 두 베어링 간의 하중 차이를 최소화한다. 주요 단점은 드라이브 트레인과 구조물이 강성 연결(rigid connection)이므로 두 물체 간의 하중 분리가 완전하게 이루어지지는 않는다. 비토크 하중(non-torque load) 경로는 프레임-주 베어링과 주축-증속기 강성 간의 비율에 좌우된다.[3]

구조 기능에서 드라이브 트레인을 최대한 분리시키기 위해서는 유연 커플링이 로터 방향의 앞쪽으로 설치되어 로터를 주축에 강성 연결을 해야 한다.

로터가 주프레임으로 지지된다는 것이 근본적으로 유연 커플링 요소를 사용하게 한다. 따라서 주축 베어링은 로터 커플링보다 몇 배 더 강성이 높아 효율적으로 비토크 하중이 로터에서 주축으로의 하중 경로를 방해하여 드라이브 트레인으로 가는 것을 회피시킨다. 이 설계의 경우에는 나중에 증속기의 교체가 필요할 때는 비교적 교체 작업이 단순하다. 이 방식은 로터의 중량이 매우 커진 대형 MW급 터빈에 활용된다.

여기에 이해를 돕기 위혜 3점 지지 구조와 4점 지지 구조를 Fig. 9.3에 나타내었다.

Fig. 9.3 3점 지지형 구조(상)와 4점 지지형(하) 구조의 예시[2]

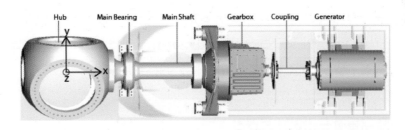

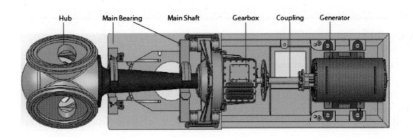

9.2.1.3 일체형(통합형) 드라이브 트레인(integrated drive train)

이 구성도 최근에 많이 활용되는 방법으로 로터가 메인베어링을 통해 증속기와 통합된 형태로 주축이 없다. 이 경우에는 통합 드라이브 트레인이 주프레임에 직접 연결되어 있다. 모듈형에 비교하여 주축을 생략하여 Fig. 9.2(c)와 같이 드라이브 트레인의 길이를 더 짧게 압축한 일체형 드라이브 트레인이 개발되어 사용되고 있다. 이 경우 증속기가 로터와 축의 모든 하중을 전달하며, 주축과 1차 기어뿐만 아니라 연결된 모든 베어링들도 증속기에 통합된다. 발전기는 증속기에 직접적으로 연결되며, 증속기 하우징은 기어의 하우징 기능과 타워 상부에 있는 모든 요소들의 지지 프레임 기능을 한다.

일체형은 주축을 생략하여 그만큼 중량을 줄일 수 있고, 공간도 절약하여 나셀의 규모를 축소할 수 있는 장점이 있다. 하지만 일체형이므로 부품에 고장이 발생할 때는 발전기 앞의 구성품을 수리하기 위하여 모두 해체해야 하는 위험 부담이 있다.

9.2.1.4 플로팅 베어링(floating bearing) 드라이브 트레인

Fig. 9.2(d)를 플로팅(floating) 베어링 드라이브 트레인이라고 한다. 풍력터빈의 프레임에 직접 고정된 구조물을 중심으로 회전하는 로터를 2조의 주축 베어링이 지지하는 설계이다. 토크는 축으로 전달되는데 탄성 커플링을 통하여 허브의 앞쪽으로 전달된다.

이 설계의 목적은 비토크 하중이 증속기와 발전기로 전파되는 것을 막는 것이다. 아울러 베어링 간의 무게 중심의 변화로 인한 균등한 하중 분포 때문에 주축 베어링의 기능이 향상되어 증속기의 고장률이 낮다는 보고도 있다.[3] 이 설계는 Alstom사의 터빈에 사용되었고 GE사의 직접구동 6MW급 해상풍력터빈에도 사용되었다.

9.2.2 직접 구동형 드라이브 트레인

직접 구동형 드라이브 트레인은 간접 구동형 드라이브 트레인에서 증속기 부분이 없어지는 설계이다. 따라서 직접 구동형 풍력터빈에서 드라이브 트레인은 로터의 출력이 직접 발전기로 전달되는 구조이다.

발전기(generator)의 특성에서 발전기의 회전자(로터)와 발전기 고정자 간의 정확한 간극(gap)의 유지가 매우 중요하다. 토크의 전달과 비토크 하중에 대한 대응 이외에도 터빈의 로터축이 발전기 회전자에 직결되기 때문에 드라이브 트레인의 오정렬에서 올 수 있는 오차를 줄여야 하는 정확도 유지의 임무도 가지게 된다. 풍력터빈의 용량에 따라서 Fig. 9.4 와 같이 (e) 1점 지지, (f) 2점 지지, 그리고 (g) 3점 지지 설계가 있다.

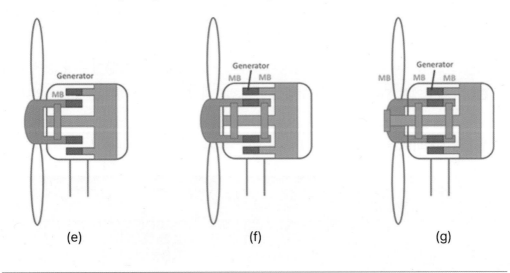

Fig. 9.4 Depictions of some of the existing drivetrain layouts for direct-drive turbines. One example is given for each (e) single-, (f) double- and (g) triple-MB design[2]

직접 구동형인 경우의 특징은 위에서 Fig. 9.2(d)에서 보았던 플로팅(floating) 드라이브 트레인 개념을 활용하는 것이다.

대표적인 1점 지지형은 비싼 로터와 고정자 구조물과 부속 부품 비용에도 불구하고 짧은 하중 경로와 단순한 조립의 장점이 있다. 이 설계는 짧은 축의 로터 지지구조 때문에 발전기의 규모가 커짐에 따른 제한이 있다.

2점 지지형은 구조적으로 많은 재료가 필요하지만, 설계는 복잡하지 않다. 1점 지지형보다는 큰 규모의 로터와 큰 용량의 발전기를 수용할 수 있다. 3점 지지형은 2점 지지형과 같은 개념이지만 베어링의 크기를 줄일 수 있다.[4]

9.3 드라이브 트레인의 실례

대표적인 모듈형 드라이브 트레인을 알 수 있는 모습이 Fig. 9.5(a)에 나타나 있다. 이 풍력터빈은 비록 최근의 터빈 규모의 경향으로 볼 때 225kW급 용량의 소형에 해당하는 풍력터빈이지만 나셀 내부에 기본적인 구성품을 모두 포함하고 있다. 이는 대표적인 Danish 모듈형 구성으로 블레이드에 연결되는 허브와 저속축, 그리고 증속기와 발전기가 순서대로 보이고 있다. 드라이브 트레인 구성품이 모듈로 이루어져 있기 때문에 운용 중에 유지와 관리의 측면에서 부품의 교체나 수리를 위한 접근과 해체가 용이하다는 장점이 있다.

Fig. 9.5 **드라이브 트레인의 구성 방식**

A. 대표적인 Danish 모듈형 드라이브 트레인
(Vestas사)

(a)

B. 대형 주축베어링과 기어박스가 통합된
드라이브 트레인(Nordex turbine)

(b)

풍력터빈 기술이 발전하면서 Danish 모델에 기반을 둔 향상된 드라이브 트레인 설계기술도 발전하였다. 연구자들은 Fig. 9.5(b)와 같이 주축, 증속기, 그리고 발전기를 주 프레임에 어떻게 배치하는 것이 터빈의 진동과 중량의 분포에 유리한 영향을 주는 지도 연구한다. 반면에 드라이브 트레인의 길이가 길어지면서 나셀의 무게와 공간이 커지는 문제점도 있다. 이러한 사항과 부품 수의 저감에 따른 경제성 향상에 착안하여 주축과 증속기를 일체화한 모듈이 등장하기 시작하였다. Fig. 9.5(b)는 저용량 MW급 터빈에 적용된 주축과 증속기의 일체형을 보여주고 있다.

9.4 증속기(gearbox)

풍력터빈의 개념에서 이미 기어형(간접 구동형)과 기어리스형(직접 구동형) 풍력터빈에 대하여 알아보았다. 아직도 대부분의 풍력터빈이 기어형인 간접구동형의 구조로서 증속기(gearbox)를 사용하고 있기 때문에 본 단원에서는 증속기에 대하여 알아본다.

간접구동 풍력터빈에서 드라이브 트레인의 중심이 되는 핵심 부품은 증속기이며 주축과 발전기 사이에 위치한다. 증속기는 저속이며 고토크인 블레이드 회전을 고속의 저토크로 변환시키는 장치이다. 중형급 이상의 블레이드의 회전수는 정격속도의 경우 15~20rpm의 범위에 있다. 상용 전력의 주파수가 50~60Hz이며, 1,500~1,800rpm 내외의 발전기 회전수를 고려하면 1:100 내외의 증속비가 요구된다. 이런 증속의 요구 사항을 만족시키기 위하여 2~3단의 기어 배열을 사용한다.

대형 기어의 조합으로 구성된 증속기는 무게가 200kg 이상을 차지하고, 복잡한 기계적 구동 부품이므로 끊임없는 유지보수가 필요하다. 아울러 풍력터빈 전체 부품 가격의 10% 내외를 차지하며, 운용할 때 고장빈도가 높고, 보수를 위한 시간적 경제적 부담이 매우 크기 때문에 신뢰성과 내구성이 요구되는 부품이다. 풍력터빈에서 증속기의 사용은 발전기의 형식과 밀접한 관계가 있다. 증속기를 사용하면 고속의 발전기를 사용할 수 있어 발전기의 크기가 작고 가벼워지는 장점이 있다.

풍력발전시스템용 증속기는 타워 상부의 높은 위치에 있는 나셀 내부의 좁은 공간에 설치되기 때문에, 고장이 발생할 때 교체가 어렵고 비용이 많이 소요되는 특징이 있어 신뢰성이 우수한 증속기 기술은 풍력발전시스템의 중요한 핵심 요소 기술 중의 하나이다.

신뢰성이 있는 증속기는 충분한 동력을 전달하면서 장수명이 요구되며, 체적과 중량의 최소화가 요구되는 추세이며, 풍력발전시스템의 대형화와 해상으로의 진출에 따라 증속기는 이러한 특징과 필요성이 더욱 중요하게 부각되고 있다.

9.4.1 풍력터빈용 증속기의 특성

증속기는 터빈 축의 회전 속도를 발전기가 전력을 생산하는데 필요한 속도로 증가시킨다. 반면에 같은 비율로 토크는 감소시키게 된다. 풍력터빈의 증속기가 작동하는 조건은 일반 기계의 정상 상태(steady state)에서 사용되는 증속 장치와는 다르다.

블레이드를 통하여 증속기로 전달되는 동력은 회전 속도와 토크의 변화가 넓은 범위에서 형성되므로 증속기에서 발생하는 진동과 소음이 크고, 또한 증속기에 전달되는 하중의 종류에는 발전을 하고 있는 작동 상태와 발전을 멈추기 위한 제동 상태에 의한 하중과 난류와 같은 환경적인 요소에 의해 예측하지 못하는 하중이 있을 수 있다.

따라서 증속기를 설계할 때 가장 기본적으로 검토해야 하는 것이 기어와 베어링의 강도와 수명 외에도 진동, 소음, 그리고 중량을 감소시키는 것이며, 이를 구현하기 위하여 다양한 기어의 종류를 활용하여 증속기의 기어열(gear train)을 설계하는데, 주로 활용되는 기어의 구조는 일반적으로 원통 기어(cylindrical gear), 헬리컬 기어(helical gear), 선 기어(sun gear), 그리고 유성 기어(planetary gear)로 이루어지고 그 조합에 따라 다양한 형태의 구조를 갖는다.

Fig. 9.6은 대용량 간접구동식 풍력터빈에 사용되는 대표적인 증속기의 외부 형상을 보여주고 있으며, 증속기 하우징, 주축에 연결되는 저속축 연결부, 토크암(torque arm), 윤활 시스템(lubrication system), 그리고 펌프 등으로 구성되어 있다.

Fig. 9.6 대표적인 MW급 증속기의 모습

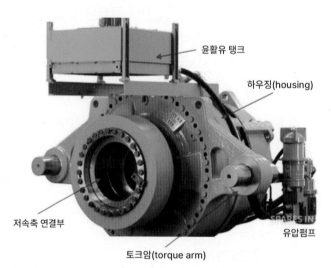

윤활유 탱크
하우징(housing)
저속축 연결부
유압펌프
토크암(torque arm)

9.4.2 증속기의 역할과 규격

증속기의 역할은 발전하기 위하여 고속(1,000~1,800rpm)이 필요한 유도 발전기에 로터 블레이드의 저속(5~15 rpm)을 증속하여 고속으로 변환하는 것이다. 또한, 고토크의 저속축의 동력을 저토크이면서 고속이 필요한 발전기로 동력을 전달하는 역할을 한다.

대표적인 증속기의 사양을 보면 아래와 같다.[5]

- 출력(power): 1,500~6,000kW
- 기어비(gear ratio): 46~120
- 토크(torque @ rotor shaft): 500~3,500kN
- 증속기 중량(weight of gearbox): 15~85tons

9.4.3 증속기 설계의 특징

증속기의 설계는 하중과 증속기가 가동해야 하는 환경 조건 때문에 어려운 점이 많다. 로터에서의 토크가 전력을 생성하지만 로터 자체가 또한 터빈의 드라이브 트레인에 큰 모멘트와 하중을 가한다. 따라서 드라이브 트레인이 효율적으로 증속기를 분리(isolation)시키는 것이 중요하고 증속기가 이런 하중을 지지하도록 설계되는지를 확인해야 한다. 그렇지 않다면 내부 증속기의 부품이 심각하게 오정렬될 수도 있어 응력 집중과 파손으로 이를 수 있다.

드라이브 트레인은 시동, 정지, 비상 정지, 그리고 계통망 연결 등의 상황에서 심각한 순간 하중을 겪는다. 역방향 토크에서 오는 하중 조건은 특히 베어링에 손상을 줄 수 있는데 롤러 베어링이 하중 구역에서 갑작스러운 위치 변화가 일어날 때, 미끄럼 현상이 발생할 수 있다. 이물질이나 수분의 응축을 방지하기 위하여 실(seal)이나 윤활 시스템은 넓은 범위의 온도 변화에도 작동해야 하고 증속기 내에서 모든 회전 속도에서 효율적으로 작동해야 한다.

AGMA(American Gear Manufacturers Association)와 ISO에서 규정하는 기어와 베어링 피로 표준이 설계에 활용되고 이 규정들은 부품의 잠재적 파손 모드의 하부 분류와 내용까지 다루어야 한다. 예를 들어 ISO 6336 기어 표준은 하부 접촉 파손에 대한 저항성과 기어 치근(tooth root) 파괴의 계산에 필요한 방법을 제공한다.

풍력터빈의 증속기 내부에서 발견되는 파손 모드는 일반적인 현상이 아니다. 보통의 파괴 원인이 되는 것은 제조상의 오차(errors)로 grinding temper(연마에 의한 열처리 현상)나

이물질의 포함, 기기가 정지 중에 발생할 수도 있는 작은 진동 운동(vibration motion)에서 발생하는 scuffing(흠집 발생), micro-pitting(미세 표면 함몰) 그리고 fretting problems(접촉성 부식 문제) 등의 원인으로 표면 문제가 발생한다.

기어의 접촉면에 흠 자국이 발생하는 스커핑(scuffing) 현상은 빠르게 발생하고 높은 하중하에서 윤활막이 없어지거나 파괴되어 나타나는 것으로 알려져 있다(ISO 13989-2).

마이크로 피팅(micro-pitting)은 발전할 때 생기는 표면상의 피로나 수많은 표면 균열(crack)로 불충분한 윤활막의 두께와 관련이 있다(ISO 15144-1). 윤활막은 미끄럼 속도, 하중, 온도, 표면 거칠기, 그리고 윤활유의 화학 조성에 의하여 영향을 받는다.

많은 풍력터빈 증속기는 의도하지 않은 운동과 마모, 내부 윤활 경로의 비효율성, 그리고 실링과 관련된 문제에서 오는 비효율적인 면을 억지로 맞추려는 시도에서 오는 설계상의 문제점으로부터 어려움을 겪는다. 이러한 문제에 대응하여 미래의 증속기 설계에서 걸림돌이 되는 요소를 향상시키는 것이 풍력터빈이 생산하는 에너지 비용에서 중요한 요소이다.

9.4.4 증속기의 구성

증속기의 구성은 Fig. 9.7과 같이 기어와 축, 베어링, 하우징, 윤활 시스템, 그리고 기타 부속 부품으로 되어 있다.

Fig. 9.7 증속기의 구성 부품의 예시

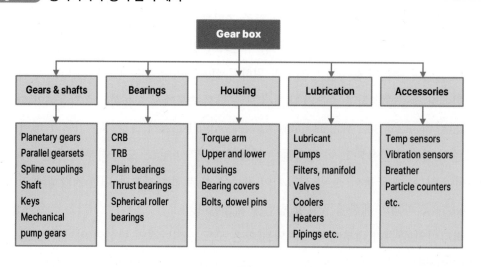

기어와 축(gears and shafts)은 로터에서 입력으로 들어오는 회전 속도를 증속시키기 위하여 회전 토크를 전달하는 핵심 부품이다. 유성 기어와 평행 기어의 중심에 있는 축, 기어와 축을 끼워 맞춤을 하는 키(keys) 등이 있다.

모든 회전축에는 부드러운 회전을 통하여 마찰력을 줄이고 목적에 맞는 다양한 베어링(bearings)이 있다. 원통 미끄럼 베어링(CRB, Cylindrical Roller Bearing), 테이퍼 미끄럼 베어링(TRB, Tapered Roller Bearing) 등 다양한 베어링이 증속기의 축에 사용된다.

하우징(housing)은 증속기의 베어링을 포함한 기어열(gear train)을 감싸고 축과 베어링 등이 부착되는 구조물로 금속의 주조법(casting)으로 제조된다.

윤활 시스템(lubrication system)은 증속기 내부의 축과 기어가 회전할 때 윤활 작용을 하도록, 윤활유(lubricants), 윤활유를 회전시키는 펌프, 필터와 밸브, 윤활유의 냉각을 위한 냉각 장치, 그리고 추운 기온에서 점도 조절을 위한 히터 등으로 구성된다.

기타 부속 부품(accessories)으로는 온도 센서, 진동 센서, 그리고 입자 측정기 등이 있다.

9.4.4.1 유성 기어 증속기(planetary gear box)

초기의 덴마크의 모듈형에서 증속기는 로터의 낮은 회전 속도를 높이기 위하여 자연스럽게 도입되어 왔다. 기존의 기계 산업에 기반을 둔 감속기의 개념을 반대로 적용하여 현대식 풍력터빈이 시작할 때부터 드라이브 트레인에는 2~3단의 스퍼(spur) 혹은 헬리컬(helical) 기어가 사용되었다. 이런 증속기는 풍력 산업계의 응용에 표준이 되어서 특별한 풍력터빈을 위한 주문자가 요구하는 사항은 없이 널리 적용되었다.

이런 증속기의 설계 개념으로 출력이 수백에서 750kW까지의 풍력터빈에 사용되었고 지금까지도 존재하는 MW급 이하에서 사용되고 있다. 특히 이 개념은 로터 블레이드의 실속제어와 결합되어 견고한 운영이 요구되는 풍력터빈의 취급을 매우 용이하게 한다.

다음의 개발 단계는 초기의 헬리컬 기어단(2~3단 스퍼(spur) 혹은 헬리컬 기어)을 대개 3단의 유성 기어단으로 교체하는 것이었다. 이 단계는 고출력을 가능하게 하여 750kW급 터빈에서 2MW급 풍력터빈의 개발을 현실화할 수 있었다(Fig. 5).

이에 따라 상업용 풍력터빈의 약 75%가 평행, 헬리컬 혹은 스퍼 기어를 유성 기어와 결합한 3단 증속기를 사용하고 있다. 이러한 풍력터빈들은 로터 토크를 전기적 출력으로 변환하는데 회전 속도를 증가시키는 3단 증속기와 유도발전기의 조합이 대표적이다.[6]

로터 블레이드의 저속(5~15rpm)의 회전 속도를 발전기의 로터의 회전 속도인 고속(1,000~1,800rpm)으로 약 100배 정도로 증속시키기 위해서는 많은 기어 조합이 필요하다. 이를 위하여 현재까지 대다수의 증속기의 기어 배열은 유성 기어열을 주축으로 하고 평행 기어와 조합하여 3단의 설계로 최적화되어 왔다. 따라서 풍력산업계에서는 이 구성을 유성 기어 증속기(planetary gearbox)라고 하고 가장 일반화된 증속기이므로 본 단원에서는 이 증속기 위주로 설명한다.

3단의 유성 기어 증속기의 내부 부품의 구성의 예시는 Fig. 9.8과 같다.[7] 3단 증속기는 1단은 유성 기어열 그리고 2단과 3단은 헬리컬 기어로 이루어진 원통형 기어로 이루어져 있다.

Fig. 9.8 **1단 유성 기어와 2단의 평행기어 조합의 유성 기어 증속기[7]**

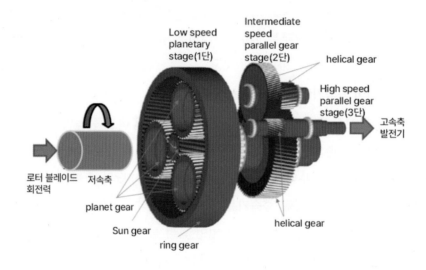

유성 기어(planetary gears)가 풍력터빈의 증속기에 대표적으로 활용되기 때문에 증속기의 관점에서 그 작동 원리를 알아본다. 유성기어 증속기의 내부는 기어열의 조합으로 이루어져 있는데, 유성 기어열(planetary gears)은 선 기어(sun gear), 유성 기어(planet gear), 링 기어(ring gear), 그리고 3개의 유성기어를 고정하는 캐리어(carrier)로 구성되어 자전과 공전을 모두 할 수 있는 기어의 조합이다.

Fig. 9.8에서는 다시 대표적인 MW급 풍력터빈의 증속기의 기어 조합으로 3단 증속기(3 stages gearbox)의 내부 형상을 자세하게 나타내었다. 제1단의 저속축(low speed shaft)과 유

성 기어열(planetary gears)은 유성 캐리어(planetary carrier)로 연결되고 중심의 선 기어(sun gear)는 링 기어(ring gear)와 동일 축 선상에 있다. 즉, 유성 캐리어는 주축에 연결되어 유성 기어를 통하여 선 기어로 연결된다. 2단인 중속축(mid-speed shaft, 혹은 intermediate shaft) 단계는 평행(parallel) 헬리컬 기어열(helical gears)을 사용하며, 3단의 고속축(high speed shaft)에서도 평행 헬리컬 기어를 사용하고 발전기에 연결된다. 이때 최종적으로 활용되는 기어비는 1 : 100 부근을 많이 적용하고 있다.

유성 기어열에서 중요한 설계 요소는 다수의 유성기어에 작용하는 하중이 균일하도록 하중을 분산하는 하중 분할과 기어의 치면에 균일하게 분포되도록 치면 하중의 분포이다. 이를 위해서는 균일한 하중 분할을 위한 기어의 정밀도 향상, 조립 오차의 최소화, 그리고 축력이나 굽힘 하중에 의한 정렬 오차를 고려하여 베어링의 선정과 기어 강도 설계도 중요하다.

위의 3단 유성 기어 증속기에서 중속의 원통형(spur) 기어단(spur gear stage) 대신에 2단 유성 기어단의 활용이 다음 단계의 개발로 이어져 2.5MW에서 5MW 풍력터빈의 개발을 가능하게 하였다. 동일한 3단 유성 기어 증속기이지만 1단과 2단을 유성 기어열로 3단은 헬리컬 기어로 구성한 증속기이다. Fig. 9.9는 유성 기어-평행 기어-평행 기어 배열과는 달리, 유성 기어-유성 기어-평행 기어의 조합을 나타낸 경우이다. 이 경우에는 동력 밀도와 회전 강성이 크고 관성력이 작아지는 효과가 있어 5MW급 풍력터빈까지 많이 적용하는 기어 배열이다.

Fig. 9.9 2단 유성 기어와 1단의 평행 기어 조합의 유성 기어 증속기(Romax/NKE)[8]

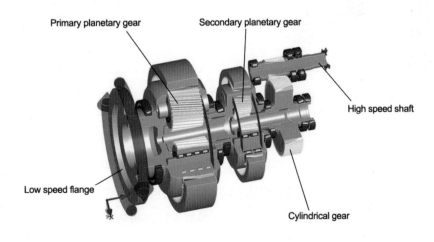

Primary planetary gear

Secondary planetary gear

High speed shaft

Low speed flange

Cylindrical gear

9.4.4.2 유성 기어열의 회전

유성 기어(planet gears)는 유성 기어열(planetary gear train, 혹은 planetary gear set, 그리고 planetary gear system)을 구성하는 중요한 기어이다. 유성 기어열을 에피사이클 기어열(epi-cyclic gear train, 혹은 epicyclic gear system)이라고도 한다. 유성 기어열은 중심에 선 기어(sun gear)가 있고 이를 둘러싸고 회전하는 다수의 유성 기어와 링 기어(ring gear, 혹은 annular gear)로 구성된다. Fig. 9.10은 실제 유성 기어열의 사진과 구성 기어의 회전 방향을 나타내고 있다. 저속축에 연결된 캐리어(carrier)가 링 기어를 회전시키면 유성 기어들이 회전하고 가운데의 선 기어를 구동한다. 선 기어에 연결된 1단계 헬리컬 기어는 중속축(intermediate speed shaft)을 구동하고 중속축에 연결된 2단 헬리컬 기어는 고속축(high speed shaft)를 회전시킨다.

Fig. 9.10 증속기용 유성 기어의 실제 사진과 각 기어의 회전 방향의 예시[9]

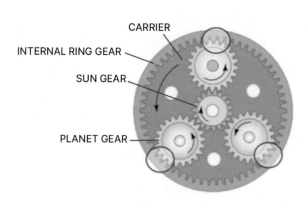

유성 기어열은 축의 회전 속도를 감소시키며 토크를 증가시키거나, 반대로 기계 혹은 모터 회전축의 속도를 증가시키면서 토크를 감소시키는 기능을 하는 기어열이다.

전자의 기능을 활용하는 것이 일종의 기계적 에너지 변환 장치인 감속기(reducer)이고, 후자의 기능을 이용하는 것이 증속기(gearbox)이다. 정리하면, 증속기는 터빈의 로터에서 전달되는 저회전 고토크의 동력을 고속이면서 저토크의 동력을 발전기로 전달하는 역할을 한다.

9.4.4.3 Planetary gearbox의 예시

증속기에서의 유성 기어열(planet geartrain)을 좀 더 자세히 이해하기 위하여 대표적인 2MW 증속기를 살펴본다.

Fig. 9.11에서 보는 바와 같이 대표적이며 전통적인 2MW 증속기는 3단으로 이루어져 1개 단(stage I)의 유성 기어단(planetary gear stage)과 2개 단(stage II와 stage III)의 평행 기어 단(parallel gear stage)로 구성된다. 이 증속기는 9개의 기어륜(gear wheels)과 20조의 베어 링으로 이루어져 있다. 또한 2개 단의 평행 기어단은 stage II와 stage III로 3개의 축과 1개 의 원통 롤러 베어링(cylindrical roller bearing)과 축 하중을 감당하고 가이드 역할을 위하여 2조의 테이퍼 롤러 베어링(tapered roller bearing)으로 구성되어 있다.

Fig. 9.11에서 각 단(stage)에서의 기어륜과 베어링의 수가 자세하게 나타나 있다.

Fig. 9.11 대표적인 2MW 증속기 설계[10]

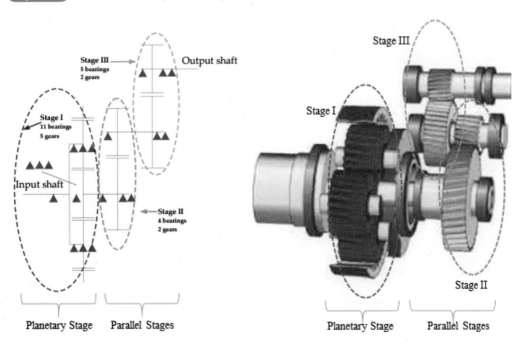

9.4.4.4 기어단의 수(number of stages) 계산

3단 증속기(Fig. 9.12)의 증속비를 계산하는 방법에 대한 예시를 알아본다.

$$증속기의 \; 단(stage)의 \; 수 = \text{round}\left(\frac{\log(U_{tot})}{\log(U_{step})}\right) \tag{9.1}$$

로 나타낼 수 있다.

예를 들면,

$U_{tot\,tot}$ = total gearbox ratio required = 89

$U_{tot\,step}$ = Permissible speed ratio per stage = 6

$$= rodund\left(\frac{\log 89}{\log 6}\right) = 3$$

즉, 증속기의 단(stage) 수는 3단이다.

총 3단 기어에서 1단 기어비를 계산해 보면 입력축 캐리어가 선 기어를 회전시킨다. 이때 링 기어는 고정된 상태이다. 이때의 기어비를 계산해 보면 아래 식(9.2)와 같다.

$$1단 \; 기어비(\text{Gear ratio}) = 1 + \frac{Z_r}{Z_s} = 1 + \frac{87}{18} = 5.83 \tag{9.2}$$

같은 방법으로 2단 기어비는 식(9.3)과 같고,

$$\frac{Z_1}{Z_2} = \frac{74}{18} = 4.111 \tag{9.3}$$

3단 기어는 식(9.4)와 같이 계산하고,

$$\frac{Z_3}{Z_4} = \frac{92}{25} = 3.68 \tag{9.4}$$

전체 기어비는 식(9.5)와 같이 계산된다.

1단 x 2단 x 3단 = 88.18 (9.5)

Fig. 9.12 증속기의 기어비의 계산 예시[10]

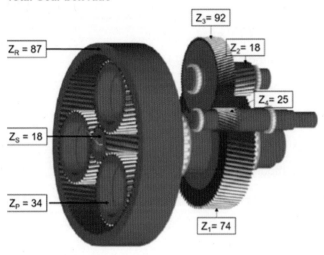

Total Gear box ratio

9.4.5 증속기의 운영 조건

증속기를 이해하기 위하여 구체적인 운영 조건을 살펴보는 것이 의미가 있는 것으로 판단된다. Table 9.1은 위에서 언급하고 있는 대표적인 2MW 증속기의 운영과 관련된 기본적인 가동 조건(running condition)이다.

Table 9.1에서 증속기 입력 토크는 1,400kNm로 입력 속도와 출력 power에 추가로 10%를 증가시켜서 얻는다.

증속기의 운영 조건에 영향을 미치는 요인들은 하중(load), 속도(speed), 그리고 윤활 시스템(lubrication system)에서 오일 점도(oil viscosity)와 오일 청결도(oil cleanliness) 등이다.

Table 9.1 **2MW 증속기의 기본적인 가동조건[10]**

Parameter	Value
Power(MW)	2
Input torque(kNm), Rated power input*1.1	1,400
Input speed(rpm)	15
Total gear ratio	~108
Oil viscosity(cSt)	320
Oil temperature	65
Oil cleanliness(ISO 4406-99, 4/6/14 mm)	-/17/14

* cSt: viscosity unit centistokes

Table 9.1에서 오일 점도는 합성 오일(PAO)[2]이 많이 사용되는데 320cSt가 대표적이며 65℃에서의 값을 중요하게 고려한다. 오일 청결도는 증속기의 가동에 따라서 기어륜 간의 마찰에 의하여 금속 입자의 생성이 불가피한데, 오일 속에 포함되는 입자의 크기와 숫자를 측정하여 코드화한 측도가 ISO 4406-99이다. Table 9.1에서 ISO code -/17/14는 이 코드에 규정된 입자 크기인 4/6/14㎛를 나타내는 코드 번호이다. ISO code 14는 14㎛ 입자가 160 이하로 검출되어야 하고 17은 6㎛ 입자는 1,300개 이하여야 한다.

증속기의 수명을 좌우하는 것은 증속기를 구성하는 중요 요소인 기어륜과 베어링이다. 연구자들은 증속기의 신뢰도를 예측하기 위하여 산업 분야에서 많은 연구를 해 왔고 풍력 터빈의 증속기에 이를 적용한다. 특히 어떠한 하중이 얼마나 부과되느냐에 증속기의 수명이 달려있다. 전하중 시간(full load hours)이 측정되고 수명의 예측에 활용된다. 유성 기어 단계(stage I)가 하중에 더 민감하고 평행 기어[3] 단계(stage II와 III)는 민감도가 낮아서 신뢰도가 높다고 할 수 있다.

현재 대부분의 증속기에서는 기본적으로 유성 기어를 불가피하게 활용한다. 이에 따른 장단점을 알아본다. 유성 기어 시스템의 장점은 유성 기어륜의 숫자로 하중을 분산하여 감

---

2 PAO(Poly Alpha Olefin): 원유를 정제할 때 LPG와 가솔린 사이에서 정제되는 깨끗한 일종의 합성 오일로 불순물이 적어 엔진보호, 엔진소음/진동 감소 효과가 있음.

3 평행축 기어: parallel axis gear

당하기 때문에 외부의 충격에 강하다는 것이다. 이에 따라서 유성 기어륜의 숫자를 증가시
킴으로써 고토크가 전달될 수 있어 효율이 우수하다. 다른 기어열에 비교하여 매우 안정적
이다. 단점으로는 기어와 접촉할 때 소음이 높고 마모가 많아서 정기적이고 복잡한 O&M
이 필요하고 복잡한 자동 오일 장치도 필요하다.

9.4.6 증속기의 종류

9.4.6.1 유성 기어열

앞의 단원에서는 가장 많이 활용되는 대표적인 3단 유성 기어 증속기에 대하여 알아보
았다. 발전단지 운영자의 관점에서는 발전 단가를 저감시키기 위해서는 가능하면 내부의
부품의 수를 감소시키고 증속기의 유지보수나 교체의 횟수를 줄이는 것이 중요하다. 아
울러 풍력터빈의 설계자의 관점에서 보면 증속기의 중량을 감소시키는 것도 항상 고려되
어야 할 사항이다. 따라서 유성 기어 증속기도 다양하게 변형되고 개발되어 왔다. 예시를
Table 9.2에서 요약하였다.[11]

Table 9.2(a)의 기어 배열은 상업용 풍력터빈의 개발 초기에 수백 kW급 풍력터빈에서
많이 적용되었던 설계이다. Table 9.2(b)는 전통적이며 대표적인 3단 유성 기어 증속기 설
계이다. 왼쪽의 기어 배열은 유성 기어-헬리컬-헬리컬 구조이고, 오른쪽은 유성 기어-유
성 기어-헬리컬 기어 구조이다. Table 9.2(c)는 복합 유성 기어(compound planetary gear)의
구성으로 증속기의 단수(number of stage)를 줄이는 방안으로 개발된 형태이다. 단수(stage)
가 높아짐에 따른 고장율 증가에 대한 대안으로 1단~2단으로 증속비(~1:10 내외)를 낮추
고 발전기의 극수를 늘리는 방향으로 개발된 구조이다. 대표적인 예시가 2단 증속을 활용
한 Multibrid[4]의 5MW 해상풍력발전기(Fig. 9.13)로 나셀의 중량과 크기의 감소가 장점이
다. 아울러 해상풍력터빈으로서 유지보수 비용의 절감에서 장점이 있다. 하지만 해상풍력
터빈이기 때문에 수분과 염분의 침투를 막기 위한 밀봉이 필요한 측면에서는 추가적인 비
용이 예상된다.

---

4 현 AREVA 사

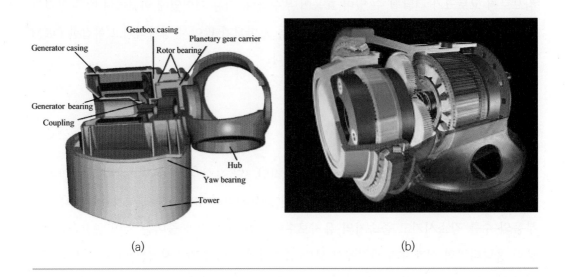

Fig. 9.13 Multibrid 개념: (a) 모식도 [12], (b) AREVA Multibrid M5000 5 MW nacelle [13]

3MW 이상의 대형 풍력터빈에서 유성 기어형 증속기의 문제점은 대형 기어의 제조, 윤활 문제, 그리고 베어링 설계 등에서 비롯된다.

유성 기어의 종류에서

• 유성 기어가 공간에서 회전하는 구조(전통적인 형태)
• 유성 기어의 축은 고정되고 링 기어가 회전하여 동력 전달과 증속 기능
• 캐리어의 속도와 비고정 링 기어의 구조(디프렌셜 구조)

Table 9.2 유성 기어열의 종류[11]

구 분	기어열의 구조	특 징
(a) 헬리컬 기어열 (helical gearbox)		• 2단(왼쪽)의 헬리컬 구조로 단순하여 고장이 적음 • 4단(오른쪽)의 헬리컬 기어열을 가지는 구조로 설계하여 동력의 분배도 가능 • 단순하며 저용량(750kW급 이하) 터빈에 활용

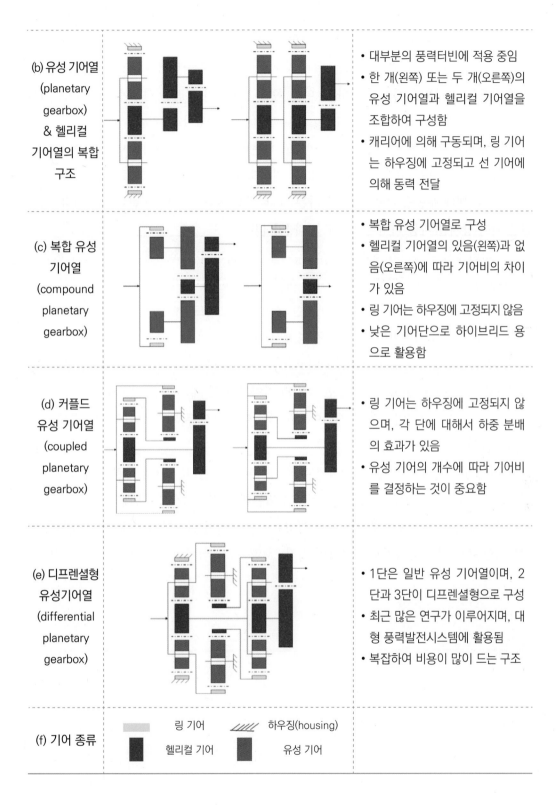

(b) 유성 기어열 (planetary gearbox) & 헬리컬 기어열의 복합 구조		• 대부분의 풍력터빈에 적용 중임 • 한 개(왼쪽) 또는 두 개(오른쪽)의 유성 기어열과 헬리컬 기어열을 조합하여 구성함 • 캐리어에 의해 구동되며, 링 기어는 하우징에 고정되고 선 기어에 의해 동력 전달
(c) 복합 유성 기어열 (compound planetary gearbox)		• 복합 유성 기어열로 구성 • 헬리컬 기어열의 있음(왼쪽)과 없음(오른쪽)에 따라 기어비의 차이가 있음 • 링 기어는 하우징에 고정되지 않음 • 낮은 기어단으로 하이브리드 용으로 활용함
(d) 커플드 유성 기어열 (coupled planetary gearbox)		• 링 기어는 하우징에 고정되지 않으며, 각 단에 대해서 하중 분배의 효과가 있음 • 유성 기어의 개수에 따라 기어비를 결정하는 것이 중요함
(e) 디프렌셜형 유성기어열 (differential planetary gearbox)		• 1단은 일반 유성 기어열이며, 2단과 3단이 디프렌셜형으로 구성 • 최근 많은 연구가 이루어지며, 대형 풍력발전시스템에 활용됨 • 복잡하여 비용이 많이 드는 구조
(f) 기어 종류	링 기어 / 하우징(housing) 헬리컬 기어 / 유성 기어	

9.4.6.2 차동 기어(DPG, Differential Planet Gear) 증속기

차동 기어(differential gear) 장치는 두 개의 기어가 서로 맞물려서 회전함과 동시에, 기어축도 한쪽의 기어축을 중심으로 하고, 다른 쪽의 기어축이 회전할 경우에 이와 같은 기어의 조합을 차동 유성 기어라고 하며 Fig. 9.14에 예시를 들었다.

중앙에 있는 기어를 선 기어(sun gear)라고 하는데, 선 기어의 주위를 유성 기어가 회전한다. 즉, 공전 기어를 유성 기어라 한다. 선 기어축-유성 기어축과 그것들을 잇는 링크 중의 어느 두 개에 운동을 주면, 다른 하나는 그 두 개의 운동을 동시에 받아 회전한다. 이와 같은 기어 장치를 차동 기어 장치라고 한다.[3], [4]

풍력터빈에서 증속기가 실제적인 역할은 발전기 로터의 각속도에 대한 요구를 만족해야 하는 것이다. 특히 가장 공통적인 요구 사항은 특정한 값에 가까운 어떤 범위 내에 로터의 각속도를 유지해야 하는 것이다. 이러한 목적으로 오버드라이브 변속기가 사용되고 가장 많은 것이 유성 기어이다. 그런 장치 중에서 기존의 유성 기어에서 발전된 형태가 차동 기어(디프렌셜 유성 기어, DPG, Differential Planet Gears)로 출력 각속도를 제어할 수 있다. 메커니즘을 보면 다른 직경(외부 링과 선 기어)의 기어륜과 몇 개의 작은 기어륜(유성 기어), 그리고 유성 기어의 중심이 연결된 캐리어(carrier)로 이루어진 두 개의 동심축 기어륜으로 작동된다.[14]

이 파생형 증속기는 1단은 일반적인 유성 기어열이고 2단과 3단은 동력을 분산하는 두 개의 차동 기어(동력 분배형 차동 구조)로 구성되는데 이것의 장점은 종래의 증속기보다는 우수한 출력을 발휘하지만 복잡한 유성 기어열로 구성되어 비용이 많이 든다. 이 증속기는 전통적인 유성 기어 증속기보다 용량이 커진 2MW~4MW급 풍력터빈에 활용될 수 있다.

Fig. 9.14 차동기어의 외부 형상과 설계[14]

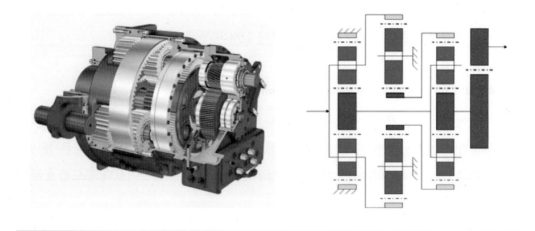

9.4.6.3 차동 기어의 회전 원리(Differential Design)

차동 기어 증속기의 구성을 보면 입력단(input stage) 선 기어 주변을 회전하는 4개 이상의 유성 기어보다는 차동 기어는 각 3개의 유성 기어로 된 2개의 구동단(drive stage)이 있다.

Fig. 9.14를 참고하면 차동 기어의 동력 분배는 1단 유성 기어단(planetary gear stage)에서 시작되고 로터의 속도에 따라 동력의 일부가 유성 기어단 캐리어(planet carrier)로부터 1단의 유성 기어단으로 직접 전달된다. 반면에 다른 일부의 동력은 2단의 유성 기어의 회전하는 링 기어(ring gear)에 전달된다. 동력 분산 비율은 3개의 유성 기어단의 고정 기어비에 좌우된다.

1차 유성 기어단의 선 기어(sun gear)의 속도는 차동 기어단(differential stage)의 유성 캐리어의 회전 속도와 같다. 2차 유성 기어단의 선 기어의 속도는 차동 기어단의 링 기어의 회전 속도와 같다. 차동 기어단의 링 기어와 유성 기어단의 캐리어의 속도비는 선 기어의 속도에 대하여 누적된다. 따라서 이전에 분배된 동력이 다시 합쳐진다.

최종 헬리컬 기어단은 회전 속도를 다시 증속시키고 이 속도를 축의 중심이 다른 고속 축을 통하여 발전기로 전달한다. 이 최종 기어비는 특정 터빈의 회전 속도에 기어비를 곱한 것이 된다.

차동 기어 증속기는 자유롭게 조절이 가능한 선 기어 피니언과 연동하여 구조역학 관점에서 정정(static determination)[5]을 할 수 있는 장점이 있다. 기존의 설계보다 직경이 작지만 전체 길이는 변하지 않는다. 고용량 풍력터빈의 경우에 이 차동 기어 개념은 각 부품의 크기가 작기 때문에 기존의 유성 기어 증속기보다 15%의 무게 절감이 있다.

9.4.6.4 CVT(Continuously Variable Transmission) gearbox

본 단원에서는 유성 기어형 증속기 이외의 다른 증속기의 종류에 대하여 알아보기로 한다.

전통적인 기어열을 통한 증속 장치는 유성 기어 증속기에서 보았다. 조금 다른 개념의 증속 장치가 CVT 증속기이다. 이 개념은 고정된 증속비를 갖는 증속기보다 부드럽게 무한대의 끊김이 없는 기어비를 제공한다.

일반적인 풍력터빈은 가변속을 전력전자 컨버터를 이용하여 통제하지만 CVT는 기계적인 수단으로 가변속 가동을 통제한다.

CVT 증속기는 1차 증속기(증속 역할)와 발전기 사이에 배치되고 이 CVT 증속기의 목적은 블레이드의 피치 운동(pitching motion)으로 하는 것보다 빠르게 발전기의 입력축의 회전 속도와 토크를 제어하는 것이다.[11]

CVT는 두 가지 방식이 있다. 기어비 조정을 위하여 부품들 사이에 마찰 접촉(friction contact)을 사용하는 방식과 유압(hydraulic)을 사용하는 방식이 있다.

마찰 접촉을 이용하는 방식은 벨트나 체인 방식이나 차동 유성 기어 방식이 있다.

유압 방식은 수력학 드라이브(hydrodynamic drive)와 정수학 드라이브(hydrostatic drive)

수력학 드라이브 방식은 입력측에 임펠러를, 출력측에는 발전기를 설치하는 구조이다. 입력측과 출력측 사이에 있는 유압 유체를 통하여 토크가 전달된다. 따라서 유압 토크 컨버터(hydraulic torque converter)라고도 한다. 정수학 드라이브는 펌프로 기계적 회전력을 유체에 전달하고 유체 모터를 이용하여 기계적 운동으로 회생한다.

CVT 증속기는 전통적 증속기보다 넓은 범위에서 높은 공력 효율로 풍력터빈이 가동할 수 있게 한다.

유압 방식을 사용한 증속기를 활용한 대표적인 예는 2MW급 Wikov W2000과 DeWind 사의 2MW D8.2와 D9.2 모델 등이다. 이 증속기는 1차 증속 장치는 유성 기어형이고 수력학 토크 컨버터(hydrodynamic torque converter)를 연결시켜서 발전기 측에 전달되는 토크

5　정정 구조물은 힘의 평형 조건식(equilibrium equation)만 이용하여 지점 반력을 구할 수 있는 구조물을 말함.

를 변화시킨다. 특징적인 사항은 이 방식을 활용하면 가변속 동기발전기를 위한 전력전자 컨버터를 사용하지 않을 수 있기 때문에 비용 절감이 크다.[15]

Voith사의 WinDrive 증속장치의 예시[15]

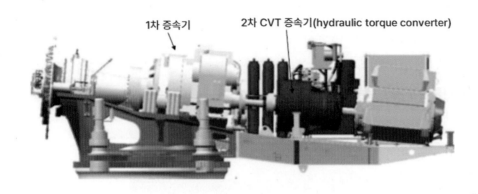

개발 초기에는 Fig. 9.15와 같이 1차 증속 장치-2차 유압 토크 컨버터-발전기의 형태로 개발되었다가 이후에 Fig. 9.16과 같이 1차와 2차를 통합하여 개발하였고 조류 발전장치에도 활용되었다. Fig. 9.16(a)는 통합형 CVT 증속기이며 Fig. 9.16(b)는 이 증속기 내부의 구조를 보여주고 있다.

Fig. 9.16 Hydraulic transmission WinDrive: (a) 3D 모습 (b) 출력의 흐름도(기어 유닛과 수력학 토크 컨버터의 결합으로 구성된 WinDrive)[16]

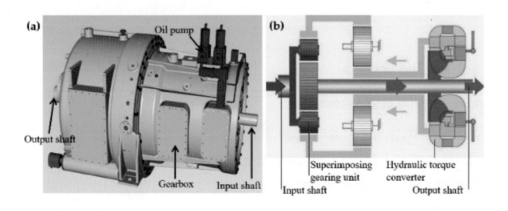

9.4.7 해상풍력용 특수 증속기

고용량의 해상풍력 풍력터빈의 특수한 요구 사항을 만족하기 위하여 다중 출력 분산 기능(multi-power-split)을 하는 헬리컬 기어단에 기반을 둔 개념의 증속기도 Fig. 9.17과 같이 등장하였다. 일반적으로 증속기는 경량 설계와 혼합하여 고출력 밀도(high power density)를 갖도록 설계된다. 따라서 초대형 풍력터빈에서는 가변속 출력에 대비하기 위하여 고속에서 두 개의 발전기가 채용되어 6.5MW에서 12MW에 이르는 풍력터빈에 적용하려고 한다.[10]

Fig. 9.17 다중출력 분산 기능 해상풍력용 증속기

출처: Hansen Turbine Gearbox

9.4.8 증속기의 유지보수

9.4.8.1 증속기의 하중과 손상의 원인

증속기에 가해지는 하중은 블레이드에 적용되는 공력학적 토크에 따라 변한다. 증속기에 전달되는 측면 하중뿐만 아니라 충격 하중을 발생시키는 외부의 전기기계적 손상도 있다. 확률상이나 사이클 하중의 확실한 이해가 없거나, 고속축의 오정렬, 그리고 적절한 윤활 등이 부족하면 증속기의 조기 손상의 원인이 될 수도 있으며 그러한 손상 메커니즘은

완전하게 알려져 있지는 않다. 하지만 일반적으로 그 원인은 베어링 손상과 이에 따라 과도한 공차의 발생과 마모 입자에 의한 기어 이빨의 손상이 오정렬과 표면 마모 때문으로 판단하고 있다.[17]

풍력터빈의 드라이브 트레인은 시동할 때, 정지할 때, 비상 정지하거나 그리드에 연결될 때, 심하고 변동하는 순간 하중을 겪게 된다. 터빈의 하중은 풍력 단지의 위치와 지형에 영향을 받는다. 토크가 반전할 때의 하중 케이스는 특히 베어링에 손상을 준다. 왜냐하면 하중이 걸리는 구역의 갑작스러운 재배치가 발생하는 동안에 롤러가 미끄러지기 때문이다. 미세한 pitting(표면상의 피로의 한 가지 형태)이 베어링 수명에 영향을 주는 손상의 한 가지 예시이다.

기어열이 상호 간에 접촉하면서 회전할 때 발생하는 금속 입자의 양과 오일의 점도의 변화는 사용되는 오일의 청결도(oil cleanliness)의 변화로 표현된다. 특히 오일의 점도는 베어링과 기어 표면의 유막(oil film)의 두께 형성에 영향을 미친다.

풍력터빈의 운영 조건에 따라서 20년간 운영한 증속기의 보수나 교체 횟수는 0.4~1.5회 정도로 보고되고 있다. 증속기의 보수나 교체가 불가피하지만, 발전단지에서 정상적인 조건하에서 터빈이 운영될 때 증속기의 보수나 교체의 횟수를 저감시킬 수 있는 최적화된 기어열의 설계가 핵심적인 기술임을 알 수 있다.

9.4.8.2 증속기의 유지보수 중요인자

증속기의 문제점을 발견하기 위해서는 해체하지 않고 손상이나 파손 여부를 조기에 발견하기 위하여 상태 감시(condition monitoring)를 통하여 유지보수를 실현한다. 이때에 검사하는 중요 인자와 방법들은 다음과 같다.

- 베어링 위치에서의 온도 측정 센서
- 중요 부위에서의 가속도계
- 정기 오일 샘플링을 위한 윤활 오일 입자 측정
- 오일과 필터 교환
- 베어링과 기어의 이(gear tooth)의 육안 검사 및 내시경 검사(endoscopic inspection)
- 타워 위의 나셀에서의 수리 작업
- 증속기의 교체

9.4.8.3 윤활 시스템

증속기의 유지보수를 위해서 가장 중요한 윤활 기능의 정상적인 유지가 매우 중요하다. 증속기의 운전을 위해서 필수적으로 포함되어야 하는 증속기의 부속 시스템으로 윤활 시스템과 냉각 시스템이 있다. 윤활 시스템을 구성하는 중요한 부속품은 전기 펌프(electrical pump), 기계 펌프(mechanical pump), 파이프, 호스, 다기관(manifolds), 필터와 밸브, 가열 장치, 브리더(breather), 냉각장치 등이다.

특히 윤활유의 주요 기능은 다음과 같다.
• 윤활유는 작동 부품 간의 윤활 유막(film)을 생성시켜서 마찰과 마모를 감소시킨다.
• 장치의 핵심 부위에서 열을 발산시키는데 도움을 준다.
• 마찰 표면에 발생하는 이물질(산화물이나 슬러지 등)을 윤활유의 공급을 통하여 세척하여 제거함으로써 장치가 원활히 작동하게 한다.
• 산화와 부식 때문에 발생하는 금속의 손상을 방지하여 부품을 보호한다.

위의 윤활유의 기능을 유지하기 위한 윤활유의 중요한 특성은 다음과 같다.
• 우수한 점도와 온도 특성
• 우수한 고온 산화 특성
• 열적 안정성
• 저휘발성
• 우수한 저온 특성
• 사용되는 모든 부품과의 우수한 적합성(compatibility)
• 장기간의 오일 수명

9.4.9 증속기의 시험

증속기의 시험과 평가의 목적은 설계에서 예측한 성능 특성을 실규모 시험을 통하여 검증하는 것이다. 증속기의 사용 중에 발생하는 피로와 마모는 고장의 원인 중에서 주요한 요소이다. 성능과 신뢰성 확보를 위하여 구성 부품의 시험평가와 완성된 증속기의 실규모 인증시험을 수행한다. 블레이드의 인증시험과 유사하게 IEC 61400-4(Design requirements for wind turbine gearboxes)에 의거하여 시험을 수행한다. 증속기의 실증시험 측면에서 요구되는 사항들은 아래와 같다.

- 구성품의 시험 – 기어와 베어링
- 보조 시스템의 시험 – 윤활 시스템
- HALT(highly accelerated life testing, 초가속 수명시험)[6]
- 극한 기후 시험 – 저온실 시험(cold chamber testing)
- 현장 실증 시험 – 최소 6개월의 현장 시험
- 시리얼 시험

위와 같은 실험을 수행하기 위한 시험설비를 준비해야 한다. 시험 설비는 크게 전력 회수형 다이나모메터(dynamometer)[7]를 활용하는 방법이 있고 기계적 동력 회수형인 실규모 증속기를 back-to-back형으로 설치하는 시험법이 있다.[18]

다이나모메터는 산업용 감속기, 변속기, 그리고 발전기 등의 성능시험을 위하여 사용된다. 다이나모메터의 구성은 전기모터와 저속의 출력용 기어박스로 이루어지고 시험에 요구되는 속도와 토크를 시험 대상의 증속기에 전달하며 시험 증속기는 다시 발전기에 연결되어 발전된 전력을 전력망으로 보내는 에너지 회생이 이루어진다. 다이나모메터는 토크 부하의 재현성과 제어 기능이 우수하고, 초기 투자가 높고 구성이 단순하지만 시험의 정확도 등이 우수하여 증속기의 개발과 성능 향성 등의 목적으로 연구개발에 사용하기 위하여 대개 NREL과 같은 연구기관에서 보유하고 있다.

Back-to-back 시험 구성은 동일한 기어비를 가진 두 개의 증속기가 중간축과 다른 기어박스들(감속기와 slave gearbox)들로 이루어진다. 증속기를 생산하는 제조사에서도 증속기의 개발과 함께 신뢰성을 갖기 위하여 공장 검증 과정을 필수적으로 거치게 된다. 따라서 제조사에서는 실제 증속기를 back-to-back형의 시험 설비로 시험을 거친다. Fig. 9.18에서는 연구기관과 제조사 내부에 설치된 증속기 시험 설비를 보여주고 있다.

---

6 HALT: 제품의 약점을 찾기 위하여 응력을 가해서 파손 한계를 결정하여 내구성이 높은 제품을 개발하기 위한 시험방법

7 Dynamometer: 회전 장비의 속도, 토크, 그리고 출력을 측정하는 장비를 말한다.

Fig. 9.18 한국기계연구원의 증속기용 back-to-back 시험 설비[18]와 ZFG사의 시험 설비[19]

 ## 9.5 요 시스템(yaw system)

요 시스템은 풍력터빈의 로터와 나셀을 바람이 불어오는 방향으로 향하게 하여 풍력터빈의 효율이 가능한 최대로 되도록 하고, 정격풍속 이상에서는 출력을 제어하여 풍력터빈의 전체에 작용하는 피로하중을 감소시키는 역할을 한다. 로터 블레이드의 회전면이 바람에 수직하게 향하지 않을 경우에는 주축과의 오차가 발생하는데 바람에 포함된 에너지의 일부가 회전면을 통과하여 출력이 낮아짐을 의미한다.

또 다른 요 제어(yaw control)의 목적은 바람의 방향에 따라 로터의 방향을 요의 각도(azimuth angle)의 변경을 통하여 제어하는 것으로 기계 부품의 수명을 감소시키는 반복적인 작은 움직임을 피하고 동력 손실을 가능한 작게 하는 것이다.

다시 말해서 역설적으로 기계적 요소들의 수명을 줄이는 연속적인 작은 요 작동을 막기 위하여 풍향에 너무 민감하게 반응해서는 안 된다. 오정렬(misalignment)에서 비롯되는 요 오차(yaw error)에 의하여 피로하중을 받게 되어 풍력터빈의 수명에 영향을 준다. 요 시스템은 풍속이 종단속도를 초과할 경우에는 나셀을 풍향과 어긋나게 회전하여 극한 하중을 받는 것을 예방하는데 전체 시스템의 제어와 협동할 수도 있다.

이처럼 요 작동의 제어는 상반된 두 목표를 가지는 것이 특징이다. 따라서 운전 중에 발생할 수 있는 모든 하중 조건에 대하여 풍력터빈의 나셀을 바람의 방향과 일치시키거나 필요에 따른 작동을 가능케 하는 요 제어기술은 중요한 부분이다.

요 에러와 관련하여 전력 생산의 감소는 적기 때문에 정격풍속 이상에서 빠른 출력 제어용 요 시스템을 위해서는 고속의 요 회전 속도가 필요하다.[20] 요의 회전 속도는 일반적으로 0.5°/s이며 빠르면 10°/s이다. 특히 요 토크는 나셀과 로터의 큰 관성 모멘트 때문에 높은 요 모멘트를 극복해야 한다.

요 시스템은 부품 측면에서 요 베어링, 요 드라이브, 그리고 요 브레이크 등으로 구성된다. 요 베어링은 단조품으로 제조되며, 요 드라이브는 감속기와 모터로 구성된 동력시스템이다. 요 브레이크는 나셀을 고정하기 위하여 사용되며 대개 유압 캘리퍼와 디스크로 구성된다. 또한 나셀이 일정한 방향으로 장시간 회전하게 되면서 발생할 수 있는 송전 케이블의 꼬임을 방지할 수 있는 케이블 꼬임 계수기 등으로 구성된다.

9.5.1 요 베어링(yaw Bearings)

요 베어링은 고정된 타워와 회전하는 나셀을 연결하고 지지하는 역할을 한다. 따라서 로터를 통해 나셀에 작용하는 바람의 힘을 타워로 전달하는 주요 경로가 된다. 타워에 설치되는 요 베어링은 베어링의 내륜(inner ring) 또는 외륜(outer ring), Fig. 9.19에서 보는 것과 같이 내치형 베어링과 외치형 베어링으로 구분할 수 있다. 외치형을 타워에 장착하면 요 드라이브는 베어링 내부에 위치하게 되므로 드라이브의 안정성이 높은 장점이 있다. 그러나 고려해야 할 사항은 요 드라이브와 브레이크를 타워 안의 공간에 배치하기가 어렵다는 점이다. 대부분의 내치형 베어링과 외치형 베어링 사이에는 큰 차이점이 존재하지 않으며 다만 공간적 차이가 있고, 내치형이 해상풍력발전에서 안정성이 조금 더 높다는 이점이 있다. 요 시스템에 사용되는 베어링은 다음 단원에서 좀 더 설명할 예정이다.

Fig. 9.19 내치형과 외치형 요 베어링

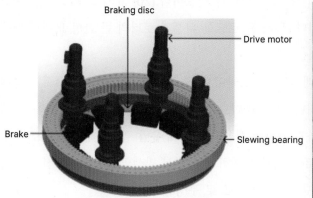

풍력발전시스템의 설계 수명은 20년이며, GL 규정에서는 요 시스템의 운전 시간을 시스템 설계 수명의 10%로 정의하고 있다. 또한 바람 방향의 변동으로 인한 요 베어링과 요 드라이브 피니언 사이의 채터링(chattering)을 방지하기 위하여 브레이크 캘리퍼 중 일부를 이용하여 상시 마찰력을 제공할 경우, 요 베어링에 작용하는 요잉 모멘트를 고려하여 선정되어야 한다.

9.5.2 요 드라이브(yaw drives)

요 드라이브(yaw drives)는 요잉을 수행하기 위한 동력 시스템을 총칭한다. Fig. 9.20과 같은 형상을 가진 요 드라이브는 낮은 속도를 얻기 위한 모터와 감속기로 이루어져 있다. 소형급(660kW 이하)에서 유압 모터를 사용하기도 하였으나 현대의 대형 풍력터빈용 요 드라이브용 모터는 전기 모터를 사용하여 나셀의 위치를 제어한다.

감속기는 1000 : 1 이상 높은 감속비를 얻기 위하여 다단(4~5단) 유성 기어를 사용한다. 다단 유성 기어는 입력 토크를 분산하여 전달하므로 소형이며 경량의 설계가 가능하고 각 기어 요소가 소형으로 설계되어 피치선 속도가 작아져 소음과 효율에 유리하다.

요잉의 속도가 너무 빠를 경우 로터에 의해 발생하는 자이로 효과(gyro effect)가 풍력터빈에 악영향을 준다.

Fig. 9.20 현대식 풍력터빈용 전기식 요 드라이브의 모습[21]

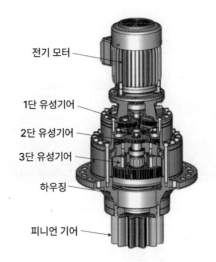

전기 모터

1단 유성기어

2단 유성기어

3단 유성기어

하우징

피니언 기어

요 드라이브(Fig. 9.20)의 경우 GL 2003 규정(Germanischer Lloyd rules and guidelines for certification of wind turbine)에 따라 설계 하중을 도출하고, 그에 적합한 용량의 전기 모터를 선정한다. 그러나 요 드라이브의 경우, 모든 설계 하중에 대해 이겨낼 수 있는 수준의 설계 용량을 선정하는 것이 아니다. 최대 용량을 결정하는 순간적인 피크의 경우에는 전체 운전 시간 중에 발생하는 비율이 극히 일부일 뿐만 아니라, 피크 하중으로 인한 순간적인 하중 이나, 슬립이 발생하더라도, 요 시스템이 파손되거나 전체 시스템의 운전에 큰 영향을 주지 못한다. 따라서 최적 설계의 관점에서 필요 이상의 용량의 대형화는 경제성과 관련된다.

9.5.3 요 브레이크(yaw brakes)

나셀을 고정하기 위해 사용하는 요 브레이크(yaw brakes)는 일반적으로 Fig. 9.21과 Fig. 9.22와 같이 각각 브레이크와 유압 캘리퍼를 이용한다. 요 브레이크는 최대 요 모멘트를 견딜 수 있도록 안전율(s=1.15)을 적용하여 설계한다. 또한 먼지나 부식, 기름 등의 이물질에 대한 적절한 대비책도 마련하여야 한다. 요 브레이크의 경우 모든 하중 조건에 대해서 나셀을 고정시킬 수 있도록 브레이크 용량을 선정하여야 한다.

| Fig. 9.21 | 요 브레이크 시스템의 플랜지 디스크 | Fig. 9.22 | 요 브레이크용 대용량 유압 캘리퍼 |

9.5.4 케이블 꼬임 계수기(cable twist counter)

풍력터빈의 발전기에서 생산된 전류는 전선을 통하여 나셀에서 타워 하부를 거쳐 계통 망으로 송전된다. 풍력터빈이 긴 시간 동안 일정한 방향으로 계속해서 요 작동을 한다면 전선은 점점 꼬이게 될 것이다. 이를 방지하기 위해서 풍력터빈에는 제어기에 꼬인 전선을 풀 시기를 알려줄 케이블 꼬임 계수기(cable twist counter)가 장착되어 있다.

가끔 풍력터빈의 상부가 꼬인 전선을 풀기 위하여 마치 고장 난 것처럼 같은 방향으로 5~6번 회전하는 것을 볼 수 있다.[22]

 ## 9.6 피치 시스템(pitch system)

피치 시스템은 블레이드의 각도를 조정함으로써 풍속에 맞는 적정한 출력을 항상 유지 할 수 있도록 하는 시스템이다. 풍력터빈을 총괄하는 제어 장치는 초당 수회 전력 출력을 측정하여 발전기의 적정 출력이 초과하거나 감소하면, 출력 제어를 위해 즉시 블레이드 제 어 장치로 신호를 보내 피치각을 조정한다.

블레이드(blade)의 피치 조절을 통해 시동풍속(cut-in speed) 이상이 되면 로터의 기동 토크를 충분히 얻기 위한 기동 운전 기능을 수행한다. 정격풍속 이상에서 정격출력을 일정하게 유지하기 위한 정격운전 기능, 강풍속(cut-out speed 이상)일 때의 정지 또는 저풍속(cut-in speed 이하)에서의 정지와 같은 기능도 수행하게 된다.

피치 시스템을 사용하는 풍력터빈의 설계는 출력 변화에 따른 신속하고 정확한 블레이드 피치 제어를 구현하기 위해 공기역학적인 블레이드 설계가 이루어져야 하며, 실속(stall) 제어형 풍력터빈에 비해 설계가 어렵고 전기식 또는 유압식 구동부와 제어 장치의 설치 비용이 추가되는 단점이 있다. 하지만 출력 변동에 따른 장치 부하를 감소시킬 수 있고 항상 일정한 출력을 유지할 수 있기 때문에 전력 생산량을 크게 증가시킬 수 있다.[1]

피치 시스템은 구동 방식에 따라 능동 피치 시스템(active pitch system)과 수동 피치 시스템(passive pitch system)으로 구분되며, 능동 피치 시스템은 사용되는 엑츄에이터(구동기, actuator)의 종류에 따라 전기식(electrical)과 유압식(hydraulic)으로 구분된다. 유압식은 대형 풍력터빈에서는 더 이상 사용되지는 않는다.

전기식 피치 시스템은 피치 베어링(pitch bearing), 피치 드라이브(pitch drive), 피치 제어 장치(pitch drive cabinet), 비상 전원 공급 장치(emergency power supply) 등으로 구성된다.

Fig. 9.23은 피치 드라이브를 사용하여 블레이드 피치를 조정하는 시스템을 갖춘 풍력터빈의 예시이다. 3개의 블레이드는 로터에 설치되어 있는 각각의 피치 드라이브에 의해 개별적으로 조정되며 이 시스템을 특히 독립 피치제어(IPC, Individual Pitch Control)이라 한다. 이에 대응하는 개념으로 집단 피치제어(CPC, Collective Pitch Control)시스템이 있는데 이 방식은 유압 실린더를 이용하여 3조의 블레이드의 피치각을 동시에 조절한다. 이 시스템은 500~700kW급 풍력터빈에 활용되었고 대형 풍력터빈에서는 더 이상 사용하지 않는다.

현대의 풍력터빈은 Fig. 9.23과 같이 여러 가지 기상 악조건과 한랭지에서의 사용할 목적으로 로터 허브 내부에 피치 블레이드 조절을 위한 구동 시스템을 갖추고 있다. 또한 허브 내부에는 장비의 고장이나 긴급 상황에 대비하기 위한 비상 전원 장치(emergency power supply)가 포함되어 있기 때문에 접근이 어려운 상황에서도 풍력터빈의 성능을 장기간 유지할 수 있다.

Fig. 9.23 Pitch control system (a) variable pitch drive system in wind turbine hub (b) blade action under pitch control[23]

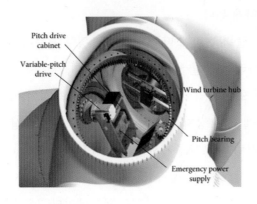
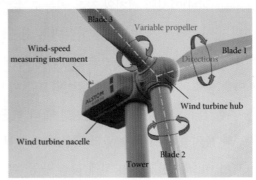

9.6.1 재래식 피치 시스템(conventional pitch systems)

피치 시스템은 풍력터빈 전체의 제어와 밀접한 관계가 있다. 블레이드의 회전을 제어해야 하기 때문에 풍력터빈으로 발전을 시작할 때부터 중요한 기술이었다.

수동 피치 시스템(passive pitch systems)에 해당하는 기술들을 간단히 알아본다.

로터(rotor)의 가변 속도(variable speed)에 따라 블레이드의 피치각을 조정하는 시스템으로 별도의 구동 장치가 필요하지 않고 비교적 간단한 장치로 구현이 가능하다.

구체적인 예시로 네덜란드 Lagerwey사의 풍력터빈은 2개의 블레이드로 되어 있는데, 블레이드는 각각 플래핑 힌지(flapping hinges)에 의해 로터 허브에 연결된다. 풍속이 증가하면 용수철이 달려있는 기계장치에 의해 로터 속도가 증가하는 만큼 수동적으로 조정된다.

다른 종류로는 Fig. 9.24에서 보는 블레이드의 팁 피치(tip pitch) 시스템인데 블레이드의 끝부분으로 피치각이 조정되는 풍력터빈이다. 이 경우에는 피치각 조정을 위해서는 블레이드 내부에 구동 장치가 설치되어야 하므로 소형화가 요구되며, 엑츄에이터가 블레이드 끝단에 설치되기 때문에 블레이드의 하중을 이동시켜 로터 회전에 대한 역효과를 가져올 가능성이 있다. 유압 엑츄에이터를 사용하는 시스템의 경우 유압 공급 장치로부터 유압을 전달할 때 엑츄에이터까지의 전달 과정에서 손실이 발생될 우려가 있기 때문에 피치각의 정밀도와 정확도는 다소 떨어진다.

이 범위에 속하는 것으로 수동 실속 제어(passive stall control) 블레이드도 여기에서 생각해 볼 수 있다. 블레이드를 설계할 때 일정한 피치각에서 실속 현상이 발생하도록 익형을 배치하는 방법이다.

Fig. 9.24 **Partial Blade Pitch System, HWP-1000[HOWDEN사]** ──────────

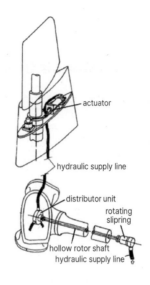

actuator

hydraulic supply line

distributor unit
rotating slipring

hollow rotor shaft
hydraulic supply line

9.6.2 능동 피치 시스템

블레이드의 피치각에 따라서 공력성능이 크게 변화되는 것을 이미 설명하였다. 따라서 대형 풍력터빈에서는 제어 장치가 피치각을 제어해 주는 능동적 피치 제어시스템이 필수적이 되었다.

이 개념은 정격풍속 이하에서는 최대의 출력을 얻을 수 있도록 피치각을 조절하고 정격풍속 이상에서는 피치각 조절을 통하여 정격출력 이상으로 발전이 되지 않도록 공기역학적 제동 방식으로 양력을 저하시키고 항력을 증가시키는 것이다. 종단 풍속에 다다르면 공기역학적 제동 방식이 작동되므로 기계적 충격이 없이 부드럽게 정지가 될 수 있다.

정격출력 이상에서의 공기역학적 조절 방식에서 능동 실속 제어시스템(active stall control system)은 블레이드의 경사각을 증가시킴으로써 더 심한 실속을 발생시켜, 초과하는 바람의 에너지를 소비하게 한다. 이 형식은 피치 제어 시스템이 본격적으로 도입되기 전에 활용되었고 최근의 대형 풍력터빈에서는 더 이상 적용되지 않는다.

현대의 전기식 피치 제어 시스템(pitch control system)은 블레이드의 경사각을 감소시켜 바람의 에너지를 흘려버림으로써 로터의 회전 속도를 조절한다.

Fig. 9.25는 덴마크의 엔지니어인 M. B. Pedersen과 P. Nielsen이 실험용으로 제작한 Nibe-A와 Nive-B 터빈을 통해 능동 피치 제어와 능동 실속 제어를 시험한 결과이다. 풍속이 빨라짐에 따라 능동 피치 제어의 출력 전력이 더 안정됨을 알 수 있다.[4]

Fig. 9.25 피치 제어 시스템과 능동 실속제어 시스템 간의 제어 특성 비교[24]

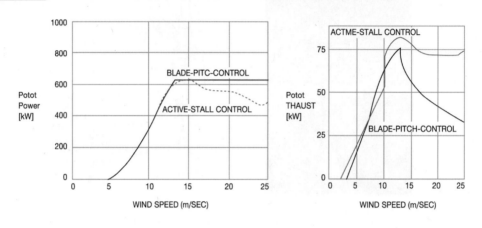

9.6.3 전기식 피치시스템의 이점

전기식 피치 시스템은 유압식 피치 시스템에 비해 시스템 구성이 간단하고 진동과 난류에 대한 영향이 작기 때문에 높은 신뢰성을 가지고 있다. 뿐만 아니라 유압 시스템은 엑츄에이터까지 동력 전달을 위해 별도의 유압 관로를 사용하기 때문에 이 과정에서 손실이 발생할 수 있으므로 정밀도와 정확도가 전기식 피치 시스템에 비해 낮다. 그리고 전기식 피치 시스템에 사용되는 모터는 유압 장치에 비해 수명이 매우 길 뿐만 아니라 유압유 등과 같은 오염물이 배출되지 않기 때문에 유지보수에 유리하다. 또한 소형화가 가능하여 발전 설비의 부피를 줄일 수 있다.

9.6.4 전기식 피치 시스템의 구성

Fig. 9.25와 같이 피치 제어 시스템이 대형 풍력터빈에서는 대체적인 경향임을 충분히

알 수 있다. 전기식 피치 시스템은 로터와 블레이드를 연결해 주는 베어링(bearing), 블레이드 회전을 위한 피치 드라이브(Fig. 9.20의 요 드라이브의 구조와 유사), 그리고 Fig. 9.23에서 나타난 긴급 상황에 대비하기 위한 보조 전원 장치 등이 주요 구성품이다. 블레이드 피치 조정을 위해서 PWM(Pulse Width Modulation)을 이용한 제어기를 사용하거나 PLC를 이용하여 제어하는데, 제어 입력 신호는 블레이드의 공기역학적인 성능을 고려하여 최적의 정격 출력을 유지할 수 있도록 한다. Fig. 9.26은 블레이드의 기본적인 구성을 나타내는 것으로 전기식 피치 시스템의 경우, 입/출력 신호 및 전원 공급, 긴급 정지 신호 등은 슬립링(slip-ring)을 통해 모터에 전달된다.

Fig. 9.26 Basic layout of one single blade(Ingeteam사 자료)

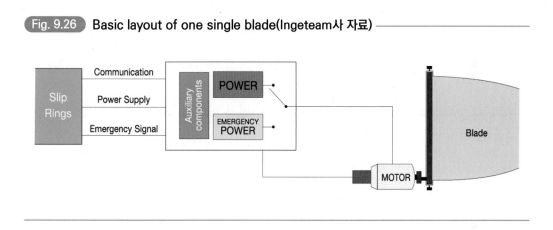

9.6.5 피치 시스템의 제어 방식

Fig. 9.27은 대표적인 피치 시스템의 제어 방식을 나타낸다. 정지 상태에서 풍속이 증가하여 시동풍속에 이르면 블레이드가 회전하기 시작하여 정격회전수(발전 시작 회전수)에 이르기까지 속도 제어를 수행한다. 정격회전수에 이르면 발전을 시작하고 이때부터는 출력 제어 단계로 들어간다. 정격출력 상태에서는 바람의 요동에 따라 급격한 출력 변화로 발생하는 과부하로부터 시스템을 보호하기 위해 일정 출력을 유지하도록 피치를 제어한다. 풍속이 더욱 증가하여 정격출력 상태를 넘어가면 발전을 중단하고 다시 회전 속도의 제어 단계로 들어가서 정격회전수가 유지되도록 제어하거나 계속해서 풍속이 증가하면 시스템을 정지시킨다.

Fig. 9.27 풍력터빈의 Control strategy 예시(HWP-1000, HOWDEN사 자료)

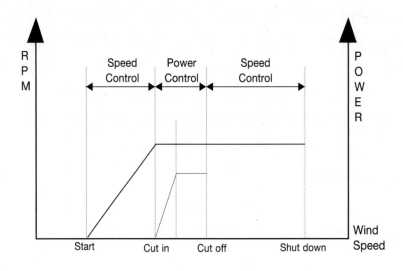

피치 시스템의 알고리즘을 보면 다음과 같다. 정격 이하의 풍속에서는 최대의 출력을 얻어낼 수 있고, 정격 이상의 풍속에서는 풍력발전기의 정격출력을 유지하도록 하기 위하여 Fig. 9.27에서 보는 바와 같이 입력 풍속에 의하여 최적 TSR(Tip Speed Ratio)을 결정한 후, 일정 범위의 피치각 지령에 대한 출력값을 계산하여 출력값의 최고치를 결정한 후, 이때의 피치각을 피치각 지령으로 결정한다.

9.6.6 피치 베어링(pitch bearings)

로터 블레이드 베어링은 로터와 블레이드를 연결시켜 주며, 블레이드를 종축 방향으로 회전 가능하도록 하는 역할을 한다. 베어링은 회전이 작을 때 높은 정적 하중에 노출된다. 뿐만 아니라 마찰, 부식 등은 베어링 설계 과정에서 고려되어야 한다.

각접촉 롤러 베어링(angular-contact roller bearings)은 원통형 롤러 베어링의 일종으로 장치 내에서 서로 수직으로 배치되어 있다. 비교적 복잡하고 고가(expensive)이기 때문에 구형 풍력발전기에 주로 사용되어왔으나 현재에는 거의 사용되지 않고 있다.

단열 4점 볼 베어링(single-row four-point ball-bearing)은 4점 접점식 볼 베어링으로 현재 대부분의 풍력발전기에 사용되고 있다. 베어링에 걸리는 부하에 대한 변형이 작고 집중

하중 분포에 유리한 장점을 가지고 있다. 대형 풍력발전기의 경우에는 복열 4점 볼 베어링(two-row four-point ball bearing)을 사용한다.

 ## 9.7 커플링과 고속축 브레이크

기계적인 커플링은 항상 오정렬(misalignment)이 있는 축의 상호 간을 연결하여 회전 동력을 다른 쪽으로 전달하는 역할을 한다.

유연 커플링이 증속기의 고속 출력축에 연결되어 발전기에 동력을 전달한다. 특히 증속기와 발전기가 프레임에 고정되어 있기 때문에 높은 진동 환경 때문에 오정렬의 가능성이 매우 높다.

고속축이 반경 방향, 각방향, 그리고 축방향으로 마모나 유지보수가 없도록 커플링은 오정렬을 보상하는 역할을 해야 한다. 커플링은 절연 기능도 있어야 하고 가능한 가벼운 것이 좋다.

풍력터빈에서 커플링은 증속기의 고속축과 발전기 사이에 위치하여 기계적 동력, 토크를 전달하는 축이음 부품이다. 커플링은 두 개의 부분품으로 이루어져 있고 각 부분품은 증속기와 발전기의 중심축에 연결되어 있다. 강성(rigid) 커플링과 유연(flexible) 커플링으로 나누어진다.

강성 커플링은 기어 커플링과 강철 커플링이 있는데, 대형 기계에 주로 사용되어 왔다. 기어 커플링은 외부 기어 치차로 된 두 개의 허브로 구성되어 양쪽의 축 끝에 장착되어 연결시킨다. 토크는 커플링 치차를 통하여 전달되고 치차는 크라운 형태로 되어서 각도 변위가 가능하도록 되어있다. 반경 방향으로의 변위는 두 치차 사이의 거리를 통하여 흡수된다. 플랜지 슬리브의 내부 치차는 외부 치차보다 매우 넓어 축방향으로의 오정렬을 흡수해 준다. 다른 형태의 강성 커플링은 강철로 된 것으로 토크가 디스크를 통하여 전달된다. 두 디스크 세트가 스페이서(spacer)로 연결되어 축(axial), 반경(radial), 각도(angular) 방향으로 축의 오정렬을 보상해 준다.

유연 커플링(flexible coupling)은 각 축에 고정되는 허브를 유연한 재료로 연결하는데 고무(NBR, HNBR, NR)[8] 등과 같이 부드러운 재료로 치차를 감싸서 충격이 최소화되게 한다. 다시 말하면, 유연 커플링은 유연한 부품(flexible unit)이며 내부에 고무가 들어있으며, 보통 수 밀리미터의 움직임만 허용하게 되어있다.

따라서 다른 두 부품인 증속기와 발전기를 연결하여 정렬할 때, 미세한 오차를 허용한다. 두 부품이 서로 간의 관계에서 약간 움직이는 경향이 있을 때, 이것이 조립할 때나 작동 중에도 중요한 사항이 된다.

풍력터빈에서 증속기와 발전기 사이는 유연 커플링으로 연결되는데 축 방향과 반경 방향으로의 오정렬을 감당해 준다. 특히 증속기 쪽에서 발생하는 진동 하중(oscillating load)을 흡수하여 기계에 손상을 주는 것을 막아주고 발전기 측면에서는 발전된 전기의 질을 향상시킨다. 최근의 커플링은 증속기의 축에는 대개 디스크형 기계 브레이크가 연결되어 있고 커플링 스페이서(spacer)는 절연이 필요해서 유리섬유 복합재 튜브를 사용하여 강도(strength)와 유연성, 경량화 등의 장점을 활용하고 있다.

 ## 9.8 풍력터빈용 베어링

베어링은 회전축에 부가되는 하중을 지지하고, 회전 부품의 위치를 유지시키면서, 접촉점, 선, 그리고 면의 마찰을 감소시켜서 축이 유연하게 회전하도록 돕는 부품이다. 풍력터빈에 사용되는 베어링은 Fig. 9.28에 나타낸 것과 같이 피치 베어링(pitch bearing), 주축 베어링(main shaft bearing), 증속기 베어링(gearbox bearing), 요 베어링(yaw bearing), 그리고 발전기 베어링(generator bearing) 등으로 크게 구분한다. 이렇게 베어링은 회전체의 축에는 필수적으로 사용되고, 풍력터빈의 경우에는 수 rpm의 저속에서 1,800rpm의 고속까지 회전 속도를 감당하고 있다. 아울러 풍력용 베어링은 끊임없이 변화하는 풍하중에 의한 폭넓은 하중 영역에서 작동되는 고강도와 피로하중에 대한 내구성을 요구하는 중요한 부품이다.

---

8   NBR(Nitrile Butadiene Rubber), HNBR(Hydrogenated Nitrile Butadiene Rubber), NR(Nitrile Rubber)

풍력터빈용 주요 베어링의 위치 (a) 간접구동형[25], (b) 직접구동형[26]

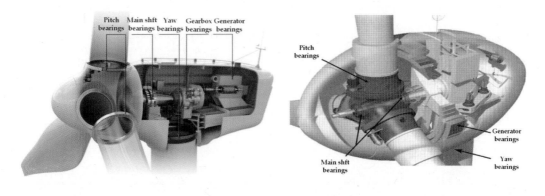

따라서 부품별로 사용되는 베어링의 종류도 감당해야 하는 하중의 종류와 크기에 따라서 각각 다르다.

9.8.1 볼 베어링(ball bearings)

볼 베어링(ball bearing)은 구형의 볼로 되어 있어 접촉 부분이 점(point)으로 저하중과 고속축에 사용되고, 볼 베어링은 보통 반경 방향 하중(radial loads)과 부분적으로 축 방향 하중(axial loads)을 취급할 수 있다.

깊은 홈 볼 베어링의 구조와 종류

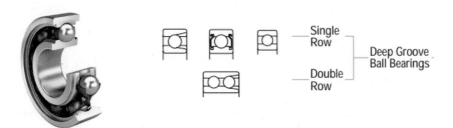

산업용 베어링에는 수많은 종류가 있지만 풍력터빈용으로 적용하는 대형 볼 베어링에는 깊은 홈 볼 베어링(DGBB, Deep Groove Ball Bearings), 그리고 4점 접촉 볼 베어링(four-point contact ball bearings), 그리고 각 접촉 볼 베어링(angular contact ball bearings) 등이 있다.

깊은 홈 볼 베어링(deep groove ball bearings)은 반경 방향으로의 하중 부하 능력에 따라서 단열 깊은 홈 볼 베어링(single-row deep groove ball bearings)과 복열 깊은 홈 볼 베어링(double-row deep groove ball bearings)이 선택되며 Fig. 9.29처럼 예시를 볼 수 있다. 이 베어링은 중간 이상의 반경 방향 하중과 축 하중이 한쪽 혹은 양쪽으로 걸릴 때 적절한 선택으로 주로 발전기(generators)에 사용된다.

4점 접촉 볼 베어링(four-point contact ball bearings, 혹은 X-type ball bearing)은 Fig. 9.30과 같은 구조로 되어있다.

Fig. 9.30 **4점-접촉 볼 베어링과 회전 베어링[27]**[9]

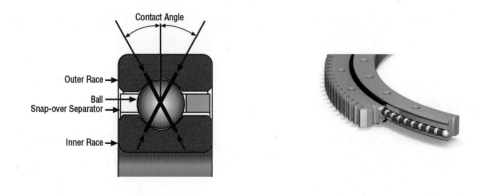

아래와 위의 홈이 두 개의 중심점을 가지고 있고 각각의 반경이 볼의 반경보다 약간 커서 4곳의 접촉점(contact points)을 갖는다. 따라서 반경 방향 하중(radial loads), 축 방향 하중(thrust loads), 그리고 모멘트 하중(moment loads)을 수용할 수 있어 각각의 축 방향 하중이나 제한된 반경 방향 하중, 혹은 결합된 하중이 나타나는 기계의 설계에 활용하기 쉽다.

이 베어링은 중저속용이나 진동이 많은 곳에 응용된다. 장점은 공간의 절약, 설치의 용이, 무게의 절약, 그리고 고강성과 정밀도 등이 우수하다는 점이다. 4점 접촉 볼 베어링은 소형 증속기, 회전 베어링(slew ring bearing)이 필요한 피치 베어링과 요 베어링에 많이 활용된다.

---

9 Snap-over Separator(분리편): 내부와 외부 레이스 사이의 틈(gap)에 옆에서 끼워 넣는 일종의 리테이너 (retainer)로 금속 소재나 나일론, 테프론 등이 사용됨.

각 접촉 볼 베어링(angular contact ball bearings)은 베어링 축 방향으로 서로 어긋나 있는 내부와 외부 링 궤도(ring raceway) 구성으로 되어 있다. 이 베어링은 반경 방향과 축 방향 하중의 결합 하중을 견딜 수 있도록 설계되어 있다.

이 베어링의 축 하중이 감당할 수 있는 능력은 Fig. 9.31의 접촉각(α)이 증가할수록 커진다. 접촉각은 강구의 접촉점과 반경 면의 궤도(raceway)와 만나는 선 사이의 각도이다. 반경 면을 따라서 합력이 궤도와 궤도 사이로 전달되며, 베어링 축에 직각인 선으로 전달된다. 각 접촉 볼 베어링은 단일 방향인 축 방향 하중에 응용되고 반경 방향이나 반경-축 방향이 결합된 하중에도 사용될 수 있다. 하지만 모멘트 하중 전용으로는 사용하기에 적합하지는 않다.[28]

<figure>
Fig. 9.31 Angula contact bearing(단열과 복열)의 접촉각과 하중 전달 방향, 각 접촉 볼베어링의 예시[출처-SKF]

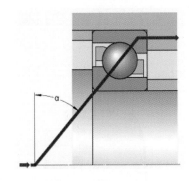

</figure>

9.8.2 롤러 베어링

롤러 베어링(roller bearing)은 원통형으로 되어 선 접촉(line contact)이 발생하여 고하중과 충격 하중에 대한 기능이 우수하다. 롤러(구름) 베어링은 형태에 따라서 여러 종류가 있어, 원통형(cylindrical type), 구형(spherical type), 테이퍼형(tapered type), 그리고 니들형(needle type) 등이 있다.

Fig. 9.32 **1열, 2열, 4열 배열의 원통형 롤러 베어링(cylindrical roller bearings)** ────

원통형 롤러 베어링(CRB, Cylindrical Roller Bearings)은 Fig. 9.32에서 보이는 것처럼 내부 궤도와 접촉 면적이 넓어서 넓은 면적으로 하중 분포가 가능하므로 고속이면서 높은 반경 방향의 하중 취급에 좋고 제한된 추력을 받아들인다. 복열 롤러 베어링과 4열 롤러 베어링은 반경 방향으로 강성이 더 높아지므로 강도, 하중 용량, 그리고 정확도가 더 높아진다.[29]

Fig. 9.33 **테이퍼 롤러 베어링의 예시(single, double, four roller bearings)** ────

테이퍼 롤러 베어링(TRB, Tapered Roller Bearing)은 Fig. 9.33처럼 테이퍼형 롤러를 가지고 있어 축의 양방향으로 축력(thrust loads)를 받아서 기울어짐 운동을 제어하기 때문에 높은 반경 방향과 축 방향 하중을 견딘다.

Fig. 9.34 니들 롤러 베어링(needle roller bearing)의 예시

(a) single type   (b) drawn cup type   (c) alignment type

니들 베어링(needle bearing)은 Fig. 9.34의 형상이며 원통형 롤러 베어링의 변형된 것으로 높은 반경 방향의 하중을 견딜 수 있다.

Fig. 9.35   구형 롤러 베어링(spherical roller bearing)과 주축 응용[30]

구형 롤러 베어링(SRB, Spherical Roller Bearing)은 높은 반경 방향 하중과 중저속에 적절하여 오정렬의 보상이나 큰 추력에 적절하여 주축과 증속기에 적용된다(Fig 9.35).

지금까지 나열된 각종 베어링의 구성과 명칭을 Fig. 9.36에 나타나 있어 참고하면 좋을 듯 하다.[29]

Fig. 9.36 **각종 베어링의 부분별 명칭[30]**

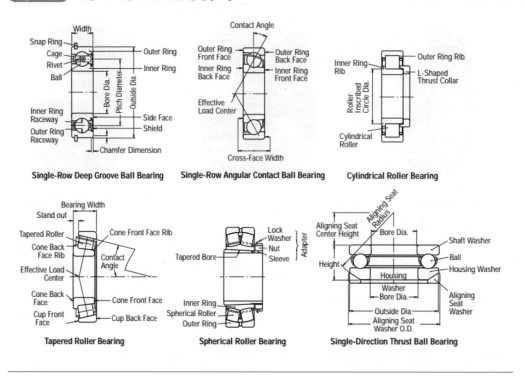

9.9 핵심 부품별 베어링의 응용

간접구동형 풍력터빈에서 주요하게 대형 베어링이 사용되는 부품을 Fig. 9.37에 나타내었고 주요 위치별 하중 상태를 고려하여 적용되는 베어링의 종류에 대하여 알아본다.

Fig. 9.37 간접구동 풍력터빈 주요 베어링의 위치[31]

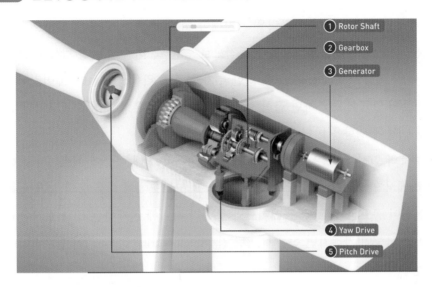

① Rotor Shaft
② Gearbox
③ Generator
④ Yaw Drive
⑤ Pitch Drive

풍력터빈 제조사가 가지고 있는 드라이브 트레인 개념과 설계 능력, 부품 공급 사슬에 따라 명확한 구분은 어렵지만 개략적으로 각 부품별로 적용되는 베어링을 Table 9.3과 같 이 정리하였다.[32]

Table 9.3 간접구동 풍력터빈용 베어링의 종류[32]

	Spherical Roller Bearings	Cylindrical Roller Bearings - Single Row	Cylindrical Roller Bearings - Double Row	Tapered Roller Bearings - Single Row	Tapered Roller Bearings - Double Row / Duplex	Deep Groove Ball Bearings	Four-Point Bearings
Rotor Shaft	■	■		■	■		
Gearbox	■	■	■	■	■	■	■
Generator		■				■	
Pitch / Yaw Gearbox	■	■		■		■	

9.9.1 주축 베어링(main bearings)

주축 베어링은 반경 방향의 반력을 지지해야 하고 축 방향 하중은 후방으로만 작용한다. 로터는 주축 베어링에 정적으로나 동적으로 높은 축 하중과 반경 방향 하중을 유도한다. 또한 축의 오정렬(misalignment)에 의한 추가 하중의 위험성도 높다. 베어링이 마모함에 따라서 내부의 간극이 증가하면 굽힘 모멘트가 증속기의 유성 기어로 전달되어 유성 기어와 베어링 하중에 영향을 미친다.

대개 주축의 회전 속도는 저속이지만 최소 하중에서 최대 하중에 이르기까지 다양한 하중 조건 하에서 안정적인 구름 운동, 진동, 그리고 고토크에의 대응 등의 설계에 유리한 베어링의 선정이 중요하다. 로터 블레이드와 증속기 사이에 존재하는 주축에 사용되는 베어링에 이러한 하중이 가해지면 높은 베어링 강성(high bearing stiffness)이 필수적이다.

9.9.1.1 3점 지지 베어링

주축이 증속기의 토크 암과 단열 혹은 복열 베어링으로 지지되는 경우에 해당한다. 단열 구형 롤러 베어링(SRB/single)을 사용하면 장점은 나셀 전체가 짧고 중량이 감소되어 개발 비용이 줄어드는 것이지만, 단점은 시스템의 변형(system defection)과 오정렬(misalignment)이 쉽게 일어난다는 점이다. 복열 구형 롤러 베어링(SRB/double)를 사용할 경우에는 증속기로의 하중 전달 문제가 발생한다.

앞의 단원에서 본 일반적인 3점 드라이브 트레인[10]에서 사용되는 구형 롤러 베어링(SRB/double, Spherical Roller Bearing, Fig. 9.38(a), 2열 SRB)은 주축과 풍하중을 지지하기 위하여 사용된다. 주축의 다른 끝은 증속기의 입력축과 강 결합(rigid connection)으로 되어 증속기의 유연 결합(flexible trunnion system)과 함께 증속기의 입력축 베어링을 통하는 하중을 공유한다. 이때 로터에 의하여 발생하는 모든 풍하중과 토크는 증속기 구조와 체결 방법을 통하여 터빈의 프레임에 안전하게 전달되어야 한다.

9.9.1.2 4점 지지 베어링

주축이 증속기의 토크 암과 두 개의 주축 베어링으로 지지되는 경우이다. 이 주축 베어링은 주로 SRB이고 TRB나 CRB도 결합하여 사용된다. 3점 지지의 경우보다는 나셀이 길

---

10 three-point drive train

어지고 중량도 커지게 되지만 주축의 강성이 커지고 드라이브 트레인의 굽힘 변형이나 오정렬은 감소된다. 주축 베어링의 성능은 3점 지지의 경우보다 우수하지만, 뒤쪽에는 SRB가 사용되는 경우에는 여전히 문제가 있다고 보고되고 있다.

4점 지지 드라이브 트레인 구조는 Fig. 9.38(b)와 같이 두 세트로 주축 베어링을 지지한다. 이때 역시 주축은 증속기에 강 결합으로 되고 주축을 지지하는 베어링은 증속기와 베어링을 풍하중에서 분리시킨다. 굽힘과 오차만 증속기의 베어링에 추가적인 반력을 부가한다. 모듈형 드라이브 트레인에 사용된 원통 롤러 베어링(CRB/single, 전방 위치, Fig. 9.38(b))과 테이퍼 롤러 베어링(TRB/double, 후방 위치, Fig. 9.38(b)) 등은 이러한 하중을 고려하여 적절하게 적용한 경우이다.[33]

Fig. 9.38 드라이브 트레인에 적용되는 주축 베어링

(a) 3점 지지　　　　　　　　　　　　(b) 4점 지지

9.9.1.3 직접구동 풍력터빈 주축 베어링

제4장에서 직접 구동형 드라이브 트레인의 구성을 보았다. 로터와 발전기 사이에 존재하는 주축이 존재하는데 Fig. 9.39처럼 로터 블레이드와 허브가 주축에 외팔보 형상으로 조립되고 발전기의 로터도 함께 있기 때문에 반경 방향으로의 하중이 매우 크다. 아울러 발전기의 로터와 고정자 간의 간극의 정확도가 중요하므로 베어링의 선택도 매우 중요하다.

Fig. 9.39 Drivetrains of direct-drive wind turbine: (a) external and (b) internal rotor[34]

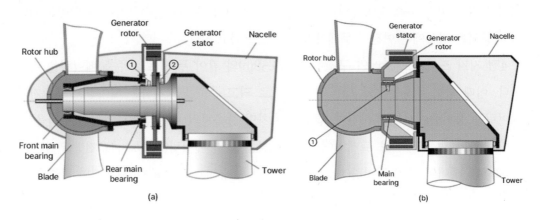

좀 더 구체적으로 보면 직접구동형 풍력터빈의 경우에는 Fig. 9.39(a)와 같이 주축이 긴 외팔보 형상으로 되어 내부의 축으로 작용하고 외부에 터빈의 블레이드와 로터 허브가 발전기 로터와 연결되어 회전하는 구조가 있다. 긴 외팔보에 2개의 주축 베어링을 조립하여 안정성을 유지한다. 전방의 베어링은 복열 테이퍼 롤러 베어링(DTRB, Double row Tapered Roller Bearings)으로 위치 정렬 베어링(location bearing) 역할을 수행한다. 이 베어링은 마모와 축의 오정렬의 최적화에 적절하며, 내부의 간극(clearance)과 접촉각(contact angle)을 최적으로 조절이 가능하다. 또한 고강성의 특성을 가지고 있어 베어링은 높은 하중 수용 능력을 지니고 있다.

후방에 위치한 원통형 롤러 베어링(CRB)은 반경 방향으로의 높은 하중 수용 능력을 가지고 있다. Fig. 9.39(b)는 발전기의 로터가 로터 블레이드 허브에 연결되어 발전기의 고정자의 내부에서 회전하는 구조이다. 주축은 짧은 외팔보형으로 1개의 복열 테이퍼 롤러 베어링(moment bearing이라고도 함)이 하중을 담당한다. 사전에 조정된 내부 간극으로 높은 작동 안전성과 짧은 조립 시간이 소요된다. 압축형 드라이브 트레인의 설계가 가능하여 공간을 절약할 수 있다.

Fig. 9.40 NSK design strategies enhance performance of offshore wind turbines[35]

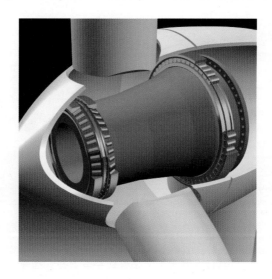

Fig. 9.40은 직접 구동 풍력터빈의 외륜형 주축에 활용되는 주축 베어링으로 전방에는 복열 테이퍼 롤러 베어링(DTRB, Double row Tapered Roller Bearing), Fig. 9.39(a)에서 보듯이 후방에는 원통 롤러 베어링(CRB, Cylindrical Roller Bearing)을 채용한 대표적인 설치 예시이다.

직접 구동형에서의 구체적인 응용의 예로는 Enercon사의 300kW급에서 수 MW급 터빈까지 적용된 것이다. Enercon사의 모델은 Fig. 9.39의 두 모델을 혼합한 형태이다. En－ercon사의 경우에 고정축(stationary shaft 혹은 main carrier)이라고 하는 주축(main shaft)을 가지고 있다. 로터 블레이드와 발전기가 이 축에 장착된다. 저용량 터빈의 경우에는 Fig. 9.40(a)와 유사한 구조를 지니고 있지만, 블레이드 로터에 연결된 발전기의 로터가 고정자의 안쪽에 위치하며 회전하는 형태이다. 고정축(stationary shaft 혹은 main carrier)에 설치된 베어링의 측면에서 분석해 보면, 초기의 용량이 작은 800kW까지는 TRB 한 쌍을 사용하였고 2MW급 이상에서는 DTRB와 CRB를 적용하였다. Fig. 9.41은 위에서 설명한 Fig. 9.39(b)의 스케치를 입체적으로 묘사한 것이다. 짧은 주축(main carrier)에 주축 베어링으로 1개의 단열 혹은 복열 테이퍼 롤러 베어링(single or double TRB)이 부착된 것이다. 실제 Enercon사의 초대형 터빈인 7MW급(Model E-126)에서는 고정축에 단열 TRB(single row Tapered Roller Bearing)를 채용하였다고 보고하고 있다.

Fig. 9.41 내부 회전 로터형 직접구동 풍력터빈[36]

발전기 고정자

발전기 로터와
영구자석

블레이드 허브   베어링(DTRB)   외팔보 주축 혹은 고정축(stationary arm)

이때 발전기는 주축이 자전거 살(spokes)과 같은 형태(즉, 42극의 쌍)로 외부 원주에 자석이 부착된 로터(generator rotor)와 연결되어 있고 고정자(stator)는 로터를 둘러싼 고정축(stationary arm)에 고정되어 있다. 발전기 로터는 블레이드 로터에 고정되어 천천히 회전한다.

9.9.2 증속기 베어링

저속과 고속이 공존하는 증속기에 적용되는 베어링은 입력축, 유성 기어 저속축, 중간축, 그리고 고속축 등에 사용된다. 증속기의 기어 배열은 기어 동력 전달 방식에 따라 매우 다양하다. 하지만 전반적으로 전방향에서 작용하는 하중을 지지하면서 탄성 변형과 오정렬을 고려하는 베어링의 선정이 필요하다. 아울러 변형과 내마모성이 우수하고 높은 정적 안정성이 필요한 베어링이 사용된다. 따라서 증속기에서는 TRB, SRB, DGBB 등의 다양한 베어링이 조합되어 사용된다.

이해를 돕기 위하여 앞의 단원에서 설명한 2단 유성기어-1단 헬리컬 기어 증속기에 사용되는 베어링 사용의 예시를 Fig. 9.42에 보여주고 있다. 자세히 보면 모두 22개의 베어링이 사용되고 있음을 알 수 있다.

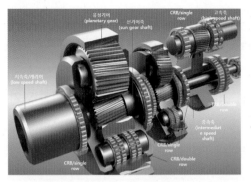

Fig. 9.42 대표적인 3단 증속기에 적용되는 베어링의 예시[37]

위치	베어링 형태	수량
1단 유성 기어	CRB/double	3조 x 2개 = 6개
2단 유성 기어	CRB/doube	3조 x 2개 = 6개
1단 planet carrier	CRB/single	1개
1단 선 기어축	CRB/single	1개
2단 산 기어축	CRB/single	2개
2단 중속축	CRB/single, TRB/double, DBG	1개, 1개, 1개
고속축	CRB/single, DBG	2개, 1개

1단 유성 캐리어용 베어링은 주축에 설치되어 저속/저하중을 감당하며 규모가 커서 CRB나 TBR가 적정하다. 1단과 2단 유성 기어는 높은 반경 방향의 하중을 받아서 CRB나 TRB가 사용된다.

중속축과 출력축(고속축)은 높은 반경 방향 하중과 중간 정도의 축하중 상태에 놓이게 되므로 TRB, CRB, 그리고 4점 접촉 볼 베어링 등이 후보이다.

9.9.3 발전기 베어링

발전기는 고속의 회전과 진동 하중을 받기 때문에 깊은 홈(deep groove) 볼 베어링(DGBB, Deep Groove Ball Bearing)과 원통 롤러 베어링(CRB, Cylindrical Roller Bearing)을 사용한다. 전류가 흐르게 되면 베어링에 손상이 생기고 수명이 단축된다. 이런 손상을 피하기 위해서 절연(electrically insulated)[11] 원통형 롤러 베어링이나 DGBB를 사용할 필요가 있다.[38]

---

11 ceramic spray coating법 적용

9.9.4 요 베어링과 피치 베어링

요 시스템은 나셀을 바람 방향으로 혹은 바람 방향에서 비켜나게 회전시킨다. 이때 요 시스템은 지지하는 베어링을 통하여 축 방향 하중, 반경 방향의 하중, 그리고 경사 모멘트 (tilting moment)를 전달해야 한다.

피치 시스템은 바람의 강도에 따라 블레이드의 경사각을 변경하여 최적의 출력을 얻기 위하여 로터 블레이드의 피치 제어에 필요하다. 요 시스템과 피치 시스템은 저속의 구동 후에 대개 정지 상태로 유지되지만, 블레이드가 받는 공력에 직접적인 하중을 받고 베어링 에도 전달된다.

Fig. 9.43 Pitch와 yaw system용 slewing bearing

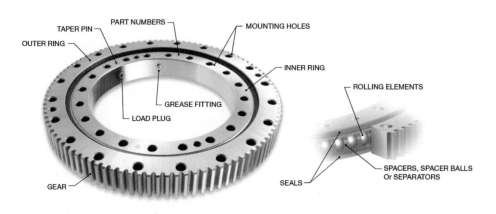

피치 베어링(pitch slewing ring bearing)의 경우에는 블레이드에 의한 굽힘 하중의 영향을 많이 받고 요 베어링(yaw slewing ring bearing)은 굽힘 하중뿐 아니라 나셀의 중량에 의한 축 하중도 무시할 수 없다. 이러한 하중의 크기와 종류를 고려하여 Fig. 9.43과 같이 깊은 홈 볼 베어링(DGBB, Deep Groove Ball Bearing), 원통 롤러 베어링(CRB), 구형 롤러 베어링 (SRB), 그리고 테이퍼 롤러 베어링(TRB) 등이 피치와 요 시스템에 사용된다.

위의 피치와 요 베어링(slewing bearing)을 구동시키는 감속 장치인 피치 드라이브(pitch drive)와 요 드라이브(yaw drive, azimuth drive)도 내부에 많은 기어와 베어링으로 구성되어 있다. Fig. 9.44는 피치와 요 베어링을 구동시키는 피치와 요 드라이브용 회전 기어(slewing gear 혹은 yaw/pitch gearbox)라고도 한다. 대개 피치와 요 베어링용으로 거의 같이 사용한다.

Fig. 9.44 피치와 요 드라이브 slewing gear(slew drive gearbox)의 내부

회전 기어(slewing gear)는 입력축(input shaft), 유성 기어(planetary gears), 그리고 출력축(output shaft) 등으로 구성되고 이 축과 기어의 부드러운 회전을 위하여 베어링이 필요하고 이 부품들은 고하중과 진동을 겪는다.

입력축은 비교적 고속 회전이 발생하므로 열의 발생을 줄여주고, 에너지 소모가 적고 가격이 낮은 깊은 홈 볼 베어링(DGBB, Deep Groove Ball Bearings)이나 각 접촉 볼 베어링(angular contact ball bearings)이 사용된다.

유성기어에는 원통 롤러 베어링(cylindrical roller bearings)이 사용된다. 이 베어링은 반경 방향의 하중을 수용하는 능력이 우수하고 높은 가속에도 적절하다. 출력축에는 반경 방향의 하중 저항이 높은 CRB나 SRB가 사용된다.

9.9.5 베어링의 파손 모드[39]

풍력터빈 베어링의 공통적인 문제는 피로, 마모, 결함, 찌그러짐(dents), 부식 손상 등이며 이러한 손상의 특성과 발생하는 원인은 다양하다.

높은 하중이나 오정렬 때문에 재료의 접촉 표면에 조각이 크게 발생하거나 미세한 크기로 작은 접촉은 압입(indentation)과 같은 소성 변형(plastic deformation)이 발생한다. 주요 원인은 하중을 받은 상태에서 윤활 필름이 형성되지 않는 거친 표면이 직접적으로 접촉하기 때문이다. 소성 변형과 관련된 파손 모드의 대표적인 모습이 Fig. 9.45에 보이고 있다.[40]

Fig. 9.45 Wind power bearing partial surface plastic deformation failure graphs, (a) Bearing rolling elements' indentation; (b) Bearing inner ring bump injury; (c) Bearing rolling body bruising; (d) Bearing rolling body scratches (Adapted with permission from Refs. [41–43]

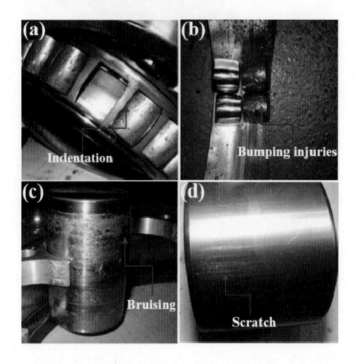

Fig. 9.45(b)의 bumping injury는 단단한 두 베어링들이 서로 충돌할 때 발생하는 pit-ting현상[12]이다. (c) bruising은 움직이는 부품 간의 하중 상태에서 미끄럼 마찰에서 오는 금속 이송(metal migration) 현상의 결과이다. (d) 긁힘 자국(scratch)은 압력이 걸린 상태에서 단단하고 날카로운 물체가 표면을 긁어서 자국을 만든 결과이다.

마모는 상호 접촉으로 재료 간의 마찰의 결과로 금속이 닳아 없어지거나 잔존 변형이 생기는 현상이다. 먼지, 입자, 그리고 금속 조각 등이 윤활유에 들어가서 궤도(raceway) 표면에 유막 형성을 방해하여 마모의 발생을 더 촉진한다. Fig. 9.46(a)는 베어링 외부링의 접

---

12 Pitting 현상: 일종의 표면 피로(surface fatigue)로 베어링의 재료가 견딜 수 있는 치면 용량을 초과했을 발생하는 피로 파괴 현상

착 마모의 예시이며, (b)는 베어링 궤도의 연마형(abrasive) 마모의 예시이고, (c)는 피치 베어링의 부식 마모의 예시이고 (d)는 베어링 내부 링의 fretting 마모로 발생하는 압입 현상이다.

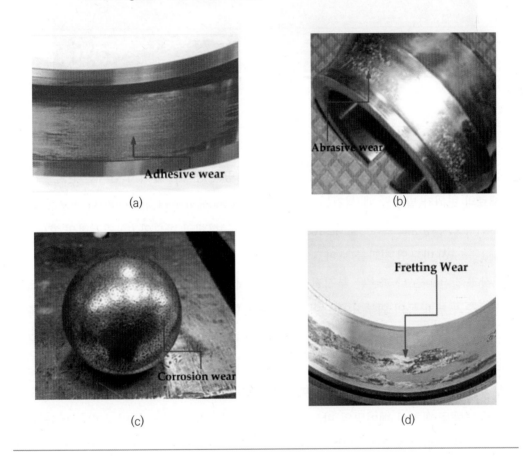

Fig. 9.46 풍력용 베어링의 마모 형태와 형식 (a) 증속기 베어링 외부링 접합 마모 손상, (b) 베어링 궤도 마찰(abrasive) 마모, (c) 피치 베어링 롤러 볼의 부식 마모, (d) 베어링 내부 링의 fretting 마모[13]에 의한 유사 압입

---

13 Fretting 마모: 베어링과 내부 링의 두 면 간의 미소 진폭운동으로 발생하는 마모

Fig. 9.47 **풍력용 베어링의 전기 삭마 손상, (a) 전기 분해에 의한 스핀들 홈의 부식, (b) 잔물결형 (ripple형) 홈이 베어링의 외부링에 나타남**

(a)

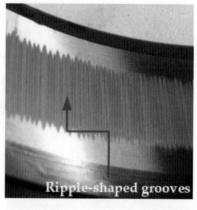

(b)

전기적 마모(electric erosion)는 전기 아크가 베어링을 통하여 흘러서 접촉면과 국부 용해로 재료의 변위가 발생할 때 생기는 스파크 현상(phenomenon of sparing)이다. Fig. 9.47은 전기적 마모의 형상으로 (a) 홈 부식(groove corrosion)형태의 마모와 (b) 리플형의 홈(ripple shaped groove) 마모의 결과를 보이고 있다.

이상과 같은 마모나 파손은 부적절한 조립, 베어링 소재의 결함, 그리고 전기·기계적인 순간 하중의 부가 등의 외부적인 요인에서 비롯된다. 하지만 이러한 외부적인 요인이 해결되더라도 윤활 작용(lubrication)이 적절하게 이루어지지 않으면 장기간의 사용에서 마모와 파손은 불가피하다.

부적절한 윤활은 비정상적인 마찰 마모를 발생시키고 열이 발생하여 소재의 구조와 윤활유에 영향을 미쳐서 베어링의 마모 피로와 사용 수명의 단축으로 이어진다. 아울러 밀봉(sealing)도 윤활 작용을 위해서는 중요한 요인이다. 불순물의 침투가 쉬워지거나 적절한 양의 윤활유의 유지를 어렵게 하여 베어링의 효율적인 작동을 방해하고 파손의 시작점이 될 수 있다.

참고문헌

1. G. Fandi, et al., "Modeling and Simulation of a Gearless Variable Speed Wind Turbine System with PMSG," 2017 IEEE PES-IAS Power Africa Conference, Accra, Ghana

2. Y. Guo et al., "A Comparison of Wind Turbine Designs with Three-Point and Four-Point Drivetrain Configurations." Wind Energ. 0000; 00:1-15

3. Roger Bergua, et al., "Pure Torque Drivetrain Design: A Proven Solution for Increasing Turbine Reliability," Brazil Windpower 2014 Conference & Exhibition, August 2014

4. E. Hart et al., "A review of wind turbine main bearings design, operation, modelling, damage mechanisms and fault detection," Wind Energ. Sci., 5, 105-124, 2020

5. Senthilnrthan Pitchrndy, "Understanding Windmill Gearbox," Webinar, July 19, 2020, https://www.youtube.com/watch?v=pZtj4Mi3N1k

6. V. L. Jantara Junior, H. Basoalto1, H. Dong, F. P. G. Marquez and M. Papaelias, "Evaluating the challenges associated with the long-term reliable operation of industrial wind turbine gearboxes." 2018 IOP Conf. Series: Mater. Sci. Eng. 454(2018) 012094

7. Paul Dvorak, "What does a wind turbine gearbox do?," Windpower Engineering & Development, https://www.youtube.com/watch?v=s7Sg2_pihGE

8. Design World Staff, "Modular Bearing System for Planetary Wind Turbine Gearboxes," Design World, March 10, 2009

9. Wind Turbine Gearbox Types, GlobeCore Publications, https://globecore.com/wind-turbine-service/wind-turbine-gearbox-types/

10. Jan Ukonsaari, et al., "Wind turbine gearbox," 2016, Energiforsk

11. Kissoft-Wind Turbine Gearbox Calculation, https://www.yumpu.com/en/document/read/23853722/kisssoft-wind-turbine-gearbox-calculation-kisssoft-ag

12. Li, H., Chen, Z., Polinder, H., "Optimization of multibrid permanent-magnet wind generator systems," IEEE Trans. Energy Convers. 2009, 24, 82-92

13. Touimi, K., Benbouzid, M., Tavner, P., "Tidal stream turbines: With or without a Gearbox?," Ocean. Eng. 2018, 170, 74-88.

14. Dosaev, M.Z., Klimina, L.A., Selyutskiy, Y.D., Tsai, M.-C. and Yang, H.-T. "Behavior of HAWT with Differential Planetary Gearbox," Journal of Power and Energy Engineering, 2, 193-197, 2014

15. Andreas Basteck, "WinDrive-Variable Speed Wind Turbines Without Converter With Synchronous Generator," VOITH, 2009. 4

16. Müller, H., Pöller, M., Basteck, A., Tilscher, M., Pfister, J. Grid, "Compatibility of variable speed wind turbines with directly coupled synchronous generator and hydro-dynami-cally controlled gearbox," Proceedings of the Sixth International Workshop on Large-Scale Integration of Wind Power and Transmission Networks for Offshore Wind Farms, Delft, The Netherlands, 26-28 October 2006; pp. 307-315.

17. 이종찬, "대형 풍력발전기용 2단 분리형 Gear Box Carrier 국산화 개발," 산학연협력 기술개발사업, 2014

18. Lee, et al., "Design of a Mechanical Power Circulation Test Rig for a Wind Turbine Gearbox," Appl. Sci. 2020, 10, 3240

19. ZF Wind Power and R&D Test Systems to Develop 30MW Test Bench, R&D Div. of MTS Co.

20. M. G. Kim, P. Dalhoff, "Yaw systems for wind turbines - Overview of concepts, current challenges and design methods," Journal of Physics: Conference Series 524(2014)

21. 이현국 외, "3MW급 풍력발전기용 고성능 YAW & PITCH DRIVE 개발," 지식경제 기술혁신사업 보고서, ㈜혜성산전, 2012

22. 이현주, 최원호, 안경민, "Design of yaw system of wind turbine", 한국신·재생에너지학회, 2006, pp. 277-280.

23. Feihang Zhou and Jun Liu, "Pitch Controller Design of Wind Turbine Based on Nonlin-ear PI/PD Control," Shock and Vibration(2018), Article ID 7859510

24. 컨트리뷰팅 에디터 자료, 2005

25. Extending Bearing Life in Wind Turbine Main shafts. Available online: https://www.power-eng.com/ (accessed on 14 August 2022).

26. Oyague, F., "Gearbox Modeling and Load Simulation of a Baseline 750-kW Wind Tur-bine Using State-of-the-Art Simulation Codes," National Renewable Energy Laborato-ry(NREL): Golden, CO, USA, 2009.

27. Rick Burgess and Dave Van Langevelde, "4-point bearings do triple duty while saving space," White Paper of Kaydon Bearings, Muskegon, Michigan 49441 USA

28. https://www.silverthin.com/company/silverthin-bearings.php

29. Tahseen Ali Mankhi, et al., "Selecting the Most Efficient Bearing of Wind Turbine Gearbox Using (Analytical Hierarchy Process) Method "AHP"," ICSET 2019, Materials Science and Engineering 518(2019)

30. Introduction to NSK Rolling Bearing Catalog(CAT. No. E1102m)

31. Advanced Bearings Solutions for the Wind Industry, NSK, 2021. www.nsk.com

32. https://www.nsk-literature.com/en/wind-industry-bearings/

33. Souichi YAGI, "Bearings for Wind Turbine," NTN TECHNICAL REVIEW No.71(2004)

34. Wei Teng et al., "Vibration Analysis for Fault Detection of Wind Turbine Drivetrains-A Comprehensive Investigation," Sensors 2021, 21(5), 1686

35. NSK design strategies enhance performance of offshore wind turbines

36. Edward Hart, et al., "A review of wind turbine main-bearings: design, operation, modelling, damage mechanisms and fault detection," Wind Energ. Sci., 5, 105-124, 2020

37. NSK, Advanced Bearing Solution for the Wind Industry, CAT No E1285 2018 A-2

38. Chris, "The 5 bearings that keep wind turbine turning," Ritbearing Co. Dec. 2013

39. https://www.power-eng.com/coal/extending-bearing-life-in-wind-turbine-main-shafts/#gref

40. Han Feng, et al., "A Review of Research on Wind Turbine Bearings' Failure Analysis and Fault Diagnosis," Lubricants 2023, 11(1), 14

41. Bearing Damage Analysis. Available online: https://www.timken.com/ (accessed on 17 August 2022).

42. Gong, Y., Fei, J. L., Tang, J., Yang, Z. G., Han, Y. M., Li, X., "Failure analysis on abnormal wear of roller bearings in gearbox for wind turbine," Eng. Fail. Anal. 2017, 82, 26-38.

43. Dana's Wind Turbine Servicing Expertise Reduces Downtime and Cuts Costs after Gearbox Catastrophic Failure in Service. Available online: https://dana-sac.co.uk/ (accessed on 20 August 2022).

풍력터빈용 대형 발전기

풍력터빈용 대형 발전기

10.1 풍력터빈용 발전기(Wind Turbine Generators)

풍력발전시스템은 구조적인 측면에서 로터 블레이드, 증속기, 발전기, 전력 변환장치, 변압기 등으로 구성된다. 기계적 회전 운동을 전기 에너지로 변환하는 것이 발전기(generator)이다.

풍력터빈용에 활용되는 발전기에는 구분하는 방법에 따라서 세 가지 정도의 발전기, 즉, 직류 발전기(direct current generator), 교류 동기발전기(alternate current synchronous generator), 그리고 교류 비동기발전기(alternate current asynchronous generator) 등이다.

또 다른 분류법으로는 두 종류의 발전기가 사용된다. 유도발전기와 동기발전기이다. 유도발전기(비동기발전기)에는 농형, 권선 로터형, 그리고 DF(doubly fed)형이 있고, 동기발전기는 전자석과 영구자석을 활용하는 발전기가 있다.

지난 30여 년간의 풍력용 발전기에서 전통적으로 DC 발전기와 동기발전기 그리고 농형 유도발전기가 100kW에서 1.5MW급의 소형과 중형 발전기에서 많이 사용되어 왔다. 이후 MW급의 중형에서 대형 풍력터빈에서는 비동기발전기인 이중 여자 유도발전기(DFIG, Doubly Fed Induction Generator)가 대부분 사용되고 있다. 이후에 초대형 풍력터빈에서 대용량 발전기의 필요성에 따라서 영구자석 발전기, 스위치드 릴럭턴스 발전기, 그리고 고온형 초전도(HTS, High Temperature Superconductor) 발전기도 심도있는 연구되고 있다. Fig. 10.1에서는 DC 발전기에서 초전도 발전기까지의 분류를 나타내었다.

Fig. 10.1 풍력터빈용 발전기의 분류[1]

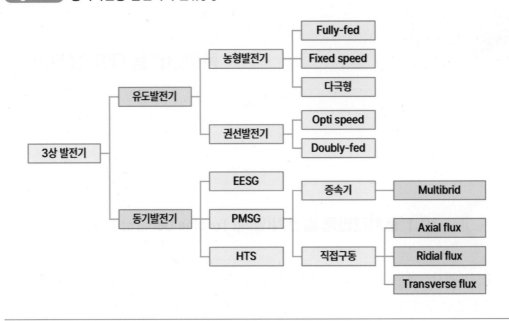

풍력터빈용 발전기의 선택과 설계에서 필요한 고려사항 중에서 작동 속도, 드라이브 트레인, 브러쉬 형태, 그리고 전력변환장치 등을 집중해서 분석할 필요가 있다. 아울러 육·해상단지용의 여부, 용량, 무게와 크기 등도 중요한 선정의 요인이 될 수 있다. 풍력터빈에서 발전기의 선택은 풍력터빈 제조사의 기술력이나 당시의 기술 발전 동향 등을 고려하여 이루어지기 때문에 어느 것이 최선인지는 학계나 산업계에서는 통일된 합의가 없는 상태이다.

본 단원에서는 풍력터빈용 발전기의 이해를 위하여 아래의 몇 가지 형태의 발전기에 대하여 알아본다.

10.2 직류 발전기(DC Generator)

직류 발전기(DC generator)는 직류를 발전하고 교류 발전기(AC generator)는 교류가 출력단자에서 발생한다. N극과 S극 사이에 형성되는 자기장(magnetic field)에 존재하는 자속(magnetic flux)을 도체가 끊으면서 움직이면 도체에 전기가 발생하는 것이 발전기의 원리이다.

전통적인 직류 발전기에서는 전자기장이 고정자(stator)에 생기고 전기자(armature)는 로터(회전자)[1]에 연결되어 있다. 고정자는 영구 자석이나 직류 계자 권선(field winding)으로 여자(excitation, 자화)되는 다수의 극(pole)으로 구성된다.

Fig. 10.2에 보이는 직류 발전기에서는 회전하는 로터에 연결된 전기자(armature)가 반달 형상으로 분할된 형상의 금속 링(split ring, 스플릿 링)과 접촉 단자인 브러쉬(brush)로 이루어진 정류자(commutator)의 스플릿 링에 각각 연결된다. 외부의 힘으로 로터가 회전할 때 전기자 코일과 연결된 스플릿 링이 자리를 바꾸어도 브러쉬는 항상 고정된 위치에서 정해진 스플릿 링과 접촉하기 때문에 발생하는 전류는 방향이 변하지 않는 직류가 되는 기계적 정류가 이루어지는데 이것이 직류 발전기의 발전 원리이다. 따라서 직류 발전기의 경우에 정류자의 스플릿 링의 분할 숫자를 증가시키면 일직선에 가까운 직류를 얻게 된다.

위와 같은 발전의 원리에 따라 자속이 형성된 고정된 계자(고정자, stator)극 사이에서 전기자(armature, 회전자-rotor)를 회전시키는 방법을 회전 전기자형 발전기라 한다.

직류 발전기에서 전기장과 자기장의 세기는 로터의 가동 속도에 따라 증가한다. 실제로 풍력터빈의 회전 속도는 터빈의 드라이버 토크와 부하 토크에 따라 결정된다. 아울러 직류 발전기는 정류자(commutator)에 브러쉬를 사용하기 때문에 마모에 의한 절연이 발생할 수 있어 정기적인 유지보수를 요구한다.

이처럼 근본적으로 정류자를 통하여 전기를 전달하는 구조가 대형화된 부품의 개발에 장애가 된다. 따라서 직류 발전기는 대형 풍력터빈에의 응용은 드물고 저전력 수요가 있는 경우로 부하가 풍력터빈에 가까이 있는 독립 전원용, 가열용, 그리고 배터리 충전용으로 소형 풍력발전기에 많이 사용된다.

---

1 이하 "로터(rotor)"는 발전기 내의 회전자를 말함

계자 권선(field windings)

발전기에서 전압을 올리는 데 필요한 자속(磁束)을 발생시키기 위한 기자력(起磁力)을 계자석에 주는 권선을 말하며 여자 권선(勵磁捲線)이라고도 한다. 발전기에서 자극(pole)에 설치하는 권선이며 직류 발전기에서는 고정자 쪽에, 동기발전기에서는 회전자 쪽에 설치한다.

Fig. 10.2 직류 발전기의 원리[2]

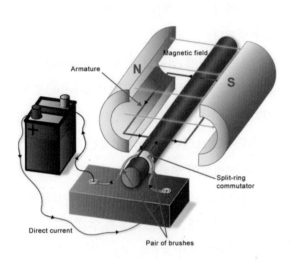

Magnetic field(자계)
전자석이나 영구 자석으로 생성되는 자력을 띄는 영역 혹은 계(界)

Armature(회전자 혹은 전기자)
축에 여러 가닥의 권선을 감아 회전 운동을 하는 부품

Brushes(브러쉬)
정류자에 접촉하여 DC 전류가 흐르도록 통로(path) 역할을 하는 것

Split-ring commutator(정류자편)
전류 전도성 금속 링인데 두 쪽의 반원 형태로 정류자에서 전류의 방향을 바꾸는 회전형 전기적 스위치 기능을 하는 부품. 간단히 commutator라고도 함

슬립링과 스플릿링과의 차이점

직류 발전기와 교류 발전기에서 직류와 교류의 발생 원리의 차이점은 정류자(commutator)의 구조에 있다. 정류자는 교류를 직류로 정류하는 장치로 스플릿링(split ring)과 접촉 브러쉬로 이루어진다. 스플릿링(split ring)은 두 개 이상으로 잘라진 반원 형상의 링이다. DC 전동기나 발전기에서 전류의 극을 변경하기 위하여 사용된다. 발전된 교류를 직류로 변환하는 기능을 한다.

반면에 슬립링(slip ring, 혹은 collector ring)은 형상은 연속 링의 형상이다. 고정부와 회전부 사이에 전력을 전달하기 위하여 사용된다. 교류 장치에 사용된다. 브러쉬가 사용된다.

10.3 교류 동기발전기(AC Synchronous Generator)

오늘날 전기적 동력을 얻기 위하여 사용되는 발전기의 95%가 교류 동기발전기이다. 발전 원리는 패러데이의 전자기 유도법칙(Faraday's law of electromagnetic induction)에 따른다.

교류 발전기와 직류 발전기에서 전기 발생 원리의 차이점은 위에서 설명하였듯이 정류자(commutator)의 구조에 있다. 교류 발전기는 정류자가 일종의 동심원 축에 2개의 각각의 슬립 링(slip ring) 형태를 가지고 있다. 고정부와 회전부 간의 전력을 전달하는 슬립링은 로터(회전자)에서 나오는 각각의 전선에 별도로 연결되어 있다. 회전자가 회전함에 따라서 N극과 S극의 자리를 교대로 지나기 때문에 기전력이 연속적으로 발생하기는 하지만 방향이 바뀌는 정현파형의 교류가 발생한다. 여기에서 동기발전기는 로터의 회전 속도와 회전자계의 회전 속도가 동일한 발전기를 말한다.

Fig. 10.3 **발전기 · 모터의 정류자, 전기자, 고정자의 예시[3]**

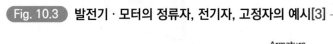
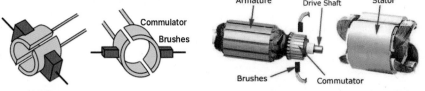

정류자(commutator)

발전기 · 모터의 축에 있는 Fig. 10.3과 같이 여러 개의 금속 조각(segment, Fig. 10.3에서는 2개의 반달형 조각)으로 구성된 로터리형 스위치인데 회전축에 있는 여러 개의 금속 분할 링(split ring)으로 로터가 회전할 때 브러쉬가 정류자(commutator)를 누르면서 전기적 접촉을 하여 권선에 전류를 통과시킨다. 매회 로터가 180도 회전할 때, commutator가 전류의 방향을 역전시켜서 자기장이 한쪽 방향으로 토크를 발생시키는 역할을 한다.

교류를 만들기 위해서는 두 가지 방법이 있다. 도체를 정지 상태의 자기장(stationary magnetic field)을 통하여 움직이게 하거나 정지 상태의 도체(stationary conductor)에 자기장

(magnetic field)을 움직이는 것이다.

발전을 위해서는 연속적인 움직임이 있어야 하므로 도체나 자기장의 회전 운동이 필요하다. 이를 바탕으로 위의 두 가지 형식을 달리 표현하면 Fig. 10.3과 같이 각각 회전 전기자형(rotating armature type)과 회전 자계형(rotating magnet field type)이 있다.

Fig. 10.4 **(a) 회전 전기자형과 (b) 회전 자계형[4]**

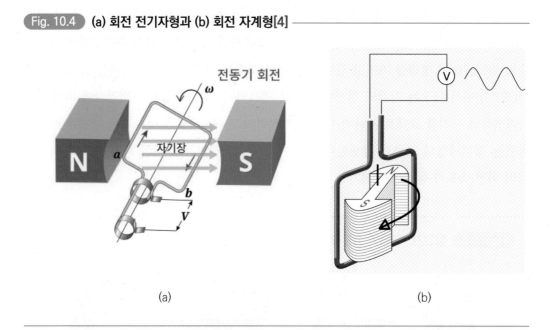

(a)   (b)

회전 전기자형 동기발전기는 전기자 권선이 로터에 들어있고 발전된 전류가 슬립 링(slip ring)과 탄소 브러쉬를 통하여 부하에 공급된다. 이 형식은 직류발전기처럼 소용량의 발전기에 사용된다.

다른 형태인 회전 자계형(rotating magnetic field type) 동기발전기는 Fig. 10.4(b)와 같이 영구 자석이나 자계 권선이 로터에 감겨 전자석을 만든다. 특히 영구 자석이 아니고 전자석으로 된 로터를 사용할 경우에는 직류가 슬립링(slip ring)과 브러쉬를 통하여 로터의 자계 권선으로 공급된다. 로터가 회전함에 따라 형성된 고정된 전기자(armature) 전력이 고정자를 통하여 부하로 공급된다.

이처럼 전기자(armature)를 고정하고 내부에서 계자극(field pole)을 회전시켜 발전하는 발전기는 전기자에 발생한 기전력을 외부로 연결해 내기가 용이하다. 전기자 철심의 홈

(groove)을 깊게 할 때는 고압의 절연을 충분하게 할 수 있어서, 코일을 배열하고 결선을 하는데 비교적 편리하여 수력 발전과 같은 대형 발전기에 적용하기 쉽다. 수력 발전의 경우에는 외부의 원동력이 물의 낙차를 이용하지만, 일정하게 유량을 조절할 수 있기 때문에 동기속도로 로터를 회전시킬 수 있다.

10.3.1 영구 자석 동기발전기(PMSG, Permanent Magnet Synchronous Generator)

PMSG는 기동을 위하여 여자 전류를 소모하는 유도발전기와는 다르게 영구자석에 의하여 여자되는 동기발전기이다.

발전기의 구조는 비교적 간단하여 Fig. 10.5에서 보는 것처럼 튼튼한 영구자석이 로터에 설치되고 일정한 자기장이 생성되어 발전된 전기가 정류자(commutator)의 스플릿링이나 브러쉬의 사용을 통하여 고정자의 전기자(armature, stator)에서 나와서 부하로 공급된다.

Fig. 10.5 ▶ PMSG의 구성: 증속기가 있는 경우와 없는 경우[5] ─────────

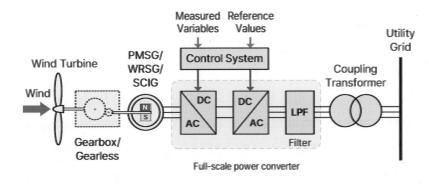

로터는 영구자석으로 구성되어 외부로 부터의 여자 전류가 필요하지 않다. 고정자는 3상 Y-결선의 고정자 권선에 유도된 3상 전압이 계통망으로 공급되며 계통망에 연결되기 전에 출력 전압은 3상 변압기로 승압된다.

PMSG에서는 발전기의 출력이 직접 back-to-back 컨버터를 통하여 계통망으로 보내진다. 이때 사용하는 컨버터는 전용량 컨버터이다. 이 발전기는 가변속으로 가동되어 컨버터가 가변 전압과 가변 주파수 출력을 계통망과 일치하는 일정한 주파수(50Hz 혹은 60Hz)와 일정한 전압으로 변환시킨다. 또한 컨버터는 유효 전력과 무효 전력을 제어한다. 영구 자석에서 여자되는 동기발전기의 전압 제어는 자계 제어가 불가능하기 때문에 전력변환 회로를 통하여 이루어진다.

영구자석 발전기의 작동 원리는 동기발전기의 원리와 비슷하다. 하지만 다른 점은 영구 자석 발전기는 비동기적으로도 작동할 수 있다는 것이다. PMSG의 장점은 정류자, 슬립링과 브러쉬가 없어 발전기가 매우 튼튼하고, 신뢰성이 높고, 단순하다는 것이다. 영구 자석을 사용함으로서 자계 권선이 필요가 없지만 자계 제어가 불가능하고 영구 자석의 가격이 대형 발전기에서는 매우 높다.

비동기적 작동과 관련하여 실제로 풍속은 가변적이기 때문에 PMSG는 고정 주파수로 전력을 발전할 수는 없다. 그 결과로 전력변환장치인 AC-DC-AC변환을 통하여 계통에 연결되어야 한다. 즉, 발전된 교류 전력(주파수와 크기가 가변적임)이 우선 고정 DC로 정류되고 AC 전력(고정 주파수와 크기)으로 다시 변환된다.

로터는 풍력터빈 제조사가 개발하고자 하는 풍력터빈의 개념 설계에 따라 Fig. 10.5와 같이 증속기에 연결될 수도 있고 증속기가 없이 블레이드 회전축에 직접 연결될 수도 있다. 따라서 증속기의 유무에 따라서 발전기의 극수가 달라지므로 크기도 달라진다.

여기에서 직접 구동 풍력터빈에 영구자석 발전기를 이용하면 매우 장점이 많다. 이런 경우에는 분명히 풍력터빈 파손의 주요 원인인 말썽이 많은 증속기를 없앨 수도 있다. 하지만 PMSG는 많은 극수를 가지고 있어 물리적으로 비슷한 용량의 간접 구동(geared, 증속기를 가진) 발전기보다는 크다. 최근까지 영구 자석 동기발전기(PMSG, Permanent Magnet Synchro-nous Generator)는 높은 전력 밀도와 낮은 중량 때문에 소형 풍력터빈에 많이 사용되어 왔다. 하지만 전력전자 컨버터 기술의 발전으로 가변속과 고전압을 다룰 수 있게 됨에 따라 기술적으로 장점이 많기 때문에 대형 풍력터빈용 PMSG에도 적용이 증가하고 있다.

이 발전기의 추가적인 장점은 여자 시스템이 없어 구조적으로 간단하고 견고하다. 외부 전력 공급을 위한 슬립링 등이 없어 발전기 손실이 낮고, 위에서도 언급하였지만, 극수에 따라서 증속기도 생략이 가능하다. 전용량 컨버터를 사용하기 때문에 전압, 유효 전력, 그리고 무효 전력을 제어할 수 있다.

단점으로는 대형 풍력터빈용으로는 대형 영구 자석을 확보하기 어려워 높은 제조 비용이 필요하다. 영구 자석을 사용하므로 자석의 자성이 감소될 우려가 있고 이를 효율적으로 방지하기 위한 온도 유지용 냉각 시스템이 필요하다. 대형 규모에서 나타나는 복잡한 구조 동력학적인 문제도 있을 수 있다.

PMSG을 사용한 예시는 MW급 풍력터빈에서 Jeumont(0.75 MW), Vensys(1.5 MW), Leitner(1.5 MW), Harakosan(2 MW), Mitsubishi(2 MW), Siemens(3.6 MW), and TheSwitch(4.25 MW) 등이 있다.[6]

10.3.2 전기 여자 동기발전기(EESG, Electric Excited Synchronous Generator)

동기발전기는 로터의 회전 속도와 회전자계의 회전 속도가 동일한 발전기를 말한다. 동기발전기를 사용하는 풍력터빈은 보통 로터에 전자석을 사용하는데 Fig. 10.6과 같이 이 전자석은 전력망에서 직류를 받아서 자화된다고 하여 EESG(Electric Excited Synchronous Generator)라고 한다. 전력망은 교류를 공급하기 때문에 먼저 로터의 전자석을 만드는 권선으로 보내기 전에 교류를 직류로 변환해야 한다. 로터 전자석은 발전기 축의 브러쉬와 슬립링을 사용하여 전류에 연결된다.

풍력터빈용 EESG에서는 직류(DC레이드 회전에 의하여 회전자계(rotating magnetic field)를 생성하고)가 로터 권선(rotor winding)에 공급되어 로터 자계를 만든다. 로터는 고정자 권선 내에 3상 전압을 유도한다.

이 구조의 교류 발전기에서 계자 권선(field winding)은 주자계를 생성하는 권선으로 로터 권선(rotor winding)이라 하고, 전기자 권선(armature winding)은 주전압이 유도되는 권선으로 고정자 권선(stator winding)이라 한다.[7]

Fig. 10.6 전기 여자 동기발전기(EESG, synchronous generator with a field exciter)의 구성

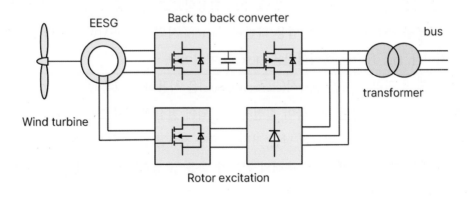

구조적인 측면에서 전기 여자 교류 동기발전기(EESG)의 구성을 보면, 고정자(stator), 고정자 코어(stator core), 요크(yoke), 그리고 로터(rotor)로 구성된다.

Stator(고정자)는 회부의 정지 상태의 부품으로 두 개의 하부 부품인 요크와 고정자 코어로 이루어져 있다. 고정자 코어(stator core)란 자석 코어로 전기자(armature) 권선을 수용할 수 있게 슬롯 형태로 되어있다. 외부 프레임 내부에 실린더형 공간에 압착해 넣은 슬롯형 강철의 적층판으로 구성되어 있다. 고정자 코어(stator core)는 0.5mm 두께의 적층 시트로 만들어진다. 요크(yoke)는 실린더형 정지 상태의 부품으로 강철이나 주물로 만들어진다. 로터(rotor)는 계자 권선을 가지고 있다. 돌극형(salient pole rotor) 로터와 실린더형 폴 로터가 있다.

Fig. 10.7 풍력터빈용 교류 동기발전기[7]

EESG는 회전 속도가 낮은 풍력터빈에 주로 활용하므로 돌극형 로터를 주로 사용하고 있다. 이 구조를 가진 대표적인 상업용 터빈이 Enercon사의 2M ~5MW 규모의 중대형 교류 발전기이다. Fig. 10.7은 풍력터빈용 EESG의 예시이다.

EEGS의 발전 원리를 보면 전자석(electromagnets)을 사용하는 교류 발전기는 직류 발전기 원리 설명에 사용되었던 계자극이 회전자극이 되어 철심에 계자 코일을 끼운 전자석을 사용하고, 슬립링을 통해서 비교적 낮은 저전압 계자 전류를 공급하여 자화시킨다.

다시 말해서, Fig. 10.4와 같이 종래의 전기자 측을 '고정자(stators)', 계자 측을 '회전자(rotors)'라 하고 고전압이며 대용량인 교류 발전에는 모두 이런 형태의 발전기가 사용된다.

이때의 발전 전압은 대개 3kV~22kV이고 30kV를 상회하는 발전기도 개발되어 왔다.

대형 풍력발전기의 로터(즉 원동기, prime mover)의 최대 회전 속도는 12~18rpm의 범위에 있기 때문에, 일반적으로 발전기의 극수(number of poles)를 고려하여 증속기를 사용하여 1,500~1,800rpm으로 회전 속도를 증가시킨다. 증속기를 사용하는 덴마크 모듈형 풍력발전기의 드라이브 트레인의 구성에서 소형화된 발전기를 사용할 경우에는 축의 회전수에 대응하여 극수가 2~ 4개가 일반적이다.

한 쌍의 계자극이 고정자 권선(stator coils)의 한 지점을 통과할 때마다 교류의 한 주기가 생성된다. 이때 회전 속도(n)와 주파수(f) 사이의 관계는 $n = \frac{120f}{P}$이며 f는 주파수(진동수) H_z이다. P는 극수 (2, 4, 6 ...)이고 n은 분당 회전수(rpm)이다.

교류 동기발전기는 축이 회전할 때 교류를 생산하는 발전기로 발전된 전압 파형이 발전기의 회전과 동기화되기 때문이다.

풍력터빈이 대형화됨에 따라 개발된 3상 AC 동기발전기는 앞에서 언급한 영구 자석이나 전자석을 이용하기 때문에 영구자석 동기발전기(PMSG) 혹은 전기 여자 동기발전기(EESG)라고 한다. 로터가 영구 자석이냐 전자석이냐에 상관없이 두 가지 경우에 모두 원리 측면에서는 같아서 블레이드의 회전으로 발전기의 로터가 회전하면 3상 전기가 고정자 권선에서 발생하고 이 권선은 변압기와 전력변환장치를 통하여 전력망에 연결된다. 고정속(이하 "정속"이라 함[2]) 동기발전기의 경우에는 회전자 속도는 정확하게 동기 속도로 지켜진다.

동기발전기는 특히 풍력터빈에서 전력 생산에 대한 성능이 연구되고 오랫동안 사용되어 왔기 때문에 상당히 검증된 기기 기술이다. 이론적으로 전기여자 동기발전기의 무효 전력 특성은 전기적 여자에 대한 자기장 회로를 통하여 쉽게 제어된다.

하지만 풍력터빈에 정속 동기발전기를 사용할 때, 불규칙한 풍속의 변동과 타워의 그림자 효과에 의하여 생기는 주기적인 장애와 부품의 고유 공진은 전력망으로 전달된다.

더구나 동기발전기는 낮은 감쇄능(low damping effect)을 가지므로 드라이브 트레인의 순간적인 과도 현상(transient)[3]을 전기적으로 흡수하지 못한다.

---

2 fixed speed는 정속, 이에 대비되는 개념으로 variable speed는 가변속으로 표현한다.

3 과도 현상(transient): 전자 회로나 기계 동작에서 정지 상태 → 동작 상태, 동작 상태 → 정지 상태 등 상태가 급격히 변할 때 발생하는 현상을 말한다. 회로나 기계가 상태의 변화에 미처 따라가지 못하는 것이 원인이 되어 일어나는 여러 가지 바람직하지 않은 현상. 여기에서는 로터 블레이드 측에서 오는 축하중, 굽힘하중, 그리고 비틀림 하중에 의한 기계적 충격을 말함.

결과적으로 증속기를 사용할 때는 추가적인 감쇄 요소(damping element)인 스프링이나 토크 암과 같은 감쇄 장치(damper)가 필요하다.

동기발전기가 전력망에 연결될 때, 주파수를 전력망에 동기화하기 위해서는 정밀한 작동이 필요하다. 더구나, 동기발전기는 더 복잡하고 비용이 많이 들고 유도발전기보다 파손되기 쉽다. 동기발전기에 전자석을 사용하는 경우에는 전압 제어는 동기발전기 내에서 발생한다.

10.3.3 초전도 발전기(HTSG, High Temperature Superconductor Generator)

동기발전기의 다른 대안은 고온 초전도(HTS, High Temperature Superconductor) 발전기이다.

Fig. 10.8 Schematic of a HTS synchronous generator system[8]

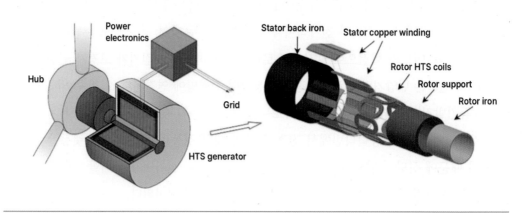

이 발전기는 Fig. 10.8과 같이 고정자 지지 철심, 고정자 구리 권선, 고온 초전도 자기장 권선, 로터 철심, 로터 지지구조물, 로터 냉각시스템, 극저온 및 외부 냉동기, 전자기 차폐막(shield), 댐퍼, 베어링, 축, 그리고 하우징 등으로 구성되어 있다.

초전도 권선은 무시할 정도의 저항과 전도 손실을 가지기 때문에 종래의 구리선 보다 10배의 전류를 흘릴 수 있다. 의심할 것도 없이 초전도체의 사용으로 인하여 모든 계자 회로(field circuit)에서 전력 손실을 막아주고 전류 밀도를 증가시키는 능력은 높은 자기장을 형성하기 때문에 풍력터빈에서 발전기의 중량과 크기를 크게 줄인다.

따라서 초전도 발전기는 고용량화가 가능하고 중량 감소를 가져올 수 있어 용량이 10MW 이상의 풍력터빈에 더 적합하다. 2005년에는 Siemens사가 세계 최초로 4MW급 초전도 동기발전기를 개발하기도 하였다.

고온 초전도 권선이 저온에서 작동할 수 있는 조건을 유지하기 위해서는 초전도 발전기의 설계 측면에서 고정자, 회전자, 냉각 장치, 그리고 증속기 등의 부품에서 저온과 관련하여 특별히 해결해야 할 난제들이 있다.

아울러 초전도 발전기가 장수명을 갖고, 유지보수 비율이 낮은 풍력터빈시스템에 적용하기 위해서는 추가로 해결해야 할 기술적 문제가 많이 있다. 예를 들면, 항상 극저온 시스템을 유지해야 하며 운영 중에 발전을 중단한 후에 재개할 때 다시 냉각하고 복원하는 시간이 걸리는 것 등도 해결해야 할 문제점으로 알려져 있다.

10.4 교류 비동기발전기(AC Asynchronous Generators) 혹은 유도발전기(Induction Generator)

오랫동안 풍력터빈용 발전기로 동기발전기를 많이 이용하였지만 소형에 그쳤다. 더 대형화되는 현대의 풍력터빈은 유도발전기를 집중적으로 사용하고 있다. 일반적으로 유도발전기는 단순하고, 신뢰성이 있고, 저렴하여 풍력터빈용으로 빠른 속도로 개발되어 왔다.

발전기의 선정은 풍력터빈의 전기적 흐름을 어떻게 구성하고 발전기와 풍력터빈 블레이드의 회전을 제어할 것인가에 따라 다양한 고려가 있다. 따라서 대개 발전기, 전력전자 변환장치, 그리고 증속기 등과 같이 고려한다.

유도발전기는 동기발전기와는 달리 회전자를 동기속도보다 빠르게 회전시킴으로써 슬립을 발생시켜서 발전하는 것이 원리이다. 따라서 비동기 속도로 발전이 이루어지므로 비동기발전기라고도 한다.

유도발전기는 무효 전력을 계통이나 자체적인 커패시터에서 끌어오기 때문에 일정한 형태의 무효전력 보상이 필요하므로 커패시터(capacitor)나 전력변환장치가 필요하다.

유도발전기는 높은 감쇄능(damping capability)이 있어 로터 회전의 변동 특성(fluctuation)을 흡수하고 드라이브 트레인의 전압보상 기능(VRT, Volt-Ride-Through, 혹은 fault tolerance

라고도 함)을 구비할 수 있다.

유도발전기는 크게 두 가지 정도의 형태가 있다. 농형 로터를 가지는 정속 유도발전기(FSIG, Fixed Squirrel Induction Generator 혹은 SCIG, Squirrel Cage Induction Generator), 권선 로터를 가지는 권선형 유도발전기(WRIG, Wound Rotor Induction Generator)이며 더 세부적인 분류는 CRRIG(Controlled Rotor Resistance Induction Generator, 이것을 때로는 WRIG라고도 한다)와 이중여자 유도발전기(DFIG, Doubly Fed Induction Generator 혹은 DFAG, Doubly Fed Asynchronous Generator)이다.

10.4.1 농형 유도발전기(SCIG, Squirrel Cage Induction Generator)

정속 유도발전기의 경우에는 구성도를 보면 고정자가 변압기를 거쳐서 직접 계통에 연결되고 발전기 로터는 증속기를 거쳐서 풍력터빈의 블레이드에 연결된다. 절연된 로터의 형상이 다람쥐 쳇바퀴 같다고 해서 농형 유도발전기(SCIG, Squirrel Cage Induction Genera-tor)라고 한다.

농형 유도발전기의 발전 메커니즘을 보면 3상 교류 전력이 고정자(stator)에 인가되면 회전 계자(rotating magnetic field)가 공극에 형성된다. 회전자가 동기 속도와 다르게 회전하면 슬립[4]이 발생하여 발전기의 로터 회로가 에너지화(energized)되어 전기를 발생시킨다.

고정자를 여자시키기 위하여 계통에서 무효 전력을 끌어오기 때문에 무효 전력을 보상하기 위하여 커패시터 뱅크를 사용하며 계통망과의 부드러운 연결을 위하여 소프트 스타터도 필요하다. 초기에 덴마크 풍력터빈에서 SCIG가 널리 사용되었기 때문에 덴마크형 개념(Danish Concept)에 많이 사용되는 발전기이다.

Fig.10.9는 SCIG를 사용하는 풍력터빈시스템의 대표적인 구성도이다.

농형 유도발전기를 사용한 풍력터빈은 변압기를 사용하여 전력망과 연결된다. 대부분의 농형 유도발전기의 전압은 690V이며, 커패시터를 이용하여 무효 전력을 보상한다. 이때, 소모되는 무효전력은 풍력발전기 용량의 30% 정도로 추정된다.[9]

Fig. 10.9와 같은 등가 회로에서 고정자 단자에 인가되는 전압과 고정자에 흐르는 전류의 곱이 피상전력이 된다. 이 전력에서 회전자계를 발생시키는데 필요한 전력은 무효 전력 성분이며, 출력으로 변환되는 성분에서 손실을 제외한 것이 유효 전력 성분에 해당한다.

---

4 슬립(slip)

Fig. 10.9 **SCIG를 사용한 풍력터빈시스템의 구성도** ─────────────

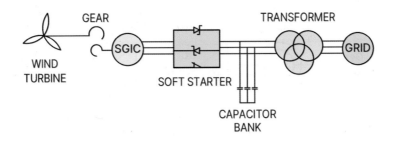

유도발전기의 유효 전력은 전동기(motor)에서와 반대로 수력 발전의 수차(혹은 풍력터빈) 등의 기계적 에너지로부터 얻은 회전력으로 로터를 동기 속도 이상으로 회전시켜 공극을 거처 출력으로 전달되는 성분이다.

자화(여자, exciting) 전류는 실제로 발전기 출력에는 관여하지 않지만, 회전하는데 필요한 자속을 발생시키는데 필요한 역할을 하는 것으로서 발전기를 여자시키는데 필요한 자화 전류는 정격 전부하 전류의 20~60% 범위이다.

Fig. 10.9와 같이 그리드에 직결된 정속 농형 유도발전기는 저가용으로 사용되는 풍력터빈용 발전기로 로터 속도가 변하지 않아서 구조적 하중이 크게 전달되지 않기 때문에 이 발전기는 기계적으로 견고하다. 전기적 특성면에서는 풍속의 변동이 직접 드라이브 트레인의 토크의 변동으로 유입되기 때문에 전력품질이 낮고 최대 전력점 추적(MPPT, Maximum Power Point Tracking)을 적용할 수가 없다.

SCIG를 채용하는 풍력터빈은 좀 더 발전하여 Fig. 10.10과 같이 커패시터 뱅크(capacitor bank)나 소프트 스타터(soft starter)를 대신하여 back-to-back 전력변환장치(back-to-back power electronic converter)를 고정자(stator)에 연결하는 구성으로 가변속 가동과 무효 전력 보상기능을 담당하게도 하였다.

이 구성은 기존의 농형 유도발전기의 고정자(stator)와 계통망 사이에 전력변환시스템을 연결한 것으로 back-to-back PWM 컨버터 사용하였다. 풍력터빈에서 발생된 기계적 에너지는 농형 유도발전기에 의해 전기 에너지로 변환되어 발전기측 컨버터를 통하여 직류 링크단으로 전력이 공급된다. 이 전력은 계통측 컨버터의 직류 링크단의 전압 제어를 통하여 발생된 전력을 계통으로 전달한다.[7]

Fig. 10.10 **SCIG의 향상된 구성도**

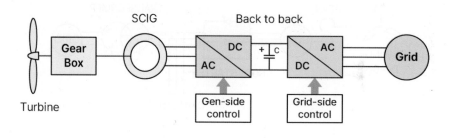

1990년 말에서 2000년 초기까지는 대부분의 풍력터빈 제조사들은 1.5MW급 이하의 정속 유도발전기를 제조했다. 정속 유도발전기에서 로터의 회전 속도는 고정되고(사실 아주 좁은 범위에서 변동함) 로터 축은 3단 증속기에 연결되어 50Hz/60Hz 주파수를 가진 계통에 연결하기 위하여 1,500rpm/1,800rpm으로 작동한다.

SCIG의 장점은 상당 기간 풍력터빈에 활용되면서 많은 사용 경험이 있어 장단점에 대한 기술적 대비가 잘 되어있다. 구조가 단순하여 부품 수가 적고 견고하여 구조적으로 안정성이 높다. 이에 따른 가격도 비교적 낮다. 초기의 구성에서 벗어나 전력전자 컨버터를 사용함으로써 과도 현상(transient)에 대한 빠른 반응이 가능하다.

단점으로는 SCIG와 같은 정속 유도발전기는 매우 좁은 범위의 회전 속도(discrete speed)에서 가동해야 하는 한계가 있다. 실제로는 동기 속도보다 약간 높은 속도로 회전해야 슬립이 발생하여 발전이 가능하다. 아울러 초기의 구성에서는 무효 전력 보상장치와 소프트 스타터(soft starter)가 필요한 점도 단점으로 나타났다. 앞에서 여러 번 강조되었지만 풍속은 항상 가변적이어서 동기발전기를 제어하는 것처럼 출력 전압은 제어가 어렵다. 이에 따라 농형 유도발전기를 가변속 풍력터빈에 사용하기 위하여 Fig. 10.10과 같이 전용량 컨버터를 사용해야 한다. 이 구성은 DFIG가 출현하기 전의 과도기적인 것으로 back-to-back 전력변환장치의 활용은 DFIG에서 활용하는 것보다 비효율적이다.

다른 단점은 발전기의 크기, 소음, 낮은 효율, 그리고 신뢰성 등이다. SCIG 발전기는 사용 중에 많은 파손과 그에 따른 유지보수 문제를 일으켜 왔다.

SCIG는 2000년까지는 풍력터빈의 발전기 시장을 주도해 왔으나 점차 고용량에 유리한 DFIG를 많이 사용하게 되어 교체되었다. 오늘날 85% 이상의 설치된 풍력터빈이 DFIG를 사용하고 있고 최대 용량이 5MW급 이상까지 상용화되었다.

SCIG를 활용한 대표적인 구성은 지멘스(Siemens)사의 SWT-3.6-107(SWT-2.3-82, SWT-2.3-92) 모델이지만 추가적인 활용 예시는 많지 않다.

10.4.2 권선 로터 유도발전기(WRIG, Wound Rotor Induction Generator)

WRIG는 로터에 권선을 감는다는 점에서 다소 일반적인 명칭이다. 따라서 넓은 의미에서 다음 단원에서 설명될 DFIG도 WRIG로 분류되기도 한다.

Fig. 10.11의 WRIG는 구조 측면에서 SCIG와 비슷하나 로터의 출력 특성을 제어하기 위하여 로터 측에 가변 저항을 더하는 외부 메커니즘을 가지고 있는 점이 다르다. 발전기의 제어는 가변 저항을 통하여 로터의 전압을 제어하여 이루어진다. 이 가변 저항은 에너지 손실을 줄이기 위하여 슬립링 대신에 전력변환장치를 통하여 연결할 수도 있다.

로터에 저항을 연결하는 CRRIG(Controlled Rotor Resistance Induction Generator)도 WRIG 중의 한 가지 종류이다. CRRIG는 로터와 피치 제어를 통하여 제한된 범위 내에서만 가변속 제어가 가능한 풍력터빈용 발전기이다. 발전기의 로터 권선은 제어 저항을 직렬로 연결하고 그 저항의 크기는 가변속의 범위를 결정한다. 일반적으로 정속 운전 발전기로 동기속도에 대비하여 0~10% 범위이다. 발전 손실은 슬립 정도에 비례하기 때문에 제한된 슬립 범위가 사용된다. 아울러 무효 전력 보상과 소프트 스타터가 필요하다.

Fig. 10.11 **WRIG/CRRIG의 구성도**

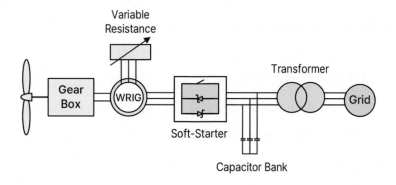

CRRIG의 구성을 보면 풍력터빈의 로터가 회전하고 증속기를 통하여 발전기 로터를 회전시키고 3상 변압기를 통하여 전압이 계통망으로 송전된다.

위에서 설명한 것과 같이 슬립을 제어하기 위하여(발전기의 속도 제어), 3상 스타형 결선 저항이 로터 회로에 연결된다. 전압이 고정자 권선에서 유도되어 3상 전력이 변압기를 거쳐 계통으로 직결되어 토크와 출력의 변동은 변동 슬립 특성으로 제어된다.

장점은 구조가 간단하고 가변 속도 가동으로 기계적 응력이 감소하고 신뢰성이 있다. 단점으로는 회전 속도 범위가 좁고 유효 전력과 무효 전력의 제어가 좋지 않다. 아울러 슬립링을 통한 전력 손실이 있어 효율이 낮다. 슬립링 대신에 전력전자 컨버터를 활용할 수도 있다.

10.4.3 이중여자 유도발전기(DFIG, Doubly Fed Induction Generator or DFAG, Doubly Fed Asynchronous Generator)

풍력발전단지에 사용하는 권선형 유도전동기는 회전자 측 즉, 2차 측에 Back-to-Back 컨버터를 가지고 있으면서 동기 속도 이하(sub-synchronous)의 속도에서나 동기 속도 이상(super-synchronous)의 속도에서 유도발전기가 중단이 없이 동작하게 한다.

DFIG는 제어가 복잡하지만 시스템 효율이 높고 전력변환장치의 크기를 줄일 수 있는 특징이 있다.

이중여자 유도발전기는 권선형 유도발전기를 사용하며 고정자 권선은 계통에 직접 연결하고, 전력변환장치를 사용하여 회전자 권선의 전압을 제어함으로써 발전기의 토크와 고정자의 무효 전력을 제어할 수 있다. 발전기 토크는 주어진 풍속에서 최대가 되도록 고정자의 무효 전력을 항상 0이 되도록 하였으며, 시뮬레이션을 통하여 검증한다.[11]

가변속 풍력터빈은 주어진 풍속 범위에서 더 많은 에너지를 생산할 수 있다. 또한 기계적인 응력도 낮고 빠른 전력 변동도 크지 않다. 내재된 전력변환장치도 예민하고 가격도 높다.

DFIG도 로터에 권선을 감아서 작동하는 유도발전기이므로 WRIG의 종류에 속하는 발전기 중의 하나이다. 또한 비동기 유도발전기이므로 DFAG(Doubly Fed Asynchronous Generator)라고 불리기도 한다. DFIG의 구성을 보면 고정자가 변압기를 통하여 직접 계통망에 연결된다. 블레이드 회전축과 증속기를 거쳐 연결된 발전기 로터는 PWM[5] 전력변환

---

5 PWM(pulse width modulation): 펄스 폭 변조라고 하며 정해진 출력 파형을 만들기 위하여 각각의 기본 주기에서 펄스폭이나 주파수 혹은 두 가지 모두를 변조시키는 것

장치(컨버터, power electronic converter)를 통하여 계통망에 연결된다. 이 전력변환장치는 로터 회로 전류, 주파수, 그리고 위상각 변위를 조절할 수 있다. 고정자는 직접 계통망에 연결되어 여자되고 로터는 전력변환장치를 통하여 여자되어 이중여자 유도발전기라 한다.

DFIG의 구조를 보면 Fig. 10.12와 같다. 로터가 블레이드 회전축에 연결되어 있고, 고정자 실린더가 로터를 감싸고 있다. 오른쪽은 collecting ring이라고도 불리는 슬립링(slip ring)도 보인다.

Fig. 10.12 **DFIG의 내부 구조도[12]**

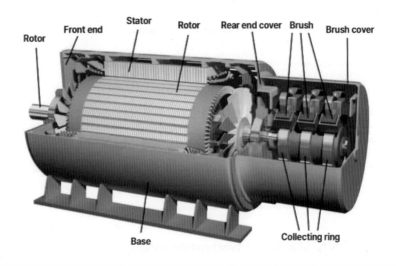

Fig. 10.13는 DFIG가 계통망과 블레이드 측에 연결된 구도를 보여주고 있다.

자세하게 보면 DFIG의 로터 측은 back-to-back 컨버터(위의 PWM 전력변환장치)와 슬립링을 통하여 연결되며, 계통망 측은 필터와 변압기를 통하여 계통망에 연결되고, 고정자는 계통망에 직접 연결된다. 이 구성은 발전기가 가변 풍속에서 가동할 수 있게 한다.

또한 DFIG는 로터와 계통망에서 공급되는 전류를 제어하여 발전기를 전적으로 제어할 수 있게 한다. 이에 따라서 계통망에 전달되는 유효 전력과 무효 전력도 제어한다. Fig. 10.13에서 보는 바와 같이 양방향형 Back-to-back 컨버터는 DC-link[6] 통하여 연결된 MSC(Machine Side Converter)와 GSC(Grid Side Converter)로 구성되어 있다.

---

6 DC-link: 직류 링크단

Fig. 10.13 DFIG 구성도[13]

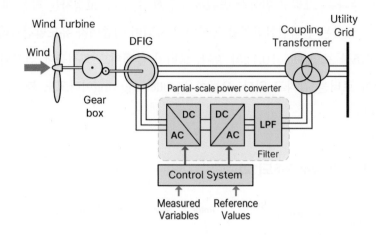

Doubly-fed라고 하는 이유는 로터는 컨버터와, 고정자는 AC 계통망과 연결되어 있어 이중으로 여자되는 구조이기 때문이다.

현재 DFIG의 사용이 가장 많기 때문에 이해도를 높이기 위하여 이 발전기의 작동원리에 대하여 자세하게 알아본다.

10.4.3.1 동기속도보다 낮을 때(sub-synchronous speed)

발전기 로터의 속도가 동기속도보다 낮으면(sub-synchronous) 계통망 은 AC-DC-AC 컨버터를 통하여 발전기 로터 권선으로 낮은 주파수 만큼의 교류 전력을 입력한다. 회전 자기장(자계)이 로터와 함께 합성(synthetic 혹은 combined)되어 자기장(자계)을 만들고 고정자 권선은 전력망에 맞는 교류(50Hz 혹은 60Hz)를 발생한다. Fig. 10.14에 전력의 흐름을 나타내었다.

Fig. 10.14 Sub-synchronous operation rotor power flow of doubly-fed wind turbine [13]

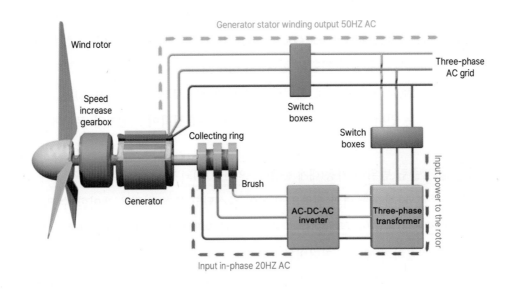

10.4.3.2 동기속도로 회전할 때(synchronous speed)

발전기 로터가 동기속도로 작동되면 계통이 DC 전력을 발전기 로터 권선으로 AC-DC-AC 컨버터를 통하여 입력하고, 로터에 대한 고정 자기장(고정 자계, fixed magnetic field)을 발생시키고, 고정자 권선은 50Hz/60Hz의 교류 전력을 발생한다. 계통과 동일한 주파수의 교류를 발생시키기 위하여 발전기의 내부 회전 자계(rotating magnetic field)의 회전속도는 계통망의 주파수와 같아야 한다. 로터의 속도가 같은 주파수이면, 회전 자계는 로터에 대하여 움직이지 않고 로터는 자속선과 동기화되어서 회전하고 이때의 작동 상태가 동기속도 작동이다.

10.4.3.3 동기속도보다 높을 때(super-synchronous speed)

로터 속도가 계통망의 주파수 위로 올라가면 로터는 회전 속도 차이만큼의 역회전 자계를 생성한다. 즉, 발전기 로터가 동기 속도보다 높게 작동하면, 발전기 로터 권선은 역상(reverse phase) 교류를 AC-DC-AC 컨버터로 유도한다. 이 역상 교류는 고정자 권선에서 50/60Hz 교류로 변환되어 변압기를 통하여 계통으로 송전된다.

고정자는 항상 전력을 계통으로 송전하지만 로터는 양방향으로 송전할 수 있다. 그 이유는 PWM 컨버터가 전압과 전류를 다른 위상각으로 공급할 수 있기 때문이다.

발전기의 로터가 동기 속도 보다 약간 낮은 속도로 회전할 때 로터측 컨버터(RSC, Rotor Side Converter 혹은 MSC, Machine Side Converter)는 인버터 역할을 하고 계통측 컨버터(GRC, Grid Side Converter)는 정류장치 역할을 한다. 이 경우에 유효전력이 계통에서 로터 쪽으로 흐른다. 동기 속도보다 높은 속도로 회전하는 조건에서는 로터측 컨버터(RSC)는 정류장치 역할을 하고 GSC는 인버터 역할을 한다. 결과적으로 유효전력이 고정자와 로터에서 계통으로 흐른다.

DFIG는 넓은 슬립 범위에 가동(대개 동기속도의 ±30%)되기 때문에 다양한 장점이 있다. 높은 에너지 수율, 기계적 응력과 전력의 변동이 감소되고 무효 전력을 제어할 수 있다.

DFIG의 장점은 고용량의 출력을 얻을 수 있기 때문에 대형 풍력터빈에 적합하다. 부분 용량 컨버터가 필요하기 때문에 전력변환장치의 비용이 높지 않다.

단점으로는 SCIG에 비해서는 복잡한 제어 기능이 필요하며, 여전히 슬립링이 있어 주기적인 유지보수가 필요하다. 증속기가 필요하여 시스템 가격이 높고 유지보수 비용이 높다는 것이 가장 큰 문제점이다. 계통 장애(grid fault) 조건이 발생하면 고정자가 계통망에 직결되어 있어 쉽게 영향을 받기 때문에 전압 보상(fault ride through)[7]이 필요하다.

10.5 대형 풍력터빈용 발전기의 적용 경향

이상과 같이 그동안 풍력터빈 제조사의 실제 MW급 이상의 풍력터빈들에서 채택한 다양한 발전기의 예시를 Table 10.1에 정리하였다. 현재 풍력단지에서 운용 중인 풍력터빈용 발전기의 주요 경향은 DFIG와 PMSG임을 알 수 있고, 8MW급 이상의 초대형 풍력터빈에서는 PMSG가 두드러진 경향을 보이고 있다.

---

7   LVRT (Low Voltage Ride Through) 단락과 같은 사고 발생되어도 재생 발전기가 일정기간 동안 전력망 연계되어야 하는 규정임, FRT 라고도 함(Fault Ride Through).

Table 10.1 MW급 풍력터빈에 사용되는 대표적 발전기(generator)의 종류

발전기 종류	정격용량(MW)	제조사 및 국가
SCIG	3.6	Semens(독)-현 SGRE
	3.0, 5.0	Windtec(오스트)
DFIG	1.5, 3.6	GE(미)
	2.0, 3.0, 4.5	Vestas(덴)
	2.3	Siemens(덴)-현 SGRE
	2.0, 3.3, 5.0, 6.X*	RePower-Senvion(Suzlon)
	2.1, 2.6~3.0	Suzlon(인)
	1.5	MingYang(중)
	3.0	Sinovel(중)
	1.5, 2.5, 3.0, 5.X*	Nordex-Acciona(독)
EESG	2.2, 3.0, 3.0, 4.5	Enercon(독)
PMSG	2.0, 6.0, 7.5	Enercon(독)
	4.5, 5.0	Gamesa(스페인)-SGRE
	6.0, 7.0, 10.0, 11.0*, 14.0**	Siemens-Gamesa(독)-SGRE
	2.5, 5.0, 5.0, 6.0, 8.0, 12.0, 13.0, 14.0**	GE(미)
	7.0, 8.0, 9.0, 9.5, 10.0, 15.0**	MHI(일)-Vestas(덴)
	3.0	Winwind(스웨)
	5.0	Multbrid(독)-Areva(프)
	2.5, 6.5, 8.0	GoldWind(중)
	2.5, 3.0, 6.45, 7.25, 8.3, 16.0**	MingYang(중)
	7.0, 8.0, 10.0, 11.0	Dongfang(중)
	6.0, 14.0	Bewind(독), 설계 Engineering
HTS	4.0	Semens(독)-현 SGRE
	10.0	Windtec(오스트)
	10.0	Clipper(미)

*6.X: 6.0MW Series, ** 개발 중

참고문헌

1. N. Goudarzi and W. D. Zhu, "A Review of the Development of Wind Turbine Generators Across the World," International Journal of Dynamics and Control, June 1:192-202, 2013

2. https://www.quora.com/What-is-the-function-of-a-DC-motor-1

3. https://www.power-motor.com/?Technologies/Commutator.html

4. Wikipedia

5. Marcelo Gustavo Molina and Juan Manuel Gimenez Alvarez, "Technical and Regulatory Exigencies for Grid Connection of Wind Generation," ReseachGate, June 2011

6. A. Lebsir, et al., "Electric Generators Fitted to Wind Turbine Systems: An Up-to-date comparative study," HAL Open Science, 2015

7. AC Synchronous Generator: Working Principle, Types, https://electricalacademia.com/synchronous-machines/ac-synchronous-generator-working-principle-types/

8. Wenping Cao, Ying Xie and Zheng Tan, "Wind Turbine Generator Technologies," Chapter 7, IntechOpen

9. 김찬기, 이원교, 임철규, "농형 유도발전기와 권선형 유도발전기의 특성비교," 전력전자학회 2005년도 전력전자학술대회 논문집 2005 July 04, 2005년, pp.469 - 471

10. M. Boudjemaa, R. Chenni, "Dynamic response of SCIG with Direct Grid Connection," 2013 Fourth International Conference on Power Engineering, Energy and Electrical Drives, 21 October 2013, Istanbul, Turkey

11. 이중여자 유도발전기에 대해 알아보자. https://yyxx.tistory.com/180

12. Pinjia Zhang and Delong Lu, "A Survey of Condition Monitoring and Fault Diagnosis toward Integrated O&M for Wind Turbines," Energies, 2019, 12, 2801

13. Ramadoni Syahputra and Indah Soesanti, "DFIG Control Scheme of Wind Power Using ANFIS Method in Electrical Power Grid System," International Journal of Applied Engineering Research ISSN 0973-4562 Volume 11, Number 7(2016) pp. 5256-5262

14. www.pengky.com

전력변환장치

전력변환장치

 11.1 전력전자 컨버터(Power Electronic Converter)

풍력터빈은 타워 상부에서 블레이드와 나셀 내부의 증속기, 발전기, 전력전자 컨버터, 그리고 변압기 등으로 구성된다. 또한 회전 속도에 따라서 풍력발전시스템은 크게 두 종류인 정속(fixed speed)과 가변속(variable speed) 운전 형태로 나눈다.

풍속은 가변적이기 때문에 보다 많은 에너지를 얻기 위해서는 가변속으로 발전기를 가동하는 것이 중요하다. 전력전자 컨버터(power electronics converter)는 계통망에 풍력터빈이 연결될 때 가변속 발전기가 높은 효율과 성능을 달성할 수 있도록 발전시스템을 통합하기 쉽게 한다. 구체적으로 보면 전력전자 변환장치는 풍력발전기와 계통망 사이에 연결되어 필요한 요구사항인 여러 가지 전기적 특성, 즉, 주파수, 전압, 유효 전력과 무효 전력의 제어, 그리고 고조파(harmonics) 등을 만족시키는 역할을 하는 장치이다. 풍력발전과 관련된 문헌에서는 전력전자 컨버터(power electronics converter, 전력전자변환장치), 전력 컨버터(power converter, 전력변환장치), 전력전자(power electronics), 그리고 단순히 컨버터(con-verter, 변환장치) 등과 같이 다양한 이름으로 사용된다.[1]

변동하는 풍속에서 최대의 출력을 얻기 위하여 대형 풍력터빈의 가변속 가동을 위해서는 전력변환장치의 연결이 필수사항이 되었다. 전력변환장치는 사용되는 발전기와 계통망사이 연결되어 전기적 특성을 제어하기 때문에 특정 발전기와의 구성을 통하여 설명해야한다. 따라서 제10장에서 발전기 연결 구성에 대하여 이미 알아보았기 때문에 그것을 바탕으로 설명하는 것이 이해에 도움이 될 것으로 판단한다.

11.2 컨버터의 원리와 구조

우리 주변의 거의 모든 전기적 장치에는 규모가 다르지만 전기 에너지의 변환장치가 활용되고 있다. 본 단원에서는 풍력터빈용 전력변환장치에 국한하여 간단히 알아본다.

전력변환장치(power converter)는 전기 에너지를 변환하는 전기 또는 전기기계적 장치이다. 전력변환장치는 교류(AC)를 직류(DC)로 변환하거나 반대로 변환하는 것이 가능하며 전압이나 주파수를 변환하는 것도 동일하다.

풍력터빈 발전기에서는 교류를 발전하기 때문에 AC-DC 컨버터를 이용하여 AC 전원을 DC 전원으로 변환하고 DC-AC 컨버터(특히 인버터라고 함)를 통하여 다시 교류로 변환하여 계통망에 연결된다.

특히 우리의 관심인 유도발전기에서 생산하는 교류를 컨버터를 통하여 계통망에 맞는 주파수와 전압으로 변환하거나 발전기의 회전자를 여자(자화)하기 위하여 변환된 전력을 공급한다. 따라서 Fig. 11.1과 같이 AC-DC-AC 변환이 이루어지는 장치를 양방향형 컨버터(bidirectional converter)라고 하며 이것 위주로 알아본다.

Fig. 11.1   **풍력발전기와 계통망 사이에 연결된 양방향형 컨버터의 예시[2]** ──────

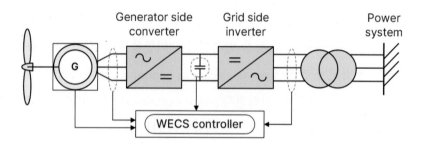

전기의 흐름을 제어하는 스위칭 기능을 하는 소자인 IGBT(Insulated Gate Bipolar Transistor)[1]가 트랜지스터 소자에 비교하여 동작 속도가 빠르고 전력손실이 적어서 많이 활용된다.

---

1   IGBT: 절연 게이트 양극성 트랜지스터라고 하며 스위칭 소자의 일종으로 낮은 구동 전력, 고속 스위칭, 고 내압화, 고전류 밀도화가 가능한 소자로 스위칭 속도와 전력 효율이 높다.

MOSFET[2]는 저전력을 사용하고 속도가 빠르지만 가격이 높다.

대용량 풍력발전과 같은 수kV~수십 kV, 수 MW~수십 MW급의 전력 변환이 필요한 중전압 대용량 전력변환장치가 필요하다.

11.3 전력변환장치의 종류

변동하는 풍속에서 최대의 출력을 얻기 위한 대형 가변속 풍력터빈시스템에서 발전기 용량에 따른 전력변환장치(converter)의 용량에 기초를 두고 더 분류하면 부분용량 전력변환장치(partial rated 혹은 partial scale converter)와 전용량 전력변환장치(full rated 혹은 full scale converter)로 나눈다.

MW급 풍력터빈이 본격적으로 상용화되기 이전에는 단순한 구조와 견고함, 그리고 저렴한 비용 등의 이유로 농형 유도발전기(SCIG)가 많이 사용되었다.

SCIG는 로터의 회전이 동기속도 근처의 좁은 범위(동기속도의 1~2% 정도 높은 속도)의 회전 속도에서 이루어지면서 전자기 유도를 통한 전기가 발생한다. 따라서 SCIG는 비록 유도발전기이지만 동기 속도 부근에서 정속으로 가동할 수 있기 때문에 정속운전(fixed speed operation) 풍력터빈이라고 한다.

따라서 Fig. 11.2와 같은 구성으로 SCIG는 다단 증속기와 변압기를 통하여 계통망에 직접 연결되어 정속 운전 풍력터빈으로 사용되어 왔다.

농형 유도발전기는 거의 동기속도로 회전하기 때문에 동기발전기가 갖는 감쇄효과(damping effect)[3]를 지니고 있어 드라이브 트레인에 충격을 완화시키는 역할도 가지는 장점도 있다.

---

2   MOSFET(metal-oxide-semiconductor field-effect transistor) 디지털 회로와 아날로그 회로에서 가장 일반적인 전계효과 트랜지스터(FET)이다

3   메모 참조: 동기발전기의 hunting과 damper winding

한편으로는 SCIG가 정속운전이었기 때문에 두 가지의 정속에서 운전이 가능하도록 극수 변화 SCIG를 사용하기도 하였다. 다시 말해서 가변속 운전이 어려웠던 초기의 풍력터빈에는 2개 정도의 풍속에서의 정속운전을 통하여 발전이 가능하도록 동일한 풍력터빈 내에 극수가 다른 2개의 SCIG를 설치하여 출력을 최대로 얻고자 노력하기도 하였다. 사실 농형 유도발전기는 정격풍속이하에서는 발전이 불가능하여 출력효율이 낮다. 또한 정속운전이므로 발전기 자체의 제어는 불가능하여 출력 제어를 위해서는 블레이드의 형상 설계를 통한 실속(stall) 방식이나 피치 각도 조절을 통하여 이루어진다.

Fig. 11.2 **Scheme of a fixed speed concept with SCIG system[3]**

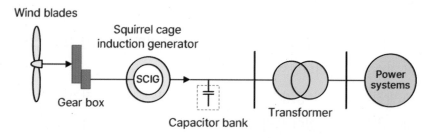

농형 유도발전기는 고정자의 자화를 위하여 무효전력은 많이 소모하기 때문에 1980년대에는 계통망에서 요구하는 전압수준을 유지하기 위하여 커패시터 뱅크(capacitor bank)를 사용하는 방법으로 발전하였다. 또한 부드럽게 계통망에 연결하기 위하여 소프트 스타터(soft starter)를 사용하였다.

11.3.1 정속 풍력터빈의 소프트 스타터(soft-starter for fixed-speed WECS)

전력망에 직접 연결 방식은 위에서 설명한 것과 같이 초기의 풍력발전시스템에 널리 사용되었다. 그 구성은 SCIG가 변압기를 사용하여 전력망에 연결하고 거의 정속으로 작동한다. 전력은 실속 제어, 능동 실속 제어, 혹은 피치 제어로 공력학적으로 제어될 수 있었다. 이때의 정속 개념의 기본 구성은 Fig. 11.2에 소프트 스타터를 추가한 Fig. 11.3에 나타내었다.

Fig. 11.3 Fixed speed WECS with a power electronics soft starter[1]

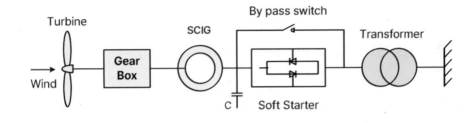

유도발전기를 계통에 연결하면 매우 높은 전류가 짧은 시간 동안 과도 현상 혹은 과도 전류(transient)가 발생하여 계통망(grid)에 장애(disturbance)가 발생하고, 직접 연결 유도발전기를 가진 풍력터빈의 드라이브 트레인에 높은 토크 급등 현상(torque spike)이 발생한다.

과도 전류 현상은 전력망을 교란하고 가용 풍력터빈의 수를 줄일 수 있다. 유도발전기의 높은 시동 전류는 사이리스터를 사용한 소프트 스타터로 제어된다. 사이리스터 기술에 기반한 전류 제한 장치 혹은 소프트 스타터는 돌입 전류(inrush current)의 rms값을 발전기의 공칭 전류의 2배 이하로 제한한다.

소프트 스타터는 제한된 열적 용량을 가지고 있고 그리드에 연결이 완료되면 전체 부하 전류를 담당하는 접촉 장치(contactor)에 의하여 회로 단락이 발생한다. 그리드에 충격을 완화하기 위하여 소프트 스타터는 피크 전류와 관계되는 피크 토크를 감쇄시켜(dampens) 증속기에 걸리는 하중을 줄인다.

11.3.2 전용량 컨버터(full-power rated converter)

전력전자(power electronics) 기술의 발전으로 SCIG를 컨버터를 계통망에 직결하여 기존의 커패시터 뱅크나 소프트 스타터 등의 역할을 하게 하였다. 이때 사용하는 컨버터가 Fig. 11.4와 같은 구성의 전용량 컨버터이며 발전되는 전력을 컨버터를 사용하여 주파수와 전압을 계통망에 맞도록 변환할 수 있기 때문에 SCIG도 가변속 가동이 가능하게 되었다.

유도발전기가 계통망에 직접 연결되면 커패시터 뱅크가 고정자에 독립 시스템으로 연결되어 무효 전력을 위하여 여자 전류를 공급한다. 하지만 계통망에 연결되는 유도발전기는 무효 전력을 계통망에서 끌어온다. 유도발전기는 back-to-back 컨버터를 사용할 수 있어 다양한 구성을 만들 수 있다.[4]

Fig. 11.4 전용량 전력전자 컨버터(full power rated converter)[4]

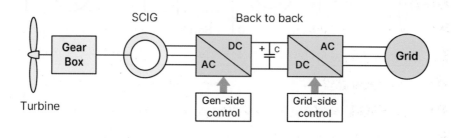

SCIG에 이 컨버터를 연결하여 발전기와 계통망을 분리하면 각각 측에서 다른 주파수로 작동할 수 있다. 그래서 SCIG의 기존의 동기 속도의 가동 형태를 바꿀 수 있다. 왜냐하면 다른 주파수로 작동할 수 있기 때문에 SCIG의 달라지는 로터 속도에 걱정하지 않아도 되기 때문이다.

SCIG로 가변속 운전의 장점을 이용하기 위해서는 전력전자 컨버터가 사용되어야 한다. BTB(back-to-back) 컨버터가 농형 유도발전기를 풍력발전에 응용하기 위한 적절한 옵션이다. BTB 컨버터는 Fig. 11.4와 같이 정류 장치, DC-link 커패시터, 그리고 인버터로 구성된다. 정류 장치와 인버터는 IGBT(Insulated-Gate Bipolar Transistor)[4]를 사용하고 이것들은 PWM(Pulse Width Modulation, 펄스폭 변조)으로 제어된다. 또한 최근에 대형 풍력터빈에 영

---

4 IGBT: 주로 전자 스위치용으로 활요되는 3개 단자를 가진 출력 반도체 장치

구자석 발전기(PMG, Permanent Magnet Generators)가 많이 적용되고 있는데, 가변속 발전으로 전용량 컨버터의 사용이 불가피하게 되었다.[5]

참고사항

오늘날 2MW 이상의 터빈은 주로 속도 조절이 가능한 가변속 풍력터빈이다. 컨버터 용량 측면에서 일반적으로 3MW급까지는 저압 690Vac급을 적용하고 있다. 5MW급 이상에서는 일반적으로 고압 발전기와 고압 컨버터 시스템을 적용하고 있다.

해상풍력발전에 적용하기 위해서는 부품은 낮은 유지보수가 필수이고, 발전기는 영구 자석(permanent magnet)에 의해 여자되는 것이 널리 선호하는 방법이고 전용량 컨버터가 적절하고 이 시스템의 변환 효율성은 특히 부분 부하 가동에서도 아주 경쟁력이 높다.

농형 유도발전기와 동기발전기는 전용량 컨버터를 가지는 풍력터빈으로 사용될 수 있다. 전용량 컨버터는 발전기와 그리드 사이에 위치하며 부가로 기술적인 성능을 제공한다.

일반적으로 back-to-back 전압형 컨버터는 유효전압과 무효전압을 모두 제어하기 위하여 사용된다. 이때는 동기발전기와 다이오드 정류기(diode rectifier)가 사용되어야 하지만 이럴 때는 전 시스템이 완전히 제어되지는 않는다.

발전기가 계통망에서 분리되기 때문에, 발전기는 최적 가동을 위하여 넓은 범위의 주파수 대역에서 가동될 수 있다. 이때 발전된 유효 전력은 GSC를 통하여 계통망으로 보내지고 이 GSC는 유효 전력과 무효 전력을 독립적으로 제어할 수 있고 동적 반응도 향상될 수도 있다.

11.3.3 부분용량 컨버터(partial scale converter 혹은 partial power rated converter)

대형 풍력터빈에서 대표적인 가변속 풍력발전시스템은 DFIG로 알려진 발전기와 부분용량 컨버터의 구성으로 사용되고 있다. 다시 말하면 DFIG 개념은 권선형 로터를 가진 유도발전기와 로터 회로에 부분 용량의 전력변환장치를 가진 가변속 풍력터빈에 해당한다.[6]

Fig. 11.5 **DFIG의 가변속 개념의 전력전자 컨버터[1]**

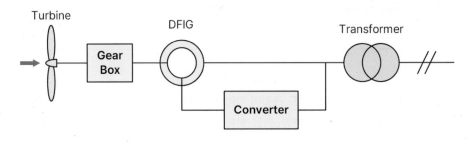

유도발전기에서 로터의 자계 회로를 여자(energizing)하는 일정량의 무효전력은 계통망이나 내부 커패시터(local capacitor, capacitor bank)에서 공급받아야 한다. 앞의 SCIG는 대개 내부 커패시터에서 DFIG는 계통망에서 무효 전력을 얻는다. 유도발전기는 전압의 불안정을 초래할 수도 있고 커패시터가 역률을 보상하기 위하여 사용될 때 자체 여자의 위험성도 있다. 추가로 감쇄효과(damping effect)는 로터에서 전력손실을 초래할 수도 있다. 터미널(terminal) 전압과 지속적 단락 전류(sustained fault current)를 직접 제어할 방법이 없다.

앞 단원의 Fig. 10.11(b)와 Fig. 11.5(converter의 자세한 그림은 아래 Fig. 11.8에 제시됨)에서 보는 바와 같이 DFIG의 로터는 증속기를 통하여 터빈 블레이드에 기계적으로 연결되어 있다. 로터는 양방향 전압 소스 컨버터에 의하여 전력을 받는다. 그래서 DFIG의 속도와 전자기 토크는 로터측 컨버터(RSC)를 제어하여 조절한다. 다른 특징은 DFIG는 동기 속도보다 약간 낮거나 높은 조건에서도 가동할 수 있다.

DFIG의 설계와 작동에서 발전기의 특성을 정격하중이나 작동 하중에 가깝게 최대의 효율점으로 옮김으로써 풍력발전단지의 풍속과 일치시키는 것이 좋을 수 있다. 제어 목적으로 DFIG의 수학적 모델은 아래와 같은 동기 기준에 기초를 두고 있다.

DFIG에서 유효 전력은 출력을 평가하는데 사용되고 무효 전력은 전력망에서 전기적 거동을 맡는다. DFIG는 자기장을 형성하기 위하여 일정량의 무효 전력이 요구된다. 계통에 연결된 DFIG는 전력망에서 무효 전력을 얻고 독립 계통에서 작동할 때는 무효 전력이 커패시터나 배터리와 같은 외부 전원에서 공급될 필요가 있다.

2MW 풍력터빈의 예시를 Fig. 11.6에서 볼 수 있다. 로터와 고정자 두 곳에서 전력을 발전하여 전력망으로 보내며, 정격전압의 1/3 정도의 전력을 발전기 로터로부터 발전할 수

있는 가장 경제적인 방식이다. 또한 로터 회로에 소용량의 컨버터를 설치하며, 이로 인하여 15~30%의 속도를 가변할 수 있다. 블레이드 로터가 바람에 의하여 회전하게 되면 전력변환기(컨버터)로 발전기 토크를 제어하고, 정격 주파수로 변환이 가능하고 최고의 전력 품질을 갖는 더 높은 에너지를 발전할 수 있다. 피크 부하에서는 전력 출력을 블레이드의 피치 제어를 통하여 제한한다.

Fig. 11.6 **2MW 풍력터빈의 전력량 vs 풍속[8]**

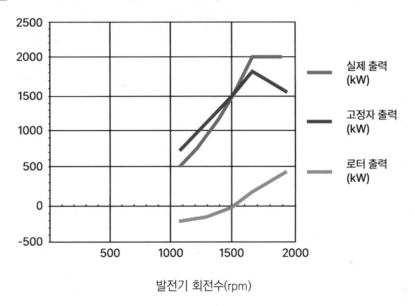

11.4 가변속 풍력터빈의 전력전자 제어

위에서 컨버터의 용량에 따른 두 종류를 알아보았다. 현대에는 가변속 풍력터빈이 대용량 풍력터빈에 가장 많이 사용되는 발전기 형태는 유도발전기와 동기발전기이다. 따라서 가변속 풍력터빈의 전력전자 제어에 대하여 더 알아본다.

풍속의 변동성은 풍력발전기의 단점임을 이미 알고 있다. 하지만 풍력터빈을 풍속의 변화에 따라 회전 속도를 증가시키거나 감소시켜 풍력터빈의 회전 속도를 조절하면 타워, 증속기, 드라이브 트레인에 있는 부품들의 마모나 파손의 확률을 줄일 수 있다. 최근의 풍력터빈의 발전기는 더욱 발달된 전력전자 컨버터를 통하여 전력망에 연결되어 에너지 생산을 증가시키고 전력망에 전력 공급 변동을 감소시킬 수 있다.

하지만 SCIG는 감쇄효과(damping effect) 때문에 정속운전 풍력터빈에 많이 사용된다. 발전기의 고정자를 여자하기 위해서는 커패시터 뱅크에서 무효 전력을 얻는다.

SCIG의 단점을 고려한 WRIG는 다른 형태의 유도발전기인데 로터 권선에 외부 저항을 연결하여 부분적으로 가변속 가동을 할 수 있다. 권선의 외부 저항은 동기속도의 10% 정도까지 에너지 획득을 할 수 있게 하고 계통에 기계적 부하를 감소시킨다. 이 구성은 정격 풍속 이하에서 무효 전력 요구를 감소시키고 증가된 에너지 출력을 얻게 한다.

동기발전기의 경우에 두 가지 다른 여자 방법은 외부에서 직류를 공급하거나 영구 자석을 사용하는 것이다.

동기발전기를 사용하는 풍력터빈은 감쇄 요구사항(damping requirement) 때문에 계통망에 직접 연결될 수 없다. 현재 풍력터빈 제조사들은 PMSG나 DFIG를 사용하여 MW급 풍력터빈을 제조한다.

아직도 대부분의 대형 풍력터빈은 증속기를 사용하여 저풍속에서 고토크의 기계적 출력을 얻는다. 그러한 장점에도 불구하고 증속기의 사용과 관련하여 몇 가지 단점이 있는데, 정기적인 유지보수, 강풍에서 오정렬, 제한된 수명, 그리고 증속기에서 오는 오작동 등이다.

이러한 문제점 때문에 증속기가 없는 다극형 동기발전기(EESG)가 큰 관심을 끌게 되었다. 발전기 형태 간의 장단점을 비교한 결과 PMSG와 DFIG의 구성을 가진 풍력터빈 개발이 이루어지게 되었다. 이에 따라 가변속 풍력터빈을 전력전자 컨버터를 이용한 제어 방식을 적용하게 되었다.

PMSG를 사용할 때의 몇 가지 장점들이 있다. 증속기가 없는 직접구동 형식의 도입 가능성, 전력전자와 전력망 간의 연결의 제어, 여자용 외부 직류 공급 제거, 그리고 전압 보상(fault ride through)[5] 제어 등이다.

전용량 컨버터의 사용으로 설비의 비용이 높지만 PMSG에 사용된 컨버터(인버터)의 신

---

5 LVRT (Low Voltage Ride Through) 단락과 같은 사고 발생되어도 재생 발전기가 일정기간 동안 전력망 연계되어야 하는 규정임, FRT 라고도 함(Fault ride through).

뢰성과 효율은 DFIG용 컨버터(인버터)보다 좋다.

따라서 전용량 전압형 컨버터를 DFIG의 부분용량 컨버터보다 선호한다. PMSG의 전용량 컨버터는 두 개의 각각의 컨버터를 가지고 있고 한쪽은 로터측 컨버터 RSC(Rotor Side Converter), 다른 한쪽은 GSC(Grid Side Converter)이다. PMSG 풍력터빈의 고효율 구성은 완전 제어와 IGBT 기반의 양방향 컨버터로 이루어진다. 최근에 개발된 제어 기술은 직류 벡터 제어기술로 종전의 벡터 제어기술에 비교하여 신뢰성, 효율, 그리고 안정성을 높여준다.

전력전자 컨버터의 작동 원리를 보면 간접구동 풍력터빈의 저속축이 유성 기어 증속기에 연결된다. 고속축은 증속기와 SCIG를 연결한다. 고정자 회로에 연결된 back-to-back 컨버터는 회전자계를 조절하여 주파수를 변경하고 전력이 일정한 전압과 주파수를 전력망에 맞도록 한다.

영구자석 발전기는 위의 WRSG에서 로터 권선이 영구 자석으로 교체된 것이다. 희토류 금속에 기반을 둔 고성능 영구 자석(Nd-Fe-B, Neodymium-iron -boron)의 개발로 가능하였다.

고정자가 계통망에 직접 연결되고 반면에 로터는 컨버터를 통하여 계통망에 연결된다. 이때 컨버터는 로터의 주파수와 속도를 제어한다.

이렇게 함으로써 주파수 변환장치(frequency converter)의 용량에 따르기는 하지만 넓은 범위의 풍속에서 발전이 가능하게 되었다.

회전 속도의 범위는 동기속도의 +30%에 이른다. 이에 따라서 컨버터의 용량은 발전기 용량의 25~30% 용량이면 가능하다. 작아지는 컨버터의 용량 때문에 가격 측면에서 매우 매력적이다.

대개 외부의 DC나 영구자석으로 여자되는 동기발전기도 풍력발전시스템에 사용된다. 동기발전기는 드라이브 트레인에 발생하는 심각한 감쇄(damping) 요구사항 때문에 직접 교류 전력망에 연결되지 못한다. 따라서 동기발전기를 사용하려면 전력망에서 발전기를 분리하기 위하여 전용량 컨버터를 사용해야 한다.

동기발전기나 로터 권선이 없는 유도발전기는 전용량 전력전자 컨버터가 발전기의 고정자와 전력망 사이에 사용된다. 그러면 발전된 전체 전력이 전력전자 컨버터를 통하여 전력망으로 공급된다.

로터 권선을 가진 유도발전기의 경우에는 발전기의 고정자는 전력망에 직접 연결되고 로터는 전력전자 제어 저항이나 슬립링과 전력전자 컨버터를 통하여 전력망에 연결된다.

로터 저항 제어 기능이 있는 권선을 감은 로터를 가진 유도발전기(즉, dynamic slip con-
trol이라고 알려짐)에서 로터 권선은 가변 저항과 연결된다. 회로에 있는 등가 저항은 Fig.
11.7과 같이 전자 제어 시스템으로 조정될 수 있다.

로터 권선의 저항이 증가하면 슬립이 증가한다. 이런 방식으로 발전기 속도가 제한된
범위 내에서 변할 수 있다. 농형 유도발전기와 로터 저항 제어형 권선 유도발전기(WRIG,
Wound Rotor Induction Generator)는 발전을 위해서는 동기속도보다 빠른 속도로 가동되어
야 한다.

Fig. 11.7 **로터 저항형 컨버터를 가진 권선 로터 유도발전기(Dynamic Slip Control)[1]**

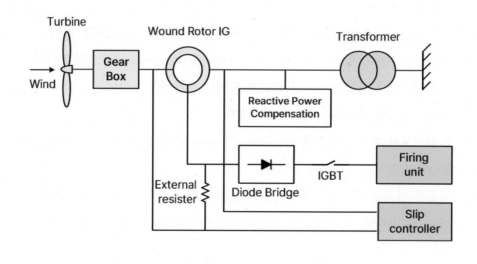

위의 두 종류의 발전기(SCIG와 로터 제어형 권선 유도발전기)는 계통망이나 커패시터 뱅크
혹은 추가적 전력전자 장치와 같은 보상 장치로부터 무효전력을 끌어와야 한다.

이에 더하여 DFIG라고 하는 좀 더 발전된 개념이 있다. Fig. 11.8을 참고하면 DFIG의 고정자는 전력망에 직접 연결되어 있고 반면에 발전기의 로터는 슬립링을 통한 전력전자 컨버터에 의하여 전력망에 연결된다.

Fig. 11.8 가변속 DFIG를 가진 풍력터빈시스템[1]

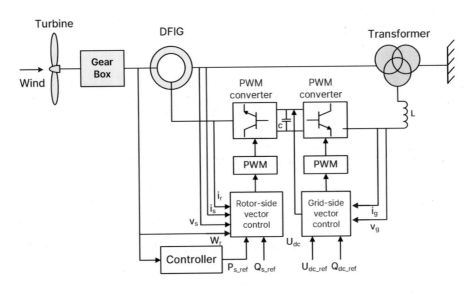

이 발전기는 동기 속도보다 빠르거나 느릴 때, 이 모두의 속도에서도 전력망에 전기를 보낼 수 있다. 슬립이 전력전자 회로를 통하여 흐르는 전력과 함께 변화한다. 장점은 발전되는 일부분만 컨버터를 통하여 공급된다는 점이다.

따라서 전력전자 컨버터의 공칭 출력(nominal power)은 풍력터빈의 출력보다 낮을 수도 있다. 일반적으로 컨버터의 공칭 출력은 터빈 전력의 30% 정도가 될 수 있다. 이 사항은 공칭 속도의 30% 범위 내에서 로터 속도의 변화를 줄 수 있게 한다.

컨버터의 유효 전력을 제어함으로써 발전기의 회전 속도를 변화하게 할 수 있고 터빈의 로터의 속도도 제어할 수 있다. IGBT-기반 전환 컨버터와 같은 자려식 컨버터(self com－mutated converter) 시스템이 이런 풍력터빈에 사용된다.

Fig. 11.8에 보는 바와 같이 DFIG는 back-to-back 컨버터를 사용하는데, 이것은 DC-link[6]를 이용하는 양방향 컨버터(한쪽은 로터에 다른 쪽은 그리드에 연결)로 구성되어 있다.

가변속 풍력발전시스템에서 전력전자 컨버터는 전력망에 송전하는 유효 전력과 무효 전력을 둘 다 제어가 가능하다. 이 기능은 정상 상태 가동 조건, 전력 품질, 전압, 그리고 위상각 안정성과 관련하여 전력망 통합을 최적화할 수 있게 한다. DFIG는 또한 전력망에 고품질의 전력을 공급할 수 있다.

풍력터빈에서 발생하는 소음도 바람이 조용할 때 터빈이 낮은 속도에서도 가동할 수 있기 때문에 효과적으로 감소될 수 있다. 종래의 유도발전기와 비교하여 동적 대응과 제어 능력도 우수하다. DFIG를 사용하면 소프트 스타터나 무효 전력 보상장치도 필요가 없다.

기존의 SCIG나 DFIG와 비교하여 Fig. 11.9에서는 전용량 전력 컨버터를 사용하는 세 가지 해결 방식으로 예시를 보여주고 있다. 세 가지 해결법 모두 거의 같은 제어 특성을 갖는다. 왜냐하면, 발전기가 DC-link에 의하여 그리드에서 분리되기 때문이다. GSC는 시스템이 유효 전력과 무효 전력을 매우 빠르게 제어할 수 있게 한다.

영구자석 발전기는 더욱 매력적이고 우수하다. 왜냐하면, 높은 효율과 에너지 수율, 높은 신뢰성, 중량 대비 전력량 등의 면에서 전자석 발전기에 대비할 때 전력망에의 연결에 대한 요구사항이 엄격해지고 있다. 한 예시를 보면, 주요 계통망(grid) 상의 혼란이 발생하면 풍력터빈이 계통망에 연결되어 있어야 하고 보조하는 역할도 해야 한다.

---

6 DC-link(직류 링크단) 혹은 DC-link capacitor는 입력 전원과 출력 부하 사이의 순간 전력 차이를 균형화하는 전압 평활용으로서 컨버터와 인버터 등에서 전력변환이 이루어질 때 버퍼 역할을 통하여 전압을 유지하도록 일정한 전압의 공급이 가능하도록 하는 역할을 함.

풍력터빈이나 에너지 저장시스템, STATCOM과 같은 가변 교류 전송(FACT, Flexible AC Transmission)장치 등을 위한 접속 기능으로서 전력전자 기술이 미래의 다양하고 새로운 발전과 제어 개념의 성공을 위한 최신의 해결책을 개발하는 데 중요한 역할을 할 것이다.

Fig. 11.9 **전용량 컨버터를 적용한 풍력발전시스템[1]**

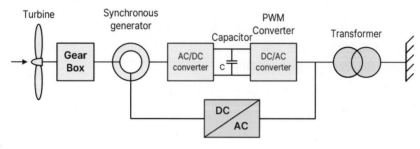

(a) Induction generator with gearbox

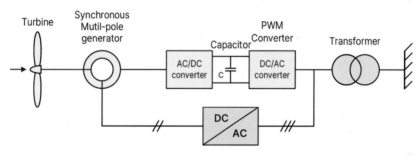

(b) Synchronous generator without gearbox

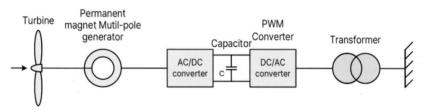

(c) Multipole synchronous generator without gearbox

컨버터(converter)와 인버터(inverter)

전력망으로부터 고정된 전압과 고정된 주파수를 받고, 가변 전압, 가변 주파수 출력을 통하여 모터를 제어하고 전력을 공급하는 드라이브는 먼저 AC 전력망으로부터 DC로 변환하는 컨버터가 있고, 이 DC 전원을 필요로 하는 전압과 주파수로 변환하여 AC 출력을 내주는 두 개의 컨버터가 있다. 이 두 개의 컨버터 사이에는 DC 전원을 평활하는 DC 링크가 존재한다.

일반적인 드라이브에서 전력망(grid) 측의 컨버터(GSC)는 6개의 다이오드 브리지로 구성된 6펄스 다이오드 정류부로 구성되어 있고, 모터측 컨버터(MSC)는 일반적으로 인버터라 부르고 있다.

이렇게 AC를 DC로 변환하는 모든 정류 회로를 가지고 있는 전력변환장치는 고조파가 발생할 수밖에 없으며, 이에 대한 대책을 수립하여야 한다.

참고문헌

1. Shukla, R. D., Tripathi, R. K., and Gupta, S., "Power electronics applications in wind energy conversion system: A review," International Conference on Power, Control and Embedded Systems, 1-6. IEEE. 2010.

2. Abdul Motin Howlader, Hidehito Matayoshi, Saeed Sepasi and Tomonobu Senjyu, "Design and Line Fault Protection Scheme of a DC Microgrid Based on Battery Energy Storage System," Energies 2018, 11, 1823, 12 July 2018

3. Ping He, Fushuan Wen, Gerard Ledwich, "Small signal stability analysis of power systems with high penetration of wind power," J. Mod. Power Syst. Clean Energy(2013) 1(3) : 241-248

4. Dominguez Garcia, Jose Luis, "Modeling and Control of Squirrel Cage Induction Generator with Full Power Converter Applied to Windmills," University of OULU, Finland, November 30, 2009

5. Fan Zhang, "Wind Turbine Controller Design for Improved Fault Ride-Through Ability," International Conference on Energy and Environmental Protection(ICEEP 2016)

6. 이완주, 조신현, "풍력발전시스템과 풍력발전 컨버터," ABB 코리아, http://www.abb.co.kr

7. 에너지용어, http://www.energy.or.kr/pdf/issue_123_5

8. 김철우, 장병훈, "유연송전시스템의 특성 및 국내 기술개발 사례," The Korean Institute of Electrical Engineers, June, 2015

풍력 제어시스템

CHAPTER 12

풍력 제어시스템

12.1 제어시스템(control system)

풍력단지 내에는 많은 수의 풍력터빈이 설치되어 전력을 생산하고 있다. 풍력터빈들이 안전하게 최대의 출력을 얻을 수 있도록 운영하기 위한 제어시스템과 관련하여 세 가지의 제어시스템이 있고 그것들은 아래와 같다.

- 풍력단지 내의 다수의 터빈을 제어하는 제어 장치로 대개 원격 감시 제어(SCADA, Supervisory Control and Data Acquisition)시스템이라고 함.
- 개별 풍력터빈의 안전과 출력을 담당하는 감시 제어시스템
- 풍력터빈의 하부 부품에 대한 동적 제어시스템

본 단원에서는 한 개의 단위 풍력터빈을 전체적으로 감시하고 제어하는 제어시스템에 대하여 집중하기로 한다.

우리 주변의 거의 모든 동적 시스템은 인간이 원하는 방향으로 안전하게 작동하기 위해서는 두뇌에 해당하는 제어시스템이 필요하다. 특히 제어시스템은 동적 시스템의 구성 요소를 제어하는 알고리즘(algorithm)을 가지는 소프트웨어와 이를 구동하는 전기적·기계적인 하드웨어로 구성된다.

마찬가지로 풍력발전시스템도 안정적인 전력 생산과 구조물의 안전을 위하여 시스템의 구성 요소의 작동과 연계를 담당하는 제어시스템이 필요하다.

바람은 다른 에너지원과 다르게 인위적으로 제어할 수 없고 시간과 공간에 따라서 끊임없이 변화하고 불균일(non-uniform)하고 순간적으로 변화하는 자원이다.

SCADA(스카다, 원격 감시 제어, Supervisory Control And Data Acquisition)[1]

풍력터빈과 풍력단지의 원격 감시와 제어를 위한 시스템이다. SCADA 시스템은 풍력단지 내의 제어실이나 TCP/IP를 활용한 인터넷으로 풍력단지에 연결된 컴퓨터로 원격지에서도 작동할 수 있다. SCADA는 원격지에 위치한 풍력터빈과 각종 설비의 상태와 정보를 PLC(Programmable Logic Controller)나 원격 단말 장치(RTU, Remote Terminal Unit)로 수집하여, 네트워크를 통하여 중앙의 모니터링과 제어시스템과 데이터베이스를 정점으로 한 정보처리체계(Information Management System)로 전송하고, 전송된 자료값의 추이를 분석, 제어하여 풍력터빈과 단지를 효과적으로 운용하는 시스템이다.

RTU는 원격 감시를 위하여 현장에 설치하는 장치로, 모뎀을 통하여 현장에서 취득한 각종 정보를 중앙 센터에 보내는 장치로 원거리 감시와 제어에 사용된다.

PLC는 미리 프로그램된 제어 순서에 의해 설비를 제어하며, 추출된 자료를 근거리 통신망(LAN)을 통하여 중앙 센터로 보내는 장치이다.

이러한 에너지원으로부터 전력을 생산하는 풍력터빈의 제어시스템이 가지는 목표는 전력망(grid)과의 안정적인 통합, 정적으로나 동적으로 터빈에 미치는 하중의 저감, 그리고 전력 생산의 극대화 등이다.

이처럼 풍력터빈을 구조적으로 보호하면서 안정적이며 효율이 높은 발전을 하도록 제어하는 소프트웨어와 하드웨어를 통틀어서 제어시스템(control system)이라 한다. 본 단원에서 다루는 제어시스템은 개별 풍력터빈의 핵심적인 구동을 제어하는 것만 다룬다. 초기에 분류한 하부 시스템을 제어하는 동적 제어시스템(dynamic controller)도 각 부품이 원활하게 작동하기 위한 구체적인 상태 감시(condition monitoring)와 그에 따른 대응도 큰 분류에서 제어시스템에 포함되지만 본 교재에서 그 모든 사항을 함께 다루기에는 어렵다.

토크(torque)는 비틀림 힘(twisting force)으로 축을 중심으로 모멘트에 의하여 회전하려는 힘을 말한다. 로터 블레이드가 공력에 의하여 회전하는 공력 토크(aerodynamic torque)와 발전기의 축에 발생하는 전자기 토크(electromagnetic torque)가 있다.

이 두 가지 토크의 제어가 풍력터빈의 제어의 요체가 된다.

요 제어(yaw control)에 의하여 바람 방향으로 나셀이 잘 정렬된다는 전제하에서 우선 공력 토크를 조절하는 피치 제어와 전자기 토크 제어에 대하여 알아본다.

요 제어는 블레이드 회전면이 풍향에 직각이 되도록 나셀을 배열하는 역할인데 요 제어는 피치 제어에 비교하여 다소 단순하여 구체적인 기술적 방법은 본 단원의 후반부에서 다루기로 한다.

풍력터빈은 속도 제어와 출력 제어 능력에 따라 분류될 수 있다. 속도 제어 기준은 풍력터빈을 크게 2종류로 나눈다. 즉, 정속 풍력터빈과 가변속 풍력터빈이다. 반면에 출력제어는 터빈 개념을 3종류로 나눈다. 즉, 실속 제어, 피치 제어, 그리고 능동 실속 제어이다. 풍력터빈의 최적 발전량과 기계적 안정성 확보를 위한 목표를 이루기 위해서 발전기 토크와 블레이드의 피치각을 적절하게 제어하는 것이 중요하다.[2]

이처럼 발전기 토크와 관련된 부분은 정속(fixed speed)으로 발전을 하는지 혹은 가변속(variable speed)으로 발전하는지의 여부이며, 출력 제어와 관련된 것은 실속 제어(stall control)인가 피치 제어(pitch control)인가와 관련이 있다. 풍력터빈은 항상 속도 제어와 출력 제어가 함께 고려되어 작동하므로 속도 제어와 출력 제어가 상호 작용하면서 최적의 출력을 얻고자 한다.

속도 제어 측면에서 정속(fixed speed) 가동 풍력터빈은 발전기의 회전 속도가 정속으로 제어되어 회전하는 풍력터빈을 말한다. 이 방식에서는 농형 유도발전기(Squirrel Cage Induction Generator)가 변압기를 통하여 전력망(grid)에 직결되어 있어 발전기의 속도가 전력망의 주파수에 결속되어 그 회전 속도가 정해진다. 현대 풍력터빈의 기초가 되는 개념으로 정속(fixed speed)과 고정 피치(fixed pitch)로 제어하는 풍력터빈은 초기의 MW급 이하의 터빈에 많이 활용되었다. 출력 곡선을 보면 정격출력 이하에서는 최대 효율의 출력을 얻을 수 있는 풍속이 하나의 값만이 있고, 정격풍속 이상에서는 가능한 최대 정격출력을 유지하는 부분과 일정 풍속에 다다르면 출력이 감소하여 최대의 에너지를 생산하기에 한계를 둔다.

농형 유도발전기는 항상 계통에서 무효 전력을 끌어내기 때문에 무효 전력 보상을 위하여 커패시터 뱅크(capacitor bank)를 사용하고 계통 연결이 부드럽도록 소프트 스타터(soft starter)를 채용한다. 이 개념은 덴마크 풍력터빈에 초기에 많이 사용되었기 때문에 덴마크형 개념(Danish Concept)으로 알려져 있다. 따라서 블레이드의 피치각(혹은 받음각)의 조정을 위한 장치에 필요한 비용과 유지와 보수비용은 절약된다.

이 고정 피치는 나중에 설명할 수동 실속 제어(passive stall control) 방식을 말한다. 정격풍속 이하에서는 정속에서 구동하지만, 정격풍속 이상에서는 고정 피치가 아니고 피치 각도를 풍속에 따라 능동적으로 제어하면 고정 피치일 경우보다 높은 효율의 출력을 얻을 수 있다. 이것을 능동 실속 제어(active stall control)라 한다.

정속(fixed speed)에 대비한 개념으로 가변속(variable speed) 발전과 제어 개념이 있는데, 발전기 토크 제어 방식을 통하여 정격풍속 이하에서 변화하는 풍속에 따라 전력전자 컨버터(power electronic converter)로 전력망의 주파수에 맞추기 위하여 발전기 회전자의 속도를 조정하는 개념이다.

가변속을 위하여 발전기의 로터에 가변형 저항(electromagnetic torque)을 연결하여 동기 속도와 다르지만 좁은 범위(0~10%)의 속도에서도 발전이 가능한 개념이다.

또 다른 가변속 개념은 전력전자 컨버터를 활용하여 정격풍속 이하에서도 발전될 수 있게 하는 방식이다. 이때 전력전자 장치는 계통과 단절되어 있다가 주파수를 동일하게 한 후에 연결하는 방식이다.

전력전자 변환장치에는 부분용량 컨버터(partial capacity converter)[1]와 전용량 컨버터(full capacity converter)가 있다. 부분 용량 컨버터에는 이중여자 유도발전기(DFIG, Doubly Fed Induction Generator)가 사용되고 전용량 컨버터에는 주로 영구자석 동기발전기(PMSG, Permanent Magnet Synchronous Generator)가 사용된다.

정격풍속 이상에서는 여전히 실속에 의존하여 풍력터빈을 제어할 수도 있고 피치 제어를 통하여 전력 생산을 제어할 수도 있다.

최근에 대형화된 풍력터빈은 위의 실속 제어 개념은 더 이상 사용되지 않고, 정격풍속 이하에서는 최대의 피치각(fine pitch)[2] 조건에서 발전기의 토크 제어를 통하여 최대의 효율은 얻는 가변속 구동(variable speed operation)방식을 활용한다. 정격풍속 이상에서는 정격출력을 생산하기 위하여 피치각을 지속적으로 제어하는 피치 제어(pitch control) 방식이다. 정격풍속 이상으로 되고 종단풍속(cut-out wind speed)에 이르면 블레이드는 피칭(feathering of wind blades)을 통하여 더 이상 회전하지 않게 된다.

피치 제어는 위에서 언급하였듯이 유압 장치(hydraulic pitch controller) 또는 전동기(electric pitch controller)를 사용할 수 있는데, 최근의 풍력터빈은 대부분 전동 드라이브를

---

[1] 부분용량 컨버터: 발전기의 회전자에 연결된 컨버터의 용량이 30% 내외로 전력전자변환 장치의 규모가 작아서 경제적임. partial power converter, partial power rated converter, partial rated converter, partial capacity converter 등으로 표현된다.

[2] fine pitched 및 feathered pitch 개념: fine pitch는 블레이드가 최대로 펴졌을 때를 말하며, feathered pitch는 블레이드가 접혀서 양력을 일으키지 못하는 상태(feathering of blades)임.

채택하고 있다.

블레이드의 피치를 제어하는 방식에는 세 개의 날개를 동시에 움직이는 집단 피치 제어(CPC, Collective Pitch Control) 방식과 개별 블레이드를 독립적으로 제어하는 개별(독립) 피치 제어(IPC, Individual Pitch Control) 방식이 있다.

출력 제한(power regulation)은 축에 달린 유압 실린더를 이용하는 유압 집단 피치 시스템(hydraulic collective pitch system)을 사용한다.

전기 시스템은 동기발전기와 전용량 컨버터로 구성되고 컨버터는 발전기 회전에서 전압 주파수를 수용하기 위하여 사용된다. 또한 컨버터는 계통 주파수와 발전기의 회전 주파수를 동기화시킨다. 발전기 측에서는 전용량 컨버터는 발전기 주파수(속도), 토크와 전압을 제어한다. 계통 측에서 보면 전용량 컨버터는 중간 회로의 DC bus 전압을 제어하며, 낮은 고조파 왜곡을 갖는 전류를 얻기 위하여 전력 품질 제어와 결합되는 계통에 유효 전력과 무효 전력을 제공한다.

로터 속도나 풍속의 변화는 출력 효율로 이끄는 주속비의 변화를 유도한다. 최대 C_p는 0.49이고 이때의 피치각은 0도이며 최적의 주속비는 7.96이다. 이때 최대의 에너지가 얻어진다. 따라서 피치 제어의 목적은 출력을 제한하는 대신에 발전기의 속도를 제한하는 것이다.

토크 제어(torque control)는 에너지 흡수를 최대화하기 위하여 토크 출력 제어 루프(torque power control loop)가 수행되도록 실제 출력 기준 신호를 발생시킨다. 기준 신호는 미리 정해진 P-W Table 특성치로 결정된다. 이 특성치는 터빈 로터의 공력 데이터에 기반을 두며 이는 최대 공력 효율에 해당한다.

저풍속에서는 피치각이 속도 제어로 0 값으로 설정된다. 이 경우에는 토크 제어는 Fig. 5.16에 보는 바와 같이 발전기 속도(TSR)에 따른 발전기 토크 값의 변화를 구동시킨다.

속도 제어(speed control)의 최고의 목적은 터빈의 출력과 설계 한계 이내로 터빈 구조에 미치는 하중을 유지시키는 것이다. 피치 제어는 로터 블레이드의 피치각을 조절하여 정격 속도 이하로 최고 로터 속도를 유지하는 것이다.

속도 제어 루프는 두 개의 PI 제어기(Proportional Integral Controller)로 구성된 PID 순차 제어장치(PID cascade control system)에 기반을 두고 있다.

측정된 발전기 속도와 기준 발전기 속도 간의 차이가 주제어 장치(master control)에 보내진다. 이 PI 제어기의 출력은 피치 장치로 보내는 기준 피치 신호로 사용된다. 이 신호는 실제 피치각과 비교되고 그 오차는 유압 피치 작동기로 정정된다. 공력 토크의 민감도는 피치각과 선형적으로 변하지 않는다는 사실 때문에 제어용 게인(gain)이 이 변화를 보상하기 위하여 도입된다.

12.2 피치 제어 개념(concept of pitch control)

풍력터빈 블레이드의 피치(pitch)란 회전면에 대한 블레이드 코드의 각도이다. 블레이드 길이 방향(span-wise)의 축을 중심으로 회전하는 특정한 각도를 말한다.

위에서 언급한 두 가지 피치 제어 방식(능동 실속 제어 방식과 피치 제어 방식)이 추구하는 것은 끊임없이 변화하는 풍속에 대응하여 블레이드의 피치각 조절을 통하여 터빈의 회전하는 블레이드의 회전 속도와 토크를 효율적으로 제어하는 것이다.

블레이드가 공기역학적 개념에 의하여 토크를 얻는 것이 풍력발전의 시작인데, 블레이드에 발생하는 양력과 항력은 바람의 입사각/접근각(incident angle), 혹은 받음각(angle of attack)에 따라 변화함은 이미 기본적으로 학습하였다. 이것은 받음각의 설정에 따라서 양력과 항력을 조절할 수 있다는 의미이다.

Fig. 12.1에서 블레이드에 들어오는 바람의 방향과 블레이드 코드선(chord line)이 이루는 각도가 받음각(angle of attack, 대개 α로 표시함)이고 받음각과 연동된 피치각(angle of pitch, 대개 β로 표시함. 블레이드 회전면과 코드 선이 이루는 각도)이 있다. 여기에서 인위적으로 변경할 수 있는 피치각을 조절하면 받음각이 결정되고 그에 따른 양력과 항력이 결정된다. 따라서 블레이드의 피치각 활용한 제어는 풍력발전기의 태동에서부터 중요한 제어 방식이 되었다.

Fig. 12.1
익요소의 익형 단면에 작용하는 바람과 공력 하중[3], [4]

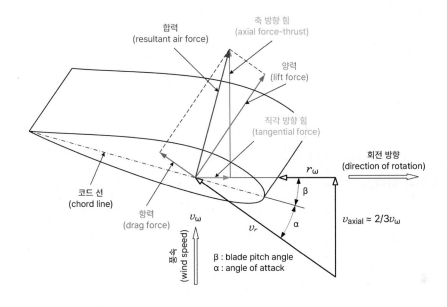

블레이드를 활용한 제어에는 Fig. 12.2와 같이 수동 실속 제어(passive stall control), 능동 실속 제어(active stall control), 그리고 피치 제어(pitch control)의 세 가지 방식이 있다. 이 중에서 현대의 풍력터빈은 대부분이 피치 제어 방식을 사용하지만, 블레이드를 활용한 제어에 대한 기본 개념의 이해가 필요하며, 현재에도 운용 중인 MW급 이하의 풍력터빈에서는 실속 제어 방식이 활용되고 있기 때문에 실속 제어에 대하여도 알아볼 필요가 있다.

Fig. 12.2 **실속 제어와 피치 제어의 개념**

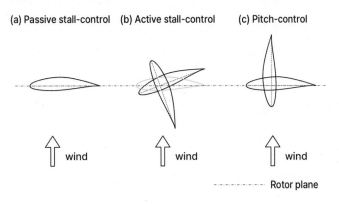

12.2.1 수동형 실속 제어(passive stall control)

단면이 유선형인 블레이드를 상하로 흐르는 공기의 속도가 서로 다르다는 것을 우리는 알고 있다. 빠른 속도로 흐르는 공기는 블레이드 면에 의하여 저항을 받는다. 이 저항의 정도는 공기의 물리적 특성, 블레이드의 형상과 상태, 그리고 초기 공기의 입사각 등에 따라서 달라진다. 유선형 날개의 윗부분을 흐르는 공기가 날개의 면을 따라서 부드럽게 흐르는 층류(laminar flow)가 양력을 발생시키는 핵심이지만 일정한 받음각(입사각)을 넘으면 그중 일부가 난류(turbulence)로 변하여 양력이 급속하게 감소하게 되는 현상을 실속(stall) 혹은 실속 현상이라 한다.

실속 제어는 이런 실속 현상을 이용하여 블레이드가 일정한 풍속 이상에서는 양력이 증가하지 않거나 줄어들도록 하여 터빈의 회전 속도를 제어하는 방식이다.

수동형 실속 제어를 사용하는 터빈은 이미 블레이드의 설계에서 실속이 발생하는 각도의 설정이 되어 있고, 단지의 풍황을 고려하여 블레이드를 설치할 때에 일정한 피치각으로 미세 조정하여 허브에 고정시키는 방법을 사용한다. MW급 용량 이하에서 많이 사용되었고 현대의 대형이나 초대형 풍력터빈에서는 더 이 방식을 사용하지 않고 있다.

Fig. 12.2(a)와 같이 터빈의 블레이드가 허브에 고정되어 작동 중에 피치각을 조정하는 메커니즘을 갖지 않는 경우를 특히 수동형 실속 제어(passive stall control) 방식이라 한다.

블레이드의 익형의 형상이 실속 특성을 결정하기 때문에 단면 형상의 설계가 매우 중요하며 블레이드의 공력설계에 많은 경험이 필요하다.

터빈의 제조 측면에서 가격이 저렴하고 블레이드와 허브에 구동부가 없어 고장률을 줄일 수 있는 장점이 있다. 단점으로는 실속 풍속이 넘어가면 정격출력을 일정하게 유지하지 못하고 감소하므로 공력 효율이 떨어진다. 이상적인 성능 곡선에서 나타나는 정격풍속 이상에서 폭풍을 만났을 때를 대비하기에도 한계가 있다. 또한 실속 상태의 불확실성으로 인하여 정격출력 근처에서 약간의 오버슈트(overshoot)[3]를 허용하도록 설계한다.

12.2.2 능동형 실속 제어(active stall control)

수동형 실속 제어의 단점을 보완하고 조금 후에 설명될 피치 제어의 이점을 살릴 수 있

---

3 ON/OFF 제어의 경우에 대하여 예를 들면, 비례 제어에 의하여 parameter가 상승(rise)할 때 제어시스템의 응답 지연 등의 이유로 제어량이 목표값 또는 설정점을 초과하여 상승해 버리는 현상.

도록 채택한 방식이다. 블레이드의 피치각을 조절하는 피치 제어 장치를 설치하고 정격풍속 이상에서는 양력이 감소하도록 Fig. 12.2(b)처럼 바람의 받음각을 증가시킴으로써 실속 현상을 유발하여 출력계수를 감소시키는 방식이다.

　피치각을 조절한다는 방식은 피치 제어와 유사한 개념이지만 정격풍속 이상에서 출력을 안정적으로 확보하기 위하여 받음각을 증가시켜 실속의 조절을 통하여 제어하는 것이다. 피치 제어 방식이 받음각을 감소시키는 방향인데 반하여 능동형 실속 제어 방식은 받음각을 증가시켜 실속의 정도를 높이는 방향으로 제어하는 차이점이 있다. 이 방식은 단순하고 효율적인 장점이 있어 정속운전 방식에 널리 적용되었지만, 실속 현상에 의한 양력계수의 감소와 함께 항력계수가 증가되어 블레이드에 작용하는 공력 하중이 증가하게 된다. 이로 인하여 블레이드의 굽힘, 진동, 그리고 소음이 발생하는 문제가 있다.

 ## 12.3 피치 제어(pitch control)

　블레이드가 받는 바람의 상대적 받음각을 변화시키기 위하여 능동형 실속 제어 방식과 같이 블레이드를 길이 방향의 축을 중심으로 Fig. 12.2(c)와 같이 일정한 피치각이 되도록 회전시키는 방식이다.

　정격풍속보다 낮은 풍속에서는 공력 출력이 최대가 되도록 피치각을 조정할 수 있다. 다시 말해서, 정격풍속 이하에서는 Fig. 12.1에서 나타낸 블레이드 피치각(β)이 0°일 때, 즉, $\beta = 0°$ 일 때 최적의 주속비로 공력 출력을 최대화한다. 정격풍속 이상의 풍속에서는 받음각을 점진적으로 감소시켜 발전기의 정격출력에 정확히 맞추도록 능동 제어가 가능하다.

　피치 제어는 운전 중에 날개의 각도를 변화시켜 가장 효율적인 운전이 되도록 할 뿐 아니라, 필요에 따라 출력을 조정할 수 있고 고풍속 또는 그 이상의 풍속에서 쉽게 정지시킬 수도 있다.

　오늘날 대형터빈에서는 피치 제어를 위한 비용이 차지하는 비율이 상대적으로 높지 않고 효율적인 설계와 운전이 가능하고 비상 상태에서의 대비 능력이 우수한 점을 고려하여, 최근에 상용화되는 대부분의 대형 풍력터빈시스템은 피치 제어를 사용하고 있다. 초대형

해상풍력에서도 개별적인 피치 제어와 가변속 제어가 결합된 출력 제어 기술이 높은 점유율을 차지한다.[2]

12.3.1 피치각 제어와 출력 성능

피치 제어의 개념 정리와 함께 실제로 블레이드의 피치각 변경을 통하여 풍속에 따른 터빈의 출력을 제어하는 것을 알아보자. 터빈의 출력(성능) 곡선에 대하여 앞의 단원에서 간략하게 설명한 적이 있다. 본 단원에서는 출력 곡선을 구역별로 피치각과의 관계를 통하여 알아본다. Fig. 12.3은 대표적인 풍력터빈의 풍속에 따른 출력 곡선(power curve)을 나타내고 출력 곡선은 풍속에 따라 4개 구역(region)으로 나뉜다.

Fig. 12.3 출력(Power) vs 풍속(Wind Speed) 특성(Characteristics)[5]

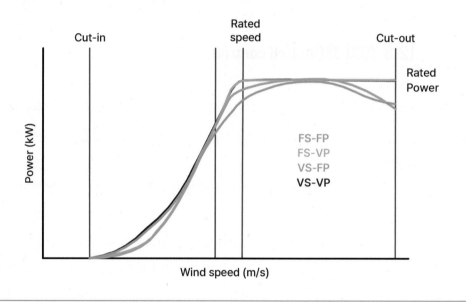

Region I에서는 풍속이 매우 낮아서 로터가 회전하지 않고 회전 속도가 0 rpm으로 때로는 아이들링(idling) 상태라고도 한다. 개별 터빈의 특성에 따라 다르지만 3m/s~4m/s 풍속 이하의 구역이다.

Region II는 로터가 회전하기 시작하는 시동풍속(cut-in wind speed, 혹은 시동 속도)와 발전기가 정격풍속(nominal wind speed 혹은 rated wind speed)으로 회전하는 풍속 사이에 있는 구역이다. 이 구역의 목표는 최대 전력점 추적(MPPT, Maximum Power Point Tracking) 모드로 전력 생산을 최대화하는 것이다.

입사되는 풍속에 따라 피치각을 변화시켜서 주어진 풍속에서 최대한의 출력을 얻기 위하여 블레이드의 받음각이 최적화되도록 한다. 이에 따라 피치제어를 통한 MPPT 모드를 사용하는 것은 가변속 운전을 하는 풍력터빈에 적용되는 기술이다.[6]

Region II에서 III로 넘어가는 부분은 천이구역(transition region)으로 로터 토크와 소음 레벨을 가능한 낮게 하도록 제어하는 구역이다. 로터 속도는 최대치에 도달하지만 출력은 여전히 정격출력보다 낮다. 터빈 발전기가 로터 회전속도를 제한하기 때문에 TSR과 출력 계수가 감소하는 구역이다.[7]

Region III은 정격풍속에서 종단풍속(cut-out speed, 혹은 정지속도, 정지풍속)까지의 구역이다. 종단풍속은 원래 설계된 풍속 한계이고 안전을 위하여 이 풍속보다 커지면 터빈의 회전이 중지하도록 되어 있다. 이때 일정하게 규정한 회전 속도(정격 회전 속도)를 유지하기 위하여 피치 제어가 사용된다. 또한 이 구역에서도 풍속의 갑작스러운 변화를 완화하기 위하여 MPPT(Max. Power Point Tracking)제어가 사용된다. 갑작스러운 풍속 변화에 대해서는 피치 시스템이 기계적으로 빠르게 대응하도록 하지는 않는다.

Region IV는 풍력터빈이 정지되는 구역으로 피치각이 90°로 되며 블레이드의 앞전 (leading edge)이 바람 방향으로 향하여 바람을 받는 면적이 최소화되도록 한다. 강풍에서 터빈을 보호하기 위한 이 상황을 최대 피치(full pitch 혹은 feathering) 상태라고도 한다. 이후에는 기계 브레이크를 사용하여 고정시킨다.

이러한 목표를 이루기 위해서 발전기 토크와 블레이드의 피치각을 적절하게 제어하는 것이 중요하다.[8], [9]

발전기 토크와 관련된 부분은 정속(fixed speed)로 발전을 하는가 혹은 가변속(variable speed)으로 발전하는가 이며, 블레이드의 제어와 관련된 것은 실속 제어(stall control)인가 피치 제어(pitch control)인가와 관련이 있다.

Fig. 12.3에서는 토크의 가변속(VS, Variable Speed)과 정속(FS, Fixed Speed), 피치의 경우에 고정 피치(FP, Fixed Pitch)와 가변속 피치(VP, Variable Pitch)에 의한 성능곡선의 비교를 함께 나타내었다. VS-VP 모드가 가장 이상적인 성능곡선을 보임을 알 수 있다.

정속(FS, fixed speed)과 고정 피치(FP, fixed pitch)로 제어하는 풍력터빈(FS-FP)은 초기의

MW급 이하의 터빈에 많이 활용되었다. 이 방식은 발전기가 계통망(grid)에 직결되어 있어 발전기의 속도가 계통망의 주파수에 결속되어 그 회전 속도가 정해진다. 출력 곡선을 보면 정격출력 이하에서는 최대 효율의 출력을 얻을 수 있는 풍속이 한 개만이 있고, 정격출력 이상에서도 최대 정격출력을 전후의 풍속에서는 출력이 감소하여 최대의 에너지를 생산하기에는 한계가 있다. 하지만 블레이드의 피치각(혹은 받음각)의 조정을 위한 장치에 필요한 비용과 유지와 보수비용은 절약된다.

이 고정 피치는 위의 제11장에서 언급한 수동 실속 제어(passive stall control) 방식을 말한다. 정격풍속 이하에서는 정속에서 구동하지만, 정격풍속 이상에서는 고정 피치가 아니고 피치 각도를 풍속에 따라 능동적으로 제어하면 고정 피치일 경우보다 높은 효율의 출력을 얻을 수 있다(FS-VP). 이것을 능동 실속 제어(active stall control)이라 한다.

이 정속(fixed speed) 설정은 정속으로 제어되어 회전하는 풍력터빈을 말하는데, 농형 유도발전기가 변압기를 통하여 전력망에 직접 연결되는 개념으로 덴마크 풍력터빈에 초기에 많이 사용되었기 때문에 덴마크형 개념(Danish Concept)으로 알려져 있다. 농형 유도발전기는 항상 계통에서 무효 전력을 이끌어내기 때문에 무효 전력 보상을 위하여 커패시터 뱅크(capacitor bank)를 사용하고 계통 연결이 부드럽도록 소프트 스타터(soft starter)를 채용한다.

정속(fixed speed)에 대비한 개념으로 가변속(variable speed) 발전과 제어 개념이 있는데, 발전기 토크 제어 방식을 통하여 정격풍속 이하에서 변화하는 풍속에 따라 전력전자 컨버터로 전력망의 주파수에 맞추기 위하여 발전기 회전자의 속도를 조정하는 개념(VS-FP)이다. 가변속을 위하여 발전기의 로터에 가변형 저항(variable resistance)을 연결하여 동기속도와 다른 좁은 속도 범위(0~10%)에서도 발전이 가능한 개념이다.

또 다른 가변속 개념은 전력전자 변환장치를 활용하여 정격풍속 이하에서도 발전될 수 있게 하는 방식이다. 이때 전력전자 장치는 계통과 단절되어 있다가 주파수를 동일하게 한 후에 연결하는 방식이다.

전력전자 변환장치에는 부분용량 컨버터(partial capacity converter)[4]와 전용량 컨버터(full capacity converter)가 있다. 부분용량 컨버터에는 DFIG(Doubly Fed Induction Generator)가 사용되고 전용량 컨버터에는 주로 PMSG(permanent magnet synchronous generator)가 사

---

4 부분용량 컨버터: 발전기의 회전자에 연결된 컨버터의 용량이 30% 내외로 전력전자변환장치의 규모가 작아서 경제적임.

용된다고 제11장의 전력전자 컨버터에서 언급한 바 있다.

정격풍속 이상에서는 여전히 실속에 의존하여 풍력터빈을 제어할 수도 있고 피치 제어를 통하여 전력 생산을 제어할 수도 있다.

최근에 대형화된 풍력터빈은 위의 실속 제어 개념은 더 이상 사용되지 않고, 정격풍속 이하에서는 최대의 피치각(fine pitch)[5] 조건에서 발전기의 토크 제어를 통하여 최대의 효율은 얻는 가변속 구동(variable speed operation) 방식을 활용한다. 이와 함께 정격풍속 이상에서는 정격출력을 생산하기 위하여 피치각을 지속적으로 제어하는 피치 제어(pitch control) 방식이다(VS-VP). 정격풍속 이상으로 되고 종단풍속(cut-out wind speed)에 이르면 블레이드는 페더링(feathering of wind blades)을 통하여 더 이상 회전하지 않게 된다.

피치 제어는 위에서 언급하였듯이 유압 장치(hydraulic pitch controller) 또는 전동 장치(electric pitch controller)를 사용할 수 있는데, 최근의 풍력터빈은 대부분 전동 드라이브를 채택하고 있다.

블레이드의 피치를 제어하는 방식에는 세 개의 날개를 동시에 움직이는 집단 피치 제어(CPC, Collective Pitch Control) 방식과 개별 블레이드를 독립적으로 제어하는 개별(독립) 피치 제어(IPC, Individual Pitch Control) 방식이 있어 이에 대하여 자세히 알아본다.

12.3.2 집단 피치 제어(CPC, Collective Pitch Control)

집단 피치 제어(CPC, Collective Pitch Control) 방식은 과거에 대부분의 상용 풍력터빈에 사용되었는데 세 개의 블레이드 모두가 집단적으로 같은 제어를 적용한다. 주로 Region III에서 정격출력을 제어할 때 사용한다. 장점은 제어시스템이 개별 피치 제어 방식보다 간단하다는 점이다.

단점은 작동 중인 터빈의 모든 블레이드가 동일한 공력 하중을 받는다는 가정에 따라 제어하므로 제어 알고리즘의 가정이 오차를 가질 수밖에 없다는 것이다. 따라서 대형 풍력터빈의 회전하는 블레이드의 최고 높이와 최저 높이 간의 차이가 100m 정도가 되는 경우에는 블레이드가 받는 공력 하중의 차이는 매우 크다. 집단 피치 제어 상태에서는 풍속 차이에 의하여 받는 블레이드 간의 하중의 격차는 블레이드뿐만 아니라 터빈의 축과 타워에

---

5 fine pitch와 feathered pitch 개념: fine pitch는 블레이드가 최대로 펴졌을 때를 말하며, feathered pitch는 블레이드가 접혀서 양력을 일으키지 못하는 상태(feathering of blades)임.

부담을 주고 수명 단축의 원인이 될 수 있다.

CPC 개념을 활용한 예시는 수백 kW급의 전통적인 Vestas V29/V42/V47 시리즈 모델이 대표적이다. Fig. 12.4와 같이 3개의 블레이드는 유압 실린더(pitch drive rod)에 연결된 포크 프레임/플레이트(fork frame/plate)와 회전 링크(linkage) 메커니즘으로 작동한다. 3개의 블레이드 축이 동시에 작동하여 피치각이 조절된다. 동력원으로 유압 실린더도 사용될 수도 있고 전동 서보 모터도 활용될 수 있다.

> **Fig. 12.4** 집단 피치 제어의 예시 사진과 도식[10]

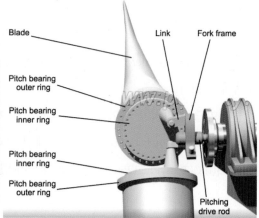

12.3.3 개별 피치 제어(IPC, Individual Pitch Control)

이 제어 방식은 개별 블레이드에 더 많은 센서를 부착하여 피치각을 개별적으로 제어하여 블레이드 루트 모멘트(root moment)와 같은 기계적 하중을 감소시키거나 구조적 감쇠(damping structural modes)와 같은 특성을 제어하기 위하여 사용된다.

앞의 집단 피치 제어 방식에서 언급하였듯이 현대의 풍력터빈 블레이드의 길이가 50~80m에 이르기 때문에 회전할 때 블레이드 팁의 최고점과 최저점은 100~160m 이상의 차이가 발생한다. 이에 따른 그 위치에서의 풍속의 차이도 크기 때문에 블레이드에서 발생하는 양력과 구조적인 하중의 정도가 달라서 개별 피치각의 조절은 이에 대응하는 이상적인 방식으로 받아들여지게 되었다.

아울러 이 방식은 위에서 설명한 윈드 쉬어(wind shear)뿐만 아니라 타워 쉐도우(tower shadow), 관성 하중(inertia loads), 그리고 수풍 면적(swept area) 내에서 발생하는 난류(turbulence) 등에 의하여 발생할 수 있는 비대칭 하중의 감소를 가져온다.

개별 피치 제어 방식은 제어 기술과 전력전자의 발전으로 인하여 최근에는 대부분의 대형 풍력터빈에 필수적으로 적용되고 있다. 아울러 이 방식으로 인하여 타워 변위와 같은 변수를 측정하여 피로 손상과 하중의 감소를 가능하게 한다.

이 방식의 큰 문제점 중의 하나는 더 많은 센서와 관련된 전자 장치를 사용하기 때문에 운용 중인 센서의 신뢰도에 크게 의존해야 한다는 점과 더욱 복잡해지는 전자 장치는 유지보수의 대상이 많아진다는 점이다.

Fig. 12.5 현대 대형 풍력터빈 블레이드 개별 피치 제어시스템[11]

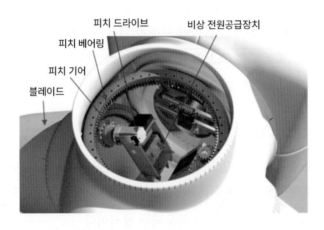

현대의 풍력터빈에서 블레이드의 피치각을 조절하기 위한 피치 메커니즘은 Fig. 12.5와 같이 피치 베어링, 피치 기어, 감속기(피치 드라이브), 그리고 비상용(보조) 전원 장치 등을 각각의 블레이드별로 조립되어 있다. 최대의 출력을 얻기 위하여 터빈이 가진 제어 로직에 따라서 개별적으로 블레이드 피치각이 설정되고 그에 따라서 작동한다.

12.4 제어 장치(controller)

위에서 블레이드의 제어 방식을 활용하여 풍력터빈의 회전을 제어함을 알았다. 최적의 블레이드 피치각으로 설정되도록 블레이드를 구동하기 위한 제어 장치(controller)가 필요하다. 제어 장치는 소프트웨어와 하드웨어로 구성되어 있는데, 우선 하드웨어 측면에서는 전기식 피치 제어 장치(electric pitch controller)와 유압식 피치 제어 장치(hydraulic pitch controller)가 있다.

전기식 피치 제어 장치는 동력원인 동력 공급 장치(power supply), 감속기, 그리고 비상용 배터리로 구성되어 있다. 유압식 피치 제어 장치는 유압 실린더와 유압 장치가 주요 구성 부품이다. 물론 회전 기어가 포함되어 있기 때문에 공통적으로 윤활 시스템이 포함된다. 최근의 대형 풍력발전시스템에서는 다소 복잡하지만, 전기식 피치 제어 장치가 대부분 사용된다. 유압식은 극한 기온에서 작동에 문제가 있을 수 있다.

피치 제어 장치를 제어하는 소프트웨어적인 방식들은 퍼지 로직(fuzzy logic), LQR control[6], PI or PID control 등으로 이들은 선형(linear)과 비선형(non-linear) 제어 장치로도 나눈다.

선형 제어 장치의 대표적인 PI 혹은 PID 제어는 1940년대부터 시작되었는데, 강력한 성능과 적용 방법이 단순하여 산업 공정에서 검증된 강력한 제어 도구이다. 현재까지 공정 산업에서 제어 루프의 90% 이상이 PI나 PID[7] 제어 장치를 사용하고 있고 이를 바탕으로 풍력터빈의 제어에도 여전히 가장 많이 활용되는 방식이다.

---

6 LQR(Linear Quadratic Regulator) control: 최적 제어를 위하여 비용을 최소화하며 요구하는 상태에 가깝게 제어하기 위한 제어기이다.

7 PID(Proportional Integral Derivative) Controller: 비례, 적분, 미분 조건들이 시행착오를 거쳐서 장비가 시스템 변화를 자동으로 보상하는 제어기. 타 제어기에 비하여 안정적이며 상대적으로 작은 질량을 가진 공정에 추가된 에너지의 변화에 빠르게 반응하는 시스템에 가장 적합함.

12.5 요 제어(yaw control)

나셀의 상부에 설치된 풍향 지시계(wind vane)는 풍향과 로터 축 방향 간의 차이를 감지하고 제어 장치에 신호를 보낸다. 제어 장치는 요 각도(yaw angle)와 방향 명령을 제어 프로그램에 지시하고 요 메커니즘(yaw mechanism)을 작동시켜 해당하는 요 동작을 수행하게 한다. 이에 따라 로터 축의 방향이 변경된다. 로터 축이 풍향과 일치하면 요 모터(yaw motors)가 중지하고 자동으로 요 브레이크(yaw brakes)가 작동하고 요의 작동은 종료된다.

기존의 제어 방식의 정확도는 풍향 지시계(wind vane)의 측정 정확도에 달려있다. 현재 상업용 풍력터빈의 요 시스템은 풍향과 나셀 각도의 차이가 어떤 각도보다 클 때 요 제어 전략을 수행하고 풍향과 나셀 각도가 그 각도 보다 작을 때는 작동하지 않는다.

요 오정렬(yaw misalignment)의 누적 오차가 계산되고 설정된 요 시작점에 도달했을 때 요 작동은 즉시 수행된다. 요 오정렬 값이 커지면 부분적인 출력 손실로 이어지고 저풍속 구역에서 얻어지는 출력이 동일한 요 동작으로 인하여 중풍속에서 얻는 출력보다 훨씬 낮다. 따라서, 요 오차만 고려하고 풍속 부분을 고려하진 않는 요 제어는 타당하지 않다.

기존의 요 제어는 요 에러가 15°일 때 시작하고 요 속도는 0.5°/sec 정도인 정지/시작의 단순한 전략이다. 요 오차는 로터 뒤쪽에 있는 나셀 위에 설치된 풍향 지시계(wind vane)의 측정 결과로 계산된다. 따라서 그 측정 데이터가 저장되고 계산에 활용되지만, 로터의 회전에서 오는 후류(wake)의 영향도 받는다.

예를 들면, 요 오정렬에 의하여 발생하는 전력 손실을 계산하기 위하여 10일 동안의 데이터를 모으고 SCADA 시스템에서 가공된다. 요 오정렬이 집중되는 각도를 산출해 낼 수 있고 이로 인한 해당 풍력터빈의 손실률을 계산하기도 한다.

최근 풍력나셀 위의 라이다를 이용하여 요를 제어에 활용하려는 연구가 수행되고 있는데, 이는 발전량 향상을 위한 것으로 그 작동원리를 Fig. 12.6에 나타내었다.

Fig. 12.6 풍력터빈 나셀 위에 설치된 라이다의 작동 원리[12]

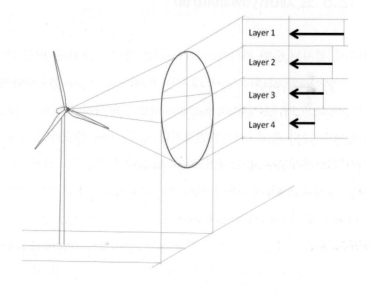

참고문헌

1. 이강원, 손호응, 지형 공간정보체계 용어사전, 2016. 1. 3. 네이버 지식백과

2. O. Apata, D.T.O. Oyedokun, "An overview of control technique for wind turbine systems," Scientific African 10(2020)

3. E. Hau, Wind Turbine, 2nd ed., Springer, Berlin Heidelberg, 2006.

4. Efe Kinaci, "Numerical and Experimental Investigation of The Rotor Blades of An HAWT With A Profile HKAS Inspired by a Maple Seed," ReseachGate, Sep. 2015

5. National Instrument, "Wind turbine control method," Wind Systems March 15, 2021

6. 손주암 외, "풍력터빈 최대출력추종 출력제어(MPPT) 방식 및 특성고찰," 2015 대한전기학회 하계학술대회 논문집 2015. 7. 15~17, 전북 무주리조트

7. Yufeng Guo and Hao-Chun Zhang, "Dynamic control strategy for the participation of variable speed wind turbine generators in primary frequency regulation," Journal of Renewable and Sustainable Energy 11, 013304 (2019)

8. Muhammad Hamid Mughal, "Review of Pitch Control for Variable Speed Wind Turbine," 2015 IEEE 12th Intl. Conf. on Ubiquitous Intelligence and Computing, 10-14 Aug. 2015, Beijing, China

9. Dimitris Bourlis, "A complete control scheme for variable speed stall regulated wind turbines," www.intechopen,com

10. Pitch angle reduction, https://www.pengky.cn/zz-horizontal-axis-turbine/10-drive-rod-variable-pitch/Drive-rod-pitching.mp4.

11. Paul Dvorak, "More reliable pitch system promises a lower cost of energy," Windpower Engineering and Development, April 3, 2017

12. Isaac Braña, "Turbine-Mounted Lidar: The pulsed lidar as a reliable alternative," MSc Thesis, Gotland University, Mar. 2011

chapter

13

풍력터빈 타워

풍력터빈 타워

13.1 타워(tower)의 개요

풍력터빈용 타워는 중요 부품인 블레이드와 허브 그리고 증속기, 발전기 등의 부품이 모두 조립된 나셀을 지지하는 구조물이다. 상세하게 보면 타워의 기능은 블레이드가 회전하면서 발생하는 추력, 나셀, 블레이드 무게에 의한 자중, 그리고 타워가 바람에 의해 받는 하중을 지지하는 역할과 함께 작업자와 전력선의 이동 통로의 기능을 한다. 형상 측면에서는 풍력발전기를 이루는 다른 기계 요소에 비하여 비교적 단순하다.

풍력터빈의 출력은 풍속의 3승에 비례하고 풍속은 높이의 지수 함수로 증가하기 때문에 타워가 높아질수록 더 많은 출력이 가능하다. 높은 타워는 대형 풍력터빈의 시장 진입을 가능하게 했고, 바람의 질적인 측면에서 볼 때, 높아질수록 난류(turbulence)의 발생 빈도도 낮아져 부품의 피로하중이 낮아지므로 풍력터빈 설계와 제조 측면에서 경제성과 관련성이 높다.

타워가 터빈의 가격의 10~20%를 차지하기 때문에 타워의 경제성은 터빈 전체의 비용을 줄이는데 매우 중요한 역할을 한다. 또한, 수송 비용의 절감, 중량의 저감, 그리고 터빈과 타워 간의 상호 작용 등의 면에서 타워에 대한 관심이 많을 수밖에 없다.

풍력터빈의 용량이 증가하면서 블레이드의 길이가 길어지는 것은 출력이 수풍 면적에 비례하기 때문이다. 블레이드의 길이와 타워의 높이는 거의 선형적인 관계로 증가함을 보여 왔다. 하지만 주어진 로터의 회전 직경과 타워의 높이에 대한 특정한 규칙이 있는 것도 아니다.

하지만 과거의 경험에 비추어 허브의 높이와 로터 직경의 비율이 1~1.3 정도가 적용되고 있다. 풍속의 윈드 쉬어(wind shear) 현상에 의하여 높은 출력을 얻기 위해서는 타워의 높이가 높을수록 좋다. 허브 높이에서의 풍속을 기준으로 에너지 생산 단가를 낮추는 타워의 높이가 최적의 선택이다. 타워 높이의 증가에 따라 자체의 제조 비용도 높아지지만, 하부의 기초(foundation)의 비용도 비례적으로 증가할 수밖에 없다.

아울러 항공기 비행 경로를 방해하는 것을 회피하기 위한 타워 높이의 고려도 있다. 과거의 기술적 수준에서는 이론적으로 200m가 최대의 높이라고 고려된 적도 있었다. 타워의 하부 직경도 터널이나 다리의 통과에서 제한이 있어 현실적으로 직경이 4.5m 이상은 육로 수송에 제한이 따른다. 터빈의 용량이 10MW 전후로 증가함에 따라 최근 블레이드의 길이가 80~100m에 이르게 되었고, 대표적으로 상용화된 초대형 풍력터빈인 MHI-Vestas V164-9.5 모델은 블레이드 길이는 80m에 달하고 타워의 허브 높이는 105m에 이르게 되었다. 아울러 GE의 Haliade-X 12~14MW 모델[1]은 블레이드 길이는 107m이고 타워의 높이는 138~150m에 육박한다. Fig. 13.1은 중대형 풍력터빈 용량별 타워의 형식에 대한 그림이다. 용량별 범위에서 강철 타워가 주류를 이루고 있으며 콘크리트 타워는 낮은 용량에서 활용도가 있다. 하이브리드 타워는 많은 점유율을 보이지는 않고 있다.

Fig. 13.1 **타워 높이별 형식[2]**

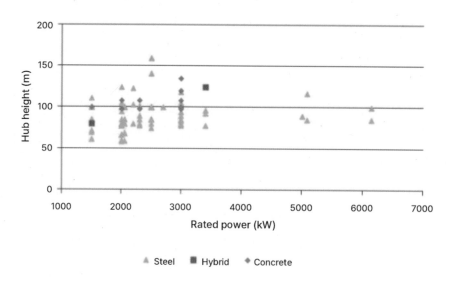

풍력발전기 타워(towers)는 다양한 형태로 제작되지만, 소재 측면에서는 강철과 콘크리트 타워가 있고, 형상적인 측면에서는 격자(lattice) 구조와 원통 형상(tubular, 혹은 강관 타워) 구조가 있다. 이에 더하여 콘크리트 하부 구조물 위에 강철 타워를 세우는 하이브리드형 타워가 있다.

타워는 다른 기계 요소들에 비하여 파손에 의하여 유발되는 손실이 매우 크고 대형 풍력발전기 가격의 10~20% 정도를 차지하여 타워 자체의 단가도 매우 높기 때문에 가격적으로 경쟁력이 있으면서도 안전한 타워를 개발하는 것은 매우 중요하다.

대형화되는 터빈용 타워는 초기에 격자형과 이후의 튜브형 강철 타워가 주류를 이루다가 튜브형 강철(강관형) 타워가 더욱 경쟁력을 갖게 되었다. 이와 함께 콘크리트 타워도 고려 대상으로 등장하게 되었다. 콘크리트 타워는 단독형으로도 발전하였지만, 더욱 높은 타워의 필요성이 대두됨에 따라서 격자형과 튜브형 타워의 하부 기둥으로 사용되어 하이브리드 타워(hybrid tower)의 구성품으로 발전하게 되었다.

타워 높이가 100m 이상이며 10MW급 초대형 풍력터빈용의 경우에는 수송, 설치, 안전성, 비용, 그리고 O&M 등의 측면에서 새로운 개념의 타워가 필요하게 되어 다수의 타워 개념이 개발되어왔다.

따라서 격자형, 강관형, 콘크리트, 그리고 하이브리드 타워의 순으로 타워의 소재, 제조 방법, 그리고 특성에 대하여 알아본다.

13.2.1 격자형 타워(lattice tower)

격자형 타워는 흔히 주변에서 보이는 송전선을 지탱하는 송전선 철탑과 유사하다. 격자형 타워는 소형 풍력터빈 시대부터 많이 활용되어 왔던 타워 형식이다.

저렴한 가격, 운반의 용이함, 그리고 아연 도색에 의해 비교적 용이하게 부식 방지 조치를 할 수 있는 등의 이점이 있으나, 반면에 외관이 좋지 않고, 유지보수를 위해 나셀까지 오르는 작업자가 외부에 노출되는 결점이 있다.

설치 시간과 인건비가 많이 소요되기는 하지만 100~150m 높이에서는 오히려 원통형

강관 타워에 비교해서 경제성이 있다는 연구도 있다.[3]

이유는 빔(beam)과 같은 부재인 작은 부품을 현장으로 수송하기 쉽고, 설치에 특수한 장비(lifting machine)가 필요하지 않고, 기초도 원통형보다 작아서 설치 비용이 낮다. 아울러 설계도 매우 단순하고 동적인 거동(dynamic behavior)이 우수하다.

또한, 블레이드 회전에서 타워 쉐도우(tower shadow)[1] 현상도 튜브형 타워보다는 작게 발생한다. 아울러 송전탑과 같은 장치 산업이 크게 뒷받침하기 때문에 전후방 산업이 잘 발달되어 있는 장점이 있다.

타워의 자체 무게인 자중, 블레이드와 격자형 철탑 자체가 받는 측면 풍압, 그리고 나셀의 무게가 주는 수직 하중 등이 설계에 반영된다.

하지만 현재에는 동일한 높이에서 현재의 타워의 설치 경향은 원통형 강관 타워가 대다수를 이루고 있다.

풍력터빈이 대형화하면서 원통형 강관 타워로 변화하게 된 중요한 원인은 기술적으로 격자형 타워는 단면 형상의 특성으로 원통형보다 낮은 비틀림 강성(torsional stiffness)과 비틀림 고유진동수(torsional frequency)를 지닌다는 것이다. 이 때문에 상부의 나셀이 운영 중에 과도하게 회전하게 되어 최적화된 출력을 얻지 못하게 한다.[4]

다른 측면의 원인은 풍력터빈의 유지와 보수를 위하여 계절에 관계없이 인력과 도구를 운반해야 하는 현장 기술자의 보호가 원통형 강관 타워가 설계와 제조상의 경제성보다는 장기적으로 볼 때 발전 비용 측면에서 유리하다는 사항이다.

또한, 미관적인 측면에서도 원통형 강관 타워에 비교하여 불리하다는 점도 단점으로 지적된다.

Fig. 13.2는 2012년에 폴란드에 세워진 2.5MW 용량의 터빈을 지지하는 격자형 타워로 160m와 162m의 높이로 세계에서 가장 높은 격자형 타워이다.

---

1 Tower shadow: 타워 때문에 균질한 바람의 유동이 변화하는 현상. 전방향형 터빈에서 블레이드는 타워 앞에서 최소의 영향을 받고 최상단의 블레이드는 최고의 풍속을 받음으로써 불균일한 하중 상태에 처하게 됨에 따라서 높은 피로하중을 겪는다.

13.2.2 원통형 강관 타워(steel tubular tower, welded steel shell tower)

원통형 강관 타워는 강판을 원통형으로 감고 길이 방향으로 용접하여 테이퍼가 있는 실린더 혹은 튜브형으로 제조한 것으로 현재 풍력터빈 시장에서 대부분을 차지하는 타워 형태이다.

원통형 타워는 격자형 타워보다 가격이 비싸지만, 미관을 해치지 않으며, 작업자가 타워 내부를 통해 안전하게 나셀까지 접근할 수 있으며, 대형 풍력발전기에서는 격자 타워보다 상대적으로 비싸지만, 원통형 타워가 주류를 이루고 있다.

세계적으로 5MW급 용량까지의 풍력터빈을 지지하는 100m 이하의 높이를 가지는 타워는 이미 원통의 강관형으로 거의 표준화가 되어 있다.

강관형 타워가 표준화되면서 여러 가지 제조 장치에 많은 투자가 이루어졌고 내부에 부가적인 장치들을 미리 설치해서 공급이 가능하다는 장점이 있다. 따라서 아직은 이것을 대체할만한 경제성이 있는 타워의 개념은 없는 실정이다.

상용 대형 풍력발전기의 강철 튜브형(steel tubular) 구조는 Fig. 13.3과 같이 일정한 간격으로 원통을 제작하여 각 끝부분에 플랜지를 용접하고 볼트로 조립하는 형태로 제작되고 있다. 원통형 타워 내부는 작업자가 안전하게 나셀까지 올라갈 수 있는 통로로 사용되기 때문에 이를 위한 사다리가 설치되며, 최근에는 타워가 높아져서 작업자의 이동을 용이하게 하는 전동 운반 장치(elevator 혹은 lift)를 설치하기도 한다.

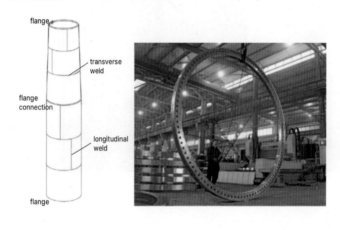

Fig. 13.3 원통형 강관 타워[5]

나셀 내부의 발전기에서 생산된 전기를 지상의 전기 계통과 연결하기 위한 전력선들을 지지하는 케이블 트레이(cable tray)도 설치된다. 일반적으로 원통 형상의 타워는 강철판의 롤링 공정으로 만들어지며, 단면이 일정한 것, 도중에 직경이 변하는 것, 그리고 테이퍼형 (taper shaped) 등이 있다. 그러나 초대형 타워인 경우에는 철 구조물의 고가의 비용으로 인해 콘크리트 구조물과 철/콘크리트 하이브리드형도 제작되고 있다.

앞에서도 언급하였지만, 터빈의 용량이 증가하면서 나셀의 중량이 커지고 블레이드가 길어지고 허브의 높이가 높아짐에 따라서 타워의 높이와 직경이 증가하고 있다. 이에 따라 원통형 강관의 증가된 하부 직경이 육상 운송에 큰 장애가 된다.

13.2.3 다각형 강철 타워(steel polygonal tower)

거의 표준화된 강관형 타워의 단점을 보완하기 위하여 강판으로 분할 패널(segmented panel)을 제조하여 풍력단지 현장에서 조립하는 개념이다. 기존의 테이퍼 원통형(tapered cylinder)보다는 운송의 제한이 없고 바닥의 직경을 증가시키는 데 유리하여 더 높은 타워를 설치할 수 있다.

분할 패널(segment panel)은 구유형(convex shape)과 절곡형(bent shape)이 있다. 대표적인 구유형 강철 패널은 Lagerwey의 모듈형 강철 타워(modular steel tower)이며 166m 타워를 세운 경험이 있다. Siemens사에서는 강철 절곡형 패널로 된 다각형(polygonal shape) 모듈을 개발하였다. Fig. 13.4는 Lagerwey와 Siemens사의 예시이다.

Fig. 13.4 Lagerwey convex panel과 Siemens polygonal형 steel tower[6]

13.2.4 콘크리트 타워(concrete tower)

격자형과 강관형 타워의 틈새에서 튜브형 콘크리트 타워가 시장에 등장했다. 강철 튜브형(강관형) 타워가 가장 일반적이었지만 콘크리트로 만들어지는 타워는 내구성(durability)이 증가하고 유지보수 비용이 낮고, 보다 설계 다양성이 있다는 것이 장점이다. 아울러 시장성 측면에서 강철의 가격은 세계적으로 평준화되어 있지만, 콘크리트 타워의 가격은 풍력단지의 위치와 크기에 따라서 가격 차이가 크다고 볼 수 있다. 독일의 Enercon사가 주도하면서 on-site(혹은 in-situ) 제조 방식이 초기에 상당한 관심을 받은 것은 사실이다. 운송의 장점이 있음에도 불구하고 콘크리트의 양생에 시간이 필요하기 때문에 경제성 측면에서 불리하게 되었다. 이런 사항을 극복하기 위하여 내외부에 사전 응력(prestress)을 주는 기성 콘크리트(precast concrete)가 개발되었고 콘크리트 재료로 된 기성 콘크리트 패널로 조립되는 모듈형 콘크리트 타워는 후에 하이브리드형 타워의 하부구조물로 활용되는 기초가 되었다.

13.2.5 현장 콘크리트(cast-in-place concrete) 타워

일반 콘크리트 구조물을 건축할 때 사용되는 거푸집을 이용하는 거푸집(formwork) 공법을 이용하면 Fig. 13.5와 같이 현장에서 연속적이고 신속한 건축 진행을 이룰 수 있는 장점이 있다. 이는 위에서 언급한 in-situ 제조(혹은 on-site construction) 방식이다. 아울러 타워 직경의 변화에 유연하게 대처할 수 있는 점도 유리하다. 단점으로는 레미콘을 조절하여 주입하는 속도와 날씨 등에 민감하여 양생된 콘크리트에 균열을 일으킬 위험이 많고 콘크리트 양생 기간은 단점이 될 수도 있다.

Fig. 13.5 Cast-in-place 풍력 타워의 상향식 거푸집[7]

13.2.6 기성 콘크리트 타워(precast concrete tower)

현장 타설 콘크리트 타워의 단점을 개선한 방법으로 철근 콘크리트를 이용하여 모듈 형태로 사전에 공장에서 제조하고 현장으로 수송하여 조립하는 공법이다. 높이가 낮은 타워의 경우에는 원통형이 이용될 수도 있지만 여러 조각의 구유형 콘크리트 패널(convex segments 혹은 trough)로 제조하여 초대형 타워의 조립에 활용한다. 특히, 풍력단지 건설 현장에서 가까운 곳에 제조공장을 설치하여 구유형 콘크리트 패널을 공급하는 이동식 플랜트 개념이 활용되기도 한다.[8]

형상을 보면 테이퍼 모듈형(tapered module) 타워가 콘크리트 패널(concrete panel 혹은 segment)을 활용하는 것인데, 원주 방향으로 6~8조각으로 만든 구유형 패널을 현장으로 운반하여 조립하는 개념이다. Fig. 13.6과 같이 테이퍼가 있는 구유형 패널(convex panel)

은 조립 숫자를 증가시켜서 하부의 직경과 높이를 효과적으로 증대시킬 수 있다. 최대의 장점은 강관형 타워에 비교하여 수송의 문제를 해결시켜 주는 것이다. 현장에서 조각별로 조립되어 설치될 때 수송의 제한을 받지 않기 때문에 큰 직경의 타워를 만들 수 있다.

좀 더 고려해 보면 콘크리트 타워가 하부에 있고 상부에 강철 타워를 세울 수 있는 하이브리드 개념의 도입이 가능하다는 것이 또 다른 큰 장점이다.

Fig. 13.6 모듈 콘크리트 타워용 기성 분할체(precast segment)[8]

실제로 Fig. 13.6에서 Acciona(Nordex)사는 AW3000 풍력터빈용으로 80, 100, 120, 그리고 140m용 기성 콘크리트 타워(precast concrete tower)를 공급하고 있다. 다른 예시는 Fig. 13.7에 나타난 Enercon사의 콘크리트 타워이다.

Fig. 13.7 **Precast concrete segments 공장(왼쪽)과 수평 보강 loop(오른쪽)[7]**

Fig. 13.7과 같이 공장에서 사전에 사전 주형(precast) 공정으로 제조된 콘크리트 패널 조각들은 사후 인장 강철선(post-tensioning tendon)으로 패널끼리 묶어 원통형으로 조립한 다음 크레인으로 높이 방향으로 쌓는다.[7]

13.2.7 하이브리드 타워(hybrid tower)

원추 형상의 PS(prestressed) 철근 콘크리트 하부에 기존의 격자형 타워나 튜브 강관 타워를 설치하는 개념이 하이브리드 타워이다. 주목을 받는 하이브리드 타워는 철근 콘크리트 위에 설치되는 강관 타워형이다. 높이가 높아질수록 하부의 강관의 직경이 증가하므로 운송상의 문제점이 크다. 따라서 비용 측면을 고려하여 기존의 타워기술을 혼합하여 사용한다. 콘크리트 하부와 강관부의 비율은 타워의 고유진동수와 경제성 측면에서 결정된다. 이때 콘크리트 하부는 in-situ 혹은 PS 철근 콘크리트이다. Fig. 13.8은 격자형 강철 하이브리드 타워와 철근 콘크리트 기초와 강관 형태로 결합된 하이브리드 타워이다.

Fig. 13.8 Lattice-steel hybrid tower와 concrete-steel hybrid tower[5]

앞에서 설명하였듯이 하이브리드 타워는 높이의 한계를 극복하기 위한 노력으로 활용된다고 볼 수 있다. 높이와 하부의 직경이 증가함에 따라 기존의 원통형 강관의 단점을 보완하는 것이 핵심이다.

다각형 강철 타워나 precast 콘크리트 타워가 하부구조물이 되고 원통형 강관을 상부에 설치하거나 격자형 타워를 하부구조물을 사용하는 방안이 가장 많이 고려되는 방법이다. 여기에서 하부의 격자형 타워는 여전히 낮은 비틀림 강성의 문제를 지니고 있어 적용에 한계가 있다.

위에서 설명된 타워 이외에도 새로운 개념으로 경제성과 기능성을 고려한 타워가 개발되기도 한다.

13.2.8 스페이스 프레임 타워(space frame tower)

기존의 격자형 타워의 장점을 활용하고 단점을 보완한 새로운 개념의 격자형 타워이다. 2014년 GE사는 5-leg형 격자형 타워를 제안하였다. 타워의 외부는 건축용 천막(architec-ture fabric)으로 덮어서 엔지니어를 보호하는 역할을 하게 하였다. 설계의 유연성, 운송과 해체의 용이, 그리고 유지보수의 편의성 등이 강조되는 개념이다. Fig. 13.9와 같이 GE사는 97m space frame tower의 시제품을 미국 캘리포니아주의 Techachapi 풍력단지에 세웠고 동일한 높이의 원통형 강관 타워보다는 30%의 강철 소재를 절감하였다.

Fig. 13.9 GE사의 space frame tower 예시와 타워 내부[9]

13.2.9 다중 기둥형 타워(multi-column tower)

현재 원통형 강관 타워는 10MW급 초대형 풍력발전기에 사용될 때 하부 강관의 직경이 최대 7m를 초과할 것으로 예측된다[2]. 타워 직경의 증가는 제조와 운반에서 불리하고 강관의 좌굴 내하력 확보를 위하여 강관의 두께가 필연적으로 증가한다. 또한, 직경의 증가는 바람의 투영 면적의 증가로 이어져서 타워 자체가 받는 풍하중의 부담이 증가하는 등의 문제점이 발생할 수 있다.

이미 직경의 증가에 대비하기 위한 노력으로 분할 모듈형 타워나 하이브리드 타워에 대한 개발이 진행되고 있음을 앞에서 설명하였다.

아울러 풍력발전 시스템의 대형화에 대응하는 강관 단면 보강 기술이 개발되는 추세에 있고, 또한 투영 면적 감소에 의한 수평 하중 저감과 간편한 현장 조립을 목적으로 복수의 중소형 강관을 주요 압축 부재로 배치하는 원형으로 된 강관형 다중 기둥 타워의 개발이 Fig. 13.10과 같이 검토되고 있다.[10]

Fig. 13.10 Multi-column tower(다중 기둥 타워)[10]

13.2.10 이중벽 구조 타워(double wall elements tower)

직사각형의 속이 비어있는 이중벽 요소(double-walled element 혹은 segment)를 현장에 운반하여 다각형의 구조물을 만들고 이중벽 사이에 콘크리트를 주입하여 내부가 채워진 (solid) 콘크리트 타워를 쌓아 올린다.

대형 타워 제조를 위한 수송 문제를 해결할 수 있고 설계의 유연성이 뛰어나서 직경의 변화를 쉽게 줄 수 있다. Fig. 13.11은 오스트리아의 Technical University of Wien에서 개발한 이중벽 요소를 이용한 풍력 타워의 예시이다.[11]

Fig. 13.11 **TU Wien사의 double-wall elements tower[11]**

13.2.11 **3D 프린팅 타워(3D printing tower)**

대형화되는 타워의 운반과 설치 측면에서 문제점을 해결하기 위하여 기존의 원통 강관형 타워에서 하이브리드 타워로 변화하는 과정을 이미 설명하였다. 사전 제조 콘크리트 타워와 강관도 여전히 형상 측면의 제한과 수송을 위한 무게, 그리고 설치 인력과 장비의 투입에서 문제가 있다.

3D 프린팅을 이용한 하이브리드 타워 베이스 제조 기술은 콘크리트를 노즐을 통하여 컴퓨터 지시에 따라서 쌓아 올리는 방식이다. 풍력단지 현장(on-site)에 자동화 3D 프린팅 설비를 구축함으로써 운송의 한계를 극복하고 설치를 위한 인건비를 감소시키고 인적인 오류를 크게 줄일 수 있는 장점이 있다.

이론적으로는 80m 정도의 하부 타워를 만들고 상부에 강관 타워를 설치할 수 있다고 한다. GE Renewable Energy사의 주도로 Fig. 13.12와 같이 아직은 소형의 시제품 개발 단계에 있다.

Fig. 13.12 10m 풍력터빈용 prototype on-site 3D Concrete Printing base[12] ─────

13.2.12 스파이럴 용접 타워(spiral welding tower)

높은 타워를 설치하기 위하여 기존의 조립식 원통형 강관 타워를 대신하여 콘크리트와 강관을 사용하는 하이브리드 타워 쪽으로 흐름이 있었다. 기존의 강관을 제조하는 방식은 단순 벤딩 공정을 거쳐서 개별 쉘을 만들고 플랜지를 용접하여 사용하고 있다.

스파이럴 용접 기술(spiral welding technology) 개념을 도입하여 연속적으로 용접함으로써 플랜지를 제거하고, 현장에서 이동식이며 연속 용접 장치를 활용하여 한 개의 완성된 타워를 제조하는 아이디어를 Fig. 13.13과 같이 제시하였다. 이에 따라서 접합 플랜지의 개수와 강철 판재의 스크랩 감소, 용접의 자동화로 인한 인건비용의 절감과 제조 속도의 증가, 그리고 수송 문제를 해결한다는 장점을 제시하였다.[13]

미국 MIT 벤처기업에서 개발한 이 기술을 활용하여 80m 내외의 타워를 대량으로 제조할 수 있으나 더 높은 타워에의 도전은 아직 검증되지는 않은 것으로 판단된다.

Fig. 13.13　이동식 공장에서 스파이럴 용접기술로 제조되는 강철 타워

13.3 원통형 강관 타워 설계 절차

　풍력터빈용 타워에 작용하는 하중에는 추력, 풍하중, 지진하중 등의 기본이며, 해상용 타워의 경우에는 파력과 조류력 등이 고려된다. 앞의 단원에서 설명하였듯이 현재 대다수의 타워는 원통형 강관 타워이므로 본 단원에서는 이 타워에 대해서 중점적으로 다룬다.

　원통형 강관 타워는 구조적인 역할에서 주어지는 하중 특성과 함께 형상, 제조 공정, 소재, 그리고 사용 환경 등에 따라서 다양한 설계 요구조건들을 만족하여야 한다. 원통형 강관 타워는 비교적 간단한 형상이지만 높은 단가와 무게 때문에 최적 설계를 통해 무게 절감, 제조 공정의 단순화, 설치 용이성 향상 등으로 가격 경쟁력을 확보하면서 동시에 구조적 안전성을 확보하는 것이 상품 가치를 높이기 위한 주요 요소가 된다.

　원통형의 강철 구조 타워의 설계를 위한 절차를 DNV-GL 규정을 기준으로 간략히 설명하면, 타워 설계와 해석에서 주요 고려사항은 크게 고유진동수 해석, 설계하중 해석, 강도 해석, 그리고 구조 안정성 해석 등으로 분류할 수 있다.

13.3.1 타워 설계/해석-고유진동수 해석

타워의 고유진동 설계/해석에 있어서 가장 중요한 것은 풍력터빈에서 가장 주요한 동적 하중의 근원인 풍력터빈 블레이드의 회전수와의 공진을 피하는 것이며, 이를 위해 아래 식 (13.1)과 식(13.2)를 만족하여야 한다.

$$\frac{f_R}{f_{0,1}} \leq 0.95 \tag{13.1}$$

$$\frac{f_{R,m}}{f_{0,n}} \leq 0.95 \ 혹은 \ \frac{f_{R,m}}{f_{0,n}} \geq 1.05 \tag{13.2}$$

여기에서,

f_R : 정상 운전범위에서 로터의 최대 회전진동수,

$f_{0,1}$: 타워의 1차 고유진동수,

$f_{R,m}$: 로터 블레이드의 천이진동수,

$f_{0,n}$: 타워의 n차 고유진동수

이때, 타워의 고유진동수(natural frequency)는 블레이드의 천이진동수(transition fre-quency)의 20% 이상의 크기를 갖는 고유진동수까지 충분한 수가 계산되어야 한다. 또한 타워의 고유진동수를 구할 때에는 타워가 세워지는 지면의 특성도 같이 고려되어야 한다. 식(13.1)은 정상 운전 상태에서의 로터의 회전수가 타워의 1차 고유진동수의 95% 이하이어야 함을 의미하고, 식(13.2)는 타워의 모든 고유진동수는 모든 운전 상태에서 블레이드 개수를 고려한 블레이드 통과 진동수의 5%를 벗어나야 함을 의미하며, 고유진동수 설계 요구조건을 만족시키기 위해서는 보통 캠벨 선도(공진 선도, Campbell diagram)를 사용한다.

13.3.2 타워 설계 고려사항 (Campbell diagram)

풍력터빈의 각 모드의 진동 모드의 진동수가 가진 진동수(excitation frequency)와 만나게 되면 기계 구조물의 심각한 영향을 끼치는 공진 현상을 야기할 수 있다.

Fig. 13.14의 Campbell 선도를 해석해 보면 먼저, 0.3Hz 근처에 있는 타워의 전후, 좌우 방향의 공진은 9.2rpm일 때, 2P 운동 조건[2]에서 발생할 수 있다. 1Hz 근처의 로터 평면외 방향 1차 진동 모드는 9.8rpm에서 6P, 12rpm에서 5P 조건에서 공진이 발생할 수 있다.[14]

그 다음 진동 모드들도 Fig. 13.14를 보면 공진 발생 조건을 알 수 있으나, 실제적인 공진 현상은 일어나지 않는다. 그 이유는 회전체인 날개 구조물의 경우 1회전 성분의 정수배인 1P, 2P. 3P...이고, 고정되어 있는 타워 구조물은 3개의 날개 수의 정수배인 3P, 6P, 9P...의 주파수들이 주된 성분이기 때문이다.

로터 회전에 따른 가진 진동수(excitation frequency)를 분석할 때, 3 blade 터빈의 경우 1P, 3P, 6P의 진동수 성분(harmonic frequency component)이 발생한다.

Fig. 13.14 로터 속도에 따른 공진 현상을 보이는 Campbell Diagram[15]

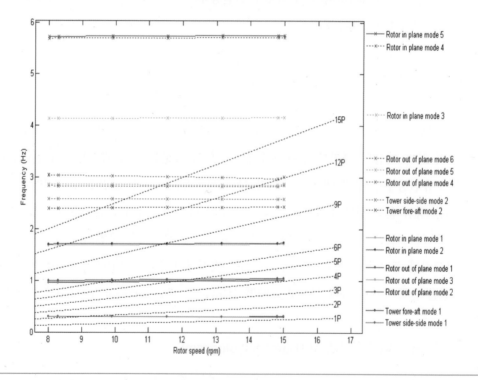

2 P는 one-per-revolution으로 날개의 회전속도를 나타내는 것을 1P 조건, 회전속도의 2배인 2P 성분 이후 표시된 대로 3P, 4P, 5P, 6P, 9P, 12P, 15P의 운동 조건을 나타내고 이 성분들은 풍력터빈 구조물을 가진 시키는 가진 주파수(excitation frequency)를 나타낸다.

13.3.3 타워 설계/해석-설계하중 해석

타워를 설계하기 위해서는 타워에 가해지는 하중을 정확하게 적용하는 것이 중요하며, 타워의 설계하중은 일반적으로 공탄성 해석을 통하여 얻을 수 있으며, 자세한 절차는 DNV-GL 절차서와 IEC 61400-1을 참조할 수 있다.

설계하중은 풍력터빈이 겪을 수 있는 다양한 설계하중조건(DLCs, Design Load Cases)에 대해서 시간의 진행에 따라서 계산되는 매우 방대한 값들이며, 타워의 설계에 사용되는 하중은 아래 Fig. 13.15와 같이 다양한 하중들의 합력이 동시에 작용하게 된다.

Fig. 13.15 **풍력터빈 타워에 가해지는 주요 하중[16]** ─────────────

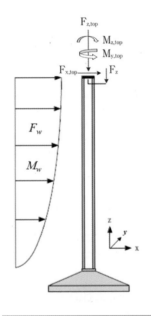

$F_{z,top}$: 블레이드와 나셀 하중

$M_{z,top}$: 블레이드와 나셀에 의한 비틀림 모멘트

$F_{x,top}$: 블레이드의 추력

$M_{x,top}$: 블레이드와 나셀에 의한 굽힘 모멘트

F_z : 타워 자체 하중

F_w : 풍압에 의한 타워에 미치는 분포하중

M_w : 풍압에 의한 타워에 미치는 굽힘 모멘트

이러한 하중을 고려하여 풍력터빈 타워의 설계에 있어서 가장 중요한 것은 나셀, 블레이드, 그리고 타워 자체의 자중을 견뎌야 하는 두께와 직경이다.

13.3.4 타워 설계/해석-정강도(Extreme Strength) 해석

정강도 해석은 타워에 가해지는 다양한 하중의 조합 중에 타워에 가해지는 극한하중에 대해서 타워 구조의 강도가 충분한지 아닌지를 해석하는 것이다.

타워에 대한 정강도 해석에서는 특히 극한하중에 취약한 용접 연결부, 개구부와 플랜지 연결부가 주요 관심 사항이 된다.

정강도 해석을 위해서는 각 극한하중에 대해서 타워를 구성하는 모든 부분이 충분한 안전율(margin of safety)을 갖도록 설계하여야 하며, 정강도 해석을 통한 설계 결과는 아래의 식(13.3), (13.4), (13.5)를 만족하여야 한다.

$$F_d = \gamma_f F_k \tag{13.3}$$

$$f_d = \frac{f_k}{\gamma_m} \tag{13.4}$$

$$F_d \leq \frac{f_d}{\gamma_n} \tag{13.5}$$

여기에서

F_d : design value of load

γ_f : partial safety factor of load

F_k : characteristic value of load

f_d : design value of material properties

γ_m : partial safety factor of material

f_k : characteristic value of material properties

γ_n : failure factors for component classes

식(13.3)에서 γ_f는 설계 하중에 대한 안전계수로서 다양한 설계하중조건(DLCs)에서 구한 하중(F_k)의 불확실성을 반영하기 위해서 사용된다. 식(13.4)에서 γ_m는 소재 물성을 위한 안전계수로써 실험적으로 구한 소재의 특성과 실제 구조물을 구성하고 있는 소재의 특성(f_k)과의 차이를 반영한다. 이러한 차이는 물성시험 수량, 환경 등의 한계성과 소재 자체가 내포하고 있는 여러 가지 불확실성에 기인한다. 식(13.5)에서 γ_n는 설계하고자 하는 구조물의 설계 개념을 반영한 것이다. 즉, 설계 대상 구조물이 파손이 발생하더라도 풍력터빈의 전체적인 파단으로 진행되는 경우와 그렇지 않은 경우 등을 구분하여 그 구조의 파손으로 발생하는 손실 이전에 구조에 미치는 영향을 반영한다.

13.3.5 타워 설계/해석-피로강도해석

피로강도해석을 위한 피로하중은 여러 가지 설계하중조건(DLCs)으로부터 나온 하중들을 레인플로우 카운팅(rainflow counting)법으로 평균응력, 반복응력의 크기별로 반복수를 구하여 마르코프 행렬(Markov matrix)을 구성하고 누적 손상법(Miner's rule)을 이용하여 계산한다.

타워의 피로강도해석을 위해서 사용하는 피로하중은 풍력터빈의 수명인 20~25년을 기준으로 계산되며, 피로하중해석의 대상 시간을 풍력터빈의 형식 등급에 맞추어 20~25년 동안 발생하는 실제 횟수로 환산할 수 있도록 스케일 값(scale factor)을 응력 주기 횟수(number of stress range)에 곱하여 계산한다.

피로강도해석은 임의의 평균응력과 반복응력의 크기를 가지는 피로하중이 구조물의 각 부분을 이루는 소재와 구성품에 발생시키는 손상을 나타내는 손상계수(f_k)가 누적된 누적 손상계수를 구하는 것으로서 피로손상을 일으키지 않으려면 식(13.6)과 같은 조건을 만족하여야 한다.

$$D = \sum_i \frac{n_i}{N_i} < 1 \qquad\qquad (13.6)$$

여기에서 D는 누적손상계수(Miner Sum), n_i은 임의의 피로하중에서 반복하중수, 그리고 N_i은 임의의 피로하중에서 반복 수명이다. 식(8.6)에서 N_i는 피로수명곡선($S-N$ curves)으로부터 구할 수 있다.

13.3.6 타워 설계/해석-좌굴해석

타워의 설계에서 좌굴은 응력의 작용 방향에 따라서 자오선 응력(meridional stress)에 의한 좌굴, 원주 응력(hoop stress)에 의한 좌굴, 그리고 전단 응력(shear stress)에 의한 좌굴로 구분된다.

각 방향에 대한 좌굴 응력 한계는 타워를 이루는 각각의 섹션 형상, 쉘의 두께, 타워 지름, 그리고 재료에 따라서 달라진다.

좌굴은 특히 타워 개구부의 설계에 매우 중요한 요소이며, 타워에 개구부를 설치할 때에는 반드시 좌굴에 대한 대비가 요구된다.

대형 풍력발전기에서 일반적으로 많이 사용되는 강철(steel)로 제작된 타워 설계의 예를 오른쪽 Fig. 13.16에 나타내었다.[17]

Fig. 13.16과 같이 타워는 여러 개의 섹션으로 제조된 조립체이다. 전체적인 형상은 테이퍼형을 지니고 있다. 앞에서 설명한 다양한 해석을 통해서 테이퍼형 타워의 바닥부(bottom)와 꼭대기(top)의 직경, 각 섹션의 철판의 두께, 플랜지 구성, 강화링(reinforcing ring)의 위치 결정, 개구부의 형상과 보강 방안 등을 결정하고, 최종적으로 최적화된 설계안을 도출한다.

풍력터빈 타워도 풍력터빈의 형식 승인에 필요한 부품이므로 일반적으로 각 풍력터빈 제조사가 설계를 수행하여야 하고, 설계 내용에 대해 인증기관과의 협의를 완료해야 된다.

Fig. 13.16 1MW급 타워의 설계 예시[17]

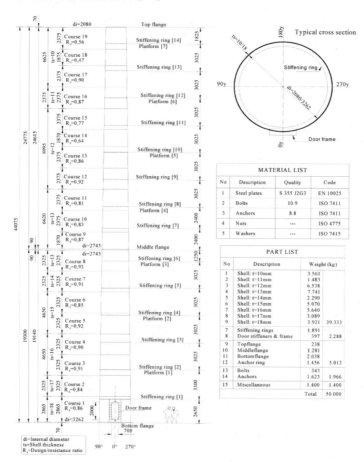

13.4 타워의 제조

13.4.1 타워 셸(tower shells)

현재 상용화된 대형 풍력터빈에서는 대부분이 원통형 강관을 가장 많이 사용하고 있어 본 단원에서는 원통형 강관 타워의 제조 방법에 대하여 설명하고자 한다.

원통형 강관 타워는 일정한 간격의 셸(shell)을 만들어 플랜지로 이어 붙이는 셸형(shell type)이 많이 사용되고 있다. 타워 셸의 제조 방법은 원하는 두께의 강철 판재를 Fig. 13.17과 같이 대형 벤딩(bending) 머신에 넣고 원통형으로 굽힌 후에 용접을 하고, 양 끝단에 플랜지를 용접한다.

보통 3~4단의 셸을 제작하여 풍력터빈 설치 장소로 운반한 후에 이 셸을 하나씩 각 끝 부분의 플랜지를 서로 볼트로 연결하여 타워를 완성한다. 타워는 상부로 갈수록 좁아지기 때문에 각 구성 셸은 원추(conical)형으로 테이퍼를 가지고 있으므로, 부채꼴 형으로 설계되고 재단되며, 재단할 때는 일반적으로 프로그램 레이저 절단기를 사용하여 정밀도를 유지한다.

원추형의 대형 셸을 굽히기 위해서는 강철 롤러의 인장과 압축 정도가 달라져야 하며, 상당한 노하우가 필요하다.

대개 타워는 10~20m 섹션으로 만들어지고, 섹션 상하부에 플랜지 용접으로 부착하여 섹션을 조립하여 타워를 완성하며, 타워의 강철 재료는 보통 DIN규격의 S355를 많이 사용하며 항복강도는 약 355 N/mm^2 이상이다.

| Fig. 13.17 | 강철 판재의 벤딩 공정과 용접공정 |

강철 판재 벤딩(bending)

벤딩한 셸의 용접

13.4.2 용접(welding)

용접은 타워의 제조에서 가장 중요한 작업 공정이며 고급 기술자의 고도의 경험을 요구하는 부분으로 일반적인 절차는 다음과 같다.

- 굽힘이 이루어진 각 타워의 섹션은 쉘의 길이 방향으로 용접하고, 원통 쉘 간 용접은 다음 섹션에 연결하기 위하여 이루어진다.
- 쉘 간 용접은 Fig. 13.17과 같이 서서히 회전하는 롤링 베드(rolling bed)에서 이루어지며, 분체 용접기로 용접 기술자가 외부로부터 용접을 하는 동안 다른 작업자는 내부에서 대응하여 같은 지점을 용접해 나간다.
- 용접법은 특수용접인 CO_2 용접이 많이 사용되며, 용접선은 완전히 스며들게 하고 추후 연마 과정을 거친 후, 초음파나 X-선 장비로 검사를 하는데, 중요 부위의 용접선은 전수 검사를 수행한다.
- 용접공정은 국제표준 GB/T19001-2000(품질 경영 시스템) 또는 ISO9001:2000 규정 등에 따른다.

13.4.3 타워 플랜지(tower flanges)

타워 플랜지는 타워의 연결에 필요한 구성품으로서 섹션의 수에 따라서 보통 한 개 타워에 Fig. 13.18과 같은 플랜지가 6~8개 정도가 사용된다.

타워의 아래부터 하부 플랜지(bottom flange), 중간 플랜지(middle flange), 상부 플랜지(top flange)로 나누며 플랜지 제작은 용접에 의해 많이 이루어져 왔으나, 현재는 대형링 롤링 밀(ring rolling mill) 설비의 증가로 링 롤링 가공으로 제작이 되고 있으며, 링 롤링 가공 방식은 투입 소재의 양과 가공량이 절감되며, 작업시간도 단축이 되어 제작 단가를 낮출 수 있다.

타워 플랜지 형태로는 L-플랜지와 T-플랜지로 나눌 수 있고, 타워 플랜지의 재료는 S35NL(대응소재: A350 LF2N, A694 F42, F490G, ST52.3)과 같은 저합금강이 주로 사용되며, 소재의 특성으로 용접성이 좋고, 일반강에 비해 강도와 충격치가 우수하다.

Fig. 13.18 타워 플랜지와 타워 조립 ────────────────────────

타워 플랜지   원통 타워 조립

13.4.4 타워 내부 설계 및 제작

타워 내부의 용도는 Fig. 13.19와 같이 전력선이나 통신선의 설치, 유지보수 기술자의 접근을 위한 각종 구조물의 설치, 그리고 제어시스템의 설치 등이다.

전기 시스템에는 발전된 전력을 계통망으로 보내는 전력선(power cables), 내외부 조명을 위한 전선, 제어와 감지를 위한 데이터 통신선, 그리고 낙뢰 방지용 피뢰선 등이 있을 수 있다. 아울러 타워 하단에는 제어장치 캐비닛이 설치된다.

내부의 구조적 부품으로는 기술자가 타워 위의 나셀에 접근하기 위한 사다리, 리프트, 그리고 플랫폼(platform) 등이 있다.

Fig. 13.19 타워 내부의 모습(cables, 사다리, lift, 플랫폼 등) ────────────────

13.4.5 타워의 도장

용접작업을 끝낸 타워 섹션은 다양한 표면처리 과정을 거쳐서 부식 방지와 미관을 위한 도장작업을 수행한다.

표면의 도장이 잘 안착되도록 입자를 이용하여 녹 제거와 표면 거칠기를 높이기 위하여 금속 알갱이(metal grit)를 분사하는 블라스트 작업(blast process)과정을 거친다.

탈지 과정을 거친 후 적용되는 도장용 페인트로써 액상 페인트를 에어리스 스프레이 건 (airless spray gun)으로 분사하여 도장하고 건조한다.

이처럼 본 단원에서는 원통형 강관 타워의 이해를 돕기 위하여 강철 판재에서 최종 도장까지의 제조 과정을 정리한 공정도를 Fig. 13.20과 같이 수록하였다.

Fig. 13.20 원통형 강관 타워용 강관의 제조 공정의 요약[18]

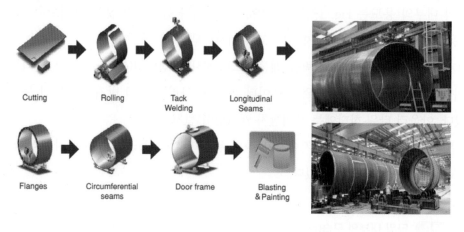

 ### 13.5 육상용 타워 기초

풍력터빈의 기초는 나셀과 타워의 무게를 지탱하고, 최대 극한 풍하중을 견딜 수 있도록 설계한다. 따라서 타워 기초는 극한 하중조건에서 풍력터빈이 전복되지 않도록 하는 것이 기본적인 설계 개념이다.

육상용 타워 기초의 방법으로는 슬라브 기초, 다중파일 기초, 모노파일 기초 등이 있으며, 슬라브 기초는 암반 등이 지표면에 가까이 존재할 때 많이 사용하며 가장 간단하고 경제적인 공법이고, 연약 지반에서는 파일 기초가 더욱 견고하고 효율적인 방법이다. Fig. 13.21은 대표적인 앵커 볼트형의 타워 기초의 시공 모습이다. 수 개의 파일을 이용하여 수직과 측면 하중을 지지하는 것이 다중파일 기초이다.

Fig. 13.21 전형적인 앵커 볼트형 육상 타워기초의 시공

전형적인 타워기초 (Anchor Bolt 방식)

참고문헌

1. Haliade-X Offshore Wind Turbine, GE Renewable Energy Website, https://www.ge.com/ renewableenergy/wind-energy/offshore-wind/haliade-x-offshore-turbine

2. 고재상 외, "10MW급 강재 및 3MW급 복합 합성구조 풍력발전타워 설계기술 개발," 최종보고서 (고려대학교), 국토교통부기술촉진연구사업, 2018. 3. 27

3. Milan Veljkovic, et al., "High-Strength Steel Tower for Wind Turbines," HISTWIN_Plus, Luleå University of Technology, Sweden 2015

4. Ion Arocena, "Why torsional stiffness of Jacket-type structures has a low influence in WTG dynamics," NABRA Wind, http://www.nabrawind.com

5. F. Ozturk, "Finite element modelling of tubular bolted connection of a lattice wind tower for fatigue assessment," Thesis, University of Coimbra, May. 2016

6. Lagerwey Modular Steel Tower, Tension Control Bolts Ltd., https://www.tcbolts.com/en/projects/wind-energy/108-lagerwey-modular-steel-tower

7. C. von der Haar, S. Marx, "Design aspects of concrete towers for wind turbines," Journal of the South African Institute of Civil Engineering Vol. 57, No. 4 Midrand Oct/Dec. 2015

8. Nordex to build concrete tower factory for wind turbines for wind energy in Spain, EVwind, June 26, 2020, https://www.evwind.es/2020/06/26/nordex-to-build-concrete-tower-factory-for-wind-turbines-for-wind-energy-in-spain/75349

9. GE's Space Frame Tower Prototype in Tehachapi, California, https://www.youtube.com/ watch?v=3KUqGDzkSTw

10. 김경식, 김미진, "10MW급 풍력발전용 원형강관 멀티기둥타워의 부재유용도 개념설계," 한국강구조학회 논문집 제29권 제3호, 2017. 6

11. Paul Dvorak, "Building a better concrete wind turbine tower," Windpower Engineering & Development, May 10, 2016

12. Daniel Kruger, "Take Me Higher: 3D-Printed Concrete Could Give Wind Turbines A Powerful Lift," Renewables, June 17, 2020

13. Tina Casey, "No More Excuses: Spiral Welding Can Bring Taller Wind Turbines To US

Southeast," Clean Technia, May 16, 2020

14. Osgood, R. M., 2001, Dynamic Characterization Testing of Wind Turbines, NREL/TP-500-30070

15. 조장환 외, "MW급 풍력터빈의 공기역학적 특성 분석," 한국정밀공학회 2010년도 춘계학술대회 논문집, p.787-788

16. A. C. Way, G. Van Zijl, "A study on the design and material costs of tall wind turbine towers in South Africa," J. of the South African Institute of Civil Engineering, Vo. 57, No. 4, Oct/Dec 2015

17. I. Lavassas, et al., "Analysis and design of the prototype of a steel 1-MW wind turbine tower," Engineering Structures 25(2003) 1097-1106

18. Welding Solution for Wind Turbine Tower, KISWEL LTD

chapter

14

해상풍력발전과 지지구조

해상풍력발전과 지지구조

14.1 해상풍력발전(offshore wind power generation)

육상에 설치되는 풍력발전시스템으로 발전하는 것은 육상풍력발전(onshore wind power generation)이라 하고, 해양의 근해나 원해에 풍력발전단지를 건설하여 풍력에너지를 얻는 것을 해상풍력발전(offshore wind power generation)이라 한다.[1]

해상풍력에너지란 장애물이 없어서 높고 일정한 풍속에 도달할 수 있는 해상의 바람을 이용하여 얻어지는 깨끗하고 재생이 가능한 에너지이다. 사회경제적이며 환경적 측면에서 높은 잠재력과 전략적인 부가가치는 해상풍력은 탈탄소 과정에서 핵심적인 역할을 할 재생에너지 중의 하나이다. Fig. 14.1과 같이 해상풍력발전은 해풍이 블레이드를 돌리고 풍력터빈은 운동에너지를 전기로 변환하여 해저 케이블을 통하여 해상 변전소로 보내진다. 승압된 전력은 육상 변전소를 통하여 소비지로 보낸다.

Fig. 14.1 육상 송전망에 연결되는 해상풍력 인프라 모습[2]

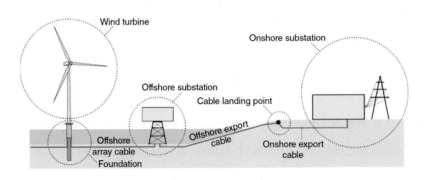

Fig. 14.2 해상풍력의 지지구조물 부품의 명칭[3]

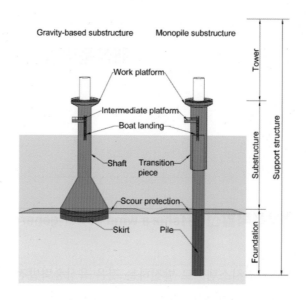

풍력발전시스템의 개념에서 설명한 바와 같이 육상풍력발전에서는 타워를 포함하는 풍력터빈이 차지하는 가격은 설치 비용의 70%를 차지한다고 설명한 바가 있다. Fig. 14.2와 같이 육상풍력발전단지에서 개별 발전 단위는 RNA(Rotor Nacelle Assembly, 로터 나셀 조립체), 타워, 그리고 기초로 구성된다. 해상풍력발전의 경우에는 대개 풍력터빈(RNA와 타워), 하부구조물, 그리고 기초로 이루어진다. 따라서 해상풍력발전에서 지지구조물(support structures)은 RNA 이하를 총칭한다.

육상풍력의 경우에는 해당 단지의 토양의 상태에 따라서 기초 시공 방법이 역시 다양하게 있을 수 있다.

해상풍력발전에서도 기초(foundation)가 어디에 해당하느냐에 따라서 고정식 해상풍력발전과 부유식 해상풍력발전으로 구분된다. 해상풍력 구조물에 필요한 기초의 선택은 해상풍력단지의 전체적인 개념을 결정하는데 중요한 역할을 한다. 선택에 관련되는 사항으로는 재정적으로 크게 관계가 있다. 규모와 위치에 따라 다르겠지만 대표적으로 기초는 전체 풍력단지 건설 비용의 16~34%를 차지한다.

또한, 해상풍력발전에서 지지구조물이 기초에 연결되는 방식에 따라서 고정식 해상풍력발전(fixed support offshore wind generation)과 부유식 해상풍력발전(floating offshore wind generation)으로 분류된다. 아울러 수심(water depth)에 따른 기초의 일반적인 가이드는 다음과 같다.

- 수심이 30m 이하인 근해의 경우에는 고정식으로 모노파일 기초가 적절하고 경제성도 우수함
- 수심이 60m 정도까지는 석션 버킷(suction bucket)이나 파일 기초에 재킷 구조물 (jacket structures)을 설치하는 고정식 기초를 선택
- 수심이 60m보다 깊어지면 부유식 시스템(floating system)이 고려되어 인장각(TLP, tension leg platform), 주상형(스파, spar), 혹은 반잠수식(semi-submersible)이 대표적 선택

우선 고정식 해상풍력발전에 대하여 알아보자.

14.2 고정식 해상풍력발전(fixed support offshore wind generation)

육상풍력과 약간 다르게 해상풍력은 아래와 같이 세부적으로 지지구조물(support structures)에 따라서 좀 더 상세하게 분류한다. 고정식(fixed support) 해상풍력발전시스템의 지지구조물은 Fig. 14.2와 같이 아래의 세 가지 분류가 있다.
- 타워(tower): 풍력터빈 로터 나셀 조립체(RNA, Rotor Nacelle Assembly)을 직접 지지하는 구조물
- 하부구조물(substructure): 타워로부터 전달되는 하중을 해저 지반(seabed)에 전달하기 위한 수중 구조물
- 기초(foundation): 하부구조물을 해저 지반(seabed)에 고정하기 위한 구조물

Fig. 14.3 다양한 형태의 해상풍력터빈용 고정식 하부구조물[3], [4]

Bottom-fixed substructures						
Monopile	Gravity-based	Tripod	High-rise pile cap	Tripile	Jacket	Suction bucket

고정식 해상풍력에서 사용되는 하부구조물과 기초는 Fig. 14.3과 같이 좀 더 세분화되어 분류된 모노파일, 자중식, 트라이포드, 하이라이즈 파일캡, 트리플, 재킷, 그리고 석션 버킷 기초 등이다. Fig. 14.4의 통계를 보면 2020년을 기준으로 WindEurope의 보고서에서 모노파일 기초는 4,681곳(81.2%), 재킷 기초는 568곳(9.9%), 자중식 기초는 289곳(5.0%)으로 알려져 있다. 매우 적은 양이지만 트라이포드는 126곳(2.2%)와 트리파일은 80곳(1.4%)을 차지한다.

Fig. 14.4 해상풍력터빈용 하부구조 형식의 분포(2020년 유럽)[5]

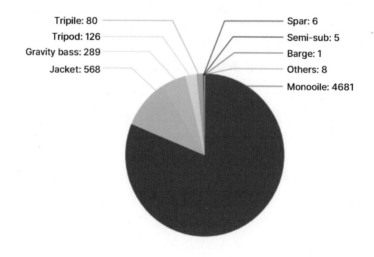

14.2.1 모노파일 기초(monopile foundation)

모노파일 기초는 가장 단순한 형태로 한 개의 강관 파일로 되어있다. Fig. 14.5와 같은 대표적인 모노파일은 3~8m의 직경이고 수심이 20~40m 범위에서 경제성이 있는 것으로 알려져 있고 더 큰 대구경 강관도 개발 중이다. 해저 지반이 딱딱하거나 중간 정도로 딱딱한 경우에 주로 적용된다.

설치를 위해서는 바지선(barge)을 이용하여 수송하고 잭업 선박이나 이동위치관측(DP, Dynamic Positioning) 기능을 가진 중량 크레인 선박이 사용된다.

해저 지반에 수직으로 드리우고 유압 해머로 충격(pile driving process, 항타 공정)을 가하여 밀어 넣는다. 이후에 시멘트를 주입하는 그라우팅이 이루어진다. 항타 공정에서 충격파와 소음(~210db)이 발생하는데 생태계에 영향을 줄 수 있는 단점이 있다.[6]

물리적으로 소음을 저감시키기 위한 방법으로 소음의 차폐, 흡수, 그리고 분산시키는 방법이 사용되는데 임시 물막이(cofferdam)나 물방울 커튼(bubble curtain) 등이 이에 해당한다.

모노파일은 모멘트 저항형 기초이며, 모노파일 지지 풍력터빈 구조물의 경우에는 하중 전달이 주로 전도 모멘트(overturning moment)를 통한다. 모노파일 기초는 하중을 주변 토양으로 전달하고, 그래서 토양의 상호 작용을 이용하는 측면 기초(lateral foundation)이다.

Fig. 14.5 **모노파일(monopile) 하부구조물**

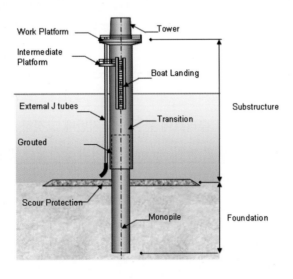

Fig. 14.6 **모노파일과 파일에 연결된 재킷의 하중 전달 메커니즘** ─────────

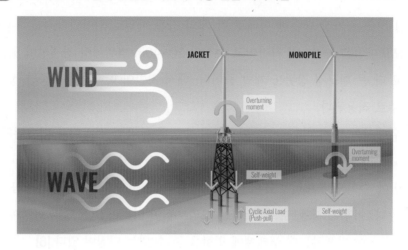

14.2.2 재킷 기초(jacket foundation)

재킷 기초는 3~4개의 다리를 가진 경량의 격자형 구조로 강철로 된 튜브형 부재 (member)가 모서리 강관에 용접되는 트러스(truss) 구조물이다. 재킷 구조물은 앵커 기초 위에 각각 모서리 강관이 지지된다.

일반적으로 Fig. 14.6이나 Fig. 14.7과 같은 재킷 하부구조물은 안정적인 4개의 다리를 가진 강철 재킷으로 구성되고 여러 개의 부품(각각 다른 제조사에서 제조 가능)으로 분리될 수 있지만, 최종 재킷의 조립은 한곳에서 이루어진다. 재킷 구조물의 구성품은 다음과 같다.

- midsection: 주 재킷 부위와 터빈 타워 사이에 존재하는 중간재(transition piece)를 말함
- main jacket part: 주 재킷 부분
- pin pile: 파일 스토퍼 혹은 파일 슬리브에 관통하여 지반에 고정하는 파일
- pile stoppers: 주 재킷과 4개의 핀 파일(pin piles) 사이의 중간재를 말함
- J-tube: 해저케이블과 통신선이 내려오는 관

재킷 기초는 재킷 파일(jacket pile)과 핀 파일(pin pile)을 해저 퇴적층과 암반층에 항타를 하거나 천공을 통하여 단단히 고정시킨 후에 재킷 구조물로 파일을 감싸는 방식이다. 현장 에서 재킷 파일과 핀 파일을 일체화시킬 때 그라우팅(grouting, 시멘트 등을 지층에 강하게 주 입함) 공법을 사용한다.[7]

대규모 해상풍력단지에서는 다수의 풍력터빈을 재킷 기초로 설치할 때 사전 파일링 템플레이트(pre-piling templates)를 미리 설치하고 순차적으로 모서리 강관에 파일의 항타와 그라우팅을 하면 공정시간을 절약할 수 있다.

부피가 크기 때문에 보관이나 운송에 다소 문제가 있지만 50~70m 정도의 중간 수심에서 경쟁력이 있는 공법이다.

재킷을 지지하는 다중 파일을 하중 전달 메커니즘(load transfer mechanism) 측면에서 보면, 재킷과 같은 다중 지지구조물의 경우에는 Fig. 14.6에서 보는 바와 같이 하중 전달이 밀고 당김(push-pull) 작용(축하중)을 통하여 이루어진다.

Fig. 14.7 재킷 하부구조 (Wind Energy The Fact, EWEA)

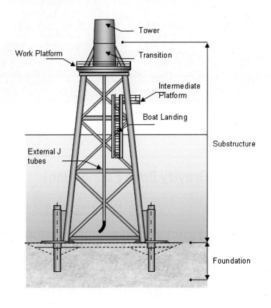

구체적인 적용 예시는 독일의 북해 Borkum 섬 인근의 Alpha Ventus 해상풍력단지이다. 사각형 재킷 구조물은 57m 높이와 17m x 17m의 하부 면적을 가지며 중량은 약 320톤 정도인 것으로 알려져 있다. 4곳의 모서리는 파이프로 충격을 가하여 지반에 고정된다. Fig. 14.8과 같이 재킷 지지구조물 위에는 6기의 REpower 5MW 풍력터빈이 설치되었다.

다른 곳은 약 45m 수심의 영국 스코틀랜드의 Beatrice 해상풍력단지에서 역시 5MW

REpower 풍력터빈을 설치하는데 사용되었다. 아울러 우리나라의 서남해해상풍력단지(3MW x 19기)와 제주의 탐라해상풍력단지(3MW x 10기)에서도 재킷 지지구조물을 적용하였다.

Fig. 14.8 Alpha Ventus 해상풍력단지용 재킷 구조물 6기[8]

14.2.3 자중식 기초(GBF, Gravity Base Foundation)

자중식 기초는 무게가 1,500톤~4,500톤인 콘크리트로 제조되고 전도 모멘트에 저항하기 위하여 자중을 이용한다. Fig. 14.9와 같은 자중식 기초는 해저 지반이 진흙, 모래, 그리고 자갈로 된 곳에 적절한 공법이고 비교적 얕은 수심인 10m~15m보다 낮은 곳에 사용된다.

Fig. 14.10의 자중식 기초의 설치 과정은 해저 지반의 준비, 지지구조물의 제작, 지지구조물의 설치, 평형수 맞추기, 그리고 세굴 방지 등의 순서로 이루어진다. 전통적인 운반과 설치 방법은 도크(dock)에서 제조된 콘크리트 기초를 바지선에 싣고 가서 중량물 크레인으로 해저 지반으로 내리는 것이다. 전통적인 자중식 기초의 설치는 덴마크의 Middelgrun—den 해상풍력단지(2MW x 20기)가 대표적인 예시이다. 이후에 개선된 방법으로는 영국 Blyth 해상풍력단지에서는 "float and submerge" 방식이 시도되었다. 육지에서 제조된 자중식 기초를 바다에 띄운 다음에 견인선(tug boat)으로 현장까지 끌고 가서 가라앉히는 방법으로 대형 바지선이나 크레인의 사용을 줄일 수 있다.

Fig. 14.9   자중식 하부구조와 기초(gravity base structure)의 스케치

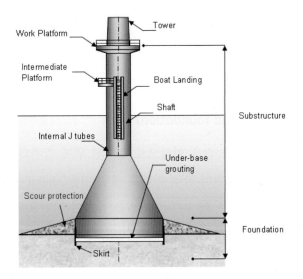

Fig. 14.10   자중식 기초의 설치방식(float and submerge method)[4]

대표적인 장점은 구조물 자체가 매우 간단한 콘크리트로 제조될 수 있다는 점이다. 하지만 단점 중에 눈에 띄는 것은 장기간 사용할 때, 각회전(angular rotation)이 축적되어서 최적의 바람 방향에서 오차가 발생하여 전력 생산량에 영향을 미칠 수 있다는 점이 지적되고 있다.

14.2.4 트라이포드 기초(tripod foundation)

트라이포드 기초는 Fig. 14.11과 같은 형상으로 해수면 위에 강관과 앵커 파일을 갖춘 3개의 다리를 가진 구조물이다. 터빈의 타워 아래로 중앙 기둥(central column)을 3개의 강관으로 비스듬하게 지지하면서 다른 끝 부분은 파일을 통하여 지반으로 하중을 전달한다. 설계 개념은 모노파일과 재킷을 혼합한 것으로 볼 수 있고, 특히 기둥 부분의 굽힘 저항성 매우 높은 구조물이다.

Fig. 14.11 ▶ Tripod 하부 구조(세 번째 다리는 안보임)

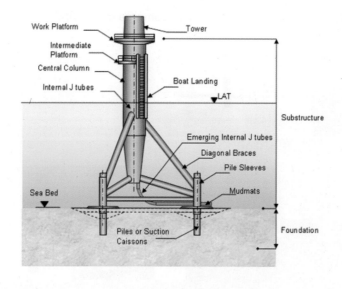

제조 비용 측면에서는 재킷보다 간단하고 3개의 파일이 사용되므로 경쟁력이 있다고 한다. 하지만 풍력터빈의 규모에 따라 일체형 기초 구조물의 규모가 매우 크기 때문에 운반과 설치에 어려운 점이 있다. 대표적인 예시가 Fig. 14.12의 독일 Borkum 섬 인근의 약 30m

수심의 Alpha Ventus 해상풍력단지에 설치된 12기의 Areva사의 5MW 풍력터빈(약 500톤)
이다. 이 프로젝트에 사용된 트라이포드의 무게는 700톤이고 높이는 45m 정도이다.

Fig. 14.12 **트라이포드 기초(the Alpha Ventus test site, Borkum, Germany)**

14.2.5 트리플 파일(triple file) 기초

트라이포드 기초와 모노파일의 장점을 도입한 것으로 트리플 파일(tripile pile) 기초도 있
다. 트라이포드 각각의 끝 부분에 긴 수직 파일을 연결하여 해저 지반에 관입하는 공법이
다. 이 하부 지지구조물은 상부에 견고한 매듭을 가지고 건축물의 윗부분을 지지하는 구조
물(portico)[1]과 같은 역할을 통하여 파일이 휘는 것은 감소시킨다. 따라서 사용되는 파일의
직경을 3m 이하로 줄일 수 있는 제작상의 장점을 가지고 있다.[9], [10]

Fig. 14.13에 보는 것 같이 독일 Borkum 섬 인근의 North Sea Offshore Wind Farm에
80기의 Bard 5MW 풍력터빈이 이 형식의 하부 지지구조물(약 40m 수심) 위에 설치되었다.

---

1 portico: 건축물 회랑의 지붕을 지지하는 건축 부분

Fig. 14.13   Bard 5.0 해상풍력터빈과 트리플 파일 기초[12]

14.2.6 석션 버킷(suction bucket) 기초

석션 버킷 기초는 해저 지반에 기초를 설치하는 방법 중의 하나이다. 일반적으로 석션 버킷, 석션 카이슨(caisson), 석션 파일 혹은 석션 앵커 등으로 불린다. 석션 버킷은 대표적인 표현이며 강철 혹은 콘크리트로 제작된 구조물의 형상에 따라서 육면체이면 카이슨, 원통형이면 파일로 구분할 수 있다.

석션 버킷 기초의 원리는 버킷(대형 강관)을 해저면에 거치하고 파일 내부의 해수를 석션 펌프로 배출하면 내부와 주변 해수 사이의 압력차를 이용하여 외부의 기계적인 힘을 사용하지 않고 버킷을 해저 지반에 관입하는 것이다.

다른 기초 공법과 다른 점은 토양의 형태(암반의 유무)와 토양의 강도를 민감하게 검토해야 하는 것이다. 일반적으로 해저 지반이 점토질 혹은 진흙(mud)으로 된 곳에서만 가능한 공법이다.

석션 버킷 기초는 설치 과정이 비교적 쉽다. 하부의 지지구조물을 운반하여 해저에 설치한 다음 중간재와 타워를 설치하는 공법이다. 최근에는 RNA와 하부구조물 일체를 특수 운반선을 이용하여 현장으로 운반하고 설치하는 방법도 제시되었다. 석션 버킷 기초위에 설치되는 하부 지지구조물은 재킷이나 트라이포드 등이 될 수 있다.

이 공법의 특징은 비교적 낮은 수심(~20m 내외)에 적용이 가능하고 세장비(L/D)가 낮고 지반 속으로 깊이 들어가지 않기 때문에 설치 면적이 비교적 크다. 아울러 기초의 설치 시간이 매우 빠르다는 장점이 있어 이는 곧 설치 비용의 절약으로 연결된다. 하지만 아직은 세계적으로 모노파일이나 재킷형보다는 설치 경험이 적고 설치할 수 있는 터빈의 규모도 제한적이다.

재킷 지지구조물과 석션 버킷 기초가 시공된 해상풍력단지에는 Borkum Riffgrund I (2014, 1곳), Borkum Riffgrund II(2018; 20곳), 그리고 Aberdeen Bay(2018; 11곳) 해상풍력발전단지가 있다.

해저 지반의 특성상 진흙(mud)층으로 된 우리나라 서해안이 이 공법을 적용할 수 있는 대표적인 곳이다. Fig. 14.14에서 보는 바와 같이 국내에서는 군산 앞바다에 설치된 2기의 해상풍력터빈에 석션버킷 기초를 사용하였고 지지구조물은 트라이포드형을 사용하였다.

Fig. 14.14 군산 앞 바다에 설치된 석션버킷 기초 해상풍력터빈

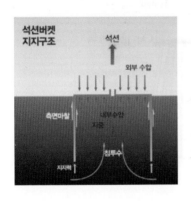

14.2.7 High-rise pile cap foundation(High cap multi-pile foundation)

다중 기초 구조물(multi-footing structure)을 설계할 경우에는 파일의 제조 비용을 낮추고 대구경 파일의 제조 방법의 어려움을 줄이기 위하여 작은 구경의 파일을 활용할 수 있다. 다중 기초 구조물은 전방향형 풍력터빈에 인장 조건이 가해질 때 높은 강성과 지지력을 제공한다.[13]

Fig. 14.15에 나타난 high cap multi-pile foundation은 30m 수심에서 사용된 것의 예시이다. 캡 플랫폼(cap platform, Dia. 14m x H 3m의 실린더와 Dia. 11m x H 1.5m 원추 모형

콘크리트 구조물)과 8개의 경사진 파일(Dia. 1.7m, 5.5:1 slope ratio)을 건설할 때는 방수댐 (cofferdam)을 설치해야 한다. 이 기초는 높은 강성과 높은 지지력을 제공하지만 공사 기간 이 길다.

공정을 보면 파일링 선박을 이용하여 파일을 설치하고 캡 플랫폼을 만들기 위한 플랫폼 을 설치한다. 캡 플랫폼의 제작은 복잡하고 비용이 많이 소요되지만 특히 중국의 상하이 인근의 동해안에 이 공법을 이용한 32.5km의 장대교(Shanghai Donghai Bridge)를 건설한 경험이 풍부하여 Sanghai Donghai Bridge Offshore Wind Farm에 적용하였다.

특히 이 지역은 우리나라의 서해안과 유사한 진흙층으로 되어있어 이 공법이 국내에서 도 상당히 유효할 것으로 알려져 있다.

Fig. 14.15 동하이교(Donghai Bridge) 해상풍력단지의 high-rise pile cap 구조[13]

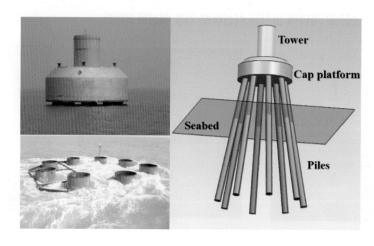

14.2.8 고정식 기초의 고려사항

해상풍력단지의 거대한 규모 때문에 수심과 육지와의 거리 등을 포함하여 해저 지반 (seabed)의 상태가 매우 다양하다. 결과적으로 기초에 가해지는 하중은 다양하기 때문에 이상적으로 가장 좋은 설계는 각각의 터빈 기초를 개별적으로 설계하는 것이다. 즉, 각 터 빈의 위치에 맞게 주문한 기초를 말한다. 경제적인 관점에서 보면 기초의 제조와 설치에 동일한 설치 선박을 사용하기 때문에 비용을 줄이고 효율을 높이기 위하여 특정한 해상풍력단지에서 가능한 동일한 기초형식을 사용하는 것이 바람직하다. 유럽 북해 지역의 개발자들은 모노파일이나 재킷 형식 중의 한 가지 형태의 기초를 선호한다. 깊은 수심이나 진흙층을 피하기 위하여 이러한 기초의 결정 단계는 해상풍력단지의 배치(layout)에 크게 영향을 끼친다.

해상풍력단지를 위한 특정 사이트에 대하여 기초를 결정하고 설계할 때 고려해야 할 다른 사항들은 아래와 같다.

- 여러 가지 기후 조건에서 설치가 용이할 것
- 해저 상태의 변화를 고려할 것
- 설치 선박과 장비를 포함한 설치 측면의 고려
- 소음 기준과 같은 지역별 환경 규제
- 고정식 기초에서 추가적인 기술적인 어려움이 존재한다.
- 고정식의 경우에는 환경적 요인과 풍력터빈에서 오는 동적 하중을 견딜 수 있는 대형화되는 파일(pile)의 설계와 제조의 어려움이 있고 풍력단지, 하중, 그리고 설치를 포함하는 복잡한 해저 설계 조건을 고려해야 한다.

14.3 부유식 해상풍력발전(floating offshore wind energy)의 개요

고정식 구조물보다 부유식 구조물의 부유식 풍력발전은 새로운 기회와 대체에너지를 제공한다. 근본적으로 부유식 해상풍력은 해상용 풍력터빈을 높은 풍력 잠재력을 가진 더 넓고 깊은 해상 지역에 설치함으로써 더욱 해상 쪽으로 가는 길을 안내해 준다. 해상풍력은 장애물을 극복하여 깨끗하고, 지속적이고 오염되지 않는 에너지를 제공한다.

부유식 풍력발전의 장점은 작은 환경적 충격과 제조와 설치의 용이함이다. 부유식 터빈과 플랫폼은 육지에서 제조되고 조립되어 해상의 설치 구역으로 끌고 간다. 더구나, 위에서 지적한 바와 같이 에너지 효율을 높이는 부유식 해상풍력은 깊은 수심이 있는 지역에서 불어오는 강한 바람을 이용할 수 있다.

바람의 힘은 육지보다 해양에서 더 강하다. 바람을 막는 장애물이 없어 해양에서는 육지보다 풍속이 높고 바람이 부는 주기도 보다 안정적이다. 아울러 해변에서 멀리 위치하기 때문에 시각적 충격(visual impact)도 최소화되고 단지의 건설 과정에서 주민들과의 마찰도 적다.

하부구조물을 포함하는 대부분의 풍력발전시스템의 제조와 조립이 항구에서 이루어 지고 해상풍력단지로 견인할 수 있어 고정된 기초를 위한 매우 비싼 잭업 선박(Jack-up-vessel)과 같은 설치 선박이 필요가 없는 장점도 있다.

따라서 해상풍력의 개발이 최근까지 고정식 구조에 기반을 두었지만, 부유식 해상풍력발전은 부유 구조물이 수심이 깊거나 복잡한 해저 지반(seabed) 지역에 설치된다. 이 플랫폼은 유연 앵커, 체인 혹은 강철 케이블로 해저 지반에 결박된다.

부유식 해상풍력시스템은 고정식 기초가 기술적으로나 경제성 측면에서 도달할 수 없는 깊이에 설치된다. 최근의 기술적인 진보로 인하여 수심에 따라서 부유식이냐 혹은 고정식이냐를 결정하는 경계가 모호해 지고 있는 것도 사실이다. 해저 지반의 조건으로 인하여 고정식이 어려운 경우에는 낮은 수심에서도 부유식이 고려될 수도 있다. 현재의 대체적인 경향은 60m~300m의 수심에서 부유식 해상풍력발전이 고려되고 있다. 한편으로는 위와 같은 기술적이며 경제적인 이유에 의하여 30m~800m의 광범위한 수심에서도 부유식 해상풍력발전이 가능한 것으로 고려되고 있다.

14.3.1 부유식 풍력터빈의 플랫폼(Types of floating platforms for wind turbines)

부유식 해상풍력발전시스템(floating offshore wind energy system)의 경우에는 Fig. 14.16 에서 나타난 바와 같이 타워는 동일하지만 하부구조물과 기초가 약간 다르고 아래와 같이 정의된다.

- 하부구조물(substructure): RNA와 타워를 해상에서 지지하기 위한 부유체(floaters)와 계류선(mooring lines)
- 기초(foundation): 계류선을 통하여 전달되어 내려오는 하중을 해저 지반(seabed)에 고정시키기 위한 고정 장치(anchor)

Fig. 14.16 Spar, semi-submersible, tension leg platform형식 부유식 풍력 플랫폼[4] —

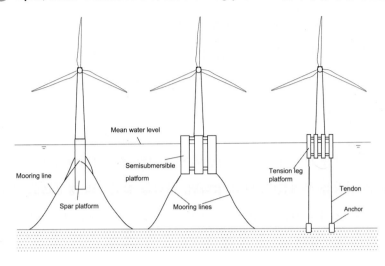

오일-가스 플랫폼과 같이 부유식 해상풍력터빈은 깊은 수심에서 부유체의 위치를 고정하기 위하여 계류 시스템과 앵커 시스템에 의존한다.

정수학적 평형상태를 얻기 위하여 복원 메커니즘에 기준을 두고 부유식 해상풍력터빈은 가동할 때 평형수, 부력, 그리고 계류 시스템으로 안정화 된다. 따라서 대부분의 부유식 해상풍력은 이 메커니즘을 복합적으로 활용한다.

부유식 풍력에너지는 풍력터빈을 부유 플랫폼에 기반을 두는 것이다. 부유체 형식의 선택은 해상과 해저 지반 조건, 그 지역의 풍황, 풍력터빈의 크기, 항만의 깊이, 제조 시설, 소재와 장비의 활용성 여부와 비용 등에 좌우된다.

부유 플랫폼은 Fig. 14.16과 같이 몇 가지 종류가 있다.

기술적인 측면에서 부유체는 구조물의 동적인 거동, 계류선, 그리고 앵커 등의 근본적인 면에서 오일-가스 부유 구조물을 참고하여 재설계되어야 하는 큰 숙제를 안고 있다.

아직은 초기 단계이기는 하지만 세계적으로 다음 단계로 나아가는 기술적인 노력이 이루어지고 있어 이 단원에서 검토해 보았다.[15]

14.3.2 기둥(spar)형 부유체(spar type floating structure)

기둥(spar)형 부유체에서는 중량의 대부분이 안정성을 제공하기 위하여 가능한 가장 낮은 곳에 있다. 예를 들면, 빈 공간이고 물이 새어들지 않는 실린더를 바다에 던져 넣으면 높이에 대비한 바닥의 면적의 비가 무게에 대체되는 해수의 부피를 보상하기 충분하다면 해수면에 부상할 것이다.

실린더가 전체적으로 균일하면 수직으로 안정되게 부상하지 않고 수평으로 누워서 뜰 것이다. 이러한 현상을 피하기 위하여 실린더에 설치된 풍력터빈이 연직도를 유지하도록 반대쪽 끝에 큰 질량을 부여한다. 달리 말하면, 부력을 실린더의 형상으로 부력이 발생하면 가장 낮은 부분에 부착되는 중량 추를 통하여 안정성을 유지한다. 풍력터빈이 점점 커짐에 따라서 중량을 보상하기 위하여 더 긴 실린더가 필요하여 제조, 운반, 그리고 설치도 어려워진다.

Catenary[2] 계류와 석션 카이슨(육면체형 콘크리트) 앵커로 이루어진 스파(spar)[3] 지지 부유식 해상풍력터빈을 알아본다.

최초의 부유식 해상풍력단지인 노르웨이의 Hywind 개념이 그 예시이다. 기초 설계의 경우에는 앵커에 부가되는 극한 하중에 대하여 최대치를 예측할 필요가 있다.

Fig. 14.17에서는 계류선(mooring line)이 완전히 늘어나서 해저 지반에 닿는 부분이 없이 떠 있는 경우를 보여준다. 이것은 한 개의 팽팽한 계류선 형태와 비슷하다. 이 경우에는 계류 케이블의 수평 부분에서 토양의 마찰 효과가 없이 하중이 앵커로 바로 전달된다.

이 형식에서는 해저에 대한 계류선의 각도는 최대로 되어 앵커에서 역 캐티너리(inverse catenary) 형상에 충격을 가할 수도 있다. 이러한 현상은 계류 중인 부유식 오일-가스 플랫폼에는 발생하지는 않는다.

---

2 catenary: 캐티너리, 체인이나 로프가 자연적으로 자중에 의하여 늘어져 있는 모습

3 스파(spar): 기둥형 혹은 주상형이라고 한다.

Fig. 14.17 부유식 풍력터빈의 하중 전달 개념[16]

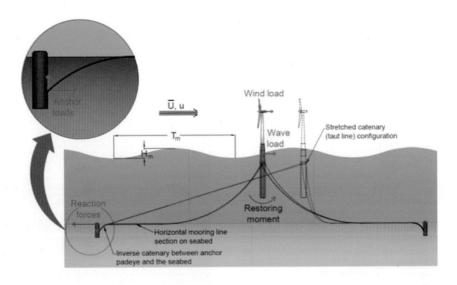

세계 최초의 상업용 부유식 해상풍력단지이며 스파형 부유체를 활용한 Hywind Scot—land 단지가 영국 북서부 지역인 스코틀랜드 Peterhead 지역에 2017년에 설치되었다. SiemensGamesa사의 6MW급 풍력발전기[4] 5기가 설치된 30MW 용량의 부유식 해상풍력 단지가 해변에서 약 29km 떨어진 해상에 있다. 이 단지에는 1MWh 리튬-이온 배터리도 같이 설치되었다. 지난 5년간 가동을 통하여 평균 이용률(CF)이 54%인 것으로 알려졌다. 부유체는 ballasted[5] steel spar floater가 사용되었고 Fig. 14.18과 같이 석션 앵커(suction anchor)에 미리 바닥에 설치된 3개의 체인으로 결박되어 있다.

---

4 Siemens Gamesa 6.0-154 모델

5 ballasted steel spar floater: 선박의 평형수 개념으로 균형을 잡은 강철 기둥형 부유체. Spar buoy라고 도 함.

Fig. 14.18 Hywind floating offshore wind turbine의 결박 상세 모습[16]

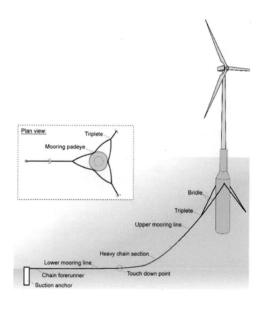

14.3.3 반잠수식 부유체(semi-submergible floating structure)

반잠수식 부유체(semi-submergible floater)는 해수에 노출되는 표면적을 최소화되도록 하지만 해수의 질량을 대체하는 부피는 최대화하여 부력을 준다. 형상 측면에서 볼 때 이 상적인 형상은 구형이지만 실제로 제작에 어려운 점이 있어 부력을 주는 용적을 수 개의 수직형 실린더로 나눈다. 이 실린더들은 빔(beam)과 브레이스(brace)로 결합되어 풍력터빈 이 설치되는 표면을 만든다. 실린더 간의 크기와 거리가 안정성을 결정한다.

이 부유체는 캐티너리 계류선(catenary mooring line)으로 안정화를 하고 해저 지반의 앵 커에 연결된다. 반잠수식 부유체는 충분한 안정성을 갖기 위하여 고중량이 필요하지만 안 정성 때문에 풍력터빈을 설치하기는 비교적 쉽다. 대표적인 예시가 2011년 포르투갈 해 변에서 수행한 WindFloat® 시범 프로젝트(2.3MW 풍력터빈)이었다. 이후에 이 결과를 활용 하여 세계에서 두 번째로 만들어진 상업용 부유식 해상풍력단지는 포르투갈의 Viana do Castelo 지역의 해변에서 20km 떨어진 곳의 부유식 해상풍력단지인 WindFloat®[6] Atlantic

---

6 The WindFloat®은 반잠수식 3개 기둥형 부유식 플랫폼으로 40m~1,000m의 수심에 적합(Principle Power Co.).

이고 25MW 시설 용량을 가지고 2020년 7월부터 가동을 시작하였다. 여기에는 Vestas사의 8.4MW 터빈 3기가 설치되었고 이용률이 34%로 알려져 있다.

이 개념을 활용한 다른 예시는 영국의 두 번째 상업용 부유식 해상풍력단지인 Kin-cardine Offshore Wind Farm(Scotland)은 2021년 8월에 완공되었고 Vestas 풍력터빈(5 x 9.5MW+ 2MW)[7]이 설치되어 50MW 용량을 자랑한다. 자세한 내용을 보면 Fig. 14.19와 같이 부유식 플랫폼은 역시 WindFloat®이라는 반잠수형이며 해안에서 15km 떨어져 있으며 수심은 60~80m 정도로 알려져 있다.

Fig. 14.19 Principle Power사의 WindFloat® platforms에 설치된 9.5MW MHI Vestas 풍력 터빈이 견인되는 모습[Principle Power Co.]

14.3.4 인장각 플랫폼(TLP, Tensioned Legs Platform)

인장각 플랫폼(TLP, Tensioned Legs Platform)은 기둥(columns)과 폰툰(pontoons)으로 구성되어 여분의 부력이 있고 수직 계류식에 순응하도록 한 플랫폼이다. TLP에서는 3~5개의 암(arm)을 가진 스타 형상은 각각의 암의 부피를 최소화하여 플랫폼이 하중(풍력터빈이 설치되지 않고)이 없이도 부유하도록 한다.

Fig. 14.20과 같이 반잠수식과 다른 특징은 수직 방향으로 인장을 가하는 tendons(강철

---

7 MHI-Vestas V164-9.525MW 모델과 Vestas V80-2.0MW 모델

선)에 연결되어 안정성을 유지하는 것이다. 수직 방향(heave)과 회전 방향(pitch and roll)으로 움직임 제한되지만 수평 방향(surge and sway)으로는 움직임이 허용된다.

풍력터빈이 설치되기 전에 조립체의 무게 중심(center of gravity)이 올라와서 전복되는 것을 방지하기 위하여 임시로 재사용 부유체가 TLP에 부착되어 해상 묘박지로 견인하는 것을 도와준다.

인장각 부유식 풍력터빈시스템은 항구에서 수직으로 완전히 조립한 후에 예인선(견인선)으로 해상풍력단지로 견인될 수 있다.

Fig. 14.20 **TLP(Tension Leg Platform)의 개념 [17]** ————————————

인장을 받는 강철 케이블이나 강철선(tendon)이 연결되면 임시 부유체는 다음 TLP 플랫폼에 설치되어 재사용할 수 있도록 분리된다. TLP는 부유식 해상풍력용으로 시도되는 새로운 방법이지만 기술적으로 가장 위험성이 높은 방법으로 터빈이 일단 설치되었을 때 플랫폼이 실제로 한 번에 원하는 방향으로 부유하지 않을 수도 있다.

장점으로는 다른 부유체에 비교하여 매우 안정적이며, 공간적으로 설치 면적의 소형화가 가능하여 기존 어장과의 마찰이 적을 수 있다. 즉, 이 방법에서 강조하는 부분은 제조

비용을 낮추기 위하여 규모를 가능한 줄이는 것이다.

반면에 구조물의 강성이 크기 때문에 공진형 상하 좌우 운동을 일으키는 고진동수 동적 하중 상태에 놓이기 쉽다. 이와 관련하여 해저 지반에 고정 장치(anchors)와 설치에서의 복잡함 때문에 비용이 많이 소요되어 상업화가 느리다.

대표적인 시범 프로젝트가 2022년에 발표된 영국의 SENSE PelaStar 부유식 풍력터빈 시제품(floating wind turbine demonstrator)이다. 인장각 플랫폼에 2MW 터빈을 2023년까지 설치하여 운영할 예정이다.[18]

이상과 같이 대표적인 부유식 구조물 이외에도 추가할 수 있는 방식이 바지선(barge)이다.

14.3.5 부유식 바지(floating barge)

부유식 바지(floating barge)는 규모 측면에서 선박의 규모와 비슷한 개념으로 길이와 넓이가 깊이보다 월등하게 크다. 일반적으로 사각형이고 밑바닥이 편평한 바지형 부유 플랫폼은 해수면과 접촉하는 매우 큰 면적을 가지고 있어 안정성을 확실하게 부여한다. 보트와 같이 구조물에 과잉 응력이나 응력을 피할 수 있도록 이동성이 있게 만들어진다. 이 움직임을 최소화하기 위하여 플랫폼은 수면 아래에 있는 면적을 갖는 heave plates(상하 동요 방지판)를 갖추고 있다.

부유식 바지는 합리적인 흘수(draft)[8]를 유지하고 파도의 타격을 피하기 위하여 해수로 평형을 맞추게 된다.

부유식 바지는 단순구조의 장점과 저비용과 장수명이며, 특히 흘수가 낮아서 50~100m의 수심에 적절하다.

---

8 흘수(draft, draught) 선박이 떠 있을 때 수면에서 선체의 최하부까지의 수직거리로서 선체개 물속에 잠긴 깊이를 말함. 흘수는 선박의 안전을 위하여 배의 중앙부의 양현 측에 표시함.

14.4 부유식 해상풍력발전의 하부구조물 설계(Foundation design for offshore wind turbines)

부유식 해상풍력 플랫폼(FOWP, Floating Offshore Wind Platform)은 풍력터빈이 설치되는 콘크리트, 강철 혹은 하이브리드 구조물로서 부력과 안정성을 제공한다. 부유식 해상풍력 플랫폼은 해저 지반에 설치되지 않고 앵커로 결박되기 때문에 부유식 기초라기보다는 하부구조물이 적절한 표현이다.

부유식 풍력터빈은 부유체에 설치되고 계류체(mooring system)와 앵커(anchors)로 안정화된다. 이 부유 구조물의 설계는 질량과 중량을 분산한다.

단순히 해상에 부유하는 것과 아울러, 풍력터빈은 가능한 많은 에너지를 생산해야 하고 이를 위해서는 안정적이고 움직임을 최소화하고 최적 조건하에서 가동하도록 하는 것이 필수적이다.[19]

부유식의 경우에는 극한 피치, 롤링, 상하 운동(heave motion)하에서 안전한 운전을 보장해야 하는 점과 회전하는 플랫폼 운동과 터빈의 운동에 대한 안정성 설계와 동적 연계성 문제의 해결이 필수적이다. 아울러 계류선(mooring line)의 동적 거동에 대한 해결방안을 가져야 한다. 부유식인 만큼 풍력터빈, 타워, 그리고 플랫폼의 총중량을 지지하는 충분한 부력을 갖는 부유체의 설계와 제작이 따른다. 마지막으로 부유체의 종류에 따라서 스파, TLP, 그리고 반잠수식에 따른 앵커 시스템, 계류, 평형수(ballast) 문제, 그리고 부력 인자 등이 고려되어야 한다.

부유식 풍력발전시스템은 기존의 해상 오일-가스 구조물에 기반을 두고 해상풍력 구조물의 설계가 이루어진다. 기초(foundation)의 목적은 하부 구조와 상부 구조의 하중을 안전하게 지표면으로 전달하는 것이다. 기초에 가해지는 하중은 어떠한 기초 시스템을 가지느냐에 좌우된다.

해상 오일-가스전의 가동에서 얻은 경험이 이용될 때, 두 형식 구조물의 뚜렷한 차이점을 알 수 있는데 해상풍력 구조물은 특별한 특징이 있다.

기존의 해상 오일-가스전의 설치와 가장 다른 점은 무거운 회전 질량이 긴 타워 위에 있는 특별한 대형 해상풍력터빈 구조물이 있다는 것이다. 기다란 형상을 가진 구조물의 고유 진동수는 해양 환경과 기계적 하중에 의하여 부가되는 가진 진동수(excitation frequency)에 매우 가깝기 때문에 해상풍력터빈 구조물은 동적으로 예민하다.

3.6MW 해상풍력터빈의 경우에 전체 시스템의 1차 고유진동수는 0.3Hz에 가깝고 8MW 터빈은 0.22Hz이다. 풍력터빈의 로터의 진동수는 0.2Hz 범위에 있다. 대표적인 풍력터빈 블레이드의 한 개의 무게는 30톤이고 결과적으로 타워 위에서 90톤이 회전한다. 반면에 오일-가스 플랫폼의 고유진동수는 0.6Hz보다 크다. 가장 중요한 cyclic/dynamic 하중은 파도의 주파수인 0.1Hz이다. 따라서 forcing frequency(강제 진동수)는 고유진동수와 가깝지 않아서 오일-가스 플랫폼이 동력학적으로 덜 예민하다.[20]

해상풍력 기초 설계는 해상구조물에 가해지는 하중에서 가장 복잡한 것을 다루어야 한다. DNVGL-ST-0437(Loads and Site Condition for Wind Turbines)은 구조 부재의 극한강도와 피로강도를 위하여 설계되는 구조물을 요구하고 시간이력해석(time history analysis)이 비선형적인 자연의 동적 문제 해결을 위하여 사용된다.

해상풍력 터빈 설계를 위하여 고려되어야 할 하중들은 아래와 같다.
- 풍력터빈의 운영과 제어에서 유래하는 운영 하중(operational loads)
- 진동, 회전, 중력, 그리고 지진 활동에서 오는 풍력터빈에 작용하는 관성 하중과 중력 방향 하중(Inertia and gravitational loads)
- 공기 흐름과 터빈의 비가동 혹은 가동 부품과의 상호 작용에 의한 공력 하중(aerodynamic loads)
- 해류와 기초 구조물 간의 상호 작용으로 인한 동수력하중(hydrodynamic loads)
- 반잠수식과 같은 hull type 구조물에 적용될 수 있는 정수력하중(hydrostatic loads)
- 해빙 하중(sea ice loads)
- 지진 하중(seismic loads)
- 선박 충돌 하중(boat impact loads)

위의 외부 조건을 결합한 해상풍력터빈에 대한 하중-시간 시리즈가 요구되어 점검해야 할 하중이 수천 가지가 된다.

대표적인 피로한계상태(FLS, Fatigue Limit State) 설계는 5,000~10,000 힘-시간 분석의 모사가 포함된다. 반면에 대표적인 극한한계상태(ULS, ultimate limit state) 설계는 10,000~15,000개의 동적인 힘-시간 분석 모사가 포함된다. 각각의 시간이력모사(time history simulation)는 0.05~0.01초씩 증가하는 해석으로 과도 현상의 초기화 후에 600초간 지속할 수도 있다. 각각의 모사를 위하여 풀어야 할 12,000~16,000 하중케이스가 있다. 그래서 수천 개의 동적-시간이력 하중케이스에 대한 입력 파일과 디렉토리의 데이터 생성이라는 커다란 문제에 직면할 수 있고 이 과정은 시간 소모가 많고 계산 과정에서 에러가 발생하기도 쉽다.

현재 가동 중인 상업용 부유식 해상풍력단지는 3개 정도이며 시작 단계에 있지만 위에서 설명한 부유식 풍력터빈의 형식 중에서 대표적인 세 가지의 특성을 Table 14.1에 요약하였다.

Table 14.1 **3종의 부유식 기초 형식의 비교[21]**

부유체 형식	구조물 형상	안정도	수심	station 유지	T&I	터빈설치
반잠수형	복잡한 구조 대형 구조물	안정성 낮음	>~40m	단순 계류 시스템 저비용	예인선 저비용	도크에서 설치
스파형	단순형 길고 큰 규모 구조물	안정성 우수	>~100m	단순 계류 시스템 저비용	tall hull 때문에 운송 문제 고비용	해상에서 설치
TLP형	작은 규모 구조물	안정성 우수 고진동 동적 하중에 취약	>~40m	복잡 텐던시스템 고비용	예인선 저비용	도크에서 설치

부유식 해상풍력발전과 관련하여 이해를 돕기 위하여 주요 키워드를 아래와 같이 정리하였다.

surge and sway: 수평 방향으로의 선형 운동~해상풍력터빈은 항상 같은 위치에 있지 않다. 계류장치의 유연성과 수심에 따라 변할 수 있다. 중심점에서 20~50m 사이로 움직일 수 있다.

heave: 수직 방향으로의 운동을 나타내는 것으로 이것은 허브의 위치에 영향을 주고 풍속과 직접적인 관계가 있어 최소화할 설계가 필요하다.

roll: 각방향 운동(angular movement)으로 요(yaw)와 피치(pitch)가 포함된다. 타워 바닥의 roll은 수면에서 약 120m 위에 있는 나셀에서 가속화되므로 이 운동은 최소화되어야 한다. 플랫폼에서의 조그만 각방향 운동이 나셀에서는 큰 직선 운동으로 변하여 기계 부품의 파손을 유도하거나 수명을 단축시킨다.

14.4.1 계류 장치 혹은 계류 시스템(mooring system)

부유 플랫폼을 해저 지반의 고정(묘박)점(anchoring point)에 고정하고 유연하게 연결하는 요소이다. 계류 시스템은 체인, 강철 케이블 혹은 합성소재(나이론 계열) 케이블 등으로 구성된다.

계류 장치의 계류선(케이블)이 갖는 가장 중요한 거동은 피로 손상(fatigue damage), 극한 변형률(extreme strain), 충격 하중(snap loads), 마모(abrasion)와 같은 외부 조건에서부터 온다.

계류선(mooring line)을 연결하여 해수에 놓이는 상태에 따라서 아래와 같은 방식이 고려된다.

In catenary: 계류선(mooring line)이 자체의 무게 이외에 인장력을 가하지 않은 상태로 연결되는 것으로 가장 많이 사용되는 연결 방식이다.

Taut mooring: 늘어진 상태의 계류선이 해저 지반에 닿아서 자국이 남는 것을 줄이고 부유 플랫폼의 운동을 제한하기 위하여 사용되는 방식이다.

TLPs(Tension Legs Platforms): 깊은 수심에서 계류선을 절약하기 위하여 사용되는 방식이다.

14.4.2 고정 장치/묘박 장치(anchoring system)

계류 시스템(mooring systems)을 해저 지반에 연결하기 위한 요소이다.

Dragging anchors: 선박에서 사용되는 것처럼 한 방향으로 인장을 지지하는 시스템이다. drag embedment anchor라고도 한다.

Suction buckets: 윗면은 닫히고 아랫면은 열린 실린더를 해저 지반에 설치하고 닫힌 면의 구멍을 통하여 진공을 흡출하면 해저 지반으로 뚫고 들어가서 안정되게 고정되는 방식이다. 해저 지반이 자갈이나 암석층이 아니고 모래층이나 진흙층일 때 적용이 가능한 방식이다.

Driven or drilled piles: 고정식 해상풍력의 기초를 만들 때와 같이 큰 금속 실린더를 해저 지반에 햄머로 충격을 가하여 설치하는 방식이다. 암석 지역일 경우에는 드릴 방식으로 구멍을 만든다.

Dead or gravity anchors: 고중량의 콘크리트 중량물을 해저 지반에 내려서 쌓은 방식이다.

14.5 해상풍력용 해상변전소(OTS, Offshore Transformer Station)

해상변전소(OTS, Offshore Transformer Station)[9]는 해상의 풍력터빈에서 모은 전력을 고전압(150kV)로 변환하는 기능을 하며 장거리를 송전하는 동안 손실을 낮추는 것이 필수적이다. OTS는 2종류의 해저케이블(submarine cable)로 연결되는데 내부망(inner array cable, collecting network)과 외부망(outer array cable, export cable)을 말한다.

Fig. 14.21과 같이 내부망은 터빈 간의 케이블을 연결하는 것으로 33kV 케이블망이 터빈 사이의 해저에 설치되어 이 케이블망을 이용하여 발전된 전력을 OTS로 송전한다. 이때 모든 터빈들은 이 내부망(collecting network)으로부터 개별적으로 개폐도 가능하다. 이 전력이 OTS를 나와서 외부망(export cables)을 통하여 육지의 고전압 전력망으로 송전된다.

해상풍력변전소도 해상풍력발전단지의 형식에 따라서 고정식과 부유식으로 설치된다.

Fig. 14.21 고정식 해상풍력발전기와 해상풍력변전소 간의 해저케이블

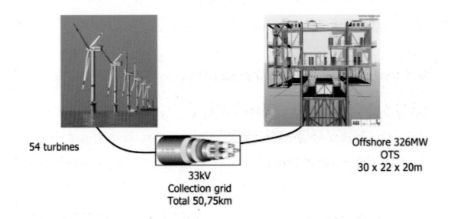

---

9 해상변전소(OTS)는 OTP: Offshore Transformer Platform, OSS: Offshore Substation이라고도 한다.

14.5.1 고정식 해상풍력변전소(fixed offshore substation)

고정식 해상풍력변전소도 해상풍력터빈과 같이 모든 하중을 해저 지반으로 전달하는 기초 구조물이다. Fig. 14.22에서 나타난 것과 같이 고정식 해상풍력변전소는 고정식 해상 풍력터빈과는 달리 고중량이면서 동적인 거동이 없고 해안으로 가까이 설치되기 때문에 주로 재킷 구조를 가진다. 해상풍력터빈과 같은 해저 지반이고 무인 해상풍력변전소인 경우에는 모노파일형 변전소도 설치된다.

Fig. 14.22 Hod B platform(Jacket type)과 Blythe platform(monopile)

DNVGL-ST-0145 기준에서 규정하는 Type A 해상플랫폼은 무인으로 운영되고 유지보수 목적으로 사용되는 전력 시스템만 설치되고 소용량 AC 전력 변전소이다.

Type B 플랫폼에는 인력이 주재하여 동일한 플랫폼에 숙박시설과 전력 시설이 설치된다. Type C 플랫폼은 엔지니어가 생활을 하는 설비를 갖춘다.

해상풍력변전소를 건설하기 위한 기술적인 요구사항은 인력의 방문 빈번도, 인력의 수, 플랫폼 크기, 그리고 사고 위험성에 대한 것들이다. 무엇보다도 접근성과 환경변화 때문에 고도의 안전등급 구조물로 엔지니어의 사고 위험성을 고려해야 한다.

이미 오랫동안 설치되어 운영되어 오는 오일-가스 플랫폼을 원용하여 다양한 안전규격 등을 활용한다.

14.5.2 부유식 해상변전소(Floating offshore substation)

부유식 풍력발전은 60m가 넘는 수심에서 80% 해상풍력 잠재력을 활용할 수 있다. 깊은 수심은 더 해상으로 갈 수 있고 풍속도 일정하다. 하지만 이러한 경우에는 고정식 해상풍력 지지구조물은 기술적이나 경제적으로 가능성이 낮다.

최근에 부유식 풍력발전기술은 새로운 개념의 등장으로 개발 속도가 빨라지고 있다. 시범 프로젝트에 따라서 산업계에서는 상업용 프로젝트가 급격하게 진행되고 있다. 시범 프로젝트에서는 직접 적은 양의 전력을 보냈지만, 상업적 규모는 해상변전소(OSS, offshore substation 혹은 OSP, Offshore Substation Platform)가 필요하다.

해상변전소는 고전압으로 전력을 보낼 수 있는 승압 장치가 필요하다. Fig. 14.23에 보는 부유식 해상변전소는 2013년 당시에 부유식 OSS로는 최초로 후쿠시마에 설치되어 3대의 풍력발전기에 연결된 바 있다. 이 OSS는 16MW를 66kV로 송전하는데 이 부유식 변전소는 상업용 규모의 풍력단지에 비교할 만한 수준은 아니다.

Fig. 14.23 Semi-submersible(왼쪽) and Barge(오른쪽) floating OSS concepts

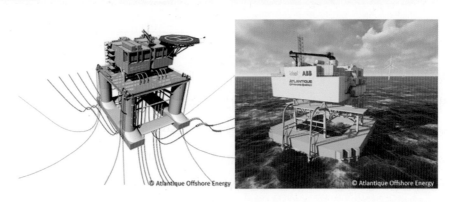

부유식 해상풍력단지는 60m 깊이를 초과하는 깊이에서 설치되고 고정식 모노파일이나 재킷은 경제성 측면에서 불가능하다. OSS의 경우에도 고정식 기초를 활용할 수 있는 경계가 되는 깊이는 100m이고 이 깊이 정도는 오일-가스 고정식 플랫폼에서는 드문 일은 아니다.

초기의 부유식 해상풍력단지의 경우에는 수심이 허락하면 재킷 기초의 고정식 변전소가 부유식일 때 고압 동적 케이블과 같이 새로운 기술을 해결해야 하는 위험성과 비용을 아껴주었다. 하지만 수심이 500m가 넘는 캘리포니아 같은 경우에는 고정식은 고려할 수 있는 선택 사항은 아니다.

부유식 해상변전소(OSS)의 기초(foundation, 여기에서는 지지구조물)에 대한 다른 개념들은 부유식 해상풍력터빈에 사용된 설계 개념과 비슷하다. 고려될 수 있는 부유체의 방식은 반잠수식, 인장각 플랫폼(TLP), 바지(barge), 그리고 스파(spars) 등이다. 바지, 스파, 그리고 반잠수식은 해저에 체인으로 앵커에 결박되어 계류된다.

14.6 해저 케이블(submarine cables)

해저 케이블은 고정식 혹은 부유식 해상풍력발전기에서 발전된 전력을 최종적으로 육지의 전력망으로 송전하기 위하여 해저에 부설하는 전력 케이블이다. Fig. 14.24에서 보는 바와 같이 해상풍력발전기, 해상풍력변전소, 그리고 육상변전소 간을 연결하는 전력 케이블이다.

Fig. 14.24 해상풍력 플랫폼의 주요 구성요소: ⓐ Wind turbines; ⓑ Collection cables(array cables); ⓒ Export cables; ⓓ Transformer station; ⓔ Converter station; ⓕ Meteorological mast; ⓖ Onshore stations[23]

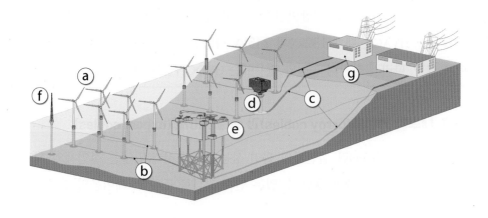

풍력터빈은 발전기에서 0.69kV를 발전하여 내부의 변압기를 통하여 보통 33kV나 66kV의 전력을 생산한다. 해상풍력변전소는 이 전력을 내부 전력망을 통하여 모아서 115kV와 290kV로 승압하여 육상변전소의 전력망으로 보낸다.

해상풍력발전기에서 해상풍력변전소(혹은 해상변전소)를 연결한 것을 내부망(inter-array)이라 하고 이때 사용되는 케이블을 내부망 케이블(array cable)이라 한다. 해상풍력변전소에서 육상변전소 간에 놓이는 전력망을 외부망이라 하고 이때 사용되는 케이블을 송출 케이블(export cable)이라 한다.

송출 케이블은 해상풍력발전기에서 육지로 발전한 전력 전체를 송전할 수 있어야 한다. 따라서 송전 과정에서 발생하는 전기적 손실을 줄이는 것은 중요한 문제이다. 더구나 전류가 증가함에 따라 전기적 손실은 커지므로 케이블에 전류를 가능한 낮게 유지하는 것이 바람직하다. 따라서 주어진 허용 전력에 대하여 전압을 높게 해야 송전 손실을 줄일 수 있다. 해상변전소는 내부 전력망에서 교류 전압을 33kV나 66kV에서 최소 115kV로 승압하거나 대개는 245kV와 290kV로 승압한다. 아직은 100km까지 대부분의 해상풍력단지에서는 HVAC(High Voltage Alternate Current)로 승압하여 송전하고 있으며, 송전 거리가 멀어지고 단지 개발 사업이 커지면서 HVDC(high voltage direct current)기술을 사용하여 전송하고자 기술 개발이 진행되고 있다.

HVAC 기술을 대체할 것은 HVDC이다. HVDC는 HVAC보다 더 많은 전력을 송전할 수 있고 장거리에서 낮은 전송 손실을 가진다.

하지만 HVDC 시스템은 단순한 변압기보다 끝 쪽에 대형의 전력변환장치가 필요하다. 일반적으로 송출 케이블의 길이가 100km 이상일 경우에 HVDC 기술을 고려하게 된다.

송출 케이블(export cable)은 해상변전소에서 육상변전소로 연결되고 필요하면 해상변전소는 승압한다. HVAC는 대개 132kV와 245kV 사이인데, 고전압 교류를 송전하면 전력손실이 매우 크다. 따라서 장거리 송전일 경우에는 HVDC기술을 사용한다.

14.6.1 내부망 케이블(array cables)과 송출 케이블(export cables)

허용 전류(current rating)란 절연체의 절연 성능을 감소시키지 않는 절연체의 최고 허용 온도를 초과하지 않고 도체에 흘릴 수 있는 연속 전류를 뜻한다. 케이블의 전류 허용용량은 단면적과 전도체의 형태에 따라 결정된다.

외부망의 경우에는 HVAC 154kV급 또는 220kV급이 주로 적용되며 최근에 345kV급 뿐만 아니라 약 430kV까지 승압하여 송전이 가능한 HVDC 케이블도 개발 중이다. 부유식 해상풍력을 위한 상업용 해저케이블은 아직까지 전용 케이블이 개발되지 못하였다.[23]

14.6.2 내부망 케이블(inter-array cables)

각각의 풍력터빈을 상호 연결하여 해상변전소로 보내는 케이블을 array cable 혹은 collection cable이라고 한다. 아울러 풍력터빈들이 내부망 케이블(array cable)로 연결된 것을 구체적으로 스트링(string)이라 한다.

Fig. 14.25 **3-코어 HVAC 케이블 (좌) 내부망용, (우) 송출용(Courtesy, EM Works Inc.)**

Fig. 14.25의 내부망 케이블은 3상 교류를 담당하는 3-코어이며, 보호 피복을 갖추고, 1개 이상의 광섬유 다발을 포함하는 중전압 교류(MVAC, Medium Voltage Alternate Current) 케이블이다. 내부망 케이블은 스트링 내에서 위치에 따라 크기가 다양하다. 가장 높은 부하를 감당하는 케이블은 더 큰 전도체가 필요하여 직경도 더 크다. 이와 함께 내부망 케이블은 최소의 면적 내에 매우 밀도가 높게 채워져 있다.

케이블의 소재를 절감하기 위하여 케이블 크기를 줄이고 전력 손실을 낮추기 위하여 최근에는 풍력터빈이 33kV에서 66kV의 범위로 승압하여 이 전압 레벨에서 작동한다.

내부망 케이블은 풍력터빈들을 함께 연결하고 터빈의 스트링(string)을 해상풍력변전소에 연결한다. 허용 전력이 33kV냐 66kV이냐에 따라서 케이블은 3-코어 케이블과 1개 이상의 광섬유 패키지를 포함한다. 내부망 케이블은 한 층의 아연도금 강철 보호 와이어로 보호되고 "serving"으로 알려진 bitumen-infused polypropylene yarn[10]으로 감는다.

Fig. 14.26은 3-코어 내부망 케이블의 단면을 보여준다. 전도체 단면은 풍력터빈 스트링 내의 케이블의 위치에 좌우된다. 일반적으로 어떤 프로젝트에서도 3개 이상의 다른 내부망 케이블 사이즈가 있다. 가장 크고 일반적인 내부망 케이블은 외경이 ~150mm에 이른다. 이 구조는 에틸렌 프로필렌 고무 절연물을 사용하는데, 현재까지는 가장 많은 내부망 케이블은 이 XLPE[11] 절연재료를 사용한다.

Fig. 14.26 3-코어 내부망 케이블 단면[24]

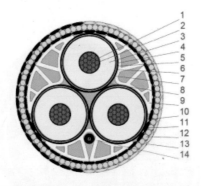

번호	명칭	번호	명칭
1	conductor	8	inner sheath(보호피복)
2	conductor screen	9	fillers
3	insulation(XLPE)	10	binder tape
4	insulation screen	11	armour bedding(PP yarn)
5	water-blocking tape	12	armouring
6	metal screen	13	serving(PP yarn)
7	inner sheath	14	optical fiber cable

10 bitumen-infused polypropylene yarn: 점성이 높은 아스팔트형 탄화수소 소재 PP yarn
11 XLPE : cross linking polyethylene의 약자로 PE에 유기 가황제를 혼합하여 가교 설비로 PE를 가교시켜서 PE 구조를 결합상태로 만들어 PE에 열경화성의 점탄성 특성을 부여한 재료

송출 케이블(export cable)은 해상풍력변전소에서 육상의 전력망 접속점까지 전력을 송전하는 기능을 가져 송전 케이블(transmission cable)이라고도 한다. 송출 케이블이 따라가는 루트를 케이블 통로(cable corridor)라 한다. 전력 용량과 육지로부터의 거리가 송출 케이블의 수와 크기를 결정한다. 따라서 상업용 해상풍력단지의 경우에는 두 개 이상의 송출 케이블이 병렬로 설치되기도 한다.

내부망 케이블(array cable)과는 달리 송출 케이블(export cables)은 최소 1개의 광섬유 패키지를 지닌 3-코어 보호 피복 HVAC 케이블이다. 광섬유는 풍력단지의 온도 감지 시스템(또한 acoustic signals)과 SCADA 시스템에 사용된다. 따라서 Fig. 14.25에서 보는 바와 같이 HVAC 송출 케이블은 내부망 케이블보다 직경이 훨씬 크고 다른 설치 장비가 필요하다.

위의 두 종류의 케이블들은 한 겹의 아연도금(galvanized) 강철 보호 피복으로 되어 있지만, 외력으로부터 손상을 입기 쉽다. 보호 피복을 하는 것은 케이블의 물리적 통합성을 유지하여 설치할 때 과도한 굽힘이나 손상으로부터 보호하거나 운용 중에 예상되는 약한 충격에서 보호하기 위한 것이다.

예를 들면, 선박의 앵커나 어구에서 받는 직접적인 충격은 케이블을 손상시키고 파손에 이르게 한다. 모든 해저 케이블을 보호하기 위한 최대의 방어법과 가장 효율적인 수단은 적절하게 매립하는 것이다.

HVAC 송출 케이블의 단면 형상은 Fig. 14.26과 같이 내부망 케이블과 유사하다. 3개의 전력 전도체와 1개 이상의 광섬유 패키지가 1층의 아연도금 강철 보호피복으로 보호되고 있다. 하지만 송출 케이블은 더 큰 직경(약 320mm)과 중량(100kg/m)을 가진다.

송출 케이블은 해상풍력단지에서 전력을 육상의 전력망으로 연결하여 AC 변전소나 DC 전력변환장치를 통하여 송전한다. HVAC는 HVDC보다 송전할 때 전기적 손실이 크기 때문에 100km 이상 떨어진 해상단지로부터 송전할 때는 불리하므로 HVDC 송전을 고려해야 한다. 이에 따라서 Fig. 14.27과 같은 HVDC용 송출 케이블이 설계되고 제조되어야 한다.

HVDC 송출 케이블은 송전 시스템의 중요 부품으로 HVDC 시스템에서 가장 큰 비용을 차지한다. HVDC 송출 케이블이 실패하면 풍력단지가 완전히 중단되고 큰 수리 비용과 예산의 손실을 가져온다.

해저 케이블은 산업계의 데이터에서 보면 해상풍력 개발에서 가장 자주 발생하고 가장 큰 보험금 청구(insurance claim)의 원인이다. 해저케이블 시스템 내에서 단락이 발생하면 단락의 위치를 찾고 해저에서 케이블을 올려서 수리해야 한다. 영국의 보고서에 의하면 송출 케이블과 내부망 케이블의 손상 비율은 각각 88%와 12%로 알려져 있다.[25]

이런 사항은 전문가가 단락 지점을 정확하게 찾아서 수리하기 위하여 비싼 수리 선박을 배치해야 하기 때문에 비용이 엄청나고 어렵다.

특히 아직은 HVDC 케이블을 감시할 기술이 미비하고 시험기술이 완전하지 않아서 신뢰성에 문제가 있어 낮은 송전 전력 손실의 장점에도 불구하고 해상풍력분야에서 적극적으로 수용되지 않고 있다.[26]

Fig. 14.27 고전압 직류(HVDC) 해저케이블 단면 모습[27]

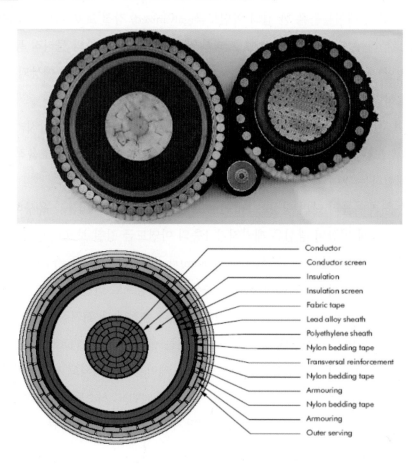

	Conductor
	Conductor screen
	Insulation
	Insulation screen
	Fabric tape
	Lead alloy sheath
	Polyethylene sheath
	Nylon bedding tape
	Transversal reinforcement
	Nylon bedding tape
	Armouring
	Nylon bedding tape
	Armouring
	Outer serving

14.6.3 해저 케이블 포설(submarine cable installation and burial)

해저 케이블에는 내부 전력망 케이블과 송출 케이블이 있음을 알았다. 각각의 케이블의 규모와 설치 환경도 상이하여 공정도 다르게 적용된다. 해저에 매설되기 때문에 해저 케이블 설치 이전에 경로(경과지)에서 장애물을 제거해야 한다. 암석을 제거하거나 옮겨야 한다. 특히 케이블 경로의 확보를 위한 해저 정리 활동을 PLGR(Pre-Lay Grapnel Run)이라고 하며 해저의 전선, 로프, 폐기된 어구, 파이프와 튜브, 그리고 여러 종류의 파편물 등을 제거하는 활동이 이루어진다. 예상되는 것 같이 해저 케이블의 설치도 해상과 해저에 이루어지는 작업으로 전용 선박을 비롯한 많은 장비가 필요한 매우 거대한 공정이다. 개념적으로 간단히 정리하면 다음과 같다.

14.6.4 송출 케이블의 포설

송출 케이블의 포설은 3단계 정도로 나누어지는데 ① 케이블 양육(the shore landing), ② 본선 포설(the main lay), 그리고 ③ 해상 플랫폼 입상(the pull into the offshore platform)이다.

첫째, 육상으로의 양육(shore end installation)은 포설선(CLV, Cable Lay Vessel)에 실린 해저 케이블의 끝단을 육상 양육점까지 보내는 작업 공정을 말한다. 해변 맨홀(BMH, Beach Manhole) 혹은 중간 피트(transition pit)가 사전에 육상의 적정한 곳에 설치된다.

포설선(CLV)이 해안 가까이 접근하고 케이블에 부유체를 달아서 바다 위에 띄운다. 케이블의 양육을 위하여 포설선에서 길게 선형으로 부상된 케이블은 육지 가까이에서는 이동이 용이하도록 주 작업선(견인 보트)과 보조 작업선을 활용하여 오메가형(Ω type)으로 커다란 원형을 그린다. 시작 견인 와이어나 로프(messenger wire)가 케이블 보호장치(CPS, Cable Protection System)로 보호된 케이블 끝단에 연결되어 윈치로 견인 작업(pull-in operation)이 시작된다.

이때 케이블을 중간 피트까지 오는 대표적인 방법으로는 Horizontal Directional Drilling (HDD)공정으로 만들어진 덕트(duct)를 통하여 송출 케이블의 끝단이 접근하는 방법과 트렌치(trench)를 파서 직접 매설하여 되묻는 방법이 있다. Fig. 14.28은 해저 케이블 육상 양육작업 공정의 일부를 보여주고 있다.

Fig. 14.28 해저 케이블 육상 양육작업 공정

Fig. 14.29 Jetting Sled Suspended From a Crane(물 분사 패턴을 보임)(Courtesy, ETA Engineering Ltd.)

둘째, 본선 포설 작업으로 케이블이 중간 피트(pit)에 단단히 고정된 후에 포설선이 해상풍력단지 방향으로 움직이면서 케이블을 해저로 내린다. 해저에 내려진 케이블을 매립하기 위한 굴착 방식에는 물분사 방식(waterjet type, Fig. 14.29), 쟁기 방식(plough type, Fig. 14.30), 그리고 암석 굴착 방식(rock trencher type)이 있다. 매설된 해저 케이블을 어로 작업이나 세굴 현상(scouring)[12]에서 보호하기 위한 방법으로는 암석 붓기(rock dumping), 콘크리트 매트리스(concrete mattress), 주철관(cast iron), 돌 주머니(stone bags), 그리고 케이블 관

---

12 세굴(scouring): 해류의 흐름이나 파랑에 의한 기초지반 근처의 해저 지형의 국부적인 침식 현상

로(Uraduct®)[13] 등을 사용한다.

셋째, 해상플랫폼으로의 입상 작업으로 다음 절의 내부망 케이블 포설과 같은 방법으로 작업을 수행한다.

Fig. 14.30 Sea Stallion Power-Cable Plow(Courtesy, Royal IHC)[28]

14.6.5 내부망 케이블 포설(array cabling)

내부망 케이블은 개별 풍력터빈을 함께 연결하여 터빈 스트링을 해상변전소에 연결한다. 해상변전소에 연결되는 케이블은 더 굵은 케이블이 사용되고, 멀리 떨어진 풍력터빈 상호 간에는 작은 케이블로 연결된다.

내부망의 포설에서 근본적인 방법은 송출 케이블과 유사하지만, 아래와 같은 다른 부분이 몇 가지 있다.

- 개별 릴(reel)당 한 종류의 내부망용 케이블 선적
- 짧은 길이가 필요한 경우에는 분리하여 케이블 감는 틀(carousel)에 적재함
- 긴 길이가 필요하면 설치 중에 잘라서 사용
- 터빈 간 거리가 짧아서 반복적인 작업이 필요하고 터빈에서도 작업이 필요
- 매설 작업도 터빈 근처에서는 어려운 작업이므로 시간 소요
- 포설 후 매립(Post-lay burial)-트랜치를 파고 케이블을 묻는 작업의 동시 수행은 어려움

---

13 Uraduct®: 해저 케이블 보호용 폴리우레탄 소재 제품

포설선에서 케이블 끝에 메신저 와이어와 CPS(Cable Protection System)가 부착된다. CPS는 해저의 세굴방지장치 등으로부터 케이블 손상을 막는다. 또한 J-tube[14]의 입구 부분(bell mouth)으로 끼워지게 될 때 과잉 굽힘을 방지한다. 풍력터빈 데크(플랫폼)에 있는 윈치가 메신저 와이어를 끌어 올리고 케이블을 끌어 당긴다.

---

14   J-tube: 해저와 해상플랫폼 구조물 사이의 케이블을 보호하기 위한 통로로 형상은 J 형상의 관으로 되어 있고 입구는 bell mouth로 나팔형이다.

참고문헌

1. Taimoor Asim, "Offshore Wind Turbine Technology," Encyclopedia, 20 Jan 2022, https://encyclopedia.pub/entry/18489

2. Minh Pham, "All About Offshore Wind Turbine Foundations," Virtuosity Blog, Apr. 12, 2022, https://blog.virtuosity.com/all-about-offshore-wind-turbine-foundations

3. Alexandre Mathern, Christoph von der Haar, and Steffen Marx, "Concrete Support Structures for Offshore Wind Turbines: Current Status, Challenges, and Future Trends," Energies, 14, 1995, 4 Apr. 2021

4. Zhiyu Jiang, "Installation of offshore wind turbines: A technical review," Renewable and Sustainable Energy Reviews, Vol. 139, Apr. 2021

5. "Offshore Wind in Europe, Key trends and statistics 2020," Wind Europe, Feb. 2021

6. Ryunosuke Kikuchi, "Risk formulation for the sonic effects of offshore wind farms on fish in the EU region," Mar Pollut Bull 2010;60:172-7

7. 서남해 해상풍력 실증단지 터빈 및 기초구조물 EPC, 현대건설

8. German Offshore Wind Energy Foundation Website

9. F. Mazano-Agugliaro, et al., "Wind Turbines Offshore Foundations and Connections to Grid," Inventions 2020, 5, 8; doi:10.3390/inventions5010008

10. Goseberg, N., Franz, B., Schlurmann, T., "The potential co-use of aquaculture and offshore wind energy structures," Proceedings of the 6th Chinese-German Joint Symposium on Hydraulic and Ocean Engineering, CGJOINT, Keelung, Taiwan, 23-29 September 2012; pp. 597-603.

11. Wikitopia, BARD Offshore 1

12. J. Zhang, H. Wang, "Development of offshore wind power and foundation technology for offshore wind turbines in China," Ocean Engineering 266(2022) 113256

13. L. Chen, et al., "Nonlinear Wave Loads on High-rise Pile Cap Structures in the Donghai Bridge Wind Farm," International Journal of Offshore and Polar Engineering, Vol. 28, No. 3, September 2018, pp. 263-271

15. Francisco Manzano-Agugianro, et al., "Wind Turbine Offshore Foundations and Connection to Grid," inventions, 28 Jan. 2020

16. "On the use of scaled model tests for analysis and design of offshore wind turbines," Keynote Lecture at 2017 Indian Geotechnical Conference. Published A. M. Krishna et al. (eds) Geotechnics for Natural and Engineered Sustainable Technologies, Developments in Geotechnical Engineering

17. "Project to Develop Cost-Reducing Technology for TLP Floating Offshore Wind Turbines," Accepted by the Green Innovation Fund, JERA Co. Inc,

18. https://glosten.com/wp-content/uploads/2022/01/Glosten_SENSEWind-Press-Release

19. "Floating offshore wind power, a milestone to boost renewables through innovation," IBERDROLA, https://www.iberdrola.com/innovation/floating-offshore-wind

20. Subhamoy Bhattacharya, "Design of Foundations for Offshore Wind Turbines," 2019 John Wiley & Sons Ltd

21. https://www.empireengineering.co.uk/semi-submersible-spar-and-tlp-floating-wind-foundations/~

22. Silvio Rodrigues, et al., "A Multi-Objective Optimization Framework for Offshore Wind Farm Layouts and Electric Infrastructures," Energies, Vol. 9, Issue 3., 2016

23. M. Brunbauer, "Offshore Wind Submarine Cabling Overview-Fisheries Technical Working Group," Final Report RN21-14, April 2021, NYSERDA(New York State Energy Research and Development Authority)

24. Balance of Plant, Inner Array Cabling, MERKUR Offshore, Hamburg, Germany, https://www.merkur-offshore.com/technology/

25. Charlotte Strang-Moran and Othmane El Mountassir," Offshore Wind Subsea

Power Cables Installation, Operation and Market Trends," AP-0018, ORE Cata—
pult, Sep. 2018

26. Othmane El Mountassir, "HVDC transmission cables in the offshore wind in—
dustry: reliability and condition monitoring." TLI-SP-00002, ORE Catapult Dec.
2015

27. "An Introduction to High Voltage Direct Current (HVDC) Subsea Cables Systems,"
Europacalbe, Brussels, 16 July 2012

28. "Offshore Wind Submarine Cabling Overview," Fisheries Technical Working
Group, Final Report No. 21-14, April 2021

chapter
15

풍력발전의 인증
(certification)

풍력발전의 인증
(certification)

　풍력발전시스템에서의 인증(certification)이란 풍력발전시스템을 제작 공급하는 자로부터 독립적인 제3자가 제품, 공정 또는 서비스에 대한 적합성 평가로 알려진 규정된 요구 사항에 적합함을 서면으로 보증하는 절차라고 명시하고 있다. 인증절차는 사업체 스스로가 설계와 제품을 평가하는 것은 대외적으로 신뢰성을 가질 수 없으므로 국제 규격(DA-kkS-German Accreditation Body, 또는 IECRE)을 통해 인정된 인증기관, 즉, 제3자가 각각의 단계별 시험, 평가를 통한 국제적인 기준의 적합성을 인증하는 것이다.

　인증 신청자(applicant)는 적합성 평가와 시험을 통해 선택한 인증기관으로부터 인증서를 얻는다. 풍력터빈의 설계적합성평가와 성능시험과 같은 주요 사항에 대한 적합 확인서와 관련 문서들, 예를 들면, 계산서, 도면, 사양서 등은 각각의 평가기관의 평가를 통해 발급받을 수 있다. 이와 같은 문서와 관련 자료는 마지막으로 인증기관(certification body)에 보내져 인증서를 받기 위한최종 평가를 받는다.

　최종 평가(인증 평가라고도 함)는 기관에 따라 다를 수 있지만, IEC 국제 규격을 최소 요구 사항으로 하고 있으며 신청자는 최종 평가를 통과해야만 최종 평가보고서와 함께 인증서를 발급받을 수 있다.

15.1 풍력발전 인증시스템

풍력발전의 인증 역사는 30년 정도 되는데 초기에는 덴마크, 독일, 네덜란드가 주축이 되어 자신들만의 설계와 평가의 기준을 설정하고 이를 발전을 시켜왔다. 재생에너지가 전 세계적으로 에너지 사업의 중요한 쟁점으로 부각되면서 풍력발전시스템의 개발과 함께 국제 규격에 따른 인증의 중요성이 인지되었다.

풍력에너지 산업에서는 덴마크, 독일, 네덜란드, 그리고 미국 등과 같이 선진국들의 활발한 교류와 국제전기기술위원회(IEC, International Electrotechnical Commission)의 노력으로 국제 표준화 작업이 이루어지고 있으며, 풍력발전시스템은 IECRE(www.iecre.org)에 의해서 인증제도가 관리되고 있다.

국내의 경우는 『대체에너지 개발 및 이용·보급 촉진법』을 통해 관련 업체와 연구기관들이 풍력발전에 기여할 수 있는 법적 근거와 중대형 풍력발전시스템의 설비 심사의 세부기준과 KS 기준을 마련하는 등 국내의 국제적 인증을 위한 작업이 활발히 이루어져 왔으며, 현재 일부 단체나 기관을 중심으로 국제 규격에 맞는 인증시스템을 구축하였다.

국내 풍력발전 관련 구조물과 부품 개발 업체들뿐 아니라 수출과 수입 업체, 풍력발전단지 사업체들은 각각의 부품과 시스템 그리고 풍력발전단지 사업에 대한 풍력터빈 적합성 시험, 인증 그리고 평가에 대한 IEC 국제 규격에 의한 인증 절차(certification procedure)를 준수할 필요가 있으며 인증서(certificate)를 획득해야 한다.

풍력발전단지를 개발하는 발전사는 풍력발전시스템 구매를 위해서는 반드시 풍력발전시스템의 형식인증(type certification)을 필수적으로 요청하고 있다.

15.2 OD-501

OD-501의 원조인 IEC WT 01은 IEC에서 풍력발전시스템의 성능 평가의 국제 규격화를 위하여 만든 기술 기준으로서 서로 다른 국가 간의 평가와 인증을 상호 인정하고 국제적인 기준이 되고자 하는 것을 목적으로 하고 있다.

풍력발전시스템의 부품과 구조물에 대해 국제 규격에 맞게 제조하는 것은 국내뿐만 아니라 다른 나라에 수출을 할 경우에, 국제 승인 또는 인증을 받을 때 유리한 위치를 선점할 수 있다.

IEC WT 01은 1995년 IEC의 재생에너지 위원회 산하의 IEC TC(Technical Committee) 88에 의해 제정되었고 IEC 61400-22로 개정되었다가 현재는 OD-501로 업데이트 되었다. IEC는 위원회(IEC TC 88) 내에 Working Group, Project Team, MAintenance Teams, 그리고, Joint Working Groups들을 통해 세분화된 국제 인증 규격의 생성과 유지보수 등을 수행하고 있다. IEC는 적합성평가를 위해서 IECEE, IECRE, IECEx, 그리고, IECQ의 4분야로 나누어서 관리하고 있으며, 특히 재생에너지 분야는 IECRE(www.iecre.org)와 긴밀한 협업을 통하여 발행된 국제 규격을 관리하고 있다. IECRE는 국제인증기관들을 통합관리하는 시스템이며, 위에서 언급하였듯이 IECRE의 정식 회원들이 수행하는 적합성 평가(Conformity Assessment)와 그 결과물인 확인서(Conformity Statement)를 관리하는 책임이 있다. 즉 정식 IECRE의 회원이 되지 않으면, IECRE 시스템의 적합성 평가를 수행할 수 없다. 적합성 평가 및 협업에 대한 자세한 내용은 IEC 웹사이트(www.iec.ch)를 통해서 알 수 있다.

풍력발전시스템을 위한 세부 기술 기준으로는 IEC 61400 시리즈가 있으며 IECRE를 통해서 IEC의 세부 기술 기준들과 외부의 가이드라인들을 연계하여 풍력터빈의 각각의 부품에 대한 품질의 승인과 평가를 시행함으로써 사업자의 제품 품질을 향상시켜 신뢰성을 확보하는데 의의를 가진다.

풍력터빈의 적합성 시험과 평가 그리고 인증을 위한 IECRE 제도를 위해 국제적 기준을 토대로 만들고 있으며, 필요한 목적에 따라 IEC 기술 기준을 참고하면 된다.

IEC는 풍력터빈시스템 및 구성품의 인증을 위해서 다음과 같은 국제적 기준과 개념을 토대로 하고 있다.

- 풍력터빈의 인증 과정의 요소 정의
- 적합성 평가 절차
- 적합성 감독을 위한 절차
- 제출문서 규정
- 인증기관과 시험기관에 대한 요구 사항 규정

풍력터빈 개발을 위한 대표적인 IEC 기술 기준(IEC Standard)은 아래와 같다. 그리고, 더 자세한 정보가 필요하면, IEC 웹사이트(www.iec.ch)를 참조하면 된다.

- IEC 61400-1(2019): 설계 요구 사항
- IEC 61400-2 Ed. 2.0b(2006): 소형풍력터빈의 안전 사항
- IEC 61400-3: 해상용 풍력터빈에 대한 설계 요구 사항
- IEC 61400-4: 풍력터빈 기어박스에 대한 설계 요구 사항
- IEC 61400-5: 풍력터빈 날개에 대한 설계 요구 사항
- IEC 61400-6: 풍력터빈 타워와 기초에 대한 설계 요구 사항
- IEC 61400-11(2002-12): 소음측정기술
- IEC 61400-12(1998-02): 풍력터빈의 출력성능시험
- IEC 61400-13(2001-06): 하중 측정
- IEC 61400-21(2001-12): 계통연계형 풍력터빈의 전력품질 특성에 대한 측정 및 평가
- IEC 61400-23(2002-07): 로터 블레이드의 실규모 구조 시험
- IEC 61400-24(2019): Wind energy generation systems - Part 24: Lightning pro-tection(낙뢰 보호)
- IEC 61400-27-1(2015): electrical simulation models - Generic models

15.4 IEC 풍력발전 관련 조직

- 국제전기기술위원회(IEC, The International Electrotechnical Commission)는 1906년에 설립된 비영리, 비정부 기관이다.
  - 전기, 전자, 관련 기술에 대한 국제 규격의 준비와 발간을 담당한다.
  - 10,000명이 넘는 산업계, 경영계, 정부, 시험 및 연구기관, 대학, 소비자 그룹 등의 전문가들이 IEC 표준화 작업에 참여한다.
- IEC, ISO(International Standard Organization), 그리고 ITU(International Telecommunication Union)는 국제적 자매 조직이다.
- IEC는 국제 규격이 서로 부합하도록 ISO와 ITU와 함께 협력한다.
- 국가의 규모에 상관없이 회원국(National Committees)은 IEC 국제 규격을 제정되는데 한 장의 투표권을 갖는다.

그리고, 현재 위의 재생에너지 위원회(IEC TC 88)은 IECRE와 함께 활동하고 있으며, 더 자세한 정보는 IECRE 웹사이트(www.iecre.org)를 참조하면 된다.

15.4.1 IEC 이사회(IEC Council)

IEC 이사회의 구성은 Fig. 15.1과 같다. 이사회 아래에 이사회위원회(Council Board)를 두고, 이사회 위원회의 집행위원회(Executive Committee)는 3개 분야의 위원회(Board)를 두고 있다. 3개 분야에는 표준화관리위원회(Standardization Management Board), 시장전략위원회(Market Strategy Board), 그리고 적합성평가위원회(Conformity Assessment Board)가 있다. 특히 표준화 관리위원회에는 기술위원회(Technical Committee)가 있어 표준 제정에 대한 기술적 실무를 담당한다.

Fig. 15.1 IEC 풍력관련 조직도

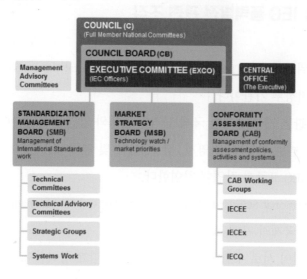

특히 Fig. 15.2와 같이 기술위원회에는 TC 88이라는 풍력에너지 발전시스템(TC 88: Wind energy generation systems) 분야가 있다.[1] 그리고 Fig. 15.3과 같이 2024년 현재 우리나라는 정식 참여 회원국으로 가입되어 있다.

Fig. 15.2 IEC 이사회 내의 풍력 분야 기술위원회

IEC Technical Committees(TC) of Wind Energy

TC 77		Electromagnetic compatibility	15	0	
SC 77A		EMC - Low frequency phenomena	75	12	
SC 77B		High frequency phenomena	29	4	
SC 77C		High power transient phenomena	23	2	
TC 78		Live working	66	9	
TC 79		Alarm and electronic security systems	48	11	
TC 80		Maritime navigation and radiocommunication equipment and systems	61	24	
TC 81		Lightning protection	17	12	
TC 82		Solar photovoltaic energy systems	90	63	
TC 85		Measuring equipment for electrical and electromagnetic quantities	74	10	
TC 86		Fibre optics	24	4	
SC 86A		Fibres and cables	93	15	
SC 86B		Fibre optic interconnecting devices and passive components	246	35	
SC 86C		Fibre optic systems and active devices	120	21	
TC 87		Ultrasonics	49	14	
TC 88		Wind energy generation systems	31	22	
TC 89		Fire hazard testing	47	5	
TC 90		Superconductivity	20	6	
TC 91		Electronics assembly technology	181	18	
TC 94		All-or-nothing electrical relays	10	4	

Fig. 15.3 **풍력 분야 기술위원회(TC 88)의 정식 회원인 한국의 위상**

IEC Technical Committees(TC) of Wind Energy

TC 88 Membership

Country	Country Code	P/O Status	IEC Membership
Australia	AU	O-Member	Full Member
Austria	AT	P-Member	Full Member
Belgium	BE	O-Member	Full Member
Brazil	BR	O-Member	Full Member
Bulgaria	BG	O-Member	Full Member
Canada	CA	P-Member	Full Member
China	CN	P-Member	Full Member
Czech Republic	CZ	P-Member	Full Member
Denmark	DK	P-Member	Full Member
Egypt	EG	O-Member	Full Member
Finland	FI	P-Member	Full Member
France	FR	P-Member	Full Member
Germany	DE	P-Member	Full Member
Greece	GR	P-Member	Full Member
India	IN	P-Member	Full Member
Iran	IR	P-Member	Full Member
Ireland	IE	P-Member	Full Member
Israel	IL	P-Member	Full Member
Italy	IT	P-Member	Full Member
Japan	JP	P-Member	Full Member
Korea, Republic of	KR	P-Member	Full Member

Facts and figures

Secretariat	Denmark
Participating countries	28
Observer Countries	11

아울러 TC 88 내에는 Table 15.1과 같이 기술별로 분과위원회(subcommittee)와 실무 그룹(working group)이 있다.

Table 15.1 **IEC 이사회의 기술위원회 소속 기술별 분과위원회와 실무 그룹의 예시**

IEC WT TC88

Type	Label	Description
Joint Working Groups	JWG 1	Wind turbine gearboxes
	JWG 25	Communications for monitoring and control of wind power plants
Maintenance Teams	MT 23	Full-scale structural testing of rotor blades
	MT 13	Measurement of mechanical loads
	MT 12-1	Wind turbine power performance testing
	MT 24	Lightning protection for wind turbines
	MT 11	Acoustic noise measurement technique
	MT 2	Safety of small wind turbines
	MT 1	Design requirements for wind turbines
	MT 22	Conformity Testing and Certification of Wind Turbines
	MT 21	Measurement and assessment of power quality characteristics of grid connected wind turbin es
Project Teams	PT 61400-26	Availability for wind turbines and wind turbine plants
	PT 61400-6	Wind turbines: Tower and foundation design
	PT 61400-3-2	Design requirements for floating offshore wind turbines
	PT 61400-5	Wind turbines - Part 5: Rotor blades
	PT 61400-12-2	Power performance measurements verification of electricity producing wind turbines
Working Groups	WG 3	Design requirements for offshore wind turbines
	WG 27	Wind turbines - Electrical simulation models for wind power generation
ad-Hoc Groups	AHG 1	Terminology in the field of wind turbines

IEC TC 88에는 2024년 현재 15개의 프로젝트 팀이 있으며, 다수의 나라에서 참여하여 세부기술 표준을 만드는데 기여하고 있다. Fig. 15.4는 각각의 프로젝트 팀에서 개발하고 있는 세부 기술 표준 내용이다.

Fig. 15.4 IEC TC 88 PT 61400 분야 세부 기술 개발 분야 (2024년 2월)

Project Team	
PT 61400-8	Wind energy generation systems - Part 8: Design of wind turbine structural components
PT 61400-9	Wind energy generation systems - Part 9: Probabilistic design measures for wind turbines
PT 61400-11-2	Wind energy generation systems - Part 11-2: Measurement of wind turbine noise characteristics in receptor position
PT 61400-16	Standard file format for sharing power curve information
PT 61400-28	Wind energy generation systems - Part 28: Through life management and life extension of wind power assets
PT 61400-28-2	Decommissioning and preparation for recycling
PT 61400-29	Marking and lighting of wind turbines
PT 61400-30	Wind turbines – Part 30: Safety of Wind Turbine Generator Systems (WTGs) - General principles for design
PT 61400-31	Wind energy generation systems - Part 31: Siting Risk Assessment
PT 61400-32	Operations and maintenance of blades
PT 61400-40	Electromagnetic Compatibility (EMC) - Requirements and test methods
PT 61400-50-4	Wind energy generation systems - Part 50-4: Use of floating lidars for wind measurements
PT 61400-50-5	Use of scanning doppler lidars for wind measurements
PT 61400-60	Wind energy generation systems – Part 60: Validation of computational models
PT 61400-101	Wind energy generation systems - Part 101: General requirements for wind turbine plants

15.5 풍력 인증기관과 종류

제3자 인증(Third-Party Certification)이란 어떤 독립적인 기관(impartiallz independent Certification Body)이 제품(풍력터빈 혹은 그 부품)의 설계 및 제조 과정을 검토하고 독립적으로 최종 제품의 안전성, 품질, 성능이 특정 규정에 부합한다고 확인하는 것이다.

다시 말하면 풍력터빈 형식인증(TC, Type Certification)이란 제조자가 관련된 표준이나 코드를 만족하는 풍력터빈을 판매한다는 것을 명성이 있는 제3의 기관(A Third Party)에 의하여 이루어지는 인정을 말한다. 이러한 제3의 기관을 인증기관(Certification Body)이라 한다. 위의 형식인증을 수행할 수 있는 국제인증기관들은 IECRE의 정식회원으로 등록되어 있어야 한다. IECRE의 정식회원 인증사로서 국제인증기관으로는 노르웨이의 DNV[1](Det Norske Veristas), 독일의 TÜV(TÜV SÜD, NORD 그리고, Rheinland)와 Windguard, 미국의 UL(Underwriters Laboratories), ABS(America Bureau of Shipping), 프랑스의 Bureau Veritas, 중국의 CCS(China Classification Society), 영국의 LR(Lloyd's Register) 등이 있으며, 이들은 성능평가기관과 함께 인증을 수행하고, 인증서를 발부한다. 특히, 최근 인증시장의 협소와 인지도에 따른 인증사 간의 점유율 편중 등으로 기존 인증기관의 경영이 어려워짐에 따라, 상호 간 합병이 활발하게 이루어졌다.

2013년에 최대 인증기관인 GL은 DNV에 합병되면서 DNV-GL 명칭을 사용하다가 2021년에는 DNV로 변경되었다, 풍력 분야에 새롭게 진출한 UL은 2012년 독일의 인증기관인 DEWI-OCC를 인수하였다.

15.5.1 국내 인증기관

국내의 중대형 풍력 인증시스템의 경우에는 형식인증 위주로 진행이 되고 있으며, 이에 따른 최종 인증서는 한국에너지공단(KEA, Korea Energy Agency)에서 발행하고 기술적인 성능 평가 관련해서는 성능검사기관을 선정하여 2024년 현재 한국선급(KR), UL(DEWI-OCC), DNV, 그리고 TÜV SÜD가 설계와 인증평가를 시행하고 있다.

---

1   DNV: 국제 인증기관(Hovik, Norway에 본사 소재), 2013년에 DNV가 GL을 합병한 뒤, 2021년에 DNV로 명칭을 변경함.

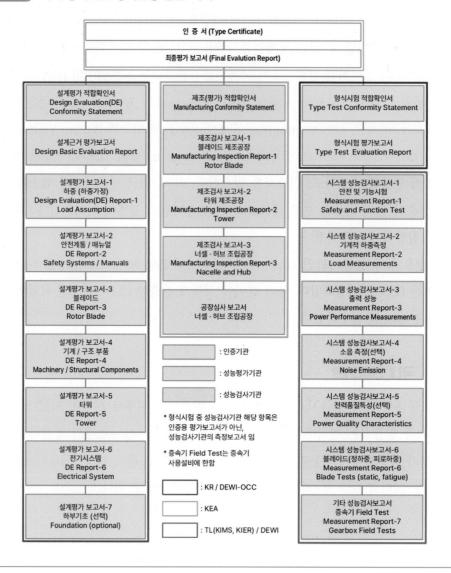

Fig. 15.5 국내 풍력터빈 형식인증 발급 체계도

특히, 부품 중에서 인증을 요구하는 핵심 부품인 블레이드 시험은 한국재료연구원 (750kW급 이상)과 한국표준과학연구원(750kW급 규모 이하), 풍력터빈시스템의 성능 평가 는 한국에너지기술연구원과 UL(DEWI)을 성능검사기관으로 각각 지정하여 운영하고 있다.

정부가 지정하는 성능검사기관에서 이루어지는 성능 평가는 설계 적합성 평가기관에 의해 최종 평가가 이루어지고 이에 대해 최종 평가보고서와 모든 관련 서류들은 한국에너지공단을 통해 형식인증서가 발급되는 체계를 구성하고 있다. Fig. 15.5는 국내의 풍력터빈 형식인증 체계도를 나타내고 있다.

15.6 인증서(certificate)의 종류

인증서는 적합확인서(Conformity Statement), 최종 평가보고서(Final Evaluation Report)의 절차를 거쳐 실제 제품에 대해 이루어지는 인증에 대해 모든 사항이 만족될 때 발행된다. 적합확인서 또는 인증서(Certificate)를 받기 위해 검사와 평가 시행에서 풍력터빈 조건, 구조물, 제품 등에 대해 안전에 중요한 영향이 되지는 않지만, 미비한 부분이나 미결 사항이 발생할 경우에 이것을 확인할 수 있는 임시인증서를 발행하는데, 차후 이러한 사항을 해결한 뒤에 임시인증서를 제출하면 적합확인서 또는 인증서를 받을 수 있다.

인증서는 형식인증, 프로젝트인증, 부품인증, 그리고 프로토타입인증을 모두 포함하며 유효기간은 5년을 초과할 수 없으며 유효 기간을 초과하지 않는 범위에서 주기적으로 재검사를 해야 한다.

최종 평가보고서는 풍력발전기를 위한 문서, 검사, 감독, 시험에 대한 전반적인 평가 내용을 문서화한 인증을 위한 마지막 절차이며, 이러한 절차를 거쳐서 인증을 위한 인증서가 발행된다.

IEC 인증 기준은 최소 사항일 뿐이며 각각의 인증기관은 자체적으로 절차서(규정)를 가지고 있어 인증을 받고자 한다면 인증기관의 절차서에 대한 규정과 규칙 사항을 고려하여 준비를 하여야 하나, 인증기관에서 제시한 절차서가 강제적인 사항은 아니다.

15.6.1 형식인증(Type Certification)

형식인증이란 풍력터빈의 형식에 대한 설계 가정, 지정 규격 그리고 기타 기술 요구사항에 적합하게 설계된 형식인증에 대한 승인이며, 적합 판정을 받은 제조 공정, 부품 설계 명세서, 검사, 시험 절차, 그리고 거래 문서와 같은 문서 형식의 파일들을 이용하여 IECRE의 OD-501: Type and Component Certification Scheme과 설계 규정인 육상용 IEC

61400-1, 소형 풍력터빈용 IEC 61400-2, 그리고 해상용 IEC 61400-3의 기술 요구 사항에 대한 설계와 평가를 기준으로 형식인증서(Type Certificate)를 획득하게 된다.

형식인증은 하나 또는 그 이상의 풍력발전시스템에 적용되는 것으로서 타워와 기초 사이의 연결 부분까지를 포함하는 풍력발전기가 설계 가정, 지정 규격, 그리고 기타 기술 요구사항에 적합하게 설계되고 문서화 되었으며 이러한 자료를 바탕으로 제작되었음을 확인하는 것이다.

형식인증의 풍력발전기는 제출된 설계 문서에 따라 설치되고 운전되며 관리된다는 검증이 필요하므로, 실제 풍력발전시스템의 운전 상황과 결과가 함께 측정과 평가가 되어, 설계 가정과 실제 풍력발전시스템의 정합성이 평가된다.

형식인증은 Fig. 15.6과 같이 설계평가, 제조평가, 형식시험, 기초설계평가, 기초제조평가, 그리고 형식 특성측정으로 구성이 되는데 설계평가, 제조평가, 그리고 형식시험은 최종 평가를 받기 위한 필수평가사항이며, 설계평가를 하기 전에 풍력발전기와 부품에 대한 설계 근거 평가가 이루어지는데 이것은 의무 사항으로 독립적으로 적합확인서를 발행할 수도 있고, 설계적합확인서에 포함될 수도 있다.

Fig. 15.6 형식인증서의 발급 절차에서 의무 사항과 선택 사항 ────────────

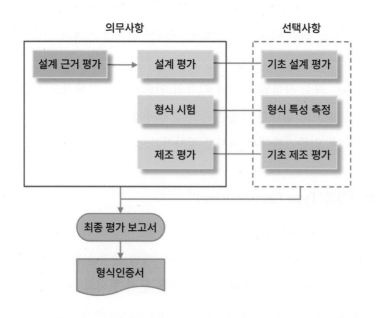

15.6.2 프로젝트 인증(project certification)

프로젝트 인증의 목적은 형식 인증된 풍력발전기와 각각의 기초(foundation) 및 하부구조물(support structure) 설계가 외부 조건, 적용 구조물, 전기적 신호, 그리고 풍력발전단지를 구성할 곳의 요구 조건에 맞는지에 대한 여부를 평가하는 것이다.

인증기관은 풍력발전기 형식과 기초를 위한 설계 자료의 근거가 되는 바람 조건, 해양 조건, 다른 환경 조건, 전기적 네트워크 조건, 그리고 사이트에서의 지질 상황에 대해 적합성 여부를 평가한다.

형식인증은 풍력발전기와 각각의 부품에 대한 평가에서 풍력발전단지를 구축하지 않은 상태, 즉 대량생산(또는 양산, serial production)할 수 있는 재료와 구조물에 대한 평가만이 이루어지지만, 프로젝트 인증은 풍력발전기의 형식인증을 기초로 하고 앞의 여러 가지 외부적인 상황을 고려한 설계와 풍력발전단지의 외부 환경조건에 대한 평가가 이루어진다. 한국의 경우 프로젝트 인증은 의무 사항은 아니나 풍력발전단지를 소유한 사업자, 투자자, 그리고 보험회사가 풍력발전단지 사업에 대한 안정성과 신뢰성 확보를 위해 필요한 부분으로 받아들이고 있다.

형식인증을 받은 구조물이라고 하더라도 풍력발전단지를 구축할 때에는 사이트 평가에서부터 풍력터빈의 특성 평가, 그리고 단지를 조성할 때 발생할 수 있는 상황에 대한 프로젝트 인증이 필요하다.

프로젝트 인증은 형식인증을 받은 풍력터빈과 관련 지지구조물/기초설계가 건설되는 풍력단지의 특정 외부 조건과 적합한지 통합하중해석을 수행하여 형식인증을 받은 각 터빈의 인증받은 하중조건과 사이트의 하중조건을 비교함으로써 수행되어진다. 그리고 적용될 건설과 전기 규정이나 다른 요구사항 등이 적합한 지를 평가하는 것이다.

Fig. 15.7은 프로젝트 인증을 위한 4가지 의무 사항을 나타낸 것이다.

Fig. 15.7 **프로젝트 인증을 위한 의무 사항**

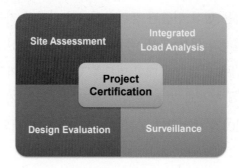

Fig. 15.8 **프로젝트 인증의 절차**

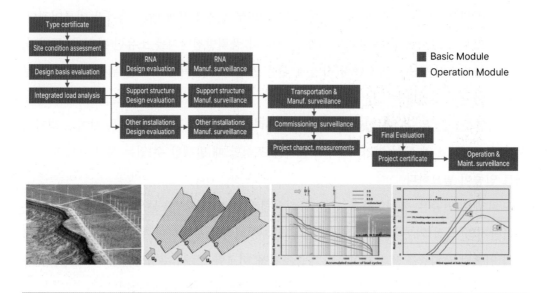

Fig. 15.8은 프로젝트 인증의 절차를 설명한 것이다. Fig. 15.8에 나타낸 기본 모듈(basic module)에 따르면 형식인증을 받은 풍력발전기로 단지 조건 평가, 설계 기초 평가, 통합하중해석 등을 거친다. 로터-나셀-조립체(RNA)[2]의 설계평가, 지지구조물 설계평가와 제조 감독 등의 행위가 이루어진다. 운송과 설치 감독, 시운전 시험(commissioning) 감독을 거친 후에 최종 평가를 거쳐서 프로젝트 인증서를 발급받는다. 옵션 모듈에서는 프로젝트 측정과 유지보수 감독 항목이 추가된다.

2 RNA: Rotor Nacelle Assembly

15.6.3 부품 인증(component certification)

풍력발전기의 설계 가정, 특정 규격, 그리고 다른 기술 요구사항에 의해 설계, 문서화, 그리고 제조된 특정 형식의 주요 부품에 대해 승인하는 것을 부품 인증이라 한다.

부품 인증은 IECRE의 OD-501: Type and Component Certification Scheme과 연계하여 IEC 61400-1, IEC 61400-2, 그리고 IEC 61400-3의 기술적 적합 여부에 대한 부품 설계와 평가 내용을 기준으로 이루어진다.

풍력발전기의 부품인증을 받기 위해서는 각 부품에 대한 모든 설계 사양, 도면, 그리고 관련 계산문서들을 제출해야 하며, 부품 인증서는 형식인증을 받을 때 도움이 될 수 있도록 인증기관에 제출을 해야 하므로, 풍력발전기의 부품을 구매할 때 부품에 대한 인증 여부를 검토하여야 하며 부품인증서를 반드시 받아야 된다. 현재 부품인증서가 요구되는 부품은 블레이드, 기어박스, 그리고, 발전기 정도이다.

Fig. 15.9 **부품 인증서 발급 절차와 승인 부품**

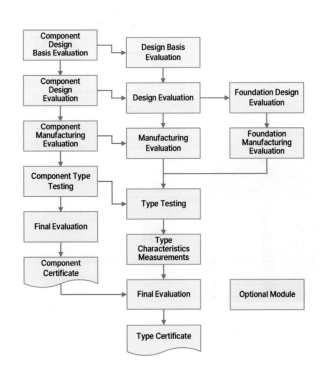

승인품목 리스트

- rotor blades;
- rotor hub;
- rotor shaft;
- main, pitch and yaw bearings (pitch and yaw drives);
- main bearing housings;
- gear box;
- locking devices and mechanical brake;
- generator, transformer;
- main frame, generator frame;
- tower;
- sub-structure(optional);
- foundation(optional);
- bolted connections; and
- hub and nacelle assembly

부품인증은 형식인증과 동일한 절차를 가지며 Fig. 15.9와 같이 형식인증에서 하고 있는 설계평가, 성능 평가, 그리고 시험 평가를 통해 인증서가 발행되며, 발행된 부품인증서는 형식인증에서 최종 평가를 할 때 추가되어 최종 형식인증서가 발행된다.

15.6.4 프로토타입 인증(prototype certification)

프로토타입(시제품) 인증은 양산되지 않은 새로운 형식의 시험용 풍력발전기에 대한 인증이며, 개념적으로 풍력발전기를 제작하였다면 풍력발전기의 설치된 사이트에서 실제 시험을 위한 인증 절차이다. 유효 기간은 3년이며 안전에 대해 영향을 줄 만한 변경 사항이 발생을 하면 새로운 프로토타입에 대해 인증을 다시 받아야 한다. 프로토타입 인증을 받더라도 상용 풍력발전단지에 공급하려면 반드시 형식인증(Type Certification)을 다시 받아야 된다. Fig. 15.10에는 다양한 인증서의 예시를 보여주고 있다.

Fig. 15.10 다양한 인증서 모음

15.7 풍력터빈 성능평가

풍력터빈을 설치 운용하기 위해서는 인증을 받아야 된다. 인증을 받기 위한 진행 과정에는 설계평가, 제조평가과정과 함께 성능평가가 있는데, 이는 실제 운전을 통한 성능에 대한 측정과 검증하기 위함이다.

성능평가는 풍력발전기의 성능이 IEC 규정을 기초로 하고 성능평가기관의 요구 조건에 만족하는지에 대한 것과 안정성을 검증하기 위한 평가이다.

현재 풍력발전기의 성능평가를 위한 측정은 주로 출력성능측정, 소음측정, 하중측정, 그리고 전력품질 측정을 하고 있다.

외국의 성능평가기관(testing body)으로는 앞 절의 인증과 관련하여 약간 언급되었지만, 대표적으로 미국은 NWTC와 WTTC, 독일은 Fraunhofer와 WINDTEST, 덴마크는 DTU Wind Energy(전, RISO)와 Blade Test Centre A/S, 스페인은 CENER, 네덜란드는 ECN-WMC와 TNO Energy Transition, 중국은 NWET & Certification 그리고 영국은 ORE Catapult 등에서 성능시험기관으로 활동하고 있다.[3]

국내의 경우도 그간의 국내 풍력산업의 확대와 함께 중·대형 풍력발전기에 대한 성능검사기관으로서 앞에서 언급한 바가 있는데, 설계평가는 한국선급(KR)과 UL(DEWI- OCC), 블레이드는 한국표준과학연구원(750kW급 이하)과 한국재료연구원의 WTRC(750kW급 이상)로, 실증단지에서의 터빈 성능 가는 한국에너지기술연구원(KIER)을 선정하여 운영하고 있다. 한국에너지기술연구원과 강원대학교가 소형 풍력발전시스템에 대한 성능평가기관으로 활동하고 있다.

15.7.1 출력성능 측정(power performance measurement)

출력성능 측정은 단일 풍력발전시스템에 대한 측정이며 풍력발전시스템의 출력특성 곡선은 풍속에 대한 순출력을 말한다.

출력성능 측정기술은 모든 풍력발전시스템에 대한 출력 특성을 측정하기 위한 절차를 정한 것이며, 이러한 측정 방법은 그 종류와 규모에 상관없이 IEC 61400-12와 IEC 61400-

---

3 IECRE(IEC Renewable Energy) Members List: RE Testing Laboratories

12-1, 그리고, IEC 61400-12-2를 통하여 풍력발전시스템의 성능 측정이 가능하다.

풍력발전시스템의 특성을 비교 분석을 위해서는 출력(성능)곡선과 연간 에너지 생산량 (AEP, annual energy production)에 의해 결정되며, AEP는 측정된 출력 곡선을 기준 풍속 분포에 적용하여 산출된 연간 총에너지 생산량을 말한다.

연간 에너지 생산량을 정확히 계산하기 위해 바람의 속도 측정을 위한 기상탑(meteo-rological mast)이 설치가 되는데 이는 풍력발전기에 작용하는 바람의 속도를 측정하기 위한 것이며, 풍력발전기의 출력성능에 중요한 영향을 미친다.

출력성능시험에서 측정하여야 할 항목은 전력(electric power), 풍속(wind speed), 풍향 (wind direction), 그리고 공기 밀도(air density) 등이 있으며, 출력성능 측정에 있어 특성을 정확하게 평가하기 위해서는 측정된 자료가 충분한 양과 질을 갖고 있는지 확인이 필요하다. Fig. 15.11은 대표적인 출력성능시험 데이터를 보이고 있다. 가운데의 빨간 데이터가 최저(보라색)와 최고(청색) 데이터의 평균값을 나타내고 있다. 녹색은 표준편차(standard deviation)를 나타낸다. 참고를 위하여 Fig. 15.12에서는 실제 실증단지에서 측정된 3MW 급 풍력터빈의 성능 곡선을 나타내고 있다.

Fig. 15.11 전형적인 출력성능시험을 통해 수집된 데이터의 분포

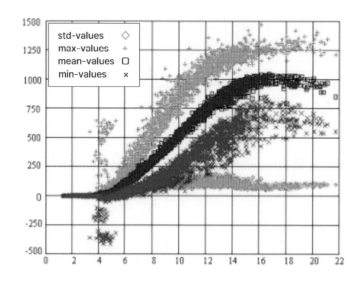

Fig. 15.12 실증단지에서 실측된 3MW 풍력터빈의 출력(성능)곡선의 예시

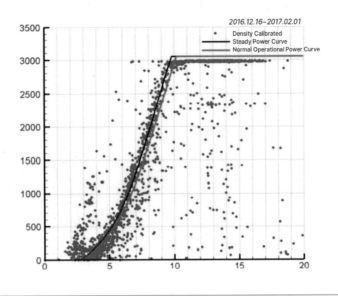

15.7.2 소음 측정(noise measurement)

실제 환경에 설치된 풍력발전시스템은 몇 가지 환경적인 문제를 안고 있으며, 이것을 고려한 측정과 평가법에 대한 연구와 평가에 대한 기술 개발이 중요하게 여겨지고 있는데, 대표적으로 소음, 전자파 간섭, 그리고 조류와 기타 생태계에 미치는 영향이 이에 해당한다.

IEC 61400-11에서는 풍력발전기의 음향 방사량을 측정, 분석, 그리고 보고하는데 사용하는 절차가 명시되어 있는데, 음향학적 측정과 음향 방사량과 직접적 연관성이 있는 대기 조건에 대한 비음향학적 측정에 있어 각각의 측정 장비를 비롯한 기술과 방법적인 부분에서 일관성을 유지하기 위한 요구 사항들을 제시하고 있다.

소음 측정을 위해서는 측정 위치, 음향 측정, 그리고 비음향 측정에 대한 조건과 방법을 인지해야 하며, 음향 측정을 위해서는 풍력발전기 소음 방사량에 대해서 아래와 같은 내용이 결정되어야 한다.

먼저 음향 측정을 위해서는 위치 선정이 중요한데, 이것은 풍력발전시스템의 규모에 따라 결정되며, 기준이 되는 한 곳의 위치와 IEC에서 제시하는 선택적인 다른 세 곳의 위치를 선정하여 측정한다.

측정을 위한 판은 수평을 유지하고, Fig. 15.13의 경사각(Φ)은 25~40°가 되도록 하며,

풍력발전기에 대한 기준 거리(R0)는 Fig. 15.13의 식을 통해 구한다.

Fig. 15.13 **소음 측정을 위한 소음 측정 지점의 계산**

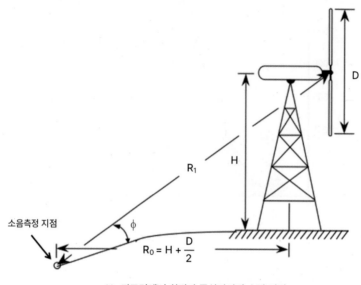

H : 지표면에서 회전자 중심까지의 수직 거리
D : 회전자의 지름

15.7.3 하중 측정(load measurement)

　풍력발전기의 규모가 클수록 구조 설계할 때 외부적인 조건의 영향에 대해 더 정확한 이해와 예측이 필요하다. 그러므로 각각의 부품에 대해 공탄성 모델을 비롯한 환경적인 요인을 고려하여 설계를 하였다고 하더라도 일반적으로 장시간 동안 운용이 되어야 하고 불확실성을 동반하므로 측정 결과에 의한 검증이 필요하다.

　따라서 하중 측정 데이터를 활용한 설계와 최적화가 이루어져야 하며 보다 높은 신뢰성과 설계 적합성을 제시할 수 있고 인증을 위한 자료로 활용이 되기 위해서는 하중 측정을 통한 검증작업이 필요하다.

　하중 측정은 풍력발전기의 설계와 인증을 비롯한 실규모의 풍력발전기에 작용하는 기계적 하중과 관련된 기술 검증과 구조 하중의 신뢰성을 위한 측정을 그 목적으로 하며,

IEC 61400-13과 'Guideline for the Certification of Wind Turbine' 그리고 MEASNET[4] 등에서 측정, 방법, 그리고 관련 규격에 대하여 설명하고 있다.

하중 측정에서는 풍력발전기 하중을 결정하기 위해서 측정하중조건(MLCs, Measurement Load Cases)이 적용된다.

풍력발전기를 설계할 때 기준이 되는 IEC 61400-1에서 제시된 설계하중조건(DLCs, Design Load Cases)이 환경적인 조건을 고려하여 설계되었으나, 지역마다 서로 다른 환경적 특성으로 인해 불확도가 측정하중조건에 비해 상대적으로 높다고 할 수 있다.

측정하중조건에서 규정하고 있는 조건에는 측정을 수행하는 동안 풍력발전기의 주된 외부 조건과 가동 조건을 정의하고 있는데 외부 조건으로는 풍속, 난류 강도, 공기 밀도와 같은 기상 변수와 가동 조건으로는 회전 속도, 요잉 오차, 전기 출력과 블레이드의 피치 각도와 같은 가동 변수가 적용된다.

적용되는 하중 조건은 IEC 61400-1에서 언급되어 있는 설계하중조건과 관련된 정상 상태에서의 가동 상태의 조건과 천이 상태 동안의 측정 하중이 적용이 되며 조건은 IEC 61400-13에 기재되어 있다.

풍력발전기의 성능평가와 하중 분석을 위해 측정되어야 할 물리량으로 하중의 크기(블레이드 하중, 로터 하중 타워 하중), 기상 변수(풍속, 풍향, 기온, 대기압), 가동 변수(전력, 회전속도, 피치각, 요위치) 등이 있다.

풍력발전기에 작용하는 기본적인 하중 관련 물리량은 블레이드 루트 하중(blade root loads), 로터 하중(rotor loads), 그리고 타워 하중(tower loads)이다.

블레이드 루트 하중에서는 플랩 방향 굽힘 모멘트(flapwise bending moment)와 에지 방향 굽힘 모멘트(edgewise bending moment)를 측정하고, 로터 하중에서는 경사 모멘트(tilt moment)와 로터 토크(rotor torque)를 측정하며, 타워 하중에서는 두 방향의 굽힘 모멘트(bottom bending in two directions)를 측정한다.

정지 상태인 풍력발전기에 하중을 가하여 발생하는 하중에 대한 스트레인 게이지나 로드셀(load cell)을 통해 측정을 하는 것은 기존의 다른 구조물에 대한 하중 측정의 방식과 유사하다. 그러나 초기의 소형 터빈에서 대형화됨에 따라 현재의 대형 풍력발전기의 경우에

---

4 MEASNET: 성능평가와 특성평가를 위하여 유럽의 풍력 관련 기업이나 기관을 주축으로 구성된 성능검사의 표준화와 기술적 협력을 위한 활동 조직으로 Measuring Network of Wind Energy Institute를 말한다.

주요 하중 경로상에 로드셀을 설치하여 하중을 측정하는 것은 불가능하다.

따라서 풍력발전기의 하중 측정에서는 스트레인 게이지(strain gauge)를 구조물에 부착하여 측정하는 방법을 택하고 있다. 하중 측정은 스트레인 게이지와 측정 계통에 있는 장치들을 통해 스트레인 게이지의 출력과 가해지는 하중의 정적 보정 과정을 통해 측정한다.

15.7.4 전력 품질 측정(power quality measurement)

전력 품질 측정의 목적은 풍력발전기의 전력품질을 측정하고 평가함으로써 풍력발전시스템과 연계된 전력 계통의 전압 특성과 그에 영향을 미치는 전기적 특성과 함께 전력품질의 특성을 파악하여 일관된 기준을 마련하고 평가의 방향을 제시하는 것이다.

IEC 61400-21에서는 전력 품질 측정에 계통연계 풍력발전기의 전력 품질 특성을 나타내기 위해 결정되어야 할 정의와 사양, 특성을 측정하기 위한 측정 절차, 풍력발전기가 집단으로 특정 사이트에 설치될 때, 그 풍력발전기 형식으로부터 기대되는 전력 품질의 평가를 포함한 전력 품질 요구사항에 따른 평가절차를 포함하여 제시하고 있다.

대규모 풍력발전단지의 경우 대부분 지리적 여건상 풍력에너지를 얻기가 용이한 산간고지대나 해안가 등에 위치하고 있고, 계통 연계 지점이 선로의 말단인 경우가 많아 계통연계를 할 때 전압 관리와 전력품질의 관리 등 계통망 운영상의 여러 가지 문제점을 야기한다.[2]

IEC 61400-21에서 요구하는 가정된 요소와 측정 시스템 구성의 예시는 아래 Fig. 15.14에 나타내는데, 예시는 강제적인 사항은 아니며 데이터 획득 시스템의 소프트웨어 기능 특성에 따라 필터와 아날로그 변환기를 대체할 수 있다.

Fig. 15.14
풍력발전 계통연계시스템에 구축된 전력품질 측정을 위한 가정된 요소와 측정장비의 구성예시

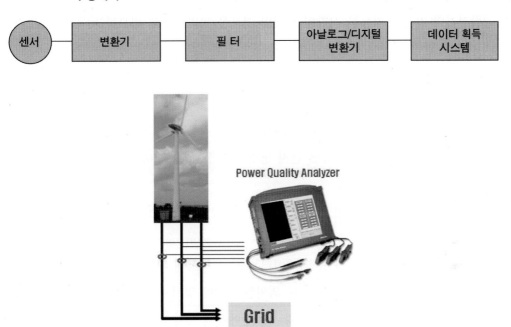

15.8 실증시험과 풍력실증시험단지

실증시험(field test)은 두 가지 목적이 있는데, 첫째, 새로운 설계의 일부로서 풍력발전기 제조사가 다양한 측정을 통하여 풍력발전기 모델의 운영 상태를 점검하고 모델을 검증하기 위하여 수행하는 시험을 말하고, 두 번째는 제조사에서 개발한 풍력발전기를 상용화하기 위하여 제품의 성능 확인과 성능 향상, 부품의 신뢰성 향상, 시스템의 최적화, 그리고 인증(certification)획득을 목적으로 하며 시제품(prototype)을 설치하여 운영하는 것이다.

풍력 실증시험단지(wind turbine test field 혹은 test site)는 제조자가 시제품(prototype)을 설치하고 운영하며 실증 시험을 수행하는 등, 상기의 목적을 달성할 수 있도록 풍황이 우수하고, 측정 기반 시설을 갖춘 곳을 말한다.

풍력발전기의 성능 측정을 위해서는 평탄하고 간단한 지형에서 일정하고 강력한 바람이 불고 난류가 적은 곳이 적절하며, 성능과 하중 시험을 빠르고 효율적으로 완료해야 하며, 풍력발전기의 가동이 가능한 시간이 터빈의 성능을 평가하는데 필요한 비용에 바로 직결되기 때문에 앞에 언급한 것처럼 우수한 풍황 조건을 갖춘 곳을 풍력실증시험단지로 조성하게 된다.

풍력 자원, 설치될 풍력발전기 간의 거리, 시험대 주변과의 경사도 등을 실증시험단지 조성 부지에 대해 조사해야 하며, IEC 64100-12의 각종 측정 항목에서 규정하는 조건을 만족하는지를 인증기관의 주관하에 단지 평가와 교정(site assessment and calibration)을 수행한다.

실증시험단지의 지형이 주변 건물이나 산과 같이 바람 흐름에 영향을 주는 장애물을 포함하고 있다면, 기준 풍황 계측탑(기상탑, reference meteorological mast)에 의하여 측정된 풍황 데이터와 풍력발전기에서의 풍황 데이터는 서로 다르게 된다. 따라서, 터빈에 대한 성능 실증 연구를 시작하기 이전에 터빈이 위치할 자리에 임시 풍황 계측탑을 설치하여 기준 풍황 계측탑의 풍황 데이터와 임시 풍황 계측탑에서의 풍황 데이터를 서로 연관시키는 단지 교정을 반드시 수행하여야 한다.

15.8.1 풍력실증시험단지 인증

풍력터빈의 실증을 위하여 실증시험단지(이하 '실증단지'라고도 함)에서 성능을 측정하기 위하여 실규모 시험이 수행되어야 한다. 하지만 유효한 인증 데이터를 얻기 위한 단지 유효성을 검증하기 위하여 풍력실증시험단지의 인증이 우선되어야 한다.

국내에 있는 대규모 실증시험단지로 전남 영광의 전남 테크노파크 육상풍력 Test bed의 실증시험단지 인증을 위한 평가의 일부를 소개한다.

Fig. 15.15는 실증시험단지의 풍속 빈도 평가를 수행한 것으로 빈도 측정 매트릭스 (capture matrix)는 약 1년간 측정된 풍황 자료를 바탕으로 작성한 것으로 IEC 규정의 요구 조건을 모두 충족하였다. 결과를 분석해 보면 이 실증시험단지에서는 바람이 강한 겨울과 초봄 사이에 성능 시험이 가능한 풍속이 있어 3개월 이내에 실증시험의 수행이 가능한 것으로 판단되었다.

Fig. 15.15 **전남 영광 테크노파크 실증시험 Test bed 풍속빈도 평가**

Time series length		Capture Matrix for Normal Power production																
		Number of 10-min recordings												At least 2 min			
	V (m/s)	3.5	4.5	5.5	6.5	7.5	8.5	9.5	10.5	11.5	12.5	13.5	14.5	15.5	16.5	17.5	18.5	19.5
T.I. (%)		4.5	5.5	6.5	7.5	8.5	9.5	10.5	11.5	12.5	13.5	14.5	15.5	16.5	17.5	18.5	19.5	20.5
<	3	34	28	43	26	21	14	9	2	0	0	1	0	0	0	0	0	0
3	5	156	290	293	327	240	198	172	222	178	91	63	57	37	21	7	1	1
5	7	530	693	730	622	494	468	534	471	307	251	195	160	109	70	39	14	6
7	9	704	650	549	336	341	279	320	194	151	149	112	100	51	48	18	8	7
9	11	462	373	236	147	152	93	97	63	46	41	27	40	11	8	6	3	0
11	13	234	180	100	62	51	39	11	22	16	18	13	4	6	0	1	2	0
13	15	136	84	44	31	18	12	9	3	8	7	13	6	1	3	0	1	1
15	17	92	36	18	12	7	6	5	3	2	3	5	5	2	2	0	0	0
17	19	45	11	13	6	9	5	1	0	3	4	2	0	2	3	1	0	0
19	21	24	10	3	7	5	0	1	1	3	0	0	2	0	0	1	0	0
21	23	26	9	2	1	0	0	1	0	1	0	0	0	1	1	1	0	0
23	25	14	3	2	0	0	2	2	1	0	0	0	0	0	0	0	0	0
25	27	5	2	1	0	0	1	1	0	0	1	0	0	0	0	0	0	0
27	29	10	5	5	1	1	1	0	0	0	0	0	1	0	0	0	0	0
>	29	11	6	5	5	6	3	3	5	4	6	1	1	0	0	0	0	0
Total number		2493	2380	2044	1582	1346	1120	1166	987	719	571	433	376	220	156	74	29	15
Number of turbulence bins with more than 3 time series		15	13	11	11	11	9	8	6	7	8	7	7	5	4	4	2	2
Min. number of turbulence bins with at least 3 time series		4	4	4	4	4	4	4	4	4	4	-	-	-	-	-	-	-
Min. recommended number of time series for empirical load determination		30	30	30	30	30	30	30	30	30	8	8	8	8	3	3	3	1
Min. recommended measurement hours for model validation		Vin to Vr-2 3h					Vr-2 to Vr+2 3h				Vr+2 to ((Vr+2)+Vout)/2 3h				((Vr+2)+Vout)/2 to Vout 1h			
Remarks		ok	ok	ok	ok	ok	ok	ok	ok	ok	ok	ok	ok	ok	ok	ok	ok	ok

Fig. 15.16에서 보면 유효 방위각 측정을 통하여 주풍향은 북풍이고 유효 방위각 구간은 316°~ 30°(약 74°범위, 주풍향 포함)이다. Fig. 15.17은 영광 풍력실증시험단지의 전경으로 전방에 성능 시험을 위한 대형 풍력발전기가 보인다.

Fig. 15.16 실증시험 test bed의 유효 방위각 측정

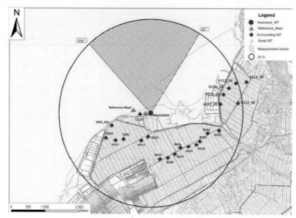

Fig. 4.1: Layout of the test site with assessed turbine WinDS3000, location of reference mast and expected measurement sector for the power performance measurements. The circle around the turbine location marks the area covering a radial distance of 20 D.

Fig. 15.17 전남 영광군의 풍력시스템평가센터의 실증시험단지와 인근 풍력단지

Fig. 15.18은 국내외에 있는 풍력 실증단지의 예시를 보이고 있다. 국내의 다른 실증단지는 제주의 김녕 육상풍력실증시험단지와 해상풍력실증시험단지가 있다.

Fig. 15.18 **국내외 육해상 풍력 실증단지**

네덜란드 ECN 풍력실증연구단지

미콜로라도 덴버의 NWTC의 실증연구단지

국제규격 김녕 육상풍력발전 실증단지

제주 김녕 해상풍력실증단지

참고문헌

1. IEC(International Electrotechnical Commission) Technical committees and subcommit-tees, http://www.iec.ch/dyn/www/f?p=103:6:1508191034303::::FSP_LANG_ID:25
2. 곽노홍, et al., "풍력발전시스템 계통영향 평가기술-1.5MVA급 풍력발전 시뮬레이터 개발," 신재생에너지의 계통연계기술, pp.17-20

chapter

16

풍력발전시스템의 유지보수

(O&M, Operation and Maintenance)

CHAPTER 16

풍력발전시스템의 유지보수
(O&M, Operation and Maintenance)

풍력단지를 건설하고 시운전이 완료된 후에 상업 발전을 시작하게 된다. 풍력터빈은 설계수명 20~25년간 운영되는 동안 생애주기 기간을 통틀어 고장과 운전을 반복하게 된다. 터빈이 운영 중에 고장이 발생하게 되면 상업 발전을 중지하고, 교체 부품을 수급하여 고장을 조치한다. 모든 기계가 그렇듯이 유지보수가 원활하게 이루어지면 운영비용이 최소화될 수 있다. 따라서 유지보수의 중요성은 아무리 강조해도 지나치지 않을 것이다.

O&M이란 Operation and Maintenance의 약자이며 기계의 작동, 운영과 보수, 정비, 그리고 관리를 나타내는 말이다. 풍력터빈의 유지보수란 생애주기 (lifetime) 동안 이루어지는 풍력터빈 부품의 교체품 또는 예비품 관리, 고장 조치, 상업 발전을 모두 포함하는 광범위한 활동을 의미한다. 풍력터빈의 유지보수는 풍력터빈의 생애주기 동안 비용을 최소화하고 수익을 극대화하는 매우 중요한 활동이다.

유지보수의 필요성을 알아보면 풍력단지에서 풍력터빈이 정상적으로 가동하여 전기를 생산할 수 있는 상태를 유지하기 위함이다. 체계적인 O&M이 수행되지 않으면 초기에 부품의 파손을 찾아내기 어렵고 나중에 풍력터빈의 완전한 파괴로 이어지게 될 수도 있어 큰 손실을 초래한다. O&M의 비율이 높아지면 풍력터빈의 효율이 저하하기도 한다. 어떤 이유에 의하여 풍력터빈의 가동 중지는 곧 에너지 생산이 중단되고 경제적 손실과 연결된다. 풍력터빈의 유지보수는 풍력단지를 운영하는 업무 중에서 매우 중요한 요소이고 상당한 양의 비용을 차지한다. 풍력터빈은 대형 구조물이기 때문에 철저한 유지보수의 결함에서 오는 풍력터빈의 파손은 인명과 재산상의 직접적인 손실을 초래할 수 있는 위험성이 있어 매우 엄격하게 수행되어야 한다.

풍력터빈의 성능 지수 중 하나인 가동률은 풍력터빈의 운전 시간 또는 발전시간과 밀접한 연관이 있다. 가동률이 높을 때 발전 수익은 증대되겠지만, 높은 가동률을 유지하기 위한 운영비용 또한 많이 증가할 수 있다.

단지 운영비용은 관리 비용, 유지보수 비용, 그리고 기타 비용으로 구분된다. 풍력터빈의 가동률과 직접 연관된 운영비용은 유지보수 비용, 관리 비용 등이 있으며, 가동률과 간접적으로 연관된 운영비용은 발전 손실 비용이 있다.

발전 손실 비용은 가동률과 비례하여 감소하지만, 직접비는 가동률이 증가함에 따라 지수적으로 증가한다. 100%에 가까운 가동률을 확보하기 위해서는 직접비가 많이 증가하여 전체 운영비용은 Fig. 16.1과 같은 경향을 나타낸다.

운영비용을 최적화하기 위하여는 발전 손실을 고려한 직접 비용의 저감이 필요하고 풍력터빈과 보조 설비의 출력 또는 성능을 제한하여 운영비용을 절감할 수 있다는 것이다. 따라서 운영비용을 최적화하기 위한 유지보수 전략이 필요하다.

Fig. 16.1 **가동률에 따른 풍력단지 운영비용[1]**

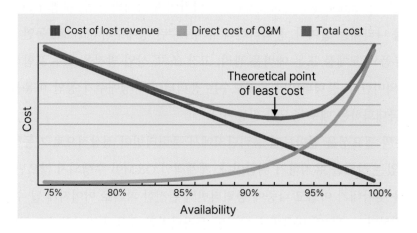

16.1 풍력터빈 부품의 고장 특성

고장 위험도에 따른 풍력터빈의 주요 부품에서 고위험 부품은 블레이드, 로터 허브, 증속기, 그리고 발전기 등이고 주의 부품으로는 드라이브 트레인, 유압 시스템, 전기 시스템, 그리고 제어 시스템 등을 들 수 있다.

고장 위험도는 Fig. 16.2와 같이 고장 영향과 고장 빈도에 따라 위험, 주의, 안전으로 구분할 수 있다. 고장 영향은 발전 손실과 예비품 비용, 수리 비용 등 고장 조치에 필요로 하는 비용을 모두 합산하여 고장 영향을 평가하며 고장 빈도는 평균운전시간을 기준으로 평가한다.

Fig. 16.2 **고장 위험도 분석**

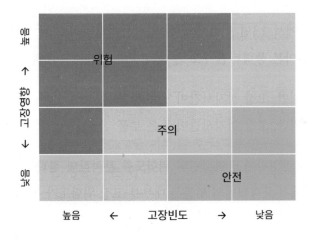

터빈의 대표적 부품의 파손과 파손율(failure rate) 10년 주기를 기준으로 한다.

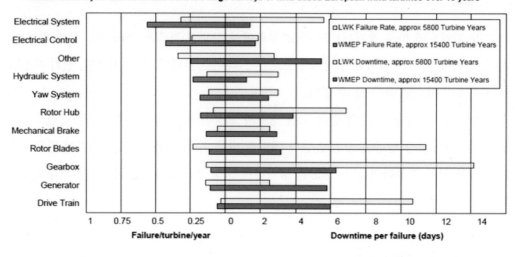

Fig. 16.3 풍력터빈 부품의 고장 특성

Failure/turbine/year and downtime from two large surveys of land-based European wind turbines over 13 years

Fig. 16.3은 해외에서 13년 이상 운전된 육상풍력터빈의 고장 사례의 통계 결과이다. 고장 사례를 통해 알아본 풍력터빈 주요 부품의 고장 특성은 아래와 같이 분류될 수 있다.

- 고장 빈도는 높지만, 고장 정지시간이 낮은 부품
- 고장 빈도는 낮지만, 고장 정지시간이 높은 부품

상기 고장 특성을 반영하여 풍력터빈의 위험도를 분석하면 결과는 위의 고장 위험도 분석 그림인 Fig. 16.2에서 풍력터빈의 부품은 대부분 고장 위험도가 높거나 주의가 요구된다.

 ## 16.2 유지보수의 종류

유지보수에는 대표적으로 정기정비(scheduled maintenance)와 보수정비(unscheduled maintenance)가 있다. 정기정비는 특정한 기간 혹은 정기적으로 부품을 교환하거나 정비하는 활동으로 대개 6개월 간격으로 1년에 2회 정도 수행한다. 부품의 손상이 발생하기 전에 수행하므로 예방정비(preventive maintenance)라고도 한다. 정비 설명서에 따라서 정기

검사, 오일과 필터의 교체, 센서의 교정, 브레이크 패드와 씨일(seal) 등과 같은 소모품의 교환, 블레이드 청소 등이 이에 해당한다. 보수정비(unscheduled maintenance)는 풍력터빈에 예기치 않은 고장이나 오작동이 발생하여 터빈을 중단시켜서 문제점을 발견하고 수리 활동을 하는 것을 말한다. 부품의 손상이 발생한 후에 하는 활동이므로 고장정비(corrective maintenance)라고도 하고 사후정비(reactive maintenance)도 유사한 의미로 사용된다. Table 16.1은 유지보수와 관련된 주요 용어를 정리한 것이며, Fig. 16.4는 유지보수를 분류한 예시이다.

Table 16.1 유지보수 관련 주요 용어의 정의

명 칭	특징
유지보수 (O&M)	풍력터빈과 풍력단지를 운영하고 고장을 수리하는 활동. Operation and Maintenance의 약자
고장 위험도	풍력터빈 부품의 고장 빈도와 고장 영향에 따라 결정
유지보수 전략 (O&M Strategy)	유지보수 비용을 최소화하고 발전 수익을 극대화하는 방법론
고장정비 (Corrective Maintenance)	고장 정지 시간을 줄이기 위해서 교체 부품에 확보에 소요되는 시간과 고장 조치에 소요되는 시간을 줄이기 위한 전력
보수정비 (Unscheduled Maintenance)	예기치 않는 고장이나 오작동이 발생으로 수리하는 활동, 사후 정비(reactive maintenance)라고도 함
예방정비 (Preventive Maintenance)	예방 보전 전력은 가동시간을 향상하기 위해서 부품의 고장 발생 전에 정기적으로 수행하는 유지보수 활동
정기정비 (Scheduled Maintenance)	특정 기간 혹은 정기적으로 부품을 교환하거나 정비하는 활동으로 대개 6개월 간격으로 1년에 2회 정도 수행함
예지정비 (Predictive Maintenance)	예지 보전 전략은 가동시간을 향상하고 동시에 고장정지 시간을 최소화하는 전력

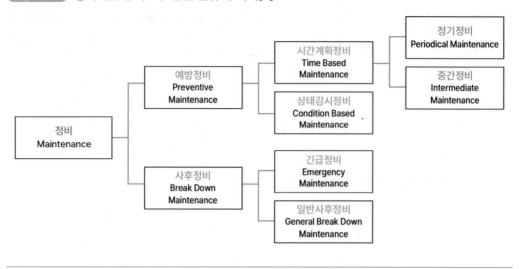

Fig. 16.4 풍력터빈 유지보수 관련 분류의 예시[2]

```
                                              ┌─────────────────┐
                                         ┌────│     정기정비      │
                                         │    │ Periodical       │
                    ┌──────────────┐     │    │ Maintenance      │
               ┌────│ 시간계획정비    │─────┤    └─────────────────┘
               │    │ Time Based   │     │    ┌─────────────────┐
               │    │ Maintenance  │     └────│     중간정비      │
┌──────────┐   │    └──────────────┘          │ Intermediate    │
│  예방정비  │───┤                             │ Maintenance     │
│ Preventive│   │    ┌──────────────┐          └─────────────────┘
│Maintenance│   └────│ 상태감시정비    │
└──────────┘        │ Condition Based│
     │              │ Maintenance  │
┌─────────┐         └──────────────┘
│   정비   │
│Maintenance│
└─────────┘         ┌──────────────┐
     │         ┌────│   긴급정비      │
┌──────────┐   │    │ Emergency    │
│  사후정비  │───┤    │ Maintenance  │
│ Break Down│   │    └──────────────┘
│Maintenance│   │    ┌──────────────┐
└──────────┘   └────│  일반사후정비    │
                    │General Break Down│
                    │ Maintenance  │
                    └──────────────┘
```

유지보수 전략은 고장 정지 시간을 줄이기 위해서 교체 부품 확보에 소요되는 시간과 고장 조치에 소요되는 시간을 줄이기 위한 전략이다. 또한, 전반적으로 유지보수 비용을 최소화하고 발전 수익을 극대화하는 전략이라고 할 수 있다. 고장 영향과 고장 빈도를 고려한 예비 부품을 사전에 준비하고 신속한 고장 조치를 통해 고장 정지 시간을 최소화해야 한다. 유지보수 계획은 풍력터빈과 보조 설비의 고장 위험도에 따라서 결정된다.

16.3 유지보수 전략

16.3.1 고장정비 전략(corrective maintenance strategy)

고장정비에 대한 전략은 풍력터빈 고장 부품의 데이터베이스를 통한 예비 부품 관리 방안의 수립이 필요하고, 숙련된 유지보수 인력 관리가 핵심이다. 고장 영향이 적고 고장 빈도가 높은 부품은 고장정비 전략이 유효하다. 대표적인 부품으로는 전기 시스템과 제어 시스템이 있다. 회로 기판(circuit board)의 고장과 같이 고장의 원인을 찾기가 힘들고 1시간 미만의 교체 작업을 요구하는 부품은 서비스 수명을 극대화하기 위하여 고장날 때까지 가동하는 고장정비(수리) 전략이 효과적이다.

장납기 부품은 발전 손실을 최소화하기 위하여 예비품을 미리 구매하여 창고 등에 보관한다. 고가의 장납기 부품은 고장이 발생하기 전에 정기적인 육안 검사와 부품 상태의 모니터링 등을 통해 고장을 예방할 수도 있다.

풍력터빈의 일반적인 생애 주기를 그림으로 나타내 보면 Fig. 16.5와 같다.

Fig. 16.5 유지보수 관점에서 본 풍력터빈의 생애주기

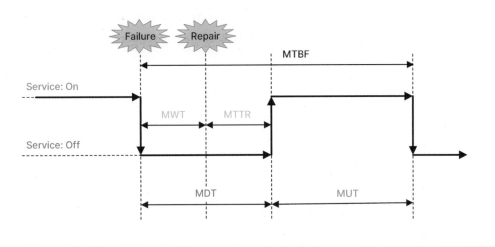

Fig. 16.5에서 MWT(Mean Wait Time)은 예비품 확보에 소요되는 시간, MTTR(Mean Time To Repair)은 고장 조치에 소요되는 시간, MDT(Mean Down Time)는 MWT와 MTTR의 합산을 나타내고, MUT(Mean Up Time)은 평균 운전시간, 그리고 MTBF(Mean Time Between Failure)는 평균 무고장 시간을 나타낸다. 각각의 유지보수에 대한 전략도 달리 적용된다. 고장정비(고장수리)의 경우에는 고장이 발생한 이후에 부품을 교체하게 되는데, MWT와 MTTR이 최소화되도록 예비품의 관리 방안도 효율적으로 유지하고 숙련된 유지보수 인력을 관리하는 방향으로 활동이 이루어져야 한다.

풍력터빈 부품의 파손 또는 고장 또는 파손으로 인한 영향은 다양하다. 전자 회로판과 같이 고장 원인이 불분명하고 단순한 교체만으로 고장 모드에서 복구되는 부품이 있고 풍력터빈을 해체하고 부품을 교체한 후 다시 조립하는 대형 공사를 요구하는 부품도 있다.

풍력터빈을 해체하기 위해서는 대형 크레인, 특수 공구, 그리고 공사 인력 등 다양한 운영 자원이 필요하고 교체 부품 확보가 중요하다. 미리 교체 부품이 확보된 경우라면 고장

정지 시간이 2~3주 정도가 소요되지만, 교체 부품이 확보되지 못한 경우라면 고장정지 시간은 기하급수적으로 증가한다.

예방정비는 고장이 발생하기 전의 정기보수(정기정비)에 해당하는데 MUT를 최대화하여 발전 손실을 최소화하는 유지보수 계획을 수립해야 한다. 그리스나 윤활유 등 소모품의 운영 관리에도 주의해야 한다.

예방정비(예지정비)는 지속적으로 부품 상태를 감시하여 MWT와 MTTR을 최소화하고 MUT를 최대화해야 한다. 감시 기술의 확보를 위한 감시 방법과 기준을 수립하여 대비해야 한다. 특히 감시 기술은 매우 전문적인 지식과 경험이 필요하므로 전문인력 유지와 데이터베이스 등의 유지와 관리에도 노력해야 한다.

16.3.2 예방정비 전략(predictive maintenance strategy)

예방정비(예방보전, 혹은 예지보전) 전략은 가동시간을 향상하기 위해서 부품의 고장이 발생하기 전에 정기적으로 유지보수 활동을 하는 전략이다. 유지보수를 위해서는 풍력터빈의 가동을 정지하고 서비스를 실행해야 하므로 적절한 시점(풍속이 낮은 기간 등)에 유지보수를 수행하는 계획이 중요하다.

부품의 고장 여부와 무관하게 풍력터빈 가동에 필요한 운영 자원을 공급하기 때문에 운영비용이 증가할 수는 있다. 고장 영향이 크고 정기 유지보수 활동의 비용이 많지 않을 때 예방정비 전략이 유효할 수도 있다. 운전시간을 극대화하기 위하여 풍속이 낮은 기간에 정기 유지보수 활동을 계획하여 발전 손실을 최소화하고 부품의 가동 시간을 극대화하는 전략이다.

고장 빈도가 높고, 고장 영향이 높은 최고 위험 부품들에 대해서는 부품 상태를 측정할 수 있는 별도의 측정 센서와 데이터 획득장치를 설치하여 감시할 필요가 있다. 따라서 풍력터빈의 운전 중에 부품의 상태를 파악할 수 있고, 고장 징후가 감지될 경우 예비품을 미리 확보하고 교체나 수리 계획을 수립할 수 있어 발전 단가를 절감할 수 있는 가장 이상적인 방법이다.

Fig. 16.6 풍력터빈 그리스와 윤활유 보충 등 예방정비 활동

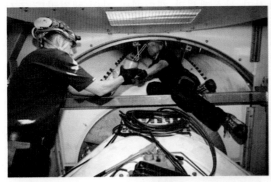 

대표적인 예방정비 활동으로는 Fig. 16.6과 같이 각종 베어링의 그리스 주입, 윤활유 보충, 필터 교체 등이 있다. 타워, 나셀, 그리고 허브 등의 기능에 대한 육안 검사, 블레이드의 내외관 검사, 증속기의 내시경, 금속 찌꺼기, 오일 오염도 검사, 그리고 진동 검사 등도 여기에 속한다.

전기 캐비닛, 스위치 기어, 케이블 등의 열화상 검사, 발전기의 저항과 자극 시험, 드라이브 트레인의 진동과 모니터링 데이터 분석 등도 주기적으로 예방 차원에서 이루어져야 한다.

 ## 16.4 유지보수의 예시

풍력터빈도 자동차 등과 같이 매우 복잡하며 대형 구동 기계이다. 따라서 매우 세부적인 점검과 유지보수 활동은 제조자가 제공하는 설명서(manual)에 따라 수행하므로 본 교재에서는 자세하게 설명하기는 어렵다. 본 단원에서는 독자들의 참고를 위하여 매우 간단한 예시만을 제시하였다.

Fig. 16.7은 블레이드 피치 시스템에 있는 제어 패널의 점검 사항을 보여주고 있다. 우선 육안으로 전장품의 손상 여부와 케이블의 손상 여부를 점검한다. 또한, 연결부 조임 상태를 점검하기 위하여 터미널의 조임 상태, 볼트와 잠금장치, 캐비닛 고정 상태를 확인한다. 아울러 케이블의 고정 상태와 케이블 쉴드와 접지 터미널, 릴레이 기능 점검 등이 이루

어진다. 주 프레임(main frame) 부품은 Fig. 16.8에서 ① 캔티레버(cantilever)의 체결력(볼트 크기-M30, 토크-1,550Nm)을 확인하고 ② 발전기 서스펜션과 캔티레버 간의 체결력도 조사한다. ③ 베어링 볼트 체결도 점검하고 ④ 컨버터 서스펜션과 배터리 캐비닛 볼트 체결력도 역시 점검한다. ⑤ 메인 프레임의 부식 방지와 손상부 페인트 보수 등도 이루어진다.

Fig. 16.7 블레이드 피치 시스템 제어 패널의 점검 예시[3]

Fig. 16.8 주 프레임 연결부 점검[3]

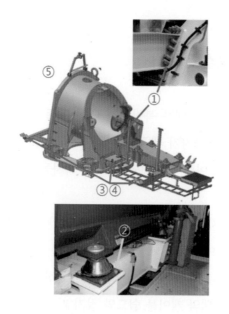

타워 내부의 점검도 정기적으로 이루어진다. Fig. 16.9에서는 ① 사다리의 볼트 체결력 (M8, 24Nm), ② 플랫폼 볼트 체결력(M10, 48Nm), ③ 베이스-타워 하부 사이 볼트 체결력 (M36, 2,700Nm) ④ 타워-타워 하부 볼트 체결력(M36, 2,700Nm), ⑤ 타워 중간-상부 볼트 체결력(M36, 2,700Nm) 등의 사항이 점검된다.

Fig. 16.9 타워 내부와 사다리[3]

 16.5 유지보수와 안전

대형 풍력터빈의 유지보수는 전문 기술자에 의하여 이루어진다. 유지보수 대상이 대형이고, 고공에 위치하여 접근과 활동에서 상당한 위험이 따른다. 따라서 유지보수 인력의 안전이 무엇보다 중요하며, 인력의 위험은 운영비용과도 직결된다.

유지보수 인력은 기계적이며 전기적 기본 소양을 갖추어야 한다. 이를 위해서는 사전에 소정의 교육을 이수한 전문인력이 유지보수 활동에 참여하도록 제한을 하고 있다. 작업자가 갖추어야 할 최소한의 요구사항은 다음과 같다.

- 해당 풍력터빈에 대한 교육
- 개인 안전 용구와 응급 상자, 통신 장비 등의 구비
- 용도별 공구 사용 능력
- 안전 장비에 대한 이해
- 사고가 발생했을 때 풍력터빈의 보호 조치
- 작업 인원의 응급 처치 교육

아울러 기계적 위험 요소와 전기적 위험 요소가 상존하기 때문에 이에 대한 이해도가 높아야 한다. 기계적 위험 요소는 끼임 사고가 가장 높은 확률이 있다. 증속기 플랜지, 증속기 축, 커플링과 브레이크, 피치 드라이브, 그리고 요 드라이브 등이 조심해야 할 부분이다. 전기적 위험 요소는 부품 접촉에서 잔류 전압의 확인, 단락에 의한 방전 스파크와 화재 위험성, 규격에 맞는 퓨즈 사용, 느슨한 케이블 조치, 캐비닛의 닫힘 상태 확인 등이 있다.

16.5.1 개인 보호 장구(PPE, Personal Protective Equipment)

고소 작업에 필요한 개인 보호장구의 착용은 매우 중요하다. Fig. 16.10은 풍력터빈 유지보수 작업자가 갖추어야 할 기본적인 보호장구를 나타내고 있다.

개인 보호장구 중에서 가장 핵심적인 것이 Fig. 16.10과 Fig. 16.11의 전신 보호장구(full body harness)이다. Table 16.2는 전신 보호장구 구성품의 기능을 간단히 설명한 것이다.

Fig. 16.10 풍력터빈 유지보수 작업자의 개인 보호장구[4] ─────────

Head protection
Falling or flying objects,
overhead objects

Hearing protection
Loud tools and machinery,
poorly maintained equipment

Chaps pants
Chainsaws

Foot protection
Falling or rolling objects,
sharp or heavy objects, wet
and slippery surfaces, uneven
surfaces, hot surfaces,
electrical hazards

Eye protection
Blowing dust or particles, metal shavings,
acids or caustic liquids, welding light

High-visibility hat, vest, pants
Errant vehicles, distracted drivers

Hand protection
Sharp or hot objects, chemicals,
biological or electrical hazards

Harness lanyard
Working more than 6 feet or more
above a lower level

Table 16.2 전신 보호장구의 구성품

부품	기능
harness(하네스)	작업자의 추락사고를 예방하는 보호장비
rope lanyard(로프 랜야드)	하네스에 연결된 낙하 방지용 집게 케이블
cable positioning(위치 제어 케이블)	로프 케이블의 위치 제어용
shock absorber (충격 흡수기)	낙하할 때 체중과 충격 하중을 저감시킴
rope grab(로프잡이)	생명선을 잡고 있어 낙하할 때 속도 감속
D-ring(D-clip)(D-링)	연결링

Fig. 16.11 **전신 보호장구와 구성품**

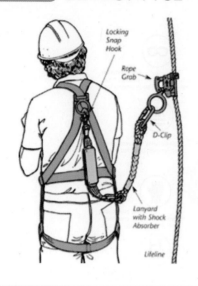

16.5.2 유지보수용 공구(maintenance tools)

유지보수 작업자가 휴대용으로 사용할 수 있는 소형 공구들이 필요하다. Table 16.3에는 기본적인 소형 공구를 정리하여 보았다.

공구명	용도 및 기능	형상
유압 볼트 텐셔너 (hydraulic bolt tensioner)	볼트와 너트가 충분히 조여질 수 있도록 나사에 인장력을 가하는 장치	
유압 토크 렌치 (hydraulic torque wrench)	볼트의 나사를 따라 너트에 충분한 비틀림 힘(twisting force)을 가하는 렌치(유압 시스템)	
베어링 가열기 (induction heater)	베어링을 설치하거나 해체할 때, 전기적으로 유도 가열하는 장치	
축정열 시스템 (Shaft Alignment System)	오정렬된 축을 정렬을 시키기 위한 장치	
소음/진동분석기 (vibration analyzer)	증속기와 드라이브 트레인 부품의 소음과 진동 분석	
내시경 카메라 (borescope)	접근이 어려운 위치의 부품 조사용	
위상회전 표시기 (phase rotation tester)	3상 전력의 배선 확인	

Table 16.3 유지보수용 공구 예시[3]

Table 16.4 **유지보수용 공구 예시(계속)[3]**

공구명	용도 및 기능	형상
열화성 카메라 (thermography)	볼트와 너트가 충분히 조여질 수 있도록 나사에 인장력을 가하는 장치	
수동 유압펌프 포터블 잭(Jack)	볼트의 나사를 따라 너트에 충분한 비틀림 힘(twisting force)을 가하는 렌치	
전류측정기 (ammeter)	전류의 세기 측정	

16.5.3 육상풍력 유지보수 안전

육상풍력에서의 유지보수는 풍력터빈에 접근하여 타워를 통하여 나셀에 도달하여 필요한 작업을 수행하는 전 과정에서 작업자의 안전을 지키기 위한 원칙이 필요하다.

풍력터빈에서 작업자가 가져야 할 최우선적인 사항은 안전사항이다. 풍력터빈에서의 작업은 고소 작업이며 협소한 공간에서 이루어지는 작업이므로 이에 대비한 장구와 관련된 안전 훈련이 필요하다.

첫째, 개인 보호장구의 착용과 점검에 철저한 유의가 요구된다. Fig. 16.10과 Fig. 16.11에서 설명한 전신 하네스, 헬멧, 보안경, 로프, 케이블과 부속품, 2방향 무전기 등의 개인 장구를 철저하게 착용하고 소지해야 한다.

둘째, 작업을 위한 이동을 하기 전에 보호장구와 체결점(안전 지점)과의 체결 상태를 이중 삼중으로 점검해야 한다. 유지보수 작업은 최소 2인 1조로 편성하여 운영되어야 하며 동료 간의 개인 보호장구의 착용 상태를 상호 점검해야 한다.

셋째, 타워 하단의 제어판에서 운전 모드를 정지(서비스) 모드로 변경해야 타워에 오를 수 있다.

넷째, 유지보수 작업자는 모든 작업공간에서 보호 로프를 안전 지점에 체결하여 작업을 수행해야 한다.

다섯째, 2인의 작업조는 유지보수 작업 기간 중에 동료 간의 대화를 유지하고 위험 요소를 알려야 한다. 아울러 평소의 안전교육을 통하여 응급 처치에 대한 훈련도 필요하다.

16.5.4 해상풍력 유지보수 안전

해상풍력은 육상풍력의 안전 원칙에 해상에서의 안전 원칙이 추가되야 하는 것을 짐작할 수 있다

먼저 개인 보호장구의 준비와 착용은 육상의 경우와 같다. 추가적인 보호장구로는 해상 추락에 대비한 구명 장비 등이다.

해상풍력단지로 이동하기 위해서는 선박이나 헬리콥터와 같은 운송 수단을 이용해야 하는데 그에 따른 안전조치도 필요하다.

해상풍력단지에 도착한 후에 선박에서 터빈의 플랫폼으로 이동할 때도 미리 인지된 안전 수칙을 철저하게 따라야 한다.

작업자는 만일에 대비하여 수송 수단에서의 탈출과 해상 생존 교육도 중요하므로 사전에 모의 훈련 교육을 충분히 받아야 한다.

특히 해상환경은 미끄럽고 요동이 심한 상태이므로 추락 방지 시스템을 필수적으로 사용해야 한다.

해상의 일기는 수시로 변화하기 때문에 장기간 작업에서 기상악화로 고립될 수 있는 위험도 있어 이런 환경에 대비한 비상 물품(식량, 음용수, 의약품, 침낭 등)도 준비되어야 한다.

드물지만 대형 해상풍력단지의 경우에는 작업자의 안전과 작업의 효율을 위하여 숙박용 선박을 운영하는 경우도 있다. 이런 시설을 offshore accommodation vessel, floating hotel, 혹은 floatel(수상 호텔)이라고 한다.[5]

참고문헌

1. "A Guide to UK Offshore Wind Operations and Maintenance", Technical Report, June 2013

2. 풍력발전의 정비관리기술, 송기욱, 한전 전력연구원 수화력발전연구소 기계저널 2012. 3., Vol. 52, No. 3

3. 티에스윈드(전북 군산소재)의 자료 제공

4. MINNESOTA LTAP, http://www.mnltap.umn.edu/topics/ workplace/personal_protection_equipment/

5. GRS Offshore Renewables, https://grs.group/grs-offshore-renewables/3d-vessel-portfolio/accommodation-vessel/

풍력발전의 기술 동향

풍력발전의 기술 동향

앞의 단원에서 세계의 풍력발전 시장은 화석연료의 고갈에 대비한 재생에너지의 확대와 지구 온난화를 막기 위한 화석연료의 사용 제한 등의 이유로 중장기적으로 2050년까지 지속적으로 성장할 것으로 분석하였다.

풍력발전이 전력망에 공급되기 시작하면서 발전기의 용량은 급속히 증가하였음을 제2장의 2.3단원에서 설명하였다. 아울러 용량의 증가에 비례하여 블레이드의 크기도 기하급수적으로 증가함에 따라서 그에 따른 여러 가지 이유로 인하여 육상에 풍력발전기의 설치는 어려워졌다.

17.1 풍력터빈의 대형화

육상풍력에서 해상풍력으로의 기술 변천은 뚜렷한 추세이다. 제한적일 수밖에 없는 육상풍력발전단지의 감소와 해상풍력발전단지의 장점이 어우러져 풍력터빈의 규모와 용량은 빠르게 증가해 왔다.

출력은 블레이드의 회전 면적에 비례하고 풍속의 3승에 비례하여 나오기 때문에 기술적인 측면에서 가능하다면 크게 제조하는 것이 대체적인 경향이다.

Fig. 17.1을 참고하면 1990년 후반기에서 2000년 초에 MW급 풍력터빈이 개발된 후에 2000년 후반에는 5MW급 풍력터빈이 상용화되기 시작하였다. 2015년 전후로 하여 해상풍력용 7MW~9MW급 풍력터빈이 개발되었지만 아직은 시장의 주력으로 자리를 잡지는 못하고 있다. 시장의 동향에서 아직도 육상풍력단지의 개발이 주류를 이루고 있지만, 미래

에 해상풍력발전이 대세임을 인식하고 선진 풍력터빈 제조사에서는 10MW급 풍력터빈을 개발하고 상용화의 초기에 이르게 되었다.

Fig. 17.1 Evolution of wind turbine size and power output(from Bloomberg New Energy Finance)[1], [2]

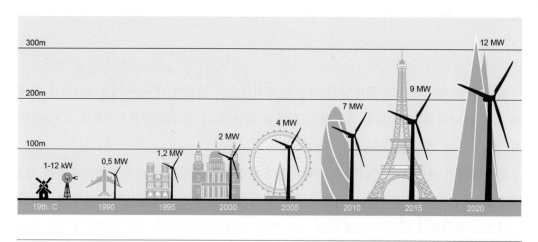

Fig. 17.2에서는 육상풍력과 해상풍력으로 나누어서 2035년까지 예상되는 대형 풍력터빈의 개발 동향을 예측한 것이다. 육상풍력의 경우 2035년 쯤에 5MW 풍력터빈이 주력 모델이 될 것으로 예측하였으나, 2024년 현재 5MW 급 모델이 주력 모델로 자리를 잡아 가고 있는 추세이고, 해상풍력의 경우 2035년 쯤에 17MW 모델이 주력 모델이 될 것으로 예측하였으나, 현재 해외 풍력터빈 제조사 중심으로 20~25MW 해상풍력 모델을 개발하고 잇는 실정이다. 즉, 육해상 모두 대형 모델의 개발이 점차 가속화되고 있는 실정이다.

해상풍력 부분은 현재에 10~17MW급 풍력터빈의 개발이 거의 완료되어 가고 있으며, 곧 상용화 단계로 진입할 것이라는 전망이 지배적이다. 하지만 새로운 풍력터빈의 개념 도입에서 상용화에 이르기까지는 과거의 경험을 돌이켜 보면, 꽤 오랜 시간의 기술의 숙성기간이 필요할 것으로 판단된다.

Fig. 17.2 2035년에 예상되는 육상풍력과 해상풍력의 규모[3]

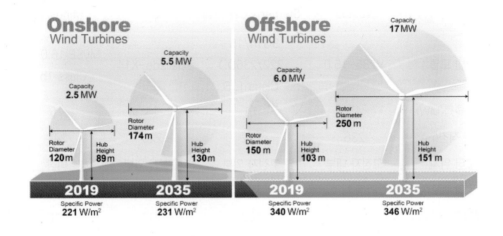

현재 세계의 풍력발전 기술동향을 보면 대형화와 해상풍력발전으로 기술의 개발이 이루어지고 있음을 알게 되었다. 실제적인 예시를 보기 위하여 Table 17.1에는 가장 최근에 개발이 완료되어 시운전 중이거나 상용화를 시작한 초대형 풍력터빈에 대하여 자세한 사양을 정리하였다. 블레이드의 길이가 100m 이상이 되면서 로터의 직경이 220m를 상회하고 있다. 이에 따라서 로터의 회전속도는 저속에 머무르면서 직접구동형 풍력터빈 형식이거나 하이브리드형인 중속의 증속기를 채용하기도 한다.

이 초대형 풍력터빈들은 전력전자 컨버터는 전용량 컨버터를 채용하고 있고 발전기는 영구자석형 동기발전기를 적용한다.

이미 풍력에너지 역사 단원에서 GE의 Halaide-X 모델과 SG14-222 DD 모델의 사진을 예시로 나타낸 바가 있어 이번 단원에서는 Vestas V236-15 모델과 MingYang MySE 16-242 모델의 그림을 Fig. 17.3에 나타내었다.

Table 17.1 최근에 개발 중인 초대형 풍력터빈의 규격의 예시

특성 \ 제조사	Vestas	Siemens Gamesa	GE	Mingyang
터빈 모델	V236-15.0	SG14/15-222/236DD Class 1, S	Haliade-X14	MySE 16.0-242 Class 1b, T
정격 출력(MW)	15	14	14	16
로터 직경(m)	236	222	220	242
로터 위치	고정자 내부	고정자 외부	고정자 외부	미상
로터 속도	중속	저속	저속	저속~중속
블레이드 길이(m)	115.5	108	107	118
증속기 유무	중속 3단 증속기	직접구동	직접구동	hydrid drive (medium-speed planetary gearbox)
컨버터 용량	전용량, 고압	전용량, 저압	전용량, 고압	전용량, 고압
발전기	PMSG	PMSG	PMSG	PMSG(예측)
개발 현황	2023. 1. 시운전	2021. 12. 시운전	2021. 10. 시운전	2023 시운전

Fig. 17.3 Vestas V236-15 모델과 Mingyang MySE 16-242 모델[4]

세계적인 추세는 해상풍력을 중심으로 기술개발이 이루어지고 있다. 앞 단원에서 이미 다루었던 부분이 있으나, 대형화와 해상풍력을 중심으로 기술 개발 동향을 부품과 분야별로 알아보고자 한다.

17.2 풍력터빈의 설계기술 동향

현재의 풍력터빈의 설계는 전방향형(upwind type) 수평축 풍력터빈이 주류이다. 풍력터빈의 규모는 Fig. 17.1과 같이 지난 30년간 급속하게 증가해 왔다. 이는 타 분야의 기술 발전과 유사하게 컴퓨터 기반의 설계 기술의 발전, 거대 기계의 설계와 제조 기술의 발전, 소재 기술의 발전, 등 중화학공업의 발전이 뒷받침해 주었기 때문이다.

바람을 맞아 회전하는 풍력터빈이 받는 하중을 얼마나 최적화되게 산출하느냐는 것이 설계의 핵심이라고 할 수 있다.

풍력터빈의 설계는 구성 설계와 상세 설계로 나눌 수 있다. 구성 설계는 전체적인 형상 설계를 말하는데, 개발될 터빈 용량의 결정이 제일 먼저 이루어져야 할 것이다. 이어서 풍력터빈의 분류에서 설명되었던 다양한 분류를 참고하며 육상용이냐 해상용이냐를 결정하며, 제조사의 기술적 능력, 현재의 기술적 경향, 터빈의 경제성, 부품의 공급사슬, 그리고 주력 판매시장 등을 고려하여 이루어지게 된다.

상세 설계는 부품 단위의 설계라고 할 수 있는데 이 단원에서는 상세 설계에 대한 사항은 언급할 부분은 아니고 개념 설계에 대한 사항만 설명하고자 한다.

현재 풍력터빈의 구성 설계에서 가장 두드러진 특징은 드라이브 트레인의 배치를 어떻게 할 것인가이다. 증속기의 유무에 관한 사항으로 간접구동형(geared type)과 직접구동형(gearless type) 터빈으로 설계할 수 있다. 이에 따라서 발전기의 종류도 달라지며, 축의 설계와 각 부품의 위치도 달라진다.

각 부품의 설계를 위해서는 구성 설계를 거친 형상을 중심으로 정적이며 동적 거동을 고려한 하중 계산이 이루어진다. 하중 계산을 위한 상용화된 S/W가 있고, 사용자 편의성이 더 높아진 소프트웨어가 등장할 것이며 이들을 최대한 활용할 수 있는 기술자도 배출될 것으로 판단한다.

현재에 대부분의 대형 풍력터빈의 설계는 3개의 블레이드, 수평축형, 가변속과 가변 피치, 그리고 전방향형 로터를 갖는데, 이 개념은 지난 30~40년 동안 꾸준히 발전되어 왔다. 이 결과 소음이나 경관에 영향을 주는 육상풍력단지의 조건에 맞게 설계를 수행하여 왔다고 할 수 있다.

육상용으로 3개의 블레이드를 가진 터빈은 회전속도의 증가와 소음의 저감 사이를 타협한 결과이기도 하다. 회전 속도를 증가시키면 예상 출력에 대한 토크는 감소하지만 증속기의 증속비는 줄일 수 있다. 사실 블레이드의 끝단 속도(tip speed)가 증가함에 따라서 소음은 매우 커질 수 있다.

회전하는 3개의 블레이드를 상상해 보면 허브에 하중이 보다 균형이 있게 부가된다. 왜냐하면 블레이드의 위치에 따라 타워 그림자(타워 쉐도우, tower shadow)효과와 최대 윈드 쉬어(wind shear) 현상이 동시에 발생하지 않기 때문이다.

3개의 블레이드는 시각적으로 보다 안정감이 있고, 전방형 터빈은 타워 그림자(tower shadow) 효과가 덜 심각하여 블레이드에 가해지는 피로 측면에서도 영향이 다소 작다. 아울러 블레이드는 타워를 지날 때 공력학적인 소음의 주요 원인의 제공원이다.

해상풍력용 터빈을 고려한다면 2개의 블레이드와 후방향형(downwind) 터빈도 설계의 대상이 될 수도 있다. 이 설계 구성은 더 높은 로터 회전속도를 낼 수 있어 증속기와 발전기의 비용을 줄일 수도 있다. 하지만 여전히 전방향 설계가 주류를 이룰 것으로 보인다.

블레이드의 강성이 커진다면 그러한 중요한 설계 요인에 영향을 줄 수 있는데, 타워와의 충돌을 피할 수 있고 블레이드 비용도 줄일 수도 있으며 경량화되기 때문에 수송과 설치 측면에서도 유리할 수도 있다.[5]

바람에서 터빈이 추출할 수 있는 출력이 이미 앞의 제2장의 식(2.4)에 주어졌는데 공기의 밀도, 회전 면적, 풍속의 함수이다. 추가로 실질적인 출력은 한계가 있어 제5장의 식(5.15)와 같이 나타나고 출력계수의 함수이다.

이러한 변수 중에서 터빈 설계 엔지니어는 회전 면적과 출력계수를 조절할 수가 있다. 특히 해상풍력터빈에서는 설치와 전력망 연결 비용을 줄이기 위해서 작은 용량의 터빈보다는 소수의 대형 터빈을 설계하고 설치하는 것이 추세이다. 이때 대형 터빈이 뜻하는 것은 블레이드의 길이를 증가시켜 회전 면적을 증가시켜야 하는데 최대 이론적 출력계수는 0.59이지만 실제로는 0.45~0.48 정도가 현실적인 수치이다. 이 출력계수가 이론적 수치보다 낮게 나오는 것은 끝단 손실(tip loss), 실속 현상에 의한 손실, 항력, 그리고 구조설계와 공력설계 간의 균형을 잡기 위한 필요성 등 때문이다.

블레이드의 비용과 파손의 가능성 등은 블레이드의 길이가 증가함에 따라 같이 증가하게 된다. 따라서 하중의 이해, 소재, 그리고 해석 방법을 확실하게 하는 것이 더욱 중요하게 되었다. 따라서 블레이드가 의도한 성능을 발휘하면서 블레이드의 무게가 줄어드는 쪽으로 기술개발이 이루어져 왔고 향후에도 이러한 추세로 연구개발이 진행될 것이다.

풍력터빈의 모사는 터빈을 구성하는 부품에 대한 설계 과정의 가장 핵심적인 부분이다. 1970년 이후에 터빈의 거동에 대한 해석 방법은 그 복잡성이 엄청나게 증가해 왔다. 복잡하지만 해석 방법의 발전은 터빈 설계 엔지니어에게 결과에 대한 자신감을 가지게 한 것도 사실이다. 이에 따라 설계 여유(margin)를 줄여서 풍력에너지의 경쟁력을 증가시켰다.

현재에는 풍력터빈 모사를 위한 상업용과 공개된 여러 종류의 코드가 있다. 이러한 소프트웨어들은 지난 수십 년간 수행된 연구결과에서 발전되어 왔다. 이 코드들에 대한 사항은 이미 공력설계와 구조설계 단원에서 설명하였다.

향후의 발전 방향은 컴퓨터 성능의 발전으로 인하여 더 많은 변수를 고려한 계산 능력이 확보되는 방향으로 발전할 것으로 판단된다.

17.3 블레이드의 기술 동향

블레이드는 터빈의 대형화에 맞추어서 대형화되어야 하는 부품이다. 블레이드의 대형화 가능성의 여부에 따라서 대용량 풍력터빈의 개발이 결정된다고 할 수 있다. 이에 따라 블레이드의 설계기술, 제조기술, 소재기술, 시험기술, 그리고 블레이드 수송과 설치 기술 등이 고도화되고 있다.

설계에는 블레이드 형상을 설계하는 공력설계와 구조적 기능을 부여하는 구조설계가 있음을 앞의 단원에서 이미 학습한 바 있다.

공력설계에서 블레이드의 단면을 설계하기 위한 기술에는 항공기의 날개 설계에서 비롯된 익형(airfoil)의 설계가 블레이드의 효율을 결정하는 중요한 분야이다. 항공공학에서 수십 년간 축적된 익형 형상을 배경으로 풍력터빈에 필요한 특성을 고려하여 국제적인 기관에서 개발하여 터빈 제조사에서는 이들을 활용하고 있다.

하지만 효율을 조금이라도 높이기 위한 익형의 형상이나 외부의 구조를 변형시키는 노력이 계속 이루어지고 있다. 대표적인 연구 사항을 보면 아래와 같다.

기존 블레이드의 뒷전(trailing edge)을 플랫백(flatback)형으로 잘라내는 형태로 코드 길이를 단축하여 설계함으로써 공력 성능에는 영향을 주지 않고 블레이드의 무게를 경감하는 기술이다.

이 설계를 통하여 길고 날카로운 뒷전을 가진 블레이드보다 유동 박리(flow separation)의 발생을 빨리 제어한다. 따라서 터빈의 실속이 쉽게 발생하지 않는다. 하지만 단점으로는 플랫백형 뒷전(flatback trailing edge)은 공력 저항도 많이 발생한다. 이 저항을 발생은 양항비를 감소시키고 터빈 출력의 감소로 이어질 수 있다.

하지만 여전히 플랫백(flatback) 블레이드이 장점이 있기 때문에 와류(vortex)를 줄이기 위하여 뒷전(trailing edge)의 길이 방향으로의 형상 변경과 부착물을 통하여 단점을 보완하기 위한 연구도 계속적으로 이루어지고 있다.[6]

풍력터빈에 작용하는 공력하중의 해석을 통해 풍력터빈의 블레이드 공탄성해석(aero-elasticity analysis)을 비롯한 타워, 허브 등의 구조물에 대한 구조해석 등을 통해 다분야 통합 최적 설계기법에 대한 연구가 병행되어야 한다.[7]

향후에는 육상풍력터빈의 설계에서 더욱 해상풍력터빈으로 전환되기 때문에 설계에서 주요 고려사항은 풍력과 파력의 결합 효과이다. 풍력은 터빈 여러 곳에 양력이나 항력을 통해 작용한다. 구조물의 기하학적 형상이 주어지면 이 힘들의 누적 효과가 하중이 된다. 하중은 BLADED, FAST, FLEX나 ADAMS와 같은 상세한 전산 모사 소프트웨어로 계산된다. 해상풍력에서 파도 하중의 추정에 사용되는 추가적인 이론을 도입하고 해수의 가속도와 관련된 관성 성분과 해수의 속도와 관련된 저항 성분도 고려한 설계 기술의 발전이 예상된다.[8]

해상 환경의 특징상 높은 주속비가 해상풍력터빈을 위해 적용될 수 있다. 공기 압축이 소음을 높이겠지만 풍력터빈의 연간 발전 능력을 증가시킬 뿐 아니라 풍력발전기의 치수를 감소시킨다.

특히 구조설계 부분에서는 이방성 소재인 복합재료로 된 블레이드의 구조 설계 기술은 매우 어려운 기술이다. 특히 강건성도 중요하고, 경량화도 매우 중요하기 때문에 최적화된 설계는 복합재료 기술과 풍력터빈의 구조와 기능에 대한 깊은 이해와 경험이 있는 전문화된 기관을 통하여 실시가 가능하다.

초대형 블레이드의 설계기술은 더욱 많은 수의 설계하중케이스(DLC)를 고려해야 되지만 여전히 과거의 경험을 통하여 효율적으로 설계하중케이스의 경우의 수를 줄이는 기술이 요구된다.

향후에도 이러한 기술의 축적과 훈련이 강화되는 방향으로 연구가 수행될 것으로 판단된다.

17.3.1 소재기술

풍력발전 시장이 매우 경쟁적이고 빠르게 변하고 있어 새로운 시스템을 개발하기에는 많은 시간이 소요되기 때문에 기존의 시스템에 더 긴 블레이드를 설치하여 높은 효율을 가지는 제품을 출시하고자 하였다.

무게가 더 늘어나지 않고 이 요구에 맞출 수 있는 것이 유리섬유 대신에 탄소섬유를 사용하는 것이다. 즉, 스파 캡(spar cap)이나 구조 부재에 강성이 높고 밀도가 낮은 탄소섬유가 사용되어 높은 탄성을 지니고 가벼운 블레이드의 설계와 제조를 가능하게 하였다. 동일한 스파 캡의 경우에 유리섬유보다 탄소섬유는 20% 이상의 무게 감량을 줄 수 있다. 100m 블레이드를 유리섬유로 제조하면 무게가 50톤 이상이 되므로 20~30%의 무게 감량은 10~15톤 내외의 무게 감량을 이룰 수 있다.

초대형화되는 풍력터빈 블레이드에서 초기에는 구조 부재인 스파 캡만 탄소섬유가 적용되겠지만 점차적으로 유리섬유/탄소섬유의 하이브리드 소재가 블레이드의 다른 부분에도 적용될 것이다. 뿐만 아니라, 특히, 초대형 블레이드 개발을 성공하기 위해서는 반드시 새로운 소재 기술과 제작 기술이 개발되어야 될 것으로 판단된다.

제조 측면에서 탄소섬유는 함침성이 유리섬유에 비교하여 좋지 않기 때문에 공정상에서 어려운 점도 있다. 아울러 탄소섬유는 압축특성과 손상 저항성이 낮은 물성상의 단점도 있다. 따라서 탄소섬유는 습식 수지주입법(resin infusion method) 대신에 프리프레그(pre-preg)형의 중간소재 형태로 활용하는 것이 좋기는 하지만 경화공정(curing process)의 어려움으로 제조비용의 상승이 발생한다.

현재에도 어느 정도 적용하고 있지만 미래에 프리프레그를 사용하는 방법으로 자동적층공정(automatic ply placement process)이 더 발전한다면 우수한 물성을 지닌 블레이드가 제조되고 풍력터빈의 전체 비용 측면에서 성능 대비 비용의 유리한 점을 가져올 수 있을 것이다.

탄소섬유 블레이드의 적용에서 다른 문제점은 가격과 안정된 양의 탄소섬유의 공급 여부이다. 항공 분야와 국방 분야에서의 탄소섬유의 사용과 경쟁으로 엄청난 양의 탄소섬유가 필요한 풍력산업에 공급이 가능할 것인가에 대한 의문이 여전히 존재하고, 급격한 탄소섬유의 생산 증가도 어려운 점이 있다.

따라서 이러한 소재 시장의 상황에 따라서 대형 풍력터빈 제조사에서는 세계적으로 탄소섬유 제조사를 합병하려는 노력도 함께하고 있기도 하다.

풍력터빈의 인증을 받기 위한 터빈의 성능시험과 부품별 시험이 있음을 인증 분야에서 설명하였다. 풍력터빈 시제품에 대한 성능시험에 대한 국제규정도 잘 정리되어 규정에 따라서 형식인증(type certification)을 받고 있다. 풍력터빈의 부품 단위에서 형식인증을 받아야 하는 유일한 부품은 블레이드이다. 다른 기계적 부품은 기존의 대형 기계에서 활용되며 품질 보증을 위하여 엄격한 시험 검사에 대한 규격과 규정이 있어 이것들을 원용하면 되기 때문이다.

블레이드는 매우 큰 구조물이며 복합재료로 구성되어 있다. 현재에는 유리섬유/열경화성 복합재료 만들어져 있어 20~25년의 사용 수명이 종료된 후의 폐기 문제가 점진적으로 심각하게 다가오고 있다. 이에 따라 열경화성 복합소재에 대한 재활용에 대한 연구도 이루어지고 있고, 열경화성 수지 대신에 열가소성 수지를 활용하여 재활용이 가능하도록 하는 연구도 수행 중이다.

17.3.2 블레이드 시험기술

블레이드는 풍력터빈에 특화된 부품이므로 풍력터빈이 갖는 하중 조건 등이 고려되는 시험을 통하여 건전성을 확인해야 한다. IEC 61400-23 규정에 따라서 정하중시험과 피로하중시험이 진행됨을 이미 설명한 바 있다.

블레이드가 초대형화되면서 설계와 제조의 안전성을 검증하기 위한 시험기술도 상당한 도전이 되고 있다. 하드웨어 측면에서 초대형 블레이드를 구속하여 하중을 부가하는 시험 설비의 구축도 매우 큰 비용이 필요하다.

100m가 넘는 블레이드를 시험할 수 있는 설비를 보유한 시험기관은 세계적으로 수 개소 정도만이 있다. 정하중시험과 피로하중시험이 있는데 특히 피로하중시험의 수행에는 매우 오랜 시간이 소요된다. 시험에서 대규모 장비의 투입과 시간은 블레이드의 개발 비용

에 포함되기 때문에 이를 최소화하기 위한 기술개발이 진행되고 있다.

특히 실규모 블레이드의 피로하중시험을 위하여 사전에 시험을 모사할 수 있는 전산모사 시험기술도 개발하고 활용하고 있다.

산업계에서는 초대형화되는 실규모 블레이드의 피로하중시험을 하기 위한 기술적 문제에 봉착될 수 있다. 이 문제를 해결을 위한 시험방법으로 분할 블레이드의 실제 시험을 통하여 실험적 데이터를 확보하여 가상 피로시험(virtual fatigue test)을 수행하는 기술을 개발중이다.

블레이드 시험기술과 관련해서는 미래의 블레이드 시험의 경향은 유럽의 관련 기관의 시험기술 개발 동향을 보면 참고가 될 수 있다.

> **Fig. 17.4** Fraunhofer IWES가 구상하는 분할 블레이드 시험설비 배치(test setup)[9]

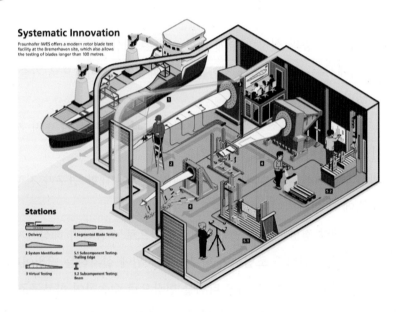

Fig. 17.4는 독일 Fraunhofer IWES가 구상하는 미래의 블레이드 시험센터이다. 100m 블레이드 정도는 실규모 시험이 가능하고 더 긴 블레이드는 분할 블레이드로 시험할 수 있으며, 블레이드의 하부 구성품의 시험을 통하여 실규모 블레이드 시험의 전산모사의 기초 데이터를 산출할 수 있도록 한다.

덴마크의 DTU 주도로 진행된 BLATIGUE Project에서는 다축(2축) 피로시험기술과 관련한 가진기 개발에 상당한 성과가 있었고 BLATIGUE -2 Project로 계속되는데, 다축 피로시험 방법을 더 향상시키고 분할 블레이드를 시험함으로써 대형 블레이드의 시험 시간을 단축하려고 시도하고 있다.

또한 2축 피로시험은 블레이드가 현장에서 받는 하중을 더 유사하게 모사할 수 있어 산업계와 관련 기관에서는 무엇보다 가장 요구되는 기술로 고려되어 현재 개발 중이며 실용화에 가까워지고 있다.

17.4 수송 및 설치 기술

초대형 풍력터빈의 수송과 설치 기술에 대한 사항은 해상풍력단지의 개발과 관련이 있다. 이미 육상풍력에서는 설치 규모가 제한을 받기 때문에 더 이상으로 기술 개발의 필요성은 사라지고 있다.

해상풍력단지까지의 하부구조물과 풍력터빈의 수송과 단지에서의 설치 기술은 기존의 해양구조물 기술을 원용하는 수준으로 발전하고 있다.

구조물 운반선과 설치선의 개발과 효율적인 설치 방법에 대한 연구가 진행되고 있으며 앞으로도 이 기술에 대한 개발이 계속될 것으로 보인다.

현재까지의 기술개발 경향은 하부구조물을 운반선으로 수송하여 해상단지에서 설치하고 풍력터빈은 부두에서 전체를 조립하여 하부구조물 위에 설치하는 방법이다. 다른 방법은 여러 개(set)의 블레이드, 나셀, 그리고 타워를 현장으로 수송하여 하부구조물 위에 설치하는 것이다. 설치 방법의 선택은 해상풍력발전 개발자의 경제성 분석에 따를 것으로 예상한다.

17.5 드라이브 트레인의 기술 동향

드라이브 트레인을 구성하는 주축과 베드 프레임, 증속기, 베어링 등은 대형화되면서 초대형 제조시설이 필요하여 생산 설비와 기술을 가진 소수의 기업만 시장을 과점할 것으로 보인다.

초대형 해상풍력터빈으로 개발되면서 증속기의 활용이 점진적으로 퇴조하는 경향을 보인다. 증속기가 활용될 수도 있으나 3단 유성 기어와 같이 매우 복잡한 구성은 고장의 우려가 커서 적용이 어려울 수 있다. 하지만 기술개발 측면에서는 고신뢰성을 위한 연구와 O&M 기술의 개발로 갈 것으로 보인다.

Fig. 17.5 | 직접 구동 풍력터빈 드라이브 트레인 (a) external rotor, (b) internal rotor[10]

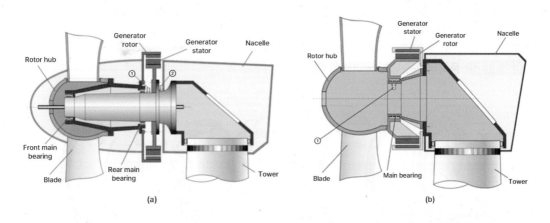

이에 따라 직접구동 대형 풍력발전기의 연구개발이 활발하게 진행되고 있고 Fig. 17.5가 대표적인 구성이다. Fig. 17.5(a)는 로터가 외부에서 회전하며, Fig. 17.5(b)는 내부형 로터의 형상을 보이고 있다.

직접구동 PMSG의 중량과 부피를 감소시키기 위하여 하이브리드 드라이브 트레인(증속기) 개념이 소개되었다.

하이브리드 시스템은 동기발전기와 연결된 1단 증속기(증속비, 1 : 6~10)를 사용하도록 제안되었다. 이 시스템의 목적은 영구자석 발전기와 단수를 감소시킨 증속기를 결합하여 간접 구동과 직접 구동의 결점을 피하기 위하여 고안되었다.

따라서 종래의 발전기에 비교하여 효율이 높고 경량화되었다. 이 구성은 Areva사에서 최초로 소개하였고, Vestas, WinWinD, Adwen, Aerodyn, Guandong, 그리고 Mingyang 사 등에서 향상되었다. 대형 풍력터빈 제조사에서는 중속 PMSG를 채용하였지만 특이하게 Aerodyn사의 SCD 8.9MW 터빈에서는 전자석 동기발전기(EESG)를 채용하였다.

17.6 베어링 기술의 발전동향

베어링은 드라이브 트레인에서 핵심적인 부품으로 Fig. 17.6과 같은 대형 풍력터빈용 미래의 대형 베어링의 기술 동향은 장수명을 보장할 수 있는 내구성이 우수한 소재의 개발, 소형화와 경량화 기술, 그리고 신뢰성을 보장할 수 있는 기술개발이 매우 중요하다.

Fig. 17.6 풍력터빈용 대형 베어링의 예시

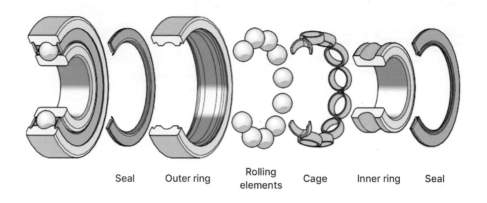

| Seal | Outer ring | Rolling elements | Cage | Inner ring | Seal |

진동은 풍력터빈의 상태 모니터링 분야에서 사용된 가장 잘 정립된 기술 중의 한 가지이다. 진동 감지 기술은 베어링의 결함이나 기계적인 불균형 등을 감지하는데 활용된다.

이 진동 감지 기술은 터빈의 베어링이나 회전 부품의 감지에 사용되어 기계적이나 전기적인 문제를 해결하기 위하여 사용되며 손상, 베어링 문제, 기계적인 분리, 불균형, 축 비틀림, 타워 진동, 블레이드 진동, 전기적 문제, 그리고 잔향(reverberation) 문제 등이 예시이다. 베어링의 상태는 특히 기계 진동 측정기기를 이용하여 매우 잘 측정된다.[11]

Fig. 17.7 **풍력터빈의 드라이브 트레인(증속기)의 손상 비율[12]**

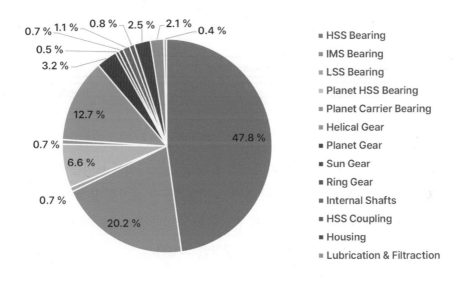

- HSS Bearing
- IMS Bearing
- LSS Bearing
- Planet HSS Bearing
- Planet Carrier Bearing
- Helical Gear
- Planet Gear
- Sun Gear
- Ring Gear
- Internal Shafts
- HSS Coupling
- Housing
- Lubrication & Filtraction

아울러 베어링의 상태 진단을 위하여 발전된 상태 감시(condition monitoring)기술을 활용하여 초기의 결함을 발견하는 기술이 지속적으로 발전해야 할 것으로 보인다.

2009년에서 2015년까지 750개의 증속기 손상에서 얻은 통계자료를 분석하였을 때 Fig. 17.7에서 보는 바와 같이 풍력터빈 증속기의 파손의 76%가 베어링에 기인한다고 한다. 고속이나 중속 단계에서 베어링에 형성되는 축 방향 균열이 베어링 파손의 주요 원인으로 알려졌다.[12]

기어는 두 번째 파손의 원인으로 약 17%에 이르고 윤활과 필터 등에서 생기는 다른 부품에 의한 원인은 6.9%라고 한다.

터빈의 파손 비율은 생애주기에서 시간의 변수이다. 20년간의 운영 기간 동안 수리가 가능한 터빈의 파손 비율은 Fig. 17.8의 목욕조형 커브와 같이 변화한다.

Fig. 17.8 Bathtub curve of failure rates for repairable system[13] ─────

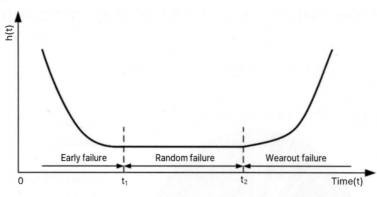

운영시간의 경과에 따른 터빈의 수리의 정도를 보면 Fig. 17.8에 보이는 바와 같이 풍력 터빈의 설치 초기에 부품의 손상 비율이 높지만 시험가동과 초기의 문제점을 교정하면서 점차 안정화된다. 상당한 기간 동안 안정된 손상율을 보이다가 시간이 경과함에 따라서 부품의 수명과 노후화로 인한 고장이 증가하는 경향을 보인다.

 ## 17.7 발전기의 기술 동향

제10장의 발전기의 단원을 통하여 현재에는 DFIG와 PMSG가 주류를 이루고 있음을 알았다. 현재까지는 육상풍력발전이 주류를 이루고 있어 LCOE와 관련된 풍력터빈의 가격 경쟁력 때문에 부품의 선정에서 단점과 장점을 고려하여 선정하게 된다. 아직은 5MW급 이하의 풍력터빈에서는 DFIG가 가장 경쟁력이 있는 선택임을 시장에서의 점유율을 보면 알 수 있다.

발전기의 선정에는 증속기와 전력전자 컨버터와 긴밀하게 연결되어 있다. DFIG는 부분 용량 컨버터와 증속기로 구성되는 풍력터빈의 조합에서 사용되는 발전기이다. 부분 용량 컨버터는 전용량보다는 가격적으로 우위에 있고, DFIG도 영구자석 발전기보다는 크기도 작고 가격도 낮다. 하지만 필수적으로 사용되는 증속기는 운영 중에 고장률이 높다. 하지만 여전히 이 구성은 육상풍력에서는 경쟁력이 있어 풍력발전에서 주류가 되었다.

하지만 해상풍력으로의 전환은 증속기의 유지보수 문제가 발전단가로 연계되면서 증속기가 없는 풍력터빈의 기술개발에 많은 투자를 하게 되었다. 해상풍력발전용으로 5~10MW급의 발전기에서 영구자석 동기발전기로의 전환이 이루어지고, 해상풍력 시장에서 아직 대규모 보급이 이루어지기도 전에 초대형 10~15MW급의 풍력터빈 개발이 급격하게 진행되고 있다. 이에 따라 미래의 초대형 해상풍력터빈은 Table 17.1에서 나타난 것과 같이 발전기의 선정은 영구자석 동기발전기가 주류를 이룰 것으로 보인다.

위의 Fig. 17.5는 대표적인 직접 구동 동기발전기의 예시들을 보여주고 있다. 발전기의 로터가 외부형이냐 내부형이냐에 따라서 장단점이 있다.

전통적인 형식은 회전하는 로터 주위에 고정자가 있는 구조이다. 반경 방향 플럭스 (RF)[1]-외부 로터형(Fig. 17.5(a))은 고정자의 직경보다 큰 직경을 갖게 되므로 자석의 극수를 많이 설치하게 된다.

아울러, 원심력이 로터 중심에 작용하므로 자석이 떨어져 나갈 우려도 적다.

또한 로터가 바람을 접하게 되므로 자석의 냉각도 향상되어 열에 의한 자화 성능이 감소할 우려도 낮다.

내부 고정자는 자연 냉각이 이루어지지 않기 때문에 강제 냉각시스템이 고려되어야 한다. 하지만 온도 상승은 고정자의 변형이 우려되기도 한다. 따라서 더 강성이 높은 지지 구조가 필요하여 드라이브 트레인의 전체 중량도 높아지는 단점도 있다.

축 방향 플럭스(AF)[2]-내부 로터형 발전기에서는 반경 방향으로 전류가 흐르지만, 영구자석은 공극을 통하여 축 방향으로 플럭스를 발생시킨다. 축 방향 플럭스 PMSG는 고토크밀도를 가져, 단순한 권선, 축의 길이가 짧지만 직경이 큰 발전기이다. 따라서 해상풍력용으로는 더 선호되는 구조이다. 발전기의 중량을 최소화하기 위하여 해상풍력용 초대형 발전기의 지지 구조도 계속 연구되고 있다.

영구자석 발전기의 핵심이 되는 자석은 NdFeB라는 네오디뮴 자석이 주로 사용된다. 이 자석의 장점은 높은 잔류 자속밀도, 큰 보자력, 그리고 자기 에너지밀도 등이 우수하지만 자성을 잃는 온도인 퀴리온도(400℃ 이하)가 낮은 것이 단점이다. 이에 따라서 발전기의 냉

---

1 RF-PMSG: radial flux PMSG, 반경 방향 플럭스 영구자석 동기발전기
2 AF-PMSG: axial flux PMSG, 축 방향 플럭스 영구자석 동기발전기

각 구조에 상당한 노력이 필요하다.

기존의 네오디뮴 자석에 테르븀이나 디스피로슘 등을 혼합하여 퀴리온도를 높이는 연구도 진행 중이다.[14]

미래의 발전기로 예상되는 초전도발전기(superconducting generators)는 장점이 많지만 아직은 실용화에 이르기에는 많은 문제가 있다.

HTS 전선으로 된 2세대 고온 초전도발전기(HTSG, High Temperature Superconducting Generators)의 장점은 규모가 작고 높은 출력 성능, 신뢰성이 우수하고 경제성이 높아서 기존은 PMSG를 대체할 잠재력을 지니고 있고 매우 큰 로터 직경을 가진 풍력터빈을 제조할 수 있을 것으로 보인다.

17.7.1 High-Temperature Superconducting Generators(HTSG)

고온 초전도 전선 개발의 진전으로 HTSG는 NdFeB와 같은 REE(Rare Earth Element)[3]가 없어도 출력 밀도를 높일 수 있는 방법으로 떠오르고 있다. 이에 따라 기존의 발전기에 비교하여 고효율과 경량화를 가져올 수 있다.[14], [16] 차세대의 발전기로 개발 중인 HTSG 중에서 10MW MgBe 초전도발전기는 무게 감량이 26%에 이르고 이에 따라서 타워의 무게도 11% 감량이 된다고 한다.

10MW HTSG 풍력터빈의 전기기계적 가능성도 연구되었고 HTS 권선의 양과 비용을 최소화하는 사항에 대하여도 조사된 바 있다.[16] 다른 참고문헌에서는 중량, 부피, 그리고 길이에 관한 10MW HTSG 발전기의 최적화에 대하여연구하였다. 그 결과는 같은 용량의 PMSG와 비교하여 중량이 약 반으로 줄어드는 결과를 얻었다. 저온 초전도 권선을 이용한 12MW급 풍력터빈도 제시되기도 하였다. 학술적으로는 대형 발전기로의 가능성을 보였고 다양한 제조사에서도 제안하고 있다. 참고문헌[16]에 의하면 최초의 전용량 직접구동 HTSG 풍력터빈의 실험도 보고되었다.

동기발전기를 대체할 미래의 대형 풍력터빈용 발전기는 고온 초전도발전기이다. Fig. 17.9에 보이는 MW급 저속 고온 초전도발전기를 가진 풍력터빈의예시이다. 이 발전기는 고정자 철심, 고정자 구리권선, 고온 초전도 계자 코일, 로터 코어, 로터 지지구조, 로터 냉각시스템, 그리고 극저온 외부 냉동장치, 전자기 차폐와 감쇄장치, 베어링, 축, 그리고 하우

---

3 희토류 금속, 희소 금속(광물), 희유 금속을 말함.

징 등으로 구성된다.

　이 발전기의 설계에서 고정자, 로터, 냉각, 증속기의 배치는 HTS가 저온에서 작동할 수 있도록 하는 특수한 문제점에 놓이게 된다.

Fig. 17.9 **초전도발전기의 개념도 예시[15], [16]**

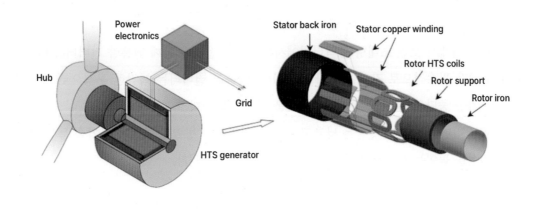

　초전도 코일은 저항과 전도 손실은 무시할 만하여 구리선보다 전류를 10배 정도 운반할 수 있다. 초전도선을 이용하면 전력 손실을 무시할 수 있고 전류 밀도를 증가시키는 초전도능은 높은 자계가 풍력티빈용 발전기의 중량과 크기 면에서 확실한 감소를 준다.

　초전도발전기는 고용량과 중량 감소 측면에서 매우 고무적이다. 특히 10MW급 이상의 풍력터빈에 매우 적합하다. 2005년에 Siemens사가 4MW 동기발전기용으로 초전도발전기를 개발한 사항이 있다. 하지만 장수명과 낮은 수준의 O&M을 위해서는 해결해야 할 문제가 많았다. 특히 초저온 시스템을 유지할 필요가 있는데 어떤 문제에 의하여 정지한 후에 다시 냉각과 재가동에 걸리는 시간을 줄이는 것도 큰 문제 중의 하나이다.

17.8 컨버터 기술의 발전 동향

전력전자 컨버터는 풍력발전시스템 중에서 가장 복잡한 하위 시스템이다. 이는 전력반도체, 게이트 드라이버, 제어보드, 커패시터 뱅크, 라인 임피던스, 무정전 전원공급장치(UPS, Uninterrupted Power Supply)에 의한 전원 백업, 네트워크 통신, 냉각팬, 그리고 다양한 센서와 보호장치로 구성되어 있다.

앞의 단원에서 보면 초대형 풍력터빈에서는 동기발전기와 함께 전용량 컨버터(full rated converter)가 필수적으로 자리를 잡아가고 있다. 아울러 컨버터는 복잡한 구성으로 인하여 터빈의 가동 중단의 원인으로 상당한 부분을 차지하고 있다.

향후 컨버터 기술은 손상률을 낮추고 다수의 컨버터를 병렬로 연결하는 기술 등을 통하여 신뢰성을 높이는 방향으로 개발이 이루어질 것으로 보인다.

참고문헌

1. K. Johansen, "Blowing in the wind: A brief history of wind energy and wind power technology in Denmark," Energy Policy, Vol. 152, May 2021

2. F. Pisano, "Input of advanced geotechnical modelling to the design of offshore wind turbine foundations," Proceedings of the XVII ECSMGE-2019

3. Ryan Wiser, et al., "Expert elicitation survey predicts 37% to 49% declines in wind energy costs by 2050," Nature Energy, April 2021

4. "China to build two 16-megawatt wind turbines," REVE(Wind Energy and Electric Vehicle Magazine), Feb. 23, 2022

5. Greaves, Peter, R., "Fatigue Analysis and Testing of Wind Turbine blades," Ph.D Thesis, Durhamm University, 2013

6. S. J. Yang, J. D. Baeder, "Effect of wavy trailing edge on 100meter flatback wind turbine blades," J. Phys. Conf. Ser. 753, 2016

7. 이기학 et al., "효율적인 2단계 최적화를 통한 3차원 해상풍력터빈 블레이드 설계," 신재생에너지, 3. 2007, pp. 63~71

8. J. F. Manwell et al., "Review of design conditions applicable to offshore wind energy systems in the United States," Renewable Energy and Sustainable Energy Review, 11, 2007, pp. 210~234

9. Full Scale Blade Test, Fraunhofer IWES, https://www.iwes.fraunhofer.de/en/test-centers-and-measurements/qualification-of-composite-materials-and-components/Full_scale_blade_testing.html

10. W. Teng, et al., "Vibration Analysis for Fault Detection of Wind Turbine Drivetrains—A Comprehensive Investigation," Sensors 2021, 21(5), 1686

11. H. t. Kadhim et al., "Wind Turbine Bearing Diagnostics Based on Vibration Monitoring," 2018 J. Phys.: Conf. Ser. 1003

12. Statistics show bearing problems cause the majority of wind turbine gearbox failures, Wind Energy Technologies Office, Department of Energy, Sep 17. 2015

13. Caichao Zhu and Yao Li, "Stability control and reliability performance of wind turbines," IntechOpen, March 21, 2018

14. Amina Bensalah, et al., "Electrical Generators for Large Wind Turbine: Trends and Challenges," Energies 2022, 15(18), 6700

15. Wenping Cao, Ying Xie and Zheng Tan, "Wind Turbine Generator Technologies," Advance in Wind Power

16. Converteam, (2012). High Temperature Superconducting (HTS) - Converteam. online: http://www.converteam.com/converteam/1/doc/Markets/Energy_Wind/HTS_Data_sheet.GB.7018.gb.10.07.01.pdf

국내외 풍력시장과 정책

CHAPTER 18

18.1 세계 풍력시장 누적 설치 용량

2000년부터 지난 20년간 풍력발전 시장은 Fig. 18.1에서 나타난 바와 같이 설치용량 면에서 연평균 증가율이 2001년~2010년까지는 26%, 2010년~2015년까지는 17%, 그리고 2015년~2023년까지는 11%에 해당하는 가파른 증가 경향을 보이고 있다.

이에 따라 2023년의 육·해상 합계의 세계 풍력 누적 설치 용량은 1,021GW이다. 여기에서 2023년의 세계 해상풍력 누적 설치 용량은 75GW를 차지하였다. Fig. 18.1에서 나타난 바와 같이 2014년까지는 해상풍력의 뚜렷한 증가 추세를 보여주지 못했으나, 2015년부터는 점차 뚜렷한 증가세를 보여준다.[1]

육·해상단지의 지속적인 증가는 그간 지구 온난화로 인한 기후변화에 대비하여 세계 각국이 화석연료의 사용을 줄이고, 신재생에너지 보급 확대 정책에 기인한 것으로 판단된다.

세계의 풍력터빈 신규 설치 용량을 Fig. 18.2에 보이고 있는데 비교적 안정적 증가 추세를 보이고 있다. 특히 세계적인 팬데믹 사태의 여파로 2022년 신규설치 용량이 증가 폭이 둔화되었으나, 2023년의 경우 과거의 연간 신규 풍력설비 설치 용량을 이미 초과하는 수준으로 성장하고 있다.

Fig. 18.1 **세계 풍력시장의 누적 설치 용량의 변화[1]**

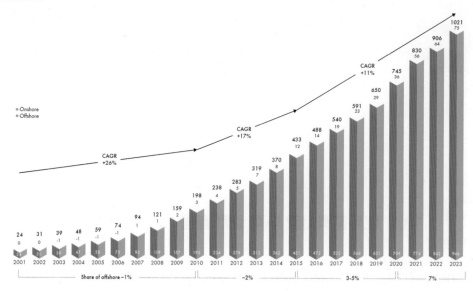

* CAGR(Compound annual growth rate): 연평균성장률

* Unit: GW

Fig. 18.2 **연도별 세계 풍력 시장 신규 설치 용량[1]**

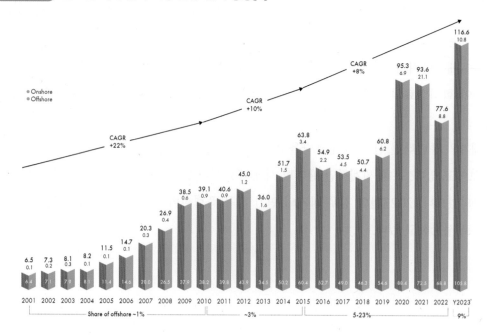

18.2 지역별 풍력 설치 용량

세계 풍력단지는 3개 권역으로 나누어 볼 수 있다. 유럽, 북남미, 그리고 아시아 권역이다.

Table 18.1 풍력터빈 누적 설치 용량 국가 순위[1]

순위	국가	2023년 신규 용량(MW)		2023년 누적 용량(MW)		
		육상	해상	육상	해상	합계
1	China	69,327	6,333	403,325	37,775	441,100
2	USA	6,402	0	150,433	42	150,475
3	Germany	3,567	257	61,139	8,311	69,450
4	India	2,806	0	44,736	0	44,736
5	Spain	762	0	30,562	0	30,562
6	Brazil	4,817	0	30,449	0	30,449
7	UK	553	833	14,866	14,751	29,617
8	France	1,400	360	22,003	842	22,845
9	Canada	1,720	0	16,986	0	16,986
10	Sweden	1,973	0	16,249	0	16,249
23	Taiwan	0	692	0	2,104	2,104
25	S. Korea	165	4	1,821	146	1,967

2023년 기준으로 풍력 설비 누적 설치 용량을 보면, 유럽은 육상이 238GW, 해상은 34GW이고, 북남미는 육상과 해상이 각각 218GW와 42MW이다. 아시아 권역은 중국이 주도하여 각각 육상이 478GW이며, 해상은 41GW이다. 특히 중국은 2023년까지 누적 해상풍력 설비를 38GW를 구축하였다. 아울러 육·해상 풍력설비 누적 설치 용량에 대한 상위 국가를 Table 18.1에 정리하였다. 그리고 Fig. 18.3은 2023년 기준으로 국가별 육상과 해상의 누적 설치 용량 점유율을 보여주고 있다.

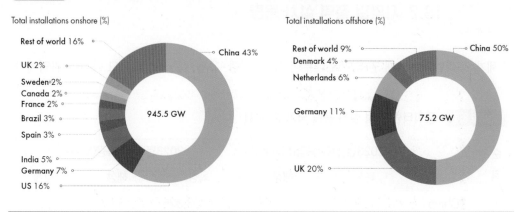

Fig. 18.3 국가별 육상풍력과 해상풍력의 누적 설치 점유율[1]

중국의 경우에는 2000년 초부터 풍력산업에 적극적으로 참여하여 지난 20년간 급속한 발전으로 풍력발전기 생산과 설치 측면에서 세계 1위를 차지하게 되었다.

해상풍력 누적 설치 용량 면에서 보면 지난 십수년 간 선두를 지켜왔던 영국을 비롯한 독일, 네덜란드, 덴마크 등의 유럽 국가들의 설치 용량이 지속적으로 증가해 왔으나, 최근 몇 년 전부터 중국이 많은 용량의 풍력 설비를 지속적으로 설치해 오고 있다. 위와 같은 풍력산업의 동향과 관련한 사항은 GWEC(Global Wind Energy Council)에서 매년 3월경에 발행하는 연간 보고서를 참조하면 최신 정보를 얻을 수 있으니 독자들은 참고하길 바란다.

18.3 세계 풍력시장 전망

본 단원에서는 향후 2024~2028의 단기적인 시장 전망에 대하여 GWEC의 보고서를 바탕으로 요약하여 정리하여 보았다. Fig. 18.4에 나타난 것과 같이 2024년부터 2028년까지 향후 5년간 세계 풍력 신규 설치 용량이 9.4% 연평균성장률을 보일 것으로 전망하고 있다.[1]

Fig. 18.4 세계 풍력 시장 전망(2024~2028, 단위: GW)[1]

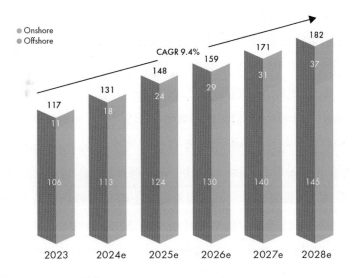

세계 각국의 "탄소중립(Net Zero)" 정책과 에너지 안보 정책 등이 긍정적인 신호로 작용하여 점차 풍력 설비의 공급을 점차 확대할 것이라는 전망에 기인한 현상으로 판단된다.

각국에서 지원하는 FiT와 녹색인증(green certificate) 정책이 주요 성장동력으로 작용해왔다. 이와 같은 정책을 여전히 존속하는 국가도 있으나, 베트남, 중국, 스웨덴, 그리고 노르웨이 등 일부 국가에서는 녹색인증이 종료되고, 향후 다음과 같은 지원 정책을 활용할 것으로 전망된다.

- 그리드 패리티 체재(grid-parity scheme)의 작동 - 중국의 경우 석탄 발전과 발전단가가 유사해질 것
- PTC와 ITC 정책[1] - 미국의 경우 육상과 해상풍력에 적용
- 풍력, 하이브리드, 재생에너지 기술의 경매제도 - 유럽, 남미, 아프리카, 중동, 서남아시아 등의 국가에서 실시

유럽은 향후 수년간 COVID-19로부터 침체되었던 경제의 회복에 힘입어 독일이 주도하여 EU 국가인 스페인, 스웨덴, 핀란드, 그리고 프랑스 등의 시장이 계속적으로 꾸준히 성장할 것으로 보인다.

---

1 PTC: Production Tax Credit(제조세 감면), ITC: Investment Tax Credit(투자세액 공제)

북미는 여전히 미국이 매우 큰 시장인데, 국가의 지원 정책인 PTC의 연장 여부에 따라 신규 시장의 활성화 정도가 등락을 계속하고 있다. 특히 육상풍력 시장이 매우 큰데 단기적으로는 약 46.5GW의 신규 단지 개발이 예상되고 있다.

브라질은 누적 설치 용량이 20GW를 넘는 남미에서 대표적으로 큰 풍력에너지 시장이다. 꾸준한 경제 회복, 전력 수요의 증가, 그리고 풍력산업의 활발한 점 등이 향후의 전망을 밝게 한다. 전체 전력에서 약 11%를 풍력에서 얻고 있다. 브라질의 풍력산업의 발전에는 세 가지 요소를 들고 있다. 첫째, 경매에 대한 규제정책(regulatory framework)이 풍력에너지의 가격 경쟁력을 높인다. 둘째, 견실한 국내 풍력산업을 배경으로 정부가 제공하는 재정 설계, 셋째, 기후변화에 따른 수력에너지의 감소에 대비한 에너지 안보 등이다.

지난 수년간 풍력단지의 설치 규모 면에서 아시아 국가의 증가 속도는 유럽보다는 크게 앞지르고 있다. 기술적인 발전 측면에서는 유럽이 주도하고는 있지만 풍부한 풍력자원을 바탕으로 기존의 개발된 풍력발전기 기술을 활용하여 대규모로 생산하여 공급하는 상황에 있다.

특히 세계의 풍력 시장을 주도하고 있는 중국의 재생에너지 관련 정책의 실시는 향후 세계 풍력터빈 설치 용량의 증가에 매우 핵심적인 역할을 한다.

중국은 2003년 9월에 "The 30-60 Target"을 약속하였다. 이 목표는 2030년까지 CO_2의 배출을 최대화하되 그 시점 이후에는 점차 감소시켜 2060년에는 탄소중립(Carbon Neutrality)[2]에 도달한다는 것이다.

"The 30-60 Target"은 매우 도전적인 목표이지만 경제적 측면에서 동기가 되고 지속적인 미래의 기초가 되고 있다. 또한, 세계에서 가장 큰 탄소 배출국으로써 당면하는 책임을 이행하기 위하여 모든 자원을 동원해야 할 것이다. 이러한 중국의 기후 목표는 재생에너지를 증진하며 풍력에너지의 개발을 이끌 것이다.

FiT의 폐지로 인한 정부 지원이 없어짐에 따라 단가를 절감하기 위한 중국 풍력 산업계의 기술적인 노력이 더해질 것이다. 한편으로는 CO_2 저감을 위한 산업계에 대한 압력으로 인한 재생에너지의 수요 증가는 풍력산업의 호재가 될 수도 있다.

아울러 자체 부품의 사용 독려로 인한 공급사슬이 더 공고히 되고, 중국 자체가 가지고 있는 시장 규모가 더 커지면서 규모의 경제로 인한 제조 단가의 감소 등은 향후에도 중국

---

2 탄소중립(carbon neutrality):「zero CO_2 emissions」을 뜻하며, 탄소계 온실가스(주로 CO_2)의 배출과 흡수의 균형을 말함. 유사한 개념으로 넷제로(Net Zero)는 CO_2를 포함한 GHG 전체의 배출과 흡수의 균형을 뜻하므로 탄소중립보다 포괄적인 개념임.

의 풍력산업은 지속적인 성장을 예고하고 있다.

중국과 함께 인도도 풍부한 풍력자원을 바탕으로 시장 규모가 급속하게 증가하는 국가이다. 풍부한 풍력 자원을 보유한 인도는 육상에서는 300GW, 해상에서는 700GW의 잠재력을 보유하고 있는 국가이다.

2021년을 기준으로 총전력 생산량인 395GW의 38.5%를 비화석 발전으로 얻는데 그중에서 10.2%가 풍력에서 충당한다는 것은 상당한 점유율이다. 현재 인도의 누적 용량은 대부분이 육상풍력으로 40.1GW이고 2030년까지는 140GW를 예상하고 있다. 아울러 약 30GW의 해상풍력도 목표로 잡고 있다.

일찍이 인도는 유럽으로부터 풍력기술을 도입하여 아시아의 국가 중에서 비교적 꾸준하게 성장해 왔다. 관련 기술과 자국 내의 큰 시장을 바탕으로 아시아 지역에서 풍력터빈용 부품을 생산하는 허브 역할을 점진적으로 차지하고 있다.

현시점의 시장 측면에서 다소 특이한 사항은 아시아 지역의 베트남과 필리핀이 육·해상풍력단지 건설이 활성화되고 있다는 점이다. 베트남의 경우에 2019년~2021년 사이의 단기간에 약 20GW의 재생에너지 단지를 설치했는데 태양광단지가 약 16GW이고 풍력단지가 약 4GW로 우리나라의 1.5GW에 비교하면 매우 많은 양이다. 이것 역시 FiT 종료 시점을 겨냥한 점이 단기간의 설치량 증가의 이유로 꼽힌다.

물론 경제성장에 맞추어 전력의 수요도 증가함에 따라 이에 대응하며, 2050 넷제로(Net Zero)[3] 목표도 고려한 점도 있다고 본다.

필리핀도 적지 않은 인구를 보유하고 있는 국가로서 에너지 수요가 증가하고 있는 나라이다. 아울러 재생에너지로 활용할 수 있는 자원도 많은 국가이다. 현재는 화석연료를 해외에 의존하고 있으나 다수의 재생에너지 친화 정책으로 2040년까지는 재생에너지를 50%만큼 사용하겠다는 계획을 가지고 있다.

필리핀의 육상 풍력에너지 잠재 용량은 약 76GW로 예측하고 있지만 2021년 기준으로 풍력발전 용량은 443.9MW 정도이다. 역시 에너지 안보, 온실가스 감축, 그리고 풍부한 재생에너지 자원 보유 등의 이유로 성장 잠재력이 큰 국가이다. 풍력 측면에서 보면 3.5GW의 풍력 프로젝트가 준비되어 있으나 지원 체계의 부족으로 실행에 옮기는 데는 상당한 어려움이 있는 것 같다. 장기적인 계획으로 2030년까지는 763MW, 2040년까지는

---

3 넷제로(Net Zero): CO_2를 포함한 GHG 전체의 배출과 흡수의 균형을 뜻하므로 「탄소중립」보다 포괄적인 개념임.

11,387MW의 설치 목표를 가지고 있다.

필리핀의 지리적 특성상 해상풍력의 잠재력은 더 커서 178GW에 이르고 대부분은 부유식에 해당하지만 고정식도 18GW에 이른다고 한다. 이에 따라 2030년까지는 2.8GW의 해상풍력을 개발할 계획을 수립하고 있다.

18.4 국내 풍력시장 동향[4]

Fig. 18.5에서 나타낸 것과 같이 2023년 말 기준으로 국내 누적 풍력발전 용량이 1,970MW에 도달하였다.[2] 이 대부분의 육상풍력단지는 지역적으로 강원, 전남, 경북, 제주, 그리고 경남 지역에 소재하고 있다.

지역별로는 육상풍력단지로 경북에 14개 단지인 419MW의 풍력단지가 조성되어 있으며, 전남 329MW, 강원도 408MW, 제주도 298MW, 그리고 경남 47MW가 설치되어 이들 5개 지역에서 국내 설치량의 91.4%를 차지하고 있다(KOSIS 통계자료).

Fig. 18.5 **국내 풍력단지 연도별 설치용량(누적용량 및 신규 용량)[2]**

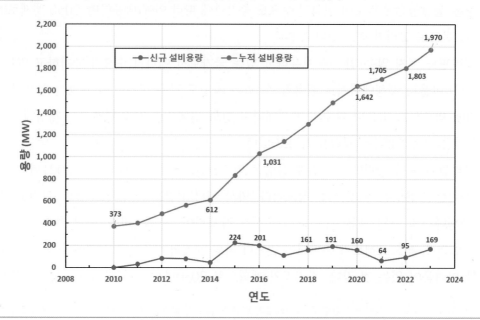

---

4 2020 신재생에너지백서(한국에너지공단) 재구성과 일부 데이터는 업데이트 함.

국내 해상풍력단지는 3개소이며 제주(1개소, 30MW), 전북(3개소, 71MW[5])에 있다. 육·해상 풍력발전 용량은 국내 전체 발전시설 용량의 약 1.2%를 담당하고 있는 아직은 미미한 수준이다.

2019년, 2020년, 그리고 2021년의 신규 설치용량은 각각 191MW(5개 단지), 160MW(6개 단지), 그리고 64MW(3개 단지)이다.

연도별로 살펴보면, 1998년에 1.2MW가 설치된 이후 2003년까지는 설치 용량이 미미했으나, 2004년부터 본격적으로 보급되기 시작하여 2006년에 영덕풍력(39.6MW), 강원풍력(98MW)이 준공됨으로써 최초로 연간 신규 설치 용량이 100MW를 넘어섰으며, 2015년에는 제주도의 가시리풍력(30MW), 동복북촌풍력(30MW), 김녕풍력(30MW), 전남 영광백수풍력(40MW), 화순풍력(16MW), 경북 영양풍력(59.4MW) 등이 준공됨으로써 연간 200MW를 넘어서기도 하였다. 2015년부터 2019년까지의 최근 5년간 신규 설치 용량의 연평균 증가율은 약 19.8%로 나타났고, 2020년과 2021년에도 상당량의 신규 설치가 있었고 이들은 대부분이 육상풍력단지의 통계로 보면 된다.

국내의 풍력발전사업은 57%의 점유율을 가진 민간발전사들이 주도하고 있는 것으로 나타났다. 한전 자회사인 6개 발전 공기업은 513MW 규모의 풍력단지를 운영하고 있어 34.5%를 차지하고 있으며, 그 외에 지자체(제주도청, 강원도청, 전북도청, 인제군청, 영암군청 등), 농어촌공사, 에너지기술연구원, 전력연구원, 제주대학교, 특성화 마을 등이 단지를 운영하고 있다.

제조사별로는 국산 풍력발전기가 674MW가 설치되어 45.3%를 차지하고 있으며, 외산이 815MW로 54.7%를 차지하고 있다. 발전 공기업과 지자체 등, 공공부문에서는 주로 국산 발전기를 채택하고 있으며, 민간 발전사들은 외산 발전기 비중이 79%로 외산을 많이 사용하고 있는 것으로 나타났다.

2019년에 새로 설치된 풍력터빈의 평균 용량은 3.47MW로 나타나, 지속적으로 대형화되고 있는 추세를 보여주고 있다. 세계적으로 12~15MW의 초대형 풍력터빈이 개발되고 상용화 초기에 있지만 아직은 위와 같이 세계의 풍력터빈 평균 설치용량은 3MW대임을 참고할 만하다.

5　이 중에 60MW(3MW x 20기)는 「서남해해상풍력단지」로 지역적으로 전남과 전북에 걸쳐있는 단지이며 전력망은 고창변전소에 연결되어 있음.

18.5 세계 풍력 정책 동향

풍력에너지의 발전단가는 오랫동안 인류가 누려온 저렴한 화석연료를 활용한 발전단가에 비교하여 매우 높았다. 화석연료의 유한성과 에너지 수요의 증가에 따른 지구 온난화, 그리고 국가의 에너지 안보 측면에서 재생에너지에 대한 필요성이 증가하는 가운데, 풍력에너지가 가장 상업화의 선두에 있음을 알았다.

그동안 기존의 화석연료의 발전단가에 근접하는 그리드 패리티(grid parity)에 도달한 풍력산업은 국가의 에너지정책과 관련되기 때문에 산업을 육성하기 위하여 초기부터 각 국가에서 지원과 보조정책을 시행하여 왔다.

신재생에너지의 지원정책과 제도는 가격 지원제도, 세금 지원제도 그리고 금융과 기타 지원제도로 구분할 수 있다. 가격 지원제도는 가격 보조를 통하여 확실한 수익을 보장하거나 가격 변동에 대비한 위험 회피 기능 등을 제공해 신재생에너지 발전의 확대를 지원하는 제도이다. 세금 지원제도는 신재생에너지와 관련된 세금을 감면하거나 세액공제 혜택을 통하여 신재생에너지 사업의 수익성을 높여 주는 방식이다. 금융 지원제도는 금융 비용을 절감할 수 있도록 지원하여 투자를 유인하는 방식이며, 그 외 보조금, 행정절차 간소화, 그리고 편의성 증대 등의 지원제도이다.

Fig. 18.6에서는 국제적으로 신재생에너지 지원제도의 유형과 특징을 요약하였다.

Fig. 18.6 **신재생에너지 지원제도 유형과 특징[3]**

구분	유형	특징
 RPS 가격 지원제도	RPS(재생에너지 의무할당제) FIT(발전차액 지원제도) FIP(발전이익 보조제도) CfD(차액결제 지원제도)	투자자 진입을 촉진, 시장 확대에 효과적 사업 리스크를 경감함으로써 투자 유도 재정부담 증가 및 전기요금 인상 가능
 Tax 세금 지원제도	세금 감면 세액공제 (미국의 ITC, RTC 제도) (투자세액공제, 생산세액공제)	가격지원과 더불어 추가 인센티브로 활용 법인 세 감면을 통한 투자자 유인 촉진 투자자 저변 확대 효과 발생
 Loan 금융 지원제도	저금리 융자 성공불 융자	금융비용을 절감하여 사업 경제성 강화 연동금리를 통한 시장 상황 적시 반영 미래 불확실성 경감을 통한 투자 유인
 Subsidy R&D 기타 지원제도	R&D 보조금 기타 편의성 증대	초기 투자금 절감으로 투자자 유인 중장기적 재생에너지 확대 환경 조성 기술력이 낮은 발전원에 대한 개발 지원

18.5.1 가격 지원정책

대표적인 가격 지원정책이 발전차액지원제도(FiT, feed-in-tariff)인데, 재생에너지 발전에 의하여 공급한 전기의 전력거래가격[6]이 정부가 약속한 기준가격보다 낮은 경우에 투자의 경제성을 확보해 주기 위하여 기준가격과 전력거래가격과의 차액을 지원해 주는 제도이다.

풍력산업이 일어나는 초기에 재생에너지의 보급을 촉진하기 위한 정책이다. 재생에너지의 개발과 보급에 선두에 있던 독일에서 1991년에 최초로 도입되었고 유럽의 각국에서 초기에 도입하여 계속 시행하여 온 제도이며 이후에 후발 국가들도 이 제도를 가장 많이 활용하고 있다.

발전이익보조제도(FiP, feed-in-premium)는 기존의 고정가격 FiT(the fixed-price FiT) 제도

---

6 계통한계가격(SMP, System Margin Price): 발전회사가 생산한 전력을 한국전력에 판매하는 가격으로 전력시장에서 결정되는 전력의 가격을 의미함. 전력시장가격, 전력도매가격, 전력거래가격, 전력구매가격 등으로 불림.

를 보완한 제도로 「the premium-price FiT」라고도 하며 재생에너지 발전사업자가 현물 전력시장(electricity spot market)에 판매하고 시장 최고가격(top of the market top price of their electricity production)과 비교하여 차액인 추가 금액(premium)을 받는 제도이다. 이 제도는 고정가격 FiT보다 시장 지향적이고 높은 수요가 있는 시간대에 전력 생산을 유도하고 더 높은 평균 시장가격을 주는 지역에 발전단지의 개발을 유도할 수 있는 장점이 있다.[4]

장기차액거래(CfD, Contract for Differentiation)제도는 영국에서 시행 중인 지원제도로 풍력발전사는 협정한 협정 요금(tariffs)과 증가한 도매가격 간의 차이를 CfD 제도에 따라 환급받거나 가격을 재조정하지 못하는 장기간 고정가격으로 판매하는 전력공급협정(PPA, Power Purchase Agreement)으로 지원을 받는다.[5]

다음으로는 재생에너지 의무할당제도(RPS, Renewable Portfolio Standard)로 에너지 공급사업자의 총공급량의 일정 비율을 재생에너지로 공급을 의무화하는 제도이다. 정부나 감독기관이 에너지 공급자인 의무 대상자와 공급 의무량을 정하면, 의무 대상사업자는 일정 기간 내에 목표를 완수해야 한다. 공급자는 재생에너지 분야에 직접 투자하여 재생에너지 발전을 하거나 재생에너지인증서(REC, Renewable Energy Certificate)를 거래하여 의무 이행을 해야 한다.

18.5.2 세금 감면정책

대표적인 세금 지원제도는 미국의 생산세액공제(PTC, Production Tax Credit)와 투자세액공제(ITC, Investment Tax Credit)제도이다. PTC는 1992년부터 시작되어 150kW 이상의 풍력, 바이오매스, 수력, 지열, 그리고 해양 등 재생에너지 발전설비에 단위 전력 생산량 당 일정한 금액을 상한선 없이 10년간 세액공제를 제공하는 제도다. 2001년 종료 예정이었으나 경제 회복과 재생에너지 확대를 목적으로 현재까지 계속 연장되고 있는 상황이다. PTC에 의한 풍력발전의 투자비가 2011년부터 2018년까지 50% 이상 하락하였고, 2018년에는 민간 투자비가 약 4,330억 달러에 이르는 등 풍력산업 발전에 기여한 것으로 평가된다. 실제 매년 PTC 연장과 소멸 이슈에 따라 신규 풍력 설비 규모의 변동성은 크게 나타난다.

ITC는 재생에너지 설비와 기술 투자비에 대해 일정 비율을 세액 공제를 해 주는 제도로 태양에너지, 풍력, 지열, 열병합, 그리고 연료전지 설비 등을 대상으로 하며 기간의 경과에 따라 세액 공제 비율을 단계적으로 축소했다.

ITC를 시행한 이후에 2017년까지 태양광 설비가 연평균 76%가 성장하여 RPS와 함께 태양광 산업 성장을 견인한 것으로 평가되고 있다. 미국 내 기업들의 법인세율이 높아 세제 혜택을 활용하기 위해 글로벌 기업들의 참여가 활발하게 이루어지고 있다. 바이든 정부 출범 이후에 PTC와 ITC를 연장하는 법안을 제출하는 등, 향후에도 계속하여 재생에너지 확대에 중요한 역할을 담당할 것으로 전망된다.[6]

세금자산화제도(Tax Equity)는 재생에너지에 투자할 때 기업의 자산으로 인정해 주는 제도로 세금 혜택을 통해 투자자를 유치하고자 하는 것이다. 미국에서 가장 비중 높은 투자 방식인 자산 금융(Asset Finance)[7]의 활성화에 기여했으며 현재 많은 재생에너지 프로젝트가 세금자산화제도를 통해 자본비용의 상당 비중을 조달하고 있는 상황이다. 이외 세금지원제도로 감가상각을 빠르게 진행시켜 법인세 절감 효과를 지원하는 가속상각법(MACRS, Modified Accelerated Cost-Recovery System), 고정자산 취득 첫해에 감가상각 대상금액을 100% 전액을 상각 비용화하는 일시상각제도(Bonus Depreciation) 등이 있다.

R&D 소득공제제도(Research and Development Tax Relief)와 기후변화부담금(Climate Change Levy) 면세혜택 제도는 영국의 주요 세금 지원제도이다. R&D 소득공제제도는 재생에너지 R&D 지출에 일정액을 과세대상 소득에서 비용으로 감면하는 세액공제제도다. 중소기업은 R&D 지출이 23%(2015년 4월 이전 225%), 대기업은 11% 세액공제 혜택을 제공했다. 기후변화부담금은 산업·농업·정부 부문의 연료 소비에 부과하는 세금으로 재생에너지에 대해서는 면세 혜택을 제공하고 일부 부과금을 재생에너지 연구개발에 지원한다.

18.5.3 금융 지원 및 기타 정책

미국의 주요 금융 지원제도로는 민간 금융기관으로부터 대출이 어려운 재생에너지 혁신 기술개발에 지원되는 대출보증프로그램(The Department of Energy's Loan Guarantee Program)과 부동산 소유주들에게 재생에너지 설치비용을 대출해 주고 대출금을 재산세에 합산해 장기 상환할 수 있도록 지원해 주는 재생에너지 설치비 장기상환프로그램(Property Assessed Clean Energy, PACE) 등이 있다.

기타 지원제도로는 소규모 재생에너지 발전설비를 이용해 자가 소비를 하고 남은 잉여 전력을 전력회사에 판매한 뒤 이를 상계하는 넷미터링(Net Metering), 해상풍력 확대를 위

---

7   일종의 프로젝트 파이낸싱(project financing)으로 프로젝트를 담보로 하는 금융

해 연방정부 소유 연안을 임대 제공하고 사업을 지원하는 해상풍력 계획입지제도, 자국 내 산업 보호를 목적으로 수입 물량에 대해 관세를 부과하는 세이프가드관세 등이 있다.[6]

독일의 금융 지원제도로는 독일 정부 소유의 개발 은행인 KfW(Kreditanstalt für Wied-eraufbau)가 운영하는 재생에너지 금융 지원 프로그램(KfW Renewable Energy Program)이 있다. 총 세 가지 지원방식으로 구성된다. 첫 번째는 풍력, 수력, 지열, 바이오, 그리고 열병합 등 재생에너지 설비 투자비용에 고정 저금리로 장기 신용대출을 지원하는 프로그램이 있다. 최대 20년간 프로젝트당 5,000만 유로 이하의 투자 비용을 지원한다. 두 번째로는 대규모 재생에너지 열 생산 시설에 장기 신용대출과 보조금을 지원하는 프로그램으로 1,000만 유로 이하의 투자 비용을 지원한다. 세 번째로는 30kW 이하 주택용 태양광발전 설비와 연계해 설치되는 ESS에 설치 비용 30%를 보조금으로 지원하고 나머지 비용을 저금리 대출을 지원하는 프로그램이 있다.

독일의 주요 기타 지원제도로는 재생에너지와 에너지 효율 향상에 관련한 기술개발을 지원하는 에너지연구프로그램(Energy Research Program), 노후화된 재생에너지 설비를 최신 설비로 교체하도록 보조금을 지원하거나, 교체 시 금융 상환조건 개선, 그리고 경매에서 우대 조건을 제공하는 리파워링 인센티브제도 등이 있다

프랑스의 주요 금융 지원제도로는 녹색 혁신자금조달 프로그램(Green Innovation Fund-ing Program)과 무이자 에코 대출(Eco Loan)이 있다. 녹색 혁신자금조달 프로그램은 재생에너지, 녹색 화학, 스마트 그리드, 그리고 친환경 자동차 등의 분야에 4억 5,000만 유로의 보조금을 지급하고, 9억 유로의 저금리 대출을 지원한다. 무이자 에코 대출은 재생에너지 설비 투자에 최대 3만 유로를 무이자 대출로 지원한다. 기타 지원제도로는 해상풍력의 기술개발을 위해 해상풍력 설비와 기술의 연구개발에 13억 유로 이상을 지원하는 해상풍력 기술개발 지원금, 국방부와 국영철도 회사에서 재생에너지 관련 토지를 제공하는 지원정책 등이 있다.

일본의 금융 지원제도로는 재생에너지 설비 투자에 저금리 대출을 지원하는 탄소금융 이니셔티브(Carbon Society Establishment Finance Initiative)가 있다. 탄소금융 이니셔티브는 저금리 대출 이외에 재생에너지 투자 녹색 펀드와 임대료 지원 등을 포함한다. 녹색 펀드에는 24개 프로젝트에 88억 엔, 그리고 대출지원 프로그램은 총 21억 엔을 지원했다.

기타 지원제도로는 수소사회와 분산형 전원시스템 구현을 위한 연료전지 보급 확대를

목표로 에너팜(ENE-FARM) 설치를 위한 보조금이 있다. 에너팜은 도시가스와 LP가스에서 생산한 수소를 이용해 가정에 전력과 온수를 공급하는 가정용 연료전지시스템이다. 2019년까지 2009년에 대비하여 100배 이상 증가한 약 34만 대가 보급되었다. 그 외 2030년까지 해상풍력 10GW 규모의 설비 목표를 달성하기 위해 총 5개 지역을 촉진 구역으로 지정하고 일반해역에 장기 점용을 허용하는 등 사업이 원활하게 진행되도록 하는 지원정책이 있다.

18.6 국가별 정책 변천

영국에서는 2002년부터 시행된 재생에너지의무공급(RO, Renewable Obligation Order) 법[8]을 통하여 FiT 지원 제도를 시행해 오다가 폐기하고 2017년부터 FiT제도와 유사한 장기차액거래(CfD, contract for difference)제도로 일원화하여 시행 중인데, 영국의 풍력산업에서 CfD 제도는 저탄소 발전을 지원하기 위한 영국 정부의 중요한 세부 제도이다. CfD를 통하여 풍력단지 개발자를 높은 초기투자와 장기간 소요되는 프로젝트에 매우 유동적인 전력가격으로부터 보호함으로써 투자를 장려한다. 아울러 이 정책은 전력가격이 높아졌을 때 증가된 지원 가격에서 소비자를 보호한다.

이 제도에서 입찰자는 정부 투자 공기업인 LCCC[9]와 계약을 체결하고, 15년 동안 생산한 전력에 대해 고정요금을 지급받는다.[7]

영국 정부의 SEG(smart export guarantee) 프로그램은 영국 정부가 인가한 발전사는 적격한 설치를 통해 전력망으로 전력을 보내는 소규모 저탄소 발전에 요금 제공과 지불 의무를 갖도록 한 것으로, 풍력발전도 태양광(Solar PV), m-CHP(micro-combined heat and power),

---

8 신재생에너지의무공급(RO: Renewable Obligation)란, 영국 에너지독립 규제기관인 가스전력 시장국(Ofgem, Office of Gas and Electricity Market)에서 전력공급자에 대해 연간 전력판매량의 일정비율을 신재생에너지로부터 생산된 전력으로 공급하여야 할 의무를 부과하고 신재생에너지 발전사업자에게 신재생에너지원을 이용하여 생산한 전력을 전력공급자에 팔 수 있는 ROC(Renewable Obligation Certificate)를 부여함.

9 Low Carbon Contracts Company: 기업 에너지산업 전략부(BEIS) 산하 기업으로 CfD 할당 라운드(경매)에서 수여된 계약의 당사자로서 계약서를 발행하고 건설과 이행 단계를 관리하며 CfD 지불을 담당함.

수력, 혐기성 소화 설비 등의 재생에너지 공급에 해당한다. 저탄소 발전사에게 시장 평균 전력가격 이상의 가격을 장기적으로 보장해주는 제도라고 볼 수 있다. 이 프로그램은 FiT 중단 이후에 2019년 6월 10일에 SEG 법안이 마련되었고, 2020년 1월 1일부터 발효하였다. 영국에서는 SEG와 CfD 제도를 혼용하면서 경쟁 입찰을 활용해 기준가격을 결정하도록 규정하는 등 전반적인 보조금 관리 강화와 시장 경쟁 체계를 도입했다.

미국은 PTC와 ITC를 활용한 세금 인센티브 지원제도 위주로 운영되고 있으며 가격 지원제도로는 1983년 아이오와주에서 처음으로 RPS제도가 도입된 후에 주별로 독립적인 지원 프로그램을 운영 중이나 RPS제도와 세제 혜택을 중심으로 재생에너지를 확대해 나가는 실정이다.

독일도 1991년 세계 최초로 지역 단위 FiT제도를 도입하였다. FiT, FiP, 직접거래제도(direct marketing, 일정 규모 이상의 설비), 그리고 경매입찰제도 등을 혼합 운영하는 등 시장 경쟁체제를 기반으로 운영 중에 있다.

프랑스는 2001년부터 재생에너지 확대를 위하여 FiT제도를 최초로 도입하여 계속적인 개편을 통하여 현재까지 FiT, FiP, 그리고 경매제도를 재생에너지 원별과 용량에 따라 혼합하여 운영해 오고 있다.

일본은 가격지원제도의 방침으로 1992년 FiT제도를 도입하였다가 2003년에는 RPS로 변경하였다. 2012년에는 다시 FiT제도로 돌아갔다가 최근 재생에너지 설비가 급격하게 증가하자 2022년 4월부터 FIT제도를 FiP제도로 대체하여 시행하기로 했다. FiP는 재생에너지로 발전된 전력을 도매가격에 프리미엄을 더하여 현물시장에서 전력을 판매하게 한다.

중국은 2006년 정부 차원의 재생에너지 관련 정책인 "재생에너지법"을 시행하여 재생 가능한 에너지 총량 목표, 전력의 의무 매입, 매수 전력가격, 송배전 회사의 비용 부담, 그리고 자금 지원 등 재생에너지 보급에 대해 지원제도의 기틀을 마련하였다.[8]

풍력발전사업 허가제를 시행하여 50MW 초과하는 풍력발전사업은 중국기업에게만 허가하고 "전력수급 계약체결의무"를 부과하고 있다.

총발전량 중에서 수력 외의 신재생에너지 비중을 2010년 1%, 2020년 3%로 높이기 위해 신재생에너지 의무할당제(RPS)를 시행하여 5GW 이상의 발전회사는 신재생에너지 발전 비중을 2010년 3%, 2020년 8%로 맞추도록 하였다.

아울러 풍력 발전사업자에게는 낮은 세율을 적용하고, 수입 부품의 경우에는 관세를 면제하였다. 중국 국산 설비의 구입에는 부가가치세 환급을 시행하고 있으며, 2011년에는 FiT(발전차액지원제도)를 수립하여 활용하고 있다.[9]

18.7 국내 풍력 정책 동향(~2022)

국가의 풍력에너지에 대한 지원정책은 전체적인 에너지 정책 방향에 따라 변화한다. 세계적인 추세인 친환경에너지시스템을 구축하는 기조는 우리나라도 따라야 한다는 점에서는 피할 수 없다.

우리나라 현정부와 전임정부 사이에 신재생에너지 정책에 있어서 다소 다른 부분이 있으므로, 나누어서 생각해 보고자 한다.

화석연료의 점진적 사용 축소와 재생에너지 보급 확대는 논란의 여지가 없다. 특히 「2050 탄소중립」과 「넷제로」를 지향하는 세계적인 추세에 동참해야 하는 선진국 대열에 진입하였기 때문에 이 동향에 따르는 것이 당연하게 받아 들이고 있다. 아울러 미세먼지를 저감하고 온실가스 감축 로드맵의 이행 등은 정부의 추진 의지가 계속되어야 하는 분야이다.

하지만 원자력 발전에 대한 시각은 다소 논란이 있다. 에너지 안보와 국가 산업 생태계의 유지가 친환경 추세와는 상충하는 면이 있다. 더욱이 최근의 우크라이나 사태와 관련하여 에너지 안보 측면에서의 원자력 발전의 중요성이 세계적으로도 재조명되고 있다.

비록 전임 정부와 현 정부간의 에너지 정책에 있어서 약간의 차이는 있어도 탄소중립 목표 달성이라는 대원칙을 통한 에너지전환 정책은 견해를 같이하는 부분이 있다. 신재생에너지 정책을 이해하는데, 그 간의 이력을 확인하는 것이 현재 상황을 이해하고, 향후 미래를 전망하는 데 도움이 될 것이다.

전임 정부인 2017년에서 2022년 사이에는 대표적인 정책인 재생에너지 3020이행 계획과 계획입지 제도에 대해 살펴 보고자 한다.

전임 정부에서 2017년부터 2021년까지 수립한 국내의 신재생에너지 정책의 핵심은 기존의 화석연료나 원자력에너지로부터의 에너지전환 정책으로 에너지의 소비, 공급, 전달체계, 그리고 에너지 관련한 에너지시스템 전체를 전환하는 것이었다.

소비 측면에서는 효율이 낮은 에너지 생산 혹은 소비 설비와 장비의 사용을 지속적으로 업그레이드하며 에너지 손실이 낮아지게 고효율의 에너지 소비가 이루어지도록 유도하고 자 하였다. 전통적인 에너지원은 아직은 화석연료에 많이 의존하고 있으므로 깨끗하고 안 전한 에너지를 공급하도록 하였다. 즉, 재생에너지의 이용과 보급을 촉진을 통해 전력을 생산하고자 했다. 기존의 화석연료나 원자력을 이용한 전력 생산은 대규모 시설을 원격지 에 설치하여 소비지에 공급하는 중앙 집중형이지만, 풍력단지나 태양광단지 등, 대표적인 신재생에너지원은 대단위의 토지가 필요하고 발전 조건이 우수한 지역에 설치가 가능하 며, 소규모 단지도 경제성이 있기 때문에 분산전원[10]으로 역할이 가능하다. 재생에너지 산 업은 재생에너지를 생산하기 위한 모든 설비의 생산, 전문인력, 자본의 투자, 유지와 보수, 그리고 후방 서비스 산업 등이 사회의 시스템을 바꿀 수 있는 에너지 신산업으로서의 기능 이 있어 재생에너지 산업 활성화 자체가 주요 정책의 내용이 되고 있다.

Table 18.2는 2017년부터 2019년까지 정부에서 추진한 에너지전환 정책의 추진 경과 를 요약한 사항이다. 해당 정부의 출범 초기에 에너지 전환 로드맵에 따라서 「재생에너지 3020 이행계획」을 수립하여 2030년까지는 재생에너지 공급 비율을 20%까지 끌어 올리 겠다는 목표를 설정하였다. 원자력에너지 의존도를 낮추고, 화석연료 발전을 줄이며 풍력 과 태양광의 발전 비중을 달성하겠다는 의도이다.

국가 에너지 관련 정책과 지원 사항 중에서 본 교재에서는 재생에너지인 풍력에너지와 관련된 사항을 요약하여 보았다.

---

10 분산전원(distributed generation 혹은 dispersed generation)은 중앙 집중형에 대비되는 말로 풍력이나 태 양광과 같이 소규모로 전력 소비지역 부근에서 생산하여 활용하는 것을 말함. 송전망이 간편하고 효율성 이 높은 특성이 있다.

Table 18.2 2017~2020 국가 에너지전환 정책 추진 경과와 체계[10]

정책명	수립시기	주요 내용
에너지전환로드맵	2017.10월	• 원전의 점진적 감축 방향 • 신규 원전 건설계획 백지화, 노후 원전 수명연장 금지
재생에너지 3020 이행계획	2017.12월	• 2030년 재생에너지 발전 비중 20% 달성 ('17년 7.6%)을 위한 보급여건 개선 방안
제8차 전력수급기본계획	2017.12월	• 환경성과 안전성을 보완한 '31년까지의 전력설비 구성방안
에너지전환 (원전부문) 보완 대책	2018.5월	• 원전의 점진적 감축을 위한 후속 조치 및 원전 지역 · 산업 · 인력 보완 방안
태양광 · 풍력 부작용 해소 대책	2018.6월	• 산지 등 환경 훼손, 입지 갈등, 부동산 투기, 소비자 피해 등 부작용 해소 방안
수소경제로드맵	2019.1월	• 수소차와 연료전지를 양대축으로 수소 산업 생태계 구축
재생에너지산업 경쟁력 강화방안	2019.4월	• 국내 재생에너지 산업의 성장 기반 확충 및 글로벌 경쟁력 강화 전략
제3차 에너지기본계획	2019.6월	• 에너지 생산, 유통, 소비, 산업 등을 아우르는 에너지 전환의 중 · 장기 비전
에너지 효율 혁신전략	2019.6월	• 에너지 소비구조 혁신을 위한 2030년까지의 중장기 전략

18.7.1 재생에너지 3020 이행계획

재생에너지 분야에서 가장 핵심적이고 구체적인 계획인 「재생에너지 3020 이행계획」은 2017년 12월 20일에 산업통상자원부에서 발표한 내용으로 다음과 같다.

• 전력계통 안정성, 국내기업의 보급여건, 잠재량 등을 고려해 "2030년까지 재생에너지 발전량 비중 20%"를 목표로 설정하고, 신규 설비용량의 95% 이상을 태양광 · 풍력 등 청정에너지로 공급함.

- 국민 참여형 발전사업, 지자체 주도의 「계획입지제도」 도입, 대규모 프로젝트 등을 통해 구체적으로 이행재생에너지 확대 정책의 목표로 2017년 7%인 재생에너지 발전량 비중을 2030년에는 20%로 확대하며, 원전 축소로 감소되는 발전량을 태양광·풍력 등 청정에너지를 확대해 공급할 계획을 수립함.

「재생에너지 3020 이행계획」에 따른 보급목표는 아래와 같이 요약된다.

총괄 목표는 Fig. 18.7과 같다. 2016년에 약 7.0%의 재생에너지 발전 비중을 2022년에 10.5%, 2030년에는 20%를 달성하는 계획이다. 이에 따른 재생에너지의 설비 용량은 13.3GW(2016), 27.5GW(2022), 그리고 63.8GW로 증가시킨다는 것이다.

Fig. 18.7 **2030년 재생에너지 발전량 비중 20%[11]**

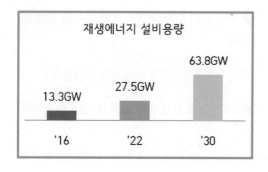
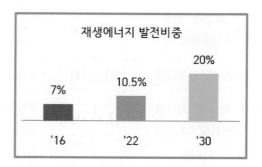

발전원별로 보면 Fig. 18.8과 같이 신규설비 95% 이상을 태양광, 풍력 등 청정에너지로 공급하고자 하였다. 2030년에 풍력을 17.7GW(28%)를 보급하고, 태양광을 36.5GW(57%) 보급하는 방안을 제시하였다.

Fig. 18.8 신규 설비 재생에너지 공급 방안[11]

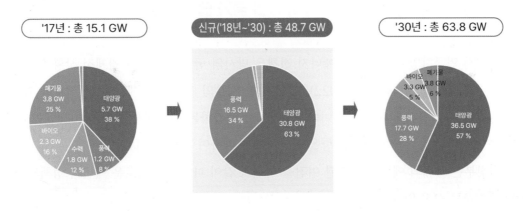

18.7.2 계획입지제도

「3020 재생에너지 이행계획」의 실천 사항으로 풍력과 관련되는 사항은 재생에너지 발전에 적합한 지역을 국가가 선정하는 「계획입지제도」의 도입을 통해 난개발 방지하고자 하였다. 또한, 이 제도를 통하여 풍력발전단지의 수용성과 환경문제에 대한 대처를 사전에 확보하고 개발에서 오는 이익은 공유하는 방향이다.

「계획입지제도」란 바람의 강도와 질, 어업 보호 등을 종합적으로 고려하여 풍력발전에 적합한 지역을 국가가 선정하고, 해당 지역 주민과 풍력발전단지로 합의된 지역을 지정하여 해당 지역의 해상에 풍력발전시설을 설치하게 하는 제도이다.

구체적으로 보면 마을 공모방식 도입, 개발이익 공유, 실시계획 승인 전에 환경영향 평가 등을 통해 수용성 · 환경성을 사전에 확보하고 부지계획 마련하고자 하는 것으로 아래와 같이 요약된다.

• 2018년 중 신재생에너지법을 개정해 「계획입지제도」 도입과 추진, 광역지자체 주도로 발굴한 부지에 대해 관계부처 협의를 통해 입지 적정성 검토

• 재생에너지 발전지구로 지정하고 사업자에게 부지를 공급해 인 · 허가 등 사업자의 원활한 사업추진 지원

18.8 현정부(2022~2027)의 국가 에너지 정책

위에서 언급하였지만 정부의 에너지 정책은 당시의 국내외 정치와 경제적 상황에 따라 다소 유동적임을 지적하였다. 2022년에 출범한 정부의 정책 기조에서 이전 정부와 가장 다른 부분은 탈원전에 대한 사항이다. 이 교재를 출간하는 시점에서 신정부(2022년~2027년)가 표방하는 풍력과 관련된 사항을 간단하게 요약하여 수록한다.[12]

신정부는 국내외 에너지 관련된 여건을 아래와 같이 파악하고 새로운 에너지 정책의 수립 배경으로 삼고 있다.

- 주요 국가들에서는 러-우크라 사태 등 글로벌 에너지 공급망 불안에 따라 국가안보 강화를 위해 에너지 정책 재설정 중임
- 新기후체제 출범('20년) 이후 글로벌 탄소중립 추세는 지속되고 있으며, 민간 부문에서 탈탄소 경영 요구도 증대
- 국제적으로 원전 역할이 2050 탄소 중립 달성을 위해서 중요하다고 재조명되고 있고, 국내적으로 안전성 보강조치로 원전활용도 제고 여력 확보, 수출역량도 지속 강화
- 탈탄소화, 전기화 등으로 에너지 新산업 창출기회가 확대됨에 따라 주요국들은 에너지 新산업 적극 육성

18.8.1 재생에너지 분야의 국제 동향 분석

재생에너지 분야의 주요국의 동향은 에너지 안보 강화와 탄소중립 달성을 위해 발전 목표량 대폭 상향하는 경향으로 선진국의 동향은 아래와 같다.

- 영국: 해상풍력발전 용량을 2022년 12.7GW에서 2030년에는 50GW까지 확대할 계획
- 프랑스: 2050년까지 재생에너지 100GW 이상 발전을 목표로 보급을 확대할 계획
- 독일: 재생에너지 보급 목표를 2030년 80%, 2035년 100%로 상향(기존 2035년 85%)

18.8.2 정부의 5대 에너지 정책 방향

현정부 에너지 정책의 비전은 기후변화에 대응하고, 에너지 안보를 강화하며, 에너지 신산업 창출을 통한 튼튼한 에너지 시스템을 구축하는 것이다.

이에 따라 제시된 목표는 Fig. 18.9와 같이 요약된다.

Fig. 18.9 현정부(2022~2027)의 에너지 정책 목표 요약[12]

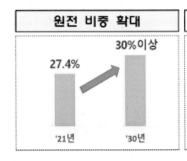
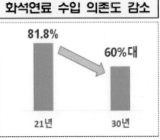
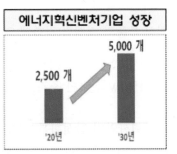

이를 달성하기 위한 5대 정책 방향은 아래와 같다.

① 실현 가능하고 합리적인 에너지 믹스의 재정립

② 튼튼한 자원 에너지 안보 확립

③ 시장원리에 기반한 에너지 수요 효율화 및 시장구조 확립

④ 에너지 신산업의 성장동력화 및 수출산업화

⑤ 에너지 복지 및 정책 수용성 강화

18.8.3 재생에너지 분야 실행 계획

재생에너지와 관련된 계획은 실현 가능성, 주민수용성 등을 감안하여 합리적 수준으로
조정하고자 한다.

① (보급) 보급여건(계통운영 등)을 고려하여 재생에너지 보급 목표를 합리적으로 재정
립하되 주민 수용성에 기반한 질서있는 보급 지속 추진

• 산업단지 공장 · 창고(지붕), 용 · 배수로, 고속도로 잔여지 등 수용성이 양호하고
경관에 부정적 영향이 없는 유휴부지 적극 활용

② (원별 비중) 국토의 효율적 활용 및 균형있는 재생에너지 보급 등을 위해 태양광,
풍력(해상) 등 원별 적정 비중도 도출

• 제10차 전력수급 기본계획에서 재생에너지 원별 적정 비중 마련

「에너지 신산업의 성장 동력화 및 수출 산업화」와 관련하여 재생에너지는 2050년까지 세계 발전설비 확대 투자의 약 77%(10조 달러)가 재생에너지 분야임을 인지하고 아래와 같이 풍력 분야에 대한 정부 역량을 지원한다.

기술개발 분야에서는 풍력 초대형 터빈 등 차세대 기술의 조기 상용화와 수입의존 터빈 핵심 부품의 경쟁력 강화에 역량 집중한다.
- 10MW급 터빈 개발·실증(2022~2025)
- 15MW급 터빈 조기 개발(2023~2027)

풍력산업의 활성화를 위한 인프라 구축을 위하여는 성능평가, 실증, 전문인력 양성 등 업계의 경쟁력 강화를 지원하는 전주기 기업지원 인프라 확대
- 풍력: 성능평가·실증(부안, 창원, 영광, 울산), 물류(목포), 인력양성(군산)

아울러 풍력과 관련된 항목으로는 아래와 같은 정책 기조를 제시하고 있다.
- 기후변화 대응제도의 선진화와 민간 투자의 촉진을 유도하기 위한 사항으로 RE100[11] 의 이행체계 및 제도 보완, 중소 중견기업 지원 등 RE100 참여로 민간 부분의 자발적 재생에너지 이용 투자 촉진
- 재생에너지 수용성 고양을 위하여 주민과의 소통 강화, 이익공유 확대 등을 추진함.

---

11 RE100: 보충설명 참조

RE100(Renewable Energy 100% Initiative)

RE100은 "Renewable Energy 100% Initiative"로 재생에너지 100% 사용 운동이다. 국가 간의 노력과 함께 민간 부문에서도 2014년부터 기업 활동에 필요한 전력을 2050년까지 친환경 적인 재생에너지로 100% 사용하겠다는 자발적이며 전 지구적으로 추진되는 재생에너지 캠페인이다.[13]

- RE100은 국제 비영리 단체인 The Climate Group과 CDP(Carbon Disclosure Project)의 주 도하에 추진되는 재생에너지 확대를 위한 운동임.
- 100GWh 이상의 에너지를 대량으로 사용하는 주체인 기업이 소비전력의 100%를 2050년까 지 재생에너지로부터 공급받겠다는 자발적 약속을 유도하는 운동임. 재생에너지는 자체 생산하 거나 시장에서 구매할 수도 있음.
- Google, Amazon 등 20여 개 글로벌 기업의 참여로 2014년부터 시행되었으며 2022년 4월을 기준으로 전 세계 350여 개 기업이 참여하고 있으며 Google, GM, 3M, Apple, IBM, BMW, Coca-Cola, IKEA 등 다양한 산업의 기업이 참여 중임.
- 글로벌 RE100에는 국내의 현대, KB, 아모레퍼시픽, LG화학, 한화, 네이버, 삼성, SK 등의 19 개 기업들도 참여하고 있음.[14]
- 참여기업은 재생에너지인증서(REC)의 구매, 재생에너지 요금제 가입, 재생에너지 설비의 자체 건설 등의 방법으로 기업 활동에 필요한 재생에너지를 확보함.
- 수행 방법으로는 참여기업들이 소비전력의 100%를 재생에너지로부터 공급(구매 또는 자체 생 산)받기 위한 중장기적 계획을 수립하여 매년 RE100에 보고함.
- RE100 참여기업은 재생에너지 생산설비와 생산량에 대한 제3자 검증과 추적시스템을 갖추어 야 함. 즉 신뢰성 있는 데이터 산출이 원칙이 되어야 함.
- 한국형 RE100을 K-RE100으로 규정하고 참여와 이행을 통하여 국내 기업의 기업 경쟁력 강화 와 재생에너지 활성화에 기여함.[15]
- K-RE100의 참여기업은 137개 기업으로 알려져 있음(2022. 9. 2 기준, 한국에너지공단)
- 법적 근거로는 "신재생에너지 설비의 지원 등에 관한 규정(산업통상자원부 고시 제2020-217호) 이 있음.

이상과 같이 신정부의 재생에너지 관련 정책과 실천 사항도 일부는 전 정부의 내용을 승계하는 부분도 있을 수 밖에 없거나 큰 차별성은 없는 것으로 보인다. 하지만 제도의 실행을 위하여 어느 정도로 지원을 하느냐는 아직은 초기 단계로 확실하지는 않고 정부의 다양한 에너지 관련 계획에서 나타날 것이다.

아래에는 독자의 이해를 돕기 위하여 정부의 에너지 관련 기본계획의 개요에 대하여 정리하여 보았다.

보충설명

정부의 에너지 관련 기본계획

◎ **제00차 에너지기본계획**
- 정부의 에너지 분야를 총망라하는 종합계획으로 중장기 에너지 정책의 철학과 비전, 목표와 추진전략을 제시하며 매 5년마다 수립·시행한다.
- 법적 근거: 저탄소녹색성장기본법 제41조
- 계획기간 및 주기: 20년을 계획기간으로 5년마다 수립·시행
  (1차) '08~'30년, (2차) '14~'35년, (3차) '19~'40년
- 주관: 산업통상자원부

◎ **제00차 전력수급기본계획**
- 정부의 전력수급 장기전망, 발전 및 주요 송전·변전 설비계획
- 전력수급의 기본방향과 장기전망·전력설비 시설 계획·전력수요관리 등이 포함된 우리나라의 종합적인 전력정책으로, 2년 단위로 수립·시행
- 2020년 12월 제9차 전력수급기본계획(2020~2034)까지 수립됨
- 주관기관: 산업통상자원부, 전력산업정책과

◎ **제00차 에너지기술개발 계획**
- 「에너지법」 제11조에 따라, 에너지기술개발의 중장기 정책목표 및 방향을 설정
- 국가 에너지 기본계획 정책 목표 달성을 위해 R&D 추진전략, 중점 투자기술 분야 및 제도 운영 방안을 명확화하기 위한 계획 수립
- 주관기관: 산업통상자원부, 에너지기술과

정부의 에너지 관련 기본계획(계속)

◎ **국가 탄소중립 · 녹색성장 국가전략 및 국가기본계획 국가 전략**
- 「국가비전」을 달성하기 위하여 국가 탄소중립 녹색성장전략 수립(탄소중립기본법 제7조 제2항)
- 「국가비전」: 2050년까지 탄소중립을 목표로 하여 탄소중립사회로 이행하고 환경과 경제의 조화로운 발전을 도모
- 5년마다 기술적 여건과 전망, 사회적 여건 등을 고려하여 재검토

국가 기본계획
- 정부는 국가비전 및 중장기 감축목표 등을 달성하기 위하여 국가 탄소중립 녹색성장 기본계획 수립(탄소중립기본법 제10조 제1항)
- 20년을 계획 기간(2023~2042)으로 하여 5년마다 연동계획으로 수립·시행
- 주관기관: 정부전부처, 탄소중립녹색성장위원회

◎ **제00차 신재생에너지 기본계획**
- 「신에너지 및 재생에너지 개발 · 이용 · 보급 촉진법」제5조에 따라10년 이상의 기간으로 5년마다 수립
- 에너지 부문 최상위 계획인 '에너지 기본계획' 등과 연계하여 신재생에너지 분야의 중장기 목표 및 이행 방안을 제시
- 주관기관: 한국에너지공단, 신재생에너지센터

18.9 국내의 RPS(RPS, Renewable Portfolio Standard)제도

1990년 후반부터 국내에서도 재생에너지 산업의 발전을 위하여 다양한 지원제도를 시행하여 왔다. 초기에는 기준가격구매제도 혹은 발전차액지원제도(FiT, Feed in Tariff)를 2011년까지 도입하였고 2012년부터는 FiT제도를 중단하고 신재생에너지 공급의무화(RPS, Renewable Portfolio Standard)제도를 운영 중에 있다.[16] 따라서 현재 국내에서 시행 중인 RPS제도와 관련한 사항을 자세하게 알아본다.

보충설명 에서 보는 바와 같이 2023년 1월을 기준으로 국내에서 RPS제도의 의무를 지는 발전사업자는 500MW 이상의 기존 발전설비용량을 보유한 사업자[12]로 국내의 경우 6개의 발전 자회사, 2개의 공기업, 그리고 17개의 민간 발전사업자로 25개 기관이 해당된다. 이 기관들은 연도별로 의무공급량을 총발전량에 의무비율을 곱한 값만큼을 신재생에너지원으로부터 공급해야 한다.

보충설명

신재생에너지 의무공급자(2023년도, 25개 기관)

		구분
그룹 I	발전 자회사 (6)	한국수력원자력
		한국남동발전
		한국중부발전
		한국서부발전
		한국남부발전
		한국동서발전
	발전 공기업 (2)	한국지역난방공사
		한국수자원공사
그룹 II	민간 발전사 (17)	SK E&S
		GS EPS
		GS 파워
		포스코에너지
		씨지앤율촌전력
		평택에너지서비스
		대륜발전
		에스파워
		포천파워
		동두천드림파워
		파주에너지서비스
		GS동해전력

---

12   보충설명 참고: 2023년도 공급의무자 공고(산업통상자원부 공고 제2023 - 098호, 2023. 1. 31)

	포천민자발전
	신평택발전
	나래에너지
	고성그린파워
	강릉에코파워

*총 의무공급량: 62,808,128MWh

산업통상자원부 공고 제2023 - 098호, 2023. 1. 31[17]

Table 18.3은 신재생에너지법 제12조 제5항(시행령 18조 제4항)에 따른 연도별 의무비율을 나타낸다.[17]

2012년 RPS제도를 처음 도입했을 당시에 의무 비율이 2.0%이었고 매년 0.5~1.0%씩 증가하여 10년이 지나는 2023년에는 9%, 2024년에는 10%로 결정하였다. 하지만 정부의 에너지 정책의 변화에 따라서 여러 차례 RPS 규정을 변경하여 2023년에는 13.0%, 2024년에는 13.5%로 상향 조정하였다.

의무공급자(500MW 이상 발전용량 보유 발전사업자)도 2012년에는 한국수력원자력(주) 등 12개 사에서 2023년에는 25개 사로 증가하였다.

Table 18.3 RPS제도에 따른 발전사업자의 재생에너지 연도별 의무이행비율

연도	2012	2013	.....	2021	2022	2023	2024	2025	2026	2027	2028	2029	2030 이후
의무 비율 (%)	2.0	2.5	....	9.0	12.5	13.0	13.5	14.0	15.0	17.0	19.0	22.5	25.0

RPS 대상기관이 의무비율 만큼의 신재생에너지 발전량을 공급하지 못할 경에는 일정한 요율의 과징금을 부담하도록 강제규정을 두고 있다. 따라서 대상기관은 자체적으로 신재생에너지 발전설비를 갖추거나 외부에서 해당량을 조달하는 방법이 있다. 외부에서 조달하는 방안으로는 신재생공급인증서(REC, Renewable Energy Certificate, 혹은 재생에너지인증서)를

거래하는 것이다. 정부는 2017년에 신재생에너지 분야를 이러한 기조를 유지하며 육성하여 2030년까지 20%를 신재생에너지로 공급하겠다는 적극적인 정책[13]을 발표하였다.

RPS 의무 불이행 사업자는 RPS 과징금을 납부해야 한다. 이 과징금은 RPS 의무 불이행량에 REC 평균 거래가격을 곱해서 산정된다.

18.9.1 신재생에너지 공급인증서(REC, Renewable Energy Certificate)

신재생에너지 공급인증서(REC, Renewable Energy Certificate, 재생에너지인증서)는 신재생에너지를 이용하여 에너지를 공급한 사실을 증명하는 인증서이며 신재생에너지 공급 설비도 한국에너지공단으로부터 인증을 받은 설비라야 하며 REC도 규정이 정하는 바에 따라 한국에너지공단에서 발급한다.

여기에서 알아두어야 할 사항은 가중치라는 항목이 있다. 신재생에너지 공급인증서 가중치는 신재생에너지의 균형이 있는 이용.보급 및 기술개발 촉진을 위하여 다음의 사항을 고려하여 설정하며 3년마다 갱신한다.

- 환경, 기술개발 및 산업 활성화에 미치는 영향
- 발전 원가
- 부존(賦存) 잠재량
- 온실가스 배출 저감(低減)에 미치는 효과

위의 사항을 고려하고 설정하여 시행중인 가중치는 Table 18.4와 같다.

RPS 대상기관은 의무량을 이행하기 위하여 REC를 실제 공급량에 가중치를 곱한 양을 REC로 환산하여 신재생에너지 의무공급량을 산정하게 된다.

---

13 재생에너지 3020 이행계획(약칭-RE3020)

Table 18.4 **신재생에너지 가중치 요약(2021. 6. 30. 산업통상자원부 고시)**

태양광 에너지

REC 가중치	대상에너지 및 기준		
	설치유형	세부기준
1.2	일반부지에 설치하는 경우	100kW 미만
1.0		100kW부터
0.8		3,000kW 초과부터
0.5	임야에 설치하는 경우	–
1.4	건축물 등 기존 시설물을 이용하는 경우	100kW 미만
1.2		100kW 이상
1.6	유지의 수면에 부유하여 설치하는 경우	100kW 미만
1.4		100kW 부터
1.2		3,000kW 초과부터
1.0	자가용 발전설비를 통해 전력을 거래하는 경우	

기타 신재생에너지

REC 가중치	대상에너지 및 기준	
	설치유형	세부기준
0.25	폐기물에너지(비재생폐기물은 제외), Bio-SRF, 흑액	
1.0	바이오에너지(바이오중유, 바이오가스 등)	
1.5	수력	
1.2	육상풍력	
1.0~2.5	지열, 조력(방조제 무) – 변동형	
1.75	조력(방조제 무) – 고정형	
2.0	지열 – 고정형	
2.5	해상풍력	연계거리 5km 이하, 수심 20m 이하

2.9	해상풍력	연계거리 5km 초과, 10km 이하, 수심 20m 초과 30m 이하
3.3		연계거리 10km 초과 15km 이하, 수심 25m 초과 30m 이하
3.7		연계거리 15km 초과, 수심 30m 초과

 ## 18.10 해상 풍력모델의 기술동향

기본적으로 풍력 모델의 개발 방향은 LCOE를 낮추는 방향으로 그리고, 풍려터빈의 효율을 증대시키는 방향으로 추진된다. 최근 풍력터빈 기술개발의 큰 흐름(Mega Trend)은 Fig. 18.10과 같이 대형화, 해상화, 그리고 고효율 제품 라인업(line-up)을 강화하는 추세이다. 풍력터빈의 효율성과 해상풍력단지의 개발의 용이성으로 점차 대형화 추세이고, 주민 수용성 및 대규모 단지 건설 등의 이유로 해상풍력을 중심으로 추진되고 있다. 또한 풍력 단지 개발 시장이 열리더라도, 특정업체와 계약이 완료되면 그 단지 개발 시장은 닫혀 버리기 때문에 다양한 제품 라인업을 보유해야만 시장에 바로 진입할 수 있다.

Fig. 18.10 세계 풍력산업 기술 동향

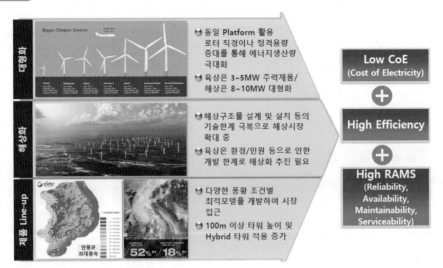

세계 풍력 제조사들은 지속적으로 해상풍력용 대형 모델의 개발을 진행하고 있다. 신규 풍력터빈 모델을 개발하는 데, 많은 시간이 소요되므로, 최근 동일한 플랫폼에서 필요나 부품만 개발하여 모델 개발 기간을 단축하여 빠른시간 내에 시장에 진입할 수 있도록 하는 것이 최근 기술개발 추세이다. Fig. 18.11 해상 풍력모델의 기술 개발 동향을 나타낸 것으로, 첫 번째, 유럽과 같이 고풍속 해상지역에서는 동일한 플랫폼에 발전기의 정격용량을 증가하는 방향으로 풍력 모델을 개발하고, 두 번째, 우리나라와 중국 같은 저풍속 지역에서는 동일한 플랫폼에 로터 직경을 극대화하는 방향으로 모델을 개발되는 추세이다. 세 번째는 초대형 풍력발전시스템을 개발하여 전 세계 풍력시장을 선점하려는 개발 방식이다. 이는 대부분 글로벌 풍력시장을 선도하는 풍력터빈 제조사에 주로 개발하는 방식이다.

Fig. 18.11 해상 풍력모델의 기술 개발 동향

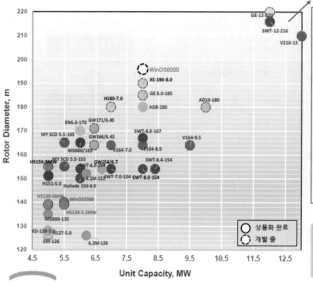

Fig. 18.12 세계 최대 풍력발전시스템(GE사의 HALIADE-X 12MW)

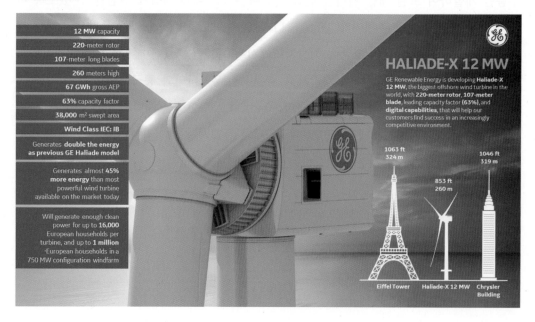

초대형 해상풍력발전시스템의 상용화에 가장 선두에 있는 모델은 Fig. 18.12에 나타
낸 것과 같이 GE사의 Haliade-X 12~14MW 풍력터빈이다. 이 풍력터빈의 등급은 Class
1B 해상풍력터빈이며, 최초 개발 용량은 12MW이며 풍력단지에 따라 14MW까지 확장
모델도 개발 중이다. 블레이드 길이가 107m이며, CF가 63%에 이를 수 있어 AEP가 최대
67GWh에 이른다. 2019년 6월에 최초 시제품이 완성되었다.

 ## 18.11 국내 산업 국산화 현황 및 시장 전망

18.11.1 풍력터빈의 부품 국산화와 핵심 기술

현재 운영 중인 국내의 풍력터빈 제조사는 4개사이며 이들의 터빈 모델의 개발현황은
Table 18.5과 같다.

Table 18.5 국내 풍력터빈 제조사 모델 개발 현황

제조사	용량	적용	개발단계
두산 에너빌리티	3MW, 3.3MW	육 · 해상 공용	상용화 완료
	5.5MW, 8MW	해상용	상용화 완료
	10MW	해상용	개발 중
유니슨	8MW, 10MW	해상용	개발 중
	0.75MW, 2MW, 2.3MW	육상용	상용화 완료
	4.2MW	육 · 해상 공용	상용화 완료
효성	2MW	육상용	상용화 완료
	5.5MW	해상용	상용화 완료
한진산업	1.5MW, 2MW	육상용	상용화 완료
	4MW	육상용	상용화 완료

특히 우리나라는 저풍속 지역에 속하므로 이 조건에 맞는 풍력터빈 기술개발에 따라 국내 저풍속 조건에서 경제성을 갖춘 풍력단지 개발이 가능하다.

국내는 제주도와 일부 내륙지역을 제외하고 저풍속 지역이며, 해외 고풍속 지역을 위해 개발된 제품을 적용할 때 이용률 저하로 경제성 악화가 예상되므로 저풍속용 풍력터빈의 개발은 국내 기업의 장점으로 작용할 것이다.

- 기술개발에 따라 저풍속 지역에서 이용률이 높은 제품이 개발되고 있으며, 이를 활용할 필요가 있음
- 국내 풍황 조건인 태풍에 대한 고려도 필요함

풍력터빈의 부품의 국산화를 위해서는 풍력터빈 시장이 확보되어야 한다. 즉, 국내 풍력산업이 활성화 되어야만 가능한 일이며. 국내 부품산업 육성과 활성화와 동반성장을 위해 국산제품의 우선 적용과 국산화율 향상을 추진하기 위하여 정부, 지자체, 산업에서는 노력하고 있으며, 자국의 풍황 조건과 인프라를 활용하여 풍력산업을 진흥하기 위해 다양한 노력을 기울이는 것이 세계적인 추세이다.

국내 풍력산업에서 국산 기술을 활용할 수 있는 풍력 부품은 블레이드, 전력 케이블, 캐스팅 제품, 타워, 하부지지구조물 등이 있으며, 다른 부품들도 국산화 개발에 박차를 가하고 있다. 대표적인 대형 풍력터빈의 부품의 국산화 현황을 나타내고 있으며, 특히, 블레이드의 경우 설계/소재/제작/시험평가에 이르는 전 과정을 100% 국내 기술로 수행하고 있다.

초대형화되는 풍력터빈에서 핵심기술은 블레이드와 발전기 부분이다. 특히 Fig. 18.13 과 나타낸 것과 같이 블레이드는 대형화에 따라 탄소 블레이드의 개발과 활용이 불가피한 실정이며, 더 나아가 새로운 소재 개발과 획기적인 제작 공법의 개발이 시급한 상황이다. 또한 발전기도 혁신적인 기술 개발이 시급한 실정인데, 영구자석 동기발전기의 적용이 대세이긴 하지만, 해상풍력발전단지에서의 유지보수 문제와 발전기 대형화 이슈를 해결해야 될 것으로 판단된다.

Fig. 18.13 풍력발전시스템의 대형화 핵심기술

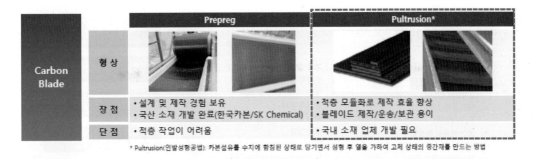

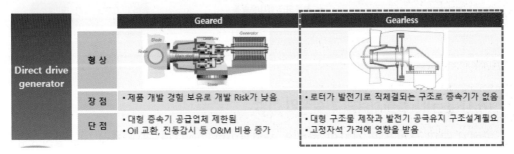

18.11.2 해상풍력단지 확대를 통한 국내 산업 활성화 기여

풍력 산업을 하고 있는 모든 국가는 풍력산업 활성화를 통해 국가의 기간산업을 활성화하고, 고용창출 및 투자를 확대하기 위한 노력을 지속적으로 하고 있다.

Fig. 18.14는 국내 해상풍력발전단지의 확대를 통한 국내 경제활성화 방안을 요약한 것이다. 국내 대규모 해상풍력발전단지 건설을 통해 해상풍력 클러스터를 구축하고, 배후 항만, 풍력터빈 조립장 및 풍력 부품 보관장 등 인프라를 구축하고, 이를 통한 일자리 창출 및 국내 기업 참여기회를 제공함으로써 풍력산업 활성화를 통해 국가 및 지역 경제 활성화를 달성할 수 있을 것으로 기대된다.

해상풍력발전단지 확대를 통한 국내 경제활성화 방안

18.11.3 국내 풍력시장의 현실적인 전망

앞에서 국내 풍력풍력 시장의 현황을 살펴보았다. 2023년 국내 풍력 신규설치용량은 169MW 였고, 2023년 국내 풍력 누적 설치 용량은 1.97GW였지만, 아직도 국내 풍력시장은 활성화되지 못하고 있는 실정이다.

Fig. 18.15는 전임 정부의 「신재생에너지 3020 이행계획」에 근거하여 2030년까지 전체 풍력설비 누적 설치 보급 목표 17.7GW(해상 13GW 이상)를 기준으로 연도별 보급 목표를 도시한 것이다. 국내의 산업 현황, 각종 지원 정책, 주민 수용성 등을 고려할 때 현실적목표는 훨씬 낮을 수 있다는 소극적인 전망도 나오는데, 지금까지 누적 설치량의 추세선을 따라가면, 2030년 누적 설치량은 3.6GW로 나타난다. 이런 결과가 현실로 나타나면 어떻게 될까? 우리나라의 주력 산업들은 신재생에너지를 공급받을 수 있는 국가로 이전할 것을 전망된다. 과거에 제조 단가를 낮추기 위해 값싼 노동력을 찾아 저임금국가로 공장을 이전하던 것과 유사한 형태가 진행될 것이다.

세계 각국은 탄소중립, RE-100, 탄소 국경세 등으로 대표되는 새로운 신재생에너지 중심의 국제질서에 대비하기 위해 신재생에너지 우선 정책을 펴고 있다. 곧 다가올 미래에는 신재생에너지 공급률 또는 확보율이 국가의 산업 및 무역의 핵심 지표가 되기 때문이다.

풍력 산업을 포함한 신재생에너지 산업은 정부의 정책에 매우 민감한 산업이다. 육상 풍력의 경우 그리드 패리티에 달성했다고는 하지만 아직도 자생하기 어려운 환경을 갖고 있는 걸음마 단계인 산업이고, 타 에너지원과의 경쟁이 쉽지만은 않다. 여전히 정부의 지원이 필요한 산업이다.

  우리 정부는 탄소중립 목표 달성을 위해 원자력에너지뿐 아니라 신재생에너지에 대해서도 지속적인 정책 지원을 해줄 것을 기대한다. 세계적인 「2050 탄소중립」시대의 일원으로 RE-100에 동참해야 하며, 장기적으로 보면, 여전히 풍력산업은 태양광과 함께 국내에서도 핵심적인 에너지원이므로 지속적으로 발전시켜 나가야 할 에너지분야이다.

Fig. 18.15 국내 풍력 시장 전망

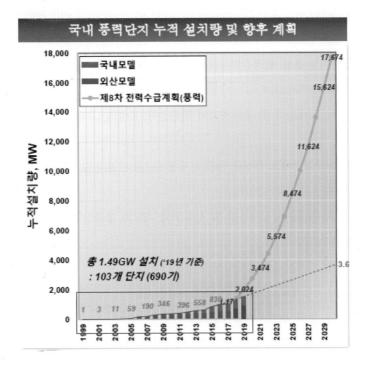

  국내 풍력터빈 제조사는 사업 규모가 작아 해외 경쟁사 대비 사업적 경쟁력이 취약하나, 기술 역량을 향상시키고 경쟁력을 확보하기 위해 노력하고 있다. 아울러 국내 모델의 유지보수 측면의 장점을 살려서 외산 모델과 경쟁력을 갖추려고 노력하고 있다. 이러한 국내 산업기반을 바탕으로 풍력산업 활성화를 통한 신재생에너지 확보 목표를 달성하기 위해 수출산업화 가능한 발전전략 수립, 국내 시장의 확대, 수용성 문제 해결 지원, 그리고 연구개발지원 등에 대한 정부의 노력이 계속될 것으로 기대된다.

참고문헌

1. Global Wind Energy Council(GWEC), Global Wind Report 2024(March 2024)

2. 산업현황, 설치현황, 한국풍력산업협회 홈페이지 자료(2024. 10. 20.)

3. 윤영, "주요국 신재생에너지 지원제도 현황 및 변화과정," 전기저널, 2021. 7. 12.

4. Toby D. Couture, et al., "A Policymaker's Guide to Feed-in Tariff Policy Design," NREL Report 44849, July 2010

5. 2015년 해외 전력시장 동향, 한국전력거래소, 2015. 12.

6. 전기저널(http://www.keaj.kr)

7. 영국 신재생에너지 정책분석 및 우리기업의 진출전략, Kotra Global Market Report 20-028, 2020. 12.

8. 김종완, 박상철, "의무할당제도 개선을 통한 신재생에너지 산업의 발전전략: 태양광, 풍력에너지 중심," 에너지공학, 제25권 제4호(2016)

9. 최용규 외, "국내외 해상풍력 정책동향 및 시장조사," 2020 경북산업정책동향 보고서, (재)경북테크노파크, 2020. 11. 20.

10. 대한민국 정책포털 정책브리핑 홈페이지

11. 재생에너지 3020 이행계획, 산업통상자원부, 2017. 12.

12. 새정부 에너지정책 방향, 관계부처합동 2022. 7. 5.

13. 이상준, "RE100 이행을 위한 우리나라 재생에너지 구매제도," Korea Carbon Forum 2019, 2019. 9. 5. 강원도 평창

14. Climate Group RE100 홈페이지(www.there100.org)

15. RE100 정보플랫폼, www.k-reqpp.or.kr

16. "2019년 RPS제도 운영 방향", "2019년도 에너지 수요관리 신재생 정책설명회", 한국에너지공단, 2019. 1.

17. 산업통상자원부 공고 제2023 - 098호, 2023. 1. 31.

풍력발전의 경제성

19.1 설비 가동률(operation ratio)

　설비 가동률이란 일반적으로 생산설비가 어느 정도 이용되는지를 나타내는 지표로서 사업체가 주어진 조건(설비, 노동, 생산효율 등)하에서 정상적으로 가동하였을 때 생산할 수 있는 최대 생산량(=생산능력)에 대한 실제 생산량의 비율(%)을 말하며 조업율(操業率)이라고도 한다.[1]

　설비 가동률이란 설비 운영의 효율성을 나타내는 지표로, 설비가 주어진 조건하에서 정상적으로 가동하였을 때 생산할 수 있는 최대 생산량에 대한 실제 생산량의 비율을 뜻한다.

19.2 설비 가동률, 이용률 및 발전량

　풍력발전에서 설비 가동률(availability)은 풍력발전기의 신뢰성에 대한 척도(대개 96% 이상)는 아래 식(19.1)과 같이 계산된다.

설비 가동률(%) = 연간가동시간(h)/ 연간시간(h) x 100%　　　　(19.1)

　풍력발전에서 설비 이용률(CF, Capacity Factor)은 풍력발전기의 전력 생산을 위한 발전

1　출처: 네이버 지식백과

설비의 생산성을 측정하는 척도(25~40%)로 식(19.2)와 같이 계산한다.

$$\text{설비 이용률}(\%) = \frac{\text{연간 발전량}(kWh)}{\text{정격출력}(kWh) \times \text{연간시간}(h)} \times 100\% \qquad (19.2)$$

연간 에너지생산량(AEP, Annual Energy Production)은 풍력발전기가 생산할 수 있는 연간 에너지생산량(연간 발전량)으로 아래와 같이 나타난다.

$$AEP = \sum (P(v) \times f(v) \times 8,760) \qquad (19.3)$$

$P(v)$: 풍속 v에서의 생산 전력

$f(v)$: 풍속 v가 될 확률

$$AEP = CF \times GS \times 8,760 \qquad (19.4)$$

CF: 설비 이용률

GS: 정격출력(kW)

어느 발전단지의 연간 전기생산량 예시를 Table 19.1에 나타내었다. 예시는 현재 제주 남부지역에 위치한 한경풍력단지(남부발전)의 설비 이용률을 나타내는 실제적인 데이터이다.

2007년의 경우에 1.5MW 발전기 4기가 생산한 전력량은 약 16GWh의 발전량이 있었고, 2008년부터는 추가로 설치된 3MW 풍력터빈 5기로 인하여 연간 발전량이 47.9GWh로 증가하였음을 알 수 있다.

우리나라 평균 1가구의 1개월 전력 사용량이 400kWh이라면 1년간 전력 사용량은 4,800kWh로 초기의 6MW(1.5MWx4기) 용량의 풍력발전기가 생산한 전력량은 1년 동안 3,300여 가구가 사용할 수 있는 전력량이 됨을 알 수 있다.

연도	발전량(GWh)	연평균풍속(m/s)	이용률(%)
2004	10.8	6.7	23.9
2005	18.7	7.4	35.6
2006	17.6	6.8	33.6
2007	16.0	6.6	30.5
2008	47.9	6.3	26.0
2009	52.0	6.7	28.3

Table 19.1 실제 풍력단지의 AEP와 이용율(CF)의 예시

참고: 1.5MW x 4기, 3MW x 5기(2007년 추가설치)

19.3 풍력터빈 가동률(availability)

가동률의 개념과 정의를 보면 가동률은 풍력터빈과 풍력단지의 운영 상태를 측정할 수 있는 중요한 성능지표로 발전사업자의 매출과 직접적인 관련이 있다.

가동률의 정의는 다양한 이해 당사자 간 합의된 공식으로 정의하여야 하며, 풍력터빈 공급계약(TSA, Turbine Supply Agreement)에 명확히 명시하고 있다. 풍력발전 사업에 관계되는 이해 당사자는 풍력터빈의 소유자, 발전사, 투자자, 운영사, 제조사, 컨설팅사, 규제기관, 인증기관, 그리고 등을 모두 포함한다.

가동률은 정의 기준과 관점에 따라서 네 가지로 구분한다. 각각의 가동률의 정의는 차이는 있지만, 다음의 Fig. 19.1의 IEC 61400-26 규정에서는 가동률 정의의 기본이 되는 동일한 정보 모델(TS IEC 61400-26-1(Part 1))에서 정의하고, TS IEC 61400-26-2에서는 정보 모델의 확장을 위하여 Layer의 개념이 활용된다.

Fig. 19.1 IEC 61400-26에서 규정하는 가동률 계산을 위한 고려 인자[1]

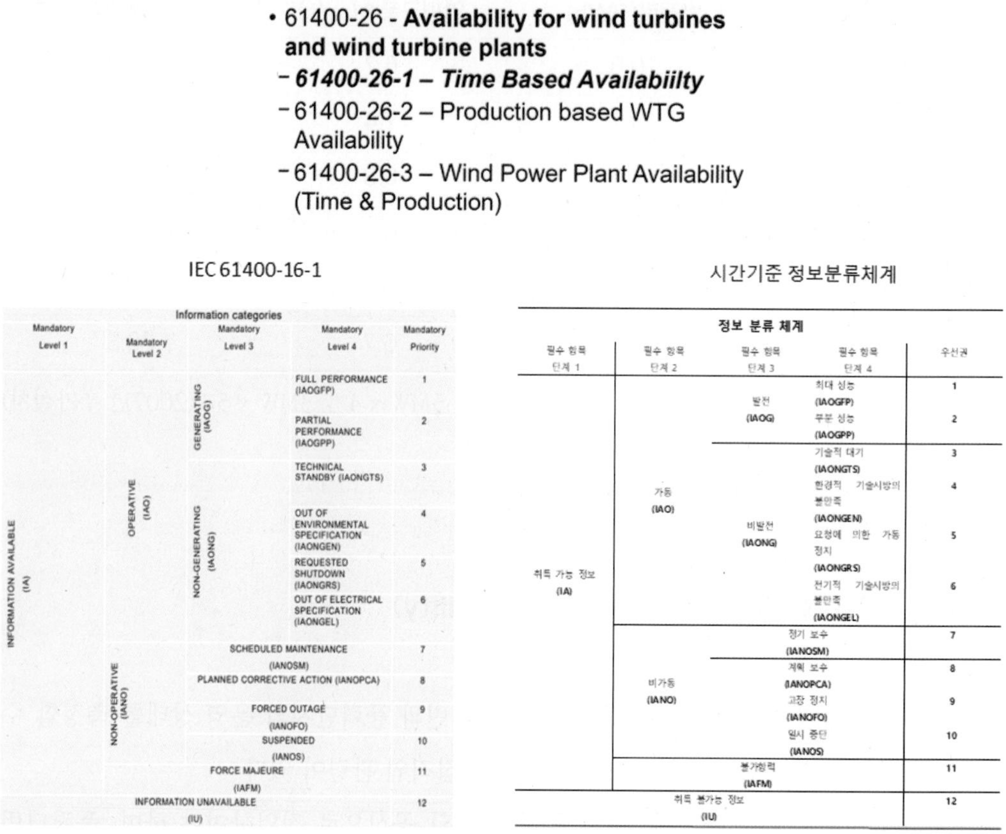

- 61400-26 - **Availability for wind turbines and wind turbine plants**
  - ***61400-26-1 – Time Based Availabiilty***
  - 61400-26-2 – Production based WTG Availability
  - 61400-26-3 – Wind Power Plant Availability (Time & Production)

IEC 61400-16-1

Information categories				
Mandatory Level 1	Mandatory Level 2	Mandatory Level 3	Mandatory Level 4	Mandatory Priority
INFORMATION AVAILABLE (IA)	OPERATIVE (IAO)	GENERATING (IAOG)	FULL PERFORMANCE (IAOGFP)	1
			PARTIAL PERFORMANCE (IAOGPP)	2
		NON-GENERATING (IAONG)	TECHNICAL STANDBY (IAONGTS)	3
			OUT OF ENVIRONMENTAL SPECIFICATION (IAONGEN)	4
			REQUESTED SHUTDOWN (IAONGRS)	5
			OUT OF ELECTRICAL SPECIFICATION (IAONGEL)	6
	NON-OPERATIVE (IANO)	SCHEDULED MAINTENANCE (IANOSM)		7
		PLANNED CORRECTIVE ACTION (IANOPCA)		8
		FORCED OUTAGE (IANOFO)		9
		SUSPENDED (IANOS)		10
	FORCE MAJEURE (IAFM)			11
INFORMATION UNAVAILABLE (IU)				12

시간기준 정보분류체계

정보 분류 체계				
필수 항목 단계 1	필수 항목 단계 2	필수 항목 단계 3	필수 항목 단계 4	우선권
취득 가능 정보 (IA)	가동 (IAO)	발전 (IAOG)	최대 성능 (IAOGFP)	1
			부분 성능 (IAOGPP)	2
		비발전 (IAONG)	기술적 대기 (IAONGTS)	3
			환경적 기술시방의 불만족 (IAONGEN)	4
			요청에 의한 가동 정지 (IAONGRS)	5
			전기적 기술시방의 불만족 (IAONGEL)	6
	비가동 (IANO)	정기 보수 (IANOSM)		7
		계획 보수 (IANOPCA)		8
		고장 정지 (IANOFO)		9
		일시 중단 (IANOS)		10
	불가항력 (IAFM)			11
취득 불가능 정보 (IU)				12

Table 19.2는 가동률의 정의 기준을 소유자냐 제조자냐의 관점에 따른 분류를 나타내고 있다.

Table 19.2 가동률의 정의기준 및 관점에 따른 구분

관점	정의기준	
	시간 기준	발전량 기준
풍력터빈 소유자	시간 기준의 운전 가동률	발전량 기준의 운전 가동률
풍력터빈 제조자	시간 기준의 기술 가동률	발전량 기준의 기술 가동률

가동률 정의 기준에 따른 차이점을 보면 가동률 정의에 따라 시간 기준 가동률과 발전량 기준 가동률로 구분할 수 있다. 시간과 발전량에 대한 지정과 분류 방법은 아래와 같다.

시간기준 가동률은 발전량에 관계없이 풍력터빈의 운전 시간만을 집계하여 산출한다. 산출 방법이 매우 쉬운 반면에 출력 제한(derated)과 성능 제한(degraded) 운전을 하여도 불이익이 없어 발전사업자 입장에서는 유용하지 않다. 따라서 시간 기준 가동률은 풍력터빈 제조사들이 선호하는 성능지수임을 알 수 있다.

발전량 기준의 가동률은 풍력터빈의 운전시간 중에서 잠재 발전량을 추정하고, 실제 발전량을 집계하여 산출한다. 발전량 기준 가동률은 풍력터빈 공급계약 항목 중의 하나로서 보증된 발전량을 만족하지 못할 경우에 불이익이 부과되는 방법이다. 산출 방법과 검증 방법이 매우 어려운 반면에, 출력 제한과 성능 제한이 모두 고려되어 발전사업자 입장에서 유용한 방법이며 발전량 기준 가동률은 풍력단지 운영자들이 선호하는 성능지수이다.

이러한 관점에서 Table 19.3은 가동률 정의에 따른 차이점을 비교하였다.

Table 19.3 가동률 정의에 따른 차이점

기준	시간 기준 가동률	발전량 기준 가동률
전세계 평균 가동률 수준	94~98%	터빈 공급 계약의 협상대상
가동률 산출방법	IEC 61400-26-1	IEC 61400-26-2
장점	계산 및 검증이 용이	Load Reduction 고려 (출력제한, 성능제한 포함)
단점	Load Reduction 미고려 (출력 제한, 성능 제한 제외)	계산 및 검증이 난해

19.4 가동률 관점에 따른 차이점

가동률 관점에 따라서는 운전 가동률과 기술 가동률로 구분하고 있다.

운전 가동률은 풍력단지 운영자 관점의 가동률이며, 풍력터빈의 발전과 직접 연관된 가동률을 측정한다.

기술 가동률이란 풍력터빈 제조사 관점의 가동률이며, 풍력터빈의 발전과 직간접 연관된 가동률을 측정하는 것이다. 가동률 계산은 19.2 단원의 정의 기준에 따라 Table 19.4와 같이 가동 가능 시간, 가동 불가능 시간, 그리고 계산 제외 시간으로 구분하여 수행한다.

Table 19.4 가동률 계산 기준

▲ : 가동 가능 시간에 포함 ▽ : 가동 불가능 시간에 포함 × : 계산에서 제외	필수 정보 분류 체계											
	최대성능 (IAOGFP)	부분성능 (IAOGPP)	기술적 대기 (IAONGTS)	환경적 기술 시방의 불만족 (IAONGRS)	요청에 의한 가동 정지 (IAONGRS)	전기적 기술 시방의 불만족 (IAONGEL)	정기 보수 (IANOSM)	계획 보수 (IANOPCA)	고장 정지 (IANOFO)	일시 중단 (IAMOS)	불가항력 (IAFM)	취득 불가능 정보 (IU)
운전 가동률	▲	▲	▽	▽	▽	▽	▽	▽	▽	▽	▽	×
기술 가동률	▲	▲	▲	▲	▲	▲	×	▽	▽	×	×	×

$$가동률 = 1 - 비가동률 = 1 - \frac{가동 \, 불가능 \, 시간 \, (발전량)}{가동 \, 가능시간 \, (발전량) + 가능 \, 불가능 \, 시간 \, (발전량)}$$

국외의 경우를 보면 영국의 풍력기관인 ORE Catapult에서는 아래와 같이 계산한다. 즉 발전량 기준 가동률(PBA, Production Based Availability)은 Fig. 19.2와 같이 실제 에너지 생산량을 예상 생산량으로 나눈 값으로 정의하고 있다.

Fig. 19.2 발전량 기준 에너지 가동률의 정의[2]

Production Based Availability

Availability measurements are concerned with fractions of time and energy a unit is capable of providing generation.

[IEC TS 61400-26-2]

$$\text{Production - based availability} = 1 - \frac{\text{Lost production}}{\text{Actual energy production} + \text{Lost production}}$$

Lost production = Potential energy production − Actual energy production

Rearranging, $$PBA = \frac{Actual\ Energy\ Production}{Potential\ Energy\ Production}$$

(Normally quoted as a percentage)

PBA는 Fig. 19.3과 Fig. 19.4와 같이 실제로 사정에 의하여 에너지 생산이 중단된 양을 제외한 실제 에너지 양을 고려한 가동률이다.

Fig. 19.3 에너지 생산량 기준 가동률 계산의 예시[2]

Production Based Availability

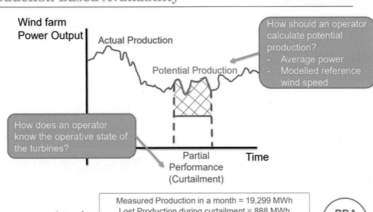

$$PBA = \frac{Actual}{Potential}$$

Measured Production in a month = 19,299 MWh
Lost Production during curtailment = 888 MWh

Therefore, Potential Energy Production = 20,187 MWh
PBA = 19,299/20,187 = 0.956

PBA 95.6%

Fig. 19.4 부정확한 정보, 부분 가동, 정지 등으로 에너지 손실을 고려한 가동률[2]

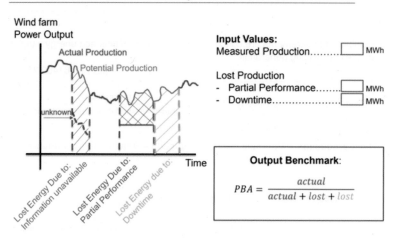

19.5 성능지수 동향

19.5.1 국내 가동률 활용

국내 풍력발전단지에서의 가동률에 대한 계약 내용은 일반적으로 아래 식(19.5)와 같이 적용하고 있다.

$$가동률 = \frac{(최대 운전 가능 시간 - 고장정지 기간)}{최대 운전 가능시간} \times 100\% \qquad (19.5)$$

* 단지 가동률은 각 turbine의 가동률을 산출 후 전체 turbine에 대한 평균값으로 평가

최대 운전 가능 시간은 1년 기준으로 365일 중에서 계획정비시간(각 풍력터빈당 최대 168시간 내외이며 정비 시작 3일 전까지 풍력터빈 운전기관의 승인을 받는 경우에 한함)을 제외한 시간을 말한다.

고장 정지시간이란 공급 설비의 설계, 제작, 공급 관리, 그리고 설치상의 결함 등으로 터빈 자체의 결함으로 발생된 정지 시간이다.

단지, 예외적인 사항으로 낙뢰나 천재지변 등으로 터빈 공급자의 과실이 없는 사유로 고장이 발생한 경우(터빈 공급자의 책임으로 과실 없음을 증명)와 터빈 운전기관 또는 전력거래소의 요청에 따라 정지한 경우에는 고장 정지시간에서 제외한다.

19.5.2 국내 가동률 정의

앞 단원에서 알아본 국내 풍력발전단지에서 가동률의 정의에서 가동률의 계산기준이 발전량이 아닌 시간을 기준으로 하는 점에서 국내 풍력발전단지에서의 가동률은 시간 기준의 가동률 계산 방법임을 알 수 있다. 운전 시간과 가동 불가능 시간을 풍력터빈 내부의 관점에서 접근하였고, 풍력터빈 외부의 환경에 대한 언급 또는 고려가 없는 점으로 보아 풍력터빈 운전 가동률로 고려하였음을 알 수 있다.

국내 풍력발전단지에서의 가동률은 IEC 61400-26 기술표준에 의거 아래와 같이 분류된다.

국내 가동률 계산의 정의와 IEC 61400-26-1 시간 기준의 풍력터빈 발전가동률 정의를 비교한 결과는 아래 Table 19.5와 같다.

Table 19.5 국내 풍력 발전단지와 IEC 61400-26-1 운전 가동률 정의 비교

국내 풍력 발전단지	IEC 61400-26-1(part 1) 시간 기준의 풍력터빈 운전 가동률
$\dfrac{\text{최대 운전 가능 시간} - \text{고장 정지 시간}}{\text{최대 운전 가능 시간}}$	$\dfrac{\text{가동 가능 시간}}{\text{가동 가능 시간} + \text{가동 불가능 시간}}$

가동률의 정의에서 분자 항을 비교하면,

　최대 운전 가능시간 - 고장 정지시간 = 가동 가능시간
　최대 운전 가능시간 = 가동 가능시간 + 고장 정지시간

가동률의 정의에서 분모 항을 비교하면,

최대 운전 가능 시간 = 가동 가능 시간 + 가동 불가능 시간

따라서 최대 운전 가능 시간으로 정리하면,

최대 운전 가능 시간 = 가동 가능 시간 + 고장 정지시간

최대 운전 가능 시간 = 가동 가능 시간 + 가동 불가능 시간

가동 가능 시간 + 고장 정지시간 = 가동 가능 시간 + 가동 불가능 시간

따라서 고장 정지시간 = 가동 불가능 시간임을 추측할 수 있다.

Table 19.6 국내 운영사례와 국제표준과의 차이 분석

	국내 풍력 발전단지	IEC 61400-26-1(Part 1) 시간 기준의 풍력터빈 운전 가동률
가동 가능 시간	발전-최대 성능 발전-부분 성능 환경적 기술 시방의 불만족-잔잔한 바람 불가항력 요청에 의한 가동 정지	발전-최대 성능 발전-부분 성능 환경적 기술 시방의 불만족-잔잔한 바람
가동 불가능 시간	고장 정지	기술적 대기 환경적 기술 시방의 불만족-다른 환경 요소 정기 보수 계획 보수 고장 정지 일시 중단
계산에 포함되지 않는 시간	정기 보수	요청에 의한 가동 정지 전기적 기술 시방의 불만족 불가항력 취득 불가능 정보

19.5.3 국내 운영사례와 국제표준과의 차이점

IEC 61400-26-1(Part 1)에서 정의된 시간 기준의 풍력터빈 운전 가동률과 국내 풍력발전단지에서의 가동률 비교 결과는 아래 Table 19.6과 같다.

고딕체는 IEC 61400-26-1(Part 1)에서 정의한 분류체계와 차이가 있다.

파란색 글씨는 IEC 61400-26-1(Part 1)에서 정의된 분류체계이나 국내 가동률에서는 정의되지 않은 정보 분류 체계들이다.

19.5.4 국내 가동률의 특징

국내 가동률의 특징을 요약하면 정보 분류체계가 세분화되지 못하고 있어 가동률 평가 기준에 오류의 위험이 존재한다.

국내 가동률 정보 분류체계는 IEC 61400 기술표준에서 정의된 분류체계와 비교할 때 세부 항목에 대한 정의가 필요하다. IEC 61400-26-1(Part 1) 기술표준에서는 시간의 지정과 우선권의 정의가 명확하게 정의되어 있는데 반하여, 국내 가동률 정보 분류체계는 시간의 지정과 우선권의 정의가 불명확하여 풍력단지 간 가동률 산출기준에 차이가 있다.

국내 가동률 정보 분류체계에는 고려되지 못한 정보 분류체계가 존재한다.

이는 고장정지 분류체계를 제외한 모든 정보 분류체계가 가동 가능 시간으로 합산되거나 계산 항목에서 제외될 수 있다는 오해를 유발할 수 있으며, 이는 가동률을 평가할 때, 오류가 발생할 수 있는 위험이 있다.

19.5.5 국외 가동률 활용

풍력터빈 컨설팅사들에서는 가동률 동향에 관한 연구가 이루어지고 있고 해외 풍력터빈 컨설팅사인 DNVGL(구 Garrad Hassan)에서는 전 세계적으로 통용되는 가동률 동향에 관한 연구를 수행하기도 한다. 가동률 동향에 사용된 가동률의 정의는 시간 기준의 시스템 운전 가동률이며, 연구결과로 가동률에 대한 중요한 사항이 아래 Table 19.7과 같이 5가지 특성을 도출한다.

Table 19.7 가동률을 정의하는 중요인자

중요 인자	특성
풍력발전단지의 연간 가동률 통계 분석	평균 96%
시간의 경과에 따른 가동률 변화 경향	시간의 경과와 함께 가동률 증가
풍력터빈의 용량과 가동률의 관계	관계 없음
풍력발전 단지의 크기와 가동률의 관계	관계 없음
풍속과 가동률과의 관계	관계 없음

풍력발전단지의 연간 가동률 통계 분석 결과를 Fig. 19.5와 같은 예시에서 보면 가동률 평균값은 96.1%이고 50% 이상의 풍력발전단지에서 97.1% 이상의 터빈 운전 가동률을 보이고 있다.

Fig. 19.5 시스템 가동률의 연평균 분포[2]

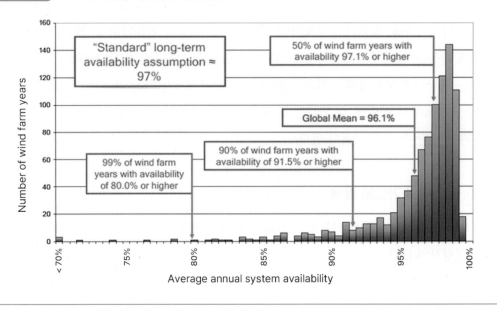

시간의 경과에 따른 가동률의 변화 경향을 보면 Fig. 19.6과 같이 가동 초기에 발생하는 조기(早期) 결함들을 해결해 가면서 가동률은 증가하는 경향을 보인다. 이 그림에서 두 번째 y축은 풍력발전단지가 10년간 설치된 숫자를 나타낸다.

Fig. 19.6 **시간의 경과에 따른 가동률 변화 경향**

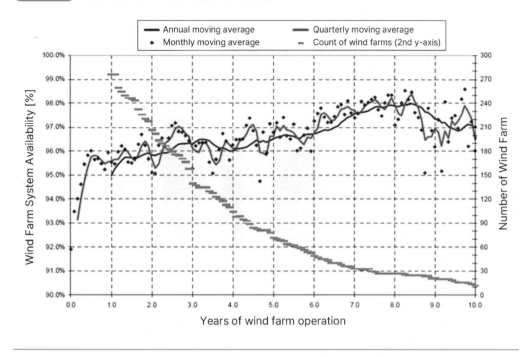

풍력터빈의 용량과 가동률의 관계를 알아보면 큰 용량의 풍력터빈에서 조기 결함으로 인하여 운전 초기에는 낮지만, 시간이 지남에 따라 그 격차가 감소함을 Fig. 19.7에서 보이고 있다.

풍력발전단지의 크기와 가동률(Fig. 19.8)의 관계를 보면 운전 초기에는 큰 풍력발전단지에서 가동률이 낮지만, 시간이 지남에 따라 큰 풍력발전단지에서 가동률이 더 높아짐을 알 수 있고 풍력터빈의 용량과 풍력발전단지의 크기는 가동률과 무관함이 나타난다.

풍속과 가동률과의 관계는 Fig. 19.7에서 알아볼 수 있는데, 풍속과 가동률은 연관성이 비교적 낮음을 알 수 있다. 이는 시간 기준의 가동률의 특성으로 볼 수 있다. 풍속에 따라 가동률이 변화하며 이 특징은 발전량 기준 가동률의 특성으로 볼 수 있고 저풍속에서는 낮은 가동률을 보이고 고풍속에서는 높은 가동률 특성을 나타낸다.

Fig. 19.7 터빈 용량과 가동률과의 관계

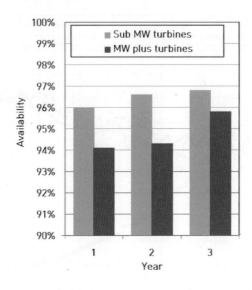

Fig. 19.8 풍력발전단지의 크기와 가동률과의 관계

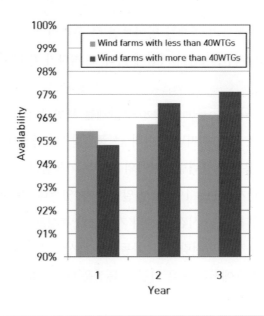

국제적으로 풍력터빈 제조사 간의 경쟁이 치열해 짐에 따라 발전사업자에게 유리한 가동률을 제시하는 경우가 있다. 해외 풍력터빈 제조사인 GE사에서는 2012년부터 풍력터빈의 유지보수 서비스 항목의 하나로 PBA(Production-Based Availability), 즉 발전량 기준의 가동률 보장 서비스를 제공하기로 결정하였으며, 향후 국내 풍력터빈 제조사도 판매 전략에 대하여 진지하게 고려할 필요가 있음을 시사하고 있다.

　　GE사의 주장에 따르면 시간 기준의 가동률은 풍력발전단지의 풍속과 무관하게 일정한 가동률로 나타난다고 한다. 반면에 실제 발전량을 이용한 가동률은 고풍속에서의 가동 불가능 시간과 저풍속에서의 가동 불가능 시간을 차별하여 풍력터빈 사용자의 입장에서 정확한 가동률을 보장하고자 한다. 이러한 내용은 Fig. 19.9의 GE사의 안내 책자에 자세히 나타나 있어 참고로 수록하였다.

Fig. 19.9 해외 제조사(GE사)의 가동률 관계 제안 사항[3]

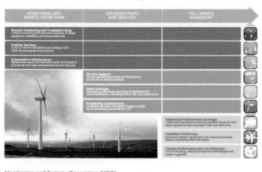

- 시간 기준 이용률 보증은 풍력단지가 1년 8,760시간 터빈 운영에서 보증됨
- 1시간의 미가동율은 바람의 유무에 관계없이 같은 영향을 줌
- GE의 발전량 기준 가동률 보증은 실제 터빈 발전에서의 이용률에 중점을 두어 고풍속에서 1시간의 미가동은 바람이 없을 때 시간보다 크게 보증함

이상과 같은 내용을 통하여 가동률에 대하여 정리해 보면, 국내 풍력산업의 가동률 정보 분류체계가 현재 수준보다 정교하게 세분화되고, 명확하게 정의되어 손해배상과 직접적으로 연관된 가동률의 불확도를 낮추어야 할 필요가 있다. 아울러 가동률의 불확도를 낮추기 위하여 발전량 기준의 가동률 사용도 고려해야 한다. 국내 풍력산업의 가동률 정보 모델이 고려하지 못한 정보 분류체계를 정비하여 풍력터빈과 풍력발전단지의 다양한 상황에 대응하고 준비가 필요하다. 풍력터빈 운전 가동률은 풍력터빈 사용자와 제조사 간의 계약 내용에 따라 정보 모델이 변경될 수 있고, 이러한 특성으로 표준화되지 못하여 풍력발전단지 프로젝트의 성능은 평가지표가 되기 어려워 국내 풍력발전단지에서도 시스템 운전 가동률의 도입이 필요하다.

 ## 19.6 이용률(CF, Capacity Factor)

풍력터빈 이용률이란 앞에서 언급하였듯이 일정 기간 풍력터빈의 총발전량을 같은 기간에 정격출력으로 운전하여 생산이 가능한 발전량의 비율을 나타내며 이미 위의 식(19.2)에서 나타낸 바 있고 편의를 위하여 식(19.6)으로 다시 나타내었다.

$$CF = \frac{연간\ 발전\ 전력량(kWh)}{정격출력(kW) \times 24(hr/일) \times 365(일/년)} \tag{19.6}$$

풍력터빈이나 단지의 발전량(전력량)은 연평균 풍속에 비례하므로 단지가 위치하는 지역에 따라 차이가 있다. 간단한 비교를 위하여 국내와 국외의 경우에 비교한 사항을 Fig. 19.10과 Table 19.8에 나타내어 보았다.

Fig. 19.10 | 국내의 지역별 풍력단지 발전 효율(이용률)

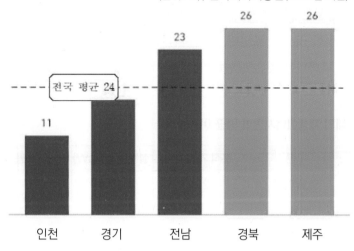

(단위: %), 한국에너지공단(2020년 기준)

Table 19.8에 보는 바와 같이 풍력 선진국들이 있는 유럽의 각국의 이용률이 높음을 알 수 있다. 특히 영국의 높은 이용률은 지정학적으로 바람이 풍부한 지역의 특성을 반영하고 있다. 남부 유럽으로 갈수록 이용률이 낮은 것은 같은 이유로 볼 수 있다. 북동 아시아지역에 있는 일본도 낮은 이용률을 보이고 있다.

Table 19.8 | 지역(국가)별 이용률

국가	CF(%)
영국	33.9
덴마크	31.9
포르투갈	26.1
스페인	24.5
독일	22.3
이태리	18.7
일본	19.9

또한 타 에너지원과의 이용률 비교도 관심이 있을 것으로 보여 아래 Table 19.9와 Fig. 19.11과 Fig. 19.12에 정리하였다.

풍력발전의 이용률은 태양광보다 높게 나타나고, 25.1%에 이르는 것은 비교적 풍황이 우수한 지역을 분석한 것으로 보인다. 에너지원이 더 안정적인 수력이나 연료전지, 원자력 보다는 훨씬 낮게 나타나는 것은 당연하다.

Table 19.9 국내의 재생에너지원별 평균 이용률

전원	구분	분석 개소	설비 용량(MW)	평균 이용률(%)
태양광	3kW이상	32	28.6	15.3
풍력	10kW이상	6	162	25.1
수력	발전전용	14	29	44.2
	다목적용	18	16	54.9
매립지가스	20MW 이상	1	50	81.4
	20MW 미만	8	19	38.5
바이오가스	150kW 이상	1	2.12	15.2
연료전지	200kW 이상	1	0.25	89.5
합계		81	306.97	

Fig. 19.11 신재생에너지와 원전의 이용률

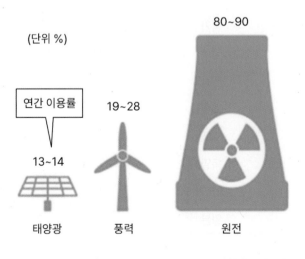

(단위 %)

80~90

연간 이용률

19~28

13~14

태양광   풍력   원전

Fig. 19.12는 미국의 다양한 에너지원과 풍력발전의 이용률을 비교한 그림이다. 안정적인 원료의 공급이 가능한 원자력, 화석연료, 지열 등은 더 높은 이용률을 보이고 있으며 천연가스는 비싼 연료이므로 사용량이 제한적이므로 낮은 이용률을 보여주는 예시이다.

Fig. 19.12 에너지 원별 이용률(CF)의 비교[4]

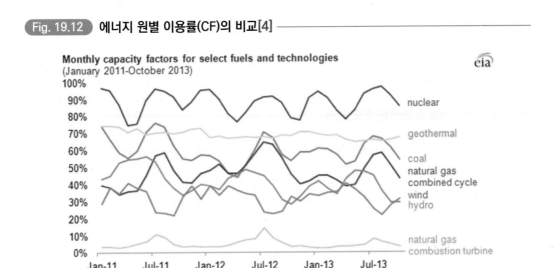

 19.7 풍력발전 비용

19.7.1 LCOE(Levelized Cost of Energy-균등화발전비용) 개념

LCOE는 발전설비 수명기간 동안에 불규칙적으로 발생하는 모든 비용과 발전량을 화폐의 시간적 가치를 고려하여 일정한 시점으로 할인하고 연도별로 균일하게 나타낸 단위 가격(₩/kWh)으로 정의한다.

LCOE를 계산하는 목적은 조건이 각기 다른 발전원에 대한 발전단가를 산정하고 비교하기 위함이다. LCOE의 산정 범위는 일반적으로 발전 설비 소유자가 부담하는 비용을 기반으로 산정하며 계산식은 발전 설비가 갖는 총비용의 현재 가치를 총발전량의 현재 가치로 나누는 것이다.

19.7.2 LCOE 계산 방법

발전설비 비용의 현재 가치를 발전량의 현재 가치로 나누어 산출한다. LCOE는 발전소 단위, 전력시스템 단위, 그리고 사회적 단위로 확대하여 계산이 가능하다.

전력시스템 단위 비용은 발전소 단위 비용에 송배전망 비용을 포함하며, 사회적 단위는 사고위험 비용과 환경 비용 등의 외부 비용을 비용요소에 포함할 수 있다. 참고를 위하여 주요 용어를 요약하여 보면 Table 19.10과 같다.

Table 19.10 비용과 관련된 주요 용어

명칭	특징
개발비용 (DevEx), (CapEx)	풍력단지를 건설하기 위해 필요한 엔지니어링 비용 Development Expenditure, Capital Expenditure
운영비용 (OpEx)	풍력단지의 상업 발전을 위해 필요한 운영비용 Operation Expenditure
발전수익	풍력단지의 상업 발전 매전 수익
성능지수 (Performance Indicator)	풍력터빈 및 풍력단지의 설계 성능과 실제 성능을 비교하는 척도
가동률 (Availability)	풍력터빈 및 풍력단지의 운전과 관련된 성능지수 시간 또는 발전량 기준의 성능평가 척도
성능 곡선 (Power Curve)	풍력터빈의 출력성능과 관련된 성능지수 전력 생산량을 풍속의 함수로 나타내는 방법

LCOE(균등화 발전비용, 혹은 평준화 에너지비용)를 산정하기 위한 산정식의 예를 들면 아래 식(19.7)과 같다.

$$LCOE = \frac{\text{초기투자비} + \sum_{t=1}^{\text{발전기수명}} \dfrac{\text{운영유지비}_t + \text{연료비}_t}{(1 + \text{할인율}_t)^t}}{\sum_{t=1}^{\text{발전기수명}} \dfrac{\text{발전량}_t}{(1 + \text{할인율}_t)^t}} \tag{19.7}$$

식(19.7)에 나타난 각 인자의 정의는 아래와 같다.

초기 투자비	발전설비(터빈, 모듈 등)건축물·부대시설비 등 직접적인 발전소 건설 비용과 설계비·인허가비 등 간접비용, 부지 비용 및 예비비 등을 포함
유지 운영비	발전소 운영에 필요한 인력·품질·토지관리, 소모품 및 검사비용
발전량	신재생 발전의 경우 동일한 설비 용량이라도 일사량 풍속과 같은 자연조건에 영향을 받는 설비 이용률에 따라 발전량 차이 발생
연료비	발전을 위해 소모되는 연료(석탄, 가스, 우라늄 등)의 비용, 재생발전원의 경우 '연료비 = 0' 적용
할인율	미래의 비용과 편익을 현재 가치로 환산하기 위해 적용

* 발전기가 일정 기간 최대 출력으로 연속 운전 시 생산 가능한 전력량에 대한 실제 전략 생산량의 비율

발전소 단위 비용 (기초적 LCOE 분석 범위)	• 자본 비용(초기 투자비) • 연료 비용 • 운영유지 비용(고정비 및 변동비)
전력시스템 단위 비용	• Grid Cost: 계통망 비용(망 이용료 및 접속 비용) • Balancing Cost: 계통 수급 안정화 비용(예비력 비용) • Profile Cost: 백업 설비 비용, 출력 제한(Curtailment) 보상 비용 등
사회적 단위 비용	• 온실가스 배출로 인한 사회적 비용 • 비·온실가스 오염 영향 • 자연경관 및 소음 영향 • 생태계 및 생물 다양성에 대한 영향 • 방사능 배출 관련(원전사고 위험 관련) 외부 비용 등

풍력을 비롯한 발전사업의 사업성을 평가하는 가장 보편적인 방법으로 LCOE(Levelized Cost of Energy)평가법이 가장 많이 사용되며, LCOE의 산출을 위해서는 아래의 세 가지 기본적인 요소가 필요하다.

- CapEx(Capital Expenditure): 풍력단지 건설에 투입되는 개발 비용
- OpEx(Operational Expenditure): 풍력단지 운영에 투입되는 비용
- AEP(Annual Energy Production): 연간 발전량 매출액

식(19.7)에서 표현한 식을 파라미터로 다시 나타낸 식은 (19.8)과 같이 문헌에서 자주 사용된다.

$$LCOE = \frac{비용}{수익} = \frac{\sum_{t=1}^{n} \frac{I_t + M_t}{(1+i)^t}}{\sum_{t=1}^{n} \frac{E_t}{(1+i)^t}} \tag{19.8}$$

여기에서 변수들은

L_t : t년도의 CapEx

M_t : t년도의 OpEx

E_t : t년도의 연간발전량

i : 할인율

n : 단지의 경제수명

등을 나타낸다.

2020년을 기준으로 국가별로 제시된 신재생에너지 분야의 LCOE 비교를 보면 Fig. 19.13과 같다. 많은 국가에서 태양광과 풍력발전의 경제성이 충분한 수준에 도달하고 있으나 아직도 국내에서는 신재생발전의 경쟁력은 전통 화력발전과 비교하여 여전히 부족한 점이 있다.

Fig. 19.13 국내외 재생에너지원의 LCOE 간략 비교

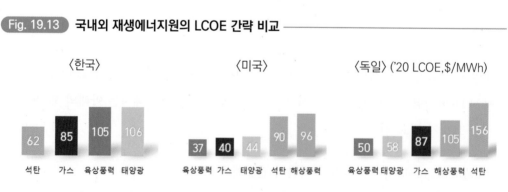

〈한국〉　　　　〈미국〉　　　　〈독일〉('20 LCOE,$/MWh)

* 본 보고서에서 인용한 BNEF의 LCOE 수치는 중간(mid)값 기준

세계적으로 태양광과 육상풍력의 LCOE는 평균 $50/MWh 이하 수준으로 세계인구의 2/3, GDP의 72%, 전력소비량의 85%를 차지하는 국가들의 가장 저렴한 전원이다. Fig. 19.14에서 보면 세계평균은 태양광(고정식)은 $50/MWh, 육상풍력은 $44/MWh, 그리고 해상풍력은 $78/MWh이다.

Fig. 19.14 세계 재생에너지 발전 LCOE와 특징

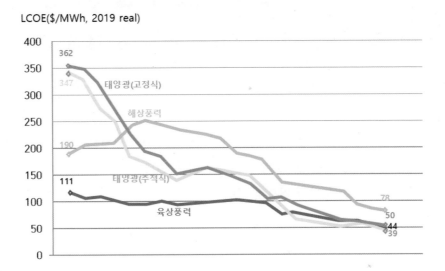

태양광	'19년 하반기 대비 평균 4% ↓, PV 프로젝트 규모 지속 증가 (평균 6MW, '10년 →27MW, '20년)
육상풍력	'15년 이후 최대 하락 (터빈 대형화, 가격하락에 따라 '19년 하반기 대비 평균 9%↓)
해상풍력	시장 지속 확대 중(프로젝트 수, 규모↑) 2030년까지 14% 하락 전망($38~90/MWh)

우리나라의 신재생에너지 중에서 태양광, 육상풍력, 그리고 해상풍력의 LCOE를 타 국가와 비교한 사항을 인용해 보면 Fig. 19.15와 같다.

Fig. 19.15 **국가별 해상풍력 LCOE 비교**

(한국) 태양광 ＄160/MWh, 육상풍력 ＄105/MWh(세계 평균 대비 약 2배)

〈태양광〉　　　　　　　〈육상풍력〉　　　　　　〈해상풍력*〉 (＄/MWh)

* 우리나라 해상풍력 LCOE는 2018년 산업조직학회 연구결과인 202.9/kWh를 2017년 평균 환율
1130.96/달러를 적용해 변환한 수치

아울러 전통적인 발전원의 LCOE를 비교하야 Fig. 19.16에 나타내었다. 세계적으로 일본 등 아시아를 중심으로 석탄 LCOE가 낮은 수준이나, 2025년 경에는 신재생에너지가 그리드 패리티(grid parity)에 도달할 것으로 전망된다.

Fig. 19.16 **전통 발전 LCOE의 비교**

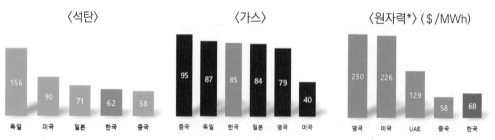

〈석탄〉　　　　　　　　〈가스〉　　　　　　〈원자력*〉 (＄/MWh)

* 우리나라 원자력 LCOE는 2018년 산업조직학회 연구결과인 76.6원/kWh를 2017년 평균환율
1130.96원/달러를 적용해 변환한 수치

화력발전의 LCOE 평균은 석탄이 $61/MWh이고 가스는 $70/MWh이다. 우리나라의 경우에는 석탄발전이 $62/MWh이고 가스발전이 $85/MWh 정도로 세계의 평균 수준이다.

우리나라의 신재생에너지의 LCOE가 하락하는데 장애가 되는 요인으로는 태양광과 풍력의 높은 LCOE가 높은 CAPEX에서 기인한다고 분석하고 있다(Fig. 19.17 참고). 국내의 LCOE에 CAPEX가 미치는 영향은 태양광은 70%, 풍력은 53% 수준으로 조사되고 있어 세계 최저 수준과 비교할 때 약 2배 이상의 차이를 보이고 있다.

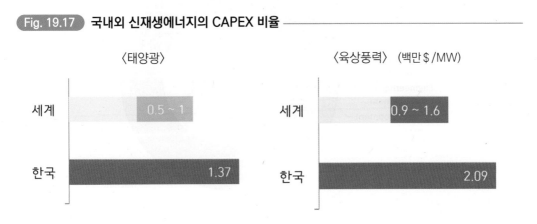

Fig. 19.17 국내외 신재생에너지의 CAPEX 비율

〈태양광〉

세계   0.5 ~ 1

한국   1.37

〈육상풍력〉 (백만$/MW)

세계   0.9 ~ 1.6

한국   2.09

* 비교 국가 중 일본만이 한국보다 높은 수준(태양광: 1.7백만$/MW, 육상풍력: 2.5백만$/MW)

19.7.3 개발비용 분석

풍력단지 개발비용의 전체구성은 Fig. 19.18과 Fig. 19.19와 같이 풍력터빈(wind turbine cost), 보조설비(balance of system), 그리고 금융비용(financial cost)으로 구성된다. 육상풍력단지의 경우에 풍력터빈의 비중이 높고, 해상풍력단지의 경우에는 보조설비 비중이 높다. 해상풍력단지에서 보조설비의 비중이 높은 이유로는 터빈 하부구조물의 비용이 높기 때문이다.

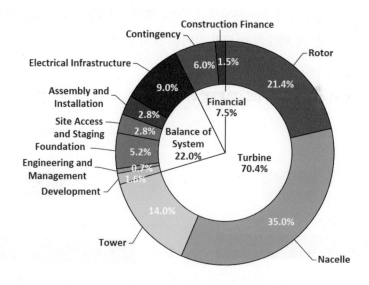

Fig. 19.18 육상풍력단지 개발비용 분석[5]

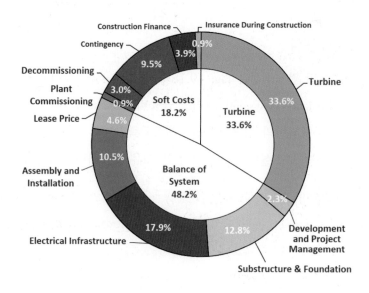

Fig. 19.19 해상 풍력단지 개발비용 분석[5]

일반적인 5MW급 하부구조물의 경우 800톤 이상의 고중량 구조물로서 제조, 운송, 그리고 설치에 많은 비용이 소요된다.

19.7.4 운영비용(OPEX) 분석

풍력단지 운영비용의 전체 구성은 Fig. 19.20과 같이 복잡하고 다양한 항목들을 포함하고 있으며 수많은 항목 중에서 풍력터빈과 보조설비의 유지보수 비용의 비중이 높고 중요하다.

Fig. 19.20 풍력단지 운영비용 분석[6]

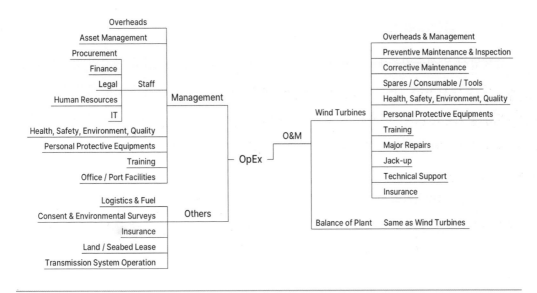

Fig. 19.21 해상풍력 운영전략별 유지보수 비용의 변화[7]

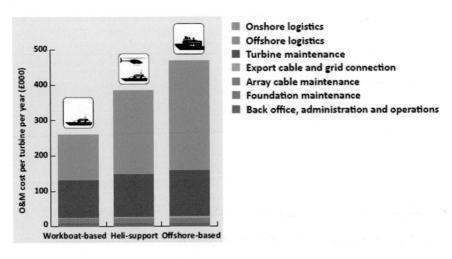

특히 해상풍력의 경우에는 육상풍력과 달리 유지보수 선박 운영비용이 추가되기 때문에 구성 비율 면에서 육상풍력과는 매우 다르다. Fig. 19.21과 같이 선박 운영전략에 따라 유지보수 비용이 크게 변화함을 알 수 있다. 해상풍력단지가 근해인 경우에는 유지보수 작업 선박을 이용하는 것이 효과적이며, 해상단지의 거리가 멀어질수록 작업 선박을 이용하는 것보다 헬리콥터 또는 해상작업 전문 대형선박을 이용하는 것이 효과적이다.

19.7.5 발전수익 분석

풍력단지 발전수익은 Fig. 19.22에 나타난 풍력터빈의 성능곡선과 단지의 풍황으로 결정된다. 풍력단지의 연간 풍속분포도와 풍력터빈의 성능곡선을 이용하여 계산하면, 터빈과 풍력단지의 연간 발전량을 추정할 수 있다. 실제 누적 발전량과 비교하여 풍력터빈과 풍력단지의 성능을 판단할 수 있다.

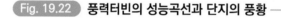

Fig. 19.22 풍력터빈의 성능곡선과 단지의 풍황

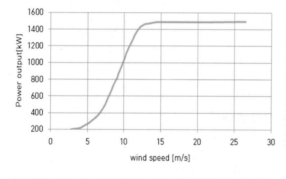
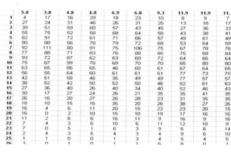

Fig. 19.23 **연간 발전량 추정 예시와 풍력단지의 풍황**

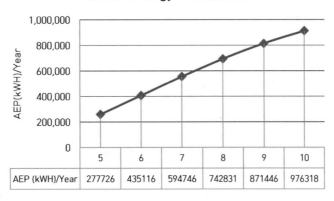

Wind Speed(m/s)	5	6	7	8	9	10
Energy(kWH)	277726	435116	594746	742831	871446	976318

Fig. 19.23은 어떤 풍력단지의 풍황에 따른 연간 발전량의 추정을 나타내고 있다. 출력 (성능)곡선을 알고 있으면 측정된 풍속으로 연간 에너지생산량(AEP)을 계산할 수 있다. 연간 에너지생산량은 4m/s, 5m/s, 6m/s, 7m/s, 8m/s, 9m/s, 10m/s, 11m/s의 평균풍속에 대하여 아래 식(19.9)를 이용하여 계산한다.

$$AEP = N_h \sum_{i=1}^{N} [F(V_i) - F(V_{i-1})] \left(\frac{P_{i-1} + P_i}{2} \right) \tag{19.9}$$

여기에서

AEP : 연간 에너지 생산량

N_h : 연시간~8760

N : 풍속 구간의 수

V_i : i번째 풍속 구간에서의 표준화된 평균풍속

P_i : i번째 풍속 구간에서의 표준화된 평균출력

그리고 $F(V)$는 식(19.10)과 같다.

$$F(V) = 1 - \exp\left[-\frac{\pi}{4}\left(\frac{V}{V_{ave}}\right)^2\right]$$ (19.10)

여기에서

$F(V)$: 풍속에 대한 Rayleigh 누적 확률분포 함수

V_{ave} : 허브 높이에서의 연평균풍속

V : 풍속

연간 발전량의 추정값과 실측값 사이에는 차이가 발생할 수 있으며, 큰 차이를 발생할 수 있는 항목은 아래와 같다.

- 풍력터빈의 가동률
- 풍력터빈 제어시스템 오작동
- 풍력터빈 풍황 센서 결빙 등
- 풍력터빈 블레이드의 결빙과 오염
- 풍력터빈 후류에 의한 난류강도 증가

19.7.6 발전단가 저감 전략

발전사업의 경제성을 확보하기 위해서는 수익을 향상하고, 비용을 절감하여 발전단가를 저감해야 한다. 발전단가를 구성하는 요소는 Fig. 19.24와 같고 여기서 발생하는 발전단가를 저감하기 위한 주요 고려사항들은 아래와 같다.

Fig. 19.24 **풍력산업 발전단가(LCOE) 구조**

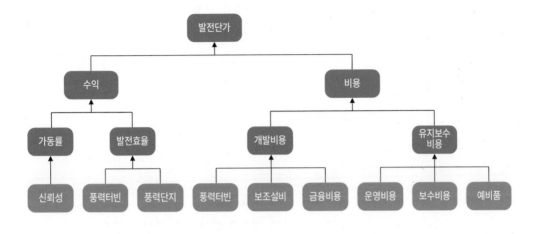

- 발전단가 저감을 위한 주요 고려사항
  - 풍력터빈과 보조설비의 신뢰성을 향상하여 가동률 향상
  - 풍력터빈과 단지의 운영전략 최적화를 통해 출력효율(출력계수, Power Coefficient, C_p)향상
  - 풍력터빈과 보조설비의 원가 경쟁력 확보
  - 풍력단지 건설과 설치비용 최적화
  - 유지보수 전략과 예비부품 운영전략을 최적화하여 유지보수 비용 절감

- 육상풍력단지 발전단가 절감 전략
  - 같은 바람 자원에서도 더 많은 에너지를 얻기 위해서는 에너지 전환율이 높은 대형 풍력터빈의 개발이 필요
  - 개발비용의 대부분은 풍력터빈(70% 수준)에 기인하므로 풍력터빈 생산원가를 절감하여 터빈 단가의 저감 필요
  - 운영비용을 절감하기 위한 유지보수 전략개발이 필요
  - 고장 정지시간이 높은 부품의 예비품 확보와 운영 전략이 필요

- 해상풍력단지 발전단가 저감 전략
  - 해상 풍력단지는 접근성이 좋지 않아 풍력터빈 고장 정지시간이 매우 높음. 열악한 환경에서 견딜 수 있는 풍력터빈의 신뢰성 확보가 필요
  - 보조 설비 비용의 절감: 개발비용 대부분은 보조 설비(50% 수준)에 기인함
  - 보조설비의 건설과 설치공정의 최적화 필요
  - 하부구조물 비용을 최소화 필요
  - 유지보수 비용 절감

- 운영비용을 절감하기 위한 유지보수 전략 개발 필요
  - 고장 정지시간과 고장 빈도를 고려하여 예비품 확보와 운영전략 필요
  - 해상 기상조건에 따라 접근성이 결정되기 때문에 기상조건을 고려한 유지보수(Weather-Based Maintenance) 전략 수립이 필수임.

19.7.7 OpEx 비용의 발생(ECN(2007))

OpEx를 고장방지를 위해 수행하는 예방정비(preventive maintenance)와 발생한 고장에 대한 수리정비(corrective maintenance)로 구분한다.

예방정비(preventive maintenance)이란 발전기에 특별한 이상이 없더라도 발전기 고장을 사전에 방지하기 위해 실행하는 정기 점검 활동이며, 정기 유지보수(calendar based maintenance)는 일정한 시간 간격이나 일정한 운전시간마다 실행하는 활동이다. 상태정비(conditional based maintenance)는 고장이 있지는 않지만, 시스템 전반적으로 보수가 필요한 발전기의 상태에 따라 실행하는 활동을 말한다.

수리정비(corrective maintenance)에는 계획된(planned) 수리 활동이 있는데 고장이 발생하지는 않았지만 곧 고장이 예상될 때 실행한다. 그리고 비계획 수리정비(unplanned maintenance)는 전혀 예상치 못한 상태에서 발전기에 고장이 발생하고 나서 실행하는 경우이다.

19.7.8 OpEx 비용의 구성

OpEx(operation expenditure) 비용은 발전단지를 운영하고 유지보수에 발생하는 비용으로 구성 요소는 Fig. 19.25와 같이 발전기의 내구성, 유지보수 방법, 부품조달 현황, 그리고 단지의 상황 등이 있다. 운영 주체의 경험, 역량, 그리고 계약 가동률 등 정량적으로 측정이 어려운 변수이기도 하다.

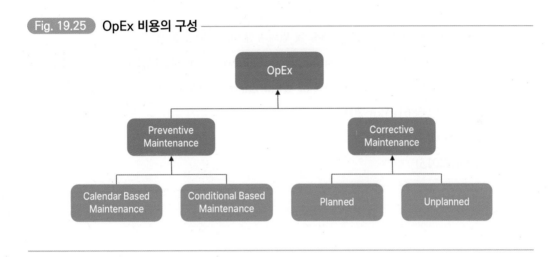

Fig. 19.25 OpEx 비용의 구성

발전기의 운영 연한이 경과하여 교체하거나 해체의 필요성이 예상되는 경우에 해체비용도 고려해야 한다. 20년 이상의 해상풍력발전단지의 운영기간이 경과한 후에 설치된 발전기와 하부구조물에 대한 해체 작업이 마지막 단계로써 이루어지는데 연도에 따라 달라질 수도 있겠지만 발전기당 해체 비용의 예시로 영국의 경우에 GBP 275,000 정도의 예산이 소요된다고 분석하고 있다.

참고문헌

1. ORE Catalpult 자료
2. Monthly Capacity Factors 2011-2013, TODAY IN ENERGY, US Energy Information Agency
3. 윤영, "주요국 신재생에너지 지원제도 현황 및 변화과정," 전기저널, 2021. 7. 12.
4. U.S. Energy Information Administration, Electric Power Monthly, JANUARY 15, 2014
5. Christopher Mone, et al., "2015 Cost of Wind Energy Review," NREL Technical Report, NREL/TP-6A20-66861, May 2017
6. RES Offshore(2014)
7. Crown Estate(2013)

풍력발전단지 개발

풍력발전단지 개발

20.1 국내 풍력발전단지 현황

풍력발전단지는 특정 위치에 따라 경제적, 사회적, 그리고 기술적 측면이 모두 고려되어야 한다. 따라서 본 단원에서는 우리나라에서 풍력발전단지를 개발할 경우를 예시로 알아보는 것이 구체적이며 합리적이라고 판단한다.

한국풍력산업협회의 자료인 Fig. 20.1을 보면 2021년 기준으로 국내 풍력발전기 설치 현황은 육상과 해상을 합하여 총 109개소에 풍력발전기 757기가 설치된 것으로 파악되었다. 이 중에서 육상이 101개소(706기)로 대부분을 차지하며, 국내 풍력발전기 설치 용량은 총 1.7GW로 조사되었고, 허가 용량까지 합하면 약 17GW로 추정된다. 2023년 기준으로 국내 풍력발전기 설치 용량은 1.97GW이고, 허가용량은 총 27GW 정도인 것으로 알려져 있다.

Fig. 20.1 국내 풍력발전설비 현황[1]

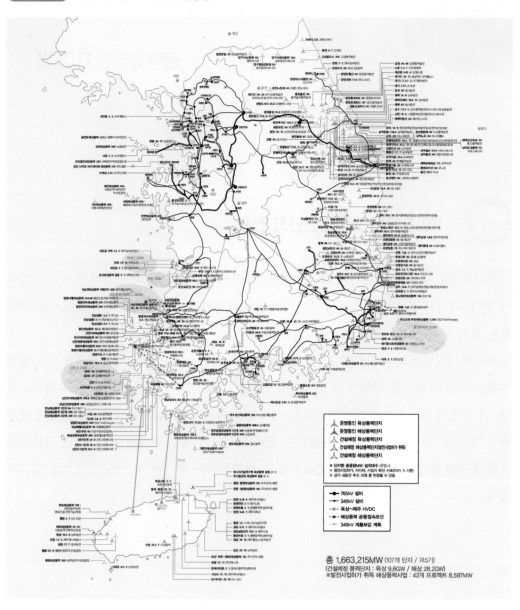

총 1,663,215MW (107개 단지 / 745기)
(건설예정 풍력단지 : 육상 9.6GW / 해상 28.2GW)
※발전사업허가 취득 해상풍력사업 : 42개 프로젝트 8,587MW

또한 자료에 의하면 앞으로 추진될 잠재 풍력단지는 육상 9.6GW, 해상 28.2GW에 이른다고 한다. 하지만, 이러한 목표를 달성하기 위해서는 충분한 사전입지 조사, 풍황자원 획득, 주민 수용성, 그리고 계통연계 등 많은 사항이 해결되어야 한다.

20.2 육해상 풍력발전의 비교

풍력발전은 바람을 이용한 풍차의 원리를 이용했기 때문에 해상에 비하여 설치·운송이 쉬운 육상풍력발전부터 시작되었다. 이후에 해상풍력발전은 1991년에 최초로 설치됐으나 육상에 비해 그 역사가 대략 100년 정도 늦다. 하지만 최근 육상풍력은 민원 발생, 자연 훼손, 그리고 대단지 개발의 어려움 등 많은 문제가 발생하고 있어 점차 해상풍력으로 넘어가고 있다.

실제로 최근 균등화 발전비용(LCOE, Levelized Cost Of Electricity)를 비교해 보면, 육상풍력이 해상풍력에 대비하여 약 50% 정도 저렴한 비용으로 에너지를 생산할 수 있다. 아울러 육상풍력은 설치, 운송, 그리고 계통망 연계의 편리성 등 장점이 있지만, 해상풍력은 전력 인프라(해상변전소, 해저케이블)를 추가로 건설해야 하므로 풍력발전기의 설치 원가 비용이 높다는 단점이 있다. 이러한 단점에도 불구하고 최근에 해상풍력으로 이동하는 이유는 아래와 같다.

① 평균적으로 육상에 비교하여 바람의 강도가 균일하고 난류가 적어 블레이드 등에 미치는 영향이 적고,
② 공기의 밀도가 높아 발전 효율이 향상되고,
③ 한정된 부지 내에서 설치해야 하는 육상풍력에 비해 해상풍력은 바다에 설치하기 때문에 대단위 발전단지를 조성할 수 있어 비용이 절감되고,
④ 민가와 멀리 떨어져 있어 소음 피해를 줄일 수 있고,
⑤ 풍력발전기 설치에 따른 대규모 산림 훼손이 감소되고,
⑥ 바다에 설치하므로 설치 면적의 한계가 적고,
⑦ 많은 기술 축적을 바탕으로 풍력터빈이 대형화(1MW→17MW)함에 따라 육상에 설치가 어려워지고 해상에 설치만 가능하게 되었다.

육상풍력발전단지와 해상풍력발전단지를 비교하여, Table 20.1에 나타내었다.

| Table 20.1 | 육상풍력과 해상풍력 비교 |

		장점	단점
육상풍력		짧은 공사 기간, 낮은 설치비 및 운영비, 관리 용이	소음, 설비 운반, 환경 훼손, 입지 제한으로 대단지 조성 어려움, 다양한 민원 발생
해상풍력	고정식	설치 용이, 낮은 운영 관리비, 대단지 조성 가능	바다, 연안 생태계 훼손, 어업권 등 민원 발생, 높은 설치 비용
	부유식	먼바다 및 심해 설치, 낮은 환경/지질 조사비용, 대단지 조성 가능	심해(深海)에 설치 어려움(100m 이상), 높은 운영 관리비, 높은 계통망 비용, 경제성 확보에 어려움

20.3 풍력발전단지 입지개발 기본요소

입지개발과 관련하여 육상풍력단지와 해상풍력단지 개발에는 많은 차이가 있고, 우선 단지개발에 있어서 중요한 기본요소를 살펴보면 다음과 같다.

① 풍황 자원(풍속, 풍향, 밀도, 난류, 습도 등)이 양호한 지역
② 주민 수용성(마을과 이격거리, 지역주민 공감대, 어업 현황 등)이 어느 정도 확보되어야 함
③ 환경조건(우량산림, 생태 1등급 자연도, 국립공원, 산사태 위험지역, 문화재, 어업 지역 등)을 감안한 지역
④ 전력 계통연계(22.9kV, 154kV, 345kV, 가공, 지중, 해저)가 가능한 지역
⑤ 운송과 설치(블레이드, 타워, 나셀 등)가 가능한 지역
⑥ 인허가(환경영향평가, 해역이용영향평가, 문화재, 국방부 레이다 간섭 등)가 가능한 지역
⑦ 타 풍력사업(반경 5km 이내)과의 중첩이 되지 않는 지역

위와 같이 풍력단지를 개발하기 위해서는 여러 제약 요소가 있고 이 밖에도 철저한 사전 조사와 타당성 분석이 필요하다.

사전 조사와 타당성 분석을 통하여 최적 입지가 선정되면, 단지의 사업성을 정확히 파악

하기 위해 기상탑[1](met mast, 혹은 meteorological mast)을 설치하여 1년간 풍황 계측자료를 수집하고 이를 바탕으로 풍력발전기 기종 선정, 설치 용량, 시공비(토목, 계통연계, 해상구조물, 운송·설치 비용 등), 유지보수 비용(LTSA, Long Term Service Agreement), 그리고 간접비(각종 제세공과금 등)를 포함한 전체 추정 사업비를 산출하고 이를 감안하여 투자비에 대한 사업성 분석을 실시하고, 기대 수익 이상의 수익률이 나오게 되면 본격적인 사업을 추진한다.

20.3.1 풍황자원 획득 방안

사업 대상지와 사업시행 여부가 결정되면 기상탑(met mast)을 설치하여 최소 1~2년간 풍속, 풍향, 밀도, 난류, 그리고 습도 등 풍황자원의 계측자료(raw data)를 확보한다. 풍황자원 자료는 금융 조달과 사업성에 필요한 설계 인증과 프로젝트 인증을 받아야 하는 근거 자료로 활용된다.

기상탑을 설치하기 위해서는 반드시 육상의 경우에는 산지 전용허가, 해상의 경우에는 공유수면 점·사용허가를 해당 기관으로부터 허가를 득한 후에 시공해야 한다. 풍황 계측을 위한 설비에는 Fig. 20.2와 같이 (a) 기상탑형과 (b) 라이다(LiDAR)[2]형이 있다. 해상의 경우에도 해상 기상탑을 설치하기도 하지만 라이다 기술의 발전으로 비용이 많이 소요되는 타워의 설치가 필요 없게 되었다.

Fig. 20.2 풍황계측기 설치 사진((a) 육상, (b) 해상)[2]

(a)

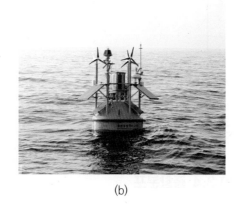

(b)

---

1 풍황 계측탑, 풍황 계측기, 기상 관측탑 등으로 함께 사용된다.

2 LiDAR(Light Detection And Ranging): 레이저 펄스를 발사하여 그 빛이 대상 물체에 반사되어 돌아오는 것을 받아 물체까지 거리 등을 측정하고 물체 형상까지 이미지화하는 기술.

20.3.2 풍황 조건 분석

기상 관측탑(met mast)을 설치한 후에 일반적으로 1~2년간 계측자료(raw data)를 수집하고 EMD사의 WindPRO, DTU의 WAsP와 같은 전문 소프트웨어를 이용할 경우 풍속분포를 통한 난류 강도와 발전기 각각의 연간 발전량을 예측할 수가 있다.

아래 실제 풍력단지의 풍황 계측 사례를 통한 대표적인 평균풍속, 풍향분포, 풍속빈도, 그리고 난류 강도에 대하여 알아본다.

20.3.3 평균풍속

설치될 풍력터빈 허브(hub) 높이에서 Fig. 20.3과 같이 연평균풍속을 측정한다. 기상 관측탑 관측자료에 의한 결과와 장기적 경향이 반영된 보정풍속을 함께 제시하고, 장기 보정은 대상 부지 인근에 위치하는 재해석 자료 등과 같은 10년 이상의 자료와 MCP(Measure-Correlate-Prediction) 방법을 이용하여 산출한다.

Fig. 20.3 월별 평균풍속 분포[3]

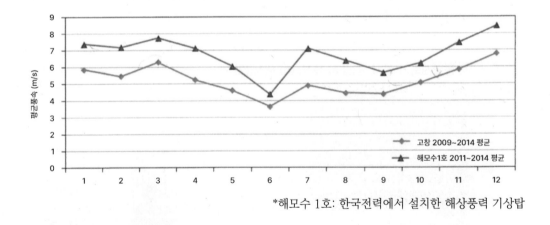

*해모수 1호: 한국전력에서 설치한 해상풍력 기상탑

20.3.4 풍향분포

각 방위별과 계절별로 풍향의 출현 빈도를 계측한다. 풍력발전기 간의 후류 영향에 의한 발전손실을 산정할 때 이용되며, 아래 Fig. 20.4와 같이 주로 30°도 간격의 12개 방위별 출현율을 산출하여 나타낸 월별 풍향 분포와 계절별 풍향 분포를 바람장미(wind rose)라고도 한다.

풍향별 빈도 분포와 방위별 풍력 에너지밀도를 산출하여 각 방위별로 다시 풍력발전기별 빈도를 표현할 수 있다.

아래 Fig. 20.4에서 실제 발전단지의 바람장미를 보면 여름철 남풍 계열이 뚜렷하나 그 외 대부분 북서풍 계열이 지배적임을 알 수 있다. 이 결과를 활용하여 풍력발전기 배치와 설치 간격을 결정한다.

Fig. 20.4 **월별 풍향 분포[3]**

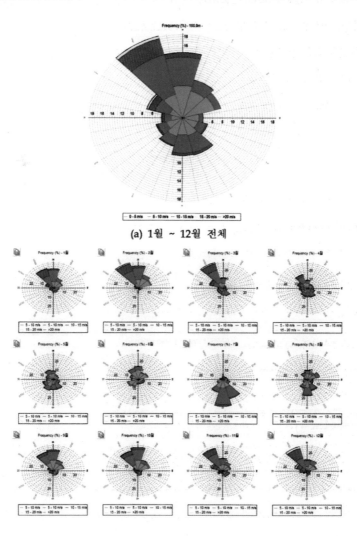

(a) 1월 ~ 12월 전체

20.3.5 풍속 빈도 분포

발전량 산출에 이용되는 풍속 빈도 분포는 Weibull 또는 Rayleigh 확률함수 등과 비교적 일치하는 것으로 분석되고 있으며, 일반적으로 Weibull 확률 분포함수로 풍속 빈도 분포를 표현한다.

아래 Fig. 20.5에 나타난 풍속 빈도를 보면 평균풍속 2~6m/s 범위에서 출현율이 가장 높음을 알 수 있다.

Fig. 20.5 풍속별 출현율(Weibull 분포)[3]

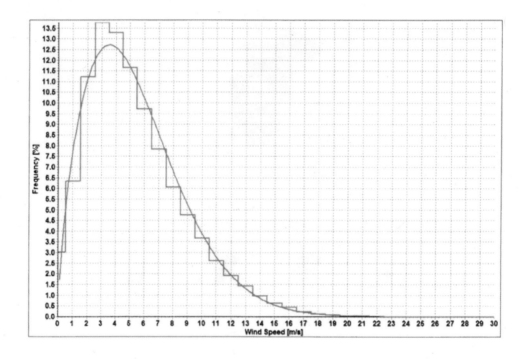

20.3.6 난류강도

풍력터빈의 규격 적합성 검토와 피로하중해석 등을 위하여 난류 강도를 제시한다.

Fig. 20.6과 같이 IEC 61400-1에 따라 평균 난류 강도와 대표 난류 강도를 산출하고, 풍력터빈 운전풍속 구간에 대하여 풍속별 유효 난류 강도와 1년과 50년 재현 주기의 극치 풍속(기준풍속)에 대한 유효 난류 강도를 산출한다.

Fig. 20.6 풍속 크기별 난류 강도 분포[3]

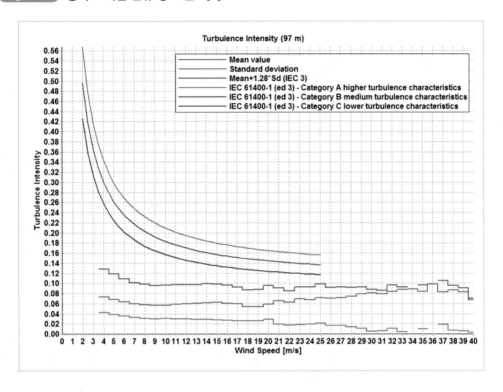

20.3.7 풍황 계측기 유효범위(산업부 사업허가 기준)

최근 정부의 재생에너지 확대 정책에 따라 육상과 해상에서 수많은 풍력단지 개발이 진행되고 있고, 이로 인해 개발자 간에 많은 분쟁이 발생하고 있다.

이러한 문제 때문에 산업통상자원부(이하 '산업부')에서는 두 사업자 간 중첩이 되는 지역의 경우에 발전사업을 허가할 때, 계측 장비를 먼저 설치한 사업자에게 우선순위를 두고 있고 또한 계측기 1기당 유효면적 기준을 만들어 사업허가를 내주고 있다.

① 풍황자원 계측과 유효범위 내 풍력발전기 배치 계획에 대한 전문기관(한국 에너지기술연구원)의 의견서를 첨부하여 제출한다.
② 산업부 기준으로 계측기 1기당 발전사업 유효면적은 아래 Fig. 20.7과 같은 반경 5 km 내 면적으로는 79.21㎢이다.

Fig. 20.7 사업허가에서 met mast 유효 반경[4]

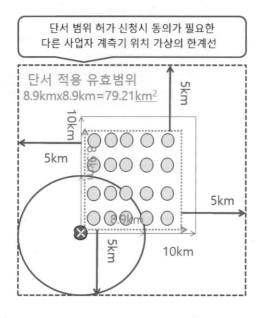

③ 해상풍력 계측기 유효 범위(산업부 허가기준)

발전사업 허가기관인 산업통상자원부 전기위원회에서는 사업허가 신청을 받았을 때 아래 예시의 Fig. 20.8과 같은 계측기 유효 범위의 기준을 만들어 이 기준을 충족해야 사업허가를 내주고 있다.

Fig. 20.8 풍황 계측기 유효 범위의 기준[4]

< 해상 유효거리 산출방법 – 예시 >

○ 풍황계를 인근의 육상(무인도, 섬, 해안가 등)에 설치하는 경우,
   해상풍력발전기의 설치가능한 유효거리 산출

< 풍황자원계측기 적용기준 고시 관련>

○ 육상과 공유수면이 혼재하는 지역 : 계측기의 위치를 기준으로 해당
   지역의 유효지역을 적용

 – 평탄한 단순지역 <u>또는</u> 공유수면 : 반지름 5㎞이내 <개정>

 – 산악, 심한 비탈(경사도 17°이상)이 있는 복잡지역 : 반지름 2㎞이내

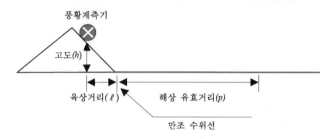

< 해상 유효거리 산출과정 >   ※ 경사면 있는 지역의 예시

① 육상거리(ℓ)와 고도(h) 파악: 고도계, GPS, 좌표 활용

② 경사면인지 여부 ≥ 17°인지: tan-1(h/ℓ)

③ 고시기준에 경사면인 경우, 유효반경: 반지름 2,000m이므로

④ 육상거리가 유효반경(2,000m)을 차지하는 비율분= ℓ/2,000

⑤ 해상 유효거리(p)= 육상거리 비율분을 제외한 해상기준거리 비율분 적용

 = 5,000m × (1– ℓ/2,000)

 * 육상과 공유수면이 혼재하는 지역 : 계측기의 위치를 기준으로 해당지역의
   유효지역을 적용(세부 허가기준의 적용기준 고시 참고)

20.4 계통연계 방안

풍력발전에서 발전된 전력은 바로 계통과 연결되거나 전력변환장치(컨버터, 인버터 등)를 통해서 간접적으로 연계된다. 풍력발전기가 계통과 직접 연계되기 위해서는 연계 지점의 계통 전압과 주파수와 동기화된 출력으로 발전해야 한다. 동기발전기의 경우 회전자를 동

기속도로 회전시켜서 계통과 전기적으로 동기화시킬 수 있고 유도발전기의 경우 회전자의 속도를 동기속도보다 빨리 회전시켜 고정자에서 출력되는 전력이 계통과 동기를 이룰 때 직접 연계가 가능하다. 풍력발전이 계통의 전압과 주파수와는 다른 출력을 내는 경우에는 계통에 직접 연계하지 못하게 된다. 이러한 경우에 풍력발전의 출력을 계통의 전압과 주파수로 바꿔주는 역할을 하는 전력변환장치(컨버터, 인버터)가 필요하고 이러한 전력변환장치를 이용하여 계통에 간접적으로 연계될 수 있다. 이러한 풍력발전기를 계통과 상호 연계하는 방법은 풍력발전기의 발전 형태, 특성, 발전용량, 그리고 연계 지점의 계통망 상황에 따라 다르게 된다.

Table 20.2 한전 송배전용 전기설비 이용기준[5]

발전소 최대 송전 용량	연계전압	비고
20MW 이하	22.9kV	1) 계통 여건상 문제점이 없고, 고객이 직접 송전망에 접속할 경우에 한함 2) 고객이 희망하고 계통 여건상 문제점이 없을 경우에는 154kV 적용 가능
20MW 초과 ~500MW 이하	154kV	1) 연계되는 변전소 배전용 변압기 1뱅크당 접속하는 총 발전기 용량이 20MW 이하이고, 계통 여건상 문제점이 없으며, 고객이 직접 송전망에 접속할 경우 40MW까지 22.9kV 적용 가능 2) 고객이 희망하고 계통 여건상 문제점이 없을 경우에는 345kV 적용 가능
500MW 초과 ~1,000MW 이하	345kV 또는 154kV	–
1,000MW 초과	345kV 이상	–

또한, 풍력발전단지에서 발생하는 전력은 한전의 계통망을 통하여 소비자에게로 송전된다. 하지만 반드시 한전의 공용 계통망을 거쳐야 하기 때문에 「신재생발전기 계통연계기준」을 충족하여야 하고, 특히 "송배전용 전기설비 이용기준"에서 정한 전압, 주파수, 전압강하, 그리고 정전 등에 대해 기준을 두고 있고, 사고에 대비해서도 각종 보호장치의 설치 의무를 두고 있다.

아울러 중점사항으로 풍력단지는 태양광발전단지에 비해 대부분 단위 규모가 클 뿐만 아니라 한전 계통망과 멀리 떨어져 있는 경우가 많아 Table 20.2와 같이 계획 초기부터 연계전압, 비용, 그리고 계통 허용용량 등 많은 사전검토가 필요하다.

20.4.1 계통연계 기준에 의한 기술적 요구사항과 협조 사항

1) 기술적 요구사항
  (1) 발전기 형태
  (2) 계통접속 형태
  (3) 계통연계 유지
  (4) 무효전력 공급능력 성능 유지
  (5) 무효전력 제어능력 성능 유지
  (6) 유효전력 제어능력 성능 유지
  (7) 주파수 특성
  (8) 전기품질의 유지 범위
  (9) 통신 및 제어설비
  (10) 감시 및 계량설비
  (11) 기동 및 정지 기준

2) 기술적 협조 사항
  (1) 접속 방식 및 접속점 설계
  (2) 접속점 인근에서 전력기기의 물리적 배치
  (3) 보호 방식
  (4) 제어 특성
  (5) 절연 협조 및 낙뢰보호
  (6) 고장수준과 고장제거시간
  (7) 개폐 및 격리 설비
  (8) 인터록 및 상호 트립 설비
  (9) 계량 설비
  (10) 보호장치

20.4.2 계통연계 설비

계통연계 설비의 구성은 아래 Fig. 20.9와 같고 계통연계 보호장치(보호 계전장치, 차단기, 개폐기), 변압기, 측정설비, 그리고 보상장치(필터, 역률 보상장치 등) 등으로 구성되어 계통과의 병렬운전을 안전하게 수행하게 한다. 특히 유도발전기의 경우 소프트 기동을 위한 한류 리액터, 역률 보상용 콘덴서와 이의 투입·계통분리 제어장치 등이 포함되어야 하며, 자기 여자에 의한 철공진(ferro resonance)현상[3]을 방지하기 위한 용량 선정도 고려해야 한다. 측정설비로서는 인버터의 제어에 필요한 피드백 요소인 전압, 전류, 그리고 주파수 등을 측정할 수 있는 설비로 이들은 보안·감시용으로도 필요하다.

1) 아래 Fig. 20.9를 보면 풍력발전기에서는 대략 600~700V 전압이 발생하고 타워 내의 케이블을 통해 발전기마다 지상 1차 승압(600~700V → 22.9kV)을 거쳐 바로 계통망에 연계도 하지만, 경우에 따라서는 전체를 모아 2차 승압(22.9kV → 154kV)을 거친 후에 한전의 전력망에 연계한다.

Fig. 20.9 풍력발전 계통연계 구성도[6]

---

3 철공진 현상: 전력계통 운영 중에 나타나 과도한 전압과 전류를 수반하는 복잡하고 특이한 현상의 일종

2) 실제로 「고창군 구시포 해수욕장」 근처에 추진되고 있는 "고창해상풍력발전사업
(74.4MW)"의 풍력발전기 배치, 해저케이블 경로, 그리고 계통연계의 예시를 들어보
면 아래와 같고, Fig. 20.10과 Fig. 20.11에 나타내었다.

(1) 규모: 74.4MW(VESTAS 6.2MW x 12기)
   - 준공: 2026년 12월 예정
(2) 해저: 22.9kV(submarine cable 600㎟) – 해저(매설 깊이: 2m)
   - 회로: 해저케이블 4회로 구성하여 육상 변전소에 접속
   * 발전기 3기를 1회로로 구성
(3) 육상: 154kV(XLPE 1,200㎟) – 지중(매설 깊이: 2m)
   - 연계: 한전 서고창변전소

Fig. 20.10 고창해상풍력발전단지 계통도(예시)[3]

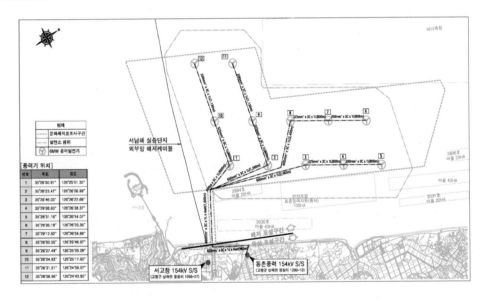

Fig. 20.11 고창해상풍력발전단지 조감도(예시)[3]

20.5 정부의 계통 구축 계획

정부의 재생에너지 확대 정책 중에서 특히 대규모 해상풍력의 경우에 현재 송전망으로는 계통연계가 불가능함에 따라 정부에서는 대규모 해상풍력 프로젝트에 대한 적기의 계통연계를 위해 Fig. 20.12와 같이 '21년부터 순차적으로 2031년까지 2조원 이상의 예산을 투입하여 20GW 규모의 총 32회선(876.8km) 공용 접속망의 신설·보강계획을 착수하였다. 또한, 공용 접속설비는 한전과 공동연구를 통해 경제적 구축방안을 마련(2020년)하고, 프로젝트 준공 시기에 맞춰 적기에 구축을 추진하기로 하였다.

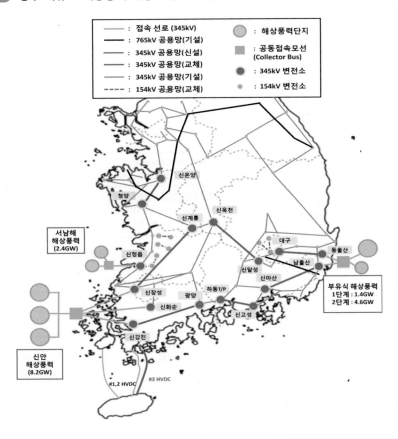

Fig. 20.12 정부 대규모 해상풍력 계통 보강 계획[7]

20.5.1 계통구축 불편 해소 대안

위에서 살펴본 바와 같이 정부 목표인 20GW 이상의 해상풍력발전단지를 완성하기 위해서는 현재 부족한 계통확보가 무엇보다 필수적이다.

계통확충을 위해서는 많은 비용, 시간, 그리고 주민 수용성 등 해결해야 할 많은 과제가 남아있다. 이에 해상풍력단지에서 발전되는 전력을 계통망을 이용하지 않고 생산된 전력으로 수전해(electrolysis)를 이용한 그린수소(green hydrogen)를 생산한다면 많은 비용이 소요되는 전력 계통망을 구축할 필요가 없을 뿐만 아니라 그린수소 산업 활성화에도 크게 기여할 것으로 기대된다.

이미 유럽에서는 화석연료인 석탄과 원유 대안으로 Fig. 20.13과 같은 개념으로 재생에너지인 대용량 풍력과 태양광을 이용한 그린수소로의 전환을 목표로 사업이 진행 중이다.

물론 바닷물 담수화 설비, 안정적인 전력 공급원인 ESS 설비, 물에서 수소를 추출하는 수전해 설비 등, 초기에 많은 투자비용이 발생하겠지만, 대용량 해저케이블 등, 송전망 구축으로 인한 어업 피해, 자연 훼손, 그리고 주민 갈등 등 치러야 할 막대한 대가를 고려하면 대안으로서 충분한 가치가 있다고 판단된다.

Fig. 20.13 **그린수소 생산 개념도[8]**

그린 수소 (Green Hydrogen)	H₂	재생에너지 전력으로 수전해(1)하여 생산한 수소 재생에너지 발전 전력을 이용하기 때문에 온실가스 배출이 없음
그레이 수소 (Grey Hydrogen)	H₂	천연가스를 개질하여 생산하는 '개질(2) 수소' 정유공정의 나프타 분해 과정에서 부산물로 생산되는 '부생수소' 등을 의미함 그레이 수소 1톤을 생산하기 위해 10톤의 CO_2가 배출되는 것으로 알려짐
블루 수소 (Blue Hydrogen)	H₂	그레이 수소 생산 과정에서 나오는 CO_2를 포집 및 저정해 온실가스 배출을 줄인 수소

(1)수전해 : 전기에너지를 이용해 물을 분해, 수소와 산소를 생산하는 방식
(2)개질 : 열이나 촉매의 작용에 의하여 탄화수소의 구조를 변화시켜 가솔린의 품질을 높이는 조작

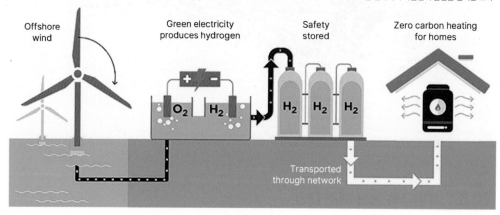

20.5.2 주민 수용성 확보 방안

현재 국내에서 추진되고 있는 풍력발전 사업은 주로 사업자가 직접 주민 수용성을 단독으로 해결해야 하는 구조로 진행되고 있어 사업자와 주민 간에 간극이 큰 경우가 많아 원활한 사업추진에 많은 어려움이 발생하고 있다.

주민들은 사업자들이 주민 피해를 등한시한다고 생각하는 반면, 사업자는 주민들이 농·수산업법상 피해보상 외에 과도한 보상을 요구한다고 생각하는 경우가 많다. 특히, 수

용성 확보를 위한 제도적 지원장치가 미흡한 가운데, 정부·지자체는 국내에서 추진되는 대부분의 풍력발전 사업이 민간 사업임을 고려하여 개입을 자제하고 있어 이로 인한 사업 부진이 장기간 방치되고 있는 실정이어서 재생에너지 확대에 저해 요소가 되고 있다. 이에 정부에서는 계획적 입지 발굴, 집적화단지 도입, 인·허가절차 개선, 주민참여 확대하는 국민 주주 프로젝트 추진, 지자체 주도형 사업 통한 지역지원 강화, 그리고 이익공유 가이드라인 마련 등 다양한 해법을 고려하고 있다.

20.5.3 계획적 입지발굴 추진

1) 입지정보도 구축
  ① 정부 차원의 풍황정보, 규제정보(17종), 어선활동정보(해경), 그리고 어획량 정보 (수협) 등을 통합·분석하여 풍력단지 입지 정보도의 구축으로 주민 수용성을 확보한다.
    * 해양환경공단, 수협중앙회, 한국에너지공단, 한국전력연구원, 한국에너지기술연구원, 환경정책평가연구원 등 참여 - 2단계로 해역 등급화 및 웹서비스용 디지털지도 제작 지원
  ② 설치 지역에 대한 풍황정보 수집으로 입지정보도 지속 업데이트
2) 기본 타당성 조사 지원
  설치 구역에 풍황 계측기와 환경 모니터링 설비 설치를 통해 경제성·환경성에 대한 기본 타당성 조사 지원으로 사업에 대한 불확실성을 해소해야 한다.
  * 공공주도 대규모 해상풍력단지 개발사업 발굴
  풍황계측(1년), 기본 타당성 조사(6개월) 등의 사업기간 단축 지원

20.5.4 집적화단지로 개발

접적화단지는 40MW 이상 재생에너지(태양광, 풍력) 발전시설을 설치·운영하기 위한 구역으로 주민과 지자체의 합의를 거쳐 산업부에서 승인하는 제도이다.
아래의 Fig. 20.14에서는 집적화단지 지정과 개발 절차에 대한 흐름을 나타내고 있다.
1) 지자체 주도로 대규모·체계적 개발 추진을 유도
  - 「신재생에너지법」시행령 및 고시 제·개정을 통해 시범사업 실시

Fig. 20.14 **집적화단지 지정과 개발 절차**

신청 단계(지자체)	→	지정 단계 (산업부)	→	계발 단계 (사업자)
입지발굴, 단지계획 수립 주민 의견 수렴, 단지신청		관계부처 의견 조회, 계획 보완, 단지 지정		사업자 공모(정부), 발전사업허가, 개발행위허가

신재생에너지법	전기사업법,전원개발촉진법

2) 계획 수립 단계부터 민관협의회 구성을 통해 지역 주민의 의견 수렴 강화

  * 공공주도 해상풍력 민관협의회 운영 가이드라인 마련 → 민간사업에도 적용 권고

  - 민관협의회에는 지구별 수협 등 실질적 이해당사자가 참여하여 집적화단지 추진 여부를 결정한다.

  - 아래에서는 민관협의회와 주민 협의에 관한 운영사례를 나타내었다.

<민관협의회와 주민 협의 운영사례>

☑ 진북 서남권 해상풍력은 19.7월 이후 전북도 주도로 부안군, 고창군 주민과 11차례 민관협의회 개최를 통해 추진 결정(20. 7. 10)

☑ 제주도는 마을총회에서 주민 투표 등을 통해 풍력발전단지 유치를 동의한 마을에 한하여 풍력발전지구 지정을 위한 후보지 공모자격 부여

* 수협중앙회는 어선 활동 정보, 어획량 정보 등을 제공하여 실질적 이해 당사자 민관협의회에 참여할 수 있도록 지원한다.

3) 집적화단지 개발 촉진을 위해 다양한 인센티브 마련 · 제공

  ① 계통연계와 풍황 계측기 설치를 통한 타당성 조사 우선 지원

  ② 집적화단지로 지정할 때, 지자체 주도 사업으로 인정하여 지자체에 개별 프로젝트마다 REC 가중치 최대 0.1 추가 부여

③ 민관협의회를 통해 주민 수용성이 확보된 만큼, 해양공간계획상의 에너지 개발구역으로 반영과 전원개발촉진법을 통한 조속한 추진을 지원

20.5.5 인·허가 절차 개선

1) 해상풍력과 해양·수산업에 대한 정책적 정합성 제고
   ① 해양공간계획의 에너지개발구역 지정이 해상풍력의 원활한 추진을 지원하도록 제도를 개선하여 추진
      - 집적화단지를 지정할 때 해양공간계획상 에너지개발구역으로 우선 지정
      - 민간주도 사업의 경우도 발전사업 허가 이후에 지자체가 환경성과 주민 수용성을 검토하여 에너지개발구역으로 지정할 수 있도록 개편
   ② 산업부-해수부의 해상풍력 협의회를 지속적인 운영을 통해 정책간 정합성 제고하고 제도적 개선사항 발굴 지속적으로 추진

2) 발전사업허가를 할 때 사업이행 능력 검토 강화
   - 일부 사업자의 선점식 풍황계측기 설치 방지를 위해 풍황 계측기 우선권 축소와 육상 계측기 인정 범위의 별도 평가를 추진하여 무분별한 개발 방지

3) 인·허가체계 합리화 추진
   ① 100MW 이상 해상풍력 설비에 중복성으로 시행되고 있는 환경영향평가와 해역이용협의의 일원화 추진
   ② 집적화단지 추진 성과를 토대로 정부 주도로 발전지구를 계획적으로 개발하고, 인·허가를 일괄 처리하는 계획입지제도 추진
   ③ 국내환경에 적합한 인·허가 통합기구 설치 추진
      - 영국, 덴마크, 네덜란드 등 해외사례 연구를 통해 입법안 마련
      * 덴마크는 발전지구 발굴, 환경영향평가와 인·허가 일괄처리, 발전단지 공모 등 해상풍력 전과정을 에너지청(DEA)에서 일괄담당

20.5.6 주민참여 확대 프로젝트 추진(사례)

1) 주민참여형으로 추진할 때 부여되는 REC 가중치(최대 0.2)를 활용하여 주민에게 중장 기적인 소득을 제공하는 모델을 만들어 사업 추진되고 있다.

　　* 전북 서남해해상풍력 400MW 추진에서, 사업비(약 2.4조 원) 중 4%인 1천억 원 주민참여인 경우에 REC 가중치 0.2 부여(연간 약 120억 원)

① 자금 조달이 어려운 주민을 대상으로 장기저리융자(1.75%) 지원으로 주민참여 기회 제공

② 해상풍력은 사업비가 많이 소요되므로 REC 가중치가 부여되기 위한 주민참여 비용이 높음을 고려하여 부족분에 대해 참여 범위 확대 방안도 검토되고 있다.

　　* 전북 서남해해상풍력 2.4GW의 경우(사업비 14조 원)에 0.2 가중치를 위해 5,600억 원의 주민참여 필요

　　* 현재 주민참여 인정 범위: 발전소 주변지역 지원에 관한 법률에 의거 주변 지역 및 피해보상 대상 주민·어촌계·조합 → 주변지역 지원대상 등 다양한 참여 방안 발굴

2) 수용성 확보 사업에 대해 지역 수협이 발전사업자의 주민 이익공유 모델에 금융기관으로 참여하여 발전·이자수익을 지역주민에게 환원하며 아래 Fig. 20.15와 같은 해상풍력 주민참여형 이익공유 모델의 예시도 볼 수 있다.

Fig. 20.15 해상풍력 주민참여형 이익공유 모델 ────────────────────

〈(예시) 해상풍력 주민참여형 이익공유 모델 추진 방안〉

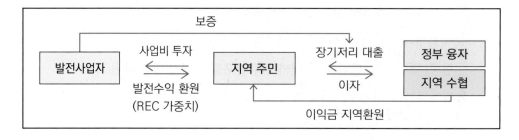

20.5.7 지자체 주도형 사업 통한 지역지원 강화

1) 집적화단지 등 지자체 주도형으로 사업을 추진할 때 REC 가중치(최대 0.1)를 지자체
에 부여하여 지역사회 발전에 기여(아래의 지자체 주도형 REC 활용방안 예시 참고)

〈지자체주도형 REC 활용방안(예시)〉

• 수산자원 조성 및 어업기반 확충 사업	• 어업공동체 육성 및 어촌관광 활성화 사업
• 해양환경 개선 및 정화 사업	• 해상풍력단지 주변 생활환경 개선사업

* (현행: 지자체 참여형) 사업자에 가중치 부여 → (개정: 지자체 주도형) 지자체에 가중치
부여
- 다만, 사업추진 촉진을 위해 집적화단지 지정 후 착공까지 소요기간에 따라 가중치를
차등화하는 스프린트 제도[4] 도입
  * 집적화단지 지정 후, 3년 내에 착공할 때 가중치 0.1, 이후 매년 20%씩 감소

20.5.8 주민 이익공유 가이드라인 마련

1) 과도한 보상과 지역발전 지원금 등에 의해 "보상을 위한 반대" 양산과 사업성 악화
방지를 위해 아래 항목과 같은 이익공유 가이드라인 마련

① 수산업법에 의한 개별보상, ② 발주법에 의한 주변지역 지원, ③ REC 가중치(지자체주도형, 주민참여형)를 통한 이익공유

2) 입지정보도를 활용한 주민참여형 사업의 주체별(어선 어업, 맨손 어업, 양식, 비어업 주
민 등) 참여가 가능한 금액의 범위설정 방안 등 마련
3) 지자체 주도형 사업에 부여되는 REC 가중치에 대해 지역위원회 구성 등을 통한 가중
치 활용사업의 결정 방법 제시

---

4 핵심과제를 단기간에 집중적으로 해결할 수 있도록 창안한 실행방법을 말함.

20.6 인·허가

　과거 국내에서 진행된 풍력사업은 대부분 육상의 경우에 산지전용허가, 해상의 경우에는 공유수면 점·사용허가 등 개별법을 통하여 진행되어 왔고, 추진 중에 있는 풍력사업의 인·허가 사항을 유형별로 구분하면 다음과 같다.

　　① 전원시설 관련 주요 인·허가 사항

　　② 입지와 규모에 영향을 줄 수 있는 사전 협의 사항

　　③ 개별법령에 따른 협의 사항

　　④ 착공 전·후 각종 신고와 허가 사항으로 구분되며, 이에 근거한 주요인·허가 절차
　　　를 소개하기로 한다.

20.6.1 발전사업 허가

1) 개요

　　① 발전사업의 허가 절차는 전기사업법 제7조(사업의 허가)에 의거 시행되며, 허가권
　　　자는 사업자의 사업수행 능력, 전력계통 운영, 그리고 전력수급 상황 등을 종합적
　　　으로 검토하여 허가 여부를 결정한다.

　　② 발전사업 허가권자는 「전기사업법 시행규칙 제4조 사업허가의 신청」규정에 따라
　　　서 발전 설비용량이 3MW를 초과할 경우 산업통상자원부장관이 되며, 3MW 이하
　　　는 광역지자체장(특별시장·광역시장·특별자치시장·도지사 또는 특별자치도지사)에게
　　　허가를 신청하여야 한다.

2) 주요검토내용

「전기사업법 시행규칙 제4조 사업허가의 신청」에 관한 주요 검토내용은 아래와 같다.

<전기사업법 시행규칙 제4조 사업허가의 신청>

① 사업계획서

② 전력 수급의 장기 전망에 관한 사항, 정관, 대차대조표 및 손익계산서(신청자가 법인인 경우만 해당하며, 설립 중인 법인의 경우에는 정관만 제출한다.)

③ 신청자(발전설비용량 3천킬로와트 이하인 신청자는 제외한다. 이하 호에서 같다.)의 주주 명부. 이 경우 신청자가 재무 능력을 평가할 수 없는 신설 법인인 경우에는 신청자의 최대 주주를 신청자로 본다.

3) 사업허가 절차

허가권자(산업통상자원부장관, 광역시·도·시·군 지자체장)는 Fig. 20.16과 같이 발전사업 허가를 신청한 사업자의 기술성과 송배전 계통연계 등을 검토하며, 3MW를 넘는 사업 허가는 최종적으로 산업통상자원부 전기위원회의 심의를 거쳐 발전사업 허가서를 사업자에게 교부한다.

Fig. 20.16 사업허가 절차도[9]

20.6.2 공사계획 인가 · 신고

1) 개요

① 발전사업자가 전기사업용 전기설비의 설치공사 또는 변경공사로써 산업통상자원 부령으로 정하는 공사를 하려는 경우에는 전기사업법 제61조(전기사업용 전기설비 의 공사계획의 인가)에 의거 산업통상자원부장관으로부터 공사계획 인가를 받거나 또 는 신고하여야 한다.

② 발전사업자가 산업통상자원부장관에게 인가를 받아야 하는 대상은 발전시설로서 용량 1만 킬로와트(kW) 이상이며, 미만일 경우 시 · 도지사에게 신고한다.

③ 발전사업자가 공사계획 인가를 받는 범위는 전기사업용 전기설비에 한한다. 전원 시설(풍력터빈, 케이블 등)과 부대시설(제어동 등)로 구분되는데 공사계획 인가 대상 은 전원시설에 한한다.

2) 주요검토내용

발전사업자가 공사계획 인가와 신고를 위해서는 아래의 「전기사업법 시행규칙 제29조 공사계획 인가 등의 신청 별표 8」의 구비서류를 갖추어 인가(산업통상자원부장관) 또는 신 고대상 기관(시 · 도지사)에게 제출해야 한다.

⟨전기 사업법 시행규칙 제29조 공사계획 인가 등의 신청 별표 8⟩

① 공사계획서
② 전기설비의 종류에 따라 제2호에 따른 사항을 적은 서류 및 기술자료
③ 공사공정표
④ 기술시방서
⑤ 원자력발전소의 경우에는 원자로 및 관계 시설의 건설허가서 사본
⑥ 전력기술관리법 제12조의2 제4항에 따른 감리원 배치확인서(공사감리 대상인 경우만 첨부한다.)
　　다만, 전기안전관리자가 자체 감리를 하는 경우에는 자체 감리를 확인할 수 있는 서류로 한다.

---

3) 공사계획 인허가 절차

공사계획 인 · 허가 절차는 Fig. 20.17과 같이 사업자가 산업통상자원부장관에게 공사계 획 인가서류를 신청한 이후, 처리 기간은 20일로 규정되어 있다.

Fig. 20.17 공사계획 인가 절차도[9]

20.6.3 사전협의 사항

풍력사업의 인·허가 사항 중에서 군 전파영향평가, 매장 문화재 지표조사, 전략환경 영향평가, 해상교통 안전진단, 그리고 해역이용 협의 등은 사업의 입지와 규모에 영향을 줄 수 있는 사항으로 가급적 사업계획 초기 단계에 진행되어야 한다.

하나의 풍력단지를 개발하기 위해서는 사업개발에서 준공까지 짧게는 5년, 길게는 10년 이상 걸리는 경우가 많고, 위에서 언급한 사항들을 수행하기 위해서는 많은 비용과 기간이 소요되는 만큼 사업 초기부터 철저한 검토와 조사가 이루어져야 한다.

20.6.4 군 전파영향평가

(1) 개요

군 전파영향평가는 풍력터빈의 높이와 블레이드 회전에서 발생하는 전자파로 인한 군용 레이더 오작동에 대한 문제를 평가하고 협의하기 위하여 사업자가 전파영향에 대한 사항을 분석하여 산업통상자원부장관에게 요청하면 산업통상자원부장관은 국방부장관과 협의를 시행한다.

(2) 주요 검토내용

① 사업자가 해상풍력 사업으로 인한 전파영향을 평가하기 위해서는 전파 관련 전문
기관(법적으로 대행기관이 정해져 있지 않음)에 의뢰하여 전파영향평가를 실시하여
야 한다.

② 전파영향평가 전문기관은 해상풍력터빈 주변 군부대의 레이더 성능 저하 여부에
대하여 중점적으로 검토한다.

(3) 절차

Fig. 20.18   전파용역 절차도[9]

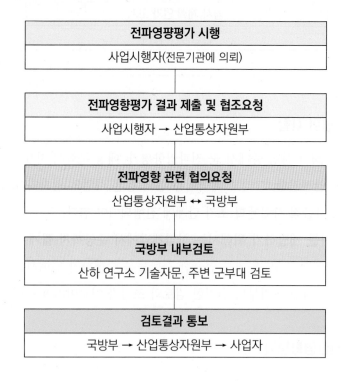

Fig. 20.19 전파 스펙트럼 조사 예시[9]

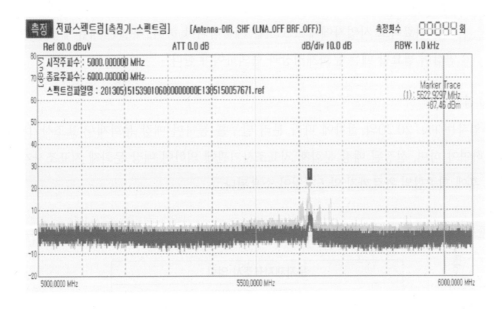

전파영향평가는 Fig. 20.18의 절차에 따라 전파용역을 수행하고 Fig. 20.19는 전파 스펙트럼 조사의 예시를 보이고 있다.

20.6.5 문화재 지표조사

(1) 개요

매장 문화재 지표조사는 「매장 문화재 보호 및 조사에 관한 법률 제6조」에 의거하여 시행되며, 건설공사에서 사전에 문화재 매장·분포지역 확인이 목적이다.

(2) 주요 검토내용

① 매장 문화재의 지표조사는 사업자가 「매장 문화재 보호 및 조사에 관한 법률 제24조」에서 규정한 매장 문화재 조사기관(문화재청장의 허가를 받은 학술기관으로 수중 문화재 지표조사가 가능한 기관)을 선정하여 수행된다.

② 사업자로부터 매장 문화재 지표조사를 의뢰받은 조사기관은 지표조사를 착수할 때 문화재청장과 해당 지역을 관할하는 시장·군수·구청장에게 지표조사 착수

신고서를 제출하여야 한다.

③ 착수신고서에는 지표조사의 실시 기간이 명시되어야 하고, 20일 이내에 지표조사를 완료하고 사업자에게 보고서를 제출하여야 하며, 특별한 사유에 의한 기간 연장이 필요할 때는 문화재청장과 협의하여야 한다.

(3) 절차

사업자는 Fig. 20.20의 절차에 따라 분리 발주를 통하여 매장 문화재 지표조사기관을 선정하여야 하며, 선정된 매장 문화재 지표조사기관에 의하여 매장 문화재 지표조사가 착수된 후에 최종협의 완료까지 약 5개월이 소요된다.

Fig. 20.20 문화재 지표조사 절차도[9]

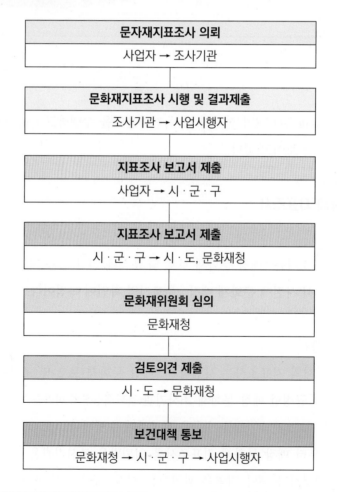

20.6.6 전략환경 영향평가

(1) 개요

전략환경 영향평가는 환경영향평가법 제9조에 근거하여 환경에 영향을미치는 상위 행정계획을 수립할 때, 환경보전계획과의 부합 여부를 확인하고, 대안의 설정·분석 등을 통하여 환경 측면에서 해당 계획의 적정성과 입지의 타당성 등을 검토하여 국토의 지속가능한 발전을 도모하는 목적으로 수행된다.

(2) 주요 검토내용

① 전략환경 영향평가의 목적은 행정계획의 입지 적정성과 사업 타당성 검토를 주요한 목적으로 하므로 전략평가서의 작성 내용도 이에 준하여 작성하여야 하며, 특히 환경측면 대안의 설정이 중요하다.

② 대안의 설정은 전략환경영향평가 대상 계획의 목표와 방향, 환경적 목표와 기준, 추진전략과 방법, 수요와 공급, 위치와 시기, 그리고 입지 등의 조건을 고려하여 설정한다.

③ 전략환경영향평가의 내용 작성 기준은 환경부 고시 제2013-171호(2013. 12. 27.)에 의거한다.

(3) 절차

① 전략환경영향평가는 사업자가 직접 작성하거나 작성 능력이 없을 때는 환경영향평가법 제53조에 의거한 환경영향평가업자에게 의뢰하여 작성하도록 하며, 통상 환경영향평가업자가 수행하는 것이 일반적이다. 업자를 선정할 때는 반드시 공사와 관련된 다른 업무와 분리하여 발주하여야 한다. 절차에 관한 사항은 Fig. 20.21의 순서로 진행된다.

② 사업자의 의뢰로 전략환경영향평가를 환경영향평가업자가 대행하더라도 공문서의 발송과 협의 요청 등의 평가와 관련된 행정절차의 모든 주체는 사업자이다.

③ 전략환경영향평가의 절차는 환경영향평가협의회 심의, 초안 작성과 주민공람(주민 설명회 개최), 그리고 최종평가서 협의로 구분되며, 최종평가서 작성을 완료한 후에는 환경부와의 협의 기간은 30일(1회에 한하여 10일 연장 가능)이다.

④ 환경부와의 협의 기간을 포함하여 전체 전략환경 영향평가의 수행 기간은 약 7~8개월(현황조사 1~2회 포함)이다.

Fig. 20.21 전략환경영향평가 절차도[9]

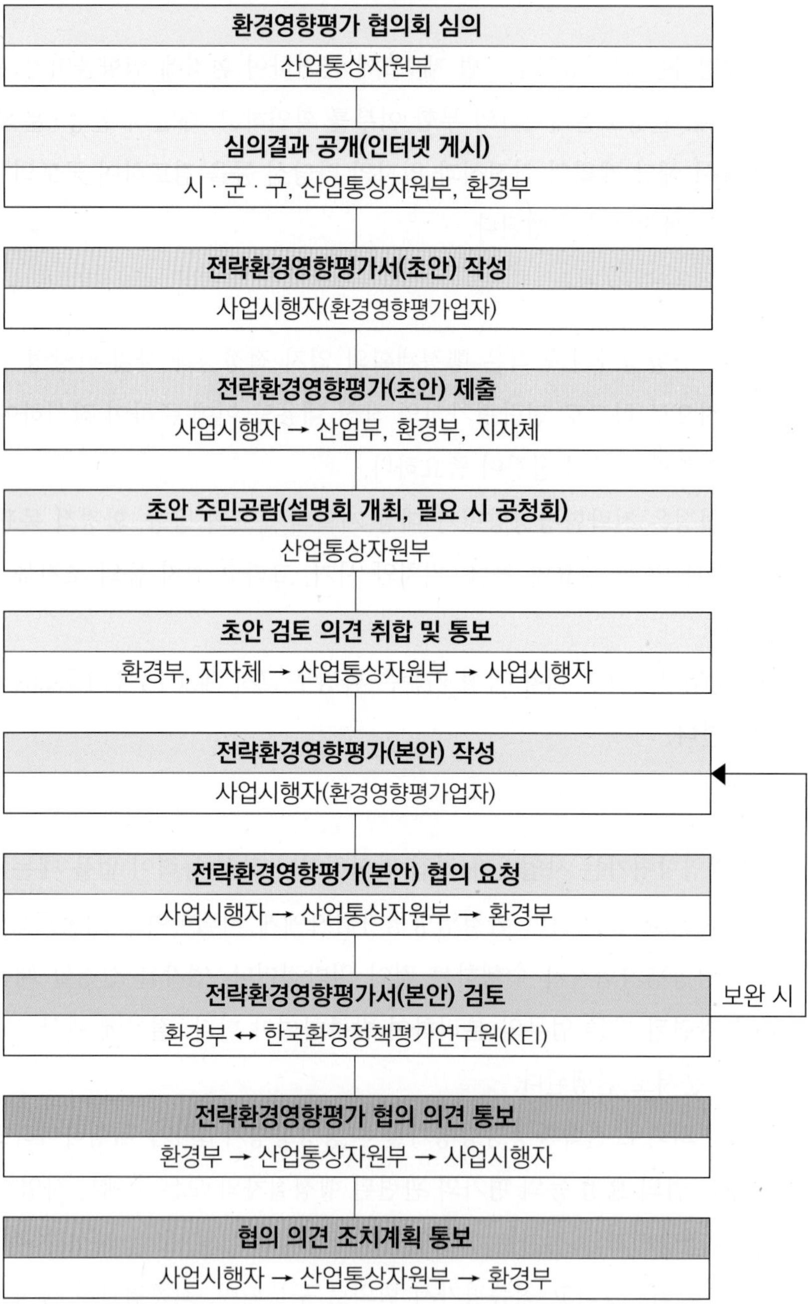

환경영향평가 협의회 심의
산업통상자원부

심의결과 공개(인터넷 게시)
시 · 군 · 구, 산업통상자원부, 환경부

전략환경영향평가서(초안) 작성
사업시행자(환경영향평가업자)

전략환경영향평가(초안) 제출
사업시행자 → 산업부, 환경부, 지자체

초안 주민공람(설명회 개최, 필요 시 공청회)
산업통상자원부

초안 검토 의견 취합 및 통보
환경부, 지자체 → 산업통상자원부 → 사업시행자

전략환경영향평가(본안) 작성
사업시행자(환경영향평가업자)

전략환경영향평가(본안) 협의 요청
사업시행자 → 산업통상자원부 → 환경부

전략환경영향평가서(본안) 검토
환경부 ↔ 한국환경정책평가연구원(KEI)

보완 시

전략환경영향평가 협의 의견 통보
환경부 → 산업통상자원부 → 사업시행자

협의 의견 조치계획 통보
사업시행자 → 산업통상자원부 → 환경부

20.6.7 해상교통안전진단

(1) 개요

해상교통안전진단은 해사안전법 제15조(해상교통안전진단)에 의거하여 시행되며, 해상교통안전에 영향을 미치는 사업으로 발생할 수 있는 항행 안전 위험요인을 전문적으로 조사·측정하고 평가하기 위하여 해양수산부장관과 협의하는 절차이다.

(2) 주요 검토내용

해상교통안전은 사업자가 해사안전법 제19조에서 규정한 안전진단 대행업자에게 의뢰하여 시행되며, 안전진단서에는 아래와 같이 해상교통 현황과 해상교통 안전대책 등을 포함하여 작성한다.

〈해사안전법 시행령 제11조 별표6 해상교통안전진단서에 포함되는 내용〉

① 해상교통 현황조사
② 해상교통 현황측정
③ 해상교통시스템 적정성 평가(통항 안전성 및 접·이안 안정성 포함)
④ 해상교통 안전대책

---

(3) 절차

① 사업자는 해상교통 안전진단을 실시하기 위하여 해사안전법 제19조의 안전진단 대행업자를 선정하여야 하고 Fig. 20.22의 절차에 따르고 진단 항목은 Table 20.3과 같다.
② 선정된 안전진단 대행업자는 안전진단서를 규정에 맞게 작성하여 사업자에게 제출하며, 사업자는 이를 허가·승인·인가·신고 기관장(전원개발촉진법에 의한 전원개발사업은 산업통상자원부장관)에게 제출하면 허가·승인·인가·신고 기관장은 해양수산부장관에게 제출하여 협의를 요청하여야 한다.

Fig. 20.22 해상교통 안전진단 절차서[9]

안전진단 대행자 선정
사업시행자 → 안전진단대행업자

안전진단 실시
안전진단대행업자

진단서 제출
사업시행자 → 산업통상자원부 → 해양수산부

검토의견 통보
해양수산부 → 산업통상자원부 → 사업시행자

안전진단 보완
사업시행자(안전진단대행업자)

안전진단 종료(필요 시 이의신청)

Table 20.3 대상사업별 안전진단 항목[9]

안전진단항목 대상사업		해상교통현황조사	해상교통현황측정		해상교통시스템 적정성 평가				해상교통안전대책
			현황측정	교통혼합도	통항안정성	접이안정성	계류안정성	해상교통류	
수역	설정	●	●	●	●	△	-	△	●
	변경	●	●	△	●	△	-	-	●
수역 내 시설물	건설 부설	●	●	△	●	△	△	△	●
	보수	●	●	-	●	-	-	-	●
항만 또는 는 부두	개발	●	●	●	●	●	●	△	●
	재개발	●	●	△	●	●	△	-	●
규칙 제3조에 따른 사업		●	●	△	●	△	△	△	●

●: 수행하여야 하는 항목
△: 조건에 따라 수행하지 아니하여도 되는 항목

20.6.8 해역이용협의

(1) 개요

해역이용협의는 해양환경관리법 제84조(해역이용협의)에 의거하여 시행되며, 공유수면에서 시행되는 개발관련 법률에서 정한 면허·허가 또는 지정 등을 하고자 하는 행정기관장(처분기관)은 면허 등을 허가하기 전에 대통령령이 정하는 바에 따라 미리 해양수산부장관과 해역이용의 적정성과 해양환경에 미치는 영향에 관하여 협의하는 제도이다.

(2) 주요 검토내용

일반해역 이용협의의 작성은 「해양수산부 고시 제 2013-108호 해역이용협의 작성 등에 관한 규정」에 의거 작성되며, 동 고시에서는 해역이용협의에 포함될 내용을 제시하고 있다.

〈해양수산부 고시 제2013-108호 해역이용협의 작성 등에 대한 규정〉

① 요약문
② 사업 및 사업지역의 개요
③ 해역이용협의 대상 지역 설정
④ 지역 개황
⑤ 평가항목 설정
⑥ 평가항목별 현황조사·영향예측·저감방안의 내용, 범위, 방법
⑦ 해양환경영향조사
⑧ 부록

---

(3) 절차

① 해역이용협의는 Fig. 20.23과 같이 사업자가 해양환경관리법 제86조에 규정하고 있는 해역이용 평가대행자에게 의뢰하여 시행한다.

② 해역이용 협의의 협의 기간(해양수산부 장관에게 협의 요청 이후, 완료할 때까지)은 공유수면 점·사용 유형 사업일 경우, 20일을 기준(공유수면 매립 유형 사업은 30일)으로 하며, 통상 1계절~2계절 현황조사를 포함하여 협의 기간을 포함한 총 수행 기간은 5~6개월이다.

Fig. 20.23 해역이용협의 절차도[9]

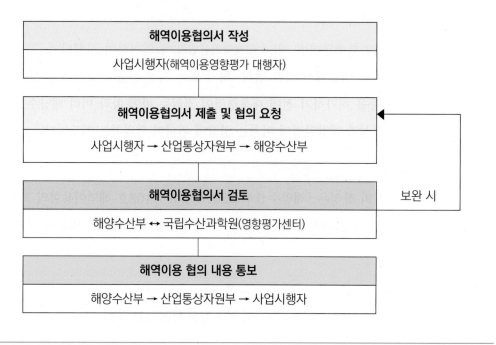

③ 해역이용협의에 포함되는 주요 내용을 Fig. 20.24에 나타내었는데, 해양물리조사, 해양생태계조사, 해양화학조사, 그리고 수치모형실험 등의 내용이 포함된다.

해양물리조사에서는 해양의 물리적 현상에 대한 조사로 유속, 조위, 파고, 탁도, 염도, 수온, 등을 조사한다. 해양생태계조사에서는 동 · 식물성 플랑크톤, 저서생물, 어란과 자치어, 그리고 해산 어류 등을 조사한다.

Fig. 20.24 해역이용 협의에 포함되는 주요 내용[9]

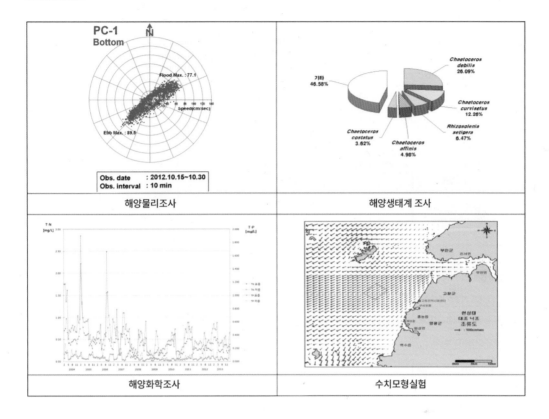

해양물리조사	해양생태계 조사
해양화학조사	수치모형실험

20.6.9 인 · 허가 절차(총괄)

풍력발전단지를 개발하기 위해서는 아래와 같이 계획 단계부터 준공할 때까지 복잡한 절차와 관계기관 협의 등이 필요하며, 국내에서 추진되는 육상 · 해상풍력단지 개발은 아래와 Fig. 20.25와 같은 절차도에 따라 진행되고 있으므로 참고하기 바란다.

Fig. 20.25 풍력단지 각종 인허가 절차도[9]

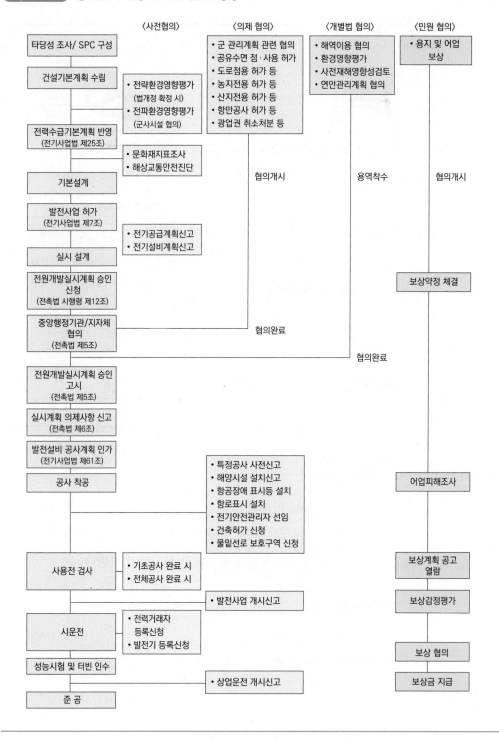

전촉법(전원개발촉진법)

전촉법이란 전원개발촉진법의 줄인 말로 목적은 "전원개발사업(電源開發事業)"을 효율적으로 추진함으로써 전력 수급의 안정을 도모하고, 국민경제의 발전에 이바지하기 위하여 제정된 법이다. 법률 제7016호로 2003년 12월 30일에 제정되었고 2009년 1월 30일에 전문개정을 거쳐, 2021년 12월 16일 일부 개정된 법으로 시행 중이다.

아울러 신재생에너지 산업의 사업환경이 빠르게 변화함에 따라서 관련 사업 법규나 제도가 개정되거나 제정된다. 예를 들면 산업부의 발전사업허가기준의 경우에도 신재생에너지 발전사업이 증가하는 가운데 2023년에 정부가 발전소 적기준공 등 이행력을 제고하기 위해 발전사업 허가기준을 강화하기 위한 기준을 준비하고 있다. 또한 발전사업자 간 분쟁 최소화를 위해 풍황자원 계측기 제도도 개선할 예정이다. 개정안의 취지는 발전사업 허가를 위하여 제출된 사업계획서대로 적기에 발전소를 준공할 수 있도록 재무능력 허가기준을 강화하고자 함이다. 기존 10%였던 총사업비 중 자기자본 비율을 20%로 상향하고 허가 신청 당시 보유해야 하는 최소 납입자본금 기준도 신설(총사업비의 1.5%)한다.

개정안에 따르면 풍력발전에 필요한 소요 기간을 감안하여 발전사업 준비 기간을 확대(일괄 4년에서 육상풍력 6년, 해상풍력 8년)하고 신재생에너지도 화력·원전과 마찬가지로 부여가 가능한 공사계획 인가 기간을 지정(미지정에서 육상풍력 4년, 해상풍력 5년)한다. 이와 동시에 공사계획 인가 기간과 준비 기간의 연장요건을 강화하여 발전사업 이행의 예측 가능성을 제고하기로 했다.[10]

이처럼 사업을 위한 법규와 제도가 항상 변동성이 크기 때문에 발전사업을 하고자 하는 자는 항상 최신의 법규와 제도를 참고해야 한다.

참고문헌

1. 한국풍력산업협회 자료(2021)

2. 박윤석, "부유식 라이다로 해상풍력 풍황측정 부담 던다," Electric Power Journal, 2019. 6. 23.

3. 고창해상풍력 분석자료, 디엔아이코퍼레이션, 2020

4. 산업부 발전사업허가 기준

5. 한전 송배전용 전기설비 이용기준,
   https://cyber.kepco.co.kr/ckepco/front/jsp/CY/H/C/CYHCHP00601.jsp

6. 김경석, "신재생에너지의 세계 - ③ 풍력에너지," 에너지단열경제, 2019. 3. 26.

7. "정부 해상풍력 발전방안 자료"

8. Tom Lombardo, "Green Hydrogen Is on the Rise, engineering.com, Feb 03, 2021,
   https://www.engineering.com/story/green-hydrogen-is-on-the-rise

9. 해상풍력 단지개발 가이드북 "한국에너지기술평가원" 2015. 10

10. 김부미, "자본비율 상향·준비기간 확대… '신재생 발전사업 허가 기준 강화된다'"전기신문, 2023.
    3. 8.

chapter

21

풍력발전과 환경 영향

풍력발전과 환경 영향

풍력발전을 통한 순기능은 우리가 얻는 전기에너지를 위한 동력이 무한정의 무공해 자원인 바람이란 점이다. 이렇게 인류가 필요한 청정에너지를 제공하는 장점이 있지만 반면에 대규모 토목사업이 필요하여 일정 부분 자연환경의 훼손이 불가피한 점이 있다. 아울러 회전하는 대형 구조물이 자연생태계와 인간에게 좋지 않은 영향을 줄 우려가 있다는 시선이 여전히 존재한다.

그런 단점이 있음에도 불구하고 더 큰 관점에서 풍력발전이 여전히 필요하다는 사항을 알아둘 필요가 있다. 본 단원에서는 풍력발전이 우리의 환경과 인간에 어떤 영향을 줄 수 있는지에 대한 사항을 정리해 보았다.

21.1 풍력발전기 소음

풍력발전과 관련하여 가장 민원이 많이 발생하고 있는 분야이다. 풍력발전기로 인한 소음에는 블레이드가 회전할 때의 바람을 가르는 공력 소음(aerodynamic noise)과 증속기 등으로부터의 기계 소음(mechanical noise)이 있다. 객관화된 소음과 관련된 자료를 얻기 위해서는 풍력발전기 설치 예정지를 중심으로 대개 500m 이내에서 대상 지역의 소음을 대표한다고 생각되는 지점, 또는 소음에 관계되는 문제가 생기기 쉬운 지점을 선정하고 측정한다.

따라서 앞의 「제15장 인증」에서 소개된 풍력터빈의 성능평가를 위한 소음 측정에 대한 규정이 인증항목에 있다.

Fig. 21.1 풍력발전기의 소음 수준과 소음 종류[1]

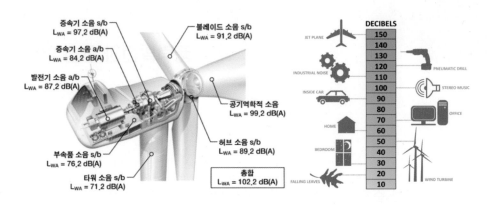

Fig. 21.1에서 보는 바와 같이 소음은 블레이드와 증속기의 회전에서 오는 것이 매우 결정적이다. 그중에서 블레이드의 회전에 의한 공기역학적 소음의 경우에는 약 99.2dB(A)로 외부로 방사된다. 증속기나 발전기의 소음은 나셀 내부 공간에서 방음으로 제한되어 낮아지고 블레이드와 바람의 소음에 상쇄될 수 있다.

공력소음의 발생 메커니즘은 블레이드의 앞전(leading edge)과 공기 난류가 작용하여 불안정한 양력이 발생하고 다이폴(dipole) 같은 소음[1]이 발생한다. 블레이드의 면을 따라 층류가 흐른 후에 뒷전(trailing edge)에서 만나면서 다시 난류가 발생하고 이때에도 소음이 발생한다. 아울러 블레이드가 타워를 지날 때 발생하는 충격 소음(impulsive noise)도 있다.[2]

Fig. 21.1과 같이 발생한 소음이 기계적 장비와 전기적인 장비의 회전과 관련되어 있으므로 광대역 요소를 갖고 있지만, 특성상 음조(보통의 주파수)와 관련되는 경향이 있다. 또한, 허브, 로터, 그리고 타워는 기계적인 소음을 방사하는 스피커와 같은 역할을 할 수 있다. Fig. 21.1에서는 각 부품이 발생시키는 소음의 정도를 나타내었고, 오른쪽 그림에서는 풍력터빈의 소음을 타 소음원과 비교하였다.

이러한 영향 때문에 풍력발전기는 사람이 주거하는 주택과는 일정한 간격을 두고 설치하게 된다. 풍력터빈의 크기와 기계에 따라 다르겠지만 Fig. 21.1에서 보는 바와 같이 주택과 150m의 이격거리(setback distance)에서 45dB(A) 정도를 나타내고 있음을 알 수 있다. 하지만 실제로 사람에 따라 느끼는 정도가 다르고 주관적인 부분이 있어 논란의 대상이 되

---

1 dipole sound source: 일종의 양방향성 소음원

고 있다. 풍력터빈 개발자들은 소음의 저감을 위하여 블레이드 회전 속도의 조정, 블레이드의 모양, 기계 부품의 마찰 저감, 그리고 나셀의 밀폐 등의 다각적인 연구와 노력을 하고 있다.

풍력터빈의 소음에 대한 직접적인 영향에 대한 증거가 제시되지는 않지만 35dB(A) 이상으로 증가하면 감정적으로 짜증의 정도가 높아질 수 있다는 보고가 있다. 비록 풍력터빈의 소음이 아니더라도 소음 수준이 약 40dB(A)를 넘어가면 수면 장애와 같은 영향을 줄 수 있다고 보고하고 있다.[3]

풍력터빈은 저주파 소음(20~200Hz)을 생성하고 인근에 거주하는 주민의 건강에 영향을 줄 수도 있다는 보고가 있다. 특히 야간에 쾌적한 수면을 위해서는 실내 소음 수준이 30dB(A) 이하이어야 한다. 따라서 주민을 위해서는 적절한 이격거리에 대한 규제가 있어야 한다.[4]

참고문헌[5]의 실험 결과를 보면 Fig. 21.2와 같이 블레이드가 시계 방향인 아래 방향으로 움직이는 순간에 대부분의 소음이 발생한다.

Fig. 21.2 풍력터빈 블레이드에서 가장 큰 소음을 생성하는 부분[5]

우리가 관심이 있는 대형 풍력터빈의 소음 정도에 대한 정보가 아래 Table 21.1과 같이 나와 있어 참고할 수 있다.

Table 21.1 상업 발전용 풍력터빈의 소음 크기[1]

제조사와 모델	터빈 용량[MW]	소음 크기[dB(A)]
Vestas V80	1.8	98~109
Enercon E70	2.0	102
Enercon E112	4.5	107

21.2 풍력발전기의 전파방해

풍력발전기는 Fig. 21.3과 같이 전자기파를 반사, 분산, 그리고 회절시키는 방식으로 전자기기의 작동을 방해할 수 있다. 풍력발전기가 라디오, 텔레비전 또는 극초단파 전송기와 수신기 사이에 위치하면 때에 따라서 전자기파를 반사하여 신호의 도달을 방해한다. 이로 인해 수신 신호는 왜곡될 수 있으므로 전파의 루트를 조사하고 이것을 피하여 설치할 필요가 있다. 대상이 되는 전파는 방송국, 전화국, 군부대, 해상, 보안청, 그리고 어업무선 중계기지 등에서 사용하는 것이다.

대형 풍력터빈의 회전 면적과 날개 끝 속도(tip speed)는 항공 운항, 해상 운항, 기후 관측, 그리고 군사용 레이더 시스템에 영향을 줄 수 있다.[6]

대형의 회전하는 풍력터빈 블레이드는 레이더에 포착될 수 있다. 식별이 가능한 풍력터빈은 발생한 클러터(clutter)[2]가 중요한 영공에서 미확인 항공기로 나타날 수 있어 레이더 운영자에게 안전 문제를 일으킨다.[7]

풍력터빈으로부터의 전자기파 방해에 대한 대부분의 보고서는 텔레비전 방해를 다루고

---

2 Clutter(클러터): 레이더 표적 이외의 물체에서 반사되어 수신되는 원치 않는 신호. 지면, 해면, 빗방울 등이 주요 원인이다. 해면 클러터는 파도의 높이, 풍향, 안테나의 높이에 영향을 받고, 빗방울 클러터는 강우, 강설, 안개 등의 영향을 받는 스크린 상의 잡음 현상이다. 일반 레이더에서는 빗방울 등 기상 표적을 클러터로 보지만 기상 레이더에서는 지면, 항공기 등을 클러터로 처리한다(국방과학기술용어사전, 2021. 05. 31.).

있다. 텔레비전 방해는 보통 화면이 흔들리는 영상 왜곡으로 블레이드의 통과 주파수와 동기화되면서 발생한다.

아울러 FM 방송의 수신에 대한 영향은 연구실 시뮬레이션을 통해서만 측정이 가능할 정도인데 이 영향으로 FM 방송의 배경에 잡음(히스, hiss)이 중첩되는 형태로 나타난다. 풍력터빈 전자기 방해(EMI, Electromagnetic Interference)가 FM 방송에 주는 영향은 방송 수신기가 풍력터빈에서 수십 미터 이내에 있는 경우를 제외하고는 무시할 수 있다. Fig. 21.3은 전파장애의 메커니즘을 간단히 설명한 그림이다.

Fig. 21.3 **풍력터빈의 전파장애**

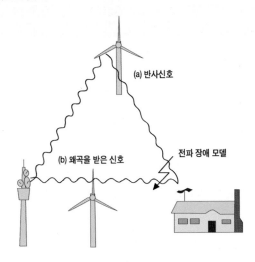

정지한 풍력발전기는 Fig. 21.4와 같이 초단파 전방향식 무선표시 시설(VOR, VHF Omni-directional Radio Range)[3]의 역할을 하여 항공기의 이·착륙과 같은 운항 정보에 영향을 줄 수도 있다. 그러나 풍력발전기를 운전하게 되면 잠재적인 방해 효과가 상당히 감소한다고 알려져 있다. 미국은 대부분의 풍력터빈 크기의 구조물이 VOR 기지의 1km 이내에 건설되지 못하도록 하고 있다.

---

3 VOR: 비행하는 항공기에게 VHF(초단파)대역에서 방위각 정보를 연속적으로 제공하는 지상시설로 초단파 전방향 무선표지 시설이라고 함.

Fig. 21.4 두 개의 레이더 사이의 데이터 융합(data fusion)의 예시[7]

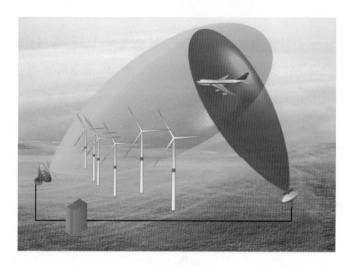

전자기파 간섭 영향이 일반적으로 극초단파 전송 시스템에 사용되는 변조를 해치는 경향이 있다. 한편으로 휴대폰 전파는 이동 중인 환경에서 동작하도록 설계되었기 때문에 상대적으로 풍력터빈에 의한 EMI 영향에 민감하지는 않다. 위성 서비스는 정지궤도를 이용하며 대부분 위도에서 고도각(elevation angle)과 안테나 게인(gain)으로 인해 영향을 받지 않는 것으로 알려져 있다.

21.3 레이더 방해(radar interference) 현상

대형 풍력터빈 블레이드의 회전면이 레이더의 항공 물체 포착을 방해하는 문제점을 해결하기 위하여 레이더 전자파를 흡수하여 반사되지 않도록 전자파 흡수 기능을 가진 블레이드의 개발이 이루어지고 있다.

세계적으로 풍력발전단지의 면적이 증가함에 따라서 기상관측, 항공 운항, 그리고 군사용 레이더와의 간섭 때문에 풍력단지 프로젝트가 반려되거나 연기되기도 한다.

회전하는 블레이드는 레이더 스크린에서 영공에 있는 다른 목표물을 감지하는 것을 방해하는 클러터(clutter)현상을 일으킨다.

풍력터빈을 레이더로부터 감지되는 것을 회피하기 위하여 세 가지 방법이 알려져 있다.

첫째, 블레이드 표면이 레이더 수신기로부터 레이더 신호를 모두 반사하도록 설계하는 방법이 있다. 둘째, 라디오 신호가 레이더 수신기로 반사되는 양을 극도로 줄이도록 전자기 흡수 표면을 갖도록 블레이드를 코팅하는 방법이다. 셋째, 레이더 수신기로 반사되는 라디오 신호가 거의 없도록 흡수하는 소재로 블레이드를 제조하는 방법이다.

하지만 앞의 두 가지 방법은 설계와 효율에서 한계가 있어 세 번째 방법이 가장 좋은 방법으로 알려져 있다.

예를 들면, 군사용 스텔스 항공기는 레이더 감지를 회피하기 위하여 항공기 표면의 소재로 고무, 폼, 그리고 페인트 종류를 적용한다. 항공기의 경우에는 형상을 변경하기도 하는 RCS(Radar Cross Section) 개념을 도입하기도 한다. 하지만 블레이드는 형상의 변형에는 한계가 있어 소재의 변화를 활용한다. 블레이드 외부에 스텔스 기능의 소재를 적용하면 중량이 엄청나게 증가하는 문제가 있어 원래의 구조용 복합재료 자체가 전자파를 흡수하여 열로 소멸시키는 스텔스 기능을 수행할 수 있도록 복합재료를 설계하는 방향으로 개발되고 있다.

이러한 문제점을 반영한 최초의 스텔스 풍력터빈을 적용한 풍력단지가 2016년 6월에 프랑스의 EDF사는 Perpignan 지역에 Ensemble Eolien Catalan 풍력단지라는 세계 최초로 96MW 발전 용량을 가진 풍력단지(Fig. 21.5)를 조성하였다. 22km 떨어진 기상 관측 레이더에 주는 전파 장애 영향을 감소시키기 위하여 Vestas사의 2~3MW 풍력터빈에 스텔스 기능을 부가하였다.

Fig. 21.5 프랑스 Perpignan 지역의 96MW Ensemble Eolien Catalan 풍력단지(Vestas사의 2MW와 3MW 터빈)[8]

 ## 21.4 풍력발전기에 의한 경관 영향(visual impact)

특히 육상 풍력발전단지의 경관에 대해서는 객관적으로 평가하기는 어렵지만, 주위의 경관과 조화되도록 배치하고 디자인과 색채 등을 배려하는 것이 바람직하다. 여기서 중요한 과제는 풍력터빈이 위치하게 될 장소에 대한 특성을 파악하는 것이다. 물론 터빈 설치와 관련하여 연관된 개인과 단체의 입장에 따라서 극명한 해석의 차이를 보여주고 있는 것이 현실이다. Fig. 21.6은 같은 풍력단지를 설치하는데 입장에 따라 해석 방법이 매우 다름을 보여주고 있다.

Fig. 21.6 풍력발전에 대한 경관 논쟁에 대한 예시 (a) 긍정적인 면과 (b) 부정적인 면

(a)

(b)

Fig. 21.6(a)의 경우는 풍력단지가 경관 측면에서 긍정적으로 활용한 것으로 강원 태백시 창죽동에 자리한 '매봉산 풍력발전단지'가 환경과 재생의 가치를 실천하는 산업 관광지로 선정되었다. 태백시는 한국관광공사에서 주관한 '2021 산업관광 12선' 공모에서 '매봉산 풍력발전단지'가 선정되었다고 발표하였다.[9]

Fig. 21.6(b)는 경상북도 내륙에 건설된 풍력단지로 대규모 풍력단지가 건설되면서 진입도로와 터빈의 건설을 위하여 기존의 수목이 대단위로 벌목되어 자연경관의 훼손과 동식물에 대한 영향이 나타나서 주민들과의 갈등을 빚은 경우이다.[10]

하지만 풍력발전 사업이 경관과 자연환경에 미치는 영향을 최소화하고 풍력발전에 대한 현지 주민들의 이해도를 높이기 위한 노력이 병행되어야 한다.

기술적인 면에서는 풍력터빈이 설치된다면 개방된 지역에서는 균일한 색상, 구조 형태, 그리고 적절한 표면 마감을 사용하여 프로젝트의 가시성을 최소화한다. 다만, 자연스러운 설계와 색상이 조류 충돌을 감소시키려는 노력과 오히려 상충할 수 있고, 반대로 명확한 표시가 필요한 비행기의 안전 요건과 배치될 수 있다. 이와 함께 비행기의 안전을 위한 것을 제외한 야간 조명을 금지하게 되는데 이는 조명에 이끌리는 벌레를 잡아먹는 야간의 포식자들과의 충돌을 줄여줄 수 있다.

지상의 전기 설비에 대한 지지구조물의 경로와 형태, 방법, 설치 형태의 선택(지상 또는 지하)도 또한 고려되어야 할 사항이다. 다수의 발전기가 서로 근접해서 설치되는 곳에는 전선과 도로를 단일 직선으로 하거나, 트랜치 또는 회랑으로 통합하면 각 터빈에서 개별적으로 접근하는 것에 비해서 시각적으로 부정적인 영향이 감소한다.

각각 다른 터빈 형태, 밀도, 그리고 기하학적 배치가 시각적인 영향과 충돌을 유도할 수 있으므로 이를 최소화하기 위한 노력이 필요하다. 실제적인 예시로 형상이 다른 터빈 간의 혼합은 피하거나 최소화하고 회전 방향이 다른 터빈들은 완충지대를 갖고 분리되어 있어야 한다.

 ## 21.5 거주지와 도로 인근에 풍력발전기 설치에 따른 영향

풍력발전기에 대한 경험이 풍부한 유럽의 경우에 오랜 기간의 운용을 통해 주민 대다수가 풍력발전기의 기능과 구조적 안전성에 대하여 높은 신뢰가 있어 Fig. 21.7과 같이 풍력발전기가 주택가, 농장, 그리고 도로 주변에 설치되는 것에 대한 거부감이 별로 없는 편이다.[11] 풍력발전기로부터 발생하는 소음과 저주파가 동식물의 실생활에 영향을 거의 미치지 않는다는 사실도 이미 경험했으므로 주택가와 목장 인근에 풍력발전기가 보편적으로 설치되어 운영되고 있다. 특히 가축의 사육에 풍력터빈의 영향은 별로 없는 것으로 알려진 상태이나, 일부에서는 터빈에서 흐르는 전류가 토양을 통하여 가축에게 영향을 주어서 폐사한다고 주장하는 경우도 있다.[12] 따라서 향후 보다 과학적인 검증을 통하여 풍력발전단지의 안전성에 대한 인식을 높일 필요가 있다.

Fig. 21.7　풍력터빈과 공존하는 목초지의 가축 사육의 예시[11]

　일부 유럽 국가에서 풍력터빈은 해변이나 방파제를 따라 설치되거나 아니면 연안에 설치된다. 농업지역에 설치되는 풍력터빈은 공장형 패턴의 영향을 최소화하려고 했고 영구적인 지원설비는 부지의 가장자리, 산울타리 또는 농장 도로를 따라 통합하여 설치된다.

　미국에서는 풍력발전단지와 관련된 토지 이용계획은 완충지대와 완화구역을 두어 주변에 민감한 구역 또는 융화가 안 되는 곳과의 양립을 도모한다.

21.6 풍력발전기의 쉐도우 플리커(shadow flicker)와 플래싱(fleshing)

Fig. 21.8　풍력발전기로 인한 쉐도우 플리커와 플래싱

쉐도우 플리커(shadow flicker)는 Fig. 21.8과 같이 풍력발전기 로터의 블레이드가 움직이는 그림자를 만들어서 깜빡이는 효과를 만드는 것을 말하며 이는 터빈 주변에 거주하는 사람들을 괴롭힐 수 있다. 비슷하게 태양 빛이 블레이드의 광택 표면에 반사되어 '플래싱(fleshing)' 효과를 만든다. 이 영향은 실제로 미국에서는 환경문제로 제시되고 있고 북부 유럽에서 더 큰 문제가 되는데 이는 위도와 겨울철 태양의 고도가 낮고, 그리고 거주지 건물과 풍력터빈 간의 거리가 짧은 경우에 발생한다.

최악의 경우에는 플리커가 매우 짧은 주기로 발생할 수 있다. 유럽에서는 터빈을 짧은 시간 동안 정지하는 해결책이 제안되기도 하며 풍력단지를 설계할 때에도 인근 거주지에 그림자 경로를 신중히 고려한다. 플래싱에 대비하여 반사하지 않고 광택이 없는 블레이드를 사용하기도 하고 역시 배치에 신경을 쓴다. 이러한 사항을 고려하여 덴마크에서는 일반적으로 가장 가까운 거주지와 풍력터빈 간의 거리를 최소한 로터 블레이드 직경의 6에서 8배에 해당하는 이격거리를 두는 지침이 사용된다.

플리커, 플래싱, 그리고 소음과 관련하여 이격거리(setback distance)에 대한 사항이 중요하다. 자세히 보면 이격거리는 풍력터빈 주변에 있는 인간의 안전 측면에서 매우 중요한 요소이다. 풍력터빈과 관련된 독특한 우려 사항들을 살펴보면 회전하는 블레이드가 파손에 의하여 날아가는 현상(blade throw), 나셀의 화재, 타워 붕괴, 그리고 얼음 조각의 날림(ice shedding)과 같은 현상이다.[12] 이러한 현상들은 주변의 주민이나 통행자, 그리고 풍력단지 운영자들의 안전을 위협하는 요소이다. 이러한 사고가 발생할 확률은 매우 낮지만, 사전에 방지를 위한 조치로 풍력터빈을 관계자 이외의 사람들이 생활하는 도로나 주거지 등과 이격거리를 두고 설치하는 것이 중요하다.

이러한 안전상의 문제 때문에 유럽을 위시하여 풍력 선진국에서는 이격거리와 관련된 조치를 Table 21.2와 같이 취하고 있다. 참고로 Fig. 21.9는 이격거리를 정의하는 그림이다.

Fig. 21.9　유럽의 이격거리에 대한 정의[13]

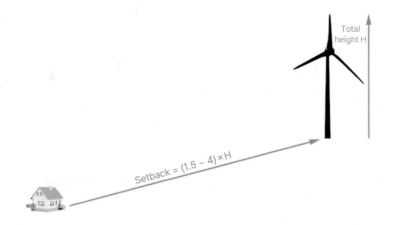

국외의 대표적인 국가의 경우를 참고해 보면 국내에 비교하여 다소 상세하게 규정하고
있음을 알 수 있다.

Table 21.2　국가별 풍력단지의 풍력터빈과의 이격거리에 대한 규정[13]

국가	이격거리 규정
덴마크	(타워 높이+회전자반경) x 4배 소음 민감한 토지 구역 37dB(A)–풍속 6m/s, 39dB(A)–풍속 8m/s
네덜란드	타워 높이의 4배 권고(강제 조항은 아님), 측정 소음과 직결하여 40dB(A)를 초과하지 않는 것을 규정
독일	각 주마다 다른 규정 적용, 대부분 주거지와 750~1,000m 의 이격을 요구, 최소 이격거리 는 400m이며 예시로 소음은 지역별 소음레벨 방지 기준에 따라 적용 "Quiet regions"[35dB(A)]: 1,000~1,500m "Middle regions"[40dB(A)]: 600~1,000m "Standard regions"[45dB(A)]: 300~600m
일본	주택과의 거리는 300m(타워 기초 부분으로부터 수평거리)
미국	각 지방자치단체에서 요구사항이 다름. 공통적으로 터빈 높이 x 1.5배를 적용하되 터빈 높 이가 타워 높이, 허브 높이, 블레이드 최고 높이에 대한 정의는 각각 상이함[뉴욕주]

국내에서는 2011년에 환경 소음과 저주파에 대한 관심으로 수행된 연구에서 국외의 연구결과를 참고하여 국내 최초로 Table 21.3과 같은 이격거리에 대한 설정의 필요성이 제시되어 이후의 관련 가이드라인 제정에 영향을 주었다.

Table 21.3 풍력발전시설과의 이격거리 연구결과[14]

구분	이격거리
주거시설과 500m 학교 (정온시설)[4]	500m 이내 이주대책 수립
	500~1,500m 미만 주민과의 협의(기존 시설)
	가장 가까운 풍력터빈에서 1,500m 이상(권장)
가축 시설과 사육시설 (초지 제외)	500m 이내 이주대책 수립
	500~1,000m 미만 주민과의 협의(기존 시설)
	1,000m 이상(권장)

이후에 환경 관련 정부기관에서 2018년~2020년에 이루어진 집중적인 연구결과[15-17]에 의하면, 2014년에 환경부와 산업통상자원부가 협의하여 마련한 국내 풍력발전 가이드라인[18]을 참고하여 당해 지역의 환경적 특성을 고려하여 500m~1,000m 사이로 권고하고 있다[17]. 이것도 생태 환경(상수원, 백두대간 보호지역 등)에 대한 권고 사항으로 주거지역에서의 이격거리에 대한 규제를 위한 기준은 없다고 볼 수 있다. 그러나 풍력단지 인근지역에 소음에 의한 영향을 받을 우려가 있는 주거지역이 있으면 Table 21.4와 같은 소음 레벨에 대한 권고 사항을 규정하고 있다.[17]

---

4 "정온시설"이란 풍파가 없이 고요하고 평온함이 필요한 시설로서 학교, 종합병원, 공공도서관, 공동주택, 100명 이상의 노인의료 복지시설·영유아 보육시설을 말한다.

Table 21.4	풍력단지 인근 대상 지역에서의 소음 권고 규정[17]			
대상 지역	아침, 저녁 (05:00~07:00, 18:00~22:00)	주간 (07:00 ~18:00)	야간 (22:00 ~05:00)
가. 주거지역, 녹지지역, 관리지역 중 취락지 구·주거개발 진흥지구 및 관광·휴양개발 진흥지구, 자연환경 보전지역, 그 밖의 지역 에 있는 학교·종합병원·공공도서관	50dB(A) 이하	55dB(A) 이하	45dB(A) 이하
나. 그 밖의 지역	6dB(A) 이하	65dB(A) 이하	55dB(A) 이하

21.7 풍력발전기의 동식물에의 영향과 대책

풍력발전이 동식물 생태계에 좋지 않은 영향을 미친다는 사실은 그동안 여러 경로를 통하여 제기되어 왔고 미래에도 풍력발전단지가 증가함에 따라서 꾸준히 문제가 된다. 따라서 문제점과 해결방안에 대하여 알아본다. 특히 풍력터빈의 블레이드가 고공에서 회전하기 때문에 조류와의 충돌 문제가 가장 큰 이슈이므로 이에 대하여 먼저 알아보고 추가적으로 동물과 관련된 사항들을 알아본다.

풍력터빈과 조류의 충돌 빈도는 영국의 경우에 매년 10,000~100,000마리 넓은 국토의 미국에서는 매년 100,000~450,000마리가 충돌하여 죽는다고 보고되고 있다. 세계적으로는 매년 2백만 마리 정도로 추산하고 있다.[19] 또한 스페인에서는 풍력터빈 1기당 약 40~800마리의 조류가 충돌한다는 통계도 있다. 이 통계는 미국에서 매년 건물에 충돌하는 숫자인 10억 마리에 비교하면 낮은 숫자이나 무시할 수준은 아니다. 세계적으로 매우 정확한 통계나 모델이 제시되지 않지만 Fig. 21.10은 미국에서 여러 가지 상황에서 발생하는 조류의 죽음에 대한 통계로 참고할 만하다.

그림에 의하면 고양이와 같은 동물의 공격에 의한 조류의 피해가 압도적으로 높음을 알 수 있다. 이것은 자연생태계의 순환으로 볼 수 있고 인공물에 의한 피해는 건물과의 충돌이 가장 높다. 아울러 살충제나 자동차에 의한 로드킬(roadkill)의 숫자도 무시할 수 없는 수준이다.

Fig. 21.10 매년 미국에서 사고로 죽는 조류의 예상 통계[20]

Wind turbines, 2020	1.17
Wind turbines, 2050*	2.22
Communication towers	5
Automobiles	60
Pesticides	67
Buildings	100
Cats	365

*Based on EIA Annual Energy Outlook 2021
Source: A. Manville, US Fish and Wildlife Service / American Bird Conservancy / Cornell Lab of Ornithology / EIA

이 통계와 관련하여 볼 때 현재의 풍력터빈과 관련된 숫자는 다른 상황에 비교하면 미미하지만 갈수록 풍력단지의 수가 증가하게 되므로 결코 무시할 수 없는 통계가 산출될 수 있다.

21.7.1 조류 충돌 대책

조류 충돌과 관련한 더 정확한 자료의 확보가 필요하며 이미 위에서 매우 정확하지는 않지만, 조류와 풍력터빈 간의 문제는 점차 무시할 정도가 아님을 인식하게 되었다. 따라서 충돌이 발생하는 메커니즘을 정확하게 진단해야 방지할 수 있는 해결책도 도출될 수가 있다.

조류의 위협이 되는 대표적인 몇 가지 정도의 상황을 보면 조류가 회전하는 블레이드를 보지 못하고 충돌하거나 풍력단지 내부나 외부와 연결되는 고압선과의 충돌로 죽는다.

박쥐와 같은 특정 조류는 회전하는 풍력터빈에 의한 공기압의 감소로 인하여 압력 상해 (barotrauma)라는 갑작스런 압력의 감소로 박쥐의 폐에 손상을 주어 죽음에 이르게 한다. 다른 조류와 같이 박쥐들은 생식 능력에 한계가 있어 개체수를 유지하기 위해서는 성장한 박쥐의 생존율을 높여야 한다.

이러한 상황들에서 조류의 비행은 바람이 부는 원리와 같이 인위적으로 조절할 수 있는 여지는 적다고 볼 수 있다. 따라서 조류를 회피할 수 있는 위치 선정과 접근방지기술의 개발이 중요한 대책이 될 수 있다. Fig. 21.11은 풍력발전 단지 주위를 맴도는 조류의 움직임을 보여주고 있다.

Fig. 21.11 **풍력발전기와 조류**

21.7.2 **풍력단지의 위치 선정**

조류가 서식하는 환경은 먹이사슬의 하위에 있는 먹이의 풍부함이 좌우한다. 개별적인 풍력터빈을 설치할 때에 조류의 미소 서식환경이 우수한 지역이나 조류의 밀도가 높은 지역을 피해야 한다.

조류의 비행구역과 철새가 이동하는 경로지를 피해서 풍력단지를 설치하면 어느 정도 회피할 수 있다고 판단한다. 해상풍력의 경우에도 육상의 조류와는 달리 많은 해조류와 철새들이 이동 경로에 있는 풍력단지와 일치할 수 있어 단지 선정에서 고려할 사항이다. 해상풍력터빈의 입장에서도 무리로 이동하는 철새와의 충돌은 성능에 영향을 미칠 수 있다.

21.7.3 **풍력터빈 접근방지기술**

풍력단지의 위치 조절과 함께 조류의 충돌을 줄일 수 있는 기술의 개발이 필요함을 인식하고 있다. 대표적인 기술적 접근 방법은 다가오는 조류를 감지하고 사전에 가동을 정지하여 조류를 안전하게 통과시키는 것이다. 아울러 조류가 싫어하는 초음파 주파수를 조류 무리가 있는 방향으로 발사하여 접근을 방해하는 방법도 있다. 혹은 블레이드의 표면에 UV 페인트나 보라색이나 검은색 페인트를 칠하는 해결책도 연구되고 있다.

고압 전기배선은 가능하면 지하에 매립하여 신규로 공중에 설치되는 고압선은 조류의 감전을 막을 수 있도록 설계하고, 기존의 설비도 역시 기술적인 수단을 강구하여 감전을 상당히 줄이도록 한다.

발전 용량이 큰 터빈을 설치하여 다수의 소형 터빈을 설치하는 것보다 충돌 확률을 줄이는 것이 환경에 대한 긍정적인 영향을 줄 뿐만 아니라 발전사업자 입장에서도 경제적으로 유리할 수 있다.

풍력단지는 기본적으로 영역이 매우 크기 때문에 서식 동물을 모두 배재하고 설치하기는 어렵다. 조류도 지역에 서식하는 작은 먹잇감이나 재배 농작물에 기반하여 서식하게 되므로 소극적인 방법이지만 부득이하게 먹이 기반 관리가 필요하다. 먹이기반관리조사를 통하여 생포같이 인도적인 프로그램을 통해 먹이가 될 수 있는 동물을 기존 풍력발전단지로부터 멀리 이동시키는 방법도 있을 수 있다.

풍력터빈에의 조류 충돌 문제는 풍력발전을 선진적으로 수행해 온 유럽과 미국에서 지금까지 장기간 의논해 왔지만 명확한 결론이 도출되지 않은 문제이고 가장 협의 사항이 많은 항목이다.

21.7.4 해상풍력단지와 해양 생물

해상풍력설비는 해양 생물에 부정적인 환경적 영향을 줄 수 있다. 해상풍력터빈과 해양 생태계 간의 관계에 대한 연구도 계속되고 있다.

해상풍력터빈이 침입종(invasive species)에게는 주요 서식지(거주지)가 될 수도 있다. 왜냐하면 해상풍력단지가 다른 여러 종류의 어류들이나 먹이를 찾거나 피신할 곳을 찾은 다른 야생 생물을 유인할 수 있기 때문이다.

예를 들면, 어떤 침입종(invasive species)이 유럽의 북해로 들어오는데 인근 해역의 해상풍력단지에 의한 새로운 서식지 때문이다. 침입종은 때로는 어장을 파괴하고 주변 지역을 황폐화하는 재앙적인 생태학적 악영향도 가져올 수도 있다.

해상풍력단지가 해양 생물에게 필요한 유기물과 먹이를 감소시키는 경향은 또 다른 문제점이다. 최근 연구에 의하면 식물성 플랑크톤(phytoplankton), 박테리아, 그리고 현탁 먹이, 무척추동물(invetebratese) 들은 특정한 해양 생태계(marine ecosystems)에서 유기물이 부분적으로 사라지는 원인이 되기도 한다.

돌고래와 같은 특정한 동물들은 소통에 음향을 사용하는데 터빈을 설치할 때와 가동 중에 발생하는 소음의 영향을 받을 수 있다. 예를 들면, 돌고래들은 풍력터빈 하부구조물 설치의 항타 공정(hammering pilings)에서 발생하는 200dB(A) 수준의 소음으로 귀나 눈이 멀 수도 있다.

육상풍력단지는 일반적으로 시골, 평야와 산간 지역의 미개발지, 목초지 또는 농지에 위치하여 직간접적으로 생태학적인 자원에 영향을 준다. 예를 들어, 풍력단지의 건설과 관련된 접근로와 중장비의 사용과 관련하여 생태계에 교란도 발생할 수 있다.

생태학적인 자원의 문제에서 볼 때 해당 지역에 서식하거나, 지역을 이용하거나 통과하는 수많은 동식물이 관련되어 있다. 여기엔 또한 살아있는 생물의 토대가 되는 토양, 물, 그리고 생물학적 요소를 포함한 생물들의 서식지와 관련되어 있다. 이들의 범위는 박테리아와 균사체로부터 먹이사슬의 상위에 있는 포식자까지 다양하다.

현장에 존재하는 생태계와 관련하여 중요한 고려사항은 서식지의 잠재적인 파괴이다. 많은 종들이 법을 통해 보호되고 있으므로 생태학 전문가와 생물학 전문가들에게 프로젝트 설계의 초기 단계에 개발을 할 수 없는지 아니면 적당한 완화 대책을 취할 수 있을지를 확인하는 것이 중요하다. 또한, 연구를 통해 생물학적 영향의 계절적인 특성을 고려하여 연중 가장 영향이 적은 시기를 개발 시기로 결정한다.

풍력단지 개발자는 공사의 시기를 정하고 풍력터빈의 배치와 도로 횡단이 발생할 때에 생물종이나 서식지에 피해를 주지 않도록 관련 당국의 규제에 따르고 적절한 생태적이며 생물적 상담을 받아야 한다.

21.8 환경오염

다른 형태의 에너지 생산과 같이 풍력에너지는 환경에 부정적으로 영향을 줄 수도 있는데, 동물, 어류, 그리고 식물 등 서식지의 손실, 파괴, 혹은 감소 등의 영향 등과 같이 풍력단지는 근처에 거주하는 사람들에게도 부정적인 영향이 있음을 알았다.

여기에서는 풍력터빈 자체의 문제점에 대하여 논하여 본다. 20여 년 전에 풍력산업이 본궤도에 오르기 전에는 풍력터빈 부품의 폐기 문제에 대해서는 큰 우려를 하지 않았다. 그동안 많은 기술 개발을 거쳐서 풍력발전의 유효성이 입증되면서 풍력터빈의 규모와 수량이 급격히 증가하고, 일부 풍력터빈은 수명을 다하게 되었다. 풍력터빈의 규모가 커짐에 따라서 폐기 문제가 자연스럽게 대두되기 시작하였다.

개략적으로 풍력터빈 부품의 85%는 강철, 구리전선, 전자부품, 그리고 기어 등이라서 재활용이나 재사용이 가능하지만, 유리섬유 블레이드는 재활용이나 재사용에서 발생하는 문제점 때문에 폐기해야 한다.

20년의 수명에 도달하는 블레이드는 미국의 경우에 약 72만 톤 이상인 것으로 추산하고 있다. 새로이 개발되는 블레이드는 더 커야 하므로 기존의 작은 블레이드를 재활용할 수 있는 방법은 없고 폐기하는 수밖에 없다. 대형 블레이드를 제조하는 소재는 복합재료로 섬유와 모재로 구성되고 가장 효율적이고 경제적인 모재는 열경화성 수지(resin)로 경화가 된 후로는 분해가 어려워서 섬유와의 분리가 어렵다. 현재로서 가장 경제적인 폐기 방안은 매립하는 방안이지만 또 다른 환경오염 문제를 일으킨다. 해체와 분리를 위한 기술들이 연구되고 있지만, 비용이 많이 들고 경제성이 없어 활용하기에는 연구 개발을 위한 상당한 시간이 필요하다.

21.9 풍력발전의 장점과 혜택

본 교재의 목적은 풍력발전의 이해를 돕기 위한 것이므로 당연히 풍력발전이 주는 단점들이 있음에도 불구하고 우리 인류가 개발하고 활용해야 하는 기술임에는 틀림없다는 전제하에서 집필되었다. 관점에 따라 다를 수 있지만 인류가 누릴 수 있는 혜택에 비교하여 단점은 점진적으로 해결할 수 있거나 무시할 만한 수준이다.

마지막으로 풍력발전이 타 에너지원에 비교해서 유리한 사항과 우리에게 주는 혜택에 대하여 간단히 정리해 보았다.

21.9.1 공해 물질 배출의 최소화

풍력에너지는 세계의 기후변화 문제에서 탄소중립 목표에 대비한 효율적인 해결책의 한 가지 임은 틀림없다. 풍력에너지의 청정하고, 안정적이며, 연료비가 없이 무한하게 재생이 가능한 특성은 지속 가능한 개발과 탄소 배출 저감에 기여한다.

2021년 세계 전기 발전량에서 에너지원별 비율은 Fig. 21.12에서 보면 풍력발전이 차지하는 양은 약 6.5%로 나타나고 있다. 이에 따라 2021년 전세계 풍력발전기 설치용량은 837GW며, 2021년 1년 동안의 풍력 발전량은 약 1,848TWh이다.

이는 화석연료로 전기를 생산했을 때,

- 가스: 40,375TWh
- 오일: 51,170TWh
- 석탄: 44,473TWh

만큼의 전력량을 얻었다. Fig. 21.12에서 보듯이 화석연료를 이용하여 얻는 전기량은 약 61.4%를 차지할 정도로 의존도가 높고 이에 따른 공해물질의 배출도 비례해서 증가한다.[21] 이에 따라 SO_2, NO_x, CO_2, Particulate(분진), Slag/ash(광물 용재)와 같은 대량의 공해물질이 발생하게 된다. 상대적으로 풍력발전으로 전력을 생산했을 경우 위와 같은 공해물질 발생량은 "0"이다.

Fig. 21.12 **2021년 사용 연료별 세계 전력 발전의 분포[21]** ──────────

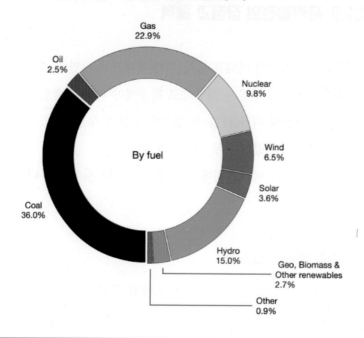

Gas
22.9%

Oil
2.5%

Nuclear
9.8%

Wind
6.5%

By fuel

Solar
3.6%

Coal
36.0%

Hydro
15.0%

Geo, Biomass &
Other renewables
2.7%

Other
0.9%

21.9.2 저렴한 에너지원

위와 같은 화석연료 기반으로 전기를 생산할 경우에 석탄을 예를 들면 생산비용이 $57~$148/MW인데 보조가 없는 풍력 프로젝트는 전기를 $32~$62/MW에 공급할 수 있다. 이 비용은 조사기관이나 방법에 따라 다를 수는 있지만 그동안 풍력발전 기술의 급속한 발전으로 인하여 소위 말하는 그리드 패리티(grid parity)에 달성한 결과로 널리 인정되고 있다.

다른 측면에서 보면 풍력터빈은 석탄이나 원자력 발전시설을 계속 운영하기 위한 유지보수 비용보다 낮다. 풍력발전단지 운영과 유지는 매년 $42,000~ $48,000 정도이다. 풍력에너지는 무료이며 무한대인 에너지원이므로 발전사업자의 수익에 해를 끼치지 않고 장기적으로 고정가격으로 팔 수 있다는 것이 매우 고무적인 사실이다.

21.9.3 효율적인 에너지

최근의 기술발전으로 풍력터빈은 매우 효율이 높고 신뢰성이 있는 에너지 획득 장치이다. 미국 US EIA에 따르면 대표적인 미국 풍력터빈은 843,000 kWh/month로 940가구가 사용하기에 충분하여 가장 효율적인 에너지 생산자 중의 하나가 되었다.

21.9.4 경제 진흥과 활성화 기여

풍력에너지 프로젝트는 여러 가지 방법으로 국가와 지역 경제에 혜택을 준다. 풍력발전 시스템의 개발과 제조는 높은 수준의 기술력과 중화학공업 기반의 산업이 필요하다. 풍력 단지의 개발과 운영에도 많은 고급 인력이 필요하다. 따라서 많은 일자리를 만들고 국가와 지역의 세금을 늘리고 토지임대료 형태로도 지역의 주민에게 더 많은 경제적인 혜택을 준다. Fig. 21.13과 같이 풍력발전과 농사가 공존할 수 있음도 보여 준다.

미국 Purdue대학의 연구에 의하면 풍력에너지 발전에서 240억 달러의 미국 경제의 수익이 발생할 것으로 예측하였다. 아울러 제조, 건설, 재정, 수송, 그리고 행정 분야에서 재정적으로 수익을 얻는다.

관광이 지역 경제에 필수적인 곳에서는 풍력단지가 지역의 풍광과 자연경관을 향상할 수도 있다. 더구나 대형 풍력터빈을 방문하고 감상하고자 하는 여행자들은 새롭게 생기는 풍력단지를 즐길 수 있다.

Fig. 21.13 **국내 영광군 풍력단지 전경**

참고문헌

1. Daniel J. Alberts, "Primer for Addressing Wind Turbine Noise," Lawrence Technological University, Oct. 2006

2. Con Doolan, "Wind turbine noise mechanisms and some concepts for its control," Proceedings of ACOUSTICS 2011, November 2~4, 2011, Gold Coast, Australia

3. VERMONT Department of Health, "Wind Turbine Noise & Human Health: A Review of the Scientific Literature," May 2017

4. Chun-Hsiang Chiu, et. al., "Effects of low-frequency noise from wind turbines on heart rate variability in healthy individuals," Scientific Reports (2021) 11:17817

5. Ofelia Jianu, et al., "Noise Pollution Prevention in Wind Turbines: Status and Recent Advances," Sustainability 2012, 4, 1104-1117

6. 송태훈 외, "MWNT가 분산된 Hybrid 복합재료를 이용한 평판형 전자파 흡수 구조물 성형 연구," 한국항공우주학회 학술발표회 논문집, Vol. 2012 No. 4, 2012

7. Omar Abu-Ella and Khawla Alnajjar, "Mitigation Measures for Windfarm Effects on Radar Systems," International Journal of Aerospace Engineering 2022(5):1-9

8. World's First 'Stealth' WindFarm Will Not Interfere With Radar Systems, Sep. 11, 2014, Environment, News, Renewable Energy

9. 최승현, "태백 '매봉산 풍력발전단지' 산업관광지 12선에 선정," 경향신문, 2021. 11. 10.

10. 천권필, "녹색에너지 쓰겠다며 환경파괴? 우후죽순 풍력단지 '제동'," 중앙일보, 2018. 3. 15.

11. Rachael Oatman, "Nebraska cattle ranch launches private label grass-fed beef program," Supermarket Perimeter, Sosland Publishing Company, 1. 31. 2023

12. Chris Dyer, "French farmers say wind turbines and solar panels have killed hundreds of their cows," dailymail.co.uk, 27 March 2019

13. http://kaempevindmoeller.dk/2017/01/european-setbacks-minimum-distance-between-wind-turbines-and-habitations/

14. 박영민, 정태량, 손진희, "풍력발전시설에서 발생하는 환경소음 및 저주파음에 관한 연구," 환경영향평가, pp. 425-434, 2011, 한국환경영향평가학회

15. 김태현 외, "사회 환경영향을 고려한 태양광, 풍력발전시설 입지 방안 연구," 2018, 기후환경 정책 연구, pp. 69~70

16. 이상범, "풍력발전 환경영향과 입지 가이드라인," 한국환경정책 평가연구원 발표자료, 2019

17. 환경부, "육상풍력 개발사업 환경성평가 지침," 2022. 1. 4.

18. 국내 육상풍력발전 환경성 검토 가이드라인, 2014

19. https://birdfact.com/articles/do-wind-turbines-kill-birds, 2022. 7. 14.

20. Nick Ferries, "Weekly data: How many birds are really killed by wind turbines?," Renewables, Energy Monitor, Jan. 31, 2022.

21. Global fossil fuel consumption, Our World in Data based on Vaclav Smil and BP Statistical Review of World Energy, 2021, https://www.worldenergydata.org/world-electricity-generation/

저자소개

이상일   교수, 공학박사
국립군산대학교 풍력에너지학과 / 해상풍력연구원
한국풍력에너지학회 회장

황병선   연구소장, 공학박사
㈜ 동서디앤씨
전. 군산대학교 해상풍력연구원 연구교수

강기원   교수 / 센터장, 공학박사
국립군산대학교 기계공학부
국립군산대학교 초대용량풍력발전시스템 혁신연구센터

박 식   대표, 기술사
㈜ 디엔아이코퍼레이션 및 ㈜ 피앤디솔라 대표
전주비전대학교 전기과 겸임교수

풍력에너지 기술과 산업

초판발행	2024년 11월 15일
지은이	이상일·황병선·강기원·박 식
펴낸이	안종만·안상준
편 집	탁종민
기획/마케팅	최동인
표지디자인	Ben Story
제 작	고철민·김원표
펴낸곳	㈜ 박영사
	서울특별시 금천구 가산디지털2로 53, 210호(가산동, 한라시그마밸리)
	등록 1959.3.11. 제300-1959-1호(倫)
전 화	02)733-6771
f a x	02)736-4818
e-mail	pys@pybook.co.kr
homepage	www.pybook.co.kr
ISBN	979-11-303-2166-0 93550

정 가	40,000원